普通高等学校电子信息类一流本科专业建设系列教材

电磁场与电磁兼容

（第三版）

闻映红　主编

科 学 出 版 社

北 京

内 容 简 介

本书系统介绍电磁场与电磁兼容的基本概念、基础理论和相关的工程应用技术，主要内容包括矢量分析、时变电磁场、电磁波、天线基础、传输线、电磁兼容、抗干扰技术、电磁兼容测试等。

本书注重电磁场、天线和传输线等基础理论与电磁兼容实际工程应用技术的结合。对于静电场和恒定磁场以及场的计算方法，本书不作为主要介绍内容。在介绍电磁场理论方面，不以全面、系统为目标，围绕解决实际电磁兼容问题所需的基础理论，本书重点阐述基本概念、定理定律及其物理意义，简化数学推导。

本书可作为普通高等学校自动化类、电子信息类本科生的教材，也可供其他专业本科生和工程技术人员参考。

图书在版编目(CIP)数据

电磁场与电磁兼容/闻映红主编. —3版. —北京：科学出版社，2024.8
普通高等学校电子信息类一流本科专业建设系列教材

ISBN 978-7-03-077151-3

Ⅰ.①电… Ⅱ.①闻… Ⅲ.①电磁场-高等学校-教材②电磁兼容性-高等学校-教材 Ⅳ.①O441.4②TN03

中国国家版本馆CIP数据核字(2023)第220728号

责任编辑：潘斯斯 / 责任校对：胡小洁
责任印制：赵　博 / 封面设计：马晓敏

科学出版社 出版
北京东黄城根北街16号
邮政编码：100717
http://www.sciencep.com
三河市骏杰印刷有限公司印刷
科学出版社发行　各地新华书店经销
*
2010年11月第一版　开本：787×1092　1/16
2019年10月第二版　印张：20 1/2
2024年8月第三版　字数：512 000
2024年11月第十五次印刷
定价：89.00元
（如有印装质量问题，我社负责调换）

前 言

当今世界各领域的科学技术都有了飞速发展，各学科之间的交叉融合也日渐突出。如智能制造、智能建造技术的发展，频谱使用范围向高端的拓展，使得电磁学不仅是电子电气工程领域的重要内容，也成为部分传统学科一个必不可少的分支和理论基础。党的二十大报告指出:“加强基础学科、新兴学科、交叉学科建设，加快建设中国特色、世界一流的大学和优势学科。”电磁场是现代信息传输的基础，而电磁兼容是现代智能系统不可或缺的安全保障基础之一。“电磁场与电磁兼容”是大学本科阶段的电磁类基础课程，本课程的设立能够使得学生将来从事具体的科学研究和工程技术工作时，知识结构更加完整，解决问题更加顺利。

本书是2010年出版的教材《电磁场与电磁兼容》的第三版，学习本书的先决条件是已经修完了以下几门本科电子电气类专业的基本课程:数学分析、大学物理、电路分析、信号与系统、电子学。在学生掌握了微积分、偏微分方程的求解技能，以及大学物理和电磁学方面的基本概念、基本原理的基础上，本书围绕麦克斯韦方程组着重讲述了电磁场源与电磁场的关系、时变电磁场的特性、电磁波的传播机理以及天线、传输线、电磁兼容的基本概念和工程应用，突出了经典理论与现代技术应用和技术创新之间的支撑关系，以及理论与工程实践的区别和联系。

为方便读者的学习，“电磁场与电磁兼容”课程已经在中国大学MOOC平台上线，网址为https://www.icourse163.org/spoc/course/NJTU-1206577805。

感谢科学出版社提供的出版机会，也感谢北京交通大学周克生、王国栋、张金宝、李铮、陈美娥、邵小桃、张丹等老师给予的大力支持。

由于作者水平有限，书中难免存在不足之处，恳请广大读者批评指正。

闻映红

2023年10月于北京

目　　录

第1章　矢量分析

矢量分析又称为场论，是研究各种类型场运动规律的数学工具，可以加深人们对物理现象的理解，它的数学公式与场的物理概念紧密相关。在电磁场理论中，大量用到了矢量分析。因为电磁场是矢量场的一种，利用矢量分析可以为复杂的电磁现象提供精确的数学描述，既便于计算，也便于直观想象。虽然本章没有对矢量分析进行完整论述，但是本章所介绍的关于矢量运算的内容在电磁场现象的研究中起到了重要作用。

1.1　标量场和矢量场

纯数加上物理单位，称为物理量。物理量有标量和矢量之分。占有一定空间，并且具有一定空间分布特性的物理量称为场。即假设有一个 n 维空间，如果空间的每一个点都具有某一特性的量，则这种性质的“量”就被称为“场”。场有静态场和动态场之分，也有标量场和矢量场之分。

如果场不随时间而变化，则称为静态场，静态场也称为时不变场。由静止电荷激发的场(静电场)和由恒定电流激发的场(恒定磁场)都属于静态场。随时间变化的场称为时变场。

1.1.1　标量场

仅用大小就能够完整描述的物理量称为标量或标量场。质量、时间、温度、功和电荷都是标量，它们中的每一个量，都可以用大小来进行完整描述。一个动态标量场可用空间位置和时间的函数来描述，如温度 $T(x,y,z,t)$。

1.1.2　矢量场

既有大小又有方向的物理量称为矢量或矢量场。力、速度、力矩、电场强度和磁场强度都是矢量，矢量包含了两种信息：大小和方向。

矢量可以用有向线段来表示：线段的长度表示矢量的大小，箭头表示矢量的方向，如图 1-1(a)所示。本书用黑体字母来表示矢量。在图 1-1(a)中，$\boldsymbol{R}$ 代表一个从 O 点指向 P 点的矢量。图 1-1(b)表示几个具有同样大小和方向的平行矢量。两个矢量 $\boldsymbol{A}$ 和 $\boldsymbol{B}$，如果有同样的大小和方向，则二者相等，即 $\boldsymbol{A}=\boldsymbol{B}$。

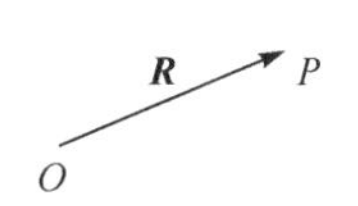

(a) 用有向线段表示的矢量　　(b) 代表相同矢量的平行箭头（长度相等）

图 1-1　矢量表示

大小为零的矢量称为零矢量。这是唯一不能用箭头表示的矢量，因为它没有大小。一个大小为 1 的矢量称为单位矢量。我们常用单位矢量来表示一个矢量的方向。例如,矢量 $\boldsymbol{A}$ 可以写成

$$\boldsymbol{A} = A\boldsymbol{a}_A \tag{1-1}$$

式中,A 表示 $\boldsymbol{A}$ 的大小;$\boldsymbol{a}_A$是与$\boldsymbol{A}$ 同方向的单位矢量,用来表示矢量 $\boldsymbol{A}$ 的方向,可写成

$$\boldsymbol{a}_A = \frac{\boldsymbol{A}}{A}$$

在电磁场中,描述电磁场的场量,如电场强度 $\boldsymbol{E}$、电位移矢量 $\boldsymbol{D}$、磁感应强度 $\boldsymbol{B}$ 和磁场强度 $\boldsymbol{H}$ 均为矢量,而描述场源的电荷 q、电荷密度 ρ、电流 I 为标量,电流密度 $\boldsymbol{J}$ 为矢量。

1.2 常用正交坐标系

为了能对矢量的方向进行量化,进而对矢量进行运算,首先必须建立空间坐标系,将矢量在一定的坐标系中表达出来。最常用的坐标系为正交坐标系。

1.2.1 正交坐标系

设在一个三维坐标系中,P 的位置可以用三个不同面的交点来确定,这三个面分别表示为

$$\begin{cases} f_1(u_1, u_2, u_3) = i \\ f_2(u_1, u_2, u_3) = j \\ f_3(u_1, u_2, u_3) = k \end{cases} \tag{1-2}$$

则 P 点在该坐标系中可以表示为(u_1, u_2, u_3)。这些面中有平面,也有曲面。当这三个面两两相互垂直时,便为正交坐标系。

设 $\boldsymbol{a}_{u_1}$、$\boldsymbol{a}_{u_2}$、$\boldsymbol{a}_{u_3}$ 为三个坐标方向的单位矢量,在一般的右手正交坐标系中,这些单位矢量满足下列关系:

$$\boldsymbol{a}_{u_1} \times \boldsymbol{a}_{u_2} = \boldsymbol{a}_{u_3} \tag{1-3a}$$

$$\boldsymbol{a}_{u_2} \times \boldsymbol{a}_{u_3} = \boldsymbol{a}_{u_1} \tag{1-3b}$$

$$\boldsymbol{a}_{u_3} \times \boldsymbol{a}_{u_1} = \boldsymbol{a}_{u_2} \tag{1-3c}$$

$$\boldsymbol{a}_{u_1} \cdot \boldsymbol{a}_{u_2} = \boldsymbol{a}_{u_2} \cdot \boldsymbol{a}_{u_3} = \boldsymbol{a}_{u_3} \cdot \boldsymbol{a}_{u_1} = 0 \tag{1-4}$$

$$\boldsymbol{a}_{u_1} \cdot \boldsymbol{a}_{u_1} = \boldsymbol{a}_{u_2} \cdot \boldsymbol{a}_{u_2} = \boldsymbol{a}_{u_3} \cdot \boldsymbol{a}_{u_3} = 1 \tag{1-5}$$

空间任何一个矢量都可以写成它在坐标系三个正交方向上的分量之和,即

$$\boldsymbol{A} = A_{u_1}\boldsymbol{a}_{u_1} + A_{u_2}\boldsymbol{a}_{u_2} + A_{u_3}\boldsymbol{a}_{u_3} \tag{1-6}$$

式中,A_{u_1}、A_{u_2}、A_{u_3} 三个分量的大小随 $\boldsymbol{A}$ 变化,可能是 u_1、u_2 和 u_3 的函数。

但是,u_i(i=1,2 或 3)可能并不具有长度的量纲,这就需要用一个变换因子来将坐标增量 $\mathrm{d}u_i$ 变换成长度增量 $\mathrm{d}l_i$,即

$$\mathrm{d}l_i = h_i \mathrm{d}u_i, \quad i = 1, 2, 3$$

式中,h_i 称为度量系数,其本身可能是 u_1、u_2 和 u_3 的函数。

在众多正交坐标系中,最常见的有直角坐标系、圆柱坐标系和球坐标系。

1.2.2 直角坐标系

直角坐标系由三个两两相互垂直的平面构成,三个平面两两相交而成的三条直线分别称

为 x、y 和 z 轴，三条坐标轴的交点为原点 O。x、y 和 z 轴的方向用单位矢量 $\boldsymbol{a}_x$、$\boldsymbol{a}_y$ 和 $\boldsymbol{a}_z$ 来表示。空间某一点 $P(X,Y,Z)$能唯一地被它在三条轴线上的投影所确定，(X,Y,Z)称为 P 点的坐标，如图 1-2 所示。

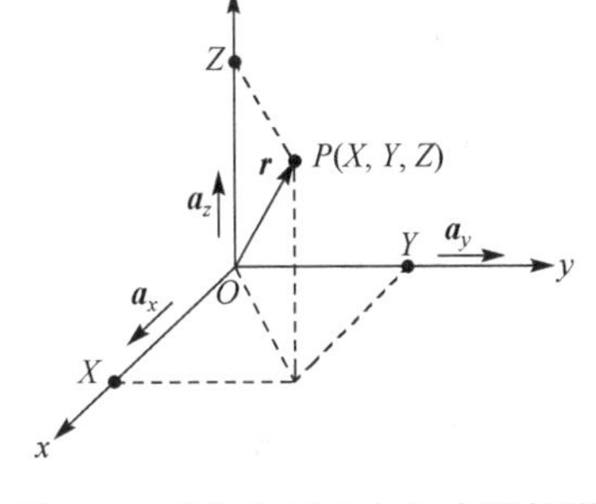

图 1-2　直角坐标系中 P 点的投影

1. 直角坐标系中的位置矢量

位置矢量(position vector，简称位矢)$\boldsymbol{r}$，是指从坐标系原点指向 P 点的矢量，可表示为

$$\boldsymbol{r}=X\boldsymbol{a}_x+Y\boldsymbol{a}_y+Z\boldsymbol{a}_z \tag{1-7}$$

式中，X、Y 和 Z 表示 $\boldsymbol{r}$ 在 x、y 和 z 轴上的投影；$\boldsymbol{a}_x$、$\boldsymbol{a}_y$ 和 $\boldsymbol{a}_z$ 是代表 x、y 和 z 轴方向的单位矢量。例如，设 A_x、A_y 和 A_z 是矢量 $\boldsymbol{A}$ 在直角坐标系三个坐标轴上的投影，那么，矢量 $\boldsymbol{A}$ 可以表示为

$$\boldsymbol{A}=A_x\boldsymbol{a}_x+A_y\boldsymbol{a}_y+A_z\boldsymbol{a}_z \tag{1-8}$$

2. 直角坐标系单位矢量之间的关系

直角坐标系中单位矢量之间的关系如下：

$$\boldsymbol{a}_x\cdot\boldsymbol{a}_x=1,\quad \boldsymbol{a}_y\cdot\boldsymbol{a}_y=1,\quad \boldsymbol{a}_z\cdot\boldsymbol{a}_z=1 \tag{1-9a}$$

$$\boldsymbol{a}_x\cdot\boldsymbol{a}_y=0,\quad \boldsymbol{a}_y\cdot\boldsymbol{a}_z=0,\quad \boldsymbol{a}_z\cdot\boldsymbol{a}_x=0 \tag{1-9b}$$

$$\boldsymbol{a}_x\times\boldsymbol{a}_y=\boldsymbol{a}_z,\quad \boldsymbol{a}_y\times\boldsymbol{a}_z=\boldsymbol{a}_x,\quad \boldsymbol{a}_z\times\boldsymbol{a}_x=\boldsymbol{a}_y \tag{1-9c}$$

3. 直角坐标系中的微分元

在直角坐标系中的线微分元为矢量，可表示为

$$\mathrm{d}\boldsymbol{l}=\mathrm{d}x\,\boldsymbol{a}_x+\mathrm{d}y\,\boldsymbol{a}_y+\mathrm{d}z\,\boldsymbol{a}_z \tag{1-10}$$

面微分元如式(1-11)所示，每个面元的方向由表示其外法线方向的单位矢量来确定，如图 1-3(a)所示，即

$$\begin{aligned}\mathrm{d}\boldsymbol{s}_x&=\mathrm{d}y\mathrm{d}z\,\boldsymbol{a}_x\\ \mathrm{d}\boldsymbol{s}_y&=\mathrm{d}x\mathrm{d}z\,\boldsymbol{a}_y\\ \mathrm{d}\boldsymbol{s}_z&=\mathrm{d}x\mathrm{d}y\,\boldsymbol{a}_z\end{aligned} \tag{1-11}$$

体微分元 $\mathrm{d}v$ 为标量，分别由沿单位矢量$\boldsymbol{a}_x$、$\boldsymbol{a}_y$、$\boldsymbol{a}_z$ 的线微分元 $\mathrm{d}x$、$\mathrm{d}y$ 和 $\mathrm{d}z$ 相乘得到，如图 1-3(b)所示，即

$$\mathrm{d}v=\mathrm{d}x\mathrm{d}y\mathrm{d}z \tag{1-12}$$

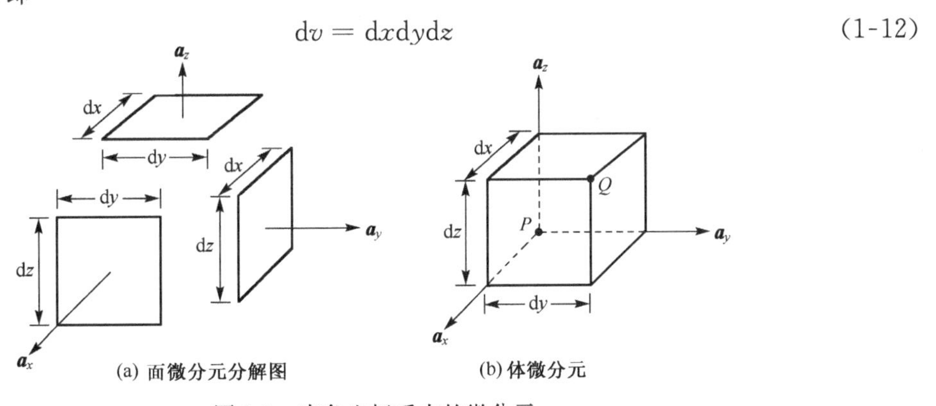

图 1-3　直角坐标系中的微分元

1.2.3　圆柱坐标系

圆柱坐标系由两两相互垂直的一个无限大平面、一个半平面和一个圆柱面构成。坐标面 $\rho=$ 常数，是一个以 z 轴为轴线，半径为 ρ 的圆柱面，$0\leqslant\rho\leqslant\infty$ 。坐标面 $\phi=$ 常数，是一个绕着 z 轴逆时针方向旋转的半无限大平面，$0\leqslant\phi\leqslant 2\pi$ 。坐标面 $z=$ 常数，是一个平行于 xOy 平面的无限大平面，$-\infty\leqslant z\leqslant\infty$ 。两个坐标面的交线构成了圆柱坐标系的坐标轴，分别为 ρ 、ϕ 和 z 轴，相应的单位矢量为 $\boldsymbol{a}_\rho$、$\boldsymbol{a}_\phi$ 和 $\boldsymbol{a}_z$。$\boldsymbol{a}_\rho$、$\boldsymbol{a}_\phi$ 的模为 1，但方向随 ϕ 的变化而变化，因此，$\boldsymbol{a}_\rho$、$\boldsymbol{a}_\phi$ 为变矢量，如图 1-4 所示。

在圆柱坐标系中，空间一点 P 能够用坐标 ρ、ϕ 和 z 来确定，如图 1-5 所示。我们说 ρ 、ϕ 和 z 是点 $P(\rho,\phi,z)$ 的圆柱坐标。将直角坐标系和圆柱坐标系画在一起，如图 1-4 所示，就可以看到两者之间的关系。以空间同样一点 P 为例，可见，ρ 是位置矢量 OP 在 xOy 平面上的投影，ϕ 是从正 x 轴到平面 $OTPM$ 的夹角，z 是 OP 在 z 轴上的投影。

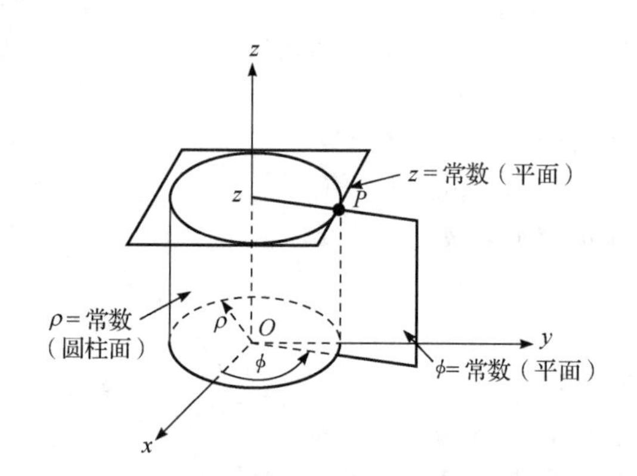

图 1-4　圆柱坐标系三个相互垂直的坐标面

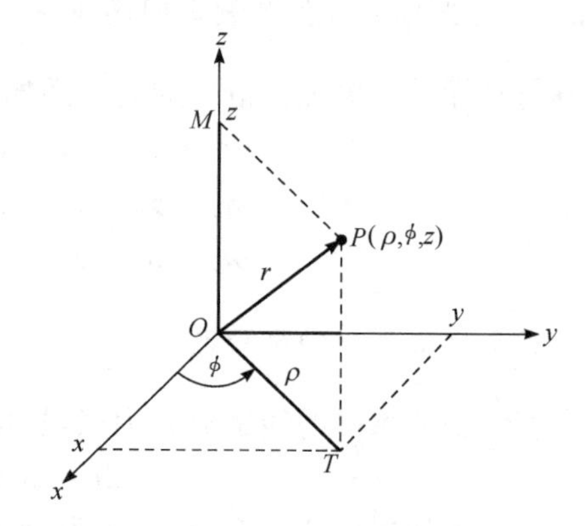

图 1-5　圆柱坐标系中一点的投影

1. 圆柱坐标系中的位置矢量

由图 1-5 可知，在圆柱坐标系中，位置矢量 $\boldsymbol{r}=\rho\boldsymbol{a}_\rho+z\boldsymbol{a}_z$。

2. 圆柱坐标系单位矢量之间的关系

圆柱坐标系中单位矢量之间的关系：

$$\boldsymbol{a}_\rho\cdot\boldsymbol{a}_\rho=1,\quad \boldsymbol{a}_\phi\cdot\boldsymbol{a}_\phi=1,\quad \boldsymbol{a}_z\cdot\boldsymbol{a}_z=1 \tag{1-13a}$$

$$\boldsymbol{a}_\rho\cdot\boldsymbol{a}_\phi=0,\quad \boldsymbol{a}_\phi\cdot\boldsymbol{a}_z=0,\quad \boldsymbol{a}_z\cdot\boldsymbol{a}_\rho=0 \tag{1-13b}$$

$$\boldsymbol{a}_\rho\times\boldsymbol{a}_\rho=0,\quad \boldsymbol{a}_\phi\times\boldsymbol{a}_\phi=0,\quad \boldsymbol{a}_z\times\boldsymbol{a}_z=0 \tag{1-13c}$$

$$\boldsymbol{a}_\rho\times\boldsymbol{a}_\phi=\boldsymbol{a}_z,\quad \boldsymbol{a}_\phi\times\boldsymbol{a}_z=\boldsymbol{a}_\rho,\quad \boldsymbol{a}_z\times\boldsymbol{a}_\rho=\boldsymbol{a}_\phi \tag{1-13d}$$

3. 圆柱坐标系中的微分元

圆柱坐标系中的线微分元为矢量

$$\mathrm{d}\boldsymbol{l}=\mathrm{d}\rho\,\boldsymbol{a}_\rho+\rho\mathrm{d}\phi\,\boldsymbol{a}_\phi+\mathrm{d}z\,\boldsymbol{a}_z \tag{1-14}$$

圆柱坐标系中的面微分元(图 1-6(a))为

$$
\begin{aligned}
\mathrm{d}\boldsymbol{s}_\rho &= \rho\mathrm{d}\phi\mathrm{d}z\,\boldsymbol{a}_\rho \\
\mathrm{d}\boldsymbol{s}_\phi &= \mathrm{d}\rho\mathrm{d}z\,\boldsymbol{a}_\phi \\
\mathrm{d}\boldsymbol{s}_z &= \rho\mathrm{d}\rho\mathrm{d}\phi\,\boldsymbol{a}_z
\end{aligned} \tag{1-15}
$$

由图 1-6(b)可知，圆柱坐标系中的体微分元 $\mathrm{d}v$ 为

$$
\mathrm{d}v = \rho\mathrm{d}\rho\mathrm{d}\phi\mathrm{d}z \tag{1-16}
$$

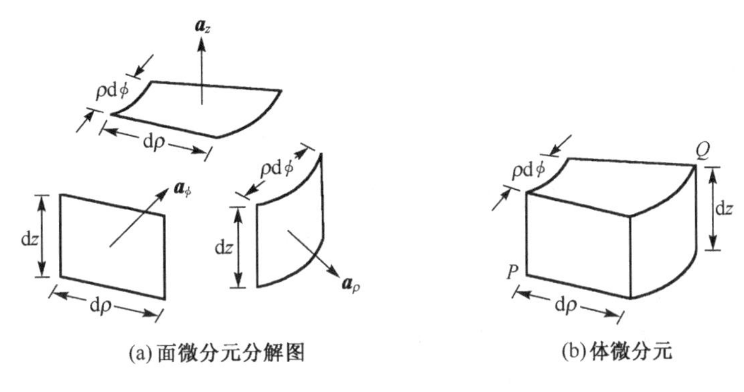

(a) 面微分元分解图　　(b) 体微分元

图 1-6　圆柱坐标系中的微分元

4. 圆柱坐标与直角坐标的转换关系

将一个点的直角坐标与圆柱坐标相互转换，只需将两个坐标系画在一起，再根据几何关系就很容易得到。如图 1-7 所示，由圆柱坐标系转换成直角坐标系，则单位矢量 $\boldsymbol{a}_\rho$ 和 $\boldsymbol{a}_\phi$ 与直角坐标系的单位矢量 $\boldsymbol{a}_x$、$\boldsymbol{a}_y$ 的关系为

$$
\boldsymbol{a}_\rho = \cos\phi\,\boldsymbol{a}_x + \sin\phi\,\boldsymbol{a}_y \tag{1-17a}
$$

$$
\boldsymbol{a}_\phi = -\sin\phi\,\boldsymbol{a}_x + \cos\phi\,\boldsymbol{a}_y \tag{1-17b}
$$

图 1-7　$\boldsymbol{a}_\rho$、$\boldsymbol{a}_\phi$ 沿 $\boldsymbol{a}_x$、$\boldsymbol{a}_y$ 方向的分量

$$
\boldsymbol{a}_z = \boldsymbol{a}_z - \sin\phi\,\boldsymbol{a}_x + \cos\phi\,\boldsymbol{a}_z \tag{1-17c}
$$

所以，$\boldsymbol{a}_x \cdot \boldsymbol{a}_\rho = \cos\phi$，$\boldsymbol{a}_y \cdot \boldsymbol{a}_\rho = \sin\phi$，$\boldsymbol{a}_x \cdot \boldsymbol{a}_\phi = -\sin\phi$，$\boldsymbol{a}_y \cdot \boldsymbol{a}_\phi = \cos\phi$，写成矩阵形式为

$$
\begin{pmatrix} \boldsymbol{a}_\rho \\ \boldsymbol{a}_\phi \\ \boldsymbol{a}_z \end{pmatrix} = \begin{pmatrix} \cos\phi & \sin\phi & 0 \\ -\sin\phi & \cos\phi & 0 \\ 0 & 0 & 1 \end{pmatrix} \begin{pmatrix} \boldsymbol{a}_x \\ \boldsymbol{a}_y \\ \boldsymbol{a}_z \end{pmatrix} \tag{1-18}
$$

同样，如果矢量 $\mathbf{A}$ 在圆柱坐标系中为 $\mathbf{A} = A_\rho\boldsymbol{a}_\rho + A_\phi\boldsymbol{a}_\phi + A_z\boldsymbol{a}_z$，则把它投影到直角坐标系的 x、y 和 z 轴上，便能得到矢量 $\mathbf{A}$ 在直角坐标系中的表达式。$\mathbf{A}$ 在 x 轴上的投影为

$$
A_x = \mathbf{A} \cdot \boldsymbol{a}_x = A_\rho\,\boldsymbol{a}_\rho \cdot \boldsymbol{a}_x + A_\phi\,\boldsymbol{a}_\phi \cdot \boldsymbol{a}_x + A_z\,\boldsymbol{a}_z \cdot \boldsymbol{a}_x = A_\rho\cos\phi - A_\phi\sin\phi \tag{1-19a}
$$

$\mathbf{A}$ 在 y 轴及 z 轴上的投影为

$$
A_y = \mathbf{A} \cdot \boldsymbol{a}_y = A_\rho\sin\phi + A_\phi\cos\phi \tag{1-19b}
$$

$$
A_z = \mathbf{A} \cdot \boldsymbol{a}_z \tag{1-19c}
$$

写成矩阵形式为

$$
\begin{pmatrix} A_x \\ A_y \\ A_z \end{pmatrix} = \begin{pmatrix} \cos\phi & -\sin\phi & 0 \\ \sin\phi & \cos\phi & 0 \\ 0 & 0 & 1 \end{pmatrix} \begin{pmatrix} A_\rho \\ A_\phi \\ A_z \end{pmatrix} \tag{1-20a}
$$

反过来,一个在直角坐标系中给出的矢量 $\mathbf{A}$,用下列变换可以得到在圆柱坐标系中的表达式

$$\begin{pmatrix} A_\rho \\ A_\phi \\ A_z \end{pmatrix} = \begin{pmatrix} \cos\phi & \sin\phi & 0 \\ -\sin\phi & \cos\phi & 0 \\ 0 & 0 & 1 \end{pmatrix} \begin{pmatrix} A_x \\ A_y \\ A_z \end{pmatrix} \tag{1-20b}$$

即

$$x = \rho\cos\phi, \quad y = \rho\sin\phi \tag{1-21a}$$

$$\rho = \sqrt{x^2 + y^2}, \quad \tan\phi = \frac{y}{x} \tag{1-21b}$$

注意:单位矢量 $\boldsymbol{a}_\rho$ 和 $\boldsymbol{a}_\phi$ 的方向不是固定的,会随着 ϕ 的改变而改变。

例 1-1 写出空间任一点在直角坐标系中的位置矢量表达式,然后将此矢量变换成在圆柱坐标系中的一个矢量。

解 空间任一点 $P(x,y,z)$ 在直角坐标系中的位置矢量是

$$\mathbf{A} = x\boldsymbol{a}_x + y\boldsymbol{a}_y + z\boldsymbol{a}_z$$

用式(1-20b)中的变换矩阵,得

$$\begin{pmatrix} A_\rho \\ A_\phi \\ A_z \end{pmatrix} = \begin{pmatrix} \cos\phi & \sin\phi & 0 \\ -\sin\phi & \cos\phi & 0 \\ 0 & 0 & 1 \end{pmatrix} \begin{pmatrix} x \\ y \\ z \end{pmatrix} = \begin{pmatrix} x\cos\phi + y\sin\phi \\ -x\sin\phi + y\cos\phi \\ z \end{pmatrix}$$

代入 $x = \rho\cos\phi$ 和 $y = \rho\sin\phi$,得

$$A_\rho = \rho, \quad A_\phi = 0, \quad A_z = z$$

所以,矢量 $\mathbf{A}$ 在圆柱坐标系中表示为

$$\mathbf{A} = \rho\boldsymbol{a}_\rho + z\boldsymbol{a}_z$$

例 1-2 在直角坐标系中表示矢量 $\mathbf{A} = \dfrac{k}{\rho^2}\boldsymbol{a}_\rho + 5\sin2\phi\,\boldsymbol{a}_z$ 。

解 根据已知条件

$$A_\rho = \frac{k}{\rho^2}, \quad A_\phi = 0, \quad A_z = 5\sin2\phi$$

应用式(1-20a)中的矩阵变换后得

$$\begin{pmatrix} A_x \\ A_y \\ A_z \end{pmatrix} = \begin{pmatrix} \cos\phi & -\sin\phi & 0 \\ \sin\phi & \cos\phi & 0 \\ 0 & 0 & 1 \end{pmatrix} \begin{pmatrix} k/\rho^2 \\ 0 \\ 5\sin2\phi \end{pmatrix} = \begin{pmatrix} k\cos\phi/\rho^2 \\ k\sin\phi/\rho^2 \\ 10\cos\phi\sin\phi \end{pmatrix}$$

代入 $\rho = \sqrt{x^2 + y^2}$,$\cos\phi = \dfrac{x}{\rho}$,$\sin\phi = \dfrac{y}{\rho}$,最后得到

$$\mathbf{A} = \frac{kx}{(x^2 + y^2)^{3/2}}\boldsymbol{a}_x + \frac{ky}{(x^2 + y^2)^{3/2}}\boldsymbol{a}_y + \frac{10xy}{x^2 + y^2}\boldsymbol{a}_z$$

1.2.4 球坐标系

球坐标系由两两相互垂直的一个半平面、一个球面和一个圆锥面构成,如图 1-8 所示。$r =$ 常数,表示通过点 $P(r,\theta,\varphi)$、以 r 为半径的球面;$\theta =$ 常数,表示顶点在原点的圆锥面;$\varphi =$

常数，表示以 z 轴为旋转中心、与 xOy 平面成 φ 角的半平面。空间一点 P 在球坐标系中可用 (r,θ,φ) 唯一表示，如图1-9所示。r 表示位置矢量 OP 的大小，$0\leqslant r\leqslant\infty$；$\theta$ 表示位置矢量 OP 与正 z 轴的夹角，方向从正 z 轴转向负 z 轴，$0\leqslant\theta\leqslant\pi$；$\varphi$ 表示正 x 轴与图中所示平面 $OMPN$ 的夹角，其中，$OM=r\sin\theta$ 为 r 在 xOy 平面上的投影；φ 以 x 轴为起点，逆时针方向旋转，$0\leqslant\varphi\leqslant 2\pi$。球坐标系的三个单位矢量为 $\boldsymbol{a}_r$、$\boldsymbol{a}_\theta$、$\boldsymbol{a}_\varphi$，均为变矢量。

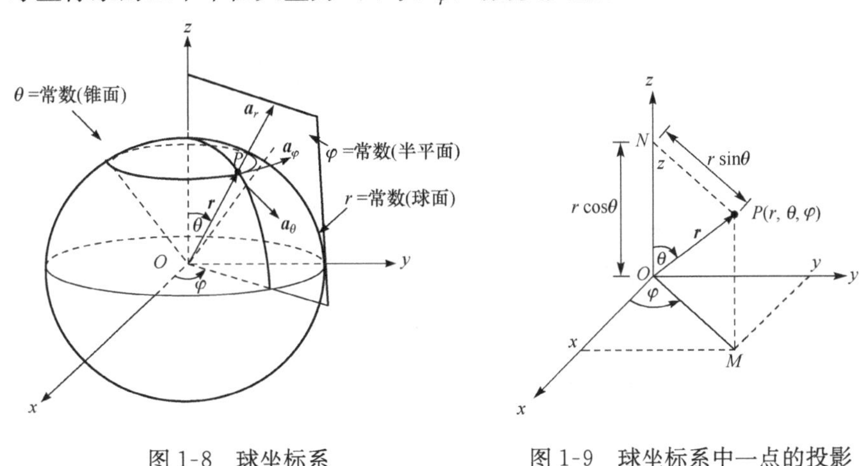

图1-8　球坐标系　　　图1-9　球坐标系中一点的投影

1. 球坐标系中的位置矢量

球坐标系中的位置矢量为

$$\boldsymbol{r}=r\boldsymbol{a}_r$$

2. 球坐标系中单位矢量之间的关系

球坐标系中单位矢量之间的关系：

$$\boldsymbol{a}_r\cdot\boldsymbol{a}_r=1,\quad \boldsymbol{a}_\theta\cdot\boldsymbol{a}_\theta=1,\quad \boldsymbol{a}_\varphi\cdot\boldsymbol{a}_\varphi=1 \tag{1-22a}$$

$$\boldsymbol{a}_r\cdot\boldsymbol{a}_\theta=0,\quad \boldsymbol{a}_\theta\cdot\boldsymbol{a}_\varphi=0,\quad \boldsymbol{a}_\varphi\cdot\boldsymbol{a}_r=0 \tag{1-22b}$$

$$\boldsymbol{a}_r\times\boldsymbol{a}_\theta=\boldsymbol{a}_\varphi,\quad \boldsymbol{a}_\theta\times\boldsymbol{a}_\varphi=\boldsymbol{a}_r,\quad \boldsymbol{a}_\varphi\times\boldsymbol{a}_r=\boldsymbol{a}_\theta \tag{1-22c}$$

3. 球坐标系中的微分元

球坐标系中的线微分元为

$$\mathrm{d}\boldsymbol{l}=\mathrm{d}r\,\boldsymbol{a}_r+r\mathrm{d}\theta\,\boldsymbol{a}_\theta+r\sin\theta\mathrm{d}\varphi\,\boldsymbol{a}_\varphi \tag{1-23}$$

如图1-10(a)所示，球坐标系中的面微分元为

$$\begin{aligned}\mathrm{d}\boldsymbol{s}_r&=r^2\sin\theta\mathrm{d}\theta\mathrm{d}\varphi\,\boldsymbol{a}_r\\ \mathrm{d}\boldsymbol{s}_\theta&=r\mathrm{d}r\sin\theta\mathrm{d}\varphi\,\boldsymbol{a}_\theta\\ \mathrm{d}\boldsymbol{s}_\varphi&=r\mathrm{d}r\mathrm{d}\theta\,\boldsymbol{a}_\varphi\end{aligned} \tag{1-24}$$

球坐标系中的体微分元由 r、θ 和 φ 的微小增量 $\mathrm{d}r$、$\mathrm{d}\theta$ 和 $\mathrm{d}\varphi$ 得到(图1-10(b))

$$\mathrm{d}v=r^2\mathrm{d}r\sin\theta\mathrm{d}\theta\mathrm{d}\varphi \tag{1-25}$$

为了便于参考，三种坐标系中的线、面和体微分元汇总于表1-1。

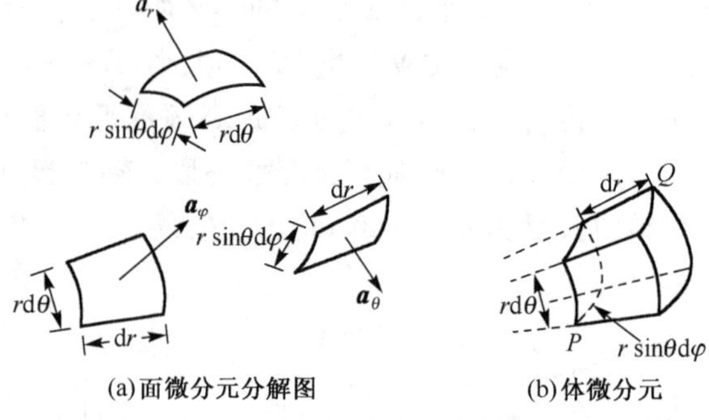

图 1-10　球坐标系中的微分元

表 1-1　三种坐标系中的线、面和体微分元

微分元	坐标系		
	直角	圆柱	球
长度 d$\boldsymbol{l}$	$dx\,\boldsymbol{a}_x + dy\,\boldsymbol{a}_y + dz\,\boldsymbol{a}_z$	$d\rho\,\boldsymbol{a}_\rho + \rho d\phi\,\boldsymbol{a}_\phi + dz\,\boldsymbol{a}_z$	$dr\,\boldsymbol{a}_r + rd\theta\,\boldsymbol{a}_\theta + r\sin\theta d\varphi\,\boldsymbol{a}_\varphi$
面积 d$\boldsymbol{s}$	$dydz\boldsymbol{a}_x + dxdz\boldsymbol{a}_y + dxdy\boldsymbol{a}_z$	$\rho d\phi dz\,\boldsymbol{a}_\rho + d\rho dz\,\boldsymbol{a}_\phi + \rho d\rho d\phi\,\boldsymbol{a}_z$	$r^2\sin\theta d\theta d\varphi\boldsymbol{a}_r + rdr\sin\theta d\varphi\boldsymbol{a}_\theta +$ $rdrd\theta\,\boldsymbol{a}_\varphi$
体积 dv	$dxdydz$	$\rho d\rho d\phi dz$	$r^2\sin\theta drd\theta d\varphi$

4. 球坐标与直角坐标的转换关系

由图 1-9 的几何关系可知

$$x = r\sin\theta\cos\varphi \tag{1-26a}$$

$$y = r\sin\theta\sin\varphi \tag{1-26b}$$

$$z = r\cos\theta \tag{1-26c}$$

从式(1-26)可以导出

$$r = \sqrt{x^2 + y^2 + z^2} \tag{1-27a}$$

$$\theta = \arccos\left(\frac{z}{r}\right) \tag{1-27b}$$

$$\varphi = \arctan\left(\frac{y}{x}\right) \tag{1-27c}$$

由图 1-11 所示的投影关系，不难得到球坐标系中的单位矢量 $\boldsymbol{a}_r$、$\boldsymbol{a}_\theta$、$\boldsymbol{a}_\varphi$ 与直角坐标系中的单位矢量之间的关系：

$$\begin{aligned}
&\boldsymbol{a}_r \cdot \boldsymbol{a}_x = \sin\theta\cos\varphi, \quad \boldsymbol{a}_r \cdot \boldsymbol{a}_y = \sin\theta\sin\varphi, \quad \boldsymbol{a}_r \cdot \boldsymbol{a}_z = \cos\theta \\
&\boldsymbol{a}_\theta \cdot \boldsymbol{a}_x = \cos\theta\cos\varphi, \quad \boldsymbol{a}_\theta \cdot \boldsymbol{a}_y = \cos\theta\sin\varphi, \quad \boldsymbol{a}_\theta \cdot \boldsymbol{a}_z = -\sin\theta \\
&\boldsymbol{a}_\varphi \cdot \boldsymbol{a}_x = -\sin\varphi, \quad \boldsymbol{a}_\varphi \cdot \boldsymbol{a}_y = \cos\varphi, \quad \boldsymbol{a}_\varphi \cdot \boldsymbol{a}_z = 0
\end{aligned} \tag{1-28a}$$

写成矩阵形式为

$$\begin{pmatrix} \boldsymbol{a}_r \\ \boldsymbol{a}_\theta \\ \boldsymbol{a}_\varphi \end{pmatrix} = \begin{pmatrix} \sin\theta\cos\varphi & \sin\theta\sin\varphi & \cos\theta \\ \cos\theta\cos\varphi & \cos\theta\sin\varphi & -\sin\theta \\ -\sin\varphi & \cos\varphi & 0 \end{pmatrix} \begin{pmatrix} \boldsymbol{a}_x \\ \boldsymbol{a}_y \\ \boldsymbol{a}_z \end{pmatrix} \tag{1-28b}$$

假设矢量 $\boldsymbol{A}$ 在球坐标系中表示为 $\boldsymbol{A} = A_r\boldsymbol{a}_r + A_\theta\boldsymbol{a}_\theta + A_\varphi\boldsymbol{a}_\varphi$，按式(1-28a)，把它投影到直角坐标系的 x 轴上便得到它的 x 分量，即

$$A_x = \boldsymbol{A} \cdot \boldsymbol{a}_x = A_r\boldsymbol{a}_r \cdot \boldsymbol{a}_x + A_\theta\boldsymbol{a}_\theta \cdot \boldsymbol{a}_x + A_\varphi\boldsymbol{a}_\varphi \cdot \boldsymbol{a}_x$$

$$= A_r \sin\theta\cos\varphi + A_\theta \cos\theta\cos\varphi - A_\varphi \sin\varphi$$

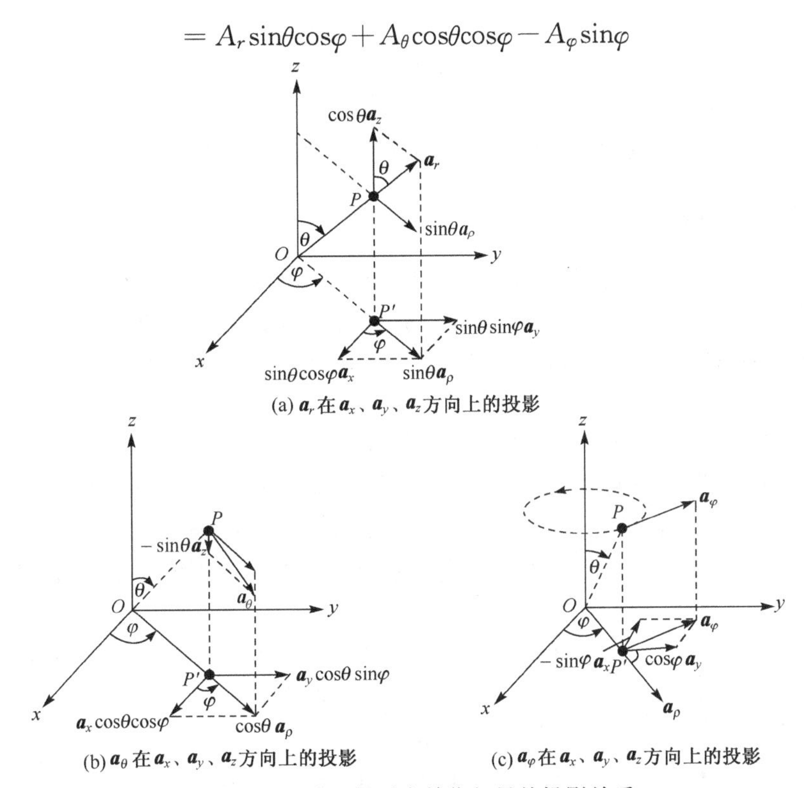

(a) $\boldsymbol{a}_r$ 在 $\boldsymbol{a}_x$、$\boldsymbol{a}_y$、$\boldsymbol{a}_z$ 方向上的投影

(b) $\boldsymbol{a}_\theta$ 在 $\boldsymbol{a}_x$、$\boldsymbol{a}_y$、$\boldsymbol{a}_z$ 方向上的投影　　(c) $\boldsymbol{a}_\varphi$ 在 $\boldsymbol{a}_x$、$\boldsymbol{a}_y$、$\boldsymbol{a}_z$ 方向上的投影

图 1-11　三种坐标系中单位矢量的投影关系

用类似方法求出其他分量

$$\begin{pmatrix} A_x \\ A_y \\ A_z \end{pmatrix} = \begin{pmatrix} \sin\theta\cos\varphi & \cos\theta\cos\varphi & -\sin\varphi \\ \sin\theta\sin\varphi & \cos\theta\sin\varphi & \cos\varphi \\ \cos\theta & -\sin\theta & 0 \end{pmatrix} \begin{pmatrix} A_r \\ A_\theta \\ A_\varphi \end{pmatrix} \tag{1-29}$$

同样,一个在直角坐标系中给定的矢量,能够利用式(1-30)进行矩阵变换,表示成球坐标系中的矢量。

$$\begin{pmatrix} A_r \\ A_\theta \\ A_\varphi \end{pmatrix} = \begin{pmatrix} \sin\theta\cos\varphi & \sin\theta\sin\varphi & \cos\theta \\ \cos\theta\cos\varphi & \cos\theta\sin\varphi & -\sin\theta \\ -\sin\varphi & \cos\varphi & 0 \end{pmatrix} \begin{pmatrix} A_x \\ A_y \\ A_z \end{pmatrix} \tag{1-30}$$

例 1-3　矢量 $\boldsymbol{F} = 3x\boldsymbol{a}_x + 0.5y^2\boldsymbol{a}_y + 0.25x^2y^2\boldsymbol{a}_z$,定义在直角坐标系中的点 $P(3,4,12)$ 处,求此矢量在球坐标系中的表达式。

解　矢量 $\boldsymbol{F}$ 在点 $P(3,4,12)$ 处为 $\boldsymbol{F} = 9\boldsymbol{a}_x + 8\boldsymbol{a}_y + 36\boldsymbol{a}_z$,又 $r = \sqrt{x^2+y^2+z^2} = \sqrt{3^2+4^2+12^2} = 13$

$$\theta = \arccos\left(\frac{12}{13}\right) = 22.62°,\quad \varphi = \arctan\left(\frac{4}{3}\right) = 53.13°$$

代入式(1-30),得

$$F_r = 37.77,\quad F_\theta = -2.95,\quad F_\varphi = -2.40$$

所以,在球坐标系中 $\boldsymbol{F} = 37.77\boldsymbol{a}_r - 2.95\boldsymbol{a}_\theta - 2.40\boldsymbol{a}_\varphi$,定义在球坐标系中的点 P(13,22.62°,53.13°)处。

1.3 矢量运算

矢量运算包括矢量的加、减、乘法运算和微积分运算，矢量不存在除法运算。

1.3.1 矢量的加法运算

矢量相加可采用平行四边形法或三角形法。三角形法如下：$\boldsymbol{A}$ 和 $\boldsymbol{B}$ 两矢量相加，先画出表示 $\boldsymbol{A}$ 和 $\boldsymbol{B}$ 的两条有向线段，且 $\boldsymbol{B}$ 的始端与 $\boldsymbol{A}$ 的末端相连，如图 1-12 的实线所示。连接 $\boldsymbol{A}$ 的始端与 $\boldsymbol{B}$ 的尾端并指向 $\boldsymbol{B}$ 的尾端的有向线段就表示 $\boldsymbol{A}$ 与 $\boldsymbol{B}$ 两矢量之和 $\boldsymbol{C}$，即

$$\boldsymbol{C}=\boldsymbol{A}+\boldsymbol{B} \tag{1-31}$$

所以，两矢量之和为一个矢量。我们也可以先画 $\boldsymbol{B}$，再画 $\boldsymbol{A}$，如图 1-12 的虚线所示。显然，矢量相加的结果与相加的先后次序无关。换言之，矢量服从加法交换律，即

$$\boldsymbol{A}+\boldsymbol{B}=\boldsymbol{B}+\boldsymbol{A} \tag{1-32}$$

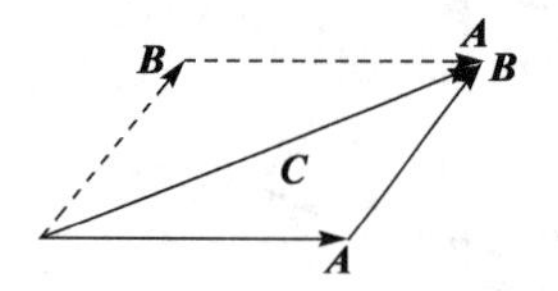

图 1-12　矢量相加的三角形法则 $\boldsymbol{C}=\boldsymbol{A}+\boldsymbol{B}$

我们还能够证明矢量服从加法结合律，也就是说

$$\boldsymbol{A}+(\boldsymbol{B}+\boldsymbol{C})=(\boldsymbol{A}+\boldsymbol{B})+\boldsymbol{C} \tag{1-33}$$

在直角坐标系中，如图 1-13(a)所示，$\boldsymbol{A}$ 可以写成 $\boldsymbol{A}=A_x\boldsymbol{a}_x+A_y\boldsymbol{a}_y+A_z\boldsymbol{a}_z$，矢量 $\boldsymbol{B}$ 可以写成 $\boldsymbol{B}=B_x\boldsymbol{a}_x+B_y\boldsymbol{a}_y+B_z\boldsymbol{a}_z$，则两矢量之和 $\boldsymbol{C}$ 为

$$\begin{aligned}\boldsymbol{C}&=(A_x+B_x)\boldsymbol{a}_x+(A_y+B_y)\boldsymbol{a}_y+(A_z+B_z)\boldsymbol{a}_z\\&=C_x\boldsymbol{a}_x+C_y\boldsymbol{a}_y+C_z\boldsymbol{a}_z\end{aligned}$$

此处，$C_x=A_x+B_x$，$C_y=A_y+B_y$，$C_z=A_z+B_z$ 分别是矢量 $\boldsymbol{C}$ 在直角坐标系 x、y 和 z 三个方向上的分量。

例 1-4　若矢量 $\boldsymbol{A}=3\boldsymbol{a}_\rho+2\boldsymbol{a}_\phi+5\boldsymbol{a}_z$ 和 $\boldsymbol{B}=-2\boldsymbol{a}_\rho+3\boldsymbol{a}_\phi-\boldsymbol{a}_z$ 分别给定在圆柱坐标系的点 $P(3,\pi/6,5)$ 和点 $Q(4,\pi/3,3)$ 处，求在点 $S(2,\pi/4,4)$ 处的 $\boldsymbol{C}=\boldsymbol{A}+\boldsymbol{B}$。

解　因为已知的两矢量 $\boldsymbol{A}$ 和 $\boldsymbol{B}$ 不在同一个 $\phi=$常数的平面上，所以它们在圆柱坐标系中不能直接求和。首先需要变换到直角坐标系，然后相加。对点 $P(3,\pi/6,5)$ 处的矢量 $\boldsymbol{A}$，变换后得

$$\begin{pmatrix}A_x\\A_y\\A_z\end{pmatrix}=\begin{pmatrix}\cos 30^\circ & -\sin 30^\circ & 0\\ \sin 30^\circ & \cos 30^\circ & 0\\ 0 & 0 & 1\end{pmatrix}\begin{pmatrix}3\\2\\5\end{pmatrix}$$

$$\boldsymbol{A}=1.598\boldsymbol{a}_x+3.232\boldsymbol{a}_y+5\boldsymbol{a}_z$$

类似地，对于 $Q(4,\pi/3,3)$ 点处的矢量 $\boldsymbol{B}$，经变换后得

$$\boldsymbol{B}=-3.598\boldsymbol{a}_x-0.232\boldsymbol{a}_y-\boldsymbol{a}_z$$

在直角坐标系中计算 $\boldsymbol{C}=\boldsymbol{A}+\boldsymbol{B}$，得

$$\boldsymbol{C}=-2\boldsymbol{a}_x+3\boldsymbol{a}_y+4\boldsymbol{a}_z$$

再变换到圆柱坐标系中的点 $S(2,\pi/4,4)$ 处，由式(1-18)，得

$$\begin{pmatrix}C_\rho\\C_\phi\\C_z\end{pmatrix}=\begin{pmatrix}\cos 45^\circ & \sin 45^\circ & 0\\ -\sin 45^\circ & \cos 45^\circ & 0\\ 0 & 0 & 1\end{pmatrix}\begin{pmatrix}-2\\3\\4\end{pmatrix}$$

即

$$\boldsymbol{C} = 0.707\boldsymbol{a}_{\rho} + 3.535\boldsymbol{a}_{\phi} + 4\boldsymbol{a}_{z}$$

注意：一个矢量从一种坐标系变换到另一种坐标系，大小和方向是保持不变的，只是表达形式改变了，这就是矢量与矢量场的不变特性。

如果 $\boldsymbol{B}$ 是一个矢量，则 $-\boldsymbol{B}$（负 $\boldsymbol{B}$）也是一个矢量，它和 $\boldsymbol{B}$ 大小相等，方向相反。由此我们可以定义矢量的减法运算 $\boldsymbol{A}-\boldsymbol{B}$ 为

$$\boldsymbol{D} = \boldsymbol{A} + (-\boldsymbol{B}) \tag{1-34}$$

图 1-13(b)表示从 $\boldsymbol{A}$ 减去 $\boldsymbol{B}$。

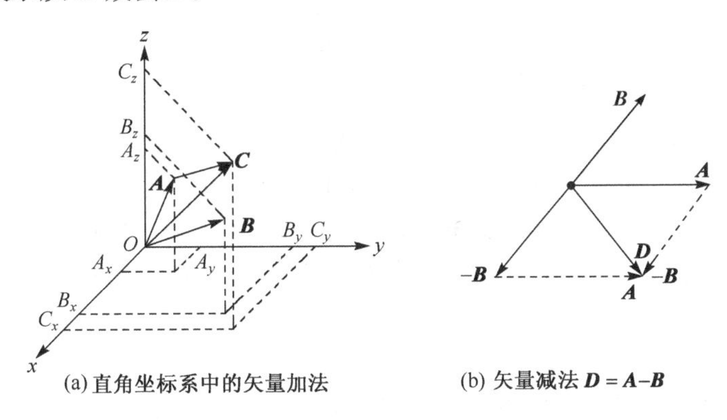

(a) 直角坐标系中的矢量加法　　(b) 矢量减法 $\boldsymbol{D}=\boldsymbol{A}-\boldsymbol{B}$

图 1-13　矢量的加、减法运算

1.3.2　矢量的乘法运算

1. 矢量与标量的乘积

如果矢量 $\boldsymbol{A}$ 乘以标量 k，得矢量 $\boldsymbol{B}$，则

$$\boldsymbol{B} = k\boldsymbol{A} \tag{1-35}$$

$\boldsymbol{B}$ 的大小等于 $\boldsymbol{A}$ 的大小的 $|k|$ 倍。若 $k>0$，则 $\boldsymbol{B}$ 与 $\boldsymbol{A}$ 同方向；若 $k<0$，则 $\boldsymbol{B}$ 与 $\boldsymbol{A}$ 反方向。若 $|k|>1$，则 $\boldsymbol{B}$ 比 $\boldsymbol{A}$ 长；若 $|k|<1$，则 $\boldsymbol{B}$ 比 $\boldsymbol{A}$ 短。我们还应记住，$\boldsymbol{B}$ 平行于 $\boldsymbol{A}$，指的是两者的方向相同或相反，$\boldsymbol{B}$ 经常称为 $\boldsymbol{A}$ 的相依矢量(dependent vector)。

2. 两矢量的乘积

两矢量的乘积有两种定义：点乘(dot product)和叉乘(cross product)。

1) 两矢量的点乘

$\boldsymbol{A}$ 和 $\boldsymbol{B}$ 两矢量的点乘又称为点积或标量积，写成 $\boldsymbol{A}\cdot\boldsymbol{B}$，读作"$\boldsymbol{A}$ 点乘 $\boldsymbol{B}$"。它定义为两矢量的大小与它们之间夹角的余弦之积，如图 1-14 所示。

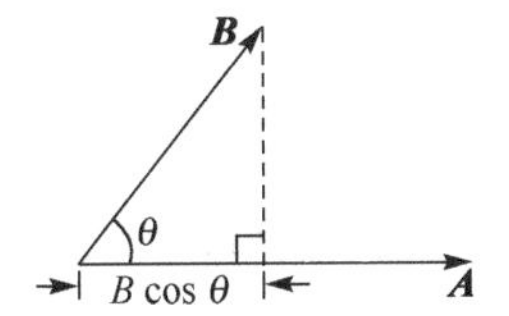

图 1-14　点积的意义

$$\boldsymbol{A}\cdot\boldsymbol{B} = AB\cos\theta \tag{1-36}$$

$\boldsymbol{A}$ 和 $\boldsymbol{B}$ 的点积是一个标量，因此，点积也称为标量积(scalar product)。当两矢量同向时，点积最大。如果两非零矢量的点积为零，则说明该两矢量是正交的。

两矢量的点乘服从交换律和分配律：

$$\boldsymbol{A}\cdot\boldsymbol{B} = \boldsymbol{B}\cdot\boldsymbol{A} \tag{1-37a}$$

$$\boldsymbol{A}\cdot(\boldsymbol{B}+\boldsymbol{C})=\boldsymbol{A}\cdot\boldsymbol{B}+\boldsymbol{A}\cdot\boldsymbol{C} \tag{1-37b}$$

$$k(\boldsymbol{A}\cdot\boldsymbol{B})=(k\boldsymbol{A})\cdot\boldsymbol{B}=\boldsymbol{A}\cdot(k\boldsymbol{B}) \tag{1-37c}$$

式(1-36)中的 $B\cos\theta$ 可看作 $\boldsymbol{B}$ 在 $\boldsymbol{A}$ 上的投影，即

$$B\cos\theta=\frac{\boldsymbol{A}\cdot\boldsymbol{B}}{A}=\boldsymbol{B}\cdot\boldsymbol{a}_A \tag{1-38}$$

式中，$\boldsymbol{a}_A=\dfrac{\boldsymbol{A}}{A}$ 表示矢量 $\boldsymbol{A}$ 的单位矢量。

当 $\boldsymbol{A}\neq\boldsymbol{0}$ 和 $\boldsymbol{B}\neq\boldsymbol{0}$ 时，$\boldsymbol{A}$ 和 $\boldsymbol{B}$ 两矢量之间的夹角为

$$\cos\theta=\frac{\boldsymbol{A}\cdot\boldsymbol{B}}{AB} \tag{1-39}$$

用式(1-36)还能决定矢量 $\boldsymbol{A}$ 的大小，即

$$A=\sqrt{\boldsymbol{A}\cdot\boldsymbol{A}} \tag{1-40}$$

例 1-5　若 $\boldsymbol{A}\cdot\boldsymbol{B}=\boldsymbol{A}\cdot\boldsymbol{C}$，是否意味着 $\boldsymbol{B}$ 等于 $\boldsymbol{C}$ 呢?

解　因为 $\boldsymbol{A}\cdot\boldsymbol{B}=\boldsymbol{A}\cdot\boldsymbol{C}$ 可以写成 $\boldsymbol{A}\cdot(\boldsymbol{B}-\boldsymbol{C})=\boldsymbol{0}$，所以：①$\boldsymbol{A}$ 可能垂直于 $\boldsymbol{B}-\boldsymbol{C}$；②$\boldsymbol{A}$ 可能是一个零矢量；③可能 $\boldsymbol{B}-\boldsymbol{C}=\boldsymbol{0}$。所以，只有在 $\boldsymbol{B}-\boldsymbol{C}=\boldsymbol{0}$ 的条件下，才有 $\boldsymbol{B}=\boldsymbol{C}$。因此，$\boldsymbol{A}\cdot\boldsymbol{B}=\boldsymbol{A}\cdot\boldsymbol{C}$ 并不意味着 $\boldsymbol{B}=\boldsymbol{C}$。

2) 两矢量的叉乘

$\boldsymbol{A}$ 和 $\boldsymbol{B}$ 两矢量的叉乘又称为叉积或矢量积，写成 $\boldsymbol{A}\times\boldsymbol{B}$，读作"$\boldsymbol{A}$ 叉乘 $\boldsymbol{B}$"。叉积是一个矢量，它的方向垂直于 $\boldsymbol{A}$ 和 $\boldsymbol{B}$ 所决定的平面，$\boldsymbol{A}$、$\boldsymbol{B}$ 及其叉积的方向满足右手螺旋定则。叉积的大小等于 $\boldsymbol{A}$、$\boldsymbol{B}$ 两矢量的大小与它们之间夹角的正弦之积，即

$$\boldsymbol{A}\times\boldsymbol{B}=AB\sin\theta\,\boldsymbol{a}_n \tag{1-41}$$

式中，$\boldsymbol{a}_n$ 表示叉积 $\boldsymbol{A}\times\boldsymbol{B}$ 的方向的单位矢量。当右手四指从 $\boldsymbol{A}$ 转向 $\boldsymbol{B}$ 时，拇指的方向即为 $\boldsymbol{a}_n$ 的方向，如图 1-15 所示。

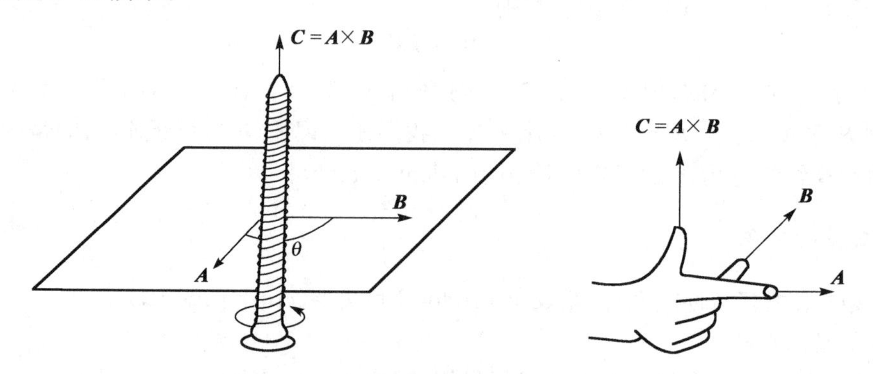

图 1-15　决定叉积 $\boldsymbol{C}=\boldsymbol{A}\times\boldsymbol{B}$ 方向的右手螺旋定则

如果用 $\boldsymbol{C}$ 表示两矢量 $\boldsymbol{A}$ 和 $\boldsymbol{B}$ 的叉积，即

$$\boldsymbol{C}=\boldsymbol{A}\times\boldsymbol{B} \tag{1-42}$$

则

$$C\boldsymbol{a}_n=(A\boldsymbol{a}_A)\times(B\boldsymbol{a}_B)=(\boldsymbol{a}_A\times\boldsymbol{a}_B)AB$$

式中，$\boldsymbol{a}_A$ 和 $\boldsymbol{a}_B$ 分别表示矢量 $\boldsymbol{A}$ 和 $\boldsymbol{B}$ 的单位矢量。

单位矢量 $\boldsymbol{a}_n$ 为

$$\boldsymbol{a}_n = \frac{\boldsymbol{a}_A \times \boldsymbol{a}_B}{\sin\theta} \tag{1-43}$$

从图 1-15 中可知

$$\boldsymbol{A} \times \boldsymbol{B} = -\boldsymbol{B} \times \boldsymbol{A} \tag{1-44}$$

所以矢量积不服从交换律，而服从分配律

$$\boldsymbol{A} \times (\boldsymbol{B} + \boldsymbol{C}) = \boldsymbol{A} \times \boldsymbol{B} + \boldsymbol{A} \times \boldsymbol{C} \tag{1-45a}$$

$$(k\boldsymbol{A}) \times \boldsymbol{B} = k(\boldsymbol{A} \times \boldsymbol{B}) = \boldsymbol{A} \times (k\boldsymbol{B}) \tag{1-45b}$$

我们还能够证明，两矢量平行的必要和充分条件是它们的矢量积为零。

例 1-6　证明拉格朗日恒等式，即如果 $\boldsymbol{A}$ 和 $\boldsymbol{B}$ 是任意两矢量，则

$$|\boldsymbol{A} \times \boldsymbol{B}|^2 = A^2B^2 - (\boldsymbol{A} \cdot \boldsymbol{B})^2$$

证明　从两矢量的矢量积定义，有

$$\begin{aligned}|\boldsymbol{A} \times \boldsymbol{B}|^2 &= A^2B^2\sin^2\theta = A^2B^2(1-\cos^2\theta)\\ &= A^2B^2 - A^2B^2\cos^2\theta\\ &= A^2B^2 - (\boldsymbol{A} \cdot \boldsymbol{B})^2\end{aligned}$$

例 1-7　用矢量推导三角形的正弦定律。

解　由图 1-16，有

$$\boldsymbol{B} = \boldsymbol{C} - \boldsymbol{A}$$

因为 $\boldsymbol{B} \times \boldsymbol{B} = \boldsymbol{0}$，故可写出

$$\boldsymbol{B} \times (\boldsymbol{C} - \boldsymbol{A}) = \boldsymbol{0}$$

或

$$\boldsymbol{B} \times \boldsymbol{C} = \boldsymbol{B} \times \boldsymbol{A}$$

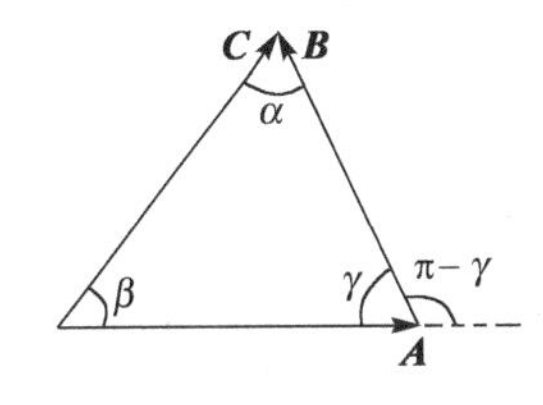

图 1-16　矢量三角形

$$BC\sin\alpha = BA\sin(\pi - \gamma) = BA\sin\gamma$$

所以

$$\frac{A}{\sin\alpha} = \frac{C}{\sin\gamma}$$

同样，可以证明

$$\frac{A}{\sin\alpha} = \frac{B}{\sin\beta}$$

于是，证明三角形的正弦定律为

$$\frac{A}{\sin\alpha} = \frac{B}{\sin\beta} = \frac{C}{\sin\gamma}$$

在直角坐标系中，矢量 $\boldsymbol{A}$ 和 $\boldsymbol{B}$ 的点积可表示为

$$\boldsymbol{A} \cdot \boldsymbol{B} = A_xB_x + A_yB_y + A_zB_z \tag{1-46}$$

利用式(1-46)，能用 $\boldsymbol{A}$ 的分量计算 $\boldsymbol{A}$ 的大小，即

$$A = \sqrt{\boldsymbol{A} \cdot \boldsymbol{A}} = \sqrt{A_x^2 + A_y^2 + A_z^2} \tag{1-47}$$

例 1-8　设 $\boldsymbol{A} = 3\boldsymbol{a}_x + 2\boldsymbol{a}_y - \boldsymbol{a}_z$，$\boldsymbol{B} = \boldsymbol{a}_x - 3\boldsymbol{a}_y + 2\boldsymbol{a}_z$，若 $\boldsymbol{C} = 2\boldsymbol{A} - 3\boldsymbol{B}$，求 $\boldsymbol{C}$，并求单位矢量 $\boldsymbol{a}_c$ 及其与 z 轴构成的角。

解　$\boldsymbol{C} = 2\boldsymbol{A} - 3\boldsymbol{B}$

$$= 2(3\boldsymbol{a}_x + 2\boldsymbol{a}_y - \boldsymbol{a}_z) - (3\boldsymbol{a}_x - 3\boldsymbol{a}_y + 2\boldsymbol{a}_z) = 3\boldsymbol{a}_x + 13\boldsymbol{a}_y - 8\boldsymbol{a}_z$$

由式(1-47),矢量$\boldsymbol{C}$的大小是

$$C=\sqrt{3^2+13^2+(-8)^2}=15.556$$

C的单位方向矢量是

$$\boldsymbol{a}_c=\frac{\boldsymbol{C}}{C}=0.193\,\boldsymbol{a}_x+0.836\,\boldsymbol{a}_y-0.514\,\boldsymbol{a}_z$$

单位矢量$\boldsymbol{a}_c$与z轴构成的角为

$$\theta_z=\arccos\left(\frac{C_z}{C}\right)=\arccos\left(\frac{-8}{15.556}\right)=120.95^\circ$$

例 1-9 证明下列矢量是正交的:

$$\boldsymbol{A}=4\boldsymbol{a}_x+6\boldsymbol{a}_y-2\boldsymbol{a}_z,\quad \boldsymbol{B}=-2\boldsymbol{a}_x+4\boldsymbol{a}_y+8\boldsymbol{a}_z$$

证明 两非零矢量正交,它们的点积$\boldsymbol{A}\cdot\boldsymbol{B}$一定为零。经计算,得

$$\boldsymbol{A}\cdot\boldsymbol{B}=4\times(-2)+6\times4+(-2)\times8=0$$

所以$\boldsymbol{A}$、$\boldsymbol{B}$两矢量正交。

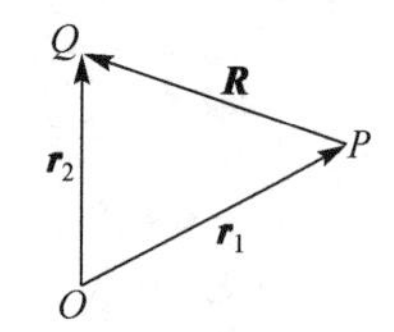

图 1-17 从点P到点Q的距离矢量(点Q相对于点P的位置矢量)

例 1-10 求从点$P(x_1,y_1,z_1)$到点$Q(x_2,y_2,z_2)$的矢量$\boldsymbol{R}$。

解 从一点到另一点的矢量称为距离矢量。令$\boldsymbol{r}_1$和$\boldsymbol{r}_2$分别表示点P和点Q的位置矢量,如图 1-17 所示,则

$$\boldsymbol{r}_1=x_1\,\boldsymbol{a}_x+y_1\,\boldsymbol{a}_y+z_1\,\boldsymbol{a}_z$$

$$\boldsymbol{r}_2=x_2\,\boldsymbol{a}_x+y_2\,\boldsymbol{a}_y+z_2\,\boldsymbol{a}_z$$

图 1-17 表明,从点P到点Q的距离矢量(又称点Q相对于点P的位置矢量)$\boldsymbol{R}$为

$$\boldsymbol{R}=\boldsymbol{r}_2-\boldsymbol{r}_1=(x_2-x_1)\,\boldsymbol{a}_x+(y_2-y_1)\,\boldsymbol{a}_y+(z_2-z_1)\,\boldsymbol{a}_z$$

在直角坐标系中,$\boldsymbol{A}$和$\boldsymbol{B}$两矢量的叉乘也可用它们的分量进行计算。令$\boldsymbol{C}=\boldsymbol{A}\times\boldsymbol{B}$,则

$$\begin{aligned}\boldsymbol{C}&=(A_x\,\boldsymbol{a}_x+A_y\,\boldsymbol{a}_y+A_z\,\boldsymbol{a}_z)\times(B_x\,\boldsymbol{a}_x+B_y\,\boldsymbol{a}_y+B_z\,\boldsymbol{a}_z)\\&=(A_yB_z-A_zB_y)\boldsymbol{a}_x+(A_zB_x-A_xB_z)\boldsymbol{a}_y+(A_xB_y-A_yB_x)\boldsymbol{a}_z\end{aligned}$$

用行列式可表示为

$$\boldsymbol{C}=\boldsymbol{A}\times\boldsymbol{B}=\begin{vmatrix}\boldsymbol{a}_x & \boldsymbol{a}_y & \boldsymbol{a}_z\\ A_x & A_y & A_z\\ B_x & B_y & B_z\end{vmatrix}\tag{1-48}$$

在圆柱坐标系中,如果两矢量$\boldsymbol{A}$和$\boldsymbol{B}$定义在一个公共点$P(\rho,\phi,z)$或在同一个$\phi=$常数的半平面内,则可以像在直角坐标系中一样,对这两矢量直接进行加、减和乘法运算。例如,如果在点$P(\rho,\phi,z)$的两矢量是$\boldsymbol{A}=A_\rho\,\boldsymbol{a}_\rho+A_\phi\,\boldsymbol{a}_\phi+A_z\,\boldsymbol{a}_z$和$\boldsymbol{B}=B_\rho\,\boldsymbol{a}_\rho+B_\phi\,\boldsymbol{a}_\phi+B_z\,\boldsymbol{a}_z$,则

$$\boldsymbol{A}+\boldsymbol{B}=(A_\rho+B_\rho)\,\boldsymbol{a}_\rho+(A_\phi+B_\phi)\,\boldsymbol{a}_\phi+(A_z+B_z)\,\boldsymbol{a}_z\tag{1-49a}$$

$$\boldsymbol{A}\cdot\boldsymbol{B}=A_\rho B_\rho+A_\phi B_\phi+A_zB_z\tag{1-49b}$$

$$\boldsymbol{A}\times\boldsymbol{B}=\begin{vmatrix}\boldsymbol{a}_\rho & \boldsymbol{a}_\phi & \boldsymbol{a}_z\\ A_\rho & A_\phi & A_z\\ B_\rho & B_\phi & B_z\end{vmatrix}\tag{1-49c}$$

例 1-11 $\boldsymbol{A}$和$\boldsymbol{B}$两矢量定义在空间某一点$P(r,\theta,\varphi)$,$\boldsymbol{A}=10\boldsymbol{a}_r+30\boldsymbol{a}_\theta-10\boldsymbol{a}_\varphi$,$\boldsymbol{B}=-3\boldsymbol{a}_r-10\boldsymbol{a}_\theta+20\boldsymbol{a}_\varphi$。求:① $2\boldsymbol{A}-5\boldsymbol{B}$;② $\boldsymbol{A}\cdot\boldsymbol{B}$;③ $\boldsymbol{A}\times\boldsymbol{B}$;④$\boldsymbol{A}$在$\boldsymbol{B}$方向上的投影;⑤垂直于$\boldsymbol{A}$和$\boldsymbol{B}$两矢量的单位矢量。

解　因为 $\boldsymbol{A}$ 和 $\boldsymbol{B}$ 两矢量定义在同一点 P，所以矢量的加、减法可以在球坐标系中直接进行。

① $2\boldsymbol{A}-5\boldsymbol{B}=(20+15)\,\boldsymbol{a}_r+(60+50)\,\boldsymbol{a}_\theta+(-20-100)\,\boldsymbol{a}_\varphi$

$=35\,\boldsymbol{a}_r+110\,\boldsymbol{a}_\theta-120\,\boldsymbol{a}_\varphi$

② $\boldsymbol{A}\cdot\boldsymbol{B}=10\times(-3)+30\times(-10)+(-10)\times 20=-530$

③ $\boldsymbol{A}\times\boldsymbol{B}=\begin{vmatrix}\boldsymbol{a}_r & \boldsymbol{a}_\theta & \boldsymbol{a}_\varphi\\ 10 & 30 & -10\\ -3 & -10 & 20\end{vmatrix}=500\,\boldsymbol{a}_r-170\,\boldsymbol{a}_\theta-10\,\boldsymbol{a}_\varphi$

④$\boldsymbol{B}$ 的大小为 $B=\sqrt{(-3)^2+(-10)^2+(20)^2}=22.561$，所以 $\boldsymbol{A}$ 在 $\boldsymbol{B}$ 上的投影是

$$\boldsymbol{A}\cdot\boldsymbol{a}_B=\frac{\boldsymbol{A}\cdot\boldsymbol{B}}{B}=\frac{-530}{22.561}=-23.492$$

⑤有两个单位矢量垂直于 $\boldsymbol{A}$ 和 $\boldsymbol{B}$，其中一个单位矢量是

$$\boldsymbol{a}_{n_1}=\frac{\boldsymbol{A}\times\boldsymbol{B}}{|\boldsymbol{A}\times\boldsymbol{B}|}=\frac{500\,\boldsymbol{a}_r-170\,\boldsymbol{a}_\theta-10\,\boldsymbol{a}_\varphi}{\sqrt{500^2+170^2+10^2}}$$

$$=0.947\,\boldsymbol{a}_r-0.322\,\boldsymbol{a}_\theta-0.019\,\boldsymbol{a}_\varphi$$

另一个单位矢量是

$$\boldsymbol{a}_{n_2}=-\boldsymbol{a}_{n_1}=-0.947\,\boldsymbol{a}_r+0.322\,\boldsymbol{a}_\theta+0.019\,\boldsymbol{a}_\varphi$$

1.3.3　矢量的积分运算

当表达电磁场的基本定律时，常常要用到场量在区域中的线积分、面积分和体积分。例如，我们用电场强度的线积分定义位函数；用体电流密度的面积分来决定通过导线的电流。清楚理解这些空间积分对于研究电磁场理论是很重要的。此外，我们经常用积分形式表达最后的结果，以阐明它的物理意义。所以，现在简单讨论矢量的线、面和体三种积分的概念。通常，矢量场的线积分、面积分和体积分随着应用场合的不同，会具有不同的物理意义。

1. 矢量的线积分和矢量场的环流量

一个矢量场 $\boldsymbol{F}$ 沿路径 c 的线积分定义为

$$\int_c \boldsymbol{F}\cdot \mathrm{d}\boldsymbol{l}=\lim_{\substack{n\to\infty\\ \Delta \boldsymbol{l}_i\to 0}}\sum_{i=1}^{n}\boldsymbol{F}_i\cdot\Delta\boldsymbol{l}_i \tag{1-50}$$

在直角坐标系中

$$\int_c \boldsymbol{F}\cdot\mathrm{d}\boldsymbol{l}=\int_c|\boldsymbol{F}|\cos\theta\mathrm{d}\boldsymbol{l}=\int_{c_x}F_x\mathrm{d}x+\int_{c_y}F_y\mathrm{d}y+\int_{c_z}F_z\mathrm{d}z$$

矢量的线积分路径可以是一条开放曲线，也可以是一条闭合曲线。当 c 为闭合曲线时，如图 1-18 所示的 a、b 两点重合。这样在一个闭合路径上的积分通常用积分符号 $\oint_c$ 来表示。矢量场沿闭合路径的线积分为一个标量，称为**矢量场的环流量**。矢量场的环流量是描绘矢量场性质的一个重要物理量。以流体的速度矢量场 $\boldsymbol{v}$ 为例，$\boldsymbol{v}$ 沿某一闭合路径的积分，即 $\boldsymbol{v}$ 的环流量

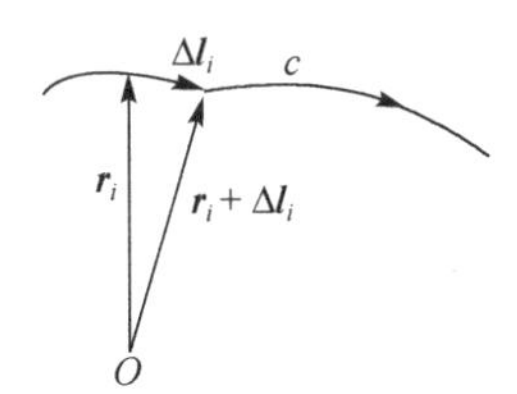

图 1-18　三维空间沿路径 c 的线微分元 $\Delta\boldsymbol{l}_i$

有两种结果:一是环流量为零,表示该流体的流动是无漩涡的流动;二是环流量不等于零,表示该流体沿闭合回路是漩涡状流动。

例 1-12 当空间有静止电荷 q 存在时,在它周围会产生静电场 $\boldsymbol{E}(\boldsymbol{r})=\frac{q}{4\pi\varepsilon r^2}\boldsymbol{a}_r$。其中,$\boldsymbol{r}=r\boldsymbol{a}_r$ 为源点指向场点的位置矢量。静电场是一种守恒的矢量场,证明静电场在闭合路径上的环流量为零,即

$$\oint_c \boldsymbol{E}\cdot \mathrm{d}\boldsymbol{l}=0 \tag{1-51}$$

证明 在证明式(1-51)以前,首先介绍立体角的概念。在一个半径为 R 的球面上任取一个面元 $\mathrm{d}\boldsymbol{s}$,则此面元可构成一个以球心为定点的锥体,如图 1-19(a)所示,定义 $\mathrm{d}\boldsymbol{s}$ 与 R^2 的比值为 $\mathrm{d}\boldsymbol{s}$ 对球心所张的立体角,用 $\mathrm{d}\Omega$ 表示,单位为 sr。实际上,立体角指的是锥体的空间角度,所以整个球面对球心的立体角显然应是 $\frac{4\pi R^2}{R^2}=4\pi$ 。

一个不是球面上的面元 $\mathrm{d}\boldsymbol{s}$ 对 O 点所张的立体角也可以这样计算。以 O 点为球心,O 点到 $\mathrm{d}\boldsymbol{s}$ 的距离 R 为半径作一个球面,取 $\mathrm{d}\boldsymbol{s}$ 在球面上的投影 $\mathrm{d}\boldsymbol{s}\cdot\boldsymbol{a}_r$ 与 R^2 的比值,即面元 $\mathrm{d}\boldsymbol{s}$ 对 O 点所张的立体角:

$$\mathrm{d}\Omega=\frac{\mathrm{d}\boldsymbol{s}\cdot\boldsymbol{a}_r}{R^2}=\frac{\mathrm{d}s\cos\theta}{R^2} \tag{1-52}$$

一个任意形状的闭合曲面对一点 O 所张的立体角有两种情况:一种情况是 O 点在闭合面内,可以以 O 点为球心、任意半径作一个球面(图 1-19(a)),则闭合面上任一面元 $\mathrm{d}\boldsymbol{s}$ 对 O 点所张的立体角就是它对 O 点构成的锥体在球面上割出的球面元所张的立体角。可见,任意闭合面对 O 点所张立体角与球面对 O 点所张的立体角是相等的,即 4π。另一种情况是 O 点位于任意闭合面之外(图 1-19(b)),不难看出,它所张的立体角为零。这是因为闭合面相对的两个部分表面的立体角等值异号的结果。

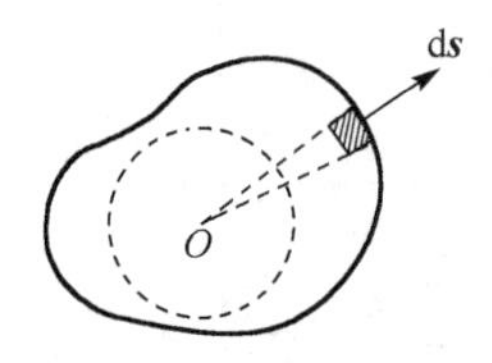

(a) O点在闭合面内所张立体角

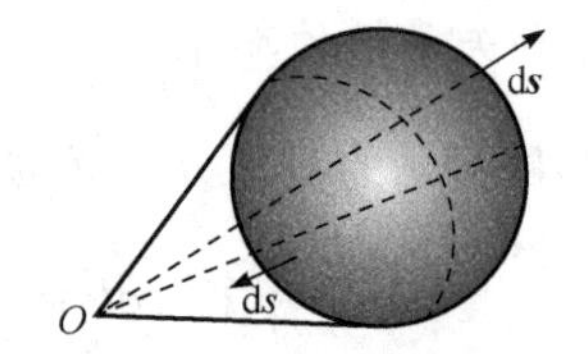

(b) O点在闭合面外所张立体角

图 1-19 立体角的概念

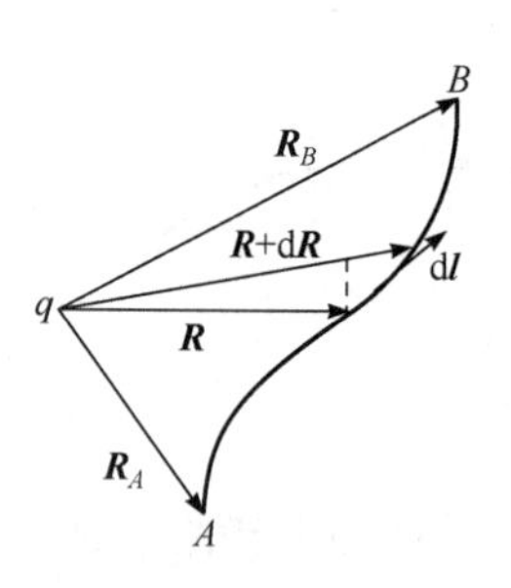

图 1-20 计算静电场的环流量

在点电荷 q 的电场中任取一条曲线 AB,如图 1-20 所示,$\mathrm{d}\boldsymbol{l}$ 为线微分元,$\mathrm{d}\boldsymbol{l}$ 两端点到源点 q 的距离之差为 $\mathrm{d}\boldsymbol{R}$,$\mathrm{d}\boldsymbol{R}$ 的大小即 $\mathrm{d}\boldsymbol{l}$ 在 $\boldsymbol{R}$ 方向上的投影。则电场强度 $\boldsymbol{E}(r)$ 沿此曲线的线积分为

$$\int_l \boldsymbol{E}\cdot\mathrm{d}\boldsymbol{l}=\frac{q}{4\pi\varepsilon_0}\int_l\frac{\boldsymbol{a}_R\cdot\mathrm{d}\boldsymbol{l}}{R^2}=\frac{q}{4\pi\varepsilon_0}\int_{R_A}^{R_B}\frac{\mathrm{d}R}{R^2}=\frac{q}{4\pi\varepsilon_0}\left(\frac{1}{R_A}-\frac{1}{R_B}\right)$$

当积分路径为闭合曲线时,即 A、B 两点重合时,得到

$$\oint_c \boldsymbol{E}\cdot\mathrm{d}\boldsymbol{l}=0$$

可见,静电场的环流量为零。这说明静电场是守恒场,即当试验

电荷 q 在静电场中沿闭合回路移动一周时，电场力所做的功$\oint_c q\boldsymbol{E}\cdot \mathrm{d}\boldsymbol{l}=q\oint_c \boldsymbol{E}\cdot \mathrm{d}\boldsymbol{l}=0$，电场能量既无损失也无增加。

例 1-13　当空间存在恒定电流 I 时，其周围空间会产生恒定磁场。设沿回路 c' 流动的电流产生的磁场强度为

$$\boldsymbol{H}=\frac{1}{4\pi}\oint_{c'}\frac{I\mathrm{d}\boldsymbol{l}\times \boldsymbol{r}}{r^3}=\frac{1}{4\pi}\oint_{c'}\frac{I\mathrm{d}\boldsymbol{l}\times \boldsymbol{a}_r}{r^2}$$

求恒定磁场 $\boldsymbol{H}(r)$ 的环流量。

解　在电流回路 c' 的恒定磁场中任取一闭合回路 c，如图 1-21 所示。用 $\mathrm{d}\boldsymbol{l}$ 和 $\mathrm{d}\boldsymbol{l}'$ 分别表示 c 和 c' 上的线元，利用矢量混合积的轮换性可得磁场的环流量为

$$\begin{aligned}\oint_c \boldsymbol{H}\cdot \mathrm{d}\boldsymbol{l}&=\oint_c\frac{I}{4\pi}\oint_{c'}\frac{\mathrm{d}\boldsymbol{l}'\times \boldsymbol{a}_r}{r^2}\cdot \mathrm{d}\boldsymbol{l}=-\frac{I}{4\pi}\oint_c\oint_{c'}\frac{(-\mathrm{d}\boldsymbol{l}\times \mathrm{d}\boldsymbol{l}')\cdot \boldsymbol{a}_r}{r^2}\\&=\frac{I}{4\pi}\oint_c\oint_{c'}\frac{-\mathrm{d}\boldsymbol{l}\times \mathrm{d}\boldsymbol{l}'}{r^2}\cdot(-\boldsymbol{a}_r)\end{aligned}$$

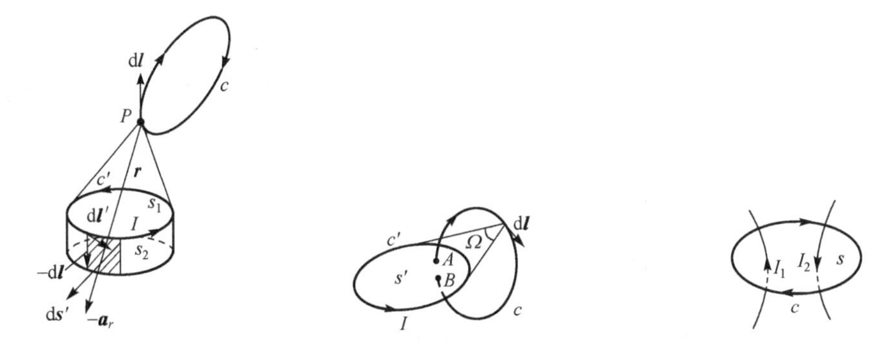

(a)回路 c' 的磁场 $\boldsymbol{H}$ 沿回路 c 的线积分　(b)积分回路 c 与电流回路 c' 相交链　(c)积分回路 c 包围的总电流 $\sum I=I_2-I_1$

图 1-21　恒定磁场的环流量求解

图 1-21(a)中，点 P 是闭合路径 c 上的一个点，电流回路 c' 所包围的表面对场点 P 构成一个立体角 Ω。P 点沿回路 c 位移 $\mathrm{d}\boldsymbol{l}$ 时，立体角将改变 $\mathrm{d}\Omega$。从相对运动的观点，相当于 P 点保持不动而回路 c' 位移 $-\mathrm{d}\boldsymbol{l}$，则回路包围的表面由 s_1 变为 s_2，增量为 $\mathrm{d}\boldsymbol{s}'$。图 1-21(a)中，阴影部分的面元为 $-\mathrm{d}\boldsymbol{l}\times \mathrm{d}\boldsymbol{l}'$，因此 $\mathrm{d}\boldsymbol{s}'$ 为

$$\mathrm{d}\boldsymbol{s}'=\oint_{c'}(-\mathrm{d}\boldsymbol{l}\times \mathrm{d}\boldsymbol{l}')$$

即图中的环形表面，立体角的相应改变为

$$\mathrm{d}\Omega=\oint_{c'}\frac{(-\mathrm{d}\boldsymbol{l}\times \mathrm{d}\boldsymbol{l}')\cdot(-\boldsymbol{a}_r)}{r^2}$$

这就是 P 点位移 $\mathrm{d}\boldsymbol{l}$ 后立体角的改变量。那么点 P 沿 c 回路移动一周时，立体角的总增量为

$$\Delta\Omega=\oint_c \mathrm{d}\Omega=\oint_c\oint_{c'}\frac{(-\mathrm{d}\boldsymbol{l}\times \mathrm{d}\boldsymbol{l}')\cdot(-\boldsymbol{a}_r)}{r^2}$$

所以

$$\oint_c \boldsymbol{H}\cdot \mathrm{d}\boldsymbol{l}=\frac{I}{4\pi}\Delta\Omega \tag{1-53}$$

可见,恒定磁场环流量的结果取决于 $\Delta\Omega$,一般分为两种情况。

(1)积分回路 c 不与电流回路 c' 相交链,如图 1-21(a)所示。这时,某点沿闭合回路 c 绕行一周回到起始点时,立体角又恢复到原来的值,即 $\Delta\Omega=0$,则式(1-53)的结果为

$$\oint_c \boldsymbol{H}\cdot \mathrm{d}\boldsymbol{l}=0$$

(2)积分回路 c 与电流回路 c' 相交链,即 c 穿过 c' 所包围的面 s' 的情况,如图 1-21(b)所示。取积分回路的起点为在 s' 面上侧的 A 点,终点为在 s' 面下侧的 B 点。由于面元对它上表面上的点所张的立体角为 -2π,而对下表面上的点所张的立体角为 2π,故 s' 对 A 点的立体角为 -2π,对 B 点的立体角为 2π,因而 $\Delta\Omega=2\pi-(-2\pi)=4\pi$,于是有

$$\oint_c \boldsymbol{H}\cdot \mathrm{d}\boldsymbol{l}=\frac{I}{4\pi}(4\pi)=I$$

因为 c 与 c' 相交链,所以 I 也就是穿过回路 c 所包围的面 s 的电流。而且当电流与回路 c 存在右手螺旋关系时,I 为正;反之,I 为负。综合上述两种情况,用一个方程(积分形式)表示恒定磁场的环流量为

$$\oint_c \boldsymbol{H}\cdot \mathrm{d}\boldsymbol{l}=\sum I$$

式中,$\sum I$ 是 c 所包围电流的代数和。如果电流在一个面上连续分布,电流密度为 $\boldsymbol{J}$,则

$$\oint_c \boldsymbol{H}\cdot \mathrm{d}\boldsymbol{l}=\int_s \boldsymbol{J}\cdot \mathrm{d}\boldsymbol{s} \tag{1-54}$$

通过本例可知,恒定磁场与静电场不同,它是具有环流量的场,为有旋场。

2. 矢量的面积分和矢量场的通量

为了求一个矢量场 $\boldsymbol{F}$ 的面积分,可将给定的面 $\boldsymbol{s}$ 划分成 n 个面微分元 $\Delta\boldsymbol{s}_i$,使每个面微分元都趋近于零。计算 $\boldsymbol{F}$ 的面积分时,由矢量场 $\boldsymbol{F}$ 与每一面元 $\Delta\boldsymbol{s}$ 的点积求和并取极限,即矢量的面积分定义为

$$\int_s \boldsymbol{F}\cdot \mathrm{d}\boldsymbol{s}=\lim_{\substack{n\to\infty\\ \Delta s_i\to 0}}\sum_{i=1}^{n}\boldsymbol{F}_i\cdot\Delta\boldsymbol{s}_i \tag{1-55}$$

在直角坐标系中

$$\int_s \boldsymbol{F}\cdot \mathrm{d}\boldsymbol{s}=\int_s |\boldsymbol{F}|\cos\theta \mathrm{d}s=\iint F_x\mathrm{d}y\mathrm{d}z+\iint F_y\mathrm{d}x\mathrm{d}z+\iint F_z\mathrm{d}x\mathrm{d}y \tag{1-56}$$

积分面可以是开放曲面,也可以是闭合曲面。在闭合曲面上的积分用带圈的积分号 $\oint_s$ 表示。积分面方向的确定:闭合曲面的方向为它的外法线方向,开放曲面的方向与曲面边界线的方向满足右手螺旋定则。一个矢量场的面积分称为矢量场通过该曲面的通量。通量是一个标量,它也是用来描述矢量场特性的一个重要物理量。如磁感应强度 $\boldsymbol{B}$ 通过任意曲面的通量就是磁通量 Φ。

还是以流体的速度场 $\boldsymbol{v}$ 为例,如果穿过闭合面 $\boldsymbol{s}$ 的 $\boldsymbol{v}$ 的通量不等于零,则表示闭合面包围的体积内有该流体流出或流入。如 $\oint_s \boldsymbol{v}\cdot \mathrm{d}\boldsymbol{s}>0$,则表示每秒有该流体的净流量流出,说明体积内必定存在着该流体的“源”,称为“涡旋源”;反之,若 $\oint_s \boldsymbol{v}\cdot \mathrm{d}\boldsymbol{s}<0$,则表示每秒有该流体的

净流量流入闭合面包围的体积内，说明体积内存在该流体的“沟”(或称负源)。当然，前一种情况体积内也可能存在“沟”，但源总是大于沟；后一种情况刚好反过来，体积内总是沟大于源。如果$\oint_s \boldsymbol{v}\cdot \mathrm{d}\boldsymbol{s}=0$，则流入体积内和从体积内流出的该流体的流量相等，即体积内“源”和“沟”的总和为零，或体积内既无源也无沟。

例 1-14　证明在半径为 b 的球面上，$\oint \mathrm{d}\boldsymbol{s}=0$。

证明　在半径为 b 的球面上，外法线方向的单位矢量 $\boldsymbol{a}_r$ 的方向如图 1-22 所示。因此

$$\oint_s \mathrm{d}\boldsymbol{s}=\int_{\theta=0}^{\pi}\int_{\varphi=0}^{2\pi}\boldsymbol{a}_r b^2\sin\theta\mathrm{d}\theta\mathrm{d}\varphi$$

因为单位矢量 $\boldsymbol{a}_r$ 是 θ 和 φ 的函数，所以建立直角坐标系，在直角坐标系中用单位矢量来表示 $\boldsymbol{a}_r$，$\boldsymbol{a}_r=\sin\theta\cos\varphi\boldsymbol{a}_x+\sin\theta\sin\varphi\boldsymbol{a}_y+\cos\theta\boldsymbol{a}_z$，所以

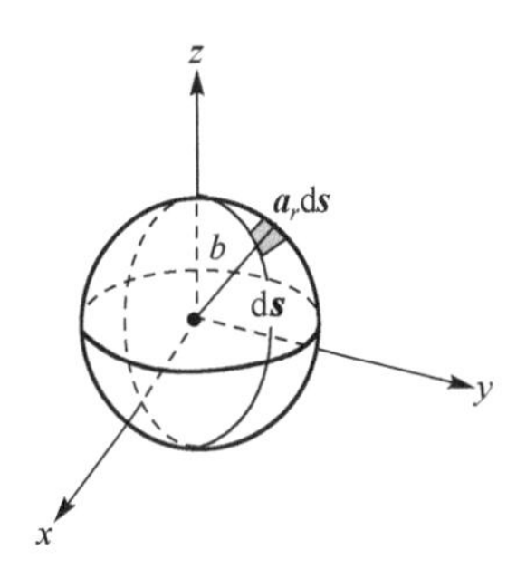

图 1-22　例 1-14 图

$$\oint_s \mathrm{d}\boldsymbol{s}=\boldsymbol{a}_x b^2\int_0^{\pi}\sin^2\theta\mathrm{d}\theta\int_0^{2\pi}\cos\varphi\mathrm{d}\varphi+\boldsymbol{a}_y b^2\int_0^{\pi}\sin^2\theta\mathrm{d}\theta\int_0^{2\pi}\sin\varphi\mathrm{d}\varphi$$
$$+\boldsymbol{a}_z b^2\int_0^{\pi}\sin\theta\cos\theta\mathrm{d}\theta\int_0^{2\pi}\mathrm{d}\varphi=0$$

例 1-15　证明 $\boldsymbol{B}(r)$ 通过任意闭合面的磁通量恒为零。

证明　为了简化计算，只分析真空中的磁场。在直流回路 c 的磁场中任取一闭合面 $\boldsymbol{s}$，则 $\boldsymbol{s}$ 上的磁通量Φ为

$$\oint_s \boldsymbol{B}\cdot\mathrm{d}\boldsymbol{s}=\oint_s\left(\frac{\mu_0}{4\pi}\oint_c\frac{I\mathrm{d}\boldsymbol{l}\times\boldsymbol{a}_r}{r^2}\right)\cdot\mathrm{d}\boldsymbol{s}=\oint_c\frac{\mu_0 I\mathrm{d}\boldsymbol{l}}{4\pi}\cdot\oint_s\frac{\boldsymbol{a}_r\times\mathrm{d}\boldsymbol{s}}{r^2}$$
$$=\oint_c\frac{\mu_0 I\mathrm{d}\boldsymbol{l}}{4\pi}\cdot\oint_s\left(-\nabla\frac{1}{r}\times\mathrm{d}\boldsymbol{s}\right)$$

代入矢量恒等式$\oint_s(\boldsymbol{n}\times\boldsymbol{A})\cdot\mathrm{d}\boldsymbol{s}=\int_v\nabla\times\boldsymbol{A}\mathrm{d}v$，得

$$\oint_s \boldsymbol{B}\cdot\mathrm{d}\boldsymbol{s}=\oint_c\frac{\mu_0 I\mathrm{d}\boldsymbol{l}}{4\pi}\cdot\int_v\nabla\times\nabla\frac{1}{r}\mathrm{d}v$$

因为$\nabla\times\nabla\frac{1}{r}=0$(梯度的旋度等于零)，所以

$$\oint_s \boldsymbol{B}\cdot\mathrm{d}\boldsymbol{s}=0 \tag{1-57}$$

式(1-57)称为磁通连续性方程，表明磁力线总是一些闭合的曲线。这也在客观上证明了自然界不存在孤立的磁荷。

例 1-16　证明静电场的电通量为闭合面 $\boldsymbol{s}$ 所包围的电荷的代数和。

证明　真空中一个点电荷产生的电场的通量为

$$\oint_s \boldsymbol{D}\cdot\mathrm{d}\boldsymbol{s}=\oint_s\frac{q\boldsymbol{a}_r}{4\pi r^2}\cdot\mathrm{d}\boldsymbol{s}=\frac{q}{4\pi}\oint_s\frac{\boldsymbol{a}_r\cdot\mathrm{d}\boldsymbol{s}}{r^2}$$

式中，$\frac{\boldsymbol{a}_r\cdot\mathrm{d}\boldsymbol{s}}{r^2}$ 是面元对点电荷 q 所张的立体角 $\mathrm{d}\Omega$，积分是整个闭合面对点 q 所张的立体角。若点 q 在闭合面内，则该立体角为 4π；若点 q 在闭合面之外，则该立体角为零，因此

$$\oint_s \boldsymbol{D} \cdot \mathrm{d}\boldsymbol{s} = \begin{cases} q, & q \in s \\ 0, & q \notin s \end{cases}$$

若真空中有 n 个点电荷均被闭合面所包围,则

$$\begin{aligned}\oint_s \boldsymbol{D} \cdot \mathrm{d}\boldsymbol{s} &= \oint_s (\boldsymbol{D}_1 + \boldsymbol{D}_2 + \cdots + \boldsymbol{D}_n) \cdot \mathrm{d}\boldsymbol{s} \\ &= \oint_s \boldsymbol{D}_1 \cdot \mathrm{d}\boldsymbol{s} + \oint_s \boldsymbol{D}_2 \cdot \mathrm{d}\boldsymbol{s} + \cdots + \oint_s \boldsymbol{D}_n \cdot \mathrm{d}\boldsymbol{s} = \sum q_i\end{aligned} \tag{1-58}$$

将式(1-58)推广到电荷连续分布的情况。设电荷以体密度 ρ 分布时,式(1-58)改写为

$$\oint_s \boldsymbol{D} \cdot \mathrm{d}\boldsymbol{s} = \int_v \rho \mathrm{d}v$$

式(1-58)和式(1-51)构成了静电场的基本方程,表明了静电场的通量特性和环流量特性。而式(1-57)和式(1-54)构成了恒定磁场的基本方程,表明了恒定磁场的通量特性和环流量特性。

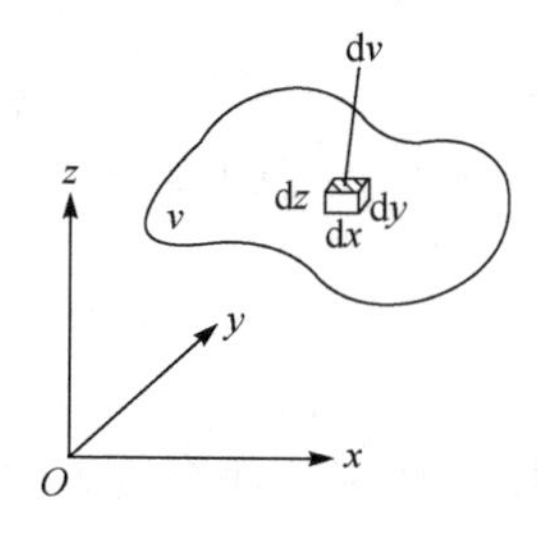

图 1-23 体微分元

3. 体积分

为了定义矢量的体积分(volume integral),将给定体积划分成 n 个微小体积元,如图 1-23 所示。当 $n \to \infty$ 时,每个体积元的体积 $\mathrm{d}v \to 0$ 。为确定体积分,每个体微分元点乘矢量场 $\boldsymbol{F}$,然后求所有体微分元与 $\boldsymbol{F}$ 乘积之和,最后取极限,得

$$\int_v \boldsymbol{F} \mathrm{d}v = \lim_{\substack{n \to \infty \\ \Delta v_i \to 0}} \sum_{i=1}^{n} \boldsymbol{F}_i \Delta v_i \tag{1-59}$$

例 1-17 在一个半径为 2m 的球体内,电子分布密度为 $n_\mathrm{e} = \frac{1000}{r} \cos \frac{\varphi}{4}$ (电子/m³)。求球体内的电荷量。每个电子的电荷量是 -1.6×10^{-19} C。

解 令半径为 2m 的球体所包围区域内的电子数为 N,则

$$\begin{aligned}N &= \int_v n_\mathrm{e} \mathrm{d}v = \int_v \frac{1000}{r} \cos \frac{\varphi}{4} \mathrm{d}v \\ &= \int_0^2 \frac{1000}{r} r^2 \mathrm{d}r \int_0^\pi \sin\theta \mathrm{d}\theta \int_0^{2\pi} \cos \frac{\varphi}{4} \mathrm{d}\varphi = 16000 (电子 /\mathrm{m}^3)\end{aligned}$$

因此,球体包围的总电荷为 $Q = 16000 \times (-1.6 \times 10^{-19}) = -2.56 \times 10^{-15}$ (C)。

1.3.4 矢量的微分运算和矢量场的散度和旋度

一个矢量场 $\boldsymbol{F}(s)$ (标量 s 的函数)对 s 取导数为

$$\frac{\mathrm{d}\boldsymbol{F}}{\mathrm{d}s} = \lim_{\Delta s \to 0} \frac{\boldsymbol{F}(s + \Delta s) - \boldsymbol{F}(s)}{\Delta s} \tag{1-60}$$

假设 $\boldsymbol{F}$ 是位置坐标 x、y 和 z 的函数。于是,用偏微分的定义,可以写出 $\boldsymbol{F}$ 对 x 的偏微分 $\partial \boldsymbol{F}/\partial x$ 为

$$\frac{\partial \boldsymbol{F}}{\partial x} = \lim_{\Delta x \to 0} \frac{\boldsymbol{F}(x + \Delta x, y, z) - \boldsymbol{F}(x, y, z)}{\Delta x} \tag{1-61}$$

$\boldsymbol{F}$ 对 y 和 z 的偏微分 $\partial \boldsymbol{F}/\partial y$ 和 $\partial \boldsymbol{F}/\partial z$ 可写出类似的表达式。求矢量场的一阶偏微分可用矢

量微分算子∇来表达，∇也称为哈密顿算符。一阶矢量微分算子与矢量场的点乘和叉乘可引出矢量场的求散度和求旋度运算。

在直角坐标系中

$$\nabla=\frac{\partial}{\partial x}\boldsymbol{a}_x+\frac{\partial}{\partial y}\boldsymbol{a}_y+\frac{\partial}{\partial z}\boldsymbol{a}_z$$

在圆柱坐标系中

$$\nabla=\frac{\partial}{\partial \rho}\boldsymbol{a}_\rho+\frac{1}{\rho}\frac{\partial}{\partial \phi}\boldsymbol{a}_\phi+\frac{\partial}{\partial z}\boldsymbol{a}_z$$

在球坐标系中

$$\nabla=\frac{\partial}{\partial r}\boldsymbol{a}_r+\frac{1}{r}\frac{\partial}{\partial \theta}\boldsymbol{a}_\theta+\frac{1}{r\sin\theta}\frac{\partial}{\partial \varphi}\boldsymbol{a}_\varphi$$

求二阶偏导数的算子$\nabla^2=\nabla\cdot\nabla$就是拉普拉斯算子(Laplacian operator)，拉普拉斯算子是标量算子。在直角坐标系中

$$\nabla^2=\nabla\cdot\nabla=\left(\frac{\partial}{\partial x}\boldsymbol{a}_x+\frac{\partial}{\partial y}\boldsymbol{a}_y+\frac{\partial}{\partial z}\boldsymbol{a}_z\right)\cdot\left(\frac{\partial}{\partial x}\boldsymbol{a}_x+\frac{\partial}{\partial y}\boldsymbol{a}_y+\frac{\partial}{\partial z}\boldsymbol{a}_z\right)=\frac{\partial^2}{\partial x^2}+\frac{\partial^2}{\partial y^2}+\frac{\partial^2}{\partial z^2}$$

在圆柱坐标系中

$$\nabla^2=\frac{1}{\rho}\frac{\partial}{\partial \rho}\left(\rho\frac{\partial}{\partial \rho}\right)+\frac{1}{\rho^2}\frac{\partial^2}{\partial \phi^2}+\frac{\partial^2}{\partial z^2}$$

在球坐标系中

$$\nabla^2=\frac{1}{r^2}\frac{\partial}{\partial r}\left(r^2\frac{\partial}{\partial r}\right)+\frac{1}{r^2\sin\theta}\frac{\partial}{\partial \theta}\left(\sin\theta\frac{\partial}{\partial \theta}\right)+\frac{1}{r^2\sin^2\theta}\frac{\partial^2}{\partial \varphi^2}$$

例如，在直角坐标系中求一个矢量场的二阶偏微分为

$$\nabla^2\boldsymbol{F}=\nabla^2F_x\boldsymbol{a}_x+\nabla^2F_y\boldsymbol{a}_y+\nabla^2F_z\boldsymbol{a}_z$$

1. 矢量场的散度

矢量场的通量指的是一个矢量场在大范围面积上的积分量，它并不能说明矢量场在积分面所包围的体积内的每一点的性质。为了研究矢量场$\boldsymbol{F}$在一个点P附近的通量特性，我们把如图1-24所示的闭合面收缩，使包含这个点P在内的体积$\Delta v\to 0$，即取$\boldsymbol{F}$的面积分的极限，并记作$\mathrm{div}\boldsymbol{F}$：

$$\mathrm{div}\boldsymbol{F}=\lim_{\Delta v\to 0}\frac{1}{\Delta v}\oint_s\boldsymbol{F}\cdot\mathrm{d}\boldsymbol{s}\tag{1-62}$$

上述极限值称为矢量场$\boldsymbol{F}$在P点的散度，它表示从该点单位体积内出发的$\boldsymbol{F}$的通量。显然，散度$\mathrm{div}\boldsymbol{F}$与$\boldsymbol{F}$在空间的位置变化有关。

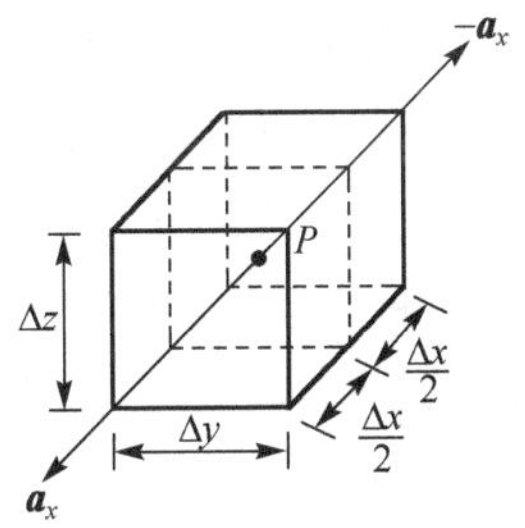

由散度的定义可知，Δv可以是任意形状的体积。为方便计算，设Δv为长方体，边长分别为Δx、Δy和Δz。注意：当包围体积的外表面$\mathrm{d}\boldsymbol{s}$的方向指向体积外部时，$\boldsymbol{F}\cdot\mathrm{d}\boldsymbol{s}$表示矢量场$\boldsymbol{F}$经过表面$\mathrm{d}\boldsymbol{s}$向外的通量。于是，$\oint\boldsymbol{F}\cdot\mathrm{d}\boldsymbol{s}$表示矢量场$\boldsymbol{F}$从体积$\Delta v$向外的净通量。如图1-24所示，矢量场$\boldsymbol{F}$在正$x$方向经过面$\Delta y\Delta z$向外的通量，用泰勒级数展开并忽略高阶项后，为

图1-24　直角坐标中的体微分元

$$\left(F_x+\frac{\partial F_x}{\partial x}\frac{\Delta x}{2}\right)\Delta y\Delta z \tag{1-63}$$

同理,可得沿负 x 方向向外的通量为

$$-\left(F_x-\frac{\partial F_x}{\partial x}\frac{\Delta x}{2}\right)\Delta y\Delta z \tag{1-64}$$

所以,矢量场 $\boldsymbol{F}$ 在 x 方向经过两个表面向外的净通量为

$$\frac{\partial F_x}{\partial x}\Delta x\Delta y\Delta z=\frac{\partial F_x}{\partial x}\Delta v \tag{1-65}$$

类似地,可以得到 $\boldsymbol{F}$ 在 y 和 z 方向穿过相应表面向外的净通量,然后求得矢量场 $\boldsymbol{F}$ 穿过包围体积 Δv 的所有表面向外的净通量为

$$\oint_s \boldsymbol{F}\cdot \mathrm{d}\boldsymbol{s}=\left(\frac{\partial F_x}{\partial x}+\frac{\partial F_y}{\partial y}+\frac{\partial F_z}{\partial z}\right)\Delta v \tag{1-66}$$

比较式(1-62)和式(1-66),得

$$\mathrm{div}\boldsymbol{F}=\frac{\partial F_x}{\partial x}+\frac{\partial F_y}{\partial y}+\frac{\partial F_z}{\partial z} \tag{1-67}$$

将式(1-67)用算子 $\nabla=\frac{\partial}{\partial x}\boldsymbol{a}_x+\frac{\partial}{\partial y}\boldsymbol{a}_y+\frac{\partial}{\partial z}\boldsymbol{a}_z$ 可表示为

$$\mathrm{div}\boldsymbol{F}=\left(\frac{\partial}{\partial x}\boldsymbol{a}_x+\frac{\partial}{\partial y}\boldsymbol{a}_y+\frac{\partial}{\partial z}\boldsymbol{a}_z\right)\cdot(F_x\boldsymbol{a}_x+F_y\boldsymbol{a}_y+F_z\boldsymbol{a}_z)=\nabla\cdot\boldsymbol{F} \tag{1-68}$$

可见,矢量场 $\boldsymbol{F}$ 的散度可用 $\nabla\cdot\boldsymbol{F}$ 来计算,它是一个标量。式(1-62)给出了矢量场散度的定义,而式(1-67)则提供了计算公式。因此,矢量场 $\boldsymbol{F}$ 的散度在直角坐标系中可表示为

$$\nabla\cdot\boldsymbol{F}=\frac{\partial F_x}{\partial x}+\frac{\partial F_y}{\partial y}+\frac{\partial F_z}{\partial z}$$

在圆柱坐标系和球坐标系中,矢量场的散度表达式分别为

$$\nabla\cdot\boldsymbol{F}=\frac{1}{\rho}\frac{\partial}{\partial\rho}(\rho F_\rho)+\frac{1}{\rho}\frac{\partial F_\phi}{\partial\phi}+\frac{\partial F_z}{\partial z}$$

和

$$\nabla\cdot\boldsymbol{F}=\frac{1}{r^2}\frac{\partial}{\partial r}(r^2F_r)+\frac{1}{r\sin\theta}\frac{\partial}{\partial\theta}(\sin\theta F_\theta)+\frac{1}{r\sin\theta}\frac{\partial F_\varphi}{\partial\varphi}$$

式(1-62)和式(1-68)表明矢量场的散度的物理意义是空间某一点 P 向外的净通量。我们可用任意小体积包围点 P,然后用计算矢量场在该点的散度求得它向外的净通量。如果矢量场是连续的,例如,通过输送管道的不可压缩的流体或围绕磁铁的磁力线,就没有向外的净通量。在这种情况下,$\nabla\cdot\boldsymbol{F}=0$,称 $\boldsymbol{F}$ 是连续的或无散的(螺线管式)矢量场,即矢量场 $\boldsymbol{F}$ 无散度源。磁场即是这样的矢量场。

例 1-18 证明 $\nabla\cdot\boldsymbol{r}=3$,$\boldsymbol{r}$ 是在空间任意点 P 的位置矢量。

证明 在直角坐标系中,任一点 P 的位置矢量是

$$\boldsymbol{r}=x\boldsymbol{a}_x+y\boldsymbol{a}_y+z\boldsymbol{a}_z$$

因此,矢量 $\boldsymbol{r}$ 的散度为

$$\nabla\cdot\boldsymbol{r}=\frac{\partial x}{\partial x}+\frac{\partial y}{\partial y}+\frac{\partial z}{\partial z}=1+1+1=3$$

矢量场的散度是指某一点的净通量,该点应为一个包围在无穷小体积 Δv 内的点。如果

矢量场 $\boldsymbol{F}$ 在面 $\boldsymbol{s}$ 所包围体积 $\boldsymbol{v}$ 的区域内是连续可微的(图 1-25)，则散度的定义可以扩展到整个体积。这样做是把体积 v 细分成 n 个单元，每个单元的体积都趋于零。不难得出，以表面 s_i 为界的单元体积 Δv_i 内包含点 P_i，$\boldsymbol{F}$ 在点 P_i 的散度为

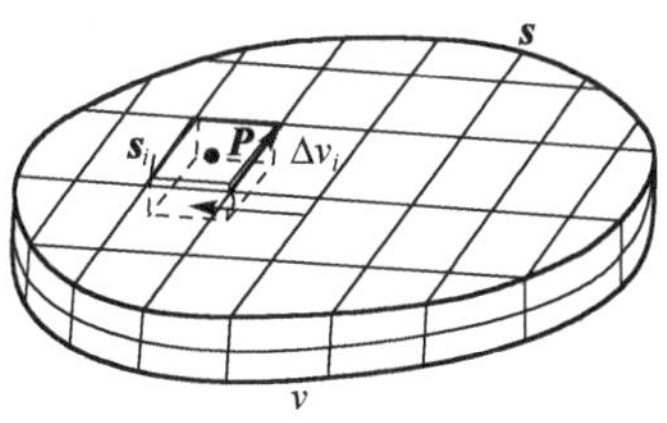

图 1-25　散度定理的说明

$$\nabla \cdot \boldsymbol{F}_i = \lim_{\Delta v_i \to 0} \frac{1}{\Delta v_i} \oint_{s_i} \boldsymbol{F} \cdot \mathrm{d}\boldsymbol{s}$$

式中，$\boldsymbol{F}_i$ 是 $\boldsymbol{F}$ 在点 P_i 的值。此式可以重写为

$$\oint_{s_i} \boldsymbol{F} \cdot \mathrm{d}\boldsymbol{s} = \nabla \cdot \boldsymbol{F}_i \Delta v_i + \varepsilon_i \Delta v_i$$

因点 P_i 包围在 Δv_i 中，对所有单元体积求和，得

$$\lim_{n \to \infty} \sum_{i=1}^{n} \oint_{s_i} \boldsymbol{F} \cdot \mathrm{d}\boldsymbol{s} = \lim_{n \to \infty} \sum_{i=1}^{n} \nabla \cdot \boldsymbol{F}_i \Delta v_i + \lim_{n \to \infty} \sum_{i=1}^{n} \varepsilon_i \Delta v_i \tag{1-69}$$

上式等号左边包含许多个小的面积分。因为相邻两单元体积分界面上来自两边的净通量互相抵消，所以总和中只剩下属于外表面 $\boldsymbol{s}$ 对应于最外一层面积分的项。于是，式(1-69)等号左边为

$$\lim_{n \to \infty} \sum_{i=1}^{n} \oint_{s_i} \boldsymbol{F} \cdot \mathrm{d}\boldsymbol{s} = \oint_{s} \boldsymbol{F} \cdot \mathrm{d}\boldsymbol{s}$$

当 $n \to \infty$ 时，式(1-69)右边第一项取极限为体积分。又因为 $\Delta v_i \to 0$，$\varepsilon_i \to 0$，所以式(1-69)右边第二项的总和为零。于是，式(1-69)可以写成为

$$\oint_{s} \boldsymbol{F} \cdot \mathrm{d}\boldsymbol{s} = \int_{v} \nabla \cdot \boldsymbol{F} \mathrm{d}v \tag{1-70}$$

式(1-70)为散度定理的数学表达式，它建立了矢量场的散度的体积分与矢量的面积分之间的关系。它说明一个连续可微的矢量场通过一个封闭曲面的净通量等于矢量场的散度在该曲面所包围区域内的体积分。

散度定理广泛地应用于电磁场理论，它可将面积分转换为体积分，也可进行反向变换。例如，利用散度定理，由式(1-57)可得 $\nabla \cdot \boldsymbol{B} = 0$，称为微分形式的磁场高斯定理，表明磁场的散度等于零，为无散场。由式(1-58)可得 $\nabla \cdot \boldsymbol{D} = \rho$，称为微分形式的电场高斯定理，表明电场的散度不为零。

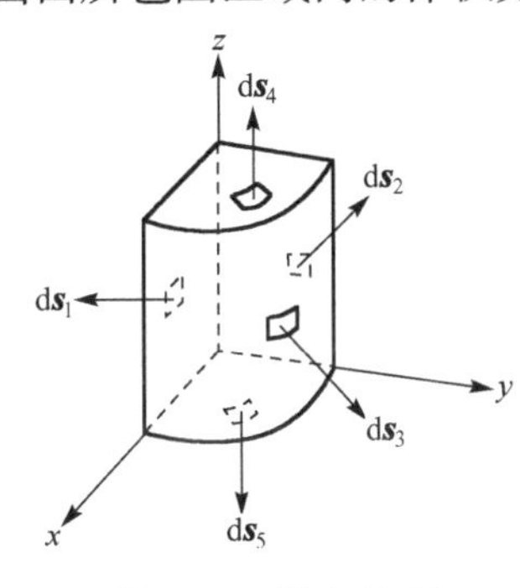

图 1-26　例 1-19 图

例 1-19　在圆柱面 $x^2 + y^2 = 9$ 和平面 $x = 0, y = 0, z = 0$ 及 $z = 2$ 所包围的区域中，对矢量场 $\boldsymbol{D} = 3x^2 \boldsymbol{a}_x + (3y + z) \boldsymbol{a}_y + (3z - x) \boldsymbol{a}_z$ 验证散度定理。

解　图 1-26 显示五个不同的面包围体积 v。首先计算

$$\nabla \cdot \boldsymbol{D} = \frac{\partial}{\partial x}(3x^2) + \frac{\partial}{\partial y}(3y + z) + \frac{\partial}{\partial z}(3z - x) = 6x + 6$$

在圆柱坐标系中计算体积分，得

$$\begin{aligned}\int_{v} \nabla \cdot \boldsymbol{D} \mathrm{d}v &= \int_{v} (6x + 6) \mathrm{d}v \\ &= \int_0^3 6\rho^2 \mathrm{d}\rho \int_0^{\pi/2} \cos\phi \mathrm{d}\phi \int_0^2 \mathrm{d}z + \int_0^3 6\rho \mathrm{d}\rho \int_0^{\pi/2} \mathrm{d}\phi \int_0^2 \mathrm{d}z \\ &= 192.82\end{aligned}$$

再利用式(1-70)对五个不同的面进行计算。

平面 $y=0$：$\mathrm{d}\boldsymbol{s}_1=-\mathrm{d}x\mathrm{d}z\,\boldsymbol{a}_y$，有

$$\int_{s_1}\boldsymbol{D}\cdot\mathrm{d}\boldsymbol{s}_1=-\int_{x=0}^{3}\int_{z=0}^{2}(3y+z)\mathrm{d}x\mathrm{d}z=-6$$

平面 $x=0$：$\mathrm{d}\boldsymbol{s}_2=-\mathrm{d}y\mathrm{d}z\,\boldsymbol{a}_x$，有

$$\int_{s_2}\boldsymbol{D}\cdot\mathrm{d}\boldsymbol{s}_2=-\int_{y=0}^{3}\int_{z=0}^{2}3x^2\mathrm{d}y\mathrm{d}z=0$$

在半径 $\rho=3$ 的柱面上：$\mathrm{d}\boldsymbol{s}_3=3\mathrm{d}\phi\mathrm{d}z\,\boldsymbol{a}_\rho$，有

$$\int_{s_3}\boldsymbol{D}\cdot\mathrm{d}\boldsymbol{s}_3=\int_{\phi=0}^{\pi/2}\int_{z=0}^{2}3D_\rho\mathrm{d}\phi\mathrm{d}z$$

由于

$$D_\rho=D_x\cos\phi+D_y\sin\phi=3x^2\cos\phi+(3y+z)\sin\phi$$

因此

$$\int_{s_3}\boldsymbol{D}\cdot\mathrm{d}\boldsymbol{s}_3=\int_{\phi=0}^{\pi/2}\int_{z=0}^{2}[3x^2\cos\phi+(3y+z)\sin\phi]3\mathrm{d}\phi\mathrm{d}z$$

将 $x=3\cos\phi$ 和 $y=3\sin\phi$ 代入上述方程并完成积分，得

$$\int_{s_3}\boldsymbol{D}\cdot\mathrm{d}\boldsymbol{s}_3=156.41$$

平面 $z=2$：$\mathrm{d}\boldsymbol{s}_4=\rho\mathrm{d}\rho\mathrm{d}\phi\,\boldsymbol{a}_z$，有

$$\int_{s_4}\boldsymbol{D}\cdot\mathrm{d}\boldsymbol{s}_4=\int_{\rho=0}^{3}\int_{\phi=0}^{\pi/2}(6-x)\rho\mathrm{d}\rho\mathrm{d}\phi$$

代入 $x=\rho\cos\phi$，由此积分得

$$\int_{s_4}\boldsymbol{D}\cdot\mathrm{d}\boldsymbol{s}_4=33.41$$

最后，在平面 $z=0$：$\mathrm{d}\boldsymbol{s}_5=-\rho\mathrm{d}\rho\mathrm{d}\phi\,\boldsymbol{a}_z$，有

$$\int_{s_5}\boldsymbol{D}\cdot\mathrm{d}\boldsymbol{s}_5=\int_{\rho=0}^{3}\int_{\phi=0}^{\pi/2}x\rho\mathrm{d}\rho\mathrm{d}\phi=9$$

于是

$$\oint_{s}\boldsymbol{D}\cdot\mathrm{d}\boldsymbol{s}=-6+0+156.41+33.41+9=192.82$$

这样，就验证了散度定理。

2. 矢量场的旋度

矢量场沿闭合曲线的环流量和矢量场穿过闭合面的通量一样，都是描绘矢量场性质的重要物理量。从矢量场分析的要求来看，我们希望知道每个点处的矢量场的环流特性。因此，我们把闭合路径收缩，使它包围的面积 Δs 趋近于零（ $\Delta s\to 0$ ），并求其极限值，记作 $\mathrm{curl}\boldsymbol{F}$，称为矢量场 $\boldsymbol{F}$ 的旋度。一个矢量场的旋度是矢量，其方向为积分面的法线方向$\boldsymbol{a}_\mathrm{n}$：

$$(\mathrm{curl}\boldsymbol{F})\cdot\boldsymbol{a}_\mathrm{n}=\lim_{\Delta s\to 0}\frac{1}{\Delta s}\oint_c\boldsymbol{F}\cdot\mathrm{d}\boldsymbol{l}\qquad(1\text{-}71)$$

式中，路径 c 为包围 Δs 的边界线，c 和 $\Delta \boldsymbol{s}$ 的方向由右手螺旋定则确定。式(1-71)提供了矢量

场旋度的完整定义，利用它可以在任意正交坐标系中求出 $\mathrm{curl}\boldsymbol{F}$ 的三个分量。

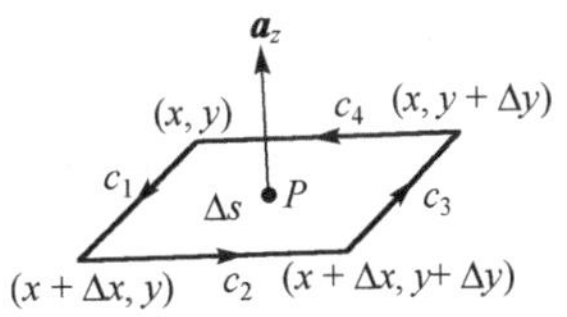

首先开始计算在直角坐标系中 $\mathrm{curl}\boldsymbol{F}$ 的 z 分量，设矢量场为

$$\boldsymbol{F}=F_x\boldsymbol{a}_x+F_y\boldsymbol{a}_y+F_z\boldsymbol{a}_z$$

在路径 c 围成的小面元 Δs 中的点 P，如图 1-27 所示。设沿闭合路径 c 的线积分由四个分段路径组成：

a_z
(x, y)
c_4
$(x, y+\Delta y)$
c_1
Δs
P
c_3
$(x+\Delta x, y)$
c_2
$(x+\Delta x, y+\Delta y)$

图 1-27 定义矢量场旋度的小面元

$$\oint_c \boldsymbol{F}\cdot \mathrm{d}\boldsymbol{l}=\oint_{c_1}\boldsymbol{F}\cdot \mathrm{d}\boldsymbol{l}+\oint_{c_2}\boldsymbol{F}\cdot \mathrm{d}\boldsymbol{l}+\oint_{c_3}\boldsymbol{F}\cdot \mathrm{d}\boldsymbol{l}+\oint_{c_4}\boldsymbol{F}\cdot \mathrm{d}\boldsymbol{l} \tag{1-72}$$

现在分别计算式(1-71)中的四个积分。沿路径 c_1 的积分就是沿 y 轴的积分，假设 F_x 从 x 到 $x+\Delta x$ 近似为常数，这个假设是符合中值定理的。因而有线积分

$$\int_{c_1}\boldsymbol{F}\cdot \mathrm{d}\boldsymbol{l}=\int_x^{x+\Delta x}(F_x\boldsymbol{a}_x+F_y\boldsymbol{a}_y+F_z\boldsymbol{a}_z)\big|_{\text{在}y\text{上}}\cdot(\mathrm{d}x\,\boldsymbol{a}_x)=(F_x\Delta x)\big|_{\text{在}y\text{上}}$$

其他三个线积分分别为

$$\int_{c_2}\boldsymbol{F}\cdot \mathrm{d}\boldsymbol{l}=\int_y^{y+\Delta y}(F_x\boldsymbol{a}_x+F_y\boldsymbol{a}_y+F_z\boldsymbol{a}_z)\big|_{\text{在}x+\Delta x\text{上}}\cdot(\mathrm{d}y\,\boldsymbol{a}_y)=(F_y\Delta y)\big|_{\text{在}x+\Delta x\text{上}}$$

$$\int_{c_3}\boldsymbol{F}\cdot \mathrm{d}\boldsymbol{l}=\int_{x+\Delta x}^{x}(F_x\boldsymbol{a}_x+F_y\boldsymbol{a}_y+F_z\boldsymbol{a}_z)\big|_{\text{在}y+\Delta y\text{上}}\cdot(\mathrm{d}x\,\boldsymbol{a}_x)=-(F_x\Delta x)\big|_{\text{在}y+\Delta y\text{上}}$$

$$\int_{c_4}\boldsymbol{F}\cdot \mathrm{d}\boldsymbol{l}=\int_{y+\Delta y}^{y}(F_x\boldsymbol{a}_x+F_y\boldsymbol{a}_y+F_z\boldsymbol{a}_z)\big|_{\text{在}x\text{上}}\cdot(\mathrm{d}y\,\boldsymbol{a}_y)=-(F_y\Delta y)\big|_{\text{在}x\text{上}}$$

于是

$$\oint_c \boldsymbol{F}\cdot \mathrm{d}\boldsymbol{l}=(F_x\Delta x)\big|_{\text{在}y\text{上}}-(F_x\Delta x)\big|_{\text{在}y+\Delta y\text{上}}+(F_y\Delta y)\big|_{\text{在}x+\Delta x\text{上}}-(F_y\Delta y)\big|_{\text{在}x\text{上}}$$

取极限 $\Delta x\to 0$ 和 $\Delta y\to 0$，用泰勒级数展开并忽略高阶项，得

$$-(F_x\Delta x)\big|_{\text{在}y+\Delta y\text{上}}+(F_x\Delta x)\big|_{\text{在}y\text{上}}=-\frac{\partial F_x}{\partial y}\Delta x\Delta y$$

和

$$(F_y\Delta y)\big|_{\text{在}x+\Delta x\text{上}}-(F_y\Delta y)\big|_{\text{在}x\text{上}}=\frac{\partial F_y}{\partial x}\Delta x\Delta y$$

所以

$$\oint_c \boldsymbol{F}\cdot \mathrm{d}\boldsymbol{l}=\left(\frac{\partial F_y}{\partial x}-\frac{\partial F_x}{\partial y}\right)\Delta x\Delta y$$

上式两边同除以 $\Delta s=\Delta x\Delta y$ 并取极限 $\Delta s\to 0$，得

$$\lim_{\Delta s\to 0}\frac{1}{\Delta s}\oint_c \boldsymbol{F}\cdot \mathrm{d}\boldsymbol{l}=\frac{\partial F_y}{\partial x}-\frac{\partial F_x}{\partial y} \tag{1-73}$$

因为本例中法向单位矢量 $\boldsymbol{a}_\mathrm{n}=\boldsymbol{a}_z$（图 1-27），故可改写 $(\mathrm{curl}\boldsymbol{F})\cdot\boldsymbol{a}_\mathrm{n}$ 为 $(\mathrm{curl}\boldsymbol{F})_z$，这里 $(\mathrm{curl}\boldsymbol{F})_z$ 表示 $\mathrm{curl}\boldsymbol{F}$ 在 z 方向的分量。于是从式(1-71)和式(1-73)得

$$(\mathrm{curl}\boldsymbol{F})_z=\frac{\partial F_y}{\partial x}-\frac{\partial F_x}{\partial y} \tag{1-74a}$$

$\mathrm{curl}\boldsymbol{F}$ 的其他两个分量可用类似方法得到，分别为

$$(\mathrm{curl}\boldsymbol{F})_x=\frac{\partial F_z}{\partial y}-\frac{\partial F_y}{\partial z} \tag{1-74b}$$

$$(\text{curl}\boldsymbol{F})_y=\frac{\partial F_x}{\partial z}-\frac{\partial F_z}{\partial x} \tag{1-74c}$$

于是，矢量场 $\boldsymbol{F}$ 的旋度，在直角坐标系中为

$$\text{curl}\boldsymbol{F}=\left(\frac{\partial F_z}{\partial y}-\frac{\partial F_y}{\partial z}\right)\boldsymbol{a}_x+\left(\frac{\partial F_x}{\partial z}-\frac{\partial F_z}{\partial x}\right)\boldsymbol{a}_y+\left(\frac{\partial F_y}{\partial x}-\frac{\partial F_x}{\partial y}\right)\boldsymbol{a}_z \tag{1-75}$$

用叉积表示，式(1-75)可写成

$$\begin{aligned}\text{curl}\boldsymbol{F}&=\left(\frac{\partial}{\partial x}\boldsymbol{a}_x+\frac{\partial}{\partial y}\boldsymbol{a}_y+\frac{\partial}{\partial z}\boldsymbol{a}_z\right)\times(F_x\boldsymbol{a}_x+F_y\boldsymbol{a}_y+F_z\boldsymbol{a}_z)\\&=\nabla\times\boldsymbol{F}\end{aligned} \tag{1-76}$$

$\nabla\times\boldsymbol{F}$ 为求矢量场旋度的计算公式，也是通常的求旋度表达式。在直角坐标系中，其行列式表达形式为

$$\nabla\times\boldsymbol{F}=\begin{vmatrix}\boldsymbol{a}_x & \boldsymbol{a}_y & \boldsymbol{a}_z\\ \frac{\partial}{\partial x} & \frac{\partial}{\partial y} & \frac{\partial}{\partial z}\\ F_x & F_y & F_z\end{vmatrix} \tag{1-77}$$

在圆柱坐标系和球坐标系中分别是

$$\nabla\times\boldsymbol{F}=\frac{1}{\rho}\begin{vmatrix}\boldsymbol{a}_\rho & \rho\boldsymbol{a}_\phi & \boldsymbol{a}_z\\ \frac{\partial}{\partial \rho} & \frac{\partial}{\partial \phi} & \frac{\partial}{\partial z}\\ F_\rho & \rho F_\phi & F_z\end{vmatrix} \tag{1-78}$$

和

$$\nabla\times\boldsymbol{F}=\frac{1}{r^2\sin\theta}\begin{vmatrix}\boldsymbol{a}_r & r\boldsymbol{a}_\theta & r\sin\theta\,\boldsymbol{a}_\varphi\\ \frac{\partial}{\partial r} & \frac{\partial}{\partial \theta} & \frac{\partial}{\partial \varphi}\\ F_r & rF_\theta & r\sin\theta F_\varphi\end{vmatrix} \tag{1-79}$$

一个矢量场的旋度的物理意义表达了该矢量场每单位面积的环流量。若矢量场的旋度不为零，则称该矢量场是有旋的。如果一个矢量场的旋度为零，则称此矢量场是无旋的或保守的。

从 $\nabla\times\boldsymbol{F}$ 的定义式(1-71)，可以导出一个很重要的关系式，即著名的斯托克斯定理。以闭合曲线 c 为边界的有限但开放的表面 s 如图 1-28 所示，将其划分成 n 个单元，每个单元面积为 Δs_i（第 i 个），方向由法向单位矢量 $\boldsymbol{a}_{\text{n}_i}$ 表示，第 i 个单元面的边界包围点 P_i。

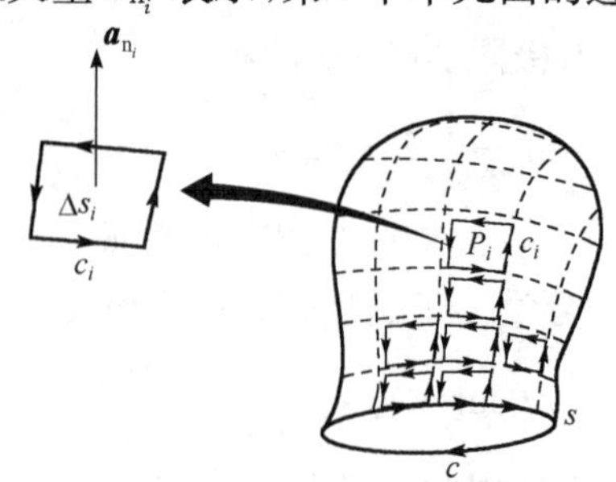

图 1-28 用于说明斯托克斯定理的闭合线 c 包围的开曲面 s

由式(1-71)可以写出

$$\int_{\Delta s_i}(\nabla\times\boldsymbol{F})\cdot\mathrm{d}\boldsymbol{s}_i=\oint_{c_i}\boldsymbol{F}\cdot\mathrm{d}\boldsymbol{l}+\varepsilon_i\Delta s_i$$

此处要加上 $\varepsilon_i\Delta s_i$ 一项，因为严格说来，式(1-71)仅对于一点即在 $n\to\infty$，$\varepsilon_i=0$ 才是准确的。对整个面积求和，得

$$\sum_{i=1}^{n}\int_{\Delta s_i}(\nabla\times\boldsymbol{F})\cdot\mathrm{d}\boldsymbol{s}_i=\sum_{i=1}^{n}\oint_{c_i}\boldsymbol{F}\cdot\mathrm{d}\boldsymbol{l}+\sum_{i=1}^{n}\varepsilon_i\Delta\boldsymbol{s}_i \tag{1-80}$$

当 $n\to\infty$ 时，式(1-80)左边为

$$\lim_{n\to\infty}\sum_{i=1}^{n}\int_{\Delta s_i}(\nabla\times\boldsymbol{F})\cdot\mathrm{d}\boldsymbol{s}_i=\int_s(\nabla\times\boldsymbol{F})\cdot\mathrm{d}\boldsymbol{s}$$

上式是在以 c 为边界的开曲面 s 上求面积分。式(1-80)右边第二项当 $n\to\infty$ 时为零。另外，沿相邻两单元面边界的线积分，在公共边上的积分大小相等方向相反而互相抵消。只有在外边界 c 上的积分是有贡献的。所以

$$\lim_{n\to\infty}\sum_{i=1}^{n}\oint_{c_i}\boldsymbol{F}\cdot\mathrm{d}\boldsymbol{l}=\oint_c\boldsymbol{F}\cdot\mathrm{d}\boldsymbol{l}$$

从而，式(1-80)变成

$$\int_s(\nabla\times\boldsymbol{F})\cdot\mathrm{d}\boldsymbol{s}=\oint_c\boldsymbol{F}\cdot\mathrm{d}\boldsymbol{l} \tag{1-81}$$

式(1-81)表示的就是斯托克斯定理。它说明矢量场 $\boldsymbol{F}$ 的旋度的面积分等于该矢量场沿此面积边界曲线的线积分。斯托克斯定理给出了面积分和线积分之间的转换。

例如，由式(1-51)可得 $\nabla\times\boldsymbol{E}=0$，表明静电场为无旋场或保守场。而由式(1-54)可得 $\nabla\times\boldsymbol{H}=\boldsymbol{J}$，表明恒定磁场为有旋场或非保守场。

例 1-20　若 $\boldsymbol{F}=(2z+5)\boldsymbol{a}_x+(3x-2)\boldsymbol{a}_y+(4x-1)\boldsymbol{a}_z$，试在半球面 $(x^2+y^2+z^2=4,\ z\geqslant 0)$ 上验证斯托克斯定理。

解

$$\nabla\times\boldsymbol{F}=\begin{vmatrix}\boldsymbol{a}_x & \boldsymbol{a}_y & \boldsymbol{a}_z\\ \dfrac{\partial}{\partial x} & \dfrac{\partial}{\partial y} & \dfrac{\partial}{\partial z}\\ 2z+5 & 3x-2 & 4x-1\end{vmatrix}=-2\boldsymbol{a}_y+3\boldsymbol{a}_z$$

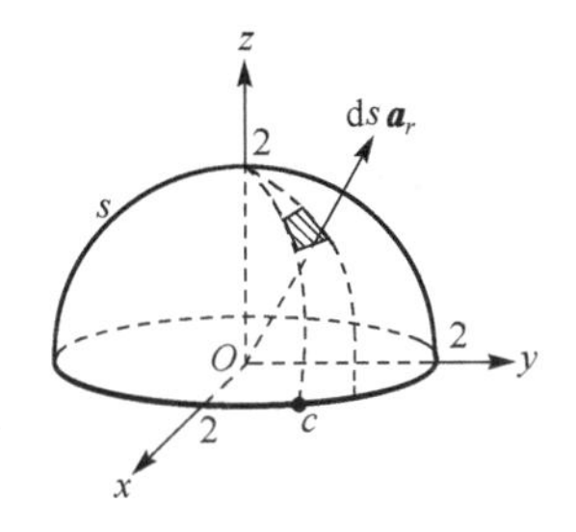

图 1-29　例 1-20 图

设半径为 2 的半球面外法向单位矢量为 $\boldsymbol{a}_r$，如图 1-29 所示。因此，面微分元为

$$\mathrm{d}\boldsymbol{s}=4\sin\theta\mathrm{d}\theta\mathrm{d}\varphi\boldsymbol{a}_r$$

利用直角坐标到球坐标的变换，得旋度 $\nabla\times\boldsymbol{F}$ 的在 r 方向上的分量为

$$(\nabla\times\boldsymbol{F})_r=-2\sin\theta\sin\varphi+3\cos\theta$$

于是，可以计算斯托克斯定理的左边为

$$\int_s(\nabla\times\boldsymbol{F})\cdot\mathrm{d}\boldsymbol{s}=-8\int_0^{\pi/2}\sin^2\theta\mathrm{d}\theta\int_0^{2\pi}\sin\varphi\mathrm{d}\varphi+12\int_0^{\pi/2}\sin\theta\cos\theta\mathrm{d}\theta\int_0^{2\pi}\mathrm{d}\varphi=12\pi$$

斯托克斯定理右边为 $\boldsymbol{F}$ 沿半径为 2 的圆周 c 上的线积分。因为 c 是 xOy 面上的圆，所以可以用圆柱坐标系计算 $\boldsymbol{F}\cdot\mathrm{d}\boldsymbol{l}$，其线微分元为 $\mathrm{d}\boldsymbol{l}=2\mathrm{d}\varphi\boldsymbol{a}_\varphi$。$\boldsymbol{F}$ 的 $\boldsymbol{a}_\varphi$ 分量从直角坐标系变换到圆柱坐标系，为

$$F_\varphi = -(2z+5)\sin\varphi + (3x-2)\cos\varphi$$

代入 $z=0$ 和 $x=2\cos\varphi$，得

$$F_\varphi = -5\sin\varphi + 6\cos^2\varphi - 2\cos\varphi$$

于是

$$\oint_c \boldsymbol{F}\cdot \mathrm{d}\boldsymbol{l} = -10\int_0^{2\pi}\sin\varphi \mathrm{d}\varphi + 12\int_0^{2\pi}\cos^2\varphi \mathrm{d}\varphi - 4\int_0^{2\pi}\cos\varphi \mathrm{d}\varphi = 12\pi$$

可见，$\boldsymbol{F}$ 的线积分等于 $\nabla\times\boldsymbol{F}$ 的面积分，定理得证。

1.4 标量场的梯度

设有一个标量场 $f(x,y,z)$，如图 1-30 所示，从场中某点位移 $\mathrm{d}\boldsymbol{l}$ 到邻近的另一点，此标量值从 f 变化为 $f+\mathrm{d}f$。在直角坐标系内，增量 $\mathrm{d}f$ 可表示为

$$\mathrm{d}f = \frac{\partial f}{\partial x}\mathrm{d}x + \frac{\partial f}{\partial y}\mathrm{d}y + \frac{\partial f}{\partial z}\mathrm{d}z$$

因为位移矢量 $\mathrm{d}\boldsymbol{l} = \mathrm{d}x\boldsymbol{a}_x + \mathrm{d}y\boldsymbol{a}_y + \mathrm{d}z\boldsymbol{a}_z$，显然，$\mathrm{d}f$ 也等于

$$\mathrm{d}f = \left(\frac{\partial f}{\partial x}\boldsymbol{a}_x + \frac{\partial f}{\partial y}\boldsymbol{a}_y + \frac{\partial f}{\partial z}\boldsymbol{a}_z\right)\cdot \mathrm{d}\boldsymbol{l}$$

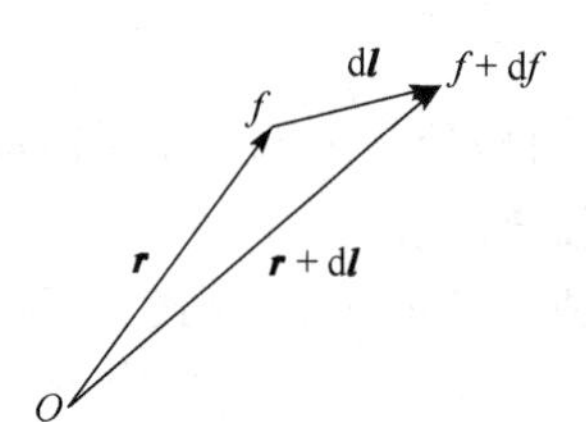

图 1-30 标量场 $f(x,y,z)$ 的位移变化

因为在直角坐标系中，矢量微分算子为 $\nabla = \frac{\partial}{\partial x}\boldsymbol{a}_x + \frac{\partial}{\partial y}\boldsymbol{a}_y + \frac{\partial}{\partial z}\boldsymbol{a}_z$，所以上式中

$$\frac{\partial f}{\partial x}\boldsymbol{a}_x + \frac{\partial f}{\partial y}\boldsymbol{a}_y + \frac{\partial f}{\partial z}\boldsymbol{a}_z = \nabla f$$

因此，$\mathrm{d}f = \nabla f\cdot \mathrm{d}\boldsymbol{l}$。其中

$$\nabla f = \frac{\partial f}{\partial x}\boldsymbol{a}_x + \frac{\partial f}{\partial y}\boldsymbol{a}_y + \frac{\partial f}{\partial z}\boldsymbol{a}_z \tag{1-82}$$

称为标量场 f 的梯度，是个矢量。

在圆柱坐标系中标量场的梯度的表达式为

$$\nabla f = \frac{\partial f}{\partial \rho}\boldsymbol{a}_\rho + \frac{1}{\rho}\frac{\partial f}{\partial \phi}\boldsymbol{a}_\phi + \frac{\partial f}{\partial z}\boldsymbol{a}_z \tag{1-83}$$

在球坐标系中为

$$\nabla f = \frac{\partial f}{\partial r}\boldsymbol{a}_r + \frac{1}{r}\frac{\partial f}{\partial \theta}\boldsymbol{a}_\theta + \frac{1}{r\sin\theta}\frac{\partial f}{\partial \varphi}\boldsymbol{a}_\varphi \tag{1-84}$$

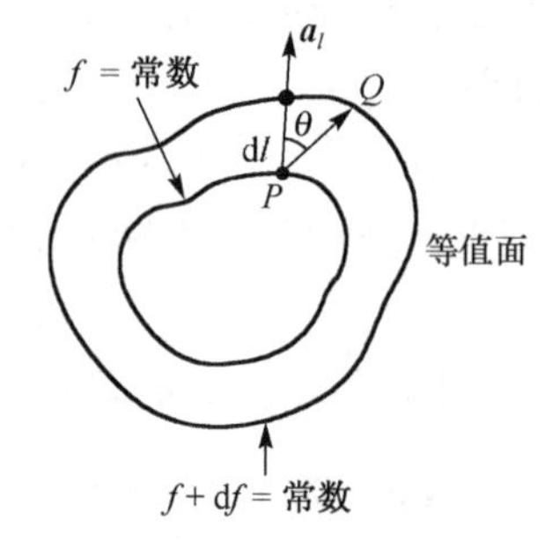

图 1-31 标量场的梯度的物理意义

为了理解标量场梯度的物理意义，如图 1-31 所示，存在一个包含 P 点的面，这个面上 f 是常数；同样，还存在一个包含 Q 点的面，在这个面上 $f+\mathrm{d}f$ 是常数。这两个面均称为等值面。假设我们在等值面上沿等值面切向取一段位移矢量 $\mathrm{d}\boldsymbol{l}_1$，则因等值面上 f 值没有变化，所以 $\mathrm{d}f = \nabla f\cdot \mathrm{d}\boldsymbol{l}_1 = 0$，可见 ∇f 与 $\mathrm{d}\boldsymbol{l}_1$ 垂直。换言之，梯度是与等值面相垂直的一个矢量。若我们用沿 f 增加方向的单位矢量 $\boldsymbol{a}_l$ 表示等值面上面元的方向，则 ∇f 与 $\boldsymbol{a}_l$ 平行，即可用 $\boldsymbol{a}_l$ 来表示 ∇f 的方向。

如图1-31所示，从等值面上的P点沿不同方向的路径到达另一个等值面上的Q点，显然引起的f的差值$\mathrm{d}f$相同，但位移的大小（路径长度）不同。这说明沿不同方向上的路径移动，f的增加率$\frac{\mathrm{d}f}{\mathrm{d}l}$是不同的。其中，沿法向$\boldsymbol{a}_l$的位移最短，$f$的增加率$\frac{\mathrm{d}f}{\mathrm{d}l_n}$为最大值，这即为$f$的梯度$\nabla f$。所以，梯度的模是$f$的最大增加率，梯度的方向是等值面的法线方向，即$f$增加率最大的方向。所以

$$\mathrm{d}f = \nabla f \cdot \mathrm{d}\boldsymbol{l}$$

还可以写成

$$\mathrm{d}f/\mathrm{d}l = \nabla f \cdot \boldsymbol{a}_l \tag{1-85}$$

式(1-85)给出了标量场f在单位矢量$\boldsymbol{a}_l$方向的变化率，称为f沿$\boldsymbol{a}_l$的方向导数。标量场的梯度具有以下特点：①垂直于给定标量函数的等值面；②指向给定标量变化最快的方向；③它的大小等于给定标量函数每单位距离的最大变化率；④一个标量函数在某点任意方向上的方向导数等于此函数的梯度与该方向单位矢量的点积。

标量场的梯度还有一个重要的性质，即它的旋度恒等于零。若有一个矢量场$\boldsymbol{A}(r)$，它的旋度处处为零，$\nabla \times \boldsymbol{A}(r) = 0$，则这一矢量场可以表示为某一标量函数$u(r)$的梯度，即$\boldsymbol{A}(r) = \nabla u(r)$。

例1-21　求标量场$f(x,y,z) = 6x^2y^3 + \mathrm{e}^z$在点$P(2,1,0)$的梯度。

解　因为$f(x,y,z)$给定在直角坐标系中，所以可用式(1-82)求梯度，即

$$\begin{aligned}\nabla f &= \frac{\partial}{\partial x}(6x^2y^3 + \mathrm{e}^z)\boldsymbol{a}_x + \frac{\partial}{\partial y}(6x^2y^3 + \mathrm{e}^z)\boldsymbol{a}_y + \frac{\partial}{\partial z}(6x^2y^3 + \mathrm{e}^z)\boldsymbol{a}_z \\ &= 12xy^3\,\boldsymbol{a}_x + 18x^2y^2\,\boldsymbol{a}_y + \mathrm{e}^z\,\boldsymbol{a}_z\end{aligned}$$

在给定点$P(2,1,0)$，$f(x,y,z)$的梯度是

$$\nabla f = 24\,\boldsymbol{a}_x + 72\,\boldsymbol{a}_y + \boldsymbol{a}_z$$

例1-22　求r在圆柱坐标系中的梯度，此处r是位置矢量$\boldsymbol{r} = \rho\boldsymbol{a}_\rho + z\boldsymbol{a}_z$的大小。

解　由于位置矢量给定在圆柱坐标系中，因此可用式(1-83)求梯度。位置矢量的大小r为$r = \sqrt{\rho^2 + z^2}$。r相对于各个坐标的偏导数是

$$\frac{\partial r}{\partial \rho} = \frac{\rho}{r},\quad \frac{\partial r}{\partial \phi} = 0,\quad \frac{\partial r}{\partial z} = \frac{z}{r}$$

因而，由式(1-83)，得r的梯度为

$$\nabla r = \frac{\rho}{r}\boldsymbol{a}_\rho + \frac{z}{r}\boldsymbol{a}_z = \frac{\boldsymbol{r}}{r} = \boldsymbol{a}_r$$

$\nabla r = \boldsymbol{a}_r$是另一个重要结论，在以后各章中，我们将使用它去简化某些方程。

例1-23　如果$f(x,y,z)$是一个连续可微的标量函数，证明$\nabla \times (\nabla f) = 0$。

证明　标量函数$f(x,y,z)$的梯度是

$$\nabla f = \frac{\partial f}{\partial x}\boldsymbol{a}_x + \frac{\partial f}{\partial y}\boldsymbol{a}_y + \frac{\partial f}{\partial z}\boldsymbol{a}_z$$

∇f的旋度是

$$\nabla\times\nabla f=\begin{vmatrix}\boldsymbol{a}_x & \boldsymbol{a}_y & \boldsymbol{a}_z\\ \dfrac{\partial}{\partial x} & \dfrac{\partial}{\partial y} & \dfrac{\partial}{\partial z}\\ \dfrac{\partial f}{\partial x} & \dfrac{\partial f}{\partial y} & \dfrac{\partial f}{\partial z}\end{vmatrix}$$

$$=\left(\frac{\partial^2 f}{\partial y\partial z}-\frac{\partial^2 f}{\partial z\partial y}\right)\boldsymbol{a}_x+\left(\frac{\partial^2 f}{\partial z\partial x}-\frac{\partial^2 f}{\partial x\partial z}\right)\boldsymbol{a}_y+\left(\frac{\partial^2 f}{\partial x\partial y}-\frac{\partial^2 f}{\partial y\partial x}\right)\boldsymbol{a}_z$$

因为 f 连续可微

$$\frac{\partial^2 f}{\partial y\partial z}=\frac{\partial^2 f}{\partial z\partial y},\quad \frac{\partial^2 f}{\partial z\partial x}=\frac{\partial^2 f}{\partial x\partial z},\quad \frac{\partial^2 f}{\partial x\partial y}=\frac{\partial^2 f}{\partial y\partial x}$$

所以

$$\nabla\times(\nabla f)=0$$

由于标量函数的梯度的旋度恒为零,因此 ∇f 是一个无旋或保守场。反之,如果一矢量场的旋度为零,则此矢量场可表示为标量函数的梯度。即如果 $\nabla\times\boldsymbol{F}=0$,则 $\boldsymbol{F}=\pm\nabla f$,式中,正(+)或负(−)取决于 f 的物理含义。

1.5 亥姆霍兹定理

1.1~1.4 节介绍了矢量分析中的一些基本概念和运算方法。其中,矢量场的散度、旋度和标量场的梯度都是场性质的重要量度。换言之,一个矢量场所具有的性质,完全可由它的散度和旋度来表达;一个标量场的性质则完全可由它的梯度来表达。

下面先讨论标量场 $f(r)$。因为标量场的梯度是一个矢量场 $\nabla f(r)=\boldsymbol{F}(r)$。当已知 $\boldsymbol{F}(r)$ 求解标量场 $f(r)$ 时,首先必须注意,由于 $\nabla\times\nabla f=\nabla\times\boldsymbol{F}=0$,因此 $\boldsymbol{F}$ 一定是个无漩的矢量场(即无任何环流量的矢量场),这一性质称为保守性,相应的标量场称为位场或势场。众所周知,静电场是无旋的矢量场,所以它可以用一个标量函数的梯度表示。此标量函数称为电位。静电场中,电位定义为

$$\boldsymbol{E}=-\nabla\phi \tag{1-86}$$

在直角坐标系中

$$\boldsymbol{E}=-\frac{\partial\phi}{\partial x}\boldsymbol{a}_x-\frac{\partial\phi}{\partial y}\boldsymbol{a}_y-\frac{\partial\phi}{\partial z}\boldsymbol{a}_z$$

式中,$\dfrac{\partial\phi}{\partial x}$、$\dfrac{\partial\phi}{\partial y}$、$\dfrac{\partial\phi}{\partial z}$ 分别表示静电场 $\boldsymbol{E}$ 在 x、y、z 轴上的分量。而 $\boldsymbol{E}$ 在任意方向上的分量为 $E_l=-\dfrac{\partial\phi}{\partial l}$,由此可得电位的微分量为

$$\mathrm{d}\phi=-E_l\mathrm{d}l=-\boldsymbol{E}\cdot\mathrm{d}\boldsymbol{l}$$

空间 A、B 两点间的电位差,即电压为

$$\phi_A-\phi_B=\int_A^B\boldsymbol{E}\cdot\mathrm{d}\boldsymbol{l}$$

取 $B(x_p,y_p,z_p)$ 点为电位参考点,则 $A(x,y,z)$ 点的电位为

$$\phi(x,y,z)=\int_{(x,y,z)}^{(x_p,y_p,z_p)}\boldsymbol{E}\cdot\mathrm{d}\boldsymbol{l} \tag{1-87}$$

对于点电荷,它在距离 r 处的电位为

$$\phi = \int_r^{r_p} \frac{q}{4\pi\varepsilon} \boldsymbol{a}_r \cdot \mathrm{d}\boldsymbol{l} = \frac{q}{4\pi\varepsilon} \int_r^{r_p} \frac{\mathrm{d}r}{r} = \frac{q}{4\pi\varepsilon}\left(\frac{1}{r} - \frac{1}{r_p}\right) = \frac{q}{4\pi\varepsilon} + C$$

若取无穷远处为电位的参考点，即 $r_p \to \infty$，则 $C = 0$，所以

$$\phi = \frac{q}{4\pi\varepsilon}$$

下面讨论有关矢量场的问题。如果一个矢量场在任意闭合曲线上的环流量为零，则它是一个无旋度的场，称为无旋场；另一种情况是矢量场的散度处处为零，称为无散场。但是，就矢量场的整体而言，无旋场的散度不能处处为零，而无散场的旋度也不能处处为零。因为任何一个矢量场都必须有“源”，场是同“源”一起出现在某一空间内的物理现象是客观存在的。假如我们把“源”看作场的起因，矢量场的散度便对应于一种源，称为发散源。矢量场的旋度则对应另一种源，称为漩涡源。一个无旋场，即一个不存在任何漩涡源的矢量场，那么其散度就不能再处处为零了。否则，这个场便不能存在。同样，一个无散场，其旋度也一定不会处处为零。

一般的矢量场 $\boldsymbol{F}(r)$ 可能既有散度又有旋度，则这个矢量场可以表示为一个无旋场分量和一个无散场分量之和，即

$$\boldsymbol{F}(r) = \boldsymbol{F}_i(r) + \boldsymbol{F}_s(r) \tag{1-88}$$

式中，$\boldsymbol{F}_i(r)$ 为无旋度分量，其散度不为零，设为 $\rho(r)$；$\boldsymbol{F}_s(r)$ 为无散度分量，而它的旋度不为零，设为 $\boldsymbol{J}(r)$，因此有

$$\nabla \cdot \boldsymbol{F}(r) = \nabla \cdot (\boldsymbol{F}_i + \boldsymbol{F}_s) = \rho \tag{1-89}$$

和

$$\nabla \times \boldsymbol{F}(r) = \nabla \times (\boldsymbol{F}_i + \boldsymbol{F}_s) = \boldsymbol{J} \tag{1-90}$$

可见，$\boldsymbol{F}(r)$ 的散度代表着激发矢量场 $\boldsymbol{F}(r)$ 的一种“源”ρ，而 $\boldsymbol{F}(r)$ 的旋度则代表着激发 $\boldsymbol{F}(r)$ 的另一种“源”$\boldsymbol{J}(r)$。一般当这两类“源”在空间的分布已知时，矢量场本身也就唯一地确定了。这一规律称为亥姆霍兹定理。

必须指出，只有在矢量函数 $\boldsymbol{F}(r)$ 是连续的区域内，$\nabla \cdot \boldsymbol{F}(r)$ 和 $\nabla \times \boldsymbol{F}(r)$ 才有意义，因为它们都包含 $\boldsymbol{F}(r)$ 对空间位置的导数。在区域内，如果存在 $\boldsymbol{F}(r)$ 不连续的表面，则在这些面上就不存在 $\boldsymbol{F}(r)$ 的导数，因而也就不能使用散度和旋度来分析这些面上场的特性。

亥姆霍兹定理告诉我们，研究一个矢量场时，需要从矢量的散度和旋度两个方面去研究，得到像式(1-89)和式(1-90)那样的方程，称为矢量场基本方程的微分形式；或者从矢量场在闭合面上的通量和沿闭合回路的环流量两个方面去研究，得到矢量场积分形式的基本方程。

1.6　矢量恒等式

有许多矢量恒等式在电磁场理论的学习中是很重要的。现在列出如下，希望大家用直角坐标系验证它们。

两个恒等于零：

$$\nabla \times (\nabla f) = \boldsymbol{0}$$

$$\nabla \cdot (\nabla \times \boldsymbol{A}) = \boldsymbol{0}$$

二阶符号：

$$\nabla^2 f = \nabla \cdot (\nabla f)$$

$$\nabla^2 \boldsymbol{A} = \nabla(\nabla \cdot \boldsymbol{A}) - \nabla \times \nabla \times \boldsymbol{A}$$

和

$$\nabla(f+g)=\nabla f+\nabla g$$
$$\nabla\cdot(\boldsymbol{A}+\boldsymbol{B})=\nabla\cdot\boldsymbol{A}+\nabla\cdot\boldsymbol{B}$$
$$\nabla\times(\boldsymbol{A}+\boldsymbol{B})=\nabla\times\boldsymbol{A}+\nabla\times\boldsymbol{B}$$

含标量的乘积：

$$\nabla(fg)=f\nabla g+g\nabla f$$
$$\nabla\cdot(f\boldsymbol{A})=f\nabla\cdot\boldsymbol{A}+\boldsymbol{A}\cdot\nabla f$$
$$\nabla\times(f\boldsymbol{A})=f\nabla\times\boldsymbol{A}+\nabla f\times\boldsymbol{A}$$

矢积：

$$\boldsymbol{A}\cdot(\boldsymbol{B}\times\boldsymbol{C})=\boldsymbol{B}\cdot(\boldsymbol{C}\times\boldsymbol{A})=\boldsymbol{C}\cdot(\boldsymbol{A}\times\boldsymbol{B})$$
$$\boldsymbol{A}\times(\boldsymbol{B}\times\boldsymbol{C})=\boldsymbol{B}(\boldsymbol{A}\cdot\boldsymbol{C})-\boldsymbol{C}(\boldsymbol{A}\cdot\boldsymbol{B})$$
$$\nabla\cdot(\boldsymbol{B}\times\boldsymbol{C})=\boldsymbol{C}\cdot(\nabla\times\boldsymbol{B})-\boldsymbol{B}\cdot(\nabla\times\boldsymbol{C})$$
$$\nabla\times(\boldsymbol{B}\times\boldsymbol{C})=\boldsymbol{B}\nabla\cdot\boldsymbol{C}-\boldsymbol{C}\nabla\cdot\boldsymbol{B}+(\boldsymbol{C}\cdot\nabla)\boldsymbol{B}-(\boldsymbol{B}\cdot\nabla)\boldsymbol{C}$$

注意：f 和 g 是标量场，$\boldsymbol{A}$、$\boldsymbol{B}$ 和 $\boldsymbol{C}$ 是矢量场。所有场在区域内和它的边界面上处处都是单值和连续可微的。

思 考 题

1-1 矢量场与标量场的区别是什么？

1-2 有哪些正交坐标系？它们属于左手系还是右手系？

1-3 坐标系的自由度都表示长度吗？

1-4 矢量和矢量场在不同坐标系中的表达式不相同，是否意味着该矢量和矢量场是随坐标系而变化的？

1-5 矢量场的微分运算结果和积分运算结果的物理意义是什么？

1-6 什么是标量场的梯度？它是矢量还是标量？

1-7 什么场可以表示为一个标量场的梯度？什么场可以表示为一个矢量场的旋度？

1-8 散度定理说明了什么？

1-9 斯托克斯定理说明了什么？

1-10 只有散度源的矢量场具有什么特点？

1-11 只有旋度源的矢量场具有什么特点？

1-12 确定一个矢量场的条件是什么？

习 题

1-1 什么是场、矢量场、标量场、静态场和时变场？

1-2 (x,y,z) 表示直角坐标系中的点，$\boldsymbol{A}$ 是从点 $(0,2,-4)$ 指向点 $(3,-4,5)$ 的矢量。求：

(1) 矢量 $\boldsymbol{A}$ 的表达式；

(2) 两点之间的距离；

(3) 矢量 $\boldsymbol{A}$ 方向上的单位矢量。

1-3　在圆柱坐标系中，一点的位置由 $\left(3,\frac{\pi}{3},-4\right)$ 定出，求该点在：

(1) 直角坐标系中的坐标；
(2) 球坐标系中的坐标。

1-4　证明圆柱坐标系中 $\frac{\partial \boldsymbol{a}_\rho}{\partial \phi}=\boldsymbol{a}_\phi$。

1-5　用球坐标表示的场 $\boldsymbol{F}=\boldsymbol{a}_r\frac{29}{r^3}$，求在直角坐标中点(2,3,−3)处场的强度和 $\boldsymbol{E}_x$。

1-6　给出在直角坐标系中的三个矢量 $\boldsymbol{A}$、$\boldsymbol{B}$ 和 $\boldsymbol{C}$ 如下：

$$\boldsymbol{A}=2\boldsymbol{a}_x+3\boldsymbol{a}_y-\boldsymbol{a}_z$$
$$\boldsymbol{B}=\boldsymbol{a}_x+\boldsymbol{a}_y-2\boldsymbol{a}_z$$
$$\boldsymbol{C}=3\boldsymbol{a}_x-\boldsymbol{a}_y+\boldsymbol{a}_z$$

求 $\boldsymbol{A}+\boldsymbol{B}$、$\boldsymbol{B}-\boldsymbol{C}$、$\boldsymbol{A}+3\boldsymbol{B}-2\boldsymbol{C}$、$|\boldsymbol{A}|$、$\boldsymbol{A}\cdot\boldsymbol{B}$、$\boldsymbol{B}\cdot\boldsymbol{A}$、$\boldsymbol{B}\times\boldsymbol{C}$、$\boldsymbol{C}\times\boldsymbol{B}$ 和 $\boldsymbol{A}\cdot\boldsymbol{B}\times\boldsymbol{C}$。

1-7　(ρ,ϕ,z) 表示圆柱坐标系中的点，$\boldsymbol{A}$ 是从点(0,0,0)指向点 $\left(2,\frac{\pi}{4},0\right)$ 的矢量，$\boldsymbol{B}$ 是从点(0,0,0)指向点 $\left(2,\frac{3\pi}{4},0\right)$ 的位置矢量，$\boldsymbol{C}$ 是从点 $\left(2,\frac{\pi}{4},0\right)$ 指向点 $\left(2,\frac{3\pi}{4},0\right)$ 的矢量。求：

(1) 矢量 $\boldsymbol{A}$、$\boldsymbol{B}$ 和 $\boldsymbol{C}$ 在圆柱和直角坐标系的表达式；
(2) $\boldsymbol{A}\cdot\boldsymbol{B}$、$\boldsymbol{A}\cdot\boldsymbol{C}$ 和 $\boldsymbol{A}\times\boldsymbol{B}$。

1-8　如果 $\boldsymbol{A}=\boldsymbol{a}_x+2\boldsymbol{a}_y-3\boldsymbol{a}_z$ 和 $\boldsymbol{B}=2\boldsymbol{a}_x-\boldsymbol{a}_y+\boldsymbol{a}_z$，求：
(1) $\boldsymbol{B}$ 在 $\boldsymbol{A}$ 上的投影或分量的大小；
(2) $\boldsymbol{A}$ 和 $\boldsymbol{B}$ 之间的夹角(最小)；
(3) $\boldsymbol{A}$ 投影在 $\boldsymbol{B}$ 上的矢量；
(4) 与包含 $\boldsymbol{A}$ 和 $\boldsymbol{B}$ 的平面相垂直的单位矢量。

1-9　直角坐标系的原点和点 $P_1(1,2,-1)$、$P_2(\alpha,1,3)$ 构成的三角形，求：
(1) α 为何值时能构成直角三角形？
(2) 三角形的面积。

1-10　已知两矢量 $\boldsymbol{A}=\boldsymbol{a}_x+x\boldsymbol{a}_y-3\boldsymbol{a}_z$ 和 $\boldsymbol{B}=\alpha\boldsymbol{a}_x+\beta\boldsymbol{a}_y-6\boldsymbol{a}_z$，求使两个矢量相互平行的 α 和 β。

1-11　证明：如果 $\boldsymbol{A}\cdot\boldsymbol{B}=\boldsymbol{A}\cdot\boldsymbol{C}$ 和 $\boldsymbol{A}\times\boldsymbol{B}=\boldsymbol{A}\times\boldsymbol{C}$，则 $\boldsymbol{B}=\boldsymbol{C}$。

1-12　如果作用于一个物体的力 $\boldsymbol{F}=2x\boldsymbol{a}_x+3z\boldsymbol{a}_y+4\boldsymbol{a}_z$，求在直角坐标系中将物体沿一直线从点 $P_1(0,0,0)$ 移动到 $P_2(1,1,2)$ 时所做的功。

1-13　一个球面 s 的半径为 6，球心在原点上，计算 $\oint_s(\boldsymbol{a}_r 3\sin\varphi)\cdot \mathrm{d}\boldsymbol{s}$ 的值。

1-14　求矢量场 $\boldsymbol{F}=x\boldsymbol{a}_x+y\boldsymbol{a}_y+z\boldsymbol{a}_z$ 离开包围边长为 2 的立方体的闭合曲面的通量，该立方体的中心位于直角坐标系的原点。

1-15　在由 $\rho=5$、$z=0$ 和 $z=4$ 围成的圆柱形区域中，对矢量 $\boldsymbol{F}=\boldsymbol{a}_\rho\rho^2+\boldsymbol{a}_z 2z$ 验证散度定理。

1-16　求圆柱坐标系矢量场 $\boldsymbol{F}=a\boldsymbol{a}_\rho+b\boldsymbol{a}_\theta+c\boldsymbol{a}_z$ 的散度和旋度。

1-17　求球坐标系矢量场 $\boldsymbol{F}=a\boldsymbol{a}_r+b\boldsymbol{a}_\varphi+c\boldsymbol{a}_\theta$ 的散度和旋度。

1-18　用斯托克斯定理计算 $\oint_c y^2\mathrm{d}x+xy\mathrm{d}y+xz\mathrm{d}z$，其中，$c$ 是 $x^2+y^2=2y$ 和 $y=z$ 的相交的曲线。

1-19　圆柱坐标系中矢量场 $\boldsymbol{F}=\boldsymbol{a}_\rho f(\rho)$，如果 $\nabla\cdot\boldsymbol{F}=0$，求 $f(\rho)$。

1-20　球坐标系中矢量场 $\boldsymbol{F}=\boldsymbol{a}_r f(r)$，如果 $\nabla\cdot\boldsymbol{F}=0$，求 $f(r)$。

1-21　求两曲面 $x^2+y^2+z^2=6$ 和 $x^2+y^2=z+5$ 在点(2，−1，2)处相交的锐角。

1-22　已知 $\boldsymbol{F}=(ax^2+y)\boldsymbol{a}_x+(by^2+z)\boldsymbol{a}_y+(cz^2+x)$，求 $\boldsymbol{a}_z$ 取何值时 $\boldsymbol{F}$ 为无源场?

1-23　证明：如果仅仅已知一个矢量场 $\boldsymbol{F}$ 的旋度，不可能唯一地确定这个矢量场。

1-24　证明：如果仅仅已知一个矢量场 $\boldsymbol{F}$ 的散度，不可能唯一地确定这个矢量场。

1-25　已知矢量场 $\boldsymbol{F}$ 的散度 $\nabla\cdot\boldsymbol{F}=\boldsymbol{a}_\rho f(\rho)$，旋度 $\nabla\times\boldsymbol{F}=0$，试求该矢量场。

1-26　证明亥姆霍兹定理，即矢量场由其散度、旋度和边界条件唯一确定。

第 2 章　时变电磁场

静电场和恒定磁场是各自独立存在的，因而可以分开考虑。当电流、电荷随时间变化时，激发的电场和磁场也随时间变化，这时的电场和磁场就不再相互无关了。随时间变化的电场要在空间产生磁场，同样，随时间变化的磁场也要在空间产生电场。电场和磁场构成了电磁场的两个不可分割的部分。

1831 年，法拉第发现电磁感应定律，揭示了电与磁之间存在的一种深刻的联系，即变化的磁场会产生电场。1864 年，麦克斯韦提出了变化的电场产生磁场的假设，并全面总结了电磁现象的基本规律，即麦克斯韦方程组。以麦克斯韦方程组为核心的经典电磁理论已成为研究宏观电磁现象和工程电磁问题的理论基础。

2.1　电磁场中的基本物理量

2.1.1　电场强度 $\boldsymbol{E}$

将一个点电荷 $\mathrm{d}q$ 放置于电场中（注意：该电荷应足够小，以至于对原来电场的影响可以忽略不计），若受到的电场力为 $\mathrm{d}\boldsymbol{F}$，则定义 $\mathrm{d}q$ 所在位置的电场强度为

$$\boldsymbol{E}=\frac{\mathrm{d}\boldsymbol{F}}{\mathrm{d}q}$$

即电场强度 $\boldsymbol{E}$ 为单位正电荷所受的电场力，单位为 V/m。

2.1.2　电位移矢量 $\boldsymbol{D}$

将物质置于电场 $\boldsymbol{E}$ 中，物质将被极化，极化的程度可用极化强度矢量 $\boldsymbol{P}$ 来描述。一般有 $\boldsymbol{P}=\varepsilon_0\chi_e\boldsymbol{E}$，单位为 $\mathrm{C/m^2}$。χ_e 为物质的极化率，无量纲；$\varepsilon_0=\dfrac{1}{36\pi}\times10^{-9}$ (F/m)为真空的介电常数。

物质中某点的电位移矢量为

$$\boldsymbol{D}=\varepsilon_0\boldsymbol{E}+\boldsymbol{P}=\varepsilon_0(1+\chi_e)\boldsymbol{E}=\varepsilon_0\varepsilon_r\boldsymbol{E}=\varepsilon\boldsymbol{E}$$

式中，ε 为物质的介电常数，由物质的微观结构所决定，可为常量、变量或张量；$\varepsilon_r=1+\chi_e$ 为物质的相对介电常数。电位移矢量的单位为 $\mathrm{C/m^2}$。

2.1.3　磁感应强度 $\boldsymbol{B}$

若点电荷 $\mathrm{d}q$ 以速度 $\boldsymbol{v}$ 在磁场中运动，受到的磁场力为 $\mathrm{d}\boldsymbol{F}$，则该位置处的磁感应强度 $\boldsymbol{B}$ 定义为

$$\mathrm{d}\boldsymbol{F}=\mathrm{d}q\boldsymbol{v}\times\boldsymbol{B}$$

单位为 $\mathrm{Wb/m^2}$ 或 T。工程中常用的较小单位为 Gs，$1\mathrm{Gs}=10^{-4}\mathrm{T}$。

2.1.4 磁场强度 $\boldsymbol{H}$

将物质置于磁场中，物质将被磁化，磁化的程度可用磁化强度矢量 $\boldsymbol{M}$ 来描述，一般有 $\boldsymbol{M}=\dfrac{\chi_m}{\mu_0(1+\chi_m)}\boldsymbol{B}$。式中，$\chi_m$ 为物质的磁化率，无量纲；$\mu_0=4\pi\times10^{-7}$ H/m 为真空中的磁导率；$\boldsymbol{M}$ 的单位为 A/m。

物质中某点的磁场强度为

$$\boldsymbol{H}=\frac{1}{\mu_0}\boldsymbol{B}-\boldsymbol{M}$$

即

$$\boldsymbol{B}=\mu_0(\boldsymbol{H}+\boldsymbol{M})=\mu_0(1+\chi_m)\boldsymbol{H}=\mu_0\mu_r\boldsymbol{H}=\mu\boldsymbol{H}$$

式中，$\mu=\mu_0\mu_r$ 为物质的磁导率，由物质的微观结构所决定，可为常量、变量或张量；$\mu_r=1+\chi_m$ 为物质的相对磁导率。磁场强度的单位为 A/m。

2.1.5 电荷 q 和电荷密度 ρ

大量实验表明，自然界中仅存在两种电荷：正电荷和负电荷。所有电荷都是基本电荷的整数倍。基本电荷为一个电子所带的电荷量 $e_0=1.6\times10^{-19}$C。所有实际电荷均可表示为

$$q=\pm ne_0,\quad n=1,2,3,\cdots$$

从微观来看，所有电荷都是离散分布的。若宏观的体积微分元 $\mathrm{d}v$ 中包含电荷 $\mathrm{d}q$，则定义电荷体密度为 $\rho_v=\dfrac{\mathrm{d}q}{\mathrm{d}v}$ (C/m^3)。电荷密度是标量。

2.1.6 电流 I 和电流密度 $\boldsymbol{J}$

若在 $\mathrm{d}t$ 时间内穿过面积 s 的正电荷为 $\mathrm{d}q$，则流过 s 的电流定义为

$$I=\left.\frac{\mathrm{d}q}{\mathrm{d}t}\right|_s$$

可见，电流是一个总体量，为标量。从微观角度看，电流也应该是呈离散分布的。

若流过与电流方向相垂直的面元 $\mathrm{d}s$ 的电流为 $\mathrm{d}I$，则电流密度 $\boldsymbol{J}$ 定义为

$$\boldsymbol{J}=\frac{I}{\mathrm{d}s}\boldsymbol{a}_n$$

电流密度是矢量，方向为正电荷移动的方向，单位为 A/m^2。

2.1.7 本构关系

电位移矢量 $\boldsymbol{D}$ 和电场强度 $\boldsymbol{E}$，磁感应强度 $\boldsymbol{B}$ 和磁场强度 $\boldsymbol{H}$ 之间的关系与物质的特性有关，它们之间的关系称为本构关系，也可称为物质方程。

在线性、均匀、各向同性的物质中，本构关系式为

$$\boldsymbol{D}=\varepsilon\boldsymbol{E}=\varepsilon_r\varepsilon_0\boldsymbol{E} \tag{2-1}$$

$$\boldsymbol{J}=\sigma\boldsymbol{E} \tag{2-2}$$

$$\boldsymbol{B}=\mu\boldsymbol{H}=\mu_r\mu_0\boldsymbol{H} \tag{2-3}$$

式中，σ 为电导率，单位为 S/m。式(2-2)表达的是欧姆定律，它说明在电场作用下，电荷在导体内移动时产生的电流。

2.2　麦克斯韦方程

电磁理论经 2000 多年的漫长发展而逐步完善，纵观其发展史，可分为 3 个阶段。

1. 初级阶段

起初，人类对电现象和磁现象的认识一直是独立发展的。公元前 200 多年人类就发现了电现象，接着，证明了电荷的存在。电荷的定向运动形成电流，进而发现了以电流为源的磁现象。

电荷和电流之间满足电荷守恒定律

$$\oint_s \boldsymbol{J} \cdot \mathrm{d}\boldsymbol{s} = -\int_v \frac{\partial \rho_v}{\partial t} \mathrm{d}v$$

电荷守恒定律表明：流出闭合曲面 $\boldsymbol{s}$ 的总电流等于单位时间内 $\boldsymbol{s}$ 所包围的体积 v 中电荷的减少量。

电荷的存在促使一些科学家去专门研究它的作用(静电场)。18 世纪末，库仑提出了库仑定律，即两个点电荷 q_1 和 q_2 相距为 r 时，q_2 受到 q_1 的作用力为

$$\boldsymbol{F}_{12} = \frac{q_1 q_2}{4\pi\varepsilon_0 r^2} \boldsymbol{a}_r = \frac{q_1 q_2}{4\pi\varepsilon_0 r^3} \boldsymbol{r}$$

接着，高斯提出了电场的高斯定理：

$$\oint_s \boldsymbol{D} \cdot \mathrm{d}\boldsymbol{s} = \int_v \rho_v \mathrm{d}v$$

该式的物理意义是穿出闭合曲面 $\boldsymbol{s}$ 的电通量等于 $\boldsymbol{s}$ 所包围的体积 v 中的总电荷。至此，形成了比较完整的静电学。

电流的存在促使一些科学家专门研究恒定磁场。19 世纪初，毕奥、萨伐尔两人提出了毕奥-萨伐尔定律，即电流元 $I\mathrm{d}\boldsymbol{l}$ 在任意点产生的磁场用磁感应强度表示为

$$\mathrm{d}\boldsymbol{B} = \frac{\mu_0}{4\pi} \frac{I\mathrm{d}\boldsymbol{l} \times \boldsymbol{r}}{r^3}$$

式中，r 为两电流元之间的距离。

然后，安培又提出了安培环路定理。安培环路定理说明磁场强度沿闭合曲线 $\boldsymbol{l}$ 的环流量等于流过 $\boldsymbol{l}$ 所包围面积的总电流。磁场的高斯定理说明穿过闭合曲面向外的磁通量恒为零。至此，形成了比较完整的静磁学。洛伦兹给出了电场和磁场对电荷 q 的作用力是 $\boldsymbol{F} = q(\boldsymbol{E} + \boldsymbol{v} \times \boldsymbol{B})$。其中，矢量 $\boldsymbol{v}$ 表示电荷的运动速度。

该阶段的特点是电场和磁场的研究相互独立地进行及发展着。

2. 过渡阶段

在电与磁一直分离的前提条件下，法拉第以他超群的实验能力和想象力提出了电磁感应定律

$$\oint_l \boldsymbol{E} \cdot \mathrm{d}\boldsymbol{l} = -\int_s \frac{\partial \boldsymbol{B}}{\partial t} \cdot \mathrm{d}\boldsymbol{s}$$

该式说明，导电回路 $\boldsymbol{l}$ 中的感应电动势等于该回路所包围面积的磁通量的时间变化率的负值。

法拉第首次把电与磁联系起来，为电磁理论的发展做出了巨大贡献。但他的理论具有一定的局限性：其一是只提出了时变磁场可以产生电场；其二是仅限于导电回路。因此，法拉第未能更深刻地揭示出电磁的本质。电磁学在此阶段徘徊了十几年。

3. 完善阶段

1864 年，具有“数学天才”之称的麦克斯韦开创了电磁领域的新纪元。他的两大功绩是：

第一，深化补充了法拉第电磁感应定律，提出了涡旋电场的假说，即无论有无导电回路，法拉第定律都成立。

第二，提出了位移电流的假说，给出了改进的安培环路定理

$$\oint_l \boldsymbol{H} \cdot \mathrm{d}\boldsymbol{l} = \int_s \left(\boldsymbol{J} + \frac{\partial \boldsymbol{D}}{\partial t}\right) \cdot \mathrm{d}\boldsymbol{s}$$

该式表明，磁场强度沿闭合曲线 $\boldsymbol{l}$ 的环流量等于 $\boldsymbol{l}$ 所包围的传导电流与位移电流之和（称为全电流）。

麦克斯韦的两个假说全面地揭示了电场与磁场之间的内在关系。一年后（1865 年），他又以电磁场的基本方程组（麦克斯韦方程组）为理论依据，用数学的方法论证了电磁波的存在。

1888 年，赫兹通过实验第一次发现了电磁波，证明了麦克斯韦方程组的正确性。发现电磁波是人类文明的一个飞跃，它为现代通信奠定了坚实的基础。

2.2.1 麦克斯韦方程组的积分形式

麦克斯韦方程组概括了宏观电磁现象的基本性质，适用于宏观分析（微观分析应采用量子理论），它指出了场量与源之间的关系，其积分形式包括如下四个方程

$$\oint_l \boldsymbol{E} \cdot \mathrm{d}\boldsymbol{l} = -\int_s \frac{\partial \boldsymbol{B}}{\partial t} \cdot \mathrm{d}\boldsymbol{s} \tag{2-4}$$

$$\oint_l \boldsymbol{H} \cdot \mathrm{d}\boldsymbol{l} = \int_s \left(\boldsymbol{J} + \frac{\partial \boldsymbol{D}}{\partial t}\right) \cdot \mathrm{d}\boldsymbol{s} \tag{2-5}$$

$$\oint_s \boldsymbol{D} \cdot \mathrm{d}\boldsymbol{s} = \int_v \rho_v \mathrm{d}v \tag{2-6}$$

$$\oint_s \boldsymbol{B} \cdot \mathrm{d}\boldsymbol{s} = 0 \tag{2-7}$$

传导电流密度 $\boldsymbol{J}$ 与体电荷密度 ρ_v 也可以写成

$$\int_s \boldsymbol{J} \cdot \mathrm{d}\boldsymbol{s} = I \tag{2-8}$$

$$\int_v \rho_v \mathrm{d}v = q \tag{2-9}$$

式中，I 为通过面积 $\boldsymbol{s}$ 的电流，单位为 A；q 为体积 v 所包围的自由电荷，单位为 C。

式(2-4)说明时变磁场产生时变电场。这是变压器和感应电动机的工作原理。

式(2-5)表示时变磁场不但可由传导电流产生，也可由位移电流产生。位移电流代表电位移矢量的变化率，因此也可以说，时变电场产生时变磁场。

式(2-6)断言在任意时刻通过闭合曲面的总的电通量等于该曲面所包围体积内的总电荷。若体积内的电荷为零，则说明表示电通量的电力线是连续的。

式(2-7)证实磁通永远是连续的，即在任意时刻穿过任意闭合面的净磁通量恒为零。

对麦克斯韦方程组进行进一步推导,可得电流连续性方程(积分形式)为

$$\oint_s \boldsymbol{J} \cdot \mathrm{d}\boldsymbol{s} = -\int_v \frac{\partial \rho_v}{\partial t} \mathrm{d}v \tag{2-10}$$

麦克斯韦方程组连同电流连续性方程完整地描述了电荷、电流、电场和磁场之间的相互作用。正确应用这些方程,可以得出在任何介质中的电磁场特性。麦克斯韦方程组描述了宏观电磁场现象的总规律,静电场和恒定电场的基本方程都是麦克斯韦方程组的特例。

2.2.2　麦克斯韦方程组的微分形式

如果场和源在所考虑的区域均为一阶连续可微,那么,可得到麦克斯韦方程组的微分形式

$$\nabla \times \boldsymbol{E} = -\frac{\partial \boldsymbol{B}}{\partial t} \tag{2-11}$$

$$\nabla \times \boldsymbol{H} = \boldsymbol{J} + \frac{\partial \boldsymbol{D}}{\partial t} \tag{2-12}$$

$$\nabla \cdot \boldsymbol{D} = \rho_v \tag{2-13}$$

$$\nabla \cdot \boldsymbol{B} = 0 \tag{2-14}$$

相应地,电流连续性方程的微分形式为

$$\nabla \cdot \boldsymbol{J} = -\frac{\partial \rho_v}{\partial t} \tag{2-15}$$

2.2.3　麦克斯韦方程组的正弦稳态形式

1. 时间简谐场

时变电磁场中一种最重要的类型是时间简谐(正弦)场,即电磁场随时间变化的波形为正弦波。这是因为,首先,任何时变周期函数都可用以正弦函数表示的傅里叶级数来描述;其次,正弦源在日常应用中最为常见。在时谐场中,当激励源为单一频率的正弦源时,我们可以采用相量法分析来单频(单色)稳态场。

在电路理论中,用相量(phasor)来表示随时间做正弦变化的电压和电流。本节我们同样用相量来表示正弦矢量场。任何矢量场都能用其在坐标系中分解的三个相互垂直的标量分量来表示。例如,在直角坐标系中,电场的瞬时值可表示为

$$\boldsymbol{E}(x,y,z,t) = E_x(x,y,z,t)\,\boldsymbol{a}_x + E_y(x,y,z,t)\,\boldsymbol{a}_y + E_z(x,y,z,t)\,\boldsymbol{a}_z \tag{2-16}$$

式中, $E_x(x,y,z,t)$、$E_y(x,y,z,t)$、$E_z(x,y,z,t)$ 分别为 $\boldsymbol{E}$ 在 $\boldsymbol{a}_x$、$\boldsymbol{a}_y$、$\boldsymbol{a}_z$ 三个方向上的分量。这些分量的瞬时正弦表达式为

$$E_x(x,y,z,t) = E_x(r,t) = E_{xm}(r)\cos\left[\omega t + \alpha(r)\right] \tag{2-17a}$$

$$E_y(x,y,z,t) = E_y(r,t) = E_{ym}(r)\cos\left[\omega t + \beta(r)\right] \tag{2-17b}$$

$$E_z(x,y,z,t) = E_z(r,t) = E_{zm}(r)\cos\left[\omega t + \gamma(r)\right] \tag{2-17c}$$

式中, $E_{xm}(r)$、$E_{ym}(r)$、$E_{zm}(r)$ 分别为 $\boldsymbol{E}$ 在 $\boldsymbol{a}_x$、$\boldsymbol{a}_y$、$\boldsymbol{a}_z$ 方向上分量的幅值,其仅为空间位置的函数。r 为 x、y、z 的简略表示,表示位置自变量。此外, $\alpha(r)$、$\beta(r)$ 和 $\gamma(r)$ 分别表示 $\boldsymbol{E}$ 在空间某点 (x,y,z) 处沿 $\boldsymbol{a}_x$、$\boldsymbol{a}_y$ 、$\boldsymbol{a}_z$ 方向的初始相位。我们也可以将每一分量写成

$$E_x(r,t) = \mathrm{Re}\left[E_{xm}(r)\mathrm{e}^{\mathrm{j}\alpha(r)}\mathrm{e}^{\mathrm{j}\omega t}\right] \tag{2-18a}$$

$$E_y(r,t) = \mathrm{Re}\left[E_{ym}(r)\mathrm{e}^{\mathrm{j}\beta(r)}\mathrm{e}^{\mathrm{j}\omega t}\right] \tag{2-18b}$$

$$E_z(r,t) = \mathrm{Re}\left[E_{zm}(r)\mathrm{e}^{\mathrm{j}\gamma(r)}\mathrm{e}^{\mathrm{j}\omega t}\right] \tag{2-18c}$$

式中，Re [·] 表示取括号内复数函数的实部。如果定义

$$\dot{E}_x(r) = E_{xm}(r)e^{j\alpha(r)} \tag{2-19a}$$

$$\dot{E}_y(r) = E_{ym}(r)e^{j\beta(r)} \tag{2-19b}$$

$$\dot{E}_z(r) = E_{zm}(r)e^{j\gamma(r)} \tag{2-19c}$$

则式(2-18)可以写成

$$E_x(r,t) = \mathrm{Re}\,[\dot{E}_x(r)e^{j\omega t}] \tag{2-20a}$$

$$E_y(r,t) = \mathrm{Re}\,[\dot{E}_y(r)e^{j\omega t}] \tag{2-20b}$$

$$E_z(r,t) = \mathrm{Re}\,[\dot{E}_z(r)e^{j\omega t}] \tag{2-20c}$$

式中，$\dot{E}_x(r)$、$\dot{E}_y(r)$ 、$\dot{E}_z(r)$ 分别称为 $E_x(r,t)$、$E_y(r,t)$ 、$E_z(r,t)$ 的振幅相量，它们仅为空间位置的函数，与时间的依赖关系完全体现在 $e^{j\omega t}$ 项上。我们在变量上方打点（·）来表示变量的相量形式。

现在时谐电场就可以表示为

$$\begin{aligned}\boldsymbol{E}(r,t) &= \mathrm{Re}[(\dot{E}_x(r)\,\boldsymbol{a}_x + \dot{E}_y(r)\,\boldsymbol{a}_y + \dot{E}_z(r)\,\boldsymbol{a}_z)e^{j\omega t}] \\ &= \mathrm{Re}[\dot{\boldsymbol{E}}(r)e^{j\omega t}]\end{aligned} \tag{2-21}$$

式中

$$\dot{\boldsymbol{E}}(r) = \dot{E}_x(r)\,\boldsymbol{a}_x + \dot{E}_y(r)\,\boldsymbol{a}_y + \dot{E}_z(r)\,\boldsymbol{a}_z \tag{2-22}$$

为空间任意点的时谐场 $\boldsymbol{E}$ 的相量表达式。再一次指出，$\dot{\boldsymbol{E}}(r)$ 是空间位置的函数，与时间无关。$\boldsymbol{E}$ 场的时域表达式与其相量之间的关系为

$$\frac{\partial \boldsymbol{E}(r,t)}{\partial t} = \mathrm{Re}\,[j\omega\dot{\boldsymbol{E}}(r)e^{j\omega t}]$$

上式说明，在时域中对时间微分，得到在相量域中的因子 $j\omega$ 。同样可以证明，对时间积分，则得到相量域中的因子 $1/(j\omega)$ 。

2. 相量形式的麦克斯韦方程组

将时谐场的场量 $\boldsymbol{E}$ 与 $\boldsymbol{D}$、$\boldsymbol{B}$ 和 $\boldsymbol{H}$ 转换成相量形式后代入麦克斯韦方程组，就可以得到相量形式的麦克斯韦方程组：

$$\nabla\times\dot{\boldsymbol{E}} = -j\omega\dot{\boldsymbol{B}} \tag{2-23a}$$

$$\nabla\times\dot{\boldsymbol{H}} = \dot{\boldsymbol{J}} + j\omega\dot{\boldsymbol{D}} \tag{2-23b}$$

$$\nabla\cdot\dot{\boldsymbol{D}} = \dot{\rho}_v \tag{2-23c}$$

$$\nabla\cdot\dot{\boldsymbol{B}} = 0 \tag{2-23d}$$

$$\nabla\cdot\dot{\boldsymbol{J}} = -j\omega\dot{\rho}_v \tag{2-23e}$$

$$\oint_l \dot{\boldsymbol{E}}\cdot d\boldsymbol{l} = -j\omega\int_s \dot{\boldsymbol{B}}\cdot d\boldsymbol{s} \tag{2-24a}$$

$$\oint_l \dot{\boldsymbol{H}}\cdot d\boldsymbol{l} = \int_s \dot{\boldsymbol{J}}\cdot d\boldsymbol{s} + j\omega\int_s \dot{\boldsymbol{D}}\cdot d\boldsymbol{s} \tag{2-24b}$$

$$\oint_s \dot{\boldsymbol{D}}\cdot d\boldsymbol{s} = \int_v \dot{\rho}_v\, dv \tag{2-24c}$$

$$\oint_s \dot{\boldsymbol{B}} \cdot \mathrm{d}\boldsymbol{s} = 0 \tag{2-24d}$$

$$\oint_s \dot{\boldsymbol{J}} \cdot \mathrm{d}\boldsymbol{s} = -\mathrm{j}\omega\int_v \dot{\rho}_v \mathrm{d}v \tag{2-24e}$$

相量形式的本构关系式为

$$\dot{\boldsymbol{D}} = \varepsilon\dot{\boldsymbol{E}} \tag{2-25}$$

$$\dot{\boldsymbol{B}} = \mu\dot{\boldsymbol{H}} \tag{2-26}$$

2.3　电磁场定理

2.3.1　静电场的库仑定律

电磁现象是由电荷相互作用引起的。空间位置固定、电量不随时间变化的电荷产生的电场，称为静电场。法国科学家库仑通过著名的“扭秤实验”给出了点电荷之间的作用力的定量关系——库仑定律。

真空中距离为 r 的两个无限小点电荷 q_1 和 q_2，它们之间的相互作用力称为库仑力。同性电荷间表现为斥力，异性电荷间表现为引力，大小为

$$|F| = \left|\frac{q_1 q_2}{4\pi\varepsilon_0 r^2}\right| \tag{2-27}$$

若真空中有多个点电荷，那么其中一个点电荷受到的力等于其余每个点电荷对其作用力的叠加。

假设一个实验电荷 q_0，它受到的作用力为 $\boldsymbol{F}$，这个力的大小和方向取决于其周围电荷的电量和分布的位置，周围电荷的电量和位置决定了它们在该实验电荷所在位置产生的电场 $\boldsymbol{E}$ 的大小和方向。库仑定律揭示

$$\boldsymbol{E} = \frac{\boldsymbol{F}}{q_0} \tag{2-28}$$

这表明，库仑力的产生是因为电荷在自己周围空间产生了电场，而电场对处于其中的其他电荷会产生力的作用。空间静止的点电荷就是静电场的源，它所在的位置就是源点。

2.3.2　电场的高斯定理

把一个测试电荷放入电场中，让它自由移动。作用在此电荷上的力将使它按一定的路径移动，描述这个路径的线路称为电力线。电力线的疏密可用来表征电位移矢量 $\boldsymbol{D}$(电通量密度)的大小，即电场场强的大小。虽然电力线实际上并不存在，但是在电场的形象化描述中是一个很有用的概念。

对于一个孤立的正点电荷，电力线是径向发射的，如图 2-1(a)所示。一对等值异性点电荷以及两个正电荷之间的电力线如图 2-1(b)和(c)所示。两个带异性电荷的平行平面之间的电力线则如图 2-2 所示。电力线方向代表了电场的方向。

麦克斯韦方程组中的第三个方程式(2-6)称为电场的高斯定理。该定理说明电场通过一个闭合曲面的净通量等于该曲面所包围的总电荷。电荷在曲面内的分布可以是连续的，也可以是不连续的，即

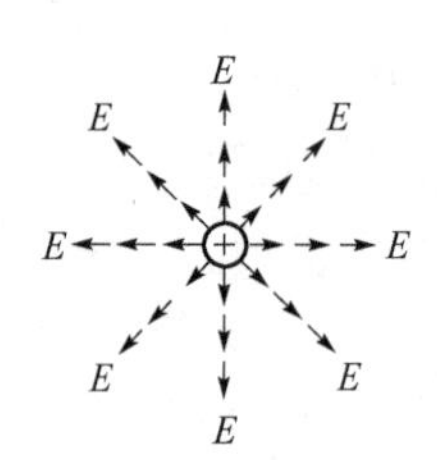

(a)孤立电荷

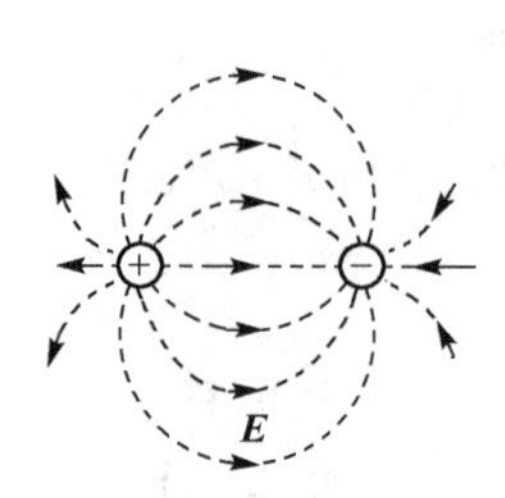

(b)一对等值异性电荷

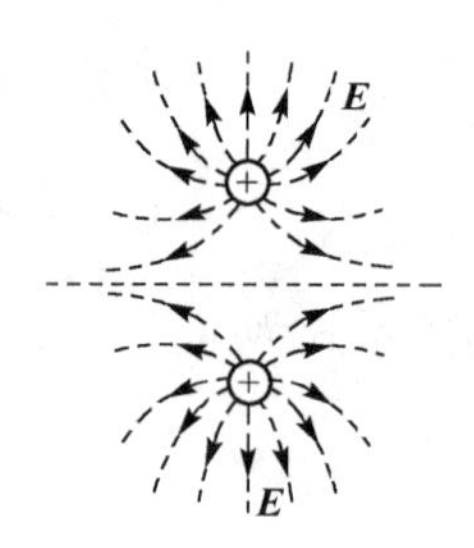

(c)一对正电荷

图 2-1 电力线举例

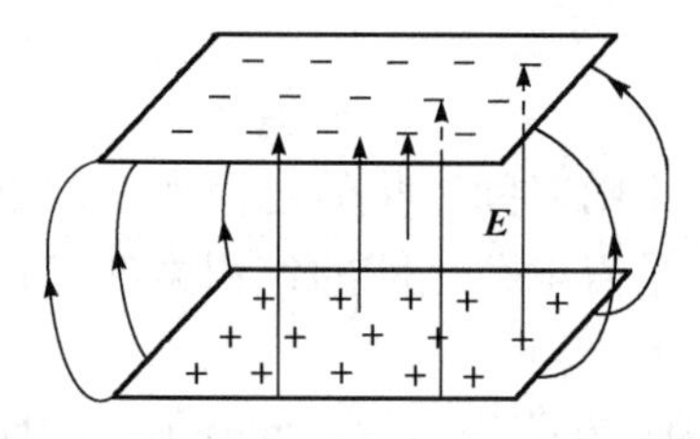

图 2-2 具有边缘现象的两个带异性电荷的平行平面之间的电力线

$$\oint_s \boldsymbol{D} \cdot \mathrm{d}\boldsymbol{s} = \sum_i q_i \tag{2-29}$$

公式中的积分面称为高斯面。如果已知闭合面上所有点的电场强度或电位移矢量,那么通过高斯定理便可求出闭合面内的总电荷。

应用散度定理,式(2-6)也可以写成

$$\int_v \nabla \cdot \boldsymbol{D} \mathrm{d}v = \int_v \rho_v \mathrm{d}v$$

这个式子对任意由 s 面所包围的体积都是成立的。因此,等式两边的被积函数一定相等。于是,在空间任意一点,有

$$\nabla \cdot \boldsymbol{D} = \rho_v \tag{2-30}$$

式(2-30)称为高斯定理的微分形式,这表明在空间任意一点,电力线都起始于正电荷,终止于负电荷。电荷是电场的一种源。

例 2-1 用高斯定理求孤立点电荷 q 在任意点 P 处产生的电场强度 $\boldsymbol{E}$ 。

解 如图 2-3 所示,以电荷为球心,构造一个经过 P 点且半径为 R 的球形高斯面。电力线从正电荷出发沿径向分布,即电场强度与球面垂直(唯一的方向),所以

$$\boldsymbol{E} = E_r \boldsymbol{a}_r$$

因为球面上每一个点与 q 所在的球心都是等距的,所以在 $r = R$ 的球面上任一点, E_r 应该具有相同的值,因而

$$\oint_s \boldsymbol{E} \cdot \mathrm{d}\boldsymbol{s} = E_r \int_0^{\pi} R^2 \sin\theta \mathrm{d}\theta \int_0^{2\pi} \mathrm{d}\varphi = 4\pi R^2 E_r$$

由于被球面包围的总电荷为 q,因此 P 点的电场强度为

$$E_r = \frac{q}{4\pi\varepsilon R^2}$$

$$\boldsymbol{E} = \frac{q}{4\pi R^2} \boldsymbol{a}_r$$

这与库仑定律求得的结果完全相同。

例 2-2 如图 2-4 所示,电荷均匀分布在半径为 a 的球面上,求空间各处的电场强度。

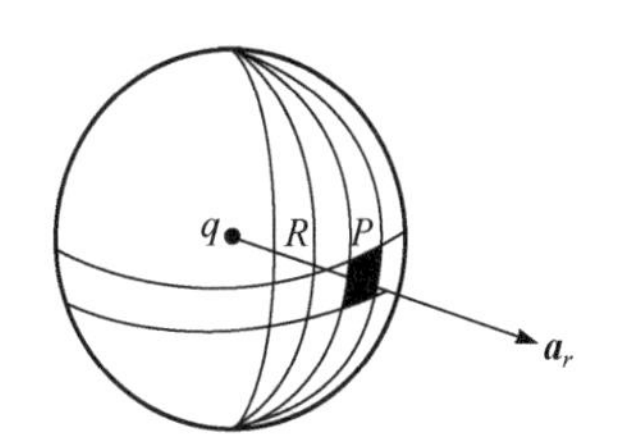

图 2-3　半径为 R 的球面包围点电荷 q

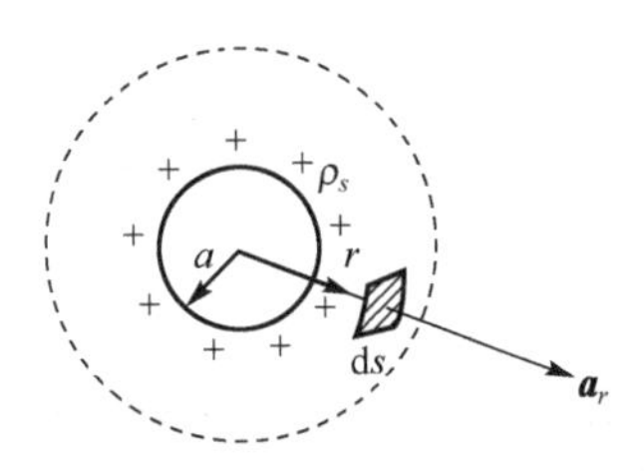

图 2-4　半径为 r 的球面包围面电荷密度为 ρ_s、半径为 a 的球形带电体

解　因为电荷均匀分布在半径为 a 的球面上，所以取半径为 r 的球形高斯面上的电场强度是常数。如果半径 $r < a$，则场强度为零，因为高斯面没有包围电荷；如果半径 $r > a$，那么高斯面包围的总电荷为

$$Q = 4\pi a^2 \rho_s$$

又由于

$$\oint_s \boldsymbol{E} \cdot \mathrm{d}\boldsymbol{s} = 4\pi r^2 E_r$$

因此，由高斯定理得

$$E_r = \frac{Q}{4\pi\varepsilon r^2} = \frac{\rho_s a^2}{\varepsilon r^2}, \quad r \geqslant a$$

即

$$\boldsymbol{E} = \frac{\rho_s a^2}{\varepsilon r^2}\boldsymbol{a}_r, r \geqslant a$$

2.3.3　磁场的高斯定理

麦克斯韦方程组的第四个方程，式(2-7)称为磁场的高斯定理，即

$$\oint_s \boldsymbol{B} \cdot \mathrm{d}\boldsymbol{s} = 0 \tag{2-31}$$

直接应用散度定理，可将面积分转换成体积分

$$\int_v \nabla \cdot \boldsymbol{B} \mathrm{d}v = 0$$

式中，v 为闭合面 $\boldsymbol{s}$ 所包围的体积。因为体积通常不等于零，所以

$$\nabla \cdot \boldsymbol{B} = 0 \tag{2-32}$$

式(2-32)为磁场的高斯定理的微分形式。式(2-31)和式(2-32)适用于任何电流产生的磁场，包括恒定磁场和时变磁场。

例 2-3　在直角坐标系中，已知磁场 $H_x=0$，$H_y=H_0\sin k'y\sin(\omega t-kz)$。式中，$k'$、$k$ 为常数，求磁场的 H_z 分量。

解　由磁场的高斯定理可得

$$\nabla \cdot \boldsymbol{B} = \frac{\partial B_x}{\partial x} + \frac{\partial B_y}{\partial y} + \frac{\partial B_z}{\partial z} = \frac{\partial B_y}{\partial y} + \frac{\partial B_z}{\partial z} = 0$$

即

$$\frac{\partial H_z}{\partial z} = -\frac{\partial H_y}{\partial y} = -H_0 k' \cos k'y \sin(\omega t - kz)$$

所以

$$H_z = -H_0 k' \cos k' y \int \sin(\omega t - kz) \mathrm{d}z$$
$$= -\frac{H_0 k'}{k} \cos k' y \cos(\omega t - kz) + C$$

在时变电磁场中，取不定积分的积分常数 C 为零，于是得

$$H_z = -\frac{k'}{k} H_0 \cos k' y \cos(\omega t - kz)$$

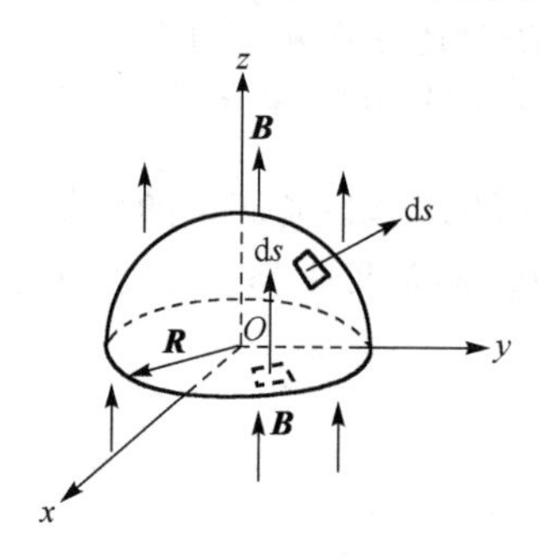

图 2-5　通过半球面的磁通量

例 2-4　设 $\boldsymbol{B} = B\boldsymbol{a}_z$，计算该磁场通过位于 $z = 0$ 面上，半径为 R、中心在原点的半球面的磁通量。

解　半球面和在 xOy 面上半径为 R 的圆盘所形成的闭合面如图 2-5 所示。通过半球面的磁通量应等于穿过圆盘的磁通量。而穿过圆盘的磁通量为

$$\Phi = \int_s \boldsymbol{B} \cdot \mathrm{d}\boldsymbol{s} = \int_0^R \int_0^{2\pi} B\rho \mathrm{d}\rho \mathrm{d}\phi = \pi R^2 B$$

2.3.4　安培环路定理

原始的安培环路定理为

$$\oint_c \boldsymbol{H} \cdot \mathrm{d}\boldsymbol{l} = I \tag{2-33}$$

其微分形式为

$$\nabla \times \boldsymbol{H} = \boldsymbol{J} \tag{2-34}$$

将式(2-34)两边同时取散度，且因为 $\nabla \cdot (\nabla \times \boldsymbol{H}) = 0$，所以

$$\nabla \cdot \boldsymbol{J} = 0 \tag{2-35}$$

但对于时变场而言，$\nabla \cdot \boldsymbol{J}$ 不一定为零。因为由电流连续性方程可知

$$\nabla \cdot \boldsymbol{J} = -\frac{\partial \rho_v}{\partial t} \tag{2-36}$$

式中，ρ_v 为电荷体密度。由此可见，只要存在时变电荷，式(2-35)就不为零。这样，当磁场为时变场时，式(2-34)就会产生矛盾。

例如，将一个电容器与时变电压源相连，如图 2-6 所示。当电容器两端的外加电压随时间上升或下降时，由电压源输送至电容器每一极板的电荷量就在增加或减少。换句话说，电容器两极板上电荷的积累是时间的函数。由于电荷的流动形成电流，因此在导线中必有时变电流 $i(t)$ 存在。该电流也必然在其周围建立时变磁场。这样，如果选一个由闭合路径 c 所包围的开曲面 s，而 s 切割导线，应用安培环路定理可得

$$\oint_c \boldsymbol{H} \cdot \mathrm{d}\boldsymbol{l} = i \tag{2-37}$$

式中，$\boldsymbol{H}$ 为随时间变化的磁场强度。

但若选取由同一路径 c 所包围的另一个开曲面 s' 为积分面，如图 2-7 所示，面 s' 没有切割导线，而是从电容器两极板中间通过，则通过此积分面 s' 的传导电流为零。换言之，利用原始的安培环路定理将得到

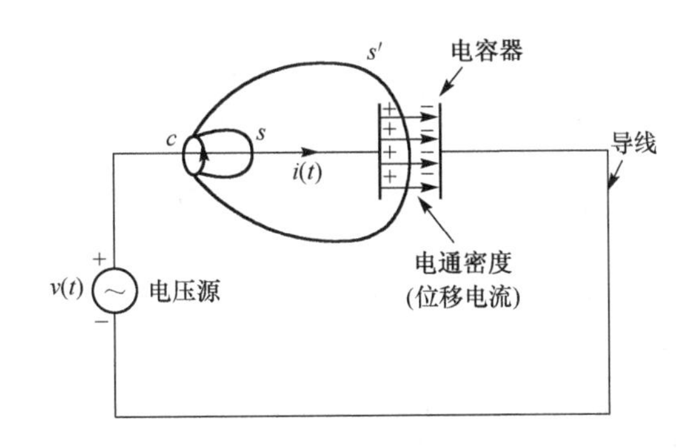

图 2-6　电容器中的位移电流维持导线内的传导电流的连续性

$$\oint_c \boldsymbol{H} \cdot \mathrm{d}\boldsymbol{l} = 0 \tag{2-38}$$

显然，式(2-38)和式(2-37)矛盾。

上述矛盾导致麦克斯韦断言，电容器中必有除传导电流以外的其他电流存在，他把该电流称为位移电流(displacement current)，它不依赖于导线而存在。麦克斯韦在原始的安培环路定理中加入一项“位移电流”，以保证公式对时变情况也是成立的。所加的项实际上是电荷守恒的结果，可由高斯定理和电流连续性方程得到，即

$$\nabla \cdot \boldsymbol{D} = \rho_v \tag{2-39}$$

将式(2-39)中的 ρ_v 代入式(2-36)，得

$$\nabla \cdot \boldsymbol{J} = -\frac{\partial}{\partial t}(\nabla \cdot \boldsymbol{D})$$

由于时间与空间是独立变量，因此可改变上述方程中的微分次序，得

$$\nabla \cdot \boldsymbol{J} = -\nabla \cdot \left(\frac{\partial \boldsymbol{D}}{\partial t}\right)$$

或

$$\nabla \cdot \left(\boldsymbol{J} + \frac{\partial \boldsymbol{D}}{\partial t}\right) = 0$$

此方程表明 $\boldsymbol{J} + \frac{\partial \boldsymbol{D}}{\partial t}$ 是连续的。当用 $\boldsymbol{J} + \frac{\partial \boldsymbol{D}}{\partial t}$ 来代替式(2-34)中的 $\boldsymbol{J}$ 时，即得安培环路定理的修正形式为

$$\nabla \times \boldsymbol{H} = \boldsymbol{J} + \frac{\partial \boldsymbol{D}}{\partial t} \tag{2-40}$$

此即麦克斯韦方程组中的第二个方程，式(2-12)的微分形式。定义位移电流密度(单位为 $\mathrm{A/m^2}$)为

$$\boldsymbol{J}_{\mathrm{d}} = \frac{\partial \boldsymbol{D}}{\partial t} \tag{2-41}$$

如果式(2-40)中的传导电流密度用 $\boldsymbol{J}_{\mathrm{c}}$ 来表示，则式(2-40)说明，在媒质中的任一点存在一个总电流密度，它是传导电流密度与位移电流密度之和，即

$$\boldsymbol{J} = \boldsymbol{J}_{\mathrm{c}} + \boldsymbol{J}_{\mathrm{d}} \tag{2-42}$$

安培环路定理的修正是麦克斯韦最重大的贡献之一，它促进了统一的电磁场理论的发展。

也正是由于位移电流的存在，麦克斯韦能够预言电磁场将在空间以波的形式传播。之后数年，赫兹用实验证明了电磁波的存在。所有现代的通信手段，都基于安培环路定理的这项修正。

修正的安培环路定理的积分形式(式(2-5))重写如下

$$\oint_c \boldsymbol{H} \cdot \mathrm{d}\boldsymbol{l} = \int_s \boldsymbol{J} \cdot \mathrm{d}\boldsymbol{s} + \int_s \frac{\partial \boldsymbol{D}}{\partial t} \cdot \mathrm{d}\boldsymbol{s} \tag{2-43}$$

式中，等号右边第一项表示传导电流；第二项则表示位移电流。对于上面讨论过的电容器，现在可以断定，是通过电容器的位移电流产生了时变磁场。另外，由于电路中的电流是连续的，通过电容器的位移电流必然等于导线中的传导电流。

由上述讨论，我们可以得出以下重要结论：

(1)位移电流密度仅仅是电位移矢量(电通密度)$\boldsymbol{D}$随时间变化的速率。

(2)由于$\dfrac{\partial \boldsymbol{D}}{\partial t}$为磁场源，因此时变电场可产生时变磁场。

(3)加入$\dfrac{\partial \boldsymbol{D}}{\partial t}$项，并不改变磁场$\boldsymbol{H}$和$\boldsymbol{B}$无散度源这一事实。

(4)时变电场和时变磁场是相互依存的。

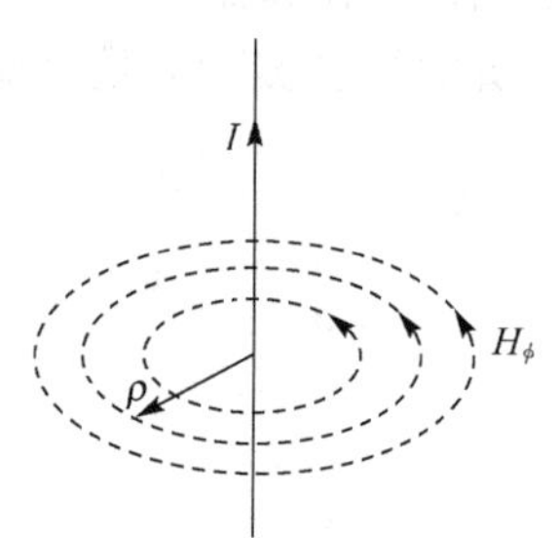

图 2-7 载流长导线产生的磁场

一般当电流对称分布时，我们可以用安培环路定理来求解磁场，而无须经历毕奥-萨伐尔定律的繁复积分过程。下面的例子说明，在满足电流为对称分布的条件下，可以用安培环路定理求解磁场。

例 2-5 一根细而长的导线沿 z 轴放置，流有直流电流 I。试用安培环路定理求出自由空间任一点的磁场强度。

解 由于对称性，带电导线产生的磁场的磁力线必然是以导线为中心的同心圆，如图 2-7 所示。由于恒定电流产生恒定磁场，因此沿每个圆的磁场强度的大小都相等，所以对于任意半径 ρ，有

$$\oint_c \boldsymbol{H} \cdot \mathrm{d}\boldsymbol{l} = \int_0^{2\pi} H_\phi \rho \mathrm{d}\phi = 2\pi\rho H_\phi$$

由于闭合曲线 c 所包围的电流为 I，因此根据安培环路定理，得

$$\boldsymbol{H} = \frac{I}{2\pi\rho}\boldsymbol{a}_\phi$$

例 2-6 一根极长的沿 z 轴放置的空心导体，其外半径为 b，内半径为 a，载有沿 z 轴方向的恒定电流 I，如图 2-8(a)所示。若电流是均匀分布的，试求在空间任一点的磁场强度。

解 由于电流是均匀分布的，因此电流可用体电流密度来表示

$$\boldsymbol{J}_v = \frac{I}{\pi(b^2 - a^2)}\boldsymbol{a}_z$$

根据对称性，磁场的磁力线应是以导体为中心的同心圆，即磁场的方向为 ϕ 方向，磁场沿每一圆环的大小相等。我们分三个区域求磁场强度。

(1)区域 1，$\rho \leqslant a$：此区域内的任何闭合环路所包围的电流为零，所以 $\boldsymbol{H} = 0$。

(2)区域 2，$a \leqslant \rho \leqslant b$：如图 2-8(b)所示，半径为 ρ 的积分曲线所包围的总电流为

$$I_{\mathrm{enc}} = \int_s \boldsymbol{J}_v \cdot \mathrm{d}\boldsymbol{s}$$

$$= \frac{I}{\pi(b^2-a^2)}\int_a^\rho \rho \mathrm{d}\rho \int_0^{2\pi} \mathrm{d}\phi$$

$$= \frac{I(\rho^2-a^2)}{b^2-a^2}$$

而

$$\oint_c \boldsymbol{H} \cdot \mathrm{d}\boldsymbol{l} = 2\pi\rho H_\phi$$

所以

$$\boldsymbol{H} = \frac{I}{2\pi\rho}\left(\frac{\rho^2-a^2}{b^2-a^2}\right)\boldsymbol{a}_\phi, \quad a \leqslant \rho \leqslant b$$

(3)区域 3，$\rho \geqslant b$：如图 2-8(c)所示，积分曲线包围的总电流为 I，所以此区域内的磁场强度为

$$\boldsymbol{H} = \frac{I}{2\pi\rho}\boldsymbol{a}_\phi, \quad \rho \geqslant b$$

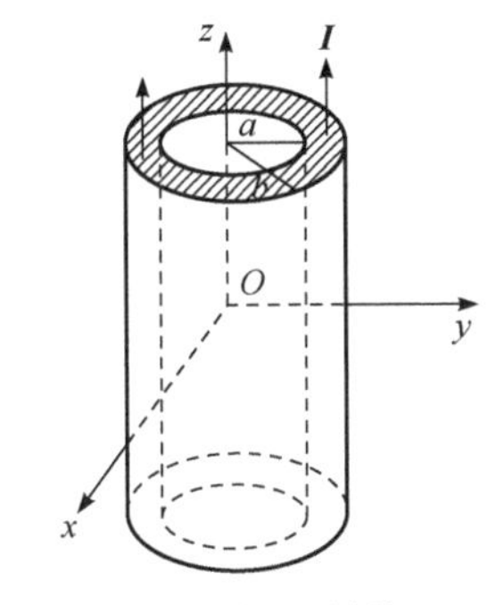

(a)载有电流的空心导体

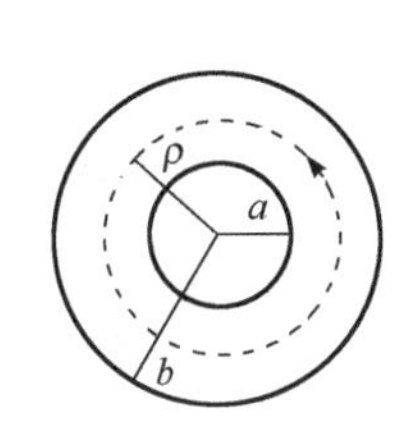

(b)$a \leqslant \rho \leqslant b$ 区域内的闭合积分曲线

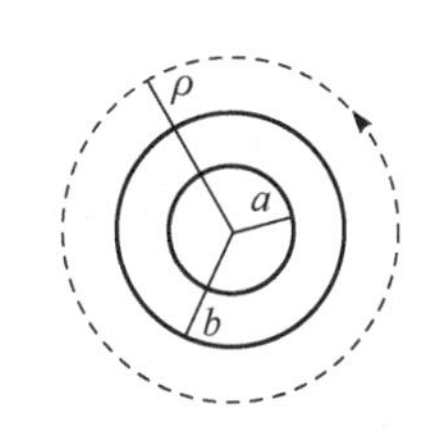

(c)$\rho > b$ 区域内的闭合积分曲线

图 2-8　空心带电导体

例 2-7　一个 N 匝螺旋管形线圈如图 2-9(a)所示，铁芯圆环的内外半径分别为 a 和 b，环的高度为 h，磁导率为 μ。若线圈通过的恒定电流为 I，试求：①圆环内的磁场强度；②磁感应强度；③圆环内的总磁通。

解　设螺线管长度为 L，则单位长度螺旋管均匀缠绕着 n 匝线圈，$n=N/L$。图 2-9(b)所示为铁芯圆环和线圈的截面图，当螺线管线圈均匀缠绕时，磁场仅存在于螺线管内，且分布近似均匀，大小相等，方向为 $\boldsymbol{a}_\phi$。按图 2-9(b)中的积分曲线 c，应用安培环路定理，得

$$\oint_c \boldsymbol{H} \cdot \mathrm{d}\boldsymbol{l} = H_\phi \Delta l = nI\Delta l$$

所以螺线管内部的磁场强度为

$$\boldsymbol{H} = nI\boldsymbol{a}_\phi$$

磁感应强度为

$$\boldsymbol{B} = \mu\boldsymbol{H} = \mu nI\boldsymbol{a}_\phi$$

N 匝螺旋管形线圈内部的总磁通为

$$\Phi = N\int \boldsymbol{B} \cdot \mathrm{d}\boldsymbol{s} = \mu NnI\int_a^b \mathrm{d}\rho \int_0^h \mathrm{d}z = \mu NnI(b-a)h = \mu n^2 I(b-a)hL = \mu n^2 VI$$

式中，V 为螺线管的体积。

例 2-8　自由空间的磁场强度为 $\boldsymbol{H} = H_0 \sin\theta \boldsymbol{a}_y$ (A/m)。式中，$\theta = \omega t - \beta z$，$\beta$ 为常数。试

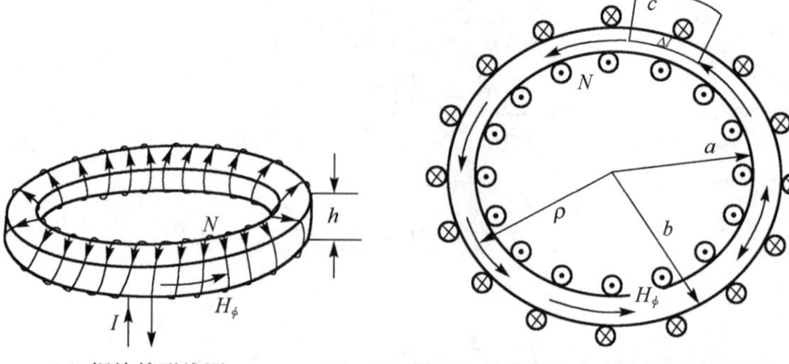

(a) 螺旋管形线圈　　(b) 圆环内的磁场分布和应用安培环路定理的积分曲线

图 2-9　例 2-7 图

求:①位移电流密度;②电场强度。

解　自由空间的传导电流密度为零。这样,由式(2-40)可知,位移电流密度等于 $\nabla\times\boldsymbol{H}$,即

$$\frac{\partial \boldsymbol{D}}{\partial t}=\begin{vmatrix}\boldsymbol{a}_x & \boldsymbol{a}_y & \boldsymbol{a}_z\\ \dfrac{\partial}{\partial x} & \dfrac{\partial}{\partial y} & \dfrac{\partial}{\partial z}\\ 0 & H_0\sin\theta & 0\end{vmatrix}=-\frac{\partial}{\partial z}(H_0\sin\theta)\boldsymbol{a}_x+\frac{\partial}{\partial x}(H_0\sin\theta)\boldsymbol{a}_z$$

$$=\beta H_0\cos\theta\,\boldsymbol{a}_x\,(\mathrm{A/m^2})$$

可见,位移电流密度的幅值为 $\beta H_0\,(\mathrm{A/m^2})$。将位移电流密度对时间积分,即得电位移矢量为

$$\boldsymbol{D}=\frac{\beta}{\omega}H_0\sin\theta\,\boldsymbol{a}_x\quad(\mathrm{C/m^2})$$

所以,自由空间的电场强度为

$$\boldsymbol{E}=\frac{\boldsymbol{D}}{\varepsilon_0}=\frac{\beta}{\omega\varepsilon_0}H_0\sin\theta\,\boldsymbol{a}_x\quad(\mathrm{V/m})$$

2.3.5　法拉第电磁感应定律

麦克斯韦方程组的第一个方程为用电磁场量来表示的法拉第电磁感应定律。法拉第在用静止的线圈做了一系列实验后发现,当随时间变化的磁通穿过由线圈包围的面积时,线圈中将产生感应电动势,感应电动势在闭合回路中激发感应电流。时变磁通可以通过在线圈附近移动磁铁来产生,如图 2-10 所示。也可以由断开或接通另一个载流线圈的电路来建立,如图 2-11所示。

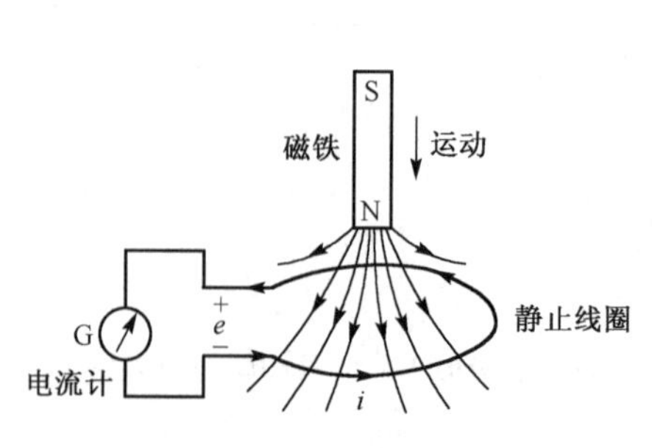

图 2-10　由磁通量增加产生的感应电动势

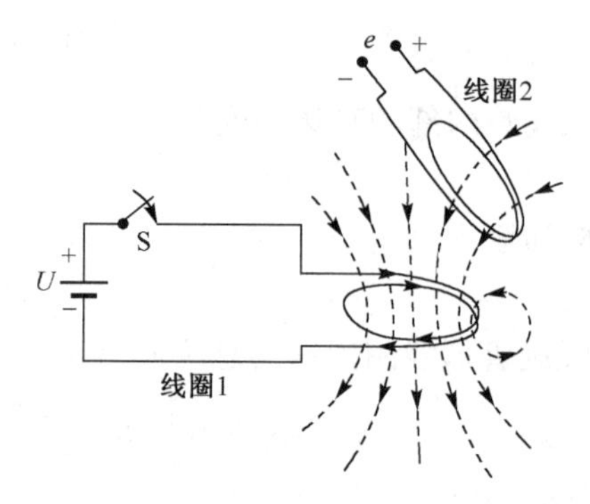

图 2-11　闭合线圈 1 的开关 S 时,在线圈 2 中产生的感应电动势

感应电动势的大小等于磁通的时间变化率，其方向由下面的方法确定。任取一绕行回路的方向为感应电动势的正方向，并按右手螺旋法则规定磁力线的正方向，这样，感应电动势为

$$e_{\mathrm{in}} = -\frac{\mathrm{d}\Phi}{\mathrm{d}t} \tag{2-44}$$

此即法拉第电磁感应定律。感应电动势的实际方向由 $-\frac{\mathrm{d}\Phi}{\mathrm{d}t}$ 的符号（正或负）与规定的电动势正方向相比较而确定。式(2-44)中的负号是有明确物理意义的。当 $\frac{\mathrm{d}\Phi}{\mathrm{d}t} > 0$，即穿过回路的磁通增加时，$e_{\mathrm{in}} < 0$，这时感应电动势的实际方向与设定的正方向相反，表明感应电流产生的磁场要阻止原磁场增加；当 $\frac{\mathrm{d}\Phi}{\mathrm{d}t} < 0$，即穿过回路的磁通减小时，$e_{\mathrm{in}} > 0$，这时感应电动势的实际方向与设定的正方向相同，表明感应电流产生的磁场要阻止原磁场减小。这是楞次定律的内涵。

例 2-9　半径为 40cm 的圆形导电环位于 xOy 面内，其电阻为 20Ω。若该区域内的磁感应强度为 $\boldsymbol{B} = 0.2\cos 500t\boldsymbol{a}_x + 0.75\sin 400t\boldsymbol{a}_y + 1.2\cos 314t\boldsymbol{a}_z$(T)，求圆环内感应电流的有效值。

解　由于导电环位于 xOy 面内，导电环的法线方向在 z 方向，这样，建立圆柱坐标系后，导电环的面微分元为

$$\mathrm{d}\boldsymbol{s} = \rho\mathrm{d}\rho\mathrm{d}\phi\,\boldsymbol{a}_z$$

穿过此面积的磁通为

$$\mathrm{d}\Phi = \boldsymbol{B} \cdot \mathrm{d}\boldsymbol{s} = 1.2\rho\mathrm{d}\rho\mathrm{d}\phi\cos 314t$$

在任意时间穿过导电环的总磁通为

$$\Phi = 1.2\cos 314t\int_0^{0.4}\rho\mathrm{d}\rho\int_0^{2\pi}\mathrm{d}\phi = 0.603\cos 314t(\mathrm{Wb})$$

感应电动势为

$$e = -\frac{\mathrm{d}\Phi}{\mathrm{d}t} = 189.342\sin 314t(\mathrm{V})$$

感应电动势的最大值为 $e_{\mathrm{m}} = 189.342\mathrm{V}$。

所以，导电环内的感应电流的有效值为 $I = \frac{1}{\sqrt{2}}\frac{e_{\mathrm{m}}}{20} = 6.694\mathrm{A}$。

感应电流的存在，必须有闭合导电回路的存在。但对感应电动势而言，闭合导电回路的存在不是必需的。无论闭合回路是否存在，回路是否闭合，只要某一区域内的磁通发生变化，就会有感应电动势产生。而磁通的变化可以是由磁场随时间的变化而引起，也可以是包围观察区域的回路的运动而引起，即在公式 $\frac{\mathrm{d}\Phi}{\mathrm{d}t} = \frac{\mathrm{d}}{\mathrm{d}t}\int_s \boldsymbol{B} \cdot \mathrm{d}\boldsymbol{s}$ 中，既可以是 $\boldsymbol{B}$ 随时间变化，也可以是 $\boldsymbol{s}$ 随时间变化，或者是 $\boldsymbol{B}$ 和 $\boldsymbol{s}$ 同时随时间变化。由磁场的变化而产生的感应电动势称为感生电动势；而由回路的运动而产生的感应电动势称为动生电动势。

先考虑由磁场的变化所产生的感生电动势。回路中出现感应电动势，表明导体内出现了感应电场，而电动势应为电场沿闭合路径的积分，所以

$$e_{\mathrm{in}} = \oint_c \boldsymbol{E}_{\mathrm{in}} \cdot \mathrm{d}\boldsymbol{l} \tag{2-45}$$

结合式(2-44)可得

$$\oint_c \boldsymbol{E}_{\text{in}} \cdot \mathrm{d}\boldsymbol{l} = -\frac{\mathrm{d}\Phi}{\mathrm{d}t}$$

如果空间还存在静电场 $\boldsymbol{E}_{\text{c}}$,则总电场为 $\boldsymbol{E} = \boldsymbol{E}_{\text{in}} + \boldsymbol{E}_{\text{c}}$,所以上式变为

$$\oint_c \boldsymbol{E} \cdot \mathrm{d}\boldsymbol{l} = \oint_c \boldsymbol{E}_{\text{in}} \cdot \mathrm{d}\boldsymbol{l} + \oint_c \boldsymbol{E}_{\text{c}} \cdot \mathrm{d}\boldsymbol{l} = -\frac{\mathrm{d}\Phi}{\mathrm{d}t}$$

而静电场为无旋场,即 $\oint_c \boldsymbol{E}_{\text{c}} \cdot \mathrm{d}\boldsymbol{l} = 0$,所以

$$\oint_c \boldsymbol{E} \cdot \mathrm{d}\boldsymbol{l} = \oint_c \boldsymbol{E}_{\text{in}} \cdot \mathrm{d}\boldsymbol{l} + \oint_c \boldsymbol{E}_{\text{c}} \cdot \mathrm{d}\boldsymbol{l} = \oint_c \boldsymbol{E}_{\text{in}} \cdot \mathrm{d}\boldsymbol{l} = -\frac{\mathrm{d}\Phi}{\mathrm{d}t} \tag{2-46}$$

若闭合路径 c 所包围的总磁通为

$$\Phi = \int_s \boldsymbol{B} \cdot \mathrm{d}\boldsymbol{s}$$

则式(2-46)可表示为

$$\oint_c \boldsymbol{E} \cdot \mathrm{d}\boldsymbol{l} = -\frac{\mathrm{d}}{\mathrm{d}t}\int_s \boldsymbol{B} \cdot \mathrm{d}\boldsymbol{s} \tag{2-47}$$

$\mathrm{d}\boldsymbol{s}$ 的方向与路径 c 符合右手螺旋定则。当我们将右手四指沿路径 c 的方向弯曲时,大拇指所指的方向即 $\mathrm{d}\boldsymbol{s}$ 的法线方向。

当回路静止,而磁场随时间变化时,式(2-47)可表示为

$$\oint_c \boldsymbol{E} \cdot \mathrm{d}\boldsymbol{l} = -\int_s \frac{\partial \boldsymbol{B}}{\partial t} \cdot \mathrm{d}\boldsymbol{s} \tag{2-48}$$

式(2-48)是用场量表示的法拉第电磁感应定律的积分形式,可以用它来计算静止闭合路径中的感生电动势。由于沿闭合路径的感应电场的线积分等于感应电动势,不为零,因而感应电场是非保守场。

利用斯托克斯定理,可将沿闭合路径 c 的线积分变换成由 c 所包围的面 s 的面积分:

$$\int_s (\nabla \times \boldsymbol{E}) \cdot \mathrm{d}\boldsymbol{s} = -\int_s \frac{\partial \boldsymbol{B}}{\partial t} \cdot \mathrm{d}\boldsymbol{s}$$

由于方程两边是对同一个由任意闭合路径 c 所包围的面 s 的积分,因此当且仅当两边的被积函数相等时等式才能成立,即

$$\nabla \times \boldsymbol{E} = -\frac{\partial \boldsymbol{B}}{\partial t} \tag{2-49}$$

式(2-49)即是用场量表示的法拉第电磁感应定律的微分形式。由此式可求出,当磁场随时间变化时空间某点的电场强度。对于静态场,$\nabla \times \boldsymbol{E} = 0$ 。

当闭合回路在磁场中运动时,将在回路中产生动生电动势。若用下标 m 表示动生电动势,则对于闭合回路,当导体在磁场中运动时所产生的动生电动势可写成

$$e_{\text{m}} = \oint_c (\boldsymbol{v} \times \boldsymbol{B}) \cdot \mathrm{d}\boldsymbol{l} \tag{2-50}$$

式中,$\boldsymbol{v}$ 为回路的运动速度。

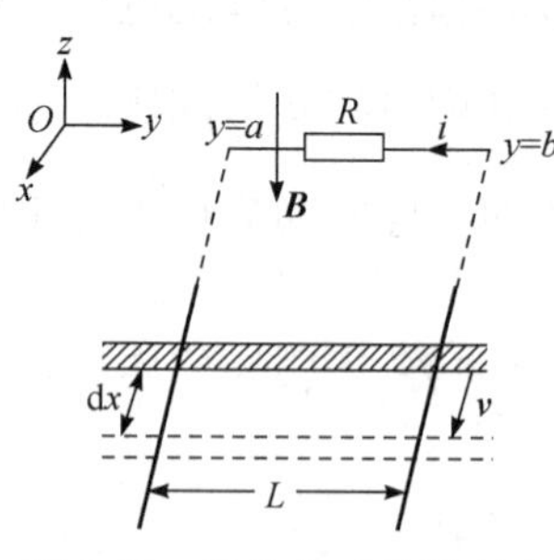

图 2-12　动生电动势的产生

如图 2-12 所示,一运动导体在一对固定导体上滑动。在两个固定导体的远端连接一个电阻 R,这样,运动导体、固定导体和电阻就形成了一个闭合回路。将此回路放入一均匀分布的恒

定磁场 B 中,磁场的方向如图为 $-z$ 方向。当运动导体沿 x 方向以速度 v 滑动时,由运动导体、固定导体和电阻所形成的闭合回路所包围的面积的变化量为

$$\mathrm{d}\boldsymbol{s} = L\mathrm{d}x\,\boldsymbol{a}_z$$

式中,L 为运动导体的长度;$\mathrm{d}x$ 是它在 $\mathrm{d}t$ 时间内滑动的距离。穿过这一闭合回路的磁通,即磁通的变化量为

$$\mathrm{d}\Phi = \boldsymbol{B}\cdot\mathrm{d}\boldsymbol{s} = -BL\,\mathrm{d}x$$

磁通的变化率为

$$\frac{\mathrm{d}\Phi}{\mathrm{d}t} = -BL\frac{\mathrm{d}x}{\mathrm{d}t} = -BLv$$

所以,感应电动势为

$$e = -\frac{\mathrm{d}\Phi}{\mathrm{d}t} = BLv$$

式中,v 是运动导体沿 x 轴滑动的速度。如果直接利用式(2-50)也可以得到相同的结果。

当闭合回路在时变磁场中运动时,总的感应电动势为

$$e = e_{\mathrm{i}} + e_{\mathrm{m}} = -\int_s \frac{\partial \boldsymbol{B}}{\partial t}\cdot\mathrm{d}\boldsymbol{s} + \oint_c (\boldsymbol{v}\times\boldsymbol{B})\cdot\mathrm{d}\boldsymbol{l} \tag{2-51}$$

根据右手螺旋定则,由式中闭合路径 c 的方向确定了面 $\mathrm{d}\boldsymbol{s}$ 的法线方向。此式为法拉第电磁感应定律的另一种形式。用感应电场来表示,式(2-51)也可写成

$$\oint_c \boldsymbol{E}\cdot\mathrm{d}\boldsymbol{l} = -\int_s \frac{\partial \boldsymbol{B}}{\partial t}\cdot\mathrm{d}\boldsymbol{s} + \oint_c (\boldsymbol{v}\times\boldsymbol{B})\cdot\mathrm{d}\boldsymbol{l}$$

应用斯托克斯定理,可得

$$\int_s (\nabla\times\boldsymbol{E})\cdot\mathrm{d}\boldsymbol{s} = -\int_s \frac{\partial \boldsymbol{B}}{\partial t}\cdot\mathrm{d}\boldsymbol{s} + \int_s [\nabla\times(\boldsymbol{v}\times\boldsymbol{B})]\cdot\mathrm{d}\boldsymbol{s}$$

由于方程两边是对同一个由任意闭合路径 c 所包围的面 s 的积分,因此为了使此方程在一般情况下成立,两边的被积函数必须相等,即

$$\nabla\times\boldsymbol{E} = -\frac{\partial \boldsymbol{B}}{\partial t} + \nabla\times(\boldsymbol{v}\times\boldsymbol{B}) \tag{2-52}$$

式(2-52)是微分形式的法拉第电磁感应定律的最一般化形式,用它可确定当观察点以速度 $\boldsymbol{v}$ 在磁场 $\boldsymbol{B}$ 中运动时激发的电场。

例 2-10　一个 N 匝矩形线圈在均匀场中旋转,如图 2-13 所示。试求线圈中的感应电动势,采用:①动生电动势的概念;②法拉第电磁感应定律。

解　①采用动生电动势的概念计算:由于磁感应强度是均匀的,因此感应电动势仅是由于线圈的运动产生的。所以,在 C 处 N 匝线圈的感应电动势应与 D 处 N 匝线圈的感应电动势大小相等,相位相差 180°。基于这种理解来计算 C 处 N 匝线圈的感应电动势。线圈的运动速度为

$$\boldsymbol{v} = \omega R\,\boldsymbol{a}_\phi$$

由于 $\phi = \omega t$,$\boldsymbol{B} = B\boldsymbol{a}_y$,$\boldsymbol{v}\times\boldsymbol{B} = \omega RB\sin\omega t\,\boldsymbol{a}_\phi\times\boldsymbol{a}_y = -\omega RB\sin\omega t\,\boldsymbol{a}_z$,因此 C 处 N 匝线圈的动生电动势为

$$e_{\mathrm{m}} = \int_c N(\boldsymbol{v}\times\boldsymbol{B})\cdot\mathrm{d}\boldsymbol{l} = -NBR\omega\sin\omega t\int_L^{-L}\mathrm{d}z = 2NLRB\omega\sin\omega t$$

所以 N 匝线圈中总的感应电动势为

$$e = 2e_{\mathrm{m}} = 4LRNB\omega \sin \omega t = NBA\omega \sin \omega t$$

式中，$A = 4LR$ 为线圈的面积。

②采用法拉第电磁感应定律计算：对于图 2-13 所示的面微分元方向，有

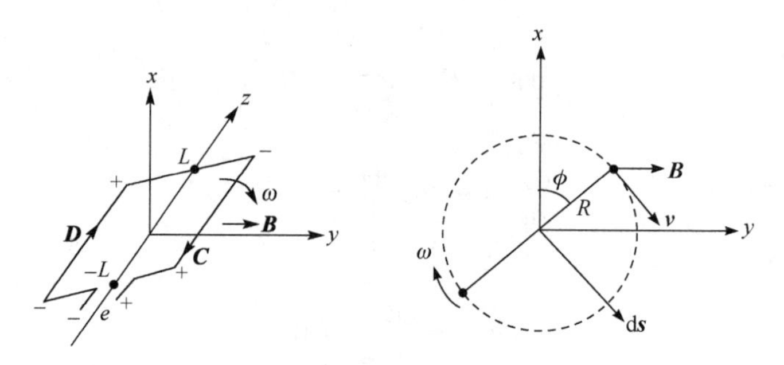

图 2-13　线圈在磁场中旋转

$$\Phi = \int_s \boldsymbol{B} \cdot \mathrm{d}\boldsymbol{s} = \int_s (\boldsymbol{a}_y \cdot \boldsymbol{a}_\phi) B \mathrm{d}s = B\cos \omega t \int_s \mathrm{d}s = BA\cos \omega t$$

N 匝线圈中的感应电动势为

$$e = -N\frac{\mathrm{d}\Phi}{\mathrm{d}t} = BAN\omega \sin \omega t$$

2.4　边界条件

本节我们将研究电磁场在两种媒质分界面上变化的规律。分界面可以是电介质与导体之间的分界面，也可以是两种不同的电介质之间的分界面。决定分界面两侧电磁场变化关系的方程称为边界条件。麦克斯韦方程组定解的前提条件是必须已知边界条件。

在两种媒质的分界面上，一般都将场量分解成切向和法向两个分量来考虑，也就是说，边界条件是通过电场和磁场在分界面上的法向分量和切向分量之间的关系表达出来的。

2.4.1　电场的边界条件

1. 电位移矢量 $\boldsymbol{D}$ 的法向分量

用高斯定理可以推导分界面上关于电位移矢量法向分量的关系式，如图 2-14(a)所示。为此，可以构造一个扁圆柱形的高斯面，一半在媒质 1 中，另一半在媒质 2 中。因扁圆柱形高斯面的截面足够小，故截面上的电位移矢量可视为常数。此外，假设扁圆柱形高斯面的高度 Δh 趋于零，则其侧面面积可以忽略不计，设分界面上存在的电荷密度为 ρ_s 。

设高斯面的横截面面积为 Δs ，则扁圆柱形高斯面所包含的总电荷量为 $\rho_s \Delta s$ 。于是，根据高斯定理可得

$$\boldsymbol{D}_1 \cdot \boldsymbol{a}_{\mathrm{n}} \Delta s - \boldsymbol{D}_2 \cdot \boldsymbol{a}_{\mathrm{n}} \Delta s = \rho_s \Delta s$$

所以

$$\boldsymbol{a}_{\mathrm{n}} \cdot (\boldsymbol{D}_1 - \boldsymbol{D}_2) = \rho_s \tag{2-53a}$$

或

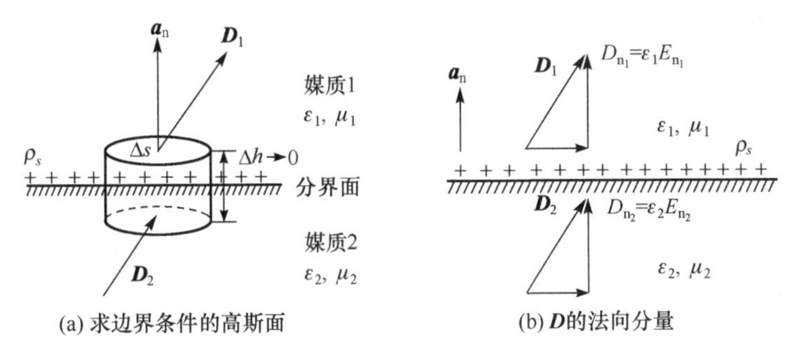

图 2-14　分界面两侧 $\boldsymbol{D}$ 和 $\boldsymbol{E}$ 的法向分量满足的关系

$$D_{n_1} - D_{n_2} = \rho_s \tag{2-53b}$$

式中，$\boldsymbol{a}_n$ 是垂直于分界面从媒质 2 指向媒质 1 的法向单位矢量；D_{n_1} 和 D_{n_2} 分别是媒质 1 和媒质 2 中电位移矢量的法向分量，如图 2-14(b) 所示。式(2-53)表明，如果分界面上存在自由面电荷密度，则电位移矢量的法向分量不连续。

因为 $\boldsymbol{D} = \varepsilon \boldsymbol{E}$，所以也可以把式(2-53a)用 $\boldsymbol{E}$ 的法向分量来表示，即

$$\boldsymbol{a}_n \cdot (\varepsilon_1 \boldsymbol{E}_1 - \varepsilon_2 \boldsymbol{E}_2) = \rho_s \tag{2-53c}$$

或

$$\varepsilon_1 E_{n_1} - \varepsilon_2 E_{n_2} = \rho_s \tag{2-53d}$$

如果两种媒质均为介质，且在两种介质分界面上没有特意放置自由电荷，则介质的分界面上一般并不存在任何自由面电荷密度。因此，穿过介质分界面的电位移矢量的法向分量是连续的，即

$$D_{n_1} = D_{n_2} \tag{2-54}$$

或

$$\varepsilon_1 E_{n_1} = \varepsilon_2 E_{n_2} \tag{2-55}$$

当媒质 2 为理想导体时，由于其 $\sigma \to \infty$，因此媒质 2 中的电场 $\boldsymbol{E}_2 = 0$。如果媒质 1 中存在 $\boldsymbol{D}_1$ 的法向分量，则导体表面必然存在自由面电荷密度，以满足式(2-53)，即

$$\boldsymbol{a}_n \cdot \boldsymbol{D}_1 = D_{n_1} = \rho_s \tag{2-56a}$$

或

$$\varepsilon_1 E_{n_1} = \rho_s \tag{2-56b}$$

也就是说，理想导体表面上的电位移矢量的法向分量等于导体表面的面电荷密度。

2. 电场强度 $\boldsymbol{E}$ 的切向分量

下面通过求解电场 $\boldsymbol{E}$ 沿着穿越分界面的闭合路径 $abcda$ 的环流量，来得到分界面两侧 $\boldsymbol{E}$ 的切向分量之间的关系，如图 2-15 所示。闭合路径由两条长度为 Δl，平行并位于分界面两侧的线段 ab、cd 以及两条较短的长度为 Δh 的线段 bc、da 构成。按照图 2-15(a)所示方向，$\Delta \boldsymbol{l} = \Delta l \boldsymbol{a}_t$。当 $\Delta h \to 0$ 时，线段 bc、da 对线积分 $\oint \boldsymbol{E} \cdot \mathrm{d}\boldsymbol{l}$ 的贡献可忽略不计，因此

$$\begin{aligned}\oint \boldsymbol{E} \cdot \mathrm{d}\boldsymbol{l} &= \boldsymbol{E}_1 \cdot \Delta \boldsymbol{l} + \boldsymbol{E}_2 \cdot (-\Delta \boldsymbol{l}) \\ &= (\boldsymbol{E}_1 - \boldsymbol{E}_2) \cdot \Delta \boldsymbol{l} \\ &= (\boldsymbol{E}_1 - \boldsymbol{E}_2) \cdot \Delta l \boldsymbol{a}_t\end{aligned}$$

$$= (\boldsymbol{E}_{t_1} - \boldsymbol{E}_{t_2}) \cdot \Delta l \boldsymbol{a}_t$$
$$= -\frac{\partial B}{\partial t} \cdot \Delta l \cdot \Delta h$$

所以

$$E_{t_1} - E_{t_2} = -\frac{\partial B}{\partial t} \cdot \Delta h$$

因为 $\Delta h \to 0$，所以 $E_{t_1} = E_{t_2}$，或

$$\boldsymbol{a}_t \cdot (E_1 - E_2) = 0 \tag{2-57}$$

式中，$\boldsymbol{a}_t$ 表示与分界面相切的单位矢量；E_{t_1} 和 E_{t_2} 分别是媒质 1 和媒质 2 中 $\boldsymbol{E}$ 的切向分量，如图 2-15(b)所示。上述等式表明，分界面上电场强度的切向分量总是连续的。

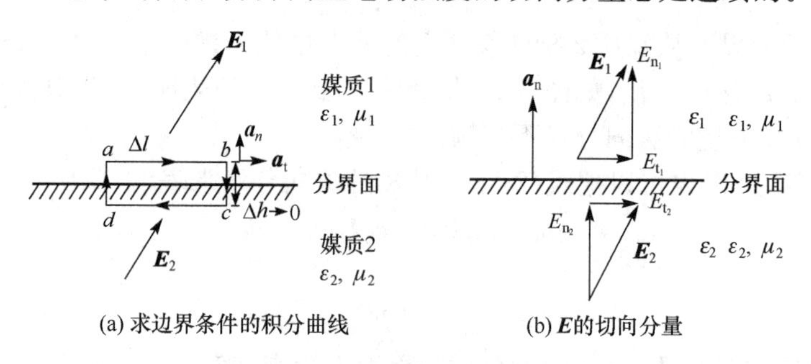

图 2-15 分界面两侧 $\boldsymbol{E}$ 的切向分量满足的关系

式(2-57)亦可用法向单位矢量来表达：

$$\boldsymbol{a}_n \times (\boldsymbol{E}_1 - \boldsymbol{E}_2) = 0 \tag{2-58}$$

如果媒质 2 是理想导体，则由于导体内部不存在电场，故分界面上的电场强度的切向分量必然为零。因此，理想导体表面的电场总是垂直于导体表面。

例 2-11 电荷 Q 均匀分布在半径为 R 的金属球表面，试确定球体表面上的电场强度 $\boldsymbol{E}$ 。

解 由已知条件得面电荷密度为

$$\rho_s = \frac{Q}{4\pi R^2}$$

在导体表面只有电位移矢量 $\boldsymbol{D}$ 的法向分量存在，即 $\boldsymbol{D}_1 = D_r \boldsymbol{a}_r$，$\boldsymbol{D}_2 = 0$，所以由式(2-53a)可得

$$D_r = \frac{Q}{4\pi R^2}$$

若 ε 是球体外表面所在媒质的介电常数，则

$$E_r = \frac{D_r}{\varepsilon} = \frac{Q}{4\pi\varepsilon R^2}$$

例 2-12 平面 $z = 0$ 是介于自由空间与相对介电常数为 40 的电介质之间的分界面。分界面上自由空间一侧的电场强度为 $\boldsymbol{E} = 13\boldsymbol{a}_x + 40\boldsymbol{a}_y + 50\boldsymbol{a}_z$(V/m)，试确定分界面另一侧的电场强度 $\boldsymbol{E}$ 。

解 令 $z > 0$ 区域为介质 1，$z < 0$ 区域为自由空间 2，则有

$$\boldsymbol{E}_2 = 13\boldsymbol{a}_x + 40\boldsymbol{a}_y + 50\boldsymbol{a}_z$$

由于分界面的法向单位矢量 $\boldsymbol{a}_{\mathrm{n}}=\boldsymbol{a}_z$，而电场强度 $\boldsymbol{E}$ 的切向分量是连续的，故

$$\begin{cases}E_{x_1}=E_{x_2}=13\\E_{y_1}=E_{y_2}=40\end{cases}$$

又由于两种介质分界面上，$\boldsymbol{D}$ 的法向分量也是连续的，即

$$\varepsilon_1E_{z_1}=\varepsilon_2E_{z_2}$$

而 $\varepsilon_2=\varepsilon_0$，$\varepsilon_1=40\varepsilon_0$，则

$$E_{z_1}=\frac{E_{z_2}}{40}=\frac{50}{40}=1.25$$

因此，介质 1 中的电场强度 $\boldsymbol{E}$ 为

$$\boldsymbol{E}=(13\boldsymbol{a}_x+40\boldsymbol{a}_y+1.25\boldsymbol{a}_z)\quad(\mathrm{V/m})$$

2.4.2　磁场的边界条件

1. 磁感应强度 B 的法向分量

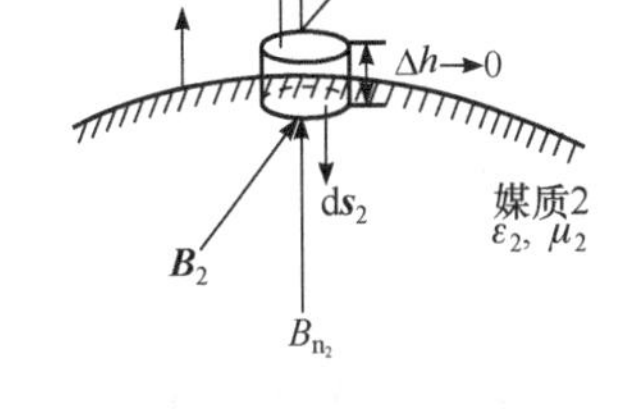

图 2-16　分界面上的高斯面和 $\boldsymbol{B}$ 的法向分量满足的关系

为确定在两种媒质分界面处磁感应强度法向分量的之间的关系，我们可以在分界面处构建一个厚度极小的扁圆柱形高斯面，如图 2-16 所示。由于磁力线是连续的，于是穿过该高斯面的净磁通量为零，即

$$\oint_s\boldsymbol{B}\cdot\mathrm{d}\boldsymbol{s}=0$$

此处 $\boldsymbol{s}$ 为扁圆柱形高斯面的总面积。忽略穿过扁圆柱形高斯面厚度极小的侧面的磁通量，上式为

$$\int_{s_1}\boldsymbol{B}\cdot\mathrm{d}\boldsymbol{s}+\int_{s_2}\boldsymbol{B}\cdot\mathrm{d}\boldsymbol{s}=0$$

若 $\boldsymbol{a}_{\mathrm{n}}$ 是分界面处由媒质 2 指向媒质 1 的法向单位矢量，则 $B_{\mathrm{n}_1}=\boldsymbol{a}_{\mathrm{n}}\boldsymbol{B}_1$ 与 $B_{\mathrm{n}_2}=\boldsymbol{a}_{\mathrm{n}}\boldsymbol{B}_{\mathrm{n}_2}$ 为分界面两侧 $\boldsymbol{B}$ 的法向分量，$\mathrm{d}\boldsymbol{s}_1=\boldsymbol{a}_{\mathrm{n}}\mathrm{d}s_1$ 与 $\mathrm{d}\boldsymbol{s}_2=-\boldsymbol{a}_{\mathrm{n}}\mathrm{d}s_2$ 分别为高斯面上底面和下底面的面微分元，于是上式可以写成

$$\int_{s_1}B_{\mathrm{n}_1}\mathrm{d}s_1-\int_{s_2}B_{\mathrm{n}_2}\mathrm{d}s_2=0$$

或

$$\int_{s_1}B_{\mathrm{n}_1}\mathrm{d}s_1=\int_{s_2}B_{\mathrm{n}_2}\mathrm{d}s_2\tag{2-59}$$

式(2-59)说明，离开分界面的总磁通量等于进入这个分界面的总磁通量。

对于扁圆柱形高斯面上下两个相等的表面，有

$$\int_s(B_{\mathrm{n}_1}-B_{\mathrm{n}_2})\mathrm{d}\boldsymbol{s}=0$$

由于所考虑的表面是任意的，因此可得

$$B_{\mathrm{n}_1}=B_{\mathrm{n}_2}\tag{2-60a}$$

式(2-60a)说明，在分界面处磁感应强度的法向分量是连续的。式(2-60a)也可用矢量形式表示为

$$\boldsymbol{a}_{\mathrm{n}}\cdot(\boldsymbol{B}_{\mathrm{n}_1}-\boldsymbol{B}_{\mathrm{n}_2})=0\tag{2-60b}$$

2. 磁场强度 $\boldsymbol{H}$ 的切向分量

为了得到在分界面两侧磁场强度切向分量之间的关系，考虑图 2-17 所示的积分曲线。对这条积分曲线应用安培环路定理可得

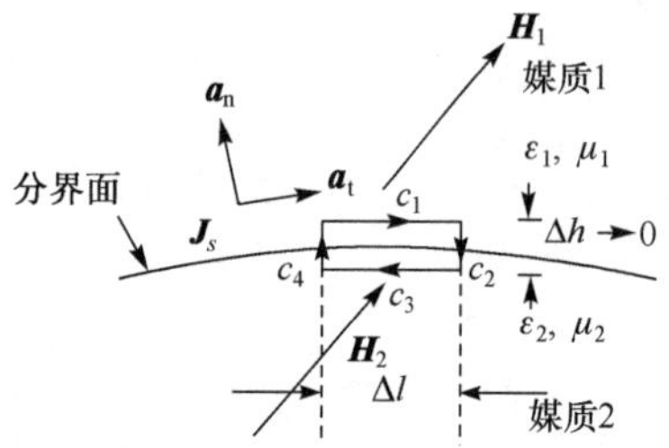

$$\oint_c \boldsymbol{H}\cdot \mathrm{d}\boldsymbol{l}=\int_{c_1}\boldsymbol{H}\cdot \mathrm{d}\boldsymbol{l}+\int_{c_2}\boldsymbol{H}\cdot \mathrm{d}\boldsymbol{l}+\int_{c_3}\boldsymbol{H}\cdot \mathrm{d}\boldsymbol{l}+\int_{c_4}\boldsymbol{H}\cdot \mathrm{d}\boldsymbol{l}=I$$

图 2-17　求解 $\boldsymbol{H}$ 的切向分量满足的关系

式中，I 为闭合路径 c 所包围的电流。

当闭合回路的宽度 $\Delta h\to 0$ 时，即 c_2 和 c_4 很小时，在 c_2 和 c_4 上的积分可忽略，于是得

$$\int_{c_1}\boldsymbol{H}\cdot \mathrm{d}\boldsymbol{l}+\int_{c_2}\boldsymbol{H}\cdot \mathrm{d}\boldsymbol{l}=I$$

式中，c_1 和 c_2 的方向相反。如果 I 可以用面电流密度 $\boldsymbol{J}_s$ 来表示，则上式可写成

$$\int_{c_1}(\boldsymbol{H}_1-\boldsymbol{H}_2)\cdot \boldsymbol{a}_{\mathrm{t}}\mathrm{d}\boldsymbol{l}=\int_s \boldsymbol{J}_s\cdot \boldsymbol{a}_\rho \mathrm{d}s \tag{2-61}$$

式中，$\boldsymbol{a}_\rho$ 表示由 c_1、c_2、c_3、c_4 所包围面积方向的单位矢量与 c_1、c_2、c_3、c_4 的环绕方向满足右手螺旋定则，即 $\boldsymbol{a}_{\mathrm{t}}=\boldsymbol{a}_\rho\times\boldsymbol{a}_{\mathrm{n}}$，因而式(2-61)可表示成

$$\int_{c_1}(\boldsymbol{H}_1-\boldsymbol{H}_2)\cdot(\boldsymbol{a}_\rho\times\boldsymbol{a}_{\mathrm{n}})\mathrm{d}l=\int_{c_1}\boldsymbol{J}_s\cdot\boldsymbol{a}_\rho\mathrm{d}l$$

利用矢量恒等式 $\boldsymbol{A}\cdot(\boldsymbol{B}\times\boldsymbol{C})=\boldsymbol{B}\cdot(\boldsymbol{C}\times\boldsymbol{A})=\boldsymbol{C}\cdot(\boldsymbol{A}\times\boldsymbol{B})$，上式可变为

$$\int_{c_1}[\boldsymbol{a}_{\mathrm{n}}\times(\boldsymbol{H}_1-\boldsymbol{H}_2)]\cdot\boldsymbol{a}_\rho\mathrm{d}l=\int_{c_1}\boldsymbol{J}_s\cdot\boldsymbol{a}_\rho\mathrm{d}l$$

由此可得

$$\boldsymbol{a}_{\mathrm{n}}\times(\boldsymbol{H}_1-\boldsymbol{H}_2)=\boldsymbol{J}_s \tag{2-62a}$$

式(2-62a)说明，$\boldsymbol{H}$ 在分界面处的切向分量不连续。式(2-62a)可以用标量形式表示为

$$H_{\mathrm{t}_1}-H_{\mathrm{t}_2}=J_s \tag{2-62b}$$

在应用式(2-62b)时应记住，当面电流密度沿 $\boldsymbol{a}_\rho$ 方向时，H_{t_1} 将大于 H_{t_2}。此处我们想说明，电导率有限的两种磁介质的表面电流密度 $\boldsymbol{J}_s$ 为零。如果在任意介质中有电流通过，则它应该用体电流密度 $\boldsymbol{J}_v$ 来表示。若介质之一为理想导体，则只能存在于理想导体的表面上，因为理想导体内没有磁场。所以，电流密度用面密度 $\boldsymbol{J}_s$ 表示。

例 2-13　证明在电导率有限的两种磁介质的分界面处 $\dfrac{\tan\phi_1}{\tan\phi_2}=\dfrac{\mu_1}{\mu_2}$。此处 ϕ_1 和 ϕ_2 为磁介质 1 与磁介质 2 中的磁场方向与分界面法线之间的夹角，如图 2-18 所示。

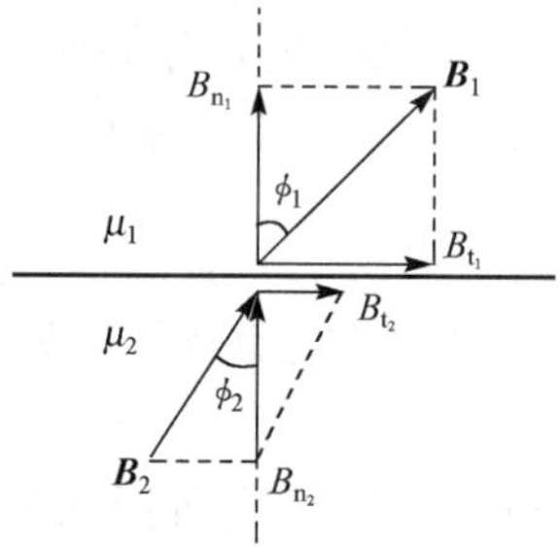

图 2-18　两种磁介质之间的分界面

证明　根据边界条件 $\boldsymbol{B}$ 的法向分量连续，由式(2-60a)可得

$$B_1\cos\phi_1=B_2\cos\phi_2 \tag{1}$$

由于每种介质具有有限的电导率，所以 $\boldsymbol{J}_s=0$。因此，由式(2-62b)可知，$\boldsymbol{H}$ 的切向分量也是连续的，即

$$H_{\mathrm{t}_1}=H_{\mathrm{t}_2}$$

或

$$\frac{B_{t_1}}{\mu_1}=\frac{B_{t_2}}{\mu_2}$$

或

$$B_1\sin\phi_1=\frac{\mu_1}{\mu_2}B_2\sin\phi_2 \tag{2}$$

由(1)式和(2)式可得

$$\frac{\tan\phi_1}{\tan\phi_2}=\frac{\mu_1}{\mu_2}$$

这就是需证明的两种磁介质中磁场方向角与磁导率之间的关系，可见：

(1)如果 $\phi_1=0$，则 ϕ_2 也为零。换句话说，分界面两侧的磁力线均垂直于分界面，且其代表的磁场大小相等。

(2)如果磁介质2的磁导率远大于磁介质1的磁导率，且 ϕ_2 小于$90°$，则 ϕ_1 将非常小。换句话说，当磁场进入高磁导率物质中时，磁力线将垂直于分界面。例如，若物质1为自由空间，物质2为相对磁导率是2400的钢，且 $\phi_2=45°$，则 $\phi_1=0.02°$。

例 2-14　一个半径为10cm，相对磁导率为5、电导率有限的圆柱体，其磁感应强度按 $0.2/\rho\boldsymbol{a}_\phi$(T) 变化。若圆柱外面是自由空间，试求圆柱体外表面上的磁感应强度。

解　因为分界面的半径为10cm，所以圆柱体外表面上的磁感应强度为

$$\boldsymbol{B}=\frac{0.2}{0.1}\boldsymbol{a}_\phi=2\,\boldsymbol{a}_\phi\text{(T)}$$

注意：$\boldsymbol{B}$ 与分界面相切。而且，假设电导率有限的圆柱体表面的表面电流密度 $\boldsymbol{J}_s=0$，因而 $\boldsymbol{H}$ 的切向分量必然是连续的。在 $\rho=10$cm 处的 $\boldsymbol{H}$ 的切向分量为

$$\boldsymbol{H}_\text{t}=\frac{2}{5\times4\pi\times10^{-7}}\boldsymbol{a}_\phi=318.31\,\boldsymbol{a}_\phi\text{(kA/m)}$$

因此，圆柱体外表面处自由空间中的磁场强度为

$$\boldsymbol{H}=\boldsymbol{H}_\text{t}=318.31\boldsymbol{a}_\phi\text{(kA/m)}$$

圆柱体外表面处自由空间中的磁感应强度为

$$\boldsymbol{B}=\mu_0\boldsymbol{H}=4\pi\times10^{-7}\times318.31\times10^3\,\boldsymbol{a}_\phi=0.4\,\boldsymbol{a}_\phi\text{(T)}$$

2.4.3　边界条件总结

时变电磁场的边界条件与静态场的边界条件完全相同。一般媒质分界面处的边界条件如下：

标量形式	矢量形式	
$E_{t_1}=E_{t_2}$	$\boldsymbol{a}_\text{n}\times(\boldsymbol{E}_1-\boldsymbol{E}_2)=0$	(2-63)
$H_{t_1}-H_{t_2}=J_s$	$\boldsymbol{a}_\text{n}\times(\boldsymbol{H}_1-\boldsymbol{H}_2)=\boldsymbol{J}_s$	(2-64)
$B_{n_1}=B_{n_2}$	$\boldsymbol{a}_\text{n}\cdot(\boldsymbol{B}_1-\boldsymbol{B}_2)=0$	(2-65)
$D_{n_1}-D_{n_2}=\rho_s$	$\boldsymbol{a}_\text{n}\cdot(\boldsymbol{D}_1-\boldsymbol{D}_2)=\rho_s$	(2-66)
$J_{n_1}=J_{n_2}$	$\boldsymbol{a}_\text{n}\cdot(\boldsymbol{J}_1-\boldsymbol{J}_2)=0$	(2-67)
$\dfrac{J_{t_1}}{\sigma_1}=\dfrac{J_{t_2}}{\sigma_2}$	$\boldsymbol{a}_\text{n}\times\left(\dfrac{\boldsymbol{J}_1}{\sigma_1}-\dfrac{\boldsymbol{J}_2}{\sigma_2}\right)=0$	(2-68)

式中，下标 t_1 和 t_2 分别表示在媒质1和媒质2的分界面处场的切向分量；下标 n_1 和 n_2 则表

示在分界面处场的法向分量。注意：在分界面处的单位矢量 $\boldsymbol{a}_n$ 表示由媒质 2 指向媒质 1 的分界面的法线方向；ρ_s 为分界面上的自由面电荷密度；$\boldsymbol{J}_s$ 为分界面上的自由面电流密度。

式(2-63)说明，任何分界面两侧的电场强度 $\boldsymbol{E}_1$ 与 $\boldsymbol{E}_2$ 的切向分量总是连续的。但式(2-64)表明，在分界面任意点处，磁场强度 $\boldsymbol{H}_1$ 和 $\boldsymbol{H}_2$ 的切向分量是不连续的，其差等于分界面上该点的面电流密度。

式(2-65)说明，任何分界面两侧的磁感应强度 $\boldsymbol{B}_1$ 和 $\boldsymbol{B}_2$ 的法向分量总是连续的。但式(2-66)表明，在分界面任意点处的电位移矢量 $\boldsymbol{D}_1$ 与 $\boldsymbol{D}_2$ 的法向分量是不连续的，其差值等于分界面上该点的自由电荷面密度。

式(2-67)说明，在分界面处的电流密度 $\boldsymbol{J}_1$ 与 $\boldsymbol{J}_2$ 的法向分量是相等的。式(2-68)则说明，分界面两侧电流密度切向分量之比等于两种媒质的电导率之比。

对于时变电磁场，只要电场强度的切向分量满足边界条件，那么磁感应强度的法向分量也必然满足边界条件；若磁场强度的切向分量满足边界条件，则电位移矢量的法向分量也必然满足边界条件。所以求解电磁场时，只需应用关于电场强度和磁场强度的切向分量的边界条件即可。

对于理想介质，$\sigma = 0, \rho_s = 0, \boldsymbol{J}_s = 0$，所以

$$\boldsymbol{n} \times (\boldsymbol{H}_1 - \boldsymbol{H}_2) = 0, \quad H_{t_1} = H_{t_2}$$

$$\boldsymbol{n} \times (\boldsymbol{E}_1 - \boldsymbol{E}_2) = 0, \quad E_{t_1} = E_{t_2}$$

$$\boldsymbol{n} \cdot (\boldsymbol{B}_1 - \boldsymbol{B}_2) = 0, \quad B_{n_1} = B_{n_2}$$

$$\boldsymbol{n} \cdot (\boldsymbol{D}_1 - \boldsymbol{D}_2) = 0, \quad D_{n_1} = D_{n_2}$$

对于理想导体，$\sigma = \infty$，所以理想导体内不存在电磁场。

$$\boldsymbol{n} \times \boldsymbol{H} = \boldsymbol{J}_s, \quad H_t = J_s$$

$$\boldsymbol{n} \times \boldsymbol{E} = 0, \quad E_t = 0$$

$$\boldsymbol{n} \cdot \boldsymbol{B} = 0, \quad B_n = 0$$

$$\boldsymbol{n} \cdot \boldsymbol{D} = \rho_s, \quad D_n = \rho_s$$

即电场垂直于理想导体表面，磁场平行于理想导体表面。

应用边界条件时，必须牢记下列条件：

(1)在理想导体($\sigma = \infty$)内部的电磁场为零，在理想导体表面 ρ_s 和 $\boldsymbol{J}_s$ 均可以存在。

(2)在导电率有限的导体($\sigma < \infty$)内部可以存在时变场，因而 $\boldsymbol{J}_s$ 必为零，但 ρ_s 可以在导体和理想介质的分界面上存在。

(3)在两种理想介质分界面处，$\boldsymbol{J}_s$ 为零。同样，如果电荷不是特意放置于分界面的，则 ρ_s 也为零。

在任何媒质中，电磁场的存在必须满足麦克斯韦方程组。当我们在两种或多种媒质中求麦克斯韦方程组的解时，必须确定场在两种媒质的分界面处是满足边界条件的。

例 2-15　已知在自由空间中，球面波的电场为 $\boldsymbol{E} = \left(\dfrac{E_0}{r}\right)\sin\theta\cos(\omega t - kr)\,\boldsymbol{a}_\theta$，求 $\boldsymbol{H}$ 和 k。

解　因为 $\nabla \times \boldsymbol{E} = -\mu_0 \dfrac{\partial \boldsymbol{H}}{\partial t}$，所以

$$\frac{\partial \boldsymbol{H}}{\partial t} = -\frac{1}{\mu_0} \nabla \times \boldsymbol{E} = -\frac{1}{\mu_0 r} \frac{\partial}{\partial r}(rE_\theta)\,\boldsymbol{a}_\phi$$

$$=-\frac{1}{\mu_0 r}\frac{\partial}{\partial r}[E_0\sin\theta\cos(\omega t-kr)]\boldsymbol{a}_\phi=-\frac{k}{\mu_0 r}\sin\theta\sin(\omega t-kr)\,\boldsymbol{a}_\phi$$

因为自由空间为无源空间,所以 E_θ 应满足时域波动方程 $\nabla^2\boldsymbol{E}-\mu_0\varepsilon_0\frac{\partial^2\boldsymbol{E}}{\partial t^2}=0$(注:波动方程是 3.1 节中描述的概念)。

$$\nabla^2\boldsymbol{E}=\frac{1}{r^2}\frac{\partial}{\partial r}\left\{r^2\frac{\partial}{\partial r}\left[\frac{E_0}{r}\sin\theta\cos(\omega t-kr)\right]\right\}+\frac{1}{r^2\sin\theta}\frac{\partial}{\partial\theta}\left\{\sin\theta\frac{\partial}{\partial\theta}\left[\frac{E_0}{r}\sin\theta\cos(\omega t-kr)\right]\right\}$$

$$=\frac{2}{r^2}kE_0\sin\theta\sin(\omega t-kr)-\frac{k^2E_0}{r}\sin\theta\cos(\omega t-kr)$$

只考虑远场,略去 $\frac{1}{r^2}$ 项,得 $\nabla^2\boldsymbol{E}=-\frac{k^2E_0}{r}\sin\theta\cos(\omega t-kr)$。

又 $\frac{\partial^2 E}{\partial t^2}=\frac{\partial}{\partial t}\left(\frac{\partial E}{\partial t}\right)=\frac{\partial}{\partial t}\left[-\frac{E_0}{r}\sin\theta\omega\sin(\omega t-kr)\right]=-\frac{E_0}{r}\sin\theta\omega^2\cos(\omega t-kr)$

由波动方程得

$$\frac{k^2E_0}{r}\sin\theta\cos(\omega t-kr)=\mu_0\varepsilon_0\frac{E_0}{r}\sin\theta\omega^2\cos(\omega t-kr)$$

所以,$k^2=\omega^2\mu_0\varepsilon_0$,得 $k=\omega\sqrt{\mu_0\varepsilon_0}$。

例 2-16　在由理想导电壁($\sigma=\infty$)限定的区域 $0\leqslant x\leqslant a$ 内存在由以下各式表示的电磁场:

$$E_y=H_0\mu\omega\left(\frac{a}{\pi}\right)\sin\left(\frac{\pi x}{a}\right)\sin(kz-\omega t)$$

$$H_x=H_0k\left(\frac{a}{\pi}\right)\sin\left(\frac{\pi x}{a}\right)\sin(kz-\omega t)$$

$$H_z=H_0\cos\left(\frac{\pi x}{a}\right)\cos(kz-\omega t)$$

问该电磁场是否满足理想导体表面的边界条件?求导电壁上的电流密度。

解　建立直角坐标系,如图 2-19 所示,应用理想导体的边界条件可得:

在 $x=0$ 处,$E_y|_{x=0}=0$,$H_x|_{x=0}=0$,$H_z|_{x=0}=H_0\cos(kz-\omega t)$。

在 $x=a$ 处,$E_y|_{x=a}=0$,$H_x|_{x=a}=0$,$H_z|_{x=a}=-H_0\cos(kz-\omega t)$。

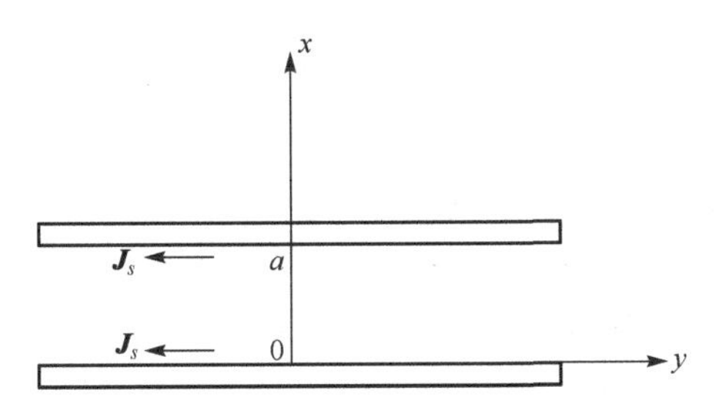

图 2-19　位于直角坐标系的理想导体

由此可见,导电面上不存在电场的切向分量 E_y 和磁场的法向分量 H_x,满足理想导体表面的边界条件。

当 $x=0$ 时,$\boldsymbol{J}_s=\boldsymbol{n}\times\boldsymbol{H}|_{x=0}=\boldsymbol{a}_x\times(H_x\boldsymbol{a}_x+H_z\boldsymbol{a}_z)|_{x=0}=\boldsymbol{a}_x\times\boldsymbol{a}_zH_z=-H_0\cos(kz-$

$\omega t)\boldsymbol{a}_y$。

当 $x=a$ 时，$\boldsymbol{J}_s=\boldsymbol{n}\times\boldsymbol{H}|_{x=a}=-\boldsymbol{a}_x\times(H_x\boldsymbol{a}_x+H_z\boldsymbol{a}_z)|_{x=a}=-\boldsymbol{a}_x\times\boldsymbol{a}_zH_z|_{x=a}=H_z\boldsymbol{a}_y=-H_0\cos(kz-\omega t)\boldsymbol{a}_y$。

2.5 电磁场能量

本节中，我们以静电场和恒定磁场为例来推导电场能量和磁场能量的表达式，结果同样适用于时变电磁场。

2.5.1 电场能量

电荷在电场中受到电场力的作用而运动时，电场力对电荷做功，说明电场有能量，称为电场能量。首先，将任何电荷都放置到无穷远处，以使区域内不存在电场。然后，设想有 n 个点电荷，每个均距离所考虑区域无限远。现在，将一个点电荷 q_1 从无穷远处移到 a 点，如图 2-20 所示。因为电荷没有受任何力的作用，这样做所需的能量为零，$W_1=0$。q_1 的出现，便在区域中建立了电位分布。如果现在再将另一个电荷 q_2 从无穷远处移动到 b 点，这时所需要的能量为

$$W_2=q_2V_{b,a}=\frac{q_1q_2}{4\pi\varepsilon R}$$

式中，$V_{b,a}$ 为 a 点的电荷 q_1 在 b 点建立的电位；R 为两电荷间的距离。考虑这个问题时，我们选择电位的参考点在无穷远处。把两个电荷从无穷远处移到 a、b 两点所需的总能量为

$$W=W_1+W_2=\frac{q_1q_2}{4\pi\varepsilon R} \tag{2-69}$$

式(2-69)给出任何媒质中相距为 R 的两个点电荷的位能(potential energy)。如果改变这个过程，将 q_2 先从无穷远处移到无电场区域中的 b 点，这样做所需的能量为零 $(W_2=0)$。b 点的 q_2 在 a 点建立的电位为

$$V_{a,b}=\frac{q_2}{4\pi\varepsilon R}$$

把电荷 q_1 移到 a 点所需的能量为

$$W_1=q_1V_{a,b}=\frac{q_1q_2}{4\pi\varepsilon R}$$

改变顺序后所需的总能量为

$$W=W_1+W_2=\frac{q_1q_2}{4\pi\varepsilon R}$$

可见，两种情况所需的能量相同，因此先移动哪个电荷无关紧要。

现在，把讨论扩展到三个电荷系统，如图 2-21 所示，把 q_1、q_2、q_3 分别(按此顺序)从无穷远处移到 a、b、c 三点所需的能量为

$$\begin{aligned}W&=W_1+W_2+W_3=0+q_2U_{b,a}+q_3(U_{c,a}+U_{c,b})\\&=\frac{1}{4\pi\varepsilon}\left(\frac{q_2q_1}{R_{21}}+\frac{q_3q_1}{R_{31}}+\frac{q_3q_2}{R_{32}}\right)\end{aligned} \tag{2-70}$$

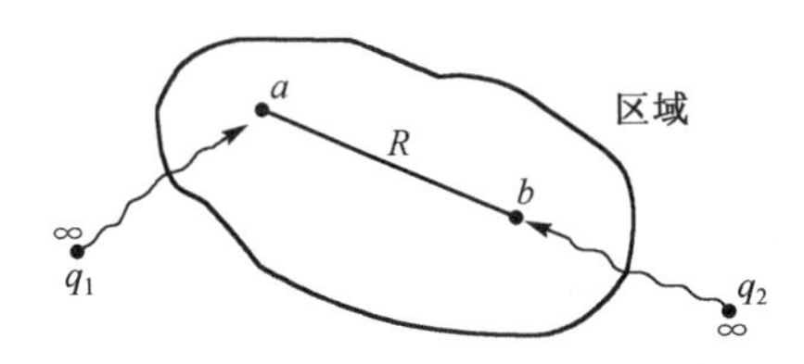

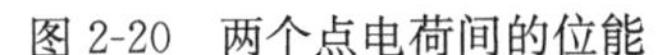
图 2-20　两个点电荷间的位能

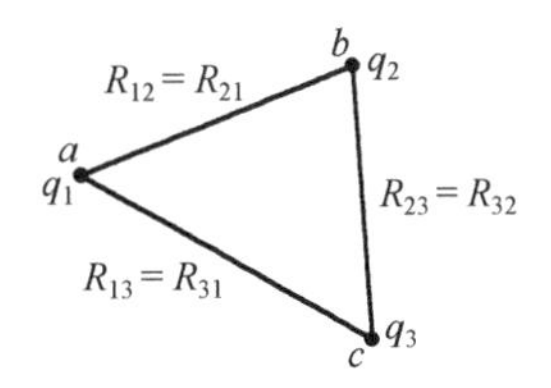

图 2-21　三个点电荷间的位能

如果把三个点电荷的移动次序颠倒，所需总能量依然为

$$W = W_3 + W_2 + W_1 = 0 + q_2 U_{b,c} + q_1 (U_{a,c} + U_{a,b})$$

$$= \frac{1}{4\pi\varepsilon}\left(\frac{q_2 q_3}{R_{23}} + \frac{q_1 q_3}{R_{13}} + \frac{q_1 q_2}{R_{12}}\right) \tag{2-71}$$

它与式(2-70)相同。每一次移动电荷所做的功增加了电荷系统内同样数量的能量。

把式(2-70)和式(2-71)相加，得

$$W = \frac{1}{2}[q_1(U_{a,c} + U_{a,b}) + q_2(U_{b,a} + U_{b,c}) + q_3(U_{c,a} + U_{c,b})]$$

因为 $U_{a,c} + U_{a,b}$ 是 b、c 两点的电荷在 a 点产生的总电位，所以可写为

$$U_1 = U_{a,c} + U_{a,b} = \frac{1}{4\pi\varepsilon}\left(\frac{q_3}{R_{13}} + \frac{q_2}{R_{12}}\right)$$

同理，b、c 两点的电位分别为

$$U_2 = U_{b,a} + U_{b,c} \quad 和 \quad U_3 = U_{c,a} + U_{c,b}$$

总能量为

$$W = \frac{1}{2}(q_1 U_1 + q_2 U_2 + q_3 U_3) = \frac{1}{2}\sum_{i=1}^{3} q_i U_i$$

把上式推广到 n 个点电荷的系统，得

$$W = \frac{1}{2}\sum_{i=1}^{n} q_i U_i \tag{2-72}$$

如果电荷是连续分布的，则式(2-72)可写成

$$W = \frac{1}{2}\int_v \rho_v U \mathrm{d}v \tag{2-73}$$

式中，ρ_v 为体积 v 内的体电荷密度。

式(2-73)是用电荷体密度和电位来表示的电场能量的标准表达式。电荷面密度、电荷线密度和点电荷都是此公式的特例。

例 2-17　半径为 10cm 的金属球，电荷面密度为 10nC/m²，求电场能量。

解　球面上的电位为

$$U = \int_s \frac{\rho_s \mathrm{d}s}{4\pi\varepsilon_0 R} = 9\times 10^9 \times 10 \times 10^{-9} \times 0.1\int_0^{\pi}\sin\theta \mathrm{d}\theta\int_0^{2\pi}\mathrm{d}\phi = 113.1\mathrm{V}$$

由式(2-73)得系统中的电能能量为

$$W = \frac{1}{2}\int_s \rho_s U \mathrm{d}s = \frac{1}{2}Q_t U$$

式中，Q_t 为球上的总电荷。因为电荷均匀分布，所以总电荷为

$$Q_t = 4\pi R^2 \rho_s = 4\pi \times (0.1)^2 \times 10 \times 10^{-9} = 1.257(\mathrm{nC})$$

于是

$$W = 0.5 \times 1.257 \times 10^{-9} \times 113.1 = 71.08 \times 10^{-9}(\mathrm{J})$$

现在,我们来推导用场量表示电场能量的表达式。由高斯定理 $\nabla \cdot \boldsymbol{D} = \rho_v$,式(2-73)可以写成

$$W_e = \frac{1}{2}\int_v U(\nabla \cdot \boldsymbol{D})\mathrm{d}v$$

利用矢量恒等式,$\nabla \cdot (f\boldsymbol{A}) = f\nabla \cdot \boldsymbol{A} + \boldsymbol{A} \cdot \nabla f$,得

$$W_e = \frac{1}{2}\left[\int_v \nabla \cdot (U\boldsymbol{D})\mathrm{d}v - \int_v \boldsymbol{D} \cdot (\nabla U)\mathrm{d}v\right]$$

再利用散度定理把第一个体积分变换成面积分

$$\int_v \nabla \cdot (U\boldsymbol{D})\mathrm{d}v = \oint_s U\boldsymbol{D} \cdot \mathrm{d}\boldsymbol{s}$$

式中,体积 v 的选择是任意的,唯一的约束条件是 s 要包围 v 。如果在无穷大的体积上积分,则该体积表面上的 U 和 $\boldsymbol{D}$ 都可以忽略不计,这样面积分为零。因此,电场能量为

$$W_e = -\frac{1}{2}\int_v \boldsymbol{D} \cdot (\nabla U)\mathrm{d}v = \frac{1}{2}\int_v \boldsymbol{D} \cdot \boldsymbol{E}\mathrm{d}v \tag{2-74}$$

式(2-74)告诉我们如何用场量来求电场能量。注意:式(2-74)中的体积分范围是整个空间(半径$R \to \infty$)。

如果定义单位体积内的能量为能量密度(energy density),则

$$w_e = \frac{1}{2}\boldsymbol{D} \cdot \boldsymbol{E} = \frac{1}{2}\varepsilon E^2 = \frac{1}{2\varepsilon}D^2 \tag{2-75}$$

式(2-74)可用能量密度表示为

$$W_e = \int_v w_e \mathrm{d}v \tag{2-76}$$

从式(2-73)还可以得到能量密度的表达式为

$$w_e = \frac{1}{2}\rho_v U \tag{2-77}$$

式(2-75)表明,由于电场的连续性,整个空间的能量密度都有可能为非零。但是式(2-77)却表明,有电荷存在的地方才有能量密度。是不是两者相互矛盾呢?我们认为,它们并没有矛盾,只要认识到能量密度仅仅是一个数量,其在整个空间内的积分才是总能量即可。

例 2-18 用式(2-74)解例题 2-17。

解 因为电荷分布在球体表面,故球体内的能量密度为零。由高斯定理,空间任意点的电位移矢量满足

$$\oint_s \boldsymbol{D} \cdot \mathrm{d}s = Q_t$$

所以

$$\boldsymbol{D} = \frac{Q_t}{4\pi r^2} = \frac{0.1 \times 10^{-9}}{r^2}\boldsymbol{a}_r(\mathrm{C/m^2})$$

由式(2-75)得电场能量密度为

$$w_e = \frac{1}{2}\boldsymbol{D} \cdot \boldsymbol{E} = \frac{1}{2\varepsilon_0}D^2 = \frac{(0.1)^2 \times 10^{-18}}{2\varepsilon_0 r^4}$$

因而,总能量为

$$W_e = \int_{0.1}^{\infty} \frac{(0.1)^2 \times 10^{-18}}{2\varepsilon_0 r^4} r^2 \mathrm{d}r \int_0^{\pi} \sin\theta \mathrm{d}\theta \int_0^{2\pi} \mathrm{d}\phi = 71.06\mathrm{nJ}$$

2.5.2　磁场能量

载有电流的导线在磁场中受到磁场力的作用而运动时，磁场力会对导线做功，说明磁场有能量，称为磁场能量。

类似于电场中能量密度与电场能量的表达式，可将磁场中的能量密度表示为

$$w_m = \frac{1}{2}\boldsymbol{B} \cdot \boldsymbol{H} \tag{2-78}$$

由于 $\boldsymbol{B} = \mu \boldsymbol{H}$ ，式(2-78)也可写成

$$w_m = \frac{1}{2}\mu H^2 = \frac{1}{2\mu}B^2 \tag{2-79}$$

在任意有限体积内的总磁能可由磁能量密度在整个体积内的积分求得，即

$$W_m = \int_v w_m \mathrm{d}v \tag{2-80}$$

式中，W_m 为总磁能，单位为 J。

2.5.3　坡印亭矢量和坡印亭定理

考虑一个带电粒子 q 以速度 $\boldsymbol{v}$ 在时变电磁场中运动。在任意时刻，带电粒子所受的力为

$$\boldsymbol{F} = q(\boldsymbol{E} + \boldsymbol{v} \times \boldsymbol{B})$$

式中，$\boldsymbol{E}$ 和 $\boldsymbol{B}$ 分别为时变电场强度和磁感应强度。当电荷在力 $\boldsymbol{F}$ 的作用下，于 $\mathrm{d}t$ 时间内移动了 $\mathrm{d}\boldsymbol{l}$ 距离时，力对带电粒子所做的功 $\mathrm{d}W$ 为

$$\mathrm{d}W = q(\boldsymbol{E} + \boldsymbol{v} \times \boldsymbol{B}) \cdot \mathrm{d}\boldsymbol{l}$$

因为 $\mathrm{d}\boldsymbol{l} = \boldsymbol{v}\mathrm{d}t$ ，$\mathrm{d}W = P\mathrm{d}t$ ，其中，P 表示功率，所以

$$P = q(\boldsymbol{E} + \boldsymbol{v} \times \boldsymbol{B}) \cdot \boldsymbol{v} = q\boldsymbol{v} \cdot \boldsymbol{E} \tag{2-81}$$

注意：这里 $(\boldsymbol{v} \times \boldsymbol{B}) \cdot \boldsymbol{v} = 0$ 。

由式(2-81)可见，时变电磁场对带电粒子不提供任何能量。只有电场强度才对经过此区域的带电粒子做功。推广这一结果，考虑体密度为 ρ_v 的分布电荷在体积 $\mathrm{d}v$ 中匀速运动，则微小电荷 $\rho_v \mathrm{d}v$ 获得的功率为

$$\mathrm{d}P = \rho_v \mathrm{d}v \boldsymbol{E} \cdot \boldsymbol{v} = \boldsymbol{E} \cdot \rho_v \boldsymbol{v} \mathrm{d}v \tag{2-82}$$

由于 $\boldsymbol{J} = \rho_v \boldsymbol{v}$ ，因此得到单位体积内的功率密度 p（单位体积的功率）为

$$p = \frac{\mathrm{d}P}{\mathrm{d}v} = \boldsymbol{J} \cdot \boldsymbol{E} \tag{2-83}$$

它表示电场的能量通过做功转变成了其他形式的能量，可视为电磁场能量的损耗。

由麦克斯韦方程组中的安培环路定理，有

$$\boldsymbol{J} = \nabla \times \boldsymbol{H} - \frac{\partial \boldsymbol{D}}{\partial t}$$

代入式(2-83)，得

$$\boldsymbol{J} \cdot \boldsymbol{E} = \boldsymbol{E} \cdot (\nabla \times \boldsymbol{H}) - \boldsymbol{E} \cdot \frac{\partial \boldsymbol{D}}{\partial t} \tag{2-84}$$

应用矢量恒等式 $\boldsymbol{E} \cdot (\nabla \times \boldsymbol{H}) = \boldsymbol{H} \cdot (\nabla \times \boldsymbol{E}) - \nabla \cdot (\boldsymbol{E} \times \boldsymbol{H})$ ，式(2-84)可写成

$$\boldsymbol{J}\cdot\boldsymbol{E}=\boldsymbol{H}\cdot(\nabla\times\boldsymbol{E})-\nabla\cdot(\boldsymbol{E}\times\boldsymbol{H})-\boldsymbol{E}\cdot\frac{\partial\boldsymbol{D}}{\partial t}$$

将 $\nabla\times\boldsymbol{E}=-\frac{\partial\boldsymbol{B}}{\partial t}$ 代入上式，得

$$\nabla\cdot(\boldsymbol{E}\times\boldsymbol{H})+\boldsymbol{J}\cdot\boldsymbol{E}+\boldsymbol{H}\cdot\frac{\partial\boldsymbol{B}}{\partial t}+\boldsymbol{E}\cdot\frac{\partial\boldsymbol{D}}{\partial t}=0 \tag{2-85}$$

式(2-85)为坡印亭定理的微分表达式。式中，$\boldsymbol{E}\times\boldsymbol{H}$ 具有功率密度单位 $\mathrm{W/m^2}$，称为坡印亭矢量(Poynting vector)。即坡印亭矢量表达了单位面积的瞬时功率，该功率流的方向与 $\boldsymbol{E}$ 和 $\boldsymbol{H}$ 决定的平面相垂直。本书用 $\boldsymbol{S}$ 表示坡印亭矢量，即

$$\boldsymbol{S}=\boldsymbol{E}\times\boldsymbol{H} \tag{2-86}$$

在线性、均匀、各向同性媒质中，有 $\boldsymbol{B}=\mu\boldsymbol{H}$ 和 $\boldsymbol{D}=\varepsilon\boldsymbol{E}$ 。此外

$$\boldsymbol{H}\cdot\frac{\partial\boldsymbol{B}}{\partial t}=\frac{1}{2}\frac{\partial}{\partial t}(\boldsymbol{B}\cdot\boldsymbol{H})=\frac{1}{2}\frac{\partial}{\partial t}(\mu H^2)$$

$$\boldsymbol{E}\cdot\frac{\partial\boldsymbol{D}}{\partial t}=\frac{1}{2}\frac{\partial}{\partial t}(\boldsymbol{D}\cdot\boldsymbol{E})=\frac{1}{2}\frac{\partial}{\partial t}(\varepsilon E^2)$$

所以，式(2-85)可表示成

$$\nabla\cdot\boldsymbol{S}+\boldsymbol{J}\cdot\boldsymbol{E}+\frac{1}{2}\frac{\partial}{\partial t}(\mu H^2)+\frac{1}{2}\frac{\partial}{\partial t}(\varepsilon E^2)=0 \tag{2-87}$$

由式(2-75)和式(2-79)可知，式(2-87)中第三项表示磁场能量密度的变化率，第四项表示电场能量密度的变化率。它的积分形式如下

$$\int_v\nabla\cdot\boldsymbol{S}(t)\mathrm{d}v+\int_v\boldsymbol{J}\cdot\boldsymbol{E}\mathrm{d}v+\int_v\frac{\partial}{\partial t}w_\mathrm{m}\mathrm{d}v+\int_v\frac{\partial}{\partial t}w_\mathrm{e}\mathrm{d}v=0$$

或

$$\oint_s\boldsymbol{S}(t)\cdot\mathrm{d}\boldsymbol{s}+\int_v\boldsymbol{J}\cdot\boldsymbol{E}\mathrm{d}v+\frac{\mathrm{d}}{\mathrm{d}t}\int_v w_\mathrm{m}\mathrm{d}v+\frac{\mathrm{d}}{\mathrm{d}t}\int_v w_\mathrm{e}\mathrm{d}v=0 \tag{2-88}$$

式中，体积 v 由面 s 所包围。

式(2-88)为坡印亭定理的积分表达式。第一项表示穿过包围体积 v 的闭合面 s 的功率。若积分为正，则表示功率流出体积 v；若积分为负，则表示功率流入体积 v，可表示 $P_\mathrm{in}=-\oint_s\boldsymbol{S}\cdot\mathrm{d}\boldsymbol{s}=-\oint_s\boldsymbol{E}\times\boldsymbol{H}\cdot\mathrm{d}\boldsymbol{s}$ 。

第二项表示由电场提供给带电粒子的功率。当积分为正时，电场对带电粒子做功。当积分为负时，则外力做功，使带电粒子反抗场而运动。在导电媒质中 $\boldsymbol{J}=\sigma\boldsymbol{E}$ ，表示功率损耗或欧姆损耗，表示为 $P_n=\int_v\boldsymbol{J}\cdot\boldsymbol{E}\mathrm{d}v=\int_v\sigma E^2\mathrm{d}v$ 。

第三项表示磁场能量的变化率。当积分为正时，表明有外源提供能量，磁场增强。当积分为负时，表示释放磁能，磁场减弱。

第四项表示电场能量的变化率，意义如同第三项说明。式(2-88)可写成

$$P_\mathrm{in}=\frac{\partial}{\partial t}(w_\mathrm{e}+w_\mathrm{m})+P_n \tag{2-89}$$

表示流入体积 v 的净功率，成为体积内的热损耗以及电场和磁场增加的能量。对于静态场，式(2-89)可写成

$$P_{\text{in}} = -\oint_s \boldsymbol{S} \cdot d\boldsymbol{s} = \int_v \boldsymbol{J} \cdot \boldsymbol{E} dv$$

它说明经过面 s 流入体积 v 的净功率等于体积内的热损耗。

坡印亭定理实际反映了电磁场的能量守恒关系，说明外界经闭合曲面 s 流入体积 v 内的全部电磁功率等于 v 内导体的焦耳热与 v 内的电磁场能量的时间增加率之和。

例 2-19　已知在无源电介质中的电场强度为 $\boldsymbol{E} = E\cos(\omega t - kz)\boldsymbol{a}_x$ 。式中，E 为振幅值，k 为传播常数。试求：①此区域内的磁场强度；②功率流的方向；③平均功率密度。

解　①求磁场强度。首先检验已知电场强度能否在此电介质中存在。$\boldsymbol{E}$ 场的 x 方向分量为

$$E_x = E\cos(\omega t - kz)$$

若 ε 为电介质的介电常数，则电位移矢量为

$$D_x = \varepsilon E\cos(\omega t - kz)$$

由于 $\boldsymbol{D}$ 仅在 x 方向有一个分量 D_x ，且它又不是 x 的函数，因而满足无源介质内的麦克斯韦方程

$$\rho_v = \nabla \cdot \boldsymbol{D} = 0$$

再应用麦克斯韦方程 $\nabla \times \boldsymbol{E} = -\dfrac{\partial \boldsymbol{B}}{\partial t}$ 来求解 $\boldsymbol{B}$：

$$\frac{\partial \boldsymbol{B}}{\partial t} = -\nabla \times \boldsymbol{E} = -\frac{\partial E_x}{\partial z}\boldsymbol{a}_y = -Ek\sin(\omega t - kz)\boldsymbol{a}_y$$

对时间积分，得到 $\boldsymbol{B}$ 的 y 分量为

$$B_y = \frac{Ek}{\omega}\cos(\omega t - kz)$$

由于 $\boldsymbol{B} = \mu \boldsymbol{H}$ ，此处 μ 为电介质的磁导率，因此可求得磁场强度为

$$H_y = \frac{Ek}{\omega\mu}\cos(\omega t - kz)$$

下面还需检验 $\boldsymbol{B}$ 或 $\boldsymbol{H}$ 是否存在：

$$\nabla \cdot \boldsymbol{B} = \frac{\partial B_y}{\partial y} = \frac{\partial}{\partial y}\left[\frac{Ek}{\omega}\cos(\omega t - kz)\right] = 0$$

满足 $\nabla \cdot \boldsymbol{B} = 0$ ，因此 $\boldsymbol{B}$ 存在。

现在由麦克斯韦方程来计算电流体密度 $\boldsymbol{J}$ ：

$$\boldsymbol{J} = \nabla \times \boldsymbol{H} - \frac{\partial \boldsymbol{D}}{\partial t} = -\frac{\partial H_y}{\partial t}\boldsymbol{a}_x - \frac{\partial D_x}{\partial t}\boldsymbol{a}_x$$

$$= \left(\omega\varepsilon - \frac{1}{\omega\mu}k^2\right)E\sin(\omega t - kz)\boldsymbol{a}_x$$

由于在无源电介质中，$\boldsymbol{J}$ 必须为零，因此上式仅当

$$\omega\varepsilon - \frac{1}{\omega\mu}k^2 = 0 \quad \text{或} \quad k = \omega\sqrt{\mu\varepsilon}$$

$\boldsymbol{J}$ 才等于零。这样，k 就不是一个任意常数，它与时变场的频率、介质的介电常数和磁导率有关。因为能满足所有的麦克斯韦方程，所以场存在。

②瞬时功率密度或坡印亭矢量为

$$\boldsymbol{S} = \boldsymbol{E} \times \boldsymbol{H} = \frac{k}{\omega\mu}E^2\cos^2(\omega t - kz)\boldsymbol{a}_z$$

由于 $\boldsymbol{S}$ 仅有一个 z 分量，因此功率沿 z 方向流动。

③ z 方向的平均功率密度为

$$S_{av} = \frac{1}{T}\int_0^T \frac{k}{\omega\mu}E^2\cos^2(\omega t - kz)\mathrm{d}t$$

式中，T 为周期，即 $\omega T = 2\pi$ 。由三角恒等式

$$\cos(2\omega t - 2kz) = 2\cos^2(\omega t - kz) - 1$$

得平均功率密度为

$$S_{av} = \frac{1}{2T}\int_0^T \frac{k}{\omega\mu}E^2\mathrm{d}t + \frac{1}{2T}\int_0^T \frac{k}{\omega\mu}E^2\cos(2\omega t - 2kz)\mathrm{d}t = \frac{k}{2\omega\mu}E^2$$

如果电场和磁场是正弦稳态场，并用相量形式来表示，则可以证明，坡印亭矢量的平均值也可以用电场和磁场的相量形式来计算：

$$S_{av} = \frac{1}{2}\mathrm{Re}[\boldsymbol{E}\times\boldsymbol{H}^*]$$

式中，$\boldsymbol{E}$ 为电场相量；$\boldsymbol{H}^*$ 为磁场相量的共轭复数。

例 2-20 用坡印亭矢量分析直流电源沿同轴电缆向负载传送能量的过程。设电缆本身导体的电阻可以忽略。

解 考虑到同轴电缆本身导体的电阻可以忽略，其内外导体表面无电场的切向分量，只有电场的径向分量。已知内外导体间的电压为 U ，流过的电流为 I ，如图 2-22 所示，先求出在同轴电缆内外导体之间的电场和磁场。

取长度为 1，半径为 ρ 的圆柱面为高斯面，如图 2-23 阴影部分所示，则高斯面的面积 $s = 2\pi\rho \cdot 1$。

由于电荷分布具有轴对称性，设同轴内外导体单位长度所带电量分别为ρ_L和$-\rho_L$，则由高斯定理，得

$$\int_s \boldsymbol{E}\cdot\mathrm{d}\boldsymbol{s} = E_\rho \cdot 2\pi\rho\cdot 1 = \frac{\rho_L}{\varepsilon_0}$$

$$E_\rho = \frac{\rho_L}{2\pi\rho\varepsilon_0}$$

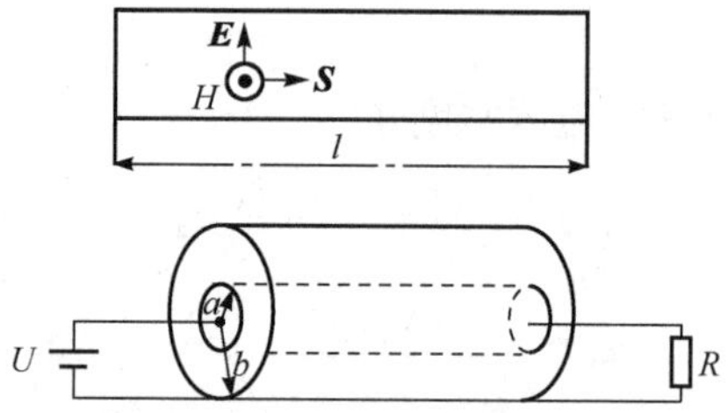

图 2-22 理想导体构成的同轴电缆中的电场、磁场和坡印亭矢量

电场强度为电压的梯度，所以

$$U = \int_a^b E_\rho \mathrm{d}\rho = \frac{\rho_L}{2\pi\varepsilon_0}\ln\frac{b}{a}$$

$$\rho_L = \frac{2\pi\varepsilon_0 U}{\ln\dfrac{b}{a}}$$

将上式代入 $E_\rho = \dfrac{\rho_L}{2\pi\rho\varepsilon_0}$，得

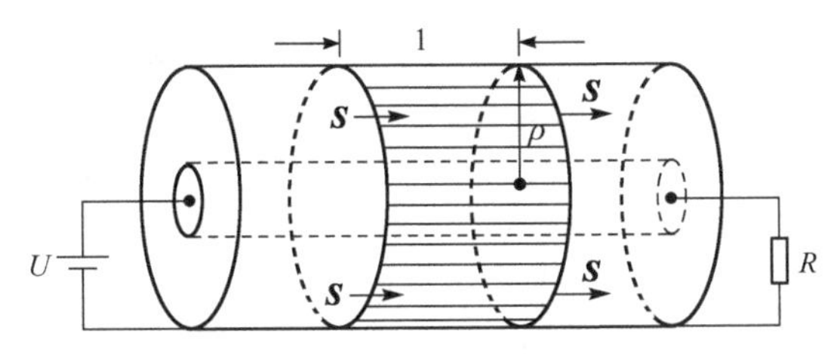

图 2-23　场的求解

$$E_\rho = \frac{U}{\rho \ln \frac{b}{a}}$$

所以

$$\boldsymbol{E} = \frac{U}{\rho \ln \frac{b}{a}} \boldsymbol{a}_\rho$$

对于磁场，求磁场的环流量：

$$\int_c \boldsymbol{H} \cdot \mathrm{d}\boldsymbol{l} = H_\phi 2\pi\rho = I$$

$$H_\phi = \frac{I}{2\pi\rho}$$

$$\boldsymbol{H} = \frac{I}{2\pi\rho} \boldsymbol{a}_\phi$$

式中，a、b 分别为同轴电缆内外导体的半径。

同轴电缆内外导体间任意横截面上的坡印亭矢量为

$$\boldsymbol{S} = \boldsymbol{E} \times \boldsymbol{H} = \frac{UI}{2\pi\rho^2 \ln \frac{b}{a}} \boldsymbol{a}_z$$

上式说明，电磁能量在同轴电缆内外导体之间的空间内沿 z 轴由电源流向负载。而在电缆外部空间和内外导体内部均没有电磁场，也就是坡印亭矢量为零，所以无能量流动。

单位时间内通过同轴电缆内外导体间横截面 A 的总功率为

$$P = \int_A \boldsymbol{S} \cdot \mathrm{d}\boldsymbol{A} = \int_a^b \frac{UI}{2\pi\rho^2 \ln \frac{b}{a}} 2\pi\rho \mathrm{d}\rho = UI$$

式中，$\boldsymbol{A} = 2\pi\rho\mathrm{d}\rho \boldsymbol{a}_z$ 。

可见，P 正好等于电源的输出功率，这是在电路分析理论中熟知的结果。有趣的是，在求解过程中，积分在内外导体之间的截面上进行，并不包括导体内部。这说明所传输的电能不是在导体内部进行的，而是通过内外导体之间的空间内的电磁场进行传输。这样，从能量传输的角度看，电缆的条件似乎并不重要。但是，正因为导体上有电荷和电流分布，才使空间存在电场和磁场，通过场把能量传送给负载。当然导体还起着引导能流方向的作用。

例 2-21　在例 2-20 中，若同轴电缆内外导体的电阻不能忽略，分析能量的传输情况。

解　当同轴电缆内外导体的电阻不能忽略时（$\sigma \neq \infty$），在导体内部存在沿能量传输方向的电场分量 $E_z = J/\sigma$。磁场的分布仍和上面例题相同。此时电场、磁场的分布情况如图 2-24 所示。当电荷沿着电场方向移动时会做功，该功率即导体损耗的功率 $P_n = \sigma E_z^2$ ，因 $\boldsymbol{J} = \sigma E_z \boldsymbol{a}_z$ 。

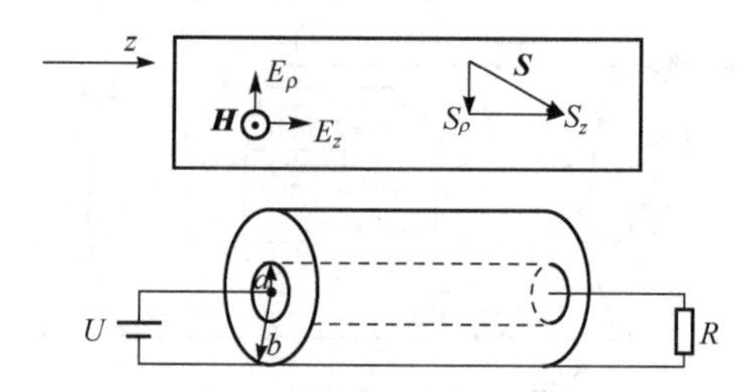

图 2-24 非理想导体构成的同轴电缆中的电场、磁场和坡印亭矢量

从图 2-25 中可以看出，在导体内部，电场只有 z 方向分量，所以坡印亭矢量只有径向分量 S_ρ。也就是说，在导体内部没有沿 z 方向的能量传输，所以能量的传输仍在内外导体间的空间进行。

在同轴电缆内外导体之间，除了有径向的电场分量外，还存在 z 方向的电场分量，即

$$\boldsymbol{E} = E_\rho \boldsymbol{a}_\rho + E_z \boldsymbol{a}_z$$

而 $\boldsymbol{H}$ 的方向不变，但大小有所改变。所以，坡印亭矢量为

$$\boldsymbol{S} = (E_\rho \boldsymbol{a}_\rho + E_z \boldsymbol{a}_z) \times \boldsymbol{H} = (E_\rho H_\phi)\boldsymbol{a}_z - (E_z H_\phi)\boldsymbol{a}_\rho$$

上式表明，坡印亭矢量 $\boldsymbol{S}$ 除了有沿 z 轴方向传输的分量 S_z 外，还有一个沿径向反方向的分量 S_ρ，即 S_ρ 指向导体内部。这部分能流进入导体后，转变为导体的焦耳热。能流密度的分布如图 2-25 所示。这表明导体中消耗的焦耳热也是通过坡印亭矢量传送的。

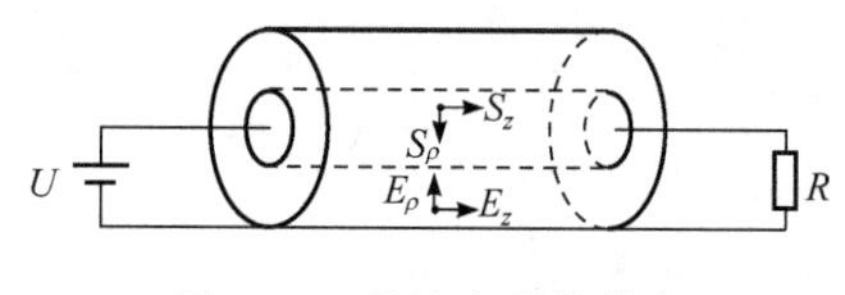

图 2-25 能流密度的分布

现在截取单位长度的内导体，把它的表面作为闭合面 A。由坡印亭定理可知，由闭合面 A 进入内导体的坡印亭矢量的通量应等于这段导体上的热损耗功率 P。因为在闭合面 A 上(在两端面处)，S_ρ 与端面的法线垂直，所以通量为零不予考虑。

$$E_z = \frac{J}{\sigma} = \frac{I}{\pi a^2 \sigma} = IR, \quad H_\phi = \frac{I}{2\pi a}$$

$$S_\rho = -E_z H_\phi = -\frac{I^2 R}{2\pi a}$$

这样，流入单位长度内导体的功率为

$$P = \int_0^1 \frac{I^2 R}{2\pi a} \mathrm{d}z = I^2 R$$

式中，$R = \dfrac{1}{\pi a^2 \sigma}$ 为单位长度内导体的电阻。$I^2 R$ 这个结果正是从电路理论中得到的这段导体所消耗的功率。

此例再一次说明，电磁能量的储存者和传输者都是电磁场，导体仅起着定向导引电磁能流的作用，故通常称为导波系统。对于有损耗的传输线，能量仍在导体之间的空间传输，只是在传输过程中有部分能量被导体所吸收，成为导体电阻上的热损耗。如果仅凭直觉，往往会认为能量是通过电流在导体中传输的。但理论分析说明，实际情况不是这样，电磁能量是在空间介质中传输的。

2.6　麦克斯韦方程组的求解

从理论上讲,利用麦克斯韦方程组及其边界条件可以解决所有的电磁场问题或与电磁场有关的问题。现在,随着计算机技术和数值计算技术的发展,基本可以实现这一点。换句话说,求解麦克斯韦方程组的解析法和数值计算法中,我们可以用解析法来分析一些简单的、具有规则边界条件的电磁场问题。而复杂的、不规则边界条件下的电磁场问题则要通过数值计算法来解决。数值计算法将在 2.7 节中介绍。本节将介绍在求解麦克斯韦方程组的过程中,为使求解过程简化而引入的矢量位和标量位等辅助位函数求解方法,并应用到电偶极子天线和磁偶极子天线场的计算中。

2.6.1　动态位方程

因为 $\boldsymbol{B}$ 的散度恒为零($\nabla\cdot\boldsymbol{B}=0$),所以可以令

$$\boldsymbol{B}=\nabla\times\boldsymbol{A} \tag{2-90}$$

代入式(2-11),得

$$\nabla\times\boldsymbol{E}=-\frac{\partial}{\partial t}(\nabla\times\boldsymbol{A})$$

$$\nabla\times\left(\boldsymbol{E}+\frac{\partial\boldsymbol{A}}{\partial t}\right)=0 \tag{2-91}$$

因为无旋的矢量可以用一个标量函数的梯度来表示,所以令

$$\boldsymbol{E}+\frac{\partial\boldsymbol{A}}{\partial t}=-\nabla\phi \tag{2-92}$$

则

$$\boldsymbol{E}=-\nabla\phi-\frac{\partial\boldsymbol{A}}{\partial t} \tag{2-93}$$

式中,$\boldsymbol{A}$ 称为动态矢量位,或简称矢量位,单位是 Wb/m。ϕ 称为动态标量位,或简称标量位,单位是 V。

将式(2-90)和式(2-93)代入式(2-13)和式(2-12),得

$$\nabla\cdot\boldsymbol{E}=\nabla\cdot\left(-\nabla\phi-\frac{\partial\boldsymbol{A}}{\partial t}\right)=\frac{\rho}{\varepsilon}$$

$$\nabla^2\phi+\frac{\partial}{\partial t}(\nabla\cdot\boldsymbol{A})=-\frac{\rho}{\varepsilon} \tag{2-94}$$

和

$$\nabla\times\boldsymbol{H}=\frac{1}{\mu}\nabla\times\nabla\times\boldsymbol{A}=\boldsymbol{J}+\varepsilon\frac{\partial\boldsymbol{E}}{\partial t}=\boldsymbol{J}+\varepsilon\frac{\partial}{\partial t}\left(-\nabla\phi-\frac{\partial\boldsymbol{A}}{\partial t}\right)$$

利用矢量恒等式 $\nabla\times\nabla\times\boldsymbol{A}=\nabla(\nabla\cdot\boldsymbol{A})-\nabla^2\boldsymbol{A}$,得

$$\nabla(\nabla\cdot\boldsymbol{A})-\nabla^2\boldsymbol{A}=\mu\boldsymbol{J}-\mu\varepsilon\nabla\left(\frac{\partial\phi}{\partial t}\right)-\mu\varepsilon\frac{\partial^2\boldsymbol{A}}{\partial t^2}$$

即

$$\nabla^2\boldsymbol{A}-\mu\varepsilon\frac{\partial^2\boldsymbol{A}}{\partial t^2}=-\mu\boldsymbol{J}-\nabla\left(\nabla\cdot\boldsymbol{A}+\mu\varepsilon\frac{\partial\phi}{\partial t}\right) \tag{2-95}$$

根据亥姆霍兹定理,要唯一确定矢量位$\boldsymbol{A}$,除规定它的旋度外,还必须规定它的散度。故令

$$\nabla\cdot\boldsymbol{A}=-\mu\varepsilon\frac{\partial\phi}{\partial t}\tag{2-96}$$

代入式(2-95)和式(2-94),得

$$\nabla^2\boldsymbol{A}-\mu\varepsilon\frac{\partial^2\boldsymbol{A}}{\partial t^2}=-\mu\boldsymbol{J}\tag{2-97}$$

和

$$\nabla^2\phi-\mu\varepsilon\frac{\partial^2\phi}{\partial t^2}=-\frac{\rho}{\varepsilon}\tag{2-98}$$

式(2-96)称为洛伦兹条件。采用洛伦兹条件使$\boldsymbol{A}$和ϕ分离在两个方程里,式(2-97)和式(2-98)称为达朗贝尔方程。此方程显示$\boldsymbol{A}$的源是$\boldsymbol{J}$,而ϕ的源是ρ,这对求解方程是有利的。当然,在时变场中$\boldsymbol{J}$和ρ是相互联系的。洛伦兹条件是人为地规定$\boldsymbol{A}$的散度值,如果不采取洛伦兹条件而采取另外的$\nabla\cdot\boldsymbol{A}$值,得到的$\boldsymbol{A}$和$\phi$的方程将不同于式(2-97)和式(2-98),会得到另一组$\boldsymbol{A}$和ϕ的解。但最后由$\boldsymbol{A}$和ϕ求出的$\boldsymbol{B}$和$\boldsymbol{E}$是不变的。

对于正弦场,洛仑兹条件的相量形式为

$$\nabla\cdot\dot{\boldsymbol{A}}=-\mathrm{j}\omega\mu\varepsilon\dot{\phi}\tag{2-99}$$

达朗贝尔方程的相量形式为

$$\nabla^2\dot{\boldsymbol{A}}+k^2\dot{\boldsymbol{A}}=-\mu\dot{\boldsymbol{J}}\tag{2-100}$$

和

$$\nabla^2\dot{\phi}+k^2\dot{\phi}=-\frac{\dot{\rho}}{\varepsilon}\tag{2-101}$$

式中,$k^2=\omega^2\mu\varepsilon$。下面为方便起见,将省略相量形式的场量表达式中字母上方的“·”,如$\dot{\boldsymbol{A}}$就写为$\boldsymbol{A}$。

2.6.2 自由空间中动态位的解

在引入矢量磁位$\boldsymbol{A}$后,麦克斯韦方程的求解简化为求解两个形式相同的二阶偏微分方程,即达朗贝尔方程。因为这两个方程是线性的,所以它们的解可以表示成点源解的线性叠加。例如,式(2-100)的解可以表示为

$$\boldsymbol{A}(\boldsymbol{r})=\mu\int_v\boldsymbol{J}(\boldsymbol{r}')G(\boldsymbol{r},\boldsymbol{r}')\mathrm{d}v'\tag{2-102}$$

式中,$\boldsymbol{r}$和$\boldsymbol{r}'$分别表示观察点和源点的位置矢量;$G(\boldsymbol{r},\boldsymbol{r}')$为对应于点源的基本解。在电磁场中,通常称这个基本解为格林函数。

为求出$G(\boldsymbol{r},\boldsymbol{r}')$,首先要给出点源的数学描述。假设位于$\boldsymbol{r}'$处有一个带有单位电量的点电荷。当电荷的体积趋于零时,电荷密度可表示为

$$\delta(\boldsymbol{r}-\boldsymbol{r}')=\begin{cases}\infty, & 当\ r=r'\\ 0, & 当\ r\neq r'\end{cases}\tag{2-103}$$

因为总电荷值是恒定的,对上式两侧进行体积分,有

$$\int_v\delta(\boldsymbol{r}-\boldsymbol{r}')\mathrm{d}v=\begin{cases}1, & 当\ \boldsymbol{r}'\ 在\ v\ 中\\ 0, & 当\ \boldsymbol{r}'\ 不在\ v\ 中\end{cases}\tag{2-104}$$

式(2-103)和式(2-104)定义的函数称为狄拉克函数(δ函数)。显然,给定任意在$\boldsymbol{r}'$连续的函

数，有

$$\int_v f(\boldsymbol{r})\delta(\boldsymbol{r}-\boldsymbol{r}')\mathrm{d}v=\begin{cases}f(\boldsymbol{r}'), & \text{当 } \boldsymbol{r}' \text{ 在 } v \text{ 中}\\ 0, & \text{当 } \boldsymbol{r}' \text{ 不在 } v \text{ 中}\end{cases}$$

上式表明，任意源函数 $f(\boldsymbol{r}')$ 均可看成无数点源函数 $\delta(\boldsymbol{r}-\boldsymbol{r}')$的线性叠加。

在引入 δ 函数后，电流密度 $\boldsymbol{J}$ 可以表示成点源的线性叠加

$$\boldsymbol{J}(\boldsymbol{r})=\int_v \boldsymbol{J}(\boldsymbol{r}')\delta(\boldsymbol{r}-\boldsymbol{r}')\mathrm{d}v' \tag{2-105}$$

将式(2-105)和式(2-102)代入式(2-100)中，得到

$$\int_v[\nabla^2 G(\boldsymbol{r},\boldsymbol{r}')+k^2G(\boldsymbol{r},\boldsymbol{r}')]\boldsymbol{J}(\boldsymbol{r}')\mathrm{d}v'=-\int_v\delta(\boldsymbol{r}-\boldsymbol{r}')\boldsymbol{J}(\boldsymbol{r}')\mathrm{d}v'$$

由于式(2-105)对任意 $\boldsymbol{J}(\boldsymbol{r}')$都成立，因此可以得到 $G(\boldsymbol{r},\boldsymbol{r}')$满足的方程为

$$\nabla^2 G(\boldsymbol{r},\boldsymbol{r}')+k^2G(\boldsymbol{r},\boldsymbol{r}')=-\delta(\boldsymbol{r}-\boldsymbol{r}') \tag{2-106}$$

求解式(2-106)就可以得到 $\boldsymbol{A}$。对大多数实际问题，很难得到式(2-106)的解析解。但是，如果媒质是均匀无限大的，比如自由空间，则可采用简单方法得到该式的解析解。在自由空间中，首先考虑 $r'=0$ 时的特殊情况。此时，$G(r,0)$对于坐标原点是球对称的，因而式(2-106)在球坐标系可写为

$$\frac{1}{r^2}\frac{\mathrm{d}}{\mathrm{d}r}\left[r^2\frac{\mathrm{d}G(\boldsymbol{r},0)}{\mathrm{d}r}\right]+k^2G(\boldsymbol{r},0)=-\delta(\boldsymbol{r}-0) \tag{2-107}$$

对于 $\boldsymbol{r}\neq 0$，式(2-107)可写为

$$\frac{d^2[rG(\boldsymbol{r},0)]}{\mathrm{d}r^2}+k^2[rG(\boldsymbol{r},0)]=0 \tag{2-108}$$

式(2-108)有两个独立特解，其通解为

$$G(\boldsymbol{r},0)=C_1\frac{\mathrm{e}^{-\mathrm{j}kr}}{r}+C_2\frac{\mathrm{e}^{\mathrm{j}kr}}{r}$$

式中，C_1、C_2是待定常数。其中的一个解的指数部分为 $\mathrm{e}^{-\mathrm{j}kr}$，其时域形式为 $\cos(\omega t-kr)$，表示的是从源点向外传播的电磁波；另一个解的指数部分为 $\mathrm{e}^{\mathrm{j}kr}$，其时域形式为 $\cos(\omega t+kr)$，表示的是从无穷远处向源点传播的电磁波。对于点源，波只能从点源向外传播，因此只有第一个解有物理意义，即

$$G(\boldsymbol{r},0)=C_1\frac{\mathrm{e}^{-\mathrm{j}kr}}{r}$$

为确定未知常数 C_1，将上式代入式(2-107)中，然后对其在以 $r=0$ 为中心的小球上进行体积分，并令小球半径 $r\to 0$，可以得到 $C_1=1/4\pi$。代入上式，可得

$$G(\boldsymbol{r},0)=\frac{\mathrm{e}^{-\mathrm{j}kr}}{4\pi r}$$

对于 $\boldsymbol{r}'\neq 0$ 时的一般情况，从 $\boldsymbol{r}$ 到观察点 $\boldsymbol{r}'$的距离为$|\boldsymbol{r}-\boldsymbol{r}'|$，因此 $G(\boldsymbol{r},0)$变为

$$G(\boldsymbol{r},\boldsymbol{r}')=\frac{\mathrm{e}^{-\mathrm{j}k|\boldsymbol{r}-\boldsymbol{r}'|}}{4\pi|\boldsymbol{r}-\boldsymbol{r}'|} \tag{2-109}$$

这个函数就是自由空间的标量格林函数，它代表从 $\boldsymbol{r}'$点发出的向外传播的球面波。

将式(2-109)代入式(2-102)，可以得到自由空间中电流源产生的矢量位为

$$\boldsymbol{A}(\boldsymbol{r})=\frac{\mu}{4\pi}\int_v \boldsymbol{J}(\boldsymbol{r}')\frac{\mathrm{e}^{-\mathrm{j}k|\boldsymbol{r}-\boldsymbol{r}'|}}{|\boldsymbol{r}-\boldsymbol{r}'|}\mathrm{d}v' \tag{2-110}$$

给定任何源，可以通过式(2-110)计算矢量位。

标量位的达朗贝尔方程与矢量位的达朗贝尔方程形式相同，因此具有相同结构的解，可得标量位 ϕ 的解为

$$\phi(\boldsymbol{r})=\frac{1}{4\pi\varepsilon}\int_{v}\rho(\boldsymbol{r}')\frac{\mathrm{e}^{-\mathrm{j}k|\boldsymbol{r}-\boldsymbol{r}'|}}{|\boldsymbol{r}-\boldsymbol{r}'|}\mathrm{d}v' \tag{2-111}$$

标量位和矢量位的时域表达式为

$$\boldsymbol{A}(\boldsymbol{r},t)=\frac{\mu}{4\pi}\int_{v}J\left(\boldsymbol{r}',t-\frac{|\boldsymbol{r}-\boldsymbol{r}'|}{v_p}\right)\frac{1}{|\boldsymbol{r}-\boldsymbol{r}'|}\mathrm{d}v' \tag{2-112}$$

$$\phi(\boldsymbol{r},t)=\frac{1}{4\pi\varepsilon}\int_{v}\rho\left(\boldsymbol{r}',t-\frac{|\boldsymbol{r}-\boldsymbol{r}'|}{v_p}\right)\frac{1}{|\boldsymbol{r}-\boldsymbol{r}'|}\mathrm{d}v' \tag{2-113}$$

式中，$v_p=\frac{\omega}{k}=\frac{1}{\sqrt{\mu\varepsilon}}$，表示场在媒质中的传播速度。当媒质为真空或空气时，v_p 为真空中的光速。

求出动态位后，就可根据式(2-90)、式(2-93)及其相量表达式，计算磁场和电场。这个计算过程显然比由麦克斯韦方程组直接求解磁场和电场简单。

分析动态位时域解(式(2-112)和式(2-112))，可以得到关于时变电磁场的一些重要的结论。

(1) 产生时变电磁场的源是时变的电荷和电流，但 t 时刻观察点 $\boldsymbol{r}$ 处的电磁场是由 $t-\frac{|\boldsymbol{r}-\boldsymbol{r}'|}{v_p}$ 时刻的源产生的，从源传输到观察点需要的时间是$\frac{|\boldsymbol{r}-\boldsymbol{r}'|}{v_p}$，即场比源在时间上滞后了$\frac{|\boldsymbol{r}-\boldsymbol{r}'|}{v_p}$，场随时间的变化要比源的变化落后，因此动态位 $\boldsymbol{A}$ 和 ϕ 通常被称为滞后位。

(2) 时变电磁场传播的速度和媒质的特性有关。根据$v_p=\frac{1}{\sqrt{\mu\varepsilon}}$，在真空中，传播的速度就是光在真空中的传播速度。对正弦场，由于v_p出现在相位中，表达的是相位面沿传播方向推进的速度，因此称v_p为相速。

(3) 静态场中，场和源是同时出现、同时消失的。时变场中，场比源要滞后，t 时刻源中断时，远区的场并没有立刻消失，因为它是由 $t-\frac{|r-r'|}{v_p}$ 时刻的源决定的。脱离开源的时变场由电场和磁场互相激发而形成电磁波向远处传播，直至遇到障碍物被反射、吸收或损耗掉。在无界真空中则会一直传播下去，这种现象称为电磁辐射。

2.6.3 电偶极子和磁偶极子

已知电流分布，通过对该电流分布的积分运算，就可以得到电流源的辐射电场和磁场，进一步可以得出该辐射源的辐射特性。我们通过对电偶极子和磁偶极子这两种基本辐射单元的分析来熟悉动态位的计算与应用，并观察这种简单辐射源的场分布特点，建立研究天线特性的基础。

1. 电偶极子

电偶极子又称电流元、赫兹偶极子等，是一种最基本的辐射单元。它是一段长度 $\mathrm{d}l$ 远小

于波长的载流导线，线上电流分布均匀，且相位相同。设该电流元的电流矩 Idl(电流元沿 z 轴放置，如图 2-26 所示)，我们将用矢量位 **A** 来计算它的电磁场。对于电偶极子，令电偶极子中心位于坐标原点，利用 **A** 矢量的公式(2-110)，并将式中的体电流元 $J\mathrm{d}v$ 改为线电流元 $I\mathrm{d}l$，可得

$$\boldsymbol{A}=\frac{\mu}{4\pi r}I\mathrm{d}l\mathrm{e}^{-\mathrm{j}kr}\boldsymbol{a}_z \tag{2-114}$$

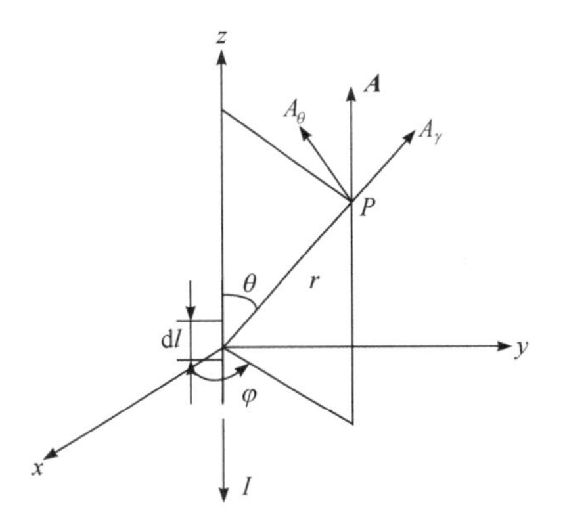

图 2-26　求解电偶极子的辐射场

A 在球坐标系中的三个分量为

$$A_r=A_z\cos\theta$$
$$A_\theta=-A_z\sin\theta$$
$$A_\varphi=0$$

A_θ的表示式中的负号表明A_θ分量的方向是沿θ减小的方向。由式(2-90)可求出磁场：

$$\boldsymbol{H}=\frac{1}{\mu}=(\nabla\times\boldsymbol{A})=\frac{1}{\mu r^2\sin\theta^z}\begin{vmatrix}\boldsymbol{a}_r & r\boldsymbol{a}_\theta & r\sin\theta\boldsymbol{a}_\varphi\\ \dfrac{\partial}{\partial r} & \dfrac{\partial}{\partial\theta} & 0\\ A_z\cos\theta & -A_z\sin\theta_r & 0\end{vmatrix} \tag{2-115}$$

由此可得

$$\begin{aligned}H_\varphi&=\frac{\mathrm{j}kI\mathrm{d}l\sin\theta}{4\pi r}\left(1+\frac{1}{\mathrm{j}kr}\right)\mathrm{e}^{-\mathrm{j}kr}\\ H_r&=H_\theta=0\end{aligned} \tag{2-116}$$

电场可以由

$$\boldsymbol{E}=\frac{1}{\mathrm{j}\omega\varepsilon}(\nabla\times\boldsymbol{H})$$

求解，得到

$$\begin{aligned}E_r&=\frac{\eta I\mathrm{d}l\cos\theta}{2\pi r^2}\left(1+\frac{1}{\mathrm{j}kr}\right)\mathrm{e}^{-\mathrm{j}kr}\\ E_\theta&=\frac{\mathrm{j}k\eta I\mathrm{d}l\sin\theta}{4\pi r}\left[1+\frac{1}{\mathrm{j}kr}-\frac{1}{(kr)^2}\right]\mathrm{e}^{-\mathrm{j}kr}\\ E_\varphi&=0\end{aligned} \tag{2-117}$$

式中，$\eta=\sqrt{\mu/\varepsilon}$。式(2-116)和式(2-117)给出了电偶极子产生的电磁场，整个表示式相当复杂。下面分别讨论靠近和远离电偶极子的场的特性。

当观察点距离电偶极子非常近时，式(2-117)中括号内含 kr 和$(kr)^2$的项起支配作用；远离电偶极子时，括号内与 kr 无关的项开始起支配作用。当含 kr 和$(kr)^2$的项与不含 kr 和$(kr)^2$ 的项相比，开始可以忽略不计时的点就是远场和近场的边界，这个边界大致在 $kr\approx 1$ 处。

$kr\ll1$ 的区域靠近电偶极子，称为近场区。此时，因 $\mathrm{e}^{-\mathrm{j}kr}\approx1$，则式(2-116)和式(2-117)可以近似为

$$H_\phi\approx\frac{I\mathrm{d}l}{4\pi r^2}\sin\theta \tag{2-118}$$

$$E_r \approx -\mathrm{j}\,\frac{I\mathrm{d}l}{2\pi\omega\varepsilon r^3}\cos\theta \tag{2-119}$$

$$E_\theta \approx -\mathrm{j}\,\frac{I\mathrm{d}l}{4\pi\omega\varepsilon r^3}\sin\theta \tag{2-120}$$

在式(2-119)和式(2-120)中考虑到 $i=\frac{\partial q}{\partial t}$,所以将 $I=\mathrm{j}\omega q$ 代入,可得

$$E_r = \frac{q\mathrm{d}l}{2\pi\varepsilon r^3}\cos\theta \tag{2-121}$$

$$E_\theta = \frac{q\mathrm{d}l}{4\pi\varepsilon r^3}\sin\theta \tag{2-122}$$

此结果与由相距 $\mathrm{d}l$ 的两个正负电荷所构成的偶极子的静电场完全相同。这就说明,在讨论近区场时,电流元相当于电偶极子。

由式(2-118)、式(2-119)和式(2-120)可以验证

$$\boldsymbol{S}_{\mathrm{av}} = \frac{1}{2}\mathrm{Re}[(\boldsymbol{E}_r + \boldsymbol{E}_\theta)\times \boldsymbol{H}_\varphi^*] = 0$$

即平均坡印亭矢量为零,这说明能量只在电场能量和磁场能量之间相互转换而没有向前传输,所以这种场称为感应场。

$kr \gg 1$ 表示远离电偶极子的区域,称为远场区。此时在式(2-116)和式(2-117)中可略去括号中分母含 kr 和$(kr)^2$项,且在式(2-117)中,E_r与E_θ相比较也可略去不计,于是最后得到

$$H_\varphi = \frac{\mathrm{j}kI\mathrm{d}l\sin\theta}{4\pi r}\mathrm{e}^{-\mathrm{j}kr} \tag{2-123}$$

$$E_\theta = \frac{\mathrm{j}k\eta I\mathrm{d}l\sin\theta}{4\pi r}\mathrm{e}^{-\mathrm{j}kr} \tag{2-124}$$

由式(2-123)和式(2-124)可看到,电场和磁场正交且同相,均比源电流滞后 $kr-\frac{\pi}{2}$ 相位。电场和磁场的比值为

$$\frac{E_\theta}{H_\varphi} = \eta = \sqrt{\frac{\mu}{\varepsilon}}$$

η 称为波阻抗,大多数情况下等于媒质的本征阻抗。媒质的本征阻抗取决于媒质的电磁参数,如自由空间是 $120\pi\Omega$。

在远区,坡印亭矢量的平均值为

$$\boldsymbol{S}_{\mathrm{av}} = \frac{1}{2}\mathrm{Re}[\boldsymbol{E}_\theta \times \boldsymbol{H}_\varphi^*] = \boldsymbol{a}_r\frac{\eta}{2}\left(\frac{kI\mathrm{d}l\sin\theta}{4\pi r}\right)^2 \tag{2-125}$$

$\boldsymbol{S}_{\mathrm{av}}$不等于零,表明有能量向外传播。这就说明,一个电偶极子可以向外辐射电磁波。工程上,我们把能辐射电磁波的装置称为天线,上述偶极子又称为元天线。

我们把坡印亭矢量平均值在半径为 r 的球面上进行积分,得到辐射功率的时间平均值,即

$$P_{\mathrm{av}} = \int_s \boldsymbol{S}_{\mathrm{av}}\cdot \mathrm{d}\boldsymbol{s} = \frac{\eta k^2 I^2 \mathrm{d}l^2}{12\pi} \tag{2-126}$$

与 r 无关。

2. 电磁场的对偶原理

通过引入磁荷ρ_m与磁流 $\boldsymbol{J}_m$的概念，麦克斯韦方程组可以扩展为电与磁对称的广义形式

$$\begin{cases}\nabla\times\boldsymbol{H}=\varepsilon\dfrac{\partial\boldsymbol{E}}{\partial t}+\boldsymbol{J}\\ \nabla\times\boldsymbol{E}=-\mu\dfrac{\partial\boldsymbol{H}}{\partial t}-\boldsymbol{J}_m\\ \nabla\cdot\boldsymbol{H}=\dfrac{\rho_m}{\mu}\\ \nabla\cdot\boldsymbol{E}=\dfrac{\rho_e}{\varepsilon}\end{cases}\tag{2-127}$$

考虑：①当电磁场的激励源只有电流和电荷时；②当电磁场激励源只有磁荷与磁流时，式(2-127)退化为如下两个对偶的方程。

仅有电荷与电流激励的麦克斯韦方程组　对偶关系　仅有磁荷与磁流激励的麦克斯韦方程组

$$\begin{cases}\nabla\times\boldsymbol{E}_e=-\mu\dfrac{\partial}{\partial t}\boldsymbol{H}_e\\ \nabla\times\boldsymbol{H}_e=\varepsilon\dfrac{\partial}{\partial t}\boldsymbol{E}_e+\boldsymbol{J}_e\\ \nabla\cdot\boldsymbol{E}_e=\dfrac{\rho_e}{\varepsilon}\\ \nabla\cdot\boldsymbol{H}_e=0\end{cases}\qquad\begin{bmatrix}\boldsymbol{E}_e\longleftrightarrow\boldsymbol{H}_m\\ \boldsymbol{H}_e\longleftrightarrow-\boldsymbol{E}_m\\ \boldsymbol{J}_e\longleftrightarrow\boldsymbol{J}_m\\ \rho_e\longleftrightarrow\rho_m\\ \varepsilon\longleftrightarrow\mu\end{bmatrix}\qquad\begin{cases}\nabla\times\boldsymbol{H}_m=\varepsilon\dfrac{\partial}{\partial t}\boldsymbol{E}_m\\ \nabla\times\boldsymbol{E}_m=-\mu\dfrac{\partial}{\partial t}\boldsymbol{H}_m-\boldsymbol{J}_m\\ \nabla\cdot\boldsymbol{H}_m=\dfrac{\rho_m}{\mu}\\ \nabla\cdot\boldsymbol{E}_m=0\end{cases}\tag{2-128}$$

可见，通过式(2-128)给出的对偶关系，可以由电源激励的麦克斯韦方程组直接得到由磁源激励的麦克斯韦方程组。

3. 磁偶极子

利用电与磁的对偶关系，关于电场的方程和关于磁场的方程在数学形式上完全一致。所以在相同的边界条件下，其解的数学形式也必然相同。电与磁的对偶性意味着，若电场的解析式已知，则可很方便地得到磁场的解析式。反之亦然。

与电偶极子相对偶的是磁偶极子。磁偶极子即为通有交变电流的电流环，其周长远小于波长。如图 2-27 所示，为一位于 xOy 平面上半径为 b 的一个面积非常小的环，该环的磁偶极矩为

$$\boldsymbol{m}=\boldsymbol{I}A$$

式中，$A=\pi b^2$为小环所包围的面积。这个小电流环产生的电磁场可以等效为一个长度为 $\mathrm{d}l$ 的磁流为 $\boldsymbol{I}_m$的沿 z 方向放置的无限小磁偶极子产生的电磁

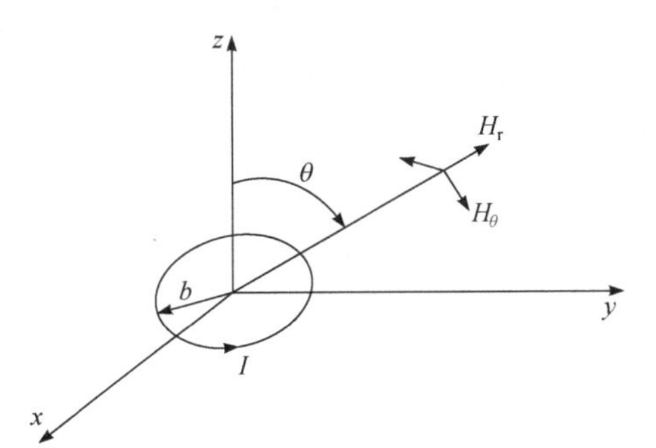

图 2-27　磁偶极子

场，且

$$\boldsymbol{I}_{\mathrm{m}}\mathrm{d}l=\mathrm{j}\omega\mu\boldsymbol{I}A$$

应用对偶原理，在公式中可用 $\boldsymbol{H}$ 代替 $\boldsymbol{E}$，用 $\boldsymbol{E}$ 代替 $\boldsymbol{H}$，用 ε 代替 μ，用 μ 代替 ε，用 $I_{\mathrm{m}}\mathrm{d}l$ 代替 $I\mathrm{d}l$，磁偶极子的电磁场就可以由式(2-116)和式(2-117)表示的电偶极子的电磁场公式得到

$$\begin{cases}E_{\varphi}=\dfrac{\eta k^2 IA\sin\theta}{4\pi r}\left(1+\dfrac{1}{\mathrm{j}kr}\right)\mathrm{e}^{-\mathrm{j}kr}\\ E_r=E_{\theta}=0\end{cases} \tag{2-129}$$

$$\begin{cases}H_r=\mathrm{j}\dfrac{kIA\cos\theta}{2\pi r^2}\left(1+\dfrac{1}{\mathrm{j}kr}\right)\mathrm{e}^{-\mathrm{j}kr}\\ H_{\theta}=-\dfrac{k^2 IA\sin\theta}{4\pi r}\left[1+\dfrac{1}{\mathrm{j}kr}-\dfrac{1}{(kr)^2}\right]\mathrm{e}^{-\mathrm{j}kr}\\ H_{\varphi}=0\end{cases} \tag{2-130}$$

比较式(2-129)、式(2-130)所给出的磁偶极子的场和式(2-126)、式(2-127)所给出的电偶极子的场，观察如何将电偶极子的场应用于磁偶极子的场。

磁偶极子的远场以包含 $\dfrac{1}{r}$ 这一项为特征：

$$E_{\varphi}=\frac{\eta k^2 IA\sin\theta}{4\pi r}\mathrm{e}^{-\mathrm{j}kr} \tag{2-131}$$

$$H_{\theta}=-\frac{k^2 IA\sin\theta}{4\pi r}\mathrm{e}^{-\mathrm{j}kr} \tag{2-132}$$

将上述两式与电偶极子的辐射场表达式作比较，如表 2-1 所示。

表 2-1　电偶极子与磁偶极子的远场

场强	电偶极子	磁偶极子
电场	$E_{\theta}=\dfrac{\mathrm{j}k\eta I\mathrm{d}l\sin\theta}{4\pi r}\mathrm{e}^{-\mathrm{j}kr}$	$E_{\varphi}=\dfrac{\eta k^2 IA\sin\theta}{4\pi r}\mathrm{e}^{-\mathrm{j}kr}$
磁场	$H_{\varphi}=\dfrac{\mathrm{j}kI\mathrm{d}l\sin\theta}{4\pi r}\mathrm{e}^{-\mathrm{j}kr}$	$H_{\theta}=-\dfrac{k^2 IA\sin\theta}{4\pi r}\mathrm{e}^{-\mathrm{j}kr}$

表 2-1 中，电偶极子的公式包含有虚数因子，而磁偶极子的公式却没有，这说明了电偶极子和磁偶极子在相同电流馈电下，所辐射的场在时间上相位相差 90°。这是两种偶极子的基本差异。

表 2-1 中的公式适用于电流环按图 2-26 的布置取向、而电偶极子平行于 z 轴取向的情况。这些公式只有对尺寸趋于零的小环和短偶极子来说才是精确的。对于直径小于 $\lambda/10$ 的电流环，上式也能提供良好的近似。

2.7　电磁场数值计算方法

2.7.1　电磁场数值计算方法的产生

麦克斯韦引入了位移电流概念，于 1865 年提出了电磁场普遍规律的数学描述——电磁场

基本方程组，即麦克斯韦方程组。麦克斯韦方程组深刻揭示了电磁场的数学本质，给出了电磁场之间的关系和电磁波的传播规律，奠定了经典的电磁场理论的基础，揭示了电、磁和光的统一性。

理论上讲，根据麦克斯韦方程组可以分析一切电磁场问题。在电磁场计算的方法中，这类直接求解场的基本方程的解析方法，如本章 2.6 节引入矢量位的简化解法，以及分离变量法、级数展开法、格林函数法、保角变换法、积分变换法等，称为解析法。解析法的主要优点是求解结果精确且解析解中包含各参量的依赖关系，容易发现电磁场的规律性。主要缺点是基本上不能求解源或边界情况复杂的实际问题，导致其应用甚为有限。因此，这些电磁场的解析法在较复杂的电磁场的计算中，实际未能得到有效应用。但是，由于解析法的结果有明确的物理意义和易于发现电磁场的规律性，在某些实际问题的源或边界条件能够简化的情况下，依然是重要的计算方法。

为了解决解析法的局限性，发展了电磁场的近似计算法。近似法根据求解问题解的范围做出合理的近似假设，从而简化求解。根据实际问题的电尺寸，有两类近似方法。对于电小尺寸的问题，通常是低频问题，可将时变电磁场近似为静态场或准静态场，进而转化为等效电路来求解，例如，应用磁路法分析变压器、电机问题。对于电大尺寸的问题，通常是高频问题，可将电磁波近似为光线来分析，例如，应用射线追踪法分析通信电波的覆盖问题。近似法的主要优点是计算速度快、计算存储量小。主要缺点是算法的近似前提限定了近似法仅适用于电小或电大尺寸目标，求解尺寸与波长可比拟的问题和复杂系统的电磁场问题时误差较大，准确度低。

20 世纪 60 年代，随着计算机技术的发展，人们开始采用数值计算技术解决不规则边界条件下的电磁场问题。电磁场数值计算方法是把电磁场数学方程离散化的方法，即把计算连续的场分布转换为计算离散点的场值或表达式，从而解决电磁场问题。主要的电磁场数值计算方法包括有限差分法（finite difference method，FDM）、时域有限差分法（finite difference time domain，FDTD）、矩量法（moment，MOM）、有限元法（finite element method，FEM）等。其中时域求解主要是时域有限差分法，频域求解主要包括有限差分法、有限元法、矩量法等。电磁场数值计算方法的主要优点是可以解决工程中的复杂电磁工程问题，且求解精度较高。主要缺点是数值计算方法计算量大，需要更多的计算资源和计算时间，且数值计算方法通常直接求解待求区域内的电磁场分布的近似值，电磁场分布规律往往并不明显，需要用户进一步分析和研究。目前，电磁场数值计算方法是我们解决复杂科学或工程电磁问题的主流方法。

2.7.2　常见的电磁场数值计算方法

根据电磁场数值计算方法可以求解的时域和频域问题，图 2-28 给出了目前常见的电磁场数值计算方法及各算法之间的关系。其中，应用于电大尺寸的高频近似法，通常结合了数值算法和解析法，这里也归入了电磁场数值计算方法中。

随着现有的电磁场数值计算方法的不断深入发展、提高和完善，新的算法不断产生。一种思路是结合不同算法的优点，提出新的计算方法。例如，结合有限元法和时域有限差分法，产生了时域有限元法。这种方法既能够应用有限元方法精确模拟计算区域的复杂几何结构和媒质组成特性，又能够利用时域有限差分法快速得到目标的宽频电磁特性。所以尤其适用于复杂电磁问题的瞬态响应分析。另一种思路是各种数值计算方法互相配合，而产生了一些混合

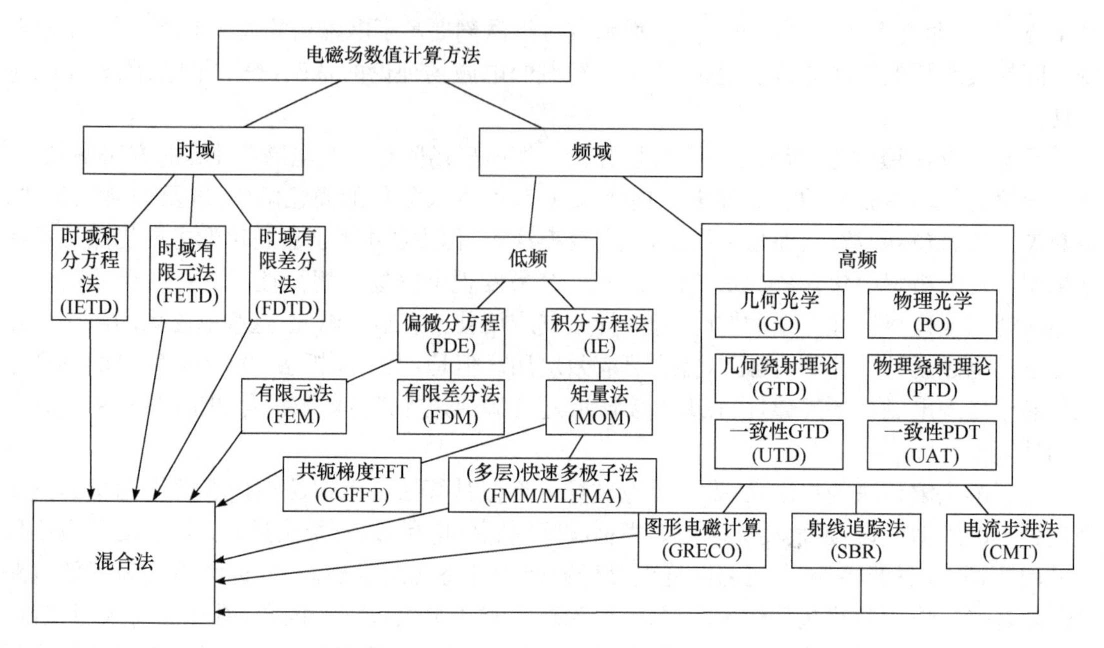

图 2-28　常见的电磁场数值计算方法及其关系

方法。例如,对于飞机、舰船的天线特性和天线布局研究,如应用矩量法,求解精度高。但由于这类问题属于电大尺寸问题,往往需要巨量的计算资源和时间。如应用高频近似法,需要的计算资源少,计算速度快,但求解精度较低,很难满足设计要求。所以可以考虑采用矩量法-高频近似法的混合算法,如应用矩量法计算天线的电流分布和近场,再将应用矩量法的计算结果作为等效源,然后应用高频近似法计算整个待求区域。这样即可保证计算精度,又可极大减少对计算资源的需求。此外,近年来人工神经网络、小波理论等也引入了电磁场的数值计算中,电磁场数值计算方法也还在不断的发展中。

目前,具有代表性的电磁场数值计算方法主要有时域有限差分法、有限元法和矩量法。下面简要介绍这三种算法的原理。

2.7.3　时域有限差分法

在电磁场数值计算方法中,有限差分类方法是应用最早的数值方法,以其概念清晰、方法简单、直观,有大致固定的处理和计算模式,具有一定的通用性等特点,在电磁场数值计算领域内得到了广泛的应用。其中,时域有限差分法由于可以计算电磁场的瞬态过程,尤其适用于瞬态或宽带问题的求解。

1. 基本原理

时域有限差分法的基本思想是把连续的求解区域离散化,用有限个离散点构成的网格来代替,这些离散点称作网格节点。然后采用差分法直接离散时域麦克斯韦微分方程。电磁场的求解基于时间步长和空间步长的迭代,内存消耗较小,同时一般计算网格采用立方体网格,网格形式和算法均十分简单,计算速度快。但是,立方体网格带来的缺点主要是对于含有精细结构的模型,模型拟合精度较低,从而导致计算精度较低。但如果需要提高网格密度,就会增大网格存储需求和计算量。也可以结合解析近似方法来解决网格精度问题。此外，时域有限差分法通常采用显性方法迭代计算，即采用上一时刻的离散点场量迭代计算当前时刻的场量。这样计算方法简单且计算量小，但对时间步长和空间步长有严格约束条件，称为稳定性条件。当不满足稳定性条件时，计算结果无法收敛。因此时域有限差分法通常不适合高 Q 值、强谐振的电磁场的计算。时域有限差分法还可采用隐性方法迭代计算，即当前时刻离散点的场量不仅与上一时刻的场量有关，还包括当前时刻的场量。因为隐性方法满足无条件稳定，所以计算结果收敛性好。但由于涉及矩阵计算，计算复杂且计算量大，因此应用较少。

2. *差分格式及实现*

下面简要介绍一下时域有限差分法的求解过程。麦克斯韦方程组的旋度方程为

$$\nabla\times\boldsymbol{H}=\varepsilon\frac{\partial\boldsymbol{E}}{\partial t}+\sigma\boldsymbol{E}+\boldsymbol{J} \tag{2-133}$$

$$\nabla\times\boldsymbol{E}=-\mu\frac{\partial\boldsymbol{H}}{\partial t} \tag{2-134}$$

式中，$\sigma\boldsymbol{E}$ 为电磁波在导电媒质中传输时的传导电流；$\boldsymbol{J}$ 为源电流密度，单位为 $\mathrm{A/m^2}$。

在直角坐标系中，上面两式可以写为标量形式

$$\frac{\partial H_z}{\partial y}-\frac{\partial H_y}{\partial z}=\varepsilon\frac{\partial E_x}{\partial t}+\sigma E_x+J_x \tag{2-135}$$

$$\frac{\partial H_x}{\partial z}-\frac{\partial H_z}{\partial x}=\varepsilon\frac{\partial E_y}{\partial t}+\sigma E_y+J_y \tag{2-136}$$

$$\frac{\partial H_y}{\partial x}-\frac{\partial H_x}{\partial y}=\varepsilon\frac{\partial E_z}{\partial t}+\sigma E_z+J_z \tag{2-137}$$

以及

$$\frac{\partial E_z}{\partial y}-\frac{\partial E_y}{\partial z}=-\mu\frac{\partial H_x}{\partial t} \tag{2-138}$$

$$\frac{\partial E_x}{\partial z}-\frac{\partial E_z}{\partial x}=-\mu\frac{\partial H_y}{\partial t} \tag{2-139}$$

$$\frac{\partial E_y}{\partial x}-\frac{\partial E_x}{\partial y}=-\mu\frac{\partial H_z}{\partial t} \tag{2-140}$$

下面考虑式(2-135)～式(2-140)的离散。令 $f(x,y,z,t)$ 表示 $\boldsymbol{E}$ 或 $\boldsymbol{H}$ 在直角坐标系的某一分量，在时间域和空间域离散后可表示为

$$f(x,y,z,t)=f(i\Delta x,j\Delta y,k\Delta z,n\Delta t)=f^n(i,j,k) \tag{2-141}$$

式中，i、j、k 分别表示 x、y、z 方向坐标；Δx、Δy、Δz 分别表示 x、y、z 方向的离散空间步长；Δt 表示离散时间步长；n 表示第 n 个时间步长。

对 $f(x,y,z,t)$ 关于时间和空间的一维偏导数取中心差分近似，可得

$$\left.\frac{\partial f(x,y,z,t)}{\partial x}\right|_{x=i\Delta x}\approx\frac{f^n\left(i+\frac{1}{2},j,k\right)-f^n\left(i-\frac{1}{2},j,k\right)}{\Delta x} \tag{2-142}$$

$$\left.\frac{\partial f(x,y,z,t)}{\partial y}\right|_{y=j\Delta y}\approx\frac{f^n\left(i,j+\frac{1}{2},k\right)-f^n\left(i,j-\frac{1}{2},k\right)}{\Delta y} \tag{2-143}$$

$$\left.\frac{\partial f(x,y,z,t)}{\partial z}\right|_{z=j\Delta z} \approx \frac{f^n\left(i,j,k+\frac{1}{2}\right)-f^n\left(i,j,k-\frac{1}{2}\right)}{\Delta z} \tag{2-144}$$

$$\left.\frac{\partial f(x,y,z,t)}{\partial t}\right|_{t=n\Delta t} \approx \frac{f^{n+\frac{1}{2}}(i,j,k)-f^{n-\frac{1}{2}}(i,j,k)}{\Delta t} \tag{2-145}$$

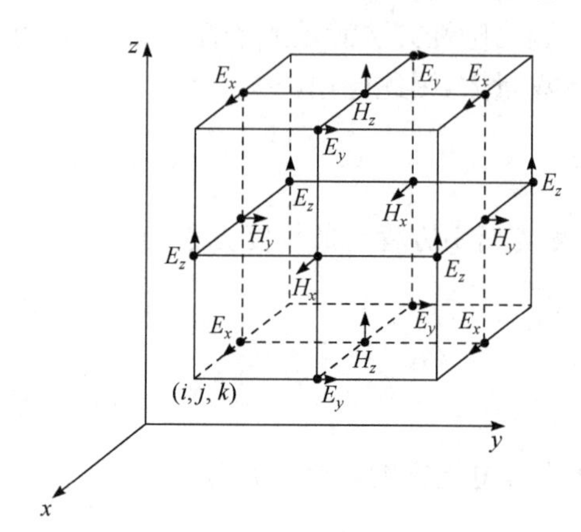

图 2-29 Yee 网格

电场和磁场各节点的空间分布如图 2-29 所示，这就是著名的 Yee 网格。由图可见，每一个电场分量由四个磁场分量环绕；同样，每一个磁场分量由四个电场分量环绕。这种电磁场分量的空间取样方式不仅符合法拉第电磁感应定律和安培环路定理的自然结构，而且这种电磁场分量的空间相对位置也适合于麦克斯韦方程的差分计算，能够恰当地描述电磁场的传播特性。此外，电场和磁场在时间顺序上交替抽样，抽样时间间隔彼此相差半个时间步，不仅体现了麦克斯韦方程组电场和磁场互为旋度源的特点，而且使麦克斯韦旋度方程离散以后可以构成显式差分方程，从而可以直接在时间上迭代求解，而不需要矩阵求逆运算。

Yee 网格中 $\boldsymbol{E}$、$\boldsymbol{H}$ 各分量空间节点与时间取样的整数和半整数约定如表 2-2 所示。

表 2-2 Yee 网格中 $\boldsymbol{E}$、$\boldsymbol{H}$ 各分量空间节点与时间取样值

电磁场分量		空间分量取样			时间轴 t 取样
		x 坐标	y 坐标	z 坐标	
$\boldsymbol{E}$ 节点	E_x	$i+\frac{1}{2}$	j	k	n
	E_y	i	$j+\frac{1}{2}$	k	
	E_z	i	j	$k+\frac{1}{2}$	
$\boldsymbol{H}$ 节点	H_x	i	$j+\frac{1}{2}$	$k+\frac{1}{2}$	$n+\frac{1}{2}$
	H_y	$i+\frac{1}{2}$	j	$k+\frac{1}{2}$	
	H_z	$i+\frac{1}{2}$	$j+\frac{1}{2}$	k	

观察图 2-29 中的 E_x 节点，位置为 $\left(i+\frac{1}{2},j,k\right)$，时刻为 $t=\left(n+\frac{1}{2}\right)\Delta t$，于是式(2-135)离散为

$$
\begin{aligned}
&\varepsilon\left(i+\frac{1}{2},j,k\right)\frac{E_x^{n+1}\left(i+\frac{1}{2},j,k\right)-E_x^{n}\left(i+\frac{1}{2},j,k\right)}{\Delta t} \\
&+\sigma\left(i+\frac{1}{2},j,k\right)\frac{E_x^{n+1}\left(i+\frac{1}{2},j,k\right)+E_x^{n}\left(i+\frac{1}{2},j,k\right)}{2}+J_x^{n+\frac{1}{2}}\left(i+\frac{1}{2},j,k\right) \\
&=\frac{H_z^{n+\frac{1}{2}}\left(i+\frac{1}{2},j+\frac{1}{2},k\right)-H_z^{n+\frac{1}{2}}\left(i+\frac{1}{2},j-\frac{1}{2},k\right)}{\Delta y} \\
&-\frac{H_y^{n+\frac{1}{2}}\left(i+\frac{1}{2},j,k+\frac{1}{2}\right)-H_y^{n+\frac{1}{2}}\left(i+\frac{1}{2},j,k-\frac{1}{2}\right)}{\Delta z}
\end{aligned}
\tag{2-146}
$$

式(2-146)中使用了平均值近似，即

$$
E_x^{n+\frac{1}{2}}\left(i+\frac{1}{2},j,k\right)=\frac{E_x^{n+1}\left(i+\frac{1}{2},j,k\right)+E_x^{n}\left(i+\frac{1}{2},j,k\right)}{2}
$$

这样做是为了在离散式中只出现表2-1所示的各个场分量节点。实际上该平均值近似法随时间推进可使算法具有数值稳定性。式(2-146)整理后可得

$$
\begin{aligned}
E_x^{n+1}\left(i+\frac{1}{2},j,k\right)=&\frac{1}{\beta\left(i+\frac{1}{2},j,k\right)}\left\{\alpha\left(i+\frac{1}{2},j,k\right)E_x^{n}\left(i+\frac{1}{2},j,k\right)\right. \\
&+\frac{1}{\Delta y}\left[H_z^{n+\frac{1}{2}}\left(i+\frac{1}{2},j+\frac{1}{2},k\right)-H_z^{n+\frac{1}{2}}\left(i+\frac{1}{2},j-\frac{1}{2},k\right)\right] \\
&-\frac{1}{\Delta z}\left[H_y^{n+\frac{1}{2}}\left(i+\frac{1}{2},j,k+\frac{1}{2}\right)-H_y^{n+\frac{1}{2}}\left(i+\frac{1}{2},j,k-\frac{1}{2}\right)\right] \\
&\left.-J_x^{n+\frac{1}{2}}\left(i+\frac{1}{2},j,k\right)\right\}
\end{aligned}
\tag{2-147}
$$

式中

$$
\alpha=\frac{\varepsilon}{\Delta t}-\frac{\sigma}{2},\quad \beta=\frac{\varepsilon}{\Delta t}+\frac{\sigma}{2}
$$

类似地，将式(2-136)～式(2-140)离散化，其中，E、H各分量的位置如图2-29所示。H各分量的时刻为$t=n\Delta t$，可得

$$
\begin{aligned}
E_y^{n+1}\left(i,j+\frac{1}{2},k\right)=&\frac{1}{\beta\left(i,j+\frac{1}{2},k\right)}\left\{\alpha\left(i,j+\frac{1}{2},k\right)E_y^{n}\left(i,j+\frac{1}{2},k\right)\right. \\
&+\frac{1}{\Delta z}\left[H_x^{n+\frac{1}{2}}\left(i,j+\frac{1}{2},k+\frac{1}{2}\right)-H_x^{n+\frac{1}{2}}\left(i,j+\frac{1}{2},k-\frac{1}{2}\right)\right] \\
&-\frac{1}{\Delta x}\left[H_z^{n+\frac{1}{2}}\left(i+\frac{1}{2},j+\frac{1}{2},k\right)-H_y^{n+\frac{1}{2}}\left(i+\frac{1}{2},j+\frac{1}{2},k\right)\right] \\
&\left.-J_y^{n+\frac{1}{2}}\left(i,j+\frac{1}{2},k\right)\right\}
\end{aligned}
\tag{2-148}
$$

$$E_z^{n+1}\left(i,j,k+\frac{1}{2}\right)=\frac{1}{\beta\left(i,j,k+\frac{1}{2}\right)}\left\{\alpha\left(i,j,k+\frac{1}{2}\right)E_z^n\left(i,j,k+\frac{1}{2}\right)\right.$$
$$+\frac{1}{\Delta x}\left[H_y^{n+\frac{1}{2}}\left(i+\frac{1}{2},j,k+\frac{1}{2}\right)-H_y^{n+\frac{1}{2}}\left(i-\frac{1}{2},j,k+\frac{1}{2}\right)\right]$$
$$-\frac{1}{\Delta y}\left[H_x^{n+\frac{1}{2}}\left(i,j+\frac{1}{2},k+\frac{1}{2}\right)-H_x^{n+\frac{1}{2}}\left(i,j-\frac{1}{2},k+\frac{1}{2}\right)\right]$$
$$\left.-J_z^{n+\frac{1}{2}}\left(i,j,k+\frac{1}{2}\right)\right\} \tag{2-149}$$

$$H_x^{n+\frac{1}{2}}\left(i,j+\frac{1}{2},k+\frac{1}{2}\right)=H_x^{n-\frac{1}{2}}\left(i,j+\frac{1}{2},k+\frac{1}{2}\right)$$
$$-\frac{\Delta t}{\mu\Delta y}\left[E_z^n\left(i,j+1,k+\frac{1}{2}\right)-E_z^n\left(i,j,k+\frac{1}{2}\right)\right]$$
$$+\frac{\Delta t}{\mu\Delta z}\left[E_y^n\left(i,j+\frac{1}{2},k+1\right)-E_y^n\left(i,j+\frac{1}{2},k\right)\right] \tag{2-150}$$

$$H_y^{n+\frac{1}{2}}\left(i+\frac{1}{2},j,k+\frac{1}{2}\right)=H_y^{n-\frac{1}{2}}\left(i+\frac{1}{2},j,k+\frac{1}{2}\right)$$
$$-\frac{\Delta t}{\mu\Delta z}\left[E_x^n\left(i+\frac{1}{2},j,k+1\right)-E_x^n\left(i+\frac{1}{2},j,k\right)\right]$$
$$+\frac{\Delta t}{\mu\Delta x}\left[E_z^n\left(i+1,j,k+\frac{1}{2}\right)-E_z^n\left(i,j,k+\frac{1}{2}\right)\right] \tag{2-151}$$

$$H_z^{n+\frac{1}{2}}\left(i+\frac{1}{2},j+\frac{1}{2},k\right)=H_z^{n-\frac{1}{2}}\left(i+\frac{1}{2},j+\frac{1}{2},k\right)$$
$$-\frac{\Delta t}{\mu\Delta x}\left[E_y^n\left(i+1,j+\frac{1}{2},k\right)-E_y^n\left(i,j+\frac{1}{2},k\right)\right]$$
$$+\frac{\Delta t}{\mu\Delta y}\left[E_x^n\left(i+1,j,k+\frac{1}{2}\right)-E_x^n\left(i,j,k+\frac{1}{2}\right)\right] \tag{2-152}$$

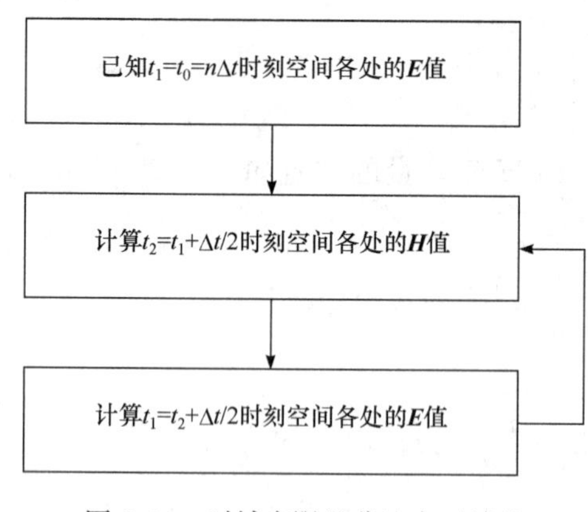

图 2-30　时域有限差分法在时域的交叉半长迭代计算流程图

由此，由给定源电流、电场和磁场的初始值及边界条件，可以利用式(2-150)～式(2-152)计算下一个时刻的磁场，利用式(2-147)～式(2-149)计算下一个时刻的电场。这样逐步迭代求得以后各个时刻空间电磁场的分布，如图 2-30 所示。

上面给出的中心差分离散公式，对于空间步长和时间步长大小具有二阶精度，迭代过程为显式计算。为保证时间步长的稳定性，时间步长应满足稳定性条件：

$$\Delta t\leqslant\frac{1}{v_p\sqrt{\frac{1}{(\Delta x)^2}+\frac{1}{(\Delta y)^2}\frac{1}{(\Delta z)^2}}} \tag{2-153}$$

式中，v_p为电磁波的相速。当传播媒质为真空或空气时，v_p等于光速。当有限差分法用于计算分析电磁波的传播时，由于数值离散，模拟的波速值与真实的波速值应略有不同，这将导致电磁波解的相位出现误差。这种现象称为数值色散，其造成的误差称为数值相位误差。为减小计算过程中的数值相位误差，需要限制空间步长的大小。一般空间步长设置为$\lambda/20$～$\lambda/10$，然后再根据式(2-153)确定时间步长。

3. 边界条件

由于计算机资源的限制，只能在有限区域使用时域有限差分法进行计算。因此使用时域有限差分法求解无界区域(开放区域)内的电磁问题的主要挑战之一是如何将无限的计算空间截断成有限的计算区域。为了实现这种截断，一般引入一个人工表面以包围计算区域。为了更好地模拟原问题的开放区域环境，该人工截断面应该尽可能地吸收入射到截断面的波，以减少任何人为造成的反射。常用的两种方法是使用数学上推导的吸收边界条件和使用人为构造的吸收材料层。

使用数学推导实现的吸收边界条件是一种无限外推边界条件。假定平面波入射到边界面上，若此边界是完全透明的，则平面波将向前传播而无任何反射。这种现象等效成第三类边界条件，可以通过差分法实现。常见的吸收边界由 James Mur 于 1981 年提出，称为 Mur 吸收边界条件。这种方法以其内存占用少、实现简单，能满足多数科学、工程问题需要等优点而得到广泛应用。但为便于编程实现，Mur 吸收边界条件推导中存在一些近似，一般情况下仅适用于入射角小于 45°的情况。在斜入射的情况下，近似引起的反射会明显增大，如图 2-31 所示。

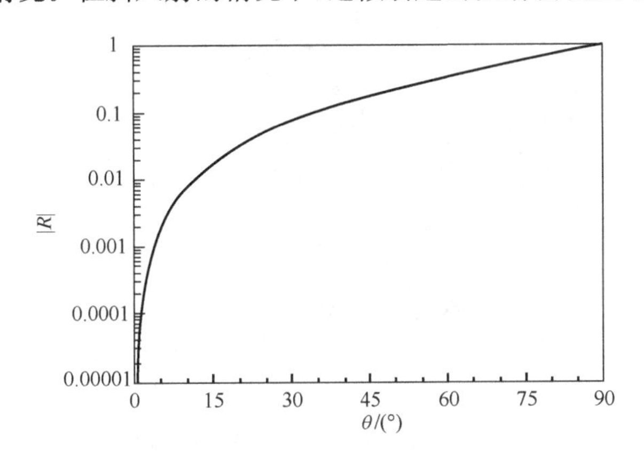

图 2-31　Mur 吸收边界条件的反射系数与入射角关系

除了使用数学上推导的边界条件，我们也可以使用吸收材料来截断计算区域，其原理类似微波暗室中使用的吸波材料。但吸波材料电尺寸很大，且形状为尖劈或角锥，数值模拟这样的吸波材料会耗费大量的计算资源。在数值仿真中，可以采用人工设计的薄层吸波材料替代真实的物理吸波材料。Berenger 最早提出一种在时域有限差分仿真中非常有用的吸波材料模型，称为理想匹配层(Perfectly Matched Layer，PML)。理想匹配层是一种通过理论上推导的人为设计的材料，本质上等效于各向异性的色散媒质。理论上可以设计成对任意频率、任意极化和任意角度的平面波入射都能完全吸收。其中与频率无关这一特点尤为重要，因为这可将理想匹配层应用于时域进行宽带仿真。理想匹配层结构示意图如图 2-32 所示。

需要注意的是，理想匹配层对于接近垂直入射的入射波，会产生比较大的反射，因此理想

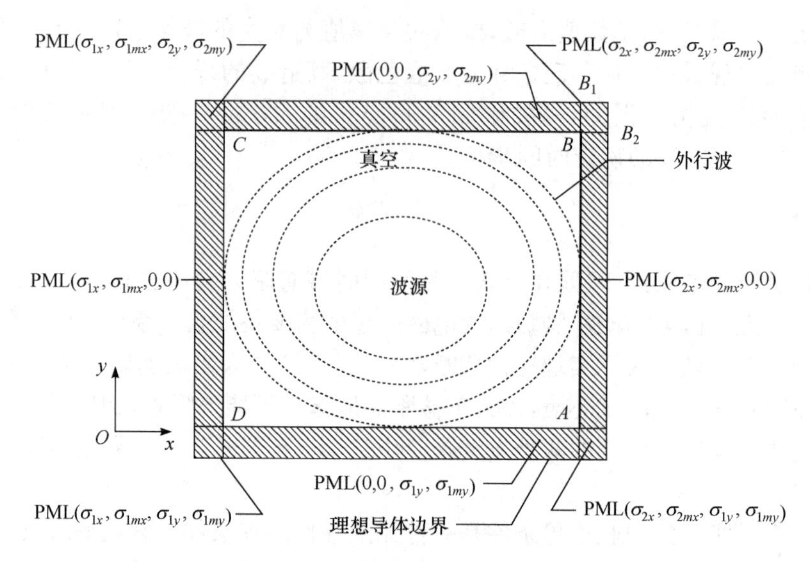

图 2-32　理想匹配层结构示意图

匹配层必须放置在与源有一定距离的位置，保证入射角足够大。

图 2-33 是二维柱面波的时域有限差分法的仿真结果，边界条件采用的是理想匹配层。

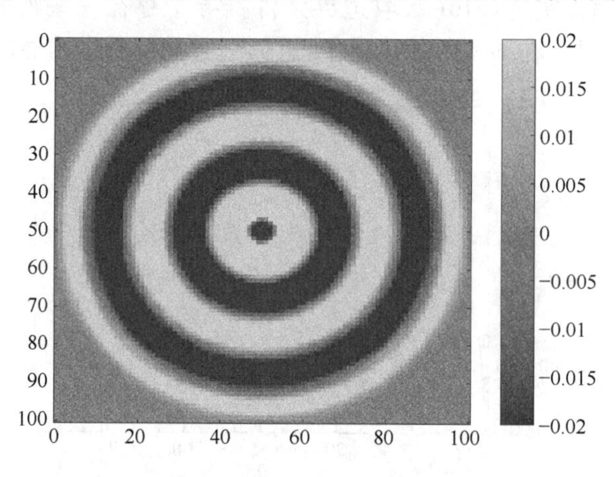

图 2-33　二维柱面波的时域有限差分法的仿真结果

2.7.4　有限元法

麦克斯韦方程组的解可以通过不同的求解方法得到。有限元法与有限差分法类似。有限元法也是一种将偏微分方程转化为线性代数方程组，进而求解边值问题的数值方法。不同的是，有限差分法的基本思想是对微分算子进行近似，而有限元法是对描述边值问题的偏微分方程的解进行近似。

构建有限元公式，最关键的一步是找到一组可以用来展开未知近似解的基函数。基函数通常分为两类，一类是将整个求解区域作为一个积分区域，称为全域基函数。对于复杂的具有不规则形状的二维和三维问题，找到全域的基函数极其困难甚至不可能。有限元法的基本思想是将求解区域划分为小的子域，称为有限单元（有限元），然后在每个单元上使用简单形式的函数作为基函数，这类基函数称为分域基函数，基函数展开就可以求解每个子域内的近似解。常用的子域有二维中的三角形单元和三维中的四面体单元，如图 2-34 所示，可以逼近复杂的几何形状。除此之外，还有适用于一些特定问题的其他形式的单元。

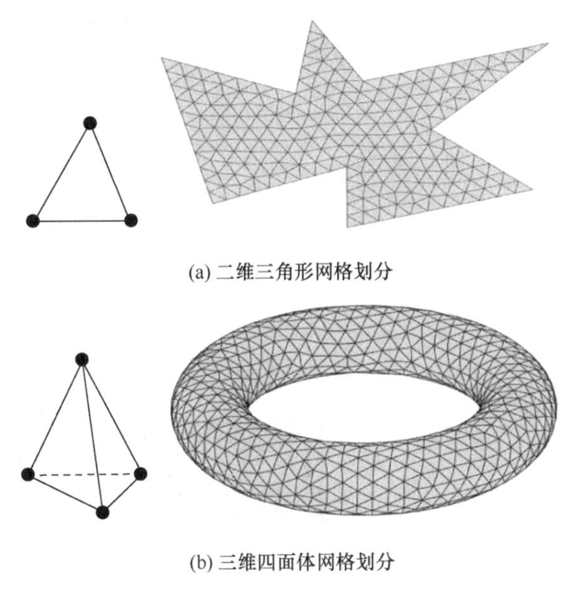

(a) 二维三角形网格划分

(b) 三维四面体网格划分

图 2-34　有限元网格

当求解区域被划分成小单元后，因为小单元各个节点坐标已知，所以可以由各节点的坐标完全确定基函数(也称为展开函数和插值函数)的形式。基函数通常为坐标的线性函数，也可以使用更精确的高阶函数(如二次和三次函数)作为基函数。然后，每个单元中的未知解可以用基函数展开来实现近似。正是使用子域基函数在每个单元内对解进行近似的思想，产生了有限元法这个强大的数值计算方法，使其能够求解工程和物理学中的复杂边值问题。

将所有子单元内的近似解合并在一起，就得到了全域近似解。再将近似解代入电磁场边值问题的微分方程中，使用加权残差法来确定未知解。可见，使用有限元法首先需要选择一个合适的检验函数或称加权函数。通常有限元法选择基函数作为加权函数，这种加权方法也称作伽辽金法。然后将加权函数代入近似解满足的微分方程的两边，再在求解区域求积分。积分结果可以表示成一个线性方程组，并写成矩阵形式。矩阵方程可以用任何一种通用矩阵求解算法求解，其解给出了所有节点处的场值。而其他位置的场值可以通过基函数插值得到。

有限元法的一个重要特点是其生成的矩阵方程的系数矩阵非常稀疏。因为基函数是节点坐标的函数，故只有当两个节点属于同一个单元时，基函数的对应项才不为零。因此无论系数矩阵的维度多大，每一行中都只有几个非零元素。因而存储系数矩阵的内存需求正比于 $O(N)$，N 为总的节点数，并且可以使用专门针对稀疏矩阵开发的稀疏求解算法实现高效求解。因此，有限元法非常适合需要处理大量未知量的电大尺寸问题。

以上介绍给出了有限元法的基本步骤，如图 2-35 所示。

此外，由于每个单元中的解都是用基函数的展开来近似的，因此任何有限元上的解都存在误差。可以采用自适应分析和量化分析来计算误差，从而提高有限元法的效率。

有限元自适应分析的目的是优化单元大小和基函数阶数，达到使用最少数量的未知数来取得预定的精度。其通常的实现过程为:选择一个初始的粗略离散网格求解原问题,基于这个粗略解计算相关物理量(例如能量),并估计误差分布和全局误差;基于误差分布,通过改变单元大小(通常是缩小单元大小,即加密网格,特别是在场量明显变化的区域)和(或)调整基函数阶数;在新的离散网格下重新求解此问题,并重复这个过程,直至全局误差下降到期望值以下。

图 2-36 是矩形喇叭天线辐射场的仿真结果,边界条件采用的是理想匹配层。

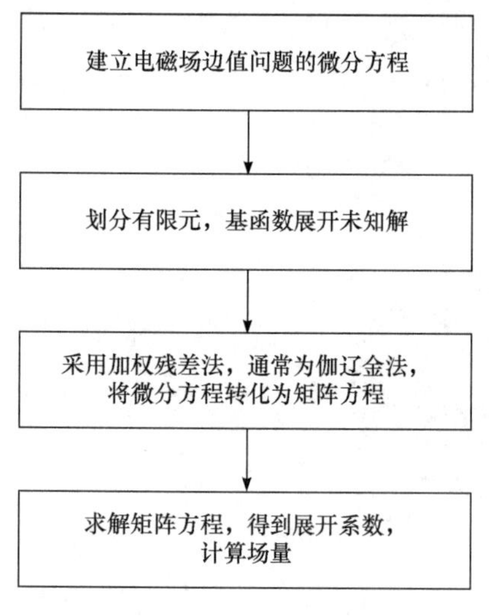

图 2-35　有限元法的基本步骤

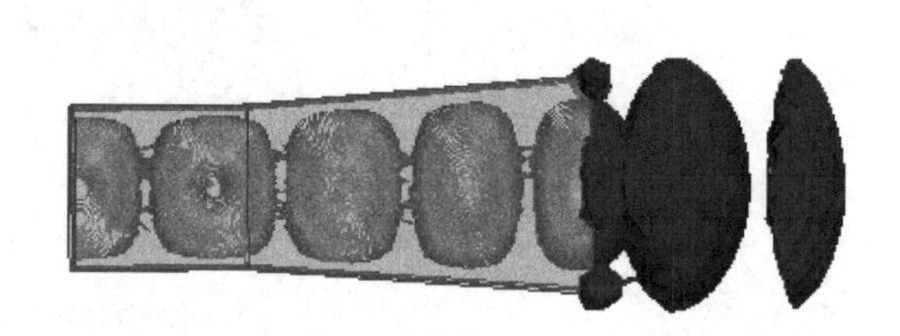

图 2-36　矩形喇叭天线辐射场(电场强度)的仿真结果

2.7.5　矩量法

有限差分法和有限元法所求解的是与麦克斯韦方程组相关的偏微分方程。而矩量法求解的是从麦克斯韦方程组导出的积分方程。例如,对于静电场问题,可以用格林函数法推导积分方程。格林函数是点源激励的响应,对于静电场问题,它就是点电荷产生的电位。

矩量法求解的基本思路与有限元相似,矩量法也是将边值问题中的约束方程转化为矩阵方程,从而便于计算机求解。关键一步也是找到一组可以用来展开未知近似解的基函数。如果求解区域是一个具有规则形状的表面,则通常可以写出这类全域基函数的形式。然而,对于不规则形状的求解区域,全域基函数的形式一般很难得到。对于这种情况,可以采用有限元法的基本思想,采用分域基函数,即将整个积分面划分为很多个小的面单元,如图 2-37 所示,然后在每个面单元上使用简单形式的函数作为基函数。它们相比于全域基函数而言更为灵活通用。

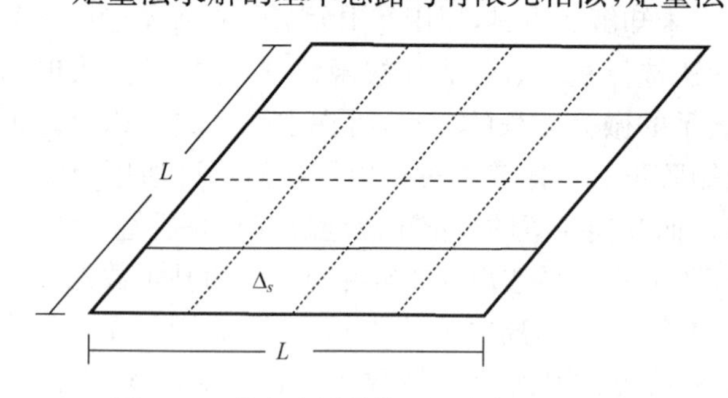

图 2-37　带电金属导体平面离散化示意图

将所有子单元内的近似解合并在一起,就得到了全域近似解,再将近似解代入电磁场积分方程中,并用检验函数或称加权函数来检验,即将加权函数乘以代入近似解的积分方程的两边，然后在求解区域积分。由于加权积分可以看成对积分方程取矩量，因此上述的求解过程称为矩量法。我们也可以将加权积分看成是将代入近似解的积分方程的加权残差设定为零，因此这一过程实际也是加权残差法。

加权残差法适用于微分和积分，因此矩量法的求解过程与有限元法十分相似。唯一的不同是这里所考虑的是积分方程，其积分算子包含格林函数。虽然只有这一点不同，但其对基函数和加权函数的选择有重要影响。在有限元法中，由于要对基函数进行微分运算，故基函数必须至少是一阶函数(线性函数)。而有限元普遍采用伽辽金法加权，即加权函数与基函数相同。在矩量法中，由于只对基函数进行积分运算，基函数的选择更为宽松，最简单的选择是零阶基函数，即常数。检验函数的选择也更加灵活，最简单的检验函数是 δ 函数或零阶函数，这可以极大简化积分计算。

积分结果可以表示成一个线性方程组，并写成矩阵形式。求解矩阵，其解为各单元基函数的展开系数，从而可得到各单元处的场值。

矩量法计算的基本步骤与有限元法类似，如图 2-38 所示。

设如图 2-37 所示带电金属导体平面的电位为 1V，则用矩量法对导体平面电荷密度分布进行仿真计算，结果如图 2-39 所示。为保证计算精度，图 2-39 所示面单元的尺寸比图 2-37 所示的面单元尺寸更小，即划分更密集。

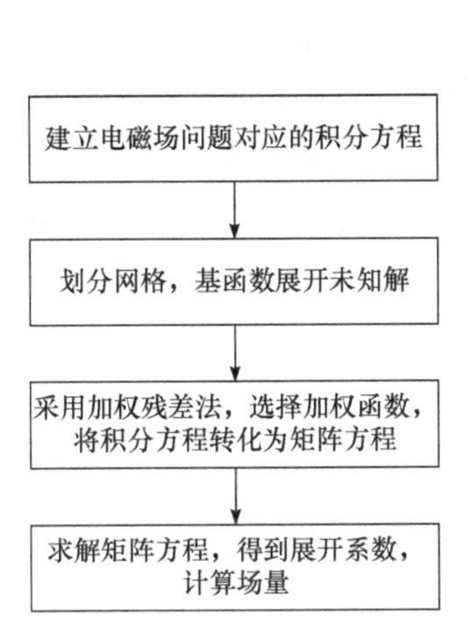

图 2-38　矩量法的基本步骤

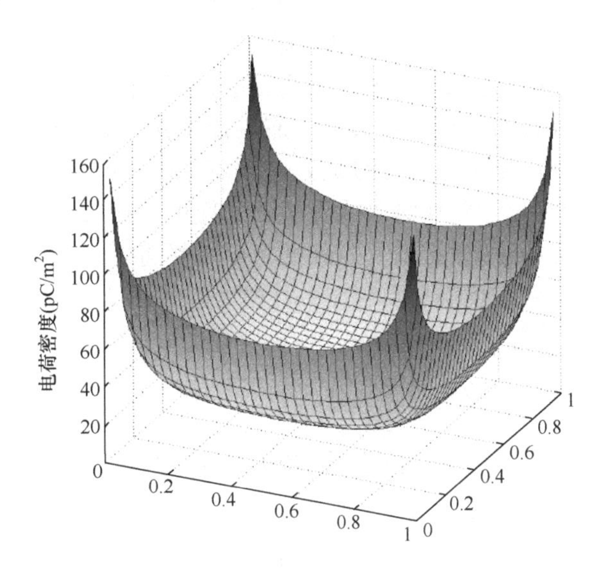

图 2-39　尺寸归一化的带电金属导体平面的电荷密度分布的仿真结果

与基于偏微分方程生成极度稀疏系数矩阵的有限元法不同，由于使用了格林函数，通过矩量法离散积分方程后得到的矩阵方程的系数矩阵是满阵。当矩阵很大时，生成、存储和求解矩阵方程需要很大的代价，导致计算复杂度非常高。这是限制矩量法应用的主要因素。在很长一段时间里，矩量法都只能用于解决一维、二维和小规模的三维问题。因此，快速求解这类矩阵方程不仅可以减少计算时间和内存需求，还能够极大提高矩量法求解大型与复杂问题的能力。已有多种快速算法，其中快速多极子是目前高效的快速算法，可将计算复杂度从 $O(N^3)$(高斯消元法或 LU 分解法直接求解满阵)或 $O(N^2)$(迭代法求解满阵)降低到 $O(N\log(N))$。

快速多极子法可看成是应用于任意网格的快速傅里叶变换。快速多极子法具有相同的核心思想，就是将矩量法生成的矩阵分解成近相互作用与远相互作用两个部分，从而使我们可用多极子或平面波展开，以快速完成矩阵向量积的大部分计算。例如，应用矩量法计算导体表面电流分布，矩阵向量积的计算可以等效看成计算很多电流元的自作用与相互作用。首先根据电流元在空间中的位置将其分成若干组，每一组为相互邻近电流元的集合。然后，使用加法定理将一组内不同电流元从不同中心发出的辐射场变换成一个共同中心辐射的场。这一过程显著减少了辐射中心的数量。同样，为了计算一个小组内每个电流元接收到的场，首先考虑由组中心接收到所有其他组中心辐射的场，然后将其分配给组内的各单元。快速多极子法广泛应用于求解各种电磁问题，特别是散射与辐射问题。由于快速多极子法的应用，可以解决前所未有的超大电尺寸问题。

2.7.6 时域有限差分法、有限元法和矩量法的比较

1. 有限元法和矩量法

有限元法和矩量法的求解步骤类似，有限元法求解与麦克斯韦方程组相关的偏微分方程，矩量法求解从麦克斯韦方程组导出的积分方程。但是，有限元法和矩量法也有很大差别。除了基函数和检验函数的选择不同，二者之间主要有三个区别。其一，对于三维分析，有限元法需要对体积域进行离散，而矩量法需对表面域进行离散。也就是说，矩量法中的问题维数比有限元法少一维，大大减少了矩量法求解中的未知量数目。其二，求解开放区域的问题时，与时域有限差分法类似，有限元法需要将无限空间截断为有限空间，然后在截断边界处构造近似边界条件。而在矩量法中，由于积分方程中包含了适当的格林函数，而格林函数已经考虑了无穷远处的场，就完全可以避免这个问题。因此，在用矩量法求解过程中，无须使用任何吸收边界条件或理想匹配层。其三，由于使用了格林函数，矩量法的系数矩阵为满阵，而有限元矩阵则为可以更高效地存储和求解的极度稀疏矩阵。这一点是矩量法为前两个优势所要付出的代价。对于电大尺寸问题的计算，应用矩量法时需结合快速算法，如快速多极子法。

2. 三种算法的综合比较

我们从算法原理、优缺点和应用等方面综合比较这三种典型的数值计算方法，如表 2-3 所示。

表 2-3 三种电磁场数值算法比较

	FDTD	MOM	FEM
求解方法	求解麦克斯韦方程组的差分形式	求解麦克斯韦方程组导出的积分方程	求解麦克斯韦方程组导出的微分方程
时域/频域	时域	频域	频域
网格划分目标	离散整个求解区域	只对求解对象表面进行离散	离散整个求解区域
几何结构及材料	可对非均匀媒质进行求解，但对形状不规则的物体进行求解时误差较大	对非均匀媒质求解困难	可对非线性，非均匀媒质进行求解

续表

	FDTD	MOM	FEM
优点	简单，物理概念明确	精确度高，适用于计算实际中开放域、激励场源分布形态复杂的问题	理论成熟，适用于边界形状复杂的场域求解
缺点	收敛性和数值稳定性差	计算量大	计算开放域时需截断边界
应用	瞬态问题、宽带天线、屏蔽问题、生物电磁效应	长导线仿真、电超大尺寸问题（快速多极子法）	腔体滤波器、波导问题、复杂材料与结构问题

2.8　常用电磁仿真软件介绍

因为每种算法都有各自的优势和局限性，所以也就没有一种电磁仿真软件能够解决所有的电磁场问题。由于算法和计算资源的限制，每一种软件都有自己的优点，也有一定的局限性。应针对不同的电磁场工程问题，选择使用合适的软件，使计算准确、快速。使用仿真软件的最新趋势是仿真软件组合应用，这样可以发挥软件两两组合的优点，使计算达到快速准确的目的。此外，一般来说，微波工程中的二维问题，不提倡使用三维软件求解；可以使用解析方法求解的问题，一般不提倡使用数值方法。解析方法的计算结果最准确、计算速度也是最快的。另外，在缺乏试验数据时，有经验的设计者也会使用一种以上的软件验证计算结果。表2-4是对常用电磁仿真软件的介绍。

表2-4　常用电磁仿真软件介绍

厂商	软件名称	主要性能	主要计算方法
ANSYS	HFSS	3D高频电磁场全波仿真	FEM、IE
	Maxwell	2D、3D低频电磁场、电机仿真	FEM
	Twin Builder	数字孪生、线性/非线性电路仿真	FEM、降阶模型
	SIwave	芯片封装、信号完整性等	FEM
	Q3D Extractor	参数提取	FEM
	EMA3D	时域电磁场、多导体传输线	FDTD、FEM、传输线法
CST	Microwave Studio	3D高频电磁场全波仿真	有限积分法
	EM Studio	3D低频电磁场仿真	有限积分法
	Cable Studio	多导体传输线	传输线法、有限积分法
	Design Studio	联合仿真	有限积分法、电路原理
	Particle Studio	高能粒子仿真	有限积分法
EMSS	FEKO	3D高频电磁场全波仿真 大尺度天线和散射问题分析	MOM、高频近似法
REMCOM Inc	XFDTD	3D高频电磁场全波仿真	FDTD
	XGTD	高频电磁场近似计算、天线布局	高频近似法的GTD、UTD
SRAC	Cosmos	低频、高频电磁场仿真、多物理场	FEM

表 2-4 中 CST 公司电磁计算产品采用的主要算法是有限积分法(Finite Integration)。该方法是一种直接差分麦克斯韦积分方程组的方法,与直接差分麦克斯韦微分方程组的有限差分法相比,在数学上完全等效,可以归入时域有限差分类算法。

结合 2.7 节讨论的三种主要电磁场数值计算方法,我们主要介绍 ANSYS 电磁包、CST Studio 和 FEKO 这三类软件。

1. ANSYS 电磁包

ANSYS 电磁包是包括 HFSS、Maxwell、Q3D Extractor、Twin Builder 等电磁仿真器的本地仿真平台,其主要软件及其功能如图 2-40 所示。

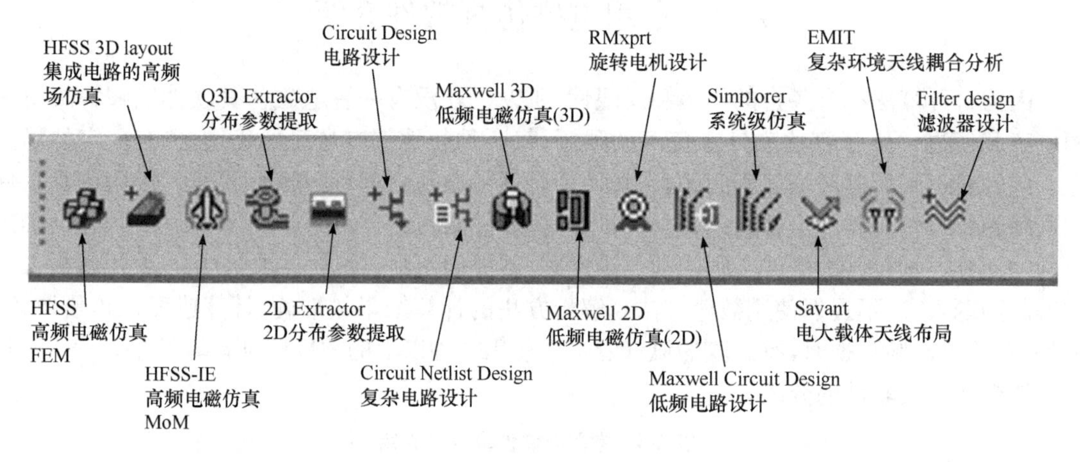

图 2-40　ANSYS 电磁包平台的构成

作为电磁数值仿真通用的桌面环境,ANSYS 电磁包无缝连接了电磁场、电路与系统仿真器仿真软件、共享模型及变量,完成单个部件级、设备级及整个系统级的仿真。作为系统级的电磁仿真解决方案,ANSYS 电磁包已应用于航天、电动汽车、通信、能源等行业。

HFSS(High Frequency Structure Simulation,高频结构仿真)是适用于射频、无线通信、封装及光电子设计的任意形状三维电磁场仿真软件,能计算任意形状三维无源结构的 S 参数和全波电磁场。该软件充分利用了如自动匹配网格产生及加密、切向矢量有限元、矢量时域有限元、矩量法、SBR+弹跳射线法等算法,能精确预测所有高频性能,如散射、模式转换、材料和辐射引起的损耗等,解决天线设计、射频/微波/毫米波分析、电磁干扰/电磁兼容(Electromagnetic Interference / Electromagnetic Compatibility ,EMI/EMC)等领域的复杂电磁问题。

Maxwell 是基于有限元方法的低频电磁场的仿真软件,具有自动计算电磁力、力矩、电感、电容等设计参数的功能,仿真结果可以方便地与实验结果进行对比,广泛应用于电机、线圈、变压器、磁性元器件等各种机电产品开发,并且可方便地完成静电场、静磁场的二维和三维仿真研究。

Twin Builder 软件的基本功能是电力电子电路设计,采用电路、柜图、状态机建模,可以完成复杂系统的高精度建模和仿真分析,例如机电部件、电力电子线路、系统级机电控制等。目前,结合独有的仿真器耦合与协同仿真技术,能够实现数据的实时交互,仿真复杂动态系统的多物理域特性,从而实现整个复杂系统的高精度建模和性能仿真。Twin Builder 软件是 AN-

SYS 公司的数字孪生技术平台。

SIwave 是一款专用设计软件，可用于电子封装与印制电路板(Printed Circuit Board, PCB)的电源完整性(Power Integrity, PI)、信号完整性(Signal Integrity, SI)及 EMI 分析。软件采用专用全波有限元算法，能够快速准确地求解几十层的 PCB、上千管脚的封装结构和复杂集成电路(Integrated Circuit, IC)封装中的谐振、反射、迹线间耦合、瞬时开关噪声、电源/地弹、DC 电压/电流分析以及近场与远场辐射方向图。

Q3D Extractor 是面向电子设备/器件的寄生参数提取软件。使用高效的准静态电磁场仿真技术，可从互连结构中提取 R、L、C、G 参数，然后自动生成等效的 SPICE 电路模型。这些高精度模型可用于评估 IC 封装、触摸显示屏、连接器、电缆、高功率汇流排、母线和功率变换器件的性能。

EMA3D 主要是基于时域有限差分法的全波电磁仿真软件，主要有 EMA3D Cable 和 EMA3D Charge 两个模块。其中，EMA3D Cable 结合时域有限差分法与多导体传输线方法，解决包含复杂线缆/线束设计的系统级电磁兼容问题；EMA3D Charge 则采用时域有限差分法、有限元法、质点网格法(Particle in Cell, PIC)等混合技术计算空气放电、材料表面充电、粒子传输以及介质击穿等现象，从而增强相关设计能力并降低设计风险。

2. CST Studio

该软件是 CST 公司为快速、精确仿真电磁场问题而专门开发的 EDA 工具，其主要应用领域有移动通信、无线设计、信号完整性和电磁兼容等。具体应用包括耦合器、滤波器、平面结构电路、连接器、IC 封装、各种类型天线、微波元器件、蓝牙技术和 EMC/EMI 等。软件提供三个解算器——时域解算器、频域解算器、本征模解算器和四种求解方式——传输线问题的频域解、时域解、模式分析解、谐振问题的本征模解，同时提供各种有效的 CAD 输入选项和 SPICE 参数的提取。图 2-41 所示为 CST Studio 电磁仿真软件的主要模块及其功能。

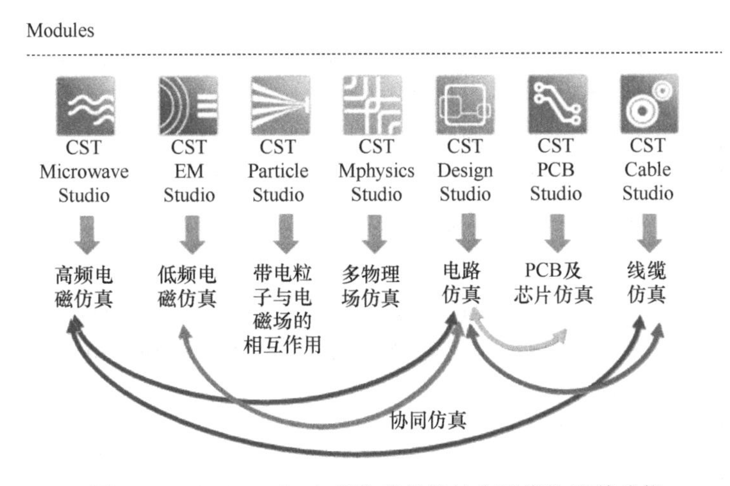

图 2-41　CST Studio 电磁仿真软件的主要模块及其功能

3. FEKO

FEKO 是德文短语(FEldberechnung bei Körpern mit beliebiger Oberfläche)的缩写。其

含义为“包含任意物体的场计算”。正如 FEKO 这个名字所提示的,FEKO 能够用于包含任意形状物体的各种类型的电磁场分析。

软件的核心算法是矩量法及其快速算法——快速多极子法,并结合了多种高频近似算法。超电大问题通常可由快速多极子法或物理光学法(Physical Optics,PO)近似及其扩展、归一化衍射理论(Uniform Theory of Diffraction,UTD)来求解。例如,应用混合 MOM/PO 或 MOM/UTD 技术,需要仿真的几何结构中的关键区域用 MOM 算法,其他区域(通常是较大的平面或曲面)用 PO 或 UTD 法。

FEKO 软件主要应用于天线分析设计、多天线布局分析、雷达截面隐身分析、生物电磁、复杂线缆束 EMC 问题、系统的 EMC 问题等领域。

思 考 题

2-1 位移电流是电流吗?它的本质是什么?

2-2 位移电流和传导电流的相对大小取决于哪些因素?

2-3 电流连续性方程的理论依据是什么?有何物理意义?

2-4 麦克斯韦方程组的物理意义是什么?无源区的麦克斯韦方程有何意义?

2-5 由高斯定律 $\int \boldsymbol{D} \cdot \mathrm{d}\boldsymbol{s} = q$ 是否可以说明,电位移是由高斯面内的电荷决定的?

2-6 在什么条件下可以利用高斯定律简化计算,求解静电场?

2-7 在什么条件下可以利用安培环路定理简化计算,求解恒定磁场?

2-8 闭合回路的磁通随时间变化有哪几种方式?

2-9 法拉第电磁感应定律的负号有何意义?

2-10 什么是边界条件?边界条件是如何形成和推导的?能否根据麦克斯韦方程组微分形式推导边界条件?为什么?

2-11 在介质分界面和导电媒质分界面,时变电磁场的边界条件有何区别?

2-12 理想导体表面电场和磁场有何特点?

2-13 用相量表示正弦场有何方便之处?

2-14 电场和磁场的能量密度是什么?有何物理意义?

2-15 坡印亭矢量及坡印亭定理有何物理意义?

2-16 应用矢量位计算时,采用洛伦兹规范有何好处?

2-17 应用矢量位计算时,采用库仑规范 $\nabla \cdot \boldsymbol{A}=0$,导出 Φ 和 $\boldsymbol{A}$ 所满足的微分方程;并与洛伦兹规范下的微分方程比较,分析采用洛伦兹规范建立和求解动态位方程有哪些优点。

2-18 动态位的解有何特点?

2-19 电偶极子天线近场分布有什么特点?

2-20 电偶极子天线远场分布有什么特点?

2-21 对比分析电偶极子和磁偶极子的辐射场。

2-22 简述时域有限差分法的基本思想和算法基本步骤。

2-23 简述 Yee 网格的特点。

2-24 简述吸收边界条件中理想匹配层算法的基本思想。

2-25　简述有限元法的基本思想和算法基本步骤。

2-26　简述矩量法的基本思想和算法基本步骤。

习　题

2-1　干燥的土地的相对介电常数$\varepsilon_r \approx 4$,相对磁导率$\mu_r \approx 1$,电导率 $\sigma \approx 10^{-5}$ S/m,求频率大于多少时,位移电流比传导电流更占主导作用?

2-2　在通以 $f=1$GHz 电流的情况下,求下列三种物质中位移电流密度与传导电流密度的比值 J_D/J_C。

(1) 瓷:$\varepsilon_r=5.7$,$\sigma=10^{-14}$S/m;

(2) 铜:$\varepsilon_r \approx 1$,$\sigma=5.7\times10^7$S/m;

(3) 海水:$\varepsilon_r=81$,$\sigma=4$S/m。

2-3　在均匀的非导电介质中($\sigma=0$,$\mu_1=1$)中,已知时变电磁场为

$$\boldsymbol{E}=300\pi\cos\left(\omega t-\frac{4}{3}y\right)\boldsymbol{a}_z\,(\text{V/m})$$

$$\boldsymbol{H}=10\pi\cos\left(\omega t-\frac{1}{3}y\right)\boldsymbol{a}_x\,(\text{A/m})$$

利用麦克斯韦方程组求出 ω 和 ε_r。

2-4　假设真空中电磁波的电场强度复矢量为

$$\boldsymbol{E}=3(\boldsymbol{a}_x-\sqrt{2}\boldsymbol{a}_y)10^{-4}\mathrm{e}^{-\mathrm{j}\frac{\pi}{6}(2x+\sqrt{2}y-\sqrt{3}z)}\,(\text{V/m})$$

求电场和磁场的瞬时表达式。

2-5　已知在空气中的电场为$\boldsymbol{E}=0.1\sin(10\pi x)\cos(6\pi\times10^9t-\beta z)a_y$(V/m),利用麦克斯韦方程求 $\boldsymbol{H}$ 及常数β。

2-6　已知在空气中 $\dot{\boldsymbol{H}}_m=-\mathrm{j}\,\boldsymbol{a}_y0.1\cos(15\pi x)\mathrm{e}^{-\mathrm{j}\beta z}$(A/m),$f=3\times10^9$Hz,求 $\dot{\boldsymbol{E}}_m$和 β。

2-7　在球坐标系中,空气中磁场强度为

$$\boldsymbol{H}(r,t)=\boldsymbol{a}_\varphi\frac{H_0}{r}\sin\theta\cos(\omega t-kr)$$

式中,H_0和 ω 为常数。求电场强度 $\boldsymbol{E}$ 和 k。

2-8　两块无限大的薄板相互垂直,它们的电荷密度为$+\rho$ 和$-\rho$,求空间各点的电场 E。

2-9　一半径为 R 的均匀带电球体总电荷为 Q,求空间各点的电场 E。

2-10　一半径为 r_1的实心导体球带有电荷 Q,被一个内外半径分别为 r_2和 r_3的中空导体球壳包围,用高斯定理求:

(1) 外球外的电场;

(2) 两球之间的电场。

2-11　如图 2-42 所示,一厚度为 b 的无限大非均匀带电板置于真空中,电荷体密度为 $\rho=kz^2$,式中,k 是常数。试用高斯定理求空间各点的电场强度。

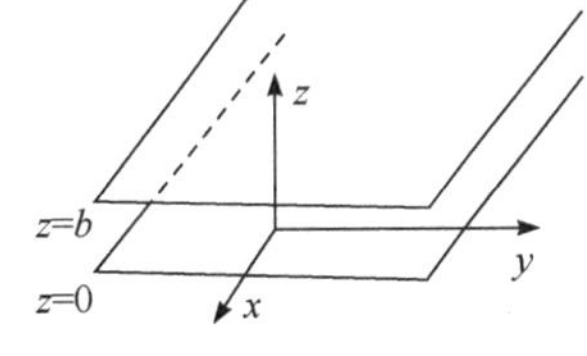

图 2-42　题 2-11 图

2-12　两个相同的均匀线电荷沿 x 轴和 y 轴放置,电荷密度$\rho_l=20$(mC/m),求点(3,3,3)处的电位移矢量 $\boldsymbol{D}$。

2-13 $\rho_l=30$(mC/m)的均匀线电荷沿 z 轴放置，以 z 轴为轴心另有一半径为 2m 的无限长圆柱面，其上分布有密度为 $\rho_s=-\dfrac{1.5}{4\pi}$(mC/m)的电荷，利用高斯定理求各区域内的电位移矢量 $\boldsymbol{D}$。

2-14 一根同轴电缆，内导体的直径为 0.3cm，外导体直径为 0.9cm，填充介质的介电常数为 ε，当内导体对于接地的外导体有 4000V 的电压时，求距离轴线 $r=0.3$cm 和 $r=1$cm 处的电场强度是多少？

2-15 一个由理想导体构成的平行板电容，两极板之间充满两层介质，它们的厚度为 d_1 和 d_2，介电常数和电导率分别为 ε_1、σ_1 与 ε_2、σ_2，电源电压为 U，如图 2-43 所示。忽略边缘效应，求：

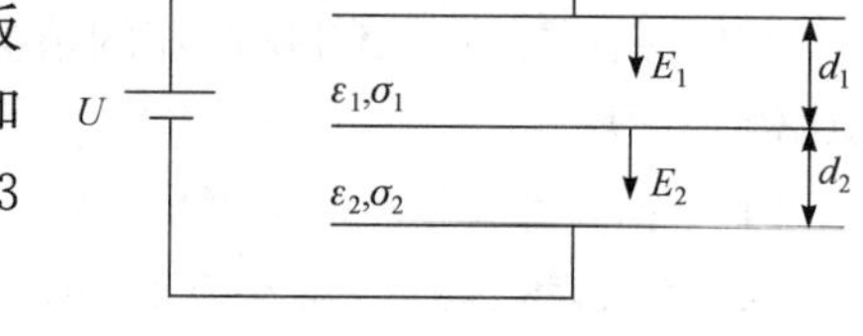

图 2-43 题 2-15 图

(1) 两种介质中的电场；

(2) 两层介质分界面上的电荷密度；

(3) 两层介质分界面上的自由面电荷密度。

2-16 已知两个同心金属球壳内半径为 r_1、外半径为 r_2，中间填充电导率为 σ 的材料，σ 随外电场变化，$\sigma=aE$，式中，a 为常数，两球壳电压为 V，求两壳之间的电流 I。

2-17 通过电流密度为 $\boldsymbol{J}$ 的均匀电流的长圆柱导体中有一平行的圆柱形空腔，如图 2-44 所示，计算各部分的磁感应强度 $\boldsymbol{B}(r)$，并证明腔内的磁场是均匀的。

2-18 真空中直线长电流 I 的磁场中有一矩形回路，如图 2-45 所示，求矩形回路中的磁通。

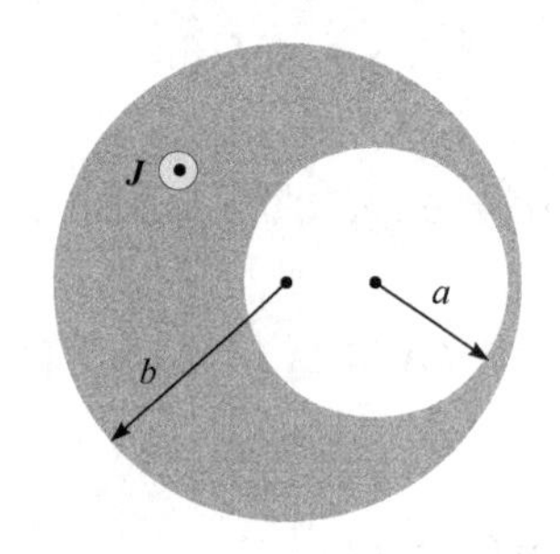

图 2-44 题 2-17 图

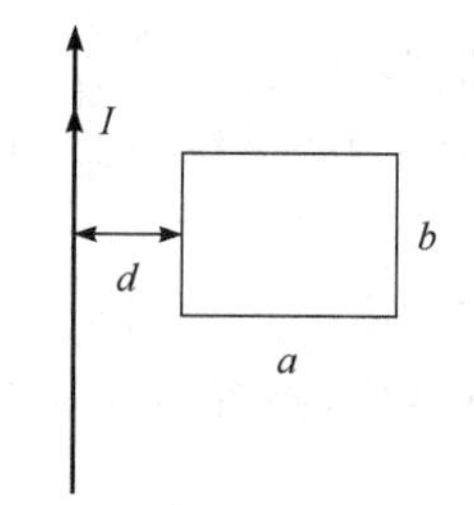

图 2-45 题 2-18 图

2-19 一磁导率为 μ、半径为 r 的圆柱形导体，载有均匀稳恒电流，求导体内外的磁场 $\boldsymbol{B}$。

2-20 一无限长直非磁圆柱导体，内半径为 r_1、外半径为 r_2，通以恒定电流 I，求空间各点的磁场。

2-21 真空中长螺线管，半径为 r，每米绕有 n 匝线圈，载有电流 $i=i_0\sin\omega t$。求：

(1) 螺线管内部的磁场；

(2) 螺线管内部的电场。

2-22 一个长为 l 的薄圆柱形带电壳体，半径为 r，壳表面的电荷密度为 σ，此圆柱体以 $\omega=kt$ 的角速度绕其轴转动，忽略边沿效应，求：

(1) 圆柱壳内的磁场；

(2) 圆柱壳体内的电场；

(3) 圆柱壳内的总能量。

2-23 求半径为 a 的圆形电流回路中心轴上的磁场强度 $\boldsymbol{H}$，并给出回路中心的磁场。

2-24　有一导体滑片在两根平行的轨道上滑动，整个装置位于正弦时变磁场 $\boldsymbol{B}=5\cos\omega t\boldsymbol{a}_x$(mT)中，如图 2-46 所示。滑片的位置由 $x=0.35(1-\cos\omega t)$(m) 确定，轨道终端连接负载电阻 $R=0.2\Omega$，求电流 I。

2-25　平行双线传输线与一矩形回路共面，如图 2-47 所示，设 $a=0.2$m，$b=c=d=0.1$m，求回路中的感应电动势。

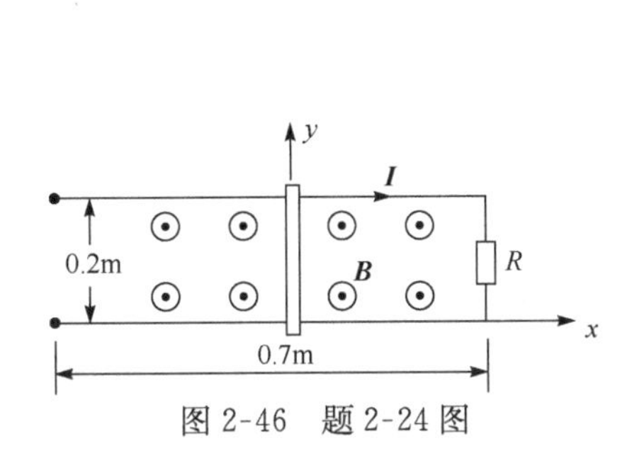

图 2-46　题 2-24 图

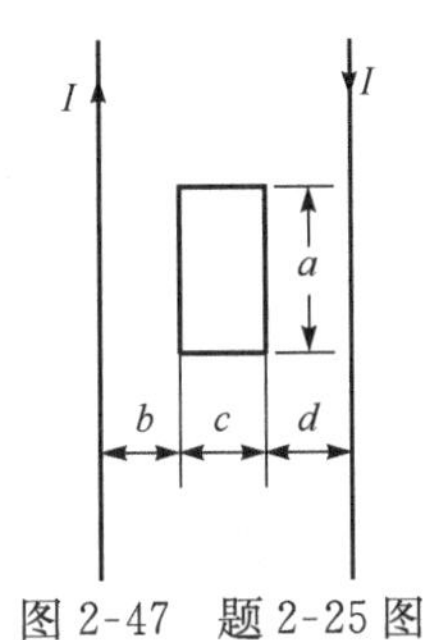

图 2-47　题 2-25 图

2-26　两种完纯介质的分界面位于 yOz 面上 $x=0$ 处。如果已知介质 1 中的电场强度矢量在分界面 $x=0$ 处为 $\boldsymbol{E}_1|_{x=0}=\alpha\boldsymbol{a}_x+\beta\boldsymbol{a}_y+\gamma\boldsymbol{a}_z$，求$\boldsymbol{E}_2|_{x=0}$，即在第二种介质中靠近分界面的电场强度矢量。

2-27　两种完纯介质的分界面位于 yOz 面上 $x=0$ 处。如果已知介质 1 中的磁通密度矢量在分界面 $x=0$ 处为 $\boldsymbol{B}_1|_{x=0}=\alpha\boldsymbol{a}_x+\beta\boldsymbol{a}_y+\gamma\boldsymbol{a}_z$，求$\boldsymbol{B}_2|_{x=0}$，即在第二种介质中靠近分界面的磁通密度矢量。

2-28　两种完纯介质的分界面位于 yOz 面上 $x=0$ 处。如果已知介质 1 中的磁通密度矢量在分界面 $x=0$ 处为 $\boldsymbol{H}_1|_{x=0}=\alpha\boldsymbol{a}_x+\beta\boldsymbol{a}_y+\gamma\boldsymbol{a}_z$，求$\boldsymbol{H}_2|_{x=0}$，即在第二种介质中靠近分界面的磁通密度矢量。

2-29　两种完纯介质的分界面位于 yOz 面上 $x=0$ 处。如果已知介质 1 中的电通密度矢量在分界面 $x=0$ 处为 $\boldsymbol{D}_1|_{x=0}=\alpha\boldsymbol{a}_x+\beta\boldsymbol{a}_y+\gamma\boldsymbol{a}_z$，求$\boldsymbol{D}_2|_{x=0}$，即在第二种介质中靠近分界面的电通密度矢量。

2-30　在两导体平板(分别位于 $z=0$ 和 $z=d$ 处)之间的空气中，已知电场强度为

$$\boldsymbol{E}=E_0\sin\left(\frac{\pi}{d}z\right)\cos(\omega t-k_x x)\boldsymbol{a}_y\text{(V/m)}$$

式中，E_0和k_x为常数。求：

(1) 磁场强度 $\boldsymbol{H}$；

(2) 两导体表面上的电流密度$\boldsymbol{J}_s$。

2-31　两无限大理想导体平面限定的区域($0\leqslant z\leqslant d$)中存在着如下的电磁场

$$E_y=E_0\sin\frac{\pi z}{d}\cos(\omega t-k_x x)$$

$$H_x=\frac{\pi E_0}{\omega\mu_0 d}\cos\frac{\pi z}{d}\sin(\omega t-k_x x)$$

$$H_z=\frac{k_x E_0}{\omega\mu_0}\sin\frac{\pi z}{d}\cos(\omega t-k_x x)$$

式中，$\omega^2\mu_0\varepsilon_0=k_x^2+(\pi/d)^2$；$d$、$k_x$、$\omega$、$E_0$均为常数。在此区域中：

(1)验证该电磁波(TE 波)满足无源区的麦克斯韦方程；

(2)验证它满足理想导体表面的边界条件，并求出表面电荷和感应面电流；

(3)求位移电流分布。

2-32　已知横截面为 $a\times b$ 的无限长矩形理想导体壁，壁间介质为空气，且电场强度的复数形式为

$$\boldsymbol{E}=-\boldsymbol{a}_y \mathrm{j}\omega\mu\frac{a}{\pi}H_0\sin\frac{\pi x}{a}\mathrm{e}^{-\mathrm{j}\beta z}$$

式中，H_0、ω、β都是常数。求：

(1) 磁场强度 $\boldsymbol{H}$；

(2) 分别计算 $x=0$、$x=a$、$y=0$、$y=b$ 平面的表面电流密度；

(3) 瞬时坡印亭矢量；

(4) 平均坡印亭矢量。

2-33　同轴电缆的内导体外半径 $r_1=1\mathrm{mm}$，外导体内半径 $r_2=4\mathrm{mm}$，内外导体之间是空气介质，电场强度为 $\boldsymbol{E}=\dfrac{100}{\rho}\cos(10^8t-\beta z)\boldsymbol{a}_\rho(\mathrm{V/m})$。

(1) 用麦克斯韦方程求常数 β；

(2) 求磁感应强度 $\boldsymbol{B}$；

(3) 求内导体表面的电荷密度。

2-34　在圆柱坐标系中，分别位于$\rho_1=5\mathrm{mm}$，$\rho_2=20\mathrm{mm}$，$z_1=0\mathrm{mm}$，$z_2=50\mathrm{mm}$ 处的理想导体构成的封闭区域中，如图 2-48 所示。媒质参数$\varepsilon_r=2.25$，$\mu_r=1$ 和 $\sigma=0$。已知该区域中的磁场强度为

$$\boldsymbol{H}=\boldsymbol{a}_\varphi\frac{2}{\rho}\cos(2\pi z)\cos(4\pi\times10^8t)(\mathrm{A/m})$$

求：

(1) 封闭区域的电场强度 $\boldsymbol{E}$；

(2) $\rho=5\mathrm{mm}$，$z=25\mathrm{mm}$ 处的表面电流密度；

(3) $\rho=20\mathrm{mm}$，$z=25\mathrm{mm}$ 处的表面电荷密度；

(4) $\rho=10\mathrm{mm}$，$z=25\mathrm{mm}$ 处的位移电流密度；

(5) 封闭区域的 $\boldsymbol{S}$ 和 $\boldsymbol{S}_{\mathrm{av}}$。

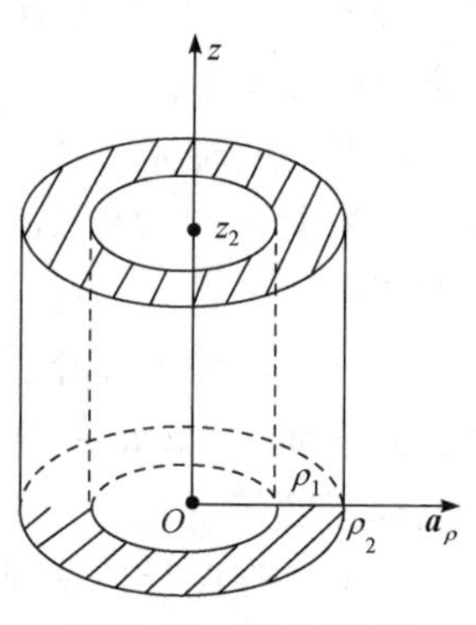

图 2-48　题 2-34 图

2-35　在球坐标系中，空气中电场强度为

$$\boldsymbol{E}(r,t)=\boldsymbol{a}_\theta\frac{E_0}{r}\sin\theta\cos(\omega t-kr)$$

式中，E_0、ω 为常数；$k=\omega\sqrt{\mu\varepsilon}$。求：

(1) 磁场强度 $\boldsymbol{H}$；

(2) 计算以坐标原点为球心，r_0为半径的球面的平均功率。

2-36　真空中电磁波，其电场强度的复数表达式为

$$\boldsymbol{E}=(\boldsymbol{a}_x+\mathrm{j}\,\boldsymbol{a}_y)10^{-4}\mathrm{e}^{-\mathrm{j}20\pi z}(\mathrm{V/m})$$

求：

(1) 电磁波的频率；

(2) 磁感应强度 $\boldsymbol{B}$；

(3) 坡印亭矢量的瞬时值和平均值。

2-37　设电场强度和磁场强度分别为 $\boldsymbol{E}=\boldsymbol{E}_0\cos(\omega t+\varphi_e)$ 和 $\boldsymbol{H}=\boldsymbol{H}_0\cos(\omega t+\varphi_m)$，证明其坡印亭矢量的平均值为 $\boldsymbol{S}_{av}=0.5\boldsymbol{E}_0\times\boldsymbol{H}_0\cos(\varphi_e-\varphi_m)$。

2-38　空气中存在驻波电磁场为

$$\dot{\boldsymbol{E}}_m=\boldsymbol{a}_x \mathrm{j}E_0\sin(kz)$$

$$\dot{\boldsymbol{H}}_m=\boldsymbol{a}_y\sqrt{\frac{\varepsilon_0}{\mu_0}}E_0\cos(kz)$$

式中，$k=\omega/c=2\pi/\lambda$，λ 是波长。

(1) 求 $\boldsymbol{S}(t)$ 和 $\boldsymbol{S}_{av}$；

(2) 画出 $0\leqslant z\leqslant\lambda/4$ 区间 $\boldsymbol{S}(t)$ 的振幅随 z 变化的曲线，并指出 $\boldsymbol{S}(t)$ 在 $z=n\lambda/4$、$z=(2n+1)\lambda/8$ 时(n 为任意整数)取值有何特点？可得到何种结论？

2-39　空气中存在横磁波的电磁场为

$$E_x=-\mathrm{j}E_0\cos\theta\sin(\beta_z z)\mathrm{e}^{-\mathrm{j}\beta_x x}$$

$$E_z=-E_0\sin\theta\cos(\beta_z z)\mathrm{e}^{-\mathrm{j}\beta_x x}$$

$$H_y=\frac{E_0}{\eta_0}\cos(\beta_z z)\mathrm{e}^{-\mathrm{j}\beta_x x}$$

式中，η_0、β_x、β_z、θ、E_0 均为常数。求 $\boldsymbol{S}(t)$ 和 $\boldsymbol{S}_{av}$。

2-40　已知在海水中传播的一个电波在直角坐标系中的电场和磁场为

$$\boldsymbol{E}=10\mathrm{e}^{-4z}\cos(\omega t-4z)\boldsymbol{a}_z(\mathrm{V/m}),\boldsymbol{H}=7.15\mathrm{e}^{-4z}\cos\left(\omega t-4z-\frac{\pi}{4}\right)\boldsymbol{a}_y(\mathrm{A/m})$$

求存在于一个长为 1m，四角位于(1,0,0)，(0,1,0)，(0,0,1)，(0,1,1)，(1,0,1)和(1,1,1)的管道表面总功率。

2-41　电偶极子天线位于坐标原点，沿 z 轴布置，其矢量磁位为 $\boldsymbol{A}=\frac{\mu_0 I\mathrm{d}z}{4\pi r}\mathrm{e}^{-\mathrm{j}\beta r}\boldsymbol{a}_z$，试求辐射电磁场$E_\theta$和$H_\varphi$，求解远场总的辐射功率。

第3章 电 磁 波

电磁波传播理论主要研究电磁场脱离激励源后的电磁运动规律，其主要内容就是在不考虑激励源的情况下，求出电磁场的解。电波传播作为一种电磁现象，有许多不同的表现形式。这是因为除了激励源之外，电波传播问题一方面和媒质的电磁性质有关，另一方面又和媒质空间的几何特性有关。常见的电磁波传播例子有自由空间平面波的传播、表面波的传播和导行波的传播。

3.1 波动方程

3.1.1 电磁场的时域波动方程

在时变情况下，电场和磁场相互激励，在空间循环往复、周而复始而形成电磁波。时变电磁场的能量以电磁波的形式进行传播。电磁场的波动方程描述了电磁场的波动性。由麦克斯韦方程组可以建立电磁场的波动方程，它揭示了时变电磁场的运动规律，即电磁场的波动性。下面建立无源空间中电磁场的波动方程。

在无源的均匀媒质中，麦克斯韦方程组的微分形式为

$$\nabla\times \boldsymbol{E}=-\frac{\partial \boldsymbol{B}}{\partial t}=-\mu\frac{\partial \boldsymbol{H}}{\partial t} \tag{3-1}$$

$$\nabla\times \boldsymbol{H}=\frac{\partial \boldsymbol{D}}{\partial t}=\varepsilon\frac{\partial \boldsymbol{E}}{\partial t} \tag{3-2}$$

$$\nabla\cdot \boldsymbol{D}=0 \tag{3-3}$$

$$\nabla\cdot \boldsymbol{B}=0 \tag{3-4}$$

对式(3-1)两边取旋度，再利用矢量恒等式

$$\nabla\times(\nabla\times \boldsymbol{E})=\nabla\cdot(\nabla\cdot \boldsymbol{E})-\nabla^2\boldsymbol{E}$$

及

$$\nabla\times(\nabla\times \boldsymbol{E})=-\mu\nabla\times\frac{\partial \boldsymbol{H}}{\partial t}$$

得

$$\nabla\cdot(\nabla\cdot \boldsymbol{E})-\nabla^2\boldsymbol{E}=-\mu\nabla\times\frac{\partial \boldsymbol{H}}{\partial t}=-\mu\frac{\partial}{\partial t}(\nabla\times \boldsymbol{H}) \tag{3-5}$$

将式(3-2)代入式(3-5)，得

$$\nabla\cdot(\nabla\cdot \boldsymbol{E})-\nabla^2\boldsymbol{E}=-\mu\frac{\partial}{\partial t}\left(\varepsilon\frac{\partial \boldsymbol{E}}{\partial t}\right)=-\mu\varepsilon\frac{\partial^2 \boldsymbol{E}}{\partial t^2} \tag{3-6}$$

由式(3-3)可知，$\nabla\cdot(\nabla\cdot \boldsymbol{E})=0$，所以

$$\nabla^2\boldsymbol{E}-\mu\varepsilon\frac{\partial^2 \boldsymbol{E}}{\partial t^2}=0 \tag{3-7}$$

同理可得

$$\nabla^2\boldsymbol{H}-\mu\varepsilon\frac{\partial^2 \boldsymbol{H}}{\partial t^2}=0 \tag{3-8}$$

式(3-7)和式(3-8)称为电场和磁场的波动方程,其解称为波动解。在直角坐标系中,波动方程可展开为三个标量方程:

$$\begin{cases}\nabla^2 E_x - \mu\varepsilon \dfrac{\partial^2 E_x}{\partial t^2} = 0 \\ \nabla^2 E_y - \mu\varepsilon \dfrac{\partial^2 E_y}{\partial t^2} = 0 \\ \nabla^2 E_z - \mu\varepsilon \dfrac{\partial^2 E_z}{\partial t^2} = 0\end{cases}$$

因为 $\boldsymbol{E}$ 和 $\boldsymbol{H}$ 有相似的表达式,所以 $\boldsymbol{E}$ 和 $\boldsymbol{H}$ 的各分量均为以下标量波动方程的解。

$$\nabla^2 \phi - \mu\varepsilon \frac{\partial^2 \phi}{\partial t^2} = 0$$

3.1.2 时谐场的相量形式波动方程

对于时谐场,无源区相量形式的麦克斯韦方程组为

$$\nabla \times \dot{\boldsymbol{E}} = -\mathrm{j}\omega \dot{\boldsymbol{B}} \tag{3-9}$$

$$\nabla \times \dot{\boldsymbol{H}} = \mathrm{j}\omega \dot{\boldsymbol{D}} \tag{3-10}$$

$$\nabla \cdot \dot{\boldsymbol{D}} = 0 \tag{3-11}$$

$$\nabla \cdot \dot{\boldsymbol{B}} = 0 \tag{3-12}$$

根据两个相量形式的旋度方程可以导出相量形式的波动方程,称为亥姆霍兹方程(也称简谐振动方程)。

$$\nabla^2 \dot{\boldsymbol{E}} + k^2 \dot{\boldsymbol{E}} = 0 \tag{3-13a}$$

$$\nabla^2 \dot{\boldsymbol{H}} + k^2 \dot{\boldsymbol{H}} = 0 \tag{3-13b}$$

式中,$k^2 = \omega^2 \mu\varepsilon$,称为电磁波的传播常数。在一般性媒质中

$$k^2 = \omega^2 \varepsilon\mu - \mathrm{j}\omega\sigma\mu = \omega^2 \varepsilon\mu[1 + \sigma/(\mathrm{j}\omega\varepsilon)]$$

下面为方便起见,将省略相量形式的场量表达式中字母上方的“·”,如 $\dot{\boldsymbol{H}}$ 就写为 $\boldsymbol{H}$ 。即上述方程改写为

$$\begin{cases}\nabla^2 \boldsymbol{E} + k^2 \boldsymbol{E} = 0 \\ \nabla^2 \boldsymbol{H} + k^2 \boldsymbol{H} = 0\end{cases}$$

因为 $\nabla^2 \boldsymbol{E}$ 在直角坐标系中可展开为

$$\nabla^2 \boldsymbol{E} = \nabla^2 E_x \boldsymbol{a}_x + \nabla^2 E_y \boldsymbol{a}_y + \nabla^2 E_z \boldsymbol{a}_z$$

在圆柱坐标系中可展开为

$$\nabla^2 \boldsymbol{E} = \left(\nabla^2 E_\rho - \frac{1}{\rho^2} E_\rho - \frac{2}{\rho^2} \frac{\partial}{\partial \phi} E_\phi\right)\boldsymbol{a}_\rho + \left(\nabla^2 E_\phi - \frac{1}{\rho^2} E_\phi + \frac{2}{\rho^2} \frac{\partial}{\partial \phi} E_\rho\right)\boldsymbol{a}_\phi + (\nabla^2 E_z)\,\boldsymbol{a}_z$$

在球坐标系中可展开为

$$\begin{aligned}\nabla^2 \boldsymbol{E} = &\left[\nabla^2 E_r - \frac{2}{r^2} E_r - \frac{2}{r^2 \sin\theta} \frac{\partial}{\partial \theta}(\sin\theta E_\theta) - \frac{2}{r^2 \sin\theta} \frac{\partial}{\partial \varphi} E_\varphi\right]\boldsymbol{a}_r \\ &+ \left(\nabla^2 E_\theta - \frac{1}{r^2 \sin^2\theta} E_\theta + \frac{2}{r^2} \frac{\partial}{\partial \theta} E_r - \frac{2\cos\theta}{r^2 \sin^2\theta} \frac{\partial}{\partial \varphi} E_\varphi\right)\boldsymbol{a}_\theta \\ &+ \left(\nabla^2 E_\varphi - \frac{1}{r^2 \sin^2\theta} E_\varphi + \frac{2}{r^2 \sin\theta} \frac{\partial}{\partial \varphi} E_r + \frac{2\cos\theta}{r^2 \sin^2\theta} \frac{\partial}{\partial \varphi} E_\theta\right)\boldsymbol{a}_\varphi\end{aligned}$$

所以，亥姆霍兹方程在直角坐标系中的展开式为

$$\begin{cases}\nabla^2 E_x + k^2 E_x = 0 \\ \nabla^2 E_y + k^2 E_y = 0 \\ \nabla^2 E_z + k^2 E_z = 0\end{cases} \tag{3-14a}$$

在圆柱坐标系中的展开式为

$$\begin{cases}\nabla^2 E_\rho - \dfrac{1}{\rho^2}E_\rho - \dfrac{2}{\rho^2}\dfrac{\partial}{\partial\phi}E_\phi + k^2 E_\rho = 0 \\ \nabla^2 E_\phi - \dfrac{1}{\rho^2}E_\phi + \dfrac{2}{\rho^2}\dfrac{\partial}{\partial\phi}E_\rho + k^2 E_\phi = 0 \\ \nabla^2 E_z + k^2 E_z = 0\end{cases} \tag{3-14b}$$

在球坐标系中的展开式为

$$\begin{cases}\nabla^2 E_r - \dfrac{2}{r^2}E_r - \dfrac{2}{r^2\sin\theta}\dfrac{\partial}{\partial\theta}(\sin\theta E_\theta) - \dfrac{2}{r^2\sin\theta}\dfrac{\partial}{\partial\varphi}E_\varphi + k^2 E_r = 0 \\ \nabla^2 E_\theta - \dfrac{1}{r^2\sin^2\theta}E_\theta + \dfrac{2}{r^2}\dfrac{\partial}{\partial\theta}E_r - \dfrac{2\cos\theta}{r^2\sin^2\theta}\dfrac{\partial}{\partial\varphi}E_\varphi + k^2 E_\theta = 0 \\ \nabla^2 E_\phi - \dfrac{1}{r^2\sin^2\theta}E_\varphi + \dfrac{2}{r^2\sin\theta}\dfrac{\partial}{\partial\varphi}E_r + \dfrac{2\cos\theta}{r^2\sin^2\theta}\dfrac{\partial}{\partial\varphi}E_\theta + k^2 E_\varphi = 0\end{cases} \tag{3-14c}$$

由式(3-14)可见，只有在直角坐标系中，场的三个分量才各自满足标量波动方程；在圆柱坐标系中，仅有纵向分量独自满足标量波动方程，而其他两个分量以及球坐标中场的三个分量均不能独立满足标量波动方程。

3.2 波动方程的解

波动方程的解是在空间中沿着某一个特定方向传播的电磁波。研究电磁波的传播问题都可以归结为在给定的边界条件和初始条件下求波动方程的解。当然，除了最简单的情况外，求解波动方程常常是很复杂的。

设电磁波沿 z 轴方向传播，而电场在 x 方向，则

$$\boldsymbol{E} = E_x(z,t)\boldsymbol{a}_x \tag{3-15}$$

$\boldsymbol{E}$ 所满足的波动方程为

$$\nabla^2 E_x - \mu\varepsilon\frac{\partial^2 E_x}{\partial t^2} = 0 \tag{3-16}$$

因为电磁波沿 z 方向传播，且仅为变量 z 的函数，其对 x、y 的偏导数均为零，所以

$$\frac{\partial^2 E_x}{\partial z^2} - \mu\varepsilon\frac{\partial^2 E_x}{\partial t^2} = 0 \tag{3-17}$$

求解该方程，得

$$E_x(z,t) = f_1\left(t - \frac{z}{v}\right) + f_2\left(t + \frac{z}{v}\right) \tag{3-18}$$

式中，$v = \dfrac{1}{\sqrt{\mu\varepsilon}}$；$f_1$ 和 f_2 的函数形式取决于激励源。

如果该电波为正弦波，则其时域表达式为

$$E_x(z,t)=E_{m_1}\cos(\omega t-kz)+E_{m_2}\cos(\omega t+kz)=E_{m_1}\cos\omega\left(t-\frac{z}{v}\right)+E_{m_2}\cos\omega\left(t+\frac{z}{v}\right)$$

电场的相量形式为

$$\boldsymbol{E}(z)=\boldsymbol{E}_{m_1}\mathrm{e}^{-\mathrm{j}kz}+\boldsymbol{E}_{m_2}\mathrm{e}^{\mathrm{j}kz}$$

式中，$\boldsymbol{E}(z)$ 为电场强度的复矢量(相量形式)，省略了 $\boldsymbol{E}$ 上面的“·”。本例中，$\boldsymbol{E}_{m_1}$ 和 $\boldsymbol{E}_{m_2}$ 为振幅常矢量，在等相位面内及传播方向上都不变化。

在 $f_1\left(t-\frac{z}{v}\right)$ 中，令 $\phi=t-\frac{z}{v}$，则 $z=v(t-\phi)$。设 $t=t_1$ 时，$z=z_1$；$t=t_2$ 时，$z=z_2$。如果 $t_2>t_1$，则 $z_2>z_1$，即在 t_2 时刻，波形在 t_1 时刻的右边。显然，f_1 所表示的波沿 $+z$ 轴方向传播。同理，对于 f_2 而言，令 $\phi=t+\frac{z}{v}$，则 $z=v(\phi-t)$。当 $t_2>t_1$ 时，$z_2<z_1$。显然，f_2 所表示的波沿 $-z$ 轴方向传播。这样，我们就可以认为，电磁波就是电磁扰动的传播，这正如拿住绳子的一端上下抖动时，这一扰动就会由近及远地向另一端传播。一般情况下，我们取沿其中一个方向传播的波即可，即

$$\boldsymbol{E}(z)=\boldsymbol{E}_{m}\mathrm{e}^{-\mathrm{j}kz}$$

或

$$\boldsymbol{E}(z)=\boldsymbol{E}_{m}\mathrm{e}^{\mathrm{j}kz}$$

容易验证任意二阶可微的时间函数 f_1、f_2 都满足波动方程(3-7)。它可能是窄脉冲，也可能是数字波形或连续波。波的形态千变万化，但它们都必须满足麦克斯韦方程组，因而也就必须满足波动方程。换言之，所有能够存在的电磁波都是波动方程的解。

3.3 均匀平面电磁波

3.3.1 均匀平面电磁波的概念

本节开始讨论电磁波的最简单形式，即均匀平面电磁波，简称均匀平面波。讨论均匀平面波是因为均匀平面波是电磁波的一种理想情况，其分析方法简单，但又表征了电磁波的重要特性。同时，因为沿传输线和波导传输的波以及由天线发射的波与均匀平面波有惊人的相似。

在引出均匀平面波的概念之前，我们先熟悉几个简单的定义。在电磁波传播过程中，对应任意时刻 t，空间电磁场中具有相同相位的点所构成的面称为等相位面(波阵面)或波前。如果波阵面是球面，就称为球面波；如果波阵面是平面，就称为平面波。均匀的含义是，在波阵面上，电场和磁场都均匀分布，即电场和磁场的振幅都相等。电场和磁场均匀分布的平面波称为均匀平面波(UPW)；场量随时间为正弦变化的均匀平面波，称为正弦均匀平面波(SUPW)。

球面波和均匀平面波都是一种理想存在。球面波的源是理想点源，如点光源在真空中形成的辐射场、简谐收缩小球振动形成的声场，都是以球面波形式存在的。当场的位置与源的距离足够远，有限尺寸的源总可以近似成理想点源。例如，辐射到地球的太阳光就可以看成理想点源形成的均匀球面波。因为其球面半径很大，每一处又可以看成一个平面，且该处的场可以认为是均匀分布的，所以局部的波就可以看成是均匀平面波。

3.3.2 均匀平面波的传播特性

在平面波传播空间的任意一点，电场随时间变化的周期是

$$T=\frac{2\pi}{\omega}\tag{3-19}$$

振荡的频率是

$$f=\frac{1}{T}=\frac{\omega}{2\pi} \tag{3-20}$$

频率是由激励源决定的。在任何媒质空间中的任一点，f 都相同。

对于无耗媒质，磁导率 μ 和介电常数 ε 都是实数，定义

$$\beta=k=\omega\sqrt{\mu\varepsilon}=\frac{\omega}{v} \tag{3-21}$$

由于 βz 代表相位，故 β 代表电磁波沿 z 方向传播时每单位距离改变的相位，单位为 rad/m，称为相移常数或波数。由式(3-21)可见，平面波的相移常数与电磁波的频率及其所在空间中媒质的 μ、ε 有关。由于正弦波一个周期的距离，即相位差为 2π 的两点之间的距离称为一个波长，以 λ 表示(图 3-1)，因此

$$\beta=\frac{2\pi}{\lambda} \tag{3-22}$$

由此，无耗媒质中的均匀平面波的相速为

$$v=\frac{\omega}{k}=\frac{\omega}{\beta}=\frac{1}{\sqrt{\mu\varepsilon}} \tag{3-23}$$

真空中的相速为光速 $v_0=c=\dfrac{1}{\sqrt{\mu_0\varepsilon_0}}=3\times10^8$ m/s。式(3-23)表明，在无耗媒质中，相速只取决于媒质的电参数 μ、ε，与波的频率无关。

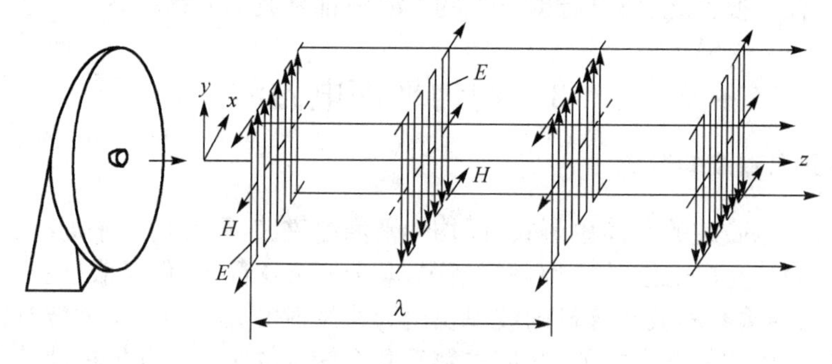

图 3-1　平面波的波阵面上电力线和磁力线的分布示意图

根据前面的讨论，平面波的相速还可以表达为波长与频率的乘积

$$v=\lambda f \tag{3-24}$$

根据平面波的电场表达式以及电磁场满足的旋度方程

$$\nabla\times\boldsymbol{E}=-\mathrm{j}\omega\mu\boldsymbol{H}$$

可以得到磁场的相量表达式为

$$H_y=\frac{\beta}{\omega\mu}E_{\mathrm{m}}\mathrm{e}^{-\mathrm{j}\beta z} \tag{3-25}$$

式(3-25)在时域中可以写成

$$H_y=\frac{\beta}{\omega\mu}E_{\mathrm{m}}\cos(\omega t-\beta z)=\frac{E_{\mathrm{m}}\cos(\omega t-\beta z)}{\eta}=\frac{E_x}{\eta} \tag{3-26}$$

磁场的相量表达式也可写为

$$H_y=\frac{E_{\mathrm{m}}}{\eta}\mathrm{e}^{-\mathrm{j}\beta z} \tag{3-27}$$

式中

$$\eta = \frac{E_x}{H_y} = \frac{\omega\mu}{\beta} = \sqrt{\frac{\mu}{\varepsilon}} \tag{3-28}$$

η是具有阻抗的量纲。对于无耗媒质，仅与媒质的电参数有关，而与ω无关。因此被称为媒质的本征阻抗或本质阻抗。在真空中

$$\eta_0 = \sqrt{\frac{\mu_0}{\varepsilon_0}} = 120\pi \approx 377(\Omega)$$

由式(3-26)可以看出，均匀平面波的电场与磁场在时间上是同相的，在空间上相互垂直，振幅之间的比值为η。可以画出在某一时刻t，电场和磁场沿z轴的分布，如图3-2所示(其中虚线所示为有耗媒质中的情形)，图中的平面波随着时间t沿z轴正向以速度$v=\frac{1}{\sqrt{\mu\varepsilon}}$传播。

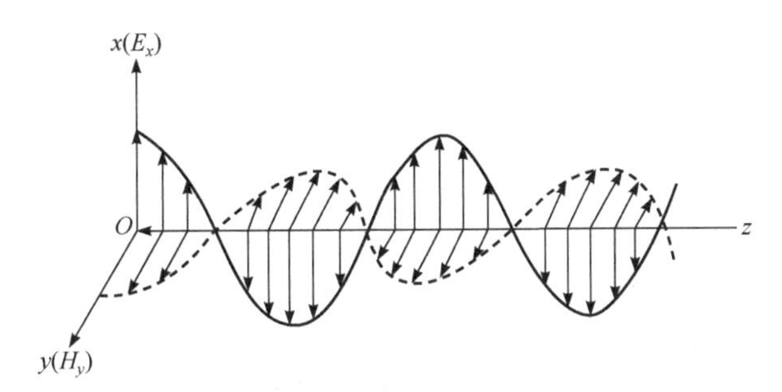

图3-2 媒质中均匀平面波的电场和磁场

均匀平面波的瞬时坡印亭矢量为

$$\boldsymbol{S} = \boldsymbol{E} \times \boldsymbol{H}$$

将电场和磁场的表达式代入上述公式得到

$$\boldsymbol{S}(z,t) = \frac{E_x^2}{\eta}\boldsymbol{a}_z = \eta H_y^2 \boldsymbol{a}_z = \eta H_0^2 \cos^2(\omega t - \beta z)\boldsymbol{a}_z \tag{3-29}$$

这表明平面波能量传输的方向垂直于电场和磁场所构成的平面，其大小与电场或磁场振幅的平方成正比。电场矢量、磁场矢量和坡印亭矢量的方向满足右手螺旋定则，即右手四指从$\boldsymbol{E}$的方向指向$\boldsymbol{H}$的方向，则大拇指的指向就是均匀平面电磁波的传播方向。显然，这一关系与坐标系如何设置无关。习惯上，我们把这种电场$\boldsymbol{E}$和磁场$\boldsymbol{H}$均垂直于电磁波传播方向的平面波称为横电磁波，简称TEM波。可以看出，尽管能流是变化的，但它总是正值，表示$\boldsymbol{S}$总是顺着电磁波传播的方向$\boldsymbol{k}=\beta\boldsymbol{a}_z$流动，不会逆$\boldsymbol{k}$的方向流动。$\boldsymbol{S}(z,t)$随时间$\omega t-\beta z_0$和空间$\omega t_0-\beta z$的变化曲线也是很容易描绘的，$z_0$和$t_0$表示任一常数。

容易算出均匀平面波的平均坡印亭矢量为

$$\boldsymbol{S}_{\mathrm{av}} = \frac{1}{2}\mathrm{Re}\left[\boldsymbol{E} \times \boldsymbol{H}^*\right]$$

将电场和磁场的相量表达式代入上式得到

$$\boldsymbol{S}_{\mathrm{av}} = \frac{|E_x|^2}{2\eta}\boldsymbol{a}_z = \frac{1}{2}\eta\,|H_y|^2\boldsymbol{a}_z \tag{3-30}$$

由于E_{m}、H_{m}在整个空间为常数，因此后耗媒质中均匀平面波的平均能流是一个与时、空变量都无关的常矢量。它与波矢量的方向一致，表示等相位面和能量的传播方向。

根据电场和磁场的能量密度公式

$$w_e = \frac{1}{2}\varepsilon E_m^2$$

和

$$w_m = \frac{1}{2}\mu H_m^2$$

以及电场、磁场的表达式，可得

$$w_e = w_m \tag{3-31}$$

这表明均匀平面波在任意时刻，在空间任意一点单位体积内的电场能量和磁场能量都是相等的。

3.3.3　正弦均匀平面波的表达

不失一般性，考虑沿任意方向传播的正弦均匀平面波的表达式。假设某一均匀平面波沿任意方向 $\boldsymbol{a}_k = \cos\alpha\,\boldsymbol{a}_x + \cos\beta\,\boldsymbol{a}_y + \cos\gamma\,\boldsymbol{a}_z$ 传播。可以定义一个波矢量 $\boldsymbol{k}$，其方向为 $\boldsymbol{a}_k$，模为传播常数 $|\boldsymbol{k}| = k$，有

$$\boldsymbol{k} = k\,\boldsymbol{a}_k = k\cos\alpha\,\boldsymbol{a}_x + k\cos\beta\,\boldsymbol{a}_y + k\cos\gamma\,\boldsymbol{a}_z \tag{3-32}$$

则 $\boldsymbol{k}$ 与位置矢量 $\boldsymbol{r}$ 的点积为一常数

$$\boldsymbol{k}\cdot\boldsymbol{r} = C \tag{3-33a}$$

或

$$\boldsymbol{k}\cdot\boldsymbol{r} = k_x x + k_y y + k_z z = C \tag{3-33b}$$

这是一个与 $\boldsymbol{k}$ 相垂直的平面方程，这是均匀平面波的特点。其中，$\boldsymbol{r} = x\boldsymbol{a}_x + y\boldsymbol{a}_y + z\boldsymbol{a}_z$ 为任一场点的位置矢量。因此，可用 $\boldsymbol{k}\cdot\boldsymbol{r}$ 来表示平面波的相位，即

$$\boldsymbol{E}(r) = \boldsymbol{E}_0\,\mathrm{e}^{-\mathrm{j}\boldsymbol{k}\cdot\boldsymbol{r}} \tag{3-34a}$$

式中，$\boldsymbol{E}_0$ 为常矢量。

其瞬时表达式为

$$\boldsymbol{E}(r,t) = \boldsymbol{E}_0\cos(\omega t - \boldsymbol{k}\cdot\boldsymbol{r}) = \boldsymbol{E}_0\cos[\omega t - (k_x x + k_y y + k_z z)] \tag{3-34b}$$

平面方程[式(3-33)]表示平面波[式(3-34)]的等相位面，而波矢量 $\boldsymbol{k} = -\nabla(-\boldsymbol{k}\cdot\boldsymbol{r})$ 则为等相位面的负梯度矢量，因而它指向相位滞后得最快的方向。容易验证式(3-34)满足波动方程。与此同时，无源区电场的解还必须满足

$$\nabla\cdot\boldsymbol{E} = 0$$

所以有

$$\nabla\cdot(\boldsymbol{E}_0\,\mathrm{e}^{-\mathrm{j}\boldsymbol{k}\cdot\boldsymbol{r}}) = \boldsymbol{E}_0\nabla\mathrm{e}^{-\mathrm{j}\boldsymbol{k}\cdot\boldsymbol{r}} = -\mathrm{j}\boldsymbol{k}\cdot\boldsymbol{E}_0\,\mathrm{e}^{-\mathrm{j}\boldsymbol{k}\cdot\boldsymbol{r}} = 0$$

于是得到

$$\boldsymbol{k}\cdot\boldsymbol{E}_0 = 0 \tag{3-35}$$

式(3-34)就是均匀平面波的一般表达式，$\boldsymbol{k}$ 的大小就是传播常数，其方向 $\boldsymbol{a}_k$ 就是平面电磁波传播的方向。均匀平面波的一般表达式必须满足式(3-35)的条件，即电场的方向与平面波传播的方向垂直，所以，均匀平面电磁波是横电波。

特别地，当 $\boldsymbol{k} = \boldsymbol{a}_z k_z$，即电磁波是沿 z 轴方向传播的平面电磁波时，$\boldsymbol{k}\cdot\boldsymbol{r} = k_z z$，式(3-34a)就成为

$$\boldsymbol{E} = \boldsymbol{E}_0\,\mathrm{e}^{-\mathrm{j}k_z z}$$

平面电磁波的磁场可由麦克斯韦方程 $\nabla\times\boldsymbol{E} = -\mathrm{j}\omega\mu\boldsymbol{H}$ 导出。由式(3-34)容易计算

$$\nabla\times\boldsymbol{E} = -\mathrm{j}\boldsymbol{k}\times\boldsymbol{E}_0\,\mathrm{e}^{-\mathrm{j}\boldsymbol{k}\cdot\boldsymbol{r}}$$

从而可以得到

$$\boldsymbol{H}=\frac{1}{\eta}\boldsymbol{a}_k\times\boldsymbol{E}\quad 或\quad \boldsymbol{E}=\eta\boldsymbol{H}\times\boldsymbol{a}_k \tag{3-36}$$

式(3-36)表明磁场与平面波的传播方向 $\boldsymbol{a}_k$ 垂直,可见平面电磁波也是横磁波。

下面讨论平面波沿不同方向传播的相速度、波长和群速。为方便起见,考虑传播媒质为真空,以二维的情形(如在 xOz 面上)来说明问题。从图 3-3 可以看到

$$PA=\lambda_z=\frac{\lambda}{\cos\gamma}=\frac{2\pi}{k\cos\gamma}=\frac{2\pi}{k_z} \tag{3-37a}$$

$$PB=\lambda_x=\frac{\lambda}{\cos\alpha}=\frac{2\pi}{k\cos\alpha}=\frac{2\pi}{k_x} \tag{3-37b}$$

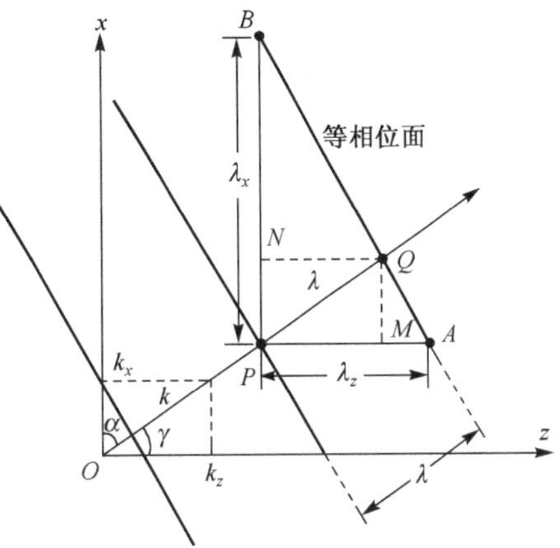

图 3-3 平面波沿不同方向的波长、相速和群速

相应地,沿 z、x 方向的相速度分别为

$$v_{\mathrm{p}z}=\frac{v}{\cos\gamma}=\frac{\omega}{k\cos\gamma}=\frac{\omega}{k_z}>c \tag{3-38a}$$

$$v_{\mathrm{p}x}=\frac{v}{\cos\alpha}=\frac{\omega}{k\cos\alpha}=\frac{\omega}{k_x}>c \tag{3-38b}$$

式中,c 为光速。事实上,只要我们所考虑相速 $\boldsymbol{v}_{\mathrm{p}}$ 的方向为非整个电磁波的传播方向(设两者的夹角为 θ , $0<\theta<\pi/2$),就会有

$$v_{\mathrm{p}}=\frac{\omega}{k\cos\theta}>c\quad 或\quad \boldsymbol{v}_{\mathrm{p}}\cdot\boldsymbol{k}=\omega \tag{3-39}$$

但这并不表示电磁波的传播速度大于光速。因为朝某个方向的相速(如 $v_{\mathrm{p}z}$)只是代表两个等相位面的斜距离,而斜距离总是大于垂直距离的(如 $PA>PQ$),这是一个简单的几何道理。

此外,如果把真空中电磁波的能量沿 $\boldsymbol{k}$、z、x 方向推进的速度(群速)分别用 c、$v_{\mathrm{e}z}$、$v_{\mathrm{e}x}$ 来表示(易知 $v_{\mathrm{e}z}$、$v_{\mathrm{e}x}$ 分别是 c 在 z、x 方向的分速度),则有

$$v_{\mathrm{e}z}\leqslant c,\quad PM\leqslant PQ \tag{3-40a}$$

$$v_{\mathrm{e}x}\leqslant c,\quad PN\leqslant PQ \tag{3-40b}$$

容易证明

$$v_{\mathrm{e}z}v_{\mathrm{p}z}=c^2,\quad PM\cdot PA=PQ^2 \tag{3-41a}$$

$$v_{\mathrm{e}x}v_{\mathrm{p}x}=c^2,\quad PN\cdot PB=PQ^2 \tag{3-41b}$$

这表明,电磁波沿某一方向的群速与相速的乘积总是等于电磁波在这种媒质中沿 $\boldsymbol{k}$ 方向的传播速度的平方。

例 3-1 已知真空中的电磁波其电场为 $E_y=37.7\cos(6\pi\times10^8t+kz)$ (V/m),问此波是否为均匀平面波?求波的振荡频率 f 、传播速度 v 、波数 k 、波的传播方向、磁场 $\boldsymbol{H}$ 及 $\boldsymbol{S}_{\mathrm{av}}$ 。

解 因为在等相位面内,电场振幅为 37.7,所以此波是均匀平面波。由电场的表达式可知 $\omega=6\pi\times10^8$ rad/m。

$$f=\omega/2\pi=6\pi\times10^8/2\pi=3\times10^8(\mathrm{Hz})$$

真空中,均匀平面波的传播速度是

$$v=c=\frac{1}{\sqrt{\mu_0\varepsilon_0}}=3\times10^8\,\mathrm{m/s}$$

$$k=\omega\sqrt{\mu\varepsilon}=\omega\sqrt{\mu_0\varepsilon_0}=2\pi\mathrm{rad/m}$$

波的传播方向是 $-z$ 轴方向。

下面求磁场

$$\boldsymbol{H}=\frac{1}{\eta_0}\boldsymbol{a}_k\times\boldsymbol{E}=\frac{1}{120\pi}(-\boldsymbol{a}_z)\times\boldsymbol{a}_y37.7\cos(6\pi\times10^8t+2\pi z)$$
$$=\frac{1}{10}\cos(6\pi\times10^8t+2\pi z)\,\boldsymbol{a}_x(\mathrm{A/m})$$

电磁场的相量表达式分别为

$$\boldsymbol{E}=37.7\mathrm{e}^{\mathrm{j}2\pi z}\boldsymbol{a}_y,\quad \boldsymbol{H}=\frac{1}{10}\mathrm{e}^{\mathrm{j}2\pi z}\boldsymbol{a}_x$$

$$\boldsymbol{S}_{\mathrm{av}}=\mathrm{Re}\left[\frac{1}{2}\boldsymbol{E}\times\boldsymbol{H}^*\right]=-\eta_0\boldsymbol{H}^2\boldsymbol{a}_z=-1.885\,\boldsymbol{a}_z(\mathrm{W/m^2})$$

3.4　电磁波的极化

电磁波的极化是电磁理论和工程应用中的一个基本概念，它指电磁波的电场矢量在空间随时间的取向。很多物理现象都与电磁波的极化有关。

一般以电场矢量的端点在空间随时间变化所画的轨迹来划分极化的类型。为方便起见，选择沿 z 轴方向传播的均匀平面波为研究对象。均匀平面波没有 z 方向的分量，一般可用 E_x 和 E_y 分量来表示。如果 $E_y=0$，只有 E_x 分量，该波则为沿 x 轴方向极化的平面波；如果 $E_x=0$，只有 E_y 分量，该波则为沿 y 轴方向极化的平面波。

在一般情况下，E_x 和 E_y 分量都存在，这两个分量的振幅和相位不一定相同，因此波的极化方向也是复杂的。本书分为三种情况来讨论。

1. 直线极化

电磁波的电场矢量 $\boldsymbol{E}$ 在空间随时间的运动轨迹为一直线的波称为直线极化波或线极化波。对于直线极化波，电场矢量的两个分量 E_x 和 E_y 的相位相同或相差 180°。为此可以假定

$$E_x=E_{x\mathrm{m}}\cos(\omega t-kz+\phi)$$

则

$$E_y=E_{y\mathrm{m}}\cos(\omega t-kz+\phi)$$

式中，$E_{x\mathrm{m}}$ 和 $E_{y\mathrm{m}}$ 为振幅；ϕ 为初始相位。

合成电场的大小是

$$E=\sqrt{E_{x\mathrm{m}}^2+E_{y\mathrm{m}}^2}\cos(\omega t-kz+\phi)$$

合成电场的取向与 x 轴的夹角 α 为

$$\alpha=\arctan\frac{E_y}{E_x}=\arctan\frac{E_{y\mathrm{m}}}{E_{x\mathrm{m}}}$$

式中，由于 $E_{x\mathrm{m}}$ 和 $E_{y\mathrm{m}}$ 是不随时间变化的常数，因此 α 也不随时间变化。故合成电场端点的轨迹始终位于与 x 轴成 α 角的直线上，所以称为直线极化波。在传播方向上振动方向相同的点所构成的面，称为线极化面，如图 3-4 所示。

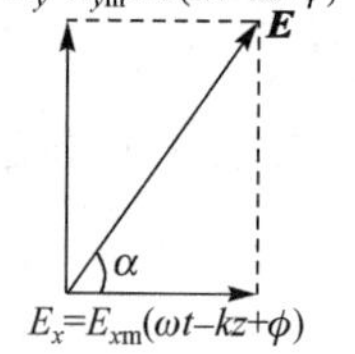

图 3-4　直线极化波

2. 圆极化

电磁波的电场矢量 $\boldsymbol{E}$ 的端点在空间随时间的运动轨迹为一个圆的波称为圆极化波。对于圆极化波，电场矢量的两个分量 E_x 和 E_y 的振幅相同，相位相差 90°或 270°。以两个场分量相位相差 90°为例，可以假定

$$E_x = E_{\mathrm{m}}\cos(\omega t - kz + \phi)$$

则

$$E_y = E_{\mathrm{m}}\cos(\omega t - kz + \phi - 90°) = E_{\mathrm{m}}\sin(\omega t - kz + \phi)$$

合成电场的振幅是

$$E = \sqrt{E_x^2 + E_y^2} = E_{\mathrm{m}}$$

故电场的大小是不变的。

合成电场的取向与 x 轴的夹角 α 为

$$\tan\alpha = \frac{E_y}{E_x} = \tan(\omega t - kz + \phi)$$

$$\alpha = \omega t - kz + \phi$$

上式表明，合成电场的端点在一圆周上以角速度 ω 旋转。当 E_y 较 E_x 滞后 90°时，合成电场矢量沿逆时针方向旋转；反之，当 E_y 较 E_x 超前 90°时，合成电场矢量沿顺时针方向旋转，如图 3-5 所示。

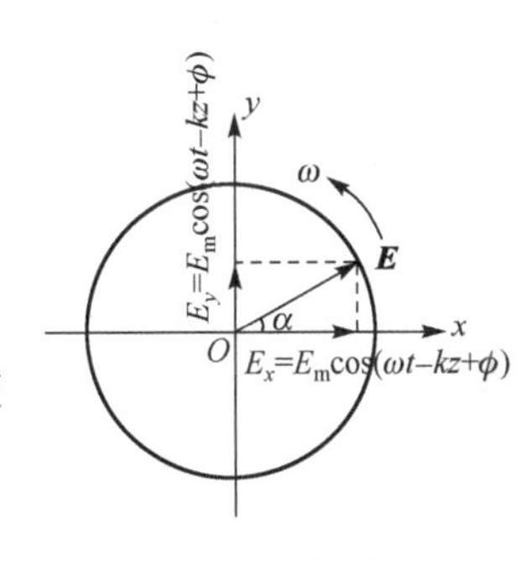

图 3-5 圆极化波

圆极化波与线极化波不同之处在于，电场矢量是沿着传播方向 $\boldsymbol{a}_k$ 一边旋转一边推进的。在某一时刻 t，顺着 $\boldsymbol{a}_k$ 的方向看过去，如果空间各点 $\boldsymbol{E}$ 的矢端顺时针方向旋转，则为右旋圆极化波；反之，为左旋圆极化波。

3. 椭圆极化

电磁波的电场矢量 $\boldsymbol{E}$ 的端点在空间随时间的运动轨迹为一个椭圆的波称为椭圆极化波。这时，电场的两个分量 E_x 和 E_y 之间有一任意相位差 ϕ，振幅也不相同。可以假定

$$E_x = E_{x\mathrm{m}}\cos(\omega t - kz)$$

则

$$E_y = E_{y\mathrm{m}}\cos(\omega t - kz + \phi)$$

为讨论方便而又不失一般性，可在以上两式中取 $z = 0$，由此 E_x 和 E_y 写为

$$E_x = E_{x\mathrm{m}}\cos\omega t$$

$$E_y = E_{y\mathrm{m}}\cos(\omega t + \phi)$$

在此两式中消去 t，可得

$$\frac{E_x^2}{E_{x\mathrm{m}}^2} + \frac{E_y^2}{E_{y\mathrm{m}}^2} - \frac{2E_xE_y}{E_{x\mathrm{m}}E_{y\mathrm{m}}}\cos\phi = \sin^2\phi$$

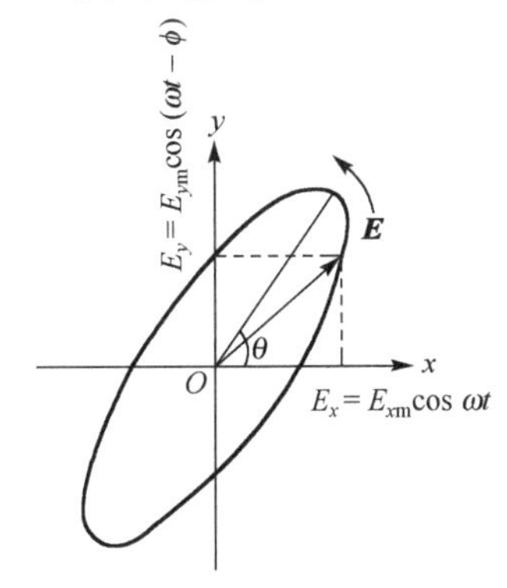

图 3-6 椭圆极化波

这是一个椭圆方程，说明合成电场矢量端点的运动轨迹为椭圆，如图 3-6 所示。当 $\phi > 0$ 时，它沿逆时针方向旋转；当 $\phi < 0$ 时，它沿顺时针方向旋转。可以证明，椭圆的长轴与 x 轴的夹角 θ 由下式决定：

$$\tan 2\theta = \frac{2E_{x\mathrm{m}}E_{y\mathrm{m}}}{E_{x\mathrm{m}} - E_{y\mathrm{m}}}\cos\phi$$

直线极化波和圆极化波都可以看成椭圆极化波的特殊情况。当椭圆的长短轴相等时，椭圆极化波退化成圆极化波；当椭圆的短轴缩短为零时，椭圆极化波退化成直线极化波。

例如，一个无衰减的均匀平面波可用 $\boldsymbol{E}_0 \mathrm{e}^{-\mathrm{j}\boldsymbol{k}\cdot\boldsymbol{r}}$ 来表示，其中，$\boldsymbol{E}_0$ 是垂直于 $\boldsymbol{k}$ 的复矢量。如果取 $\boldsymbol{k}$ 平行于 z 轴，则 $\boldsymbol{E}_0$ 就是位于 xOy 平面内的复矢量，即

$$\boldsymbol{E}_0 = E_x \boldsymbol{a}_x + E_y \boldsymbol{a}_y$$

式中，E_x 和 E_y 均为复数，$E_x = E_{x\mathrm{m}} \mathrm{e}^{\mathrm{j}\phi_x}$ ，$E_y = E_{y\mathrm{m}} \mathrm{e}^{\mathrm{j}\phi_y}$ 。E_x 与 E_y 不可能全为零，不妨设$E_y \neq 0$，于是

$$\frac{E_x}{E_y} = A\mathrm{e}^{\mathrm{j}\phi}$$

式中，$A = \dfrac{E_{x\mathrm{m}}}{E_{y\mathrm{m}}}$ ；$\phi = \phi_x - \phi_y$ 。根据 A 的大小和 ϕ 的大小，可将该均匀平面波分为三种极化类型：

$$\phi = 0, \pi \qquad \text{直线极化}$$

$$\phi = \pm \frac{\pi}{2}, \quad A = 1 \qquad \text{圆极化}$$

$$\phi = \text{其他} \qquad \text{椭圆极化}$$

例 3-2　频率为 100MHz 的正弦均匀平面波在各向同性的均匀理想介质中沿 $+z$ 方向传播，介质的特性参数为 $\varepsilon_\mathrm{r} = 4, \mu_\mathrm{r} = 1, \sigma = 0$ 。设电场沿 x 方向，即 $\boldsymbol{E} = E_x \boldsymbol{a}_x$。当 $t = 0$ ，$z = \dfrac{1}{8}\mathrm{m}$ 时，电场等于其振幅值 $10^{-4}\,\mathrm{V/m}$。试求：① $\boldsymbol{E}(z,t)$ 和 $\boldsymbol{H}(z,t)$ ；②波的传播速度；③平均坡印亭矢量。

解　①以余弦形式写出电场强度表达式：

$$\boldsymbol{E}(z,t) = E_x(x,t)\boldsymbol{a}_x = E_\mathrm{m} \cos(\omega t - kz + \psi_{xE})\boldsymbol{a}_x$$

式中，$E_\mathrm{m} = 10^{-4}\,\mathrm{V/m}$；$\psi_{xE}$为初始相位。

$$k = \omega\sqrt{\mu\varepsilon} = 2\pi f \sqrt{4\mu_0\varepsilon_0} = 2\pi \times 100 \times 10^6 \times 2\sqrt{\mu_0\varepsilon_0} = \frac{4\pi}{3}(\mathrm{rad/m})$$

又由 t=0, $z = \dfrac{1}{8}\mathrm{m}$ 时，$E_x\left(\dfrac{1}{8}, 0\right) = E_\mathrm{m} = 10^{-4}\ \mathrm{V/m}$，得

$$\omega t - kz + \psi_{xE} = 0$$

故

$$\psi_{xE} = kz = \frac{4\pi}{3} \times \frac{1}{8} = \frac{\pi}{6}$$

则

$$\boldsymbol{E}(z,t) = 10^{-4} \cos\left(2\pi \times 10^8 t - \frac{4\pi}{3}z + \frac{\pi}{6}\right)\boldsymbol{a}_x(\mathrm{V/m})$$

$$\boldsymbol{H}(z,t) = \boldsymbol{a}_y H_y = \boldsymbol{a}_y \frac{E_x}{\eta} = \boldsymbol{a}_y \frac{1}{\sqrt{\dfrac{\mu}{\varepsilon}}} 10^{-4} \cos\left(2\pi \times 10^8 t - \frac{4\pi}{3}z + \frac{\pi}{6}\right)$$

$$= \frac{1}{60\pi} 10^{-4} \cos\left(2\pi \times 10^8 t - \frac{4\pi}{3}z + \frac{\pi}{6}\right)\boldsymbol{a}_y(\mathrm{A/m})$$

②波的传播速度为

$$v=\frac{1}{\sqrt{\mu\varepsilon}}=\frac{1}{\sqrt{4\mu_0\varepsilon_0}}=1.5\times10^8\,\mathrm{m/s}$$

③平均坡印亭矢量为

$$\boldsymbol{S}_{\mathrm{av}}=\frac{1}{2}\mathrm{Re}\left[\boldsymbol{E}\times\boldsymbol{H}^*\right]$$

式中，$\boldsymbol{E}=10^{-4}\mathrm{e}^{-\mathrm{j}\left(\frac{4\pi}{3}z-\frac{\pi}{6}\right)}\boldsymbol{a}_x$；$\boldsymbol{H}^*=\frac{10^{-4}}{60\pi}\mathrm{e}^{\mathrm{j}\left(\frac{4\pi}{3}z-\frac{\pi}{6}\right)}\boldsymbol{a}_y$ 为相量形式。

故

$$\boldsymbol{S}_{\mathrm{av}}=\frac{1}{2}\mathrm{Re}\left[10^{-4}\mathrm{e}^{-\mathrm{j}\left(\frac{4\pi}{3}z-\frac{\pi}{6}\right)}\boldsymbol{a}_x\times\frac{10^{-4}}{60\pi}\mathrm{e}^{\mathrm{j}\left(\frac{4\pi}{3}z-\frac{\pi}{6}\right)}\boldsymbol{a}_y\right]$$

$$=\frac{1}{120\pi}\times10^{-8}\boldsymbol{a}_z\,(\mathrm{W/m^2})$$

例 3-3 均匀平面波在均匀理想介质中沿相对于 z 轴为 θ 角的方向传播，如图 3-7 所示。设电场与 y 轴平行，试确定磁场的方向。

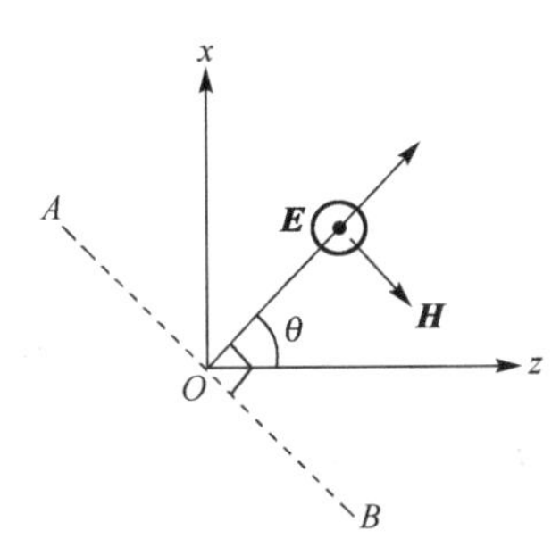

图 3-7 均匀平面波的传播方向

解 由于是均匀平面波，因此电场方向、磁场方向及传播方向三者两两相互垂直且满足右手螺旋定则，所以磁场方向应平行于图 3-7 中的 AOB 线，沿 OB 方向，用单位矢量表示为 $\boldsymbol{a}_H=-\cos\theta\boldsymbol{a}_x+\sin\theta\boldsymbol{a}_z$。

3.5 有耗媒质中的平面波

有耗媒质指的是导体和非理想介质。当电磁波在导体中传播时会产生欧姆损耗；在非理想介质中传播时，会产生介电损耗。本节讨论电磁波在均匀无源的导电媒质中波的传播特性。导电媒质的本构关系由 $\boldsymbol{J}_{\mathrm{c}}=\sigma\boldsymbol{E}$ 表示，此时，无源导电媒质中麦克斯韦第一方程的相量形式可表示为

$$\nabla\times\boldsymbol{H}=\sigma\boldsymbol{E}+\mathrm{j}\omega\varepsilon\boldsymbol{E}=\mathrm{j}\omega\left(\varepsilon-\mathrm{j}\frac{\sigma}{\omega}\right)\boldsymbol{E}=\mathrm{j}\omega\varepsilon_{\mathrm{c}}\boldsymbol{E}\tag{3-42}$$

式中

$$\varepsilon_{\mathrm{c}}=\varepsilon-\mathrm{j}\frac{\sigma}{\omega}\tag{3-43}$$

称为导电媒质的等效介电常数，为一个复数。这样，无源导电媒质中的麦克斯韦方程组为

$$\nabla\times\boldsymbol{H}=\mathrm{j}\omega\varepsilon_{\mathrm{c}}\boldsymbol{E}\tag{3-44}$$

$$\nabla\times\boldsymbol{E}=-\mathrm{j}\omega\mu\boldsymbol{H}\tag{3-45}$$

$$\nabla\cdot\boldsymbol{H}=0\tag{3-46}$$

$$\nabla\cdot\boldsymbol{E}=0\tag{3-47}$$

这与在理想介质中麦克斯韦方程组的形式完全相同，由此可用同样的方法导出导电媒质中的齐次亥姆霍兹方程：

$$\nabla^2\boldsymbol{E}+k_{\mathrm{c}}^2\boldsymbol{E}=0\tag{3-48}$$

$$\nabla^2\boldsymbol{H}+k_{\mathrm{c}}^2\boldsymbol{H}=0\tag{3-49}$$

式中，$k_c^2 = \omega^2 \mu \varepsilon_c$。

定义复波矢量

$$\boldsymbol{k}_c = k_c \boldsymbol{a}_k \tag{3-50}$$

式中，$\boldsymbol{a}_k$ 表示电磁波传播方向的单位矢量；$k_c = \omega\sqrt{\mu\varepsilon_c} = \beta - \mathrm{j}\alpha$ 表示波矢量的大小。

在式(3-50)中代入 $\varepsilon_c = \varepsilon - \mathrm{j}\dfrac{\sigma}{\omega}$，得

$$k_c^2 = \omega^2\mu\varepsilon_c = \omega^2\mu\left(\varepsilon - \mathrm{j}\frac{\sigma}{\omega}\right) = \beta^2 - \alpha^2 - \mathrm{j}2\alpha\beta$$

所以

$$\alpha = \omega\sqrt{\frac{\mu\varepsilon}{2}\left[\sqrt{1+\left(\frac{\sigma}{\omega\varepsilon}\right)^2} - 1\right]} \quad (\mathrm{Np/m}) \tag{3-51}$$

$$\beta = \omega\sqrt{\frac{\mu\varepsilon}{2}\left[\sqrt{1+\left(\frac{\sigma}{\omega\varepsilon}\right)^2} + 1\right]} \quad (\mathrm{rad/m}) \tag{3-52}$$

波动方程的解为

$$\boldsymbol{E} = \boldsymbol{E}_m \mathrm{e}^{-\mathrm{j}\boldsymbol{k}_c \cdot \boldsymbol{r}}$$

设均匀平面波沿 z 轴方向传播，且电场只有 E_x 分量，则

$$E_x(z) = E_m \mathrm{e}^{-k_c z} = E_m \mathrm{e}^{-\alpha z}\mathrm{e}^{-\mathrm{j}\beta z} \tag{3-53}$$

即

$$\boldsymbol{E} = E_x \boldsymbol{a}_x = E_m \mathrm{e}^{-\alpha z}\mathrm{e}^{-\mathrm{j}\beta z}\boldsymbol{a}_x \tag{3-54}$$

将式(3-54)代入式(3-45)，可求得与相应的磁场 $\boldsymbol{H}$ 为

$$\boldsymbol{H} = \frac{E_m}{\eta_c}\mathrm{e}^{-k_c z}\boldsymbol{a}_y = \frac{E_m}{|\eta_c|}\mathrm{e}^{-\alpha z}\mathrm{e}^{-\mathrm{j}\beta z}\mathrm{e}^{-\mathrm{j}\psi}\boldsymbol{a}_y \tag{3-55}$$

式中

$$\eta_c = \sqrt{\frac{\mu}{\varepsilon_c}} = \frac{\sqrt{\dfrac{\mu}{\varepsilon}}}{\sqrt{1 - \mathrm{j}\dfrac{\sigma}{\omega\varepsilon}}} = |\eta_c|\mathrm{e}^{\mathrm{j}\psi} \tag{3-56}$$

称为导电媒质的本征阻抗。由于 η_c 为复数，因此 $\boldsymbol{E}$ 和 $\boldsymbol{H}$ 在时间上不再同相，而是有一个相位差 ψ。

由式(3-54)和式(3-55)写出电场和磁场的瞬时值表达式为

$$\boldsymbol{E}(z,t) = \mathrm{Re}[E_x \mathrm{e}^{\mathrm{j}\omega t}\boldsymbol{a}_x] = E_m \mathrm{e}^{-\alpha z}\cos(\omega t - \beta z)\boldsymbol{a}_x \tag{3-57}$$

$$\boldsymbol{H}(z,t) = \mathrm{Re}[H_y \mathrm{e}^{\mathrm{j}\omega t}\boldsymbol{a}_y] = \frac{E_m}{|\eta_c|}\mathrm{e}^{-\alpha z}\cos(\omega t - \beta z - \psi)\boldsymbol{a}_y \tag{3-58}$$

可见，电场和磁场的振幅均以因子 $\mathrm{e}^{-\alpha z}$ 随 z 的增大而减小。因此，α 表示电磁波传播每单位距离振幅的衰减，称为电磁波的衰减系数，单位是 Np/m；β 表示电磁波每传播单位距离落后的相位，称为电磁波的相移系数，单位是 rad/m。

由式(3-52)可以看到波的相速 $v = \dfrac{\omega}{\beta}$ 与频率有关。在导电媒质中，电磁波的相速随频率而改变的现象，称为色散效应。

另外，从式(3-57)和式(3-58)可以看出，在导电媒质中，均匀平面波的电场和磁场在空间

上仍然相互垂直且均垂直于传播方向，但在时间上存在相位差。图 3-8 给出了一个特定时刻导电媒质中的波形图。

下面讨论两种常见的情况。

1）弱导电媒质

弱导电媒质的电特性参数满足 $\frac{\sigma}{\omega\varepsilon} \ll 1$，$\boldsymbol{J}_{\mathrm{c}} \ll \boldsymbol{J}_{\mathrm{d}}$。此时

$$k_{\mathrm{c}} = \omega\sqrt{\mu\varepsilon_{\mathrm{c}}} = \omega\sqrt{\mu\varepsilon\left(1-\mathrm{j}\frac{\sigma}{\omega\varepsilon}\right)} \approx \omega\sqrt{\mu\varepsilon}\left(1-\mathrm{j}\frac{\sigma}{2\omega\varepsilon}\right) \tag{3-59}$$

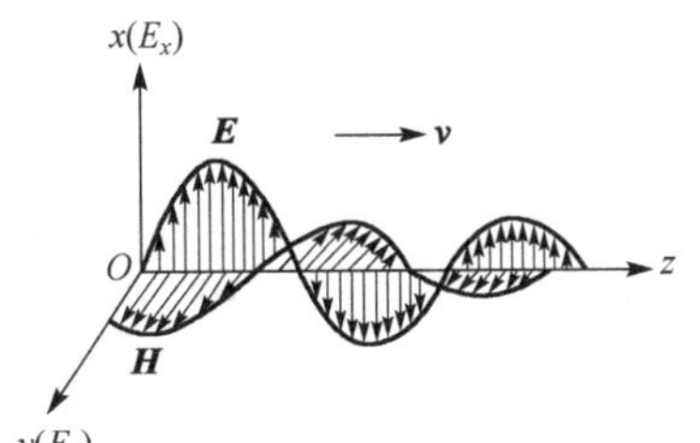

图 3-8 导电媒质中均匀平面波的传播

故此时的衰减系数为

$$\alpha \approx \frac{\sigma}{2}\sqrt{\frac{\mu}{\varepsilon}} \tag{3-60}$$

相移系数为

$$\beta \approx \omega\sqrt{\mu\varepsilon} \tag{3-61}$$

本征阻抗为

$$\eta_{\mathrm{c}} = \sqrt{\frac{\mu}{\varepsilon}}\left(1-\mathrm{j}\frac{\sigma}{\omega\varepsilon}\right)^{-1/2} \approx \sqrt{\frac{\mu}{\varepsilon}} = \eta \tag{3-62}$$

由此可见，电磁波在弱导体中传输时存在衰减，但很小。相移常数和本征阻抗与理想介质近似相等。

2)强导电媒质

强导电媒质也称为良导体，其电特性参数满足 $\frac{\sigma}{\omega\varepsilon} \gg 1$，$\boldsymbol{J}_{\mathrm{c}} \gg \boldsymbol{J}_{\mathrm{d}}$。此时

$$k_{\mathrm{c}} = \omega\sqrt{\mu\varepsilon_{\mathrm{c}}} = \omega\sqrt{\mu\varepsilon\left(1-\mathrm{j}\frac{\sigma}{\omega\varepsilon}\right)} \approx \omega\sqrt{\mu\varepsilon}\left(\frac{\sigma}{\mathrm{j}\omega\varepsilon}\right)^{1/2} = \sqrt{\frac{\omega\mu\sigma}{2}}(1-\mathrm{j}) \tag{3-63}$$

故此时的衰减系数和相移系数的量值相等

$$\alpha = \beta \approx \sqrt{\frac{\omega\mu\sigma}{2}} = \sqrt{\pi f\mu\sigma} \tag{3-64}$$

本征阻抗为

$$\eta_{\mathrm{c}} = \sqrt{\frac{\mu}{\varepsilon}}\left(1-\mathrm{j}\frac{\sigma}{\omega\varepsilon}\right)^{-1/2} \approx \sqrt{\frac{\mathrm{j}\omega\mu}{\sigma}} = \sqrt{\frac{\pi f\mu}{\sigma}}(1+\mathrm{j}) \tag{3-65}$$

这表明，在良导体中，磁场的相位滞后于电场 45°。在良导体中，波的相速为

$$v = \frac{\omega}{\beta} \approx 2\sqrt{\frac{\pi f}{\mu\sigma}} \tag{3-66}$$

波长为

$$\lambda = \frac{2\pi}{\beta} = 2\sqrt{\frac{\pi}{f\mu\sigma}} \tag{3-67}$$

在良导体中，正弦均匀平面波的解为

$$E_x(z) = E_{\mathrm{m}}\mathrm{e}^{-\alpha z}\mathrm{e}^{-\mathrm{j}\beta z}$$

$$H_y(z)=\frac{E_m}{\eta_c}e^{-\alpha z}e^{-j\beta z}\approx(1-j)\sqrt{\frac{\sigma}{2\omega\mu}}e^{-\alpha z}e^{-j\beta z}=\sqrt{\frac{\sigma}{\omega\mu}}e^{-\alpha z}e^{-j\left(\beta z+\frac{\pi}{4}\right)}$$

式中，$\alpha=\beta\approx\sqrt{\pi f\mu\sigma}$ 。

可见，随着频率 f 的提高，衰减系数 α 增大，场强的衰减加速。这意味着电磁波进入良导体后会很快衰减。定义电磁波进入良导体后，当场强振幅衰减为其表面值的 1/e 时，所传播的距离为良导体的趋肤深度 δ。令

$$e^{-\alpha\delta}=e^{-1}$$

得趋肤深度为

$$\delta=\frac{1}{\alpha}=\sqrt{\frac{2}{\omega\mu}}=\frac{1}{\sqrt{\pi f\mu\sigma}}\quad(\text{m})\tag{3-68}$$

由此可见，当高频电磁波在良导体中传播时，只能集中在导体表面很薄的一层内，这种现象称为良导体的趋肤效应，而 $\frac{1}{\sigma\delta}$ 定义为良导体的表面电阻 R_s，即

$$R_s=\frac{1}{\sigma\delta}=\frac{1}{\sigma}\sqrt{\frac{\omega\mu}{2}}\quad(\Omega)\tag{3-69}$$

表 3-1 列出了常见金属材料的趋肤深度和表面电阻。

表 3-1　常见金属材料的趋肤深度和表面电阻

材料名称	σ/(S/m)	δ/m	R_s/Ω
银	6.17×10^7	$0.064/\sqrt{f}$	$2.52\times10^{-7}\sqrt{f}$
紫铜	5.8×10^7	$0.066/\sqrt{f}$	$2.61\times10^{-7}\sqrt{f}$
铝	3.72×10^7	$0.083/\sqrt{f}$	$3.26\times10^{-7}\sqrt{f}$
钠	2.1×10^7	$0.11/\sqrt{f}$	
黄铜	1.6×10^7	$0.13/\sqrt{f}$	$5.01\times10^{-7}\sqrt{f}$
锡	0.87×10^7	$0.17/\sqrt{f}$	
石墨	0.01×10^7	$1.6/\sqrt{f}$	

例 3-4　海水的电特性参数为 $\mu=\mu_0$，$\varepsilon=81\varepsilon_0$ 和 $\sigma=4\text{S/m}$。已知频率为 $f=100\text{Hz}$ 的均匀平面波在海水中沿 z 轴方向传播，设 $\boldsymbol{E}=E_x\boldsymbol{a}_x$，其振幅为 1V/m。求：①衰减系数、相移系数、本征阻抗、相速和波长；②写出电场和磁场的瞬时表达式 $\boldsymbol{E}(z,t)$ 和 $\boldsymbol{H}(z,t)$。

解　当 $f=100\text{Hz}$ 时

$$\frac{\sigma}{\omega\varepsilon}=\frac{4}{2\pi\times100\times81\varepsilon_0}=\frac{4\times36\pi\times10^9}{200\pi\times81}=8.89\times10^6\gg1$$

可见，海水在频率为 100Hz 时可近似为良导体。所以

① $\alpha\approx\sqrt{\pi f\mu\sigma}=\sqrt{\pi\times100\times4\pi\times10^{-7}\times4}=3.97\times10^{-2}(\text{Np/m})$

$$\beta\approx\sqrt{\pi f\mu\sigma}=3.97\times10^{-2}\text{rad/m}$$

$$\eta_c\approx\sqrt{\frac{\pi f\mu}{\sigma}}(1+j)=\sqrt{\frac{\pi\times100\times4\pi\times10^{-7}}{4}}(1+j)=9.93\times10^{-3}(1+j)$$
$$=14.04\times10^{-3}e^{j45^\circ}(\Omega)$$

$$v=\frac{\omega}{\beta}=\frac{2\pi\times100}{3.97\times10^{-2}}=1.58\times10^4(\text{m/s})$$

$$\lambda=\frac{2\pi}{\beta}=\frac{2\pi}{3.97\times10^{-2}}=1.58\times10^{2}(\mathrm{cm})$$

②设电场的初相位为0,故

$$E(z,t)=E_{\mathrm{m}}\mathrm{e}^{-\alpha z}\cos(\omega t-\beta z)\boldsymbol{a}_x\quad(\mathrm{V/m})$$

$$\boldsymbol{H}(z,t)=\frac{E_{\mathrm{m}}}{|\eta_{\mathrm{c}}|}\mathrm{e}^{-\alpha z}\cos(\omega t-\beta z-\psi)\boldsymbol{a}_y$$

$$=\frac{10^3}{14.04}\times\mathrm{e}^{-3.97\times10^{-2}z}\cos(2\pi\times100t-3.97\times10^{-2}z-45^\circ)\boldsymbol{a}_y(\mathrm{A/m})$$

例 3-5 海水中频率为 $f=1\mathrm{MHz}$ 的均匀平面波,海水的电特性参数为 $\sigma=4\mathrm{S/m}$, $\varepsilon_{\mathrm{r}}=81$,求 α、β、η、λ、δ 及该均匀平面波振幅衰减一半所传播的距离。

解 因为 $\frac{\sigma}{\omega\varepsilon}=\frac{\sigma}{2\pi f\varepsilon_0\varepsilon_{\mathrm{r}}}\approx888\gg1$,所以将海水近似为良导体,有 $\beta=\alpha\approx\sqrt{\pi f\mu_0\sigma}\approx4$;

$$\eta_{\mathrm{c}}=R_s(1+\mathrm{j})=(1+\mathrm{j})\frac{\alpha}{\sigma}\approx1+\mathrm{j}(\Omega)$$

$$\lambda=\frac{2\pi}{\beta}=\frac{2\pi}{4}\approx1.57(\mathrm{m})$$

$$\delta=\frac{1}{\alpha}=\frac{1}{4}=0.25(\mathrm{m})$$

因为 $\mathrm{e}^{-\alpha l}=\frac{1}{2}$,所以 $l=\frac{\ln2}{\alpha}\approx\frac{0.693}{4}\approx0.17(\mathrm{m})$。

下面讨论非理想介质中的正弦均匀平面波。在非理想介质中,$\sigma=0$,而介电常数为复数,$\varepsilon_{\mathrm{e}}=\varepsilon'-\mathrm{j}\varepsilon''$。用上述类似的方法可导出非理想介质的衰减系数为

$$\alpha=\omega\sqrt{\frac{\mu\varepsilon'}{2}\left[\sqrt{1+\left(\frac{\varepsilon''}{\varepsilon'}\right)^2}-1\right]}\quad(\mathrm{Np/m})\tag{3-70}$$

相移常数为

$$\beta=\omega\sqrt{\frac{\mu\varepsilon'}{2}\left[\sqrt{1+\left(\frac{\varepsilon''}{\varepsilon'}\right)^2}+1\right]}\quad(\mathrm{rad/m})\tag{3-71}$$

本征阻抗为

$$\eta_{\mathrm{e}}=\sqrt{\frac{\mu}{\varepsilon_{\mathrm{e}}}}=\frac{\sqrt{\frac{\mu}{\varepsilon'}}}{\sqrt{1-\mathrm{j}\frac{\varepsilon''}{\varepsilon'}}}=|\eta_{\mathrm{e}}|\mathrm{e}^{\mathrm{j}\psi}\quad(\Omega)\tag{3-72}$$

亥姆霍兹方程及其解的形式完全一致,只是用 ε_{e} 代替了导电媒质相关公式中的 ε_{e}。

3.6 均匀平面波的垂直入射

前面讨论了均匀平面电磁波在均匀无界空间中传播的问题,本节将讨论均匀平面波垂直入射到两种不同媒质分界面的问题。

3.6.1 电磁波在不同媒质分界面的垂直入射

当入射波到达不同媒质分界面时,会在分界面上感应出随时间变化的电荷,形成新的波源。新的波源产生向分界面两侧传播的波,其中,与入射波在同一侧的波称为反射波,进入分界面另

一侧的波称为透射波或折射波。在分界面两侧，入射波、反射波和透射波应满足电磁场的边界条件。

如图 3-9 所示，设沿 x 轴方向极化的均匀平面波向 z 轴方向传播。$z=0$ 处为媒质的分界面。在 $z<0$ 的一侧，设媒质的参数为 ε_1 和 μ_1；在 $z>0$ 的一侧设媒质的参数为 ε_2 和 μ_2。则入射波电场可表示成

$$E_{ix}=E_{im}e^{-jk_1z} \tag{3-73}$$

式中，k_1 为入射波的波数

$$k_1=\omega\sqrt{\mu_1\varepsilon_1} \tag{3-74}$$

入射波的磁场可根据均匀平面波中电场与磁场的关系得到

$$\boldsymbol{H}_i=\frac{1}{\eta_1}\boldsymbol{a}_z\times\boldsymbol{E}_i \tag{3-75}$$

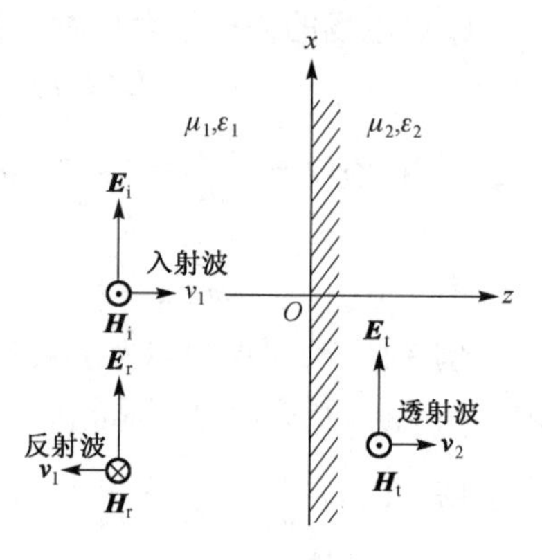

图 3-9 均匀平面波的垂直入射

所以

$$H_{iy}=\frac{E_{ix}}{\eta_1}=\frac{E_{im}}{\eta_1}e^{-jk_1z} \tag{3-76}$$

式中，η_1 为 1 区(入射波区)媒质的本征阻抗。

当入射波到达媒质的分界面 $z=0$ 处时，形成反射波和透射波(也称折射波)。反射波在媒质 1 中沿 $-z$ 轴方向传播，其电场与 x 轴平行，可表示为

$$E_{rx}=E_{rm}e^{+jk_1z} \tag{3-77}$$

反射波的磁场为

$$\boldsymbol{H}_r=-\boldsymbol{a}_z\times\boldsymbol{E}_r$$

$$H_{ry}=-\frac{E_{rx}}{\eta_1}=-\frac{E_{rm}}{\eta_1}e^{jk_1z} \tag{3-78}$$

$$k_1=\omega\sqrt{\mu1\varepsilon1}$$

式中，k_1 为媒质 1 中的波数。

透射波在媒质 2 中沿 $+z$ 轴方向传播，其电场与 x 轴平行，为

$$E_{tx}=E_{tm}e^{-jk_2z} \tag{3-79}$$

式中，k_2 为媒质 2 中的波数，即

$$k_2=\omega\sqrt{\mu_2\varepsilon_2} \tag{3-80}$$

透射波的磁场根据式(3-75)，得

$$H_{tx}=\frac{E_{tx}}{\eta_2}=\frac{E_{tm}}{\eta_2}e^{-jk_2z} \tag{3-81}$$

式中，η_2 为媒质 2(透射波区域)的本征阻抗。

反射波和透射波的大小 E_{rm} 和 E_{tm} 可以根据边界条件来确定。在分界面两侧，合成场电场强度矢量的切向分量应该连续，即

$$E_{1切向}=E_{2切向}$$

式中，$\boldsymbol{E}_1$ 表示媒质 1 内的总电场，$\boldsymbol{E}_1=\boldsymbol{E}_i+\boldsymbol{E}_r$；$\boldsymbol{E}_2$ 表示媒质 2 内的电场，$\boldsymbol{E}_2=\boldsymbol{E}_t$。

媒质 1 和媒质 2 中的电场与分界面平行，即分界面为磁场的切向。因此在 $z=0$ 的分界面两侧，有

$$E_{im}+E_{rm}=E_{tm} \tag{3-82}$$

为简单起见,设媒质 1 和媒质 2 均为理想介质。由于在理想介质的分界面上不存在电流,因此磁场强度的切向分量也应该连续,即

$$H_{1切向} = H_{2切向}$$

将分界面 $z=0$ 两侧的磁场代入上式得

$$\frac{E_{\mathrm{im}}}{\eta_1} - \frac{E_{\mathrm{rm}}}{\eta_1} = \frac{E_{\mathrm{tm}}}{\eta_2} \tag{3-83}$$

联立求解方程(3-82)和方程(3-83),得到

$$E_{\mathrm{rm}} = \frac{\eta_2 - \eta_1}{\eta_2 + \eta_1} E_{\mathrm{im}} \tag{3-84}$$

$$E_{\mathrm{tm}} = \frac{2\eta_2}{\eta_2 + \eta_1} E_{\mathrm{im}} \tag{3-85}$$

定义反射波与入射波大小之比为反射系数,即

$$\Gamma = \frac{E_{\mathrm{rm}}}{E_{\mathrm{im}}} = \frac{\eta_2 - \eta_1}{\eta_2 + \eta_1} \tag{3-86}$$

同样,定义透射波与入射波大小之比为透射系数,即

$$T = \frac{E_{\mathrm{tm}}}{E_{\mathrm{im}}} = \frac{2\eta_2}{\eta_2 + \eta_1} \tag{3-87}$$

一般情况下,Γ 和 T 可为复数,表明在分界面上的反射和透射将引入一个附加相移。若媒质 1 和媒质 2 均为理想介质,则 η_1 和 η_2 皆为实数。当 $\eta_2 > \eta_1$ 时,在 $z=0$ 平面上的反射系数 Γ 为正,意味着反射电场与入射电场同相相加,电场为最大值,磁场为最小值。反之,当 $\eta_1 > \eta_2$ 时,Γ 为负,在 $z=0$ 平面上电场为最小值,磁场为最大值。

由 Γ 和 T 的公式容易看出,它们之间有如下关系

$$1 + \Gamma = T \tag{3-88}$$

如果已知 $E_{\mathrm{rm}} = \Gamma E_{\mathrm{im}}$,则可以得到媒质 1 中的合成电场为

$$E_{1x} = E_{\mathrm{im}}(\mathrm{e}^{-\mathrm{j}k_1 z} + \Gamma \mathrm{e}^{\mathrm{j}k_1 z})$$

即

$$\boldsymbol{E}_1(\boldsymbol{r}) = E_{\mathrm{i}}(\mathrm{e}^{-\mathrm{j}k_1 z} + \Gamma \mathrm{e}^{\mathrm{j}k_1 z})\boldsymbol{a}_x = E_{\mathrm{i}}[(1-\Gamma)\mathrm{e}^{-\mathrm{j}k_1 z} + 2\Gamma\cos(k_1 z)]\boldsymbol{a}_x \tag{3-89}$$

根据式(3-75)、式(3-78)和式(3-86),求得媒质 1 中的合成磁场为

$$H_{1y} = \frac{1}{\eta_1} E_{\mathrm{im}}(\mathrm{e}^{-\mathrm{j}k_1 z} - \Gamma \mathrm{e}^{\mathrm{j}k_1 z})$$

即

$$\boldsymbol{H}_1(\boldsymbol{r}) = \frac{1}{\eta_1} E_{\mathrm{i}}(\mathrm{e}^{-\mathrm{j}k_1 z} - \Gamma \mathrm{e}^{\mathrm{j}k_1 z})\boldsymbol{a}_y = \frac{1}{\eta_1} E_{\mathrm{i}}[(1+\Gamma)\mathrm{e}^{-\mathrm{j}k_1 z} - 2\Gamma\cos(k_1 z)]\boldsymbol{a}_y \tag{3-90}$$

可见,由于反射波与入射波叠加并发生干涉作用,媒质 1 中电磁波由两项组成,第一项表示沿 z 方向传播的波,称为行波项;第二项没有相移因子,是两个振幅相等、传播方向相反的行波叠加而形成的场的空间分布,且不随时间而传播,称为驻波项。

媒质 2 中的电磁场即透射场。

对于理想介质,有

$$|\boldsymbol{E}_1| = |\boldsymbol{E}_{\mathrm{i}}|\sqrt{1 + \Gamma^2 + 2\Gamma\cos(2k_1 z)}$$

$$|\boldsymbol{H}_1| = \frac{1}{\eta_1}|\boldsymbol{E}_\mathrm{i}|\sqrt{1+\Gamma^2-2\Gamma\cos(2k_1 z)}$$

可见，由于反射波与入射波的干涉作用，电场和磁场的振幅不再是常数，而是随空间位置的变化而变化，如图 3-10 所示。当 $z=-\frac{n\lambda_1}{2}(n=0,1,2,\cdots)$ 时，电场振幅达到最大值，$|\boldsymbol{E}_1|_{\max}=|\boldsymbol{E}_\mathrm{i}|(1+\Gamma)$，磁场振幅达到最小值，$|\boldsymbol{H}_1|_{\min}=\frac{1}{\eta_1}|\boldsymbol{E}_\mathrm{i}|(1-\Gamma)$。

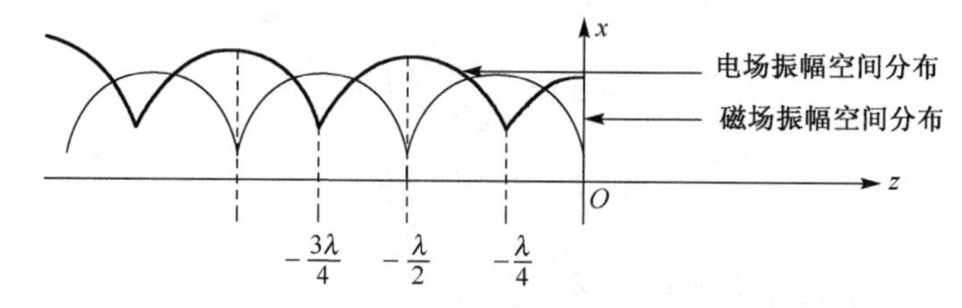

图 3-10　媒质 1 中电场幅度和磁场幅度的分布

电磁波在不同理想介质分界面上垂直入射时，波的传播特性如图 3-11 所示。

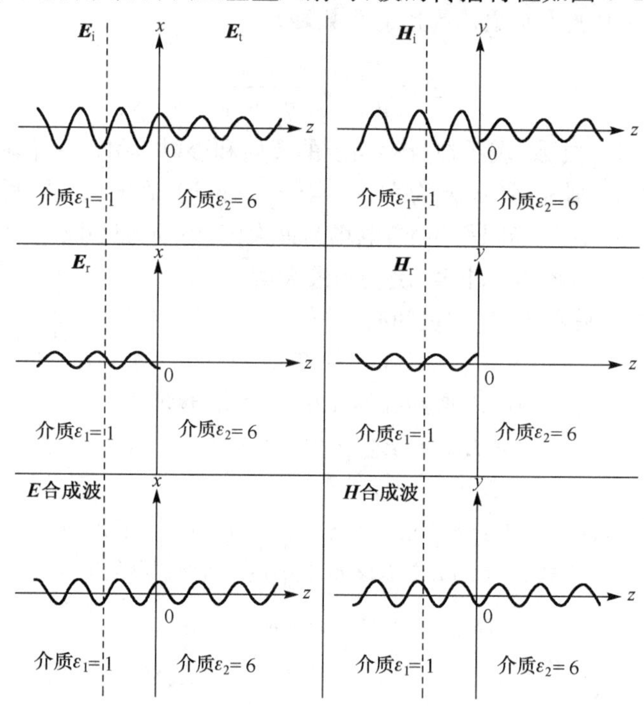

图 3-11　电磁波在不同理想介质分界面上的垂直入射

下面讨论入射波、反射波和透射波的能量关系。

在媒质 1 中，坡印亭矢量的平均值可以根据媒质 1 中的合成电场和合成磁场求出，即

$$\boldsymbol{S}_\mathrm{av}=\frac{1}{2}\mathrm{Re}\left[\boldsymbol{E}_1\times\boldsymbol{H}_1^*\right]=\frac{|E_\mathrm{im}|^2}{2\eta_1}(1-\Gamma^2)\boldsymbol{a}_z=(\boldsymbol{S}_\mathrm{av})_\mathrm{i}-(\boldsymbol{S}_\mathrm{av})_\mathrm{r},\quad z=0 \tag{3-91}$$

媒质 1 中沿 z 轴传输的功率密度等于入射波的功率密度减去反射波的功率密度。媒质 2 中坡印亭矢量的平均值为

$$\boldsymbol{S}_{\mathrm{av}}=\frac{|E_{\mathrm{im}}|^2}{2\eta_2}T^2\boldsymbol{a}_z,\quad z=0 \tag{3-92}$$

根据Γ和T的公式,容易验证式(3-91)和式(3-92)是相等的,因此有

$$\frac{|E_{\mathrm{im}}|^2}{2\eta_1}=\frac{|E_{\mathrm{im}}|^2}{2\eta_1}\Gamma^2+\frac{|E_{\mathrm{im}}|^2}{2\eta_2}T^2=(S_{\mathrm{av}})_{\mathrm{r}}+(S_{\mathrm{av}})_{\mathrm{t}} \tag{3-93}$$

这说明入射波的功率密度等于反射波的功率密度和透射波的功率密度之和,满足能量守恒定律。

当分界面的两侧为非理想媒质时,可用复介电常数ε_{e}或ε_{c}来分析。

3.6.2 电磁波在理想导体表面的垂直入射

对于理想导体而言,由于$\sigma=\infty$,因此$\eta_2=0$。从式(3-86)和式(3-87)可得$\Gamma=-1$和$T=0$。故$E_{\mathrm{rm}}=-E_{\mathrm{im}}$及$E_{\mathrm{tm}}=0$,这意味着电磁波垂直入射到理想导体表面时将发生全反射,没有波透射入理想导体。在这种情况下,只在媒质1中存在电磁波,如图3-12所示。

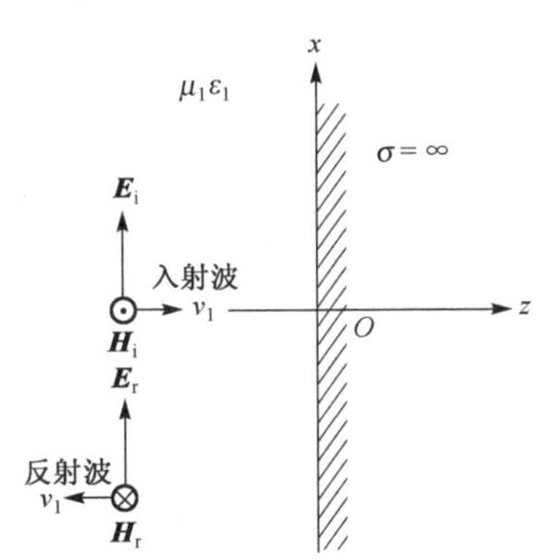

图3-12 电磁波垂直入射到理想导体表面

设理想导体表面位于xOy面,入射波沿z轴传播,电场方向为x轴正方向,即$\boldsymbol{E}_{\mathrm{i}}(z)=E_{\mathrm{i}x}\boldsymbol{a}_x$,则磁场只有$y$方向上的分量,即$\boldsymbol{H}_{\mathrm{i}}(z)=H_{\mathrm{i}y}\boldsymbol{a}_y$。其中,$E_{\mathrm{i}x}$和$H_{\mathrm{i}y}$分别为

$$E_{\mathrm{i}x}=E_{\mathrm{im}}\mathrm{e}^{-\mathrm{j}k_1z} \tag{3-94}$$

$$H_{\mathrm{i}y}=\frac{E_{\mathrm{i}x}}{\eta}=\frac{E_{\mathrm{im}}}{\eta}\mathrm{e}^{-\mathrm{j}k_1z} \tag{3-95}$$

反射波的电场为

$$E_{\mathrm{r}x}=E_{\mathrm{rm}}\mathrm{e}^{\mathrm{j}k_1z}=-E_{\mathrm{im}}\mathrm{e}^{\mathrm{j}k_1z} \tag{3-96}$$

所以媒质1中的合成电场为

$$E_x=E_{\mathrm{im}}(\mathrm{e}^{-\mathrm{j}k_1z}-\mathrm{e}^{\mathrm{j}k_1z})=-\mathrm{j}2E_{\mathrm{im}}\sin(k_1z) \tag{3-97}$$

反射波磁场为

$$H_{\mathrm{r}y}=-\frac{E_{\mathrm{r}x}}{\eta}=\frac{-E_{\mathrm{rm}}}{\eta}\mathrm{e}^{\mathrm{j}k_1z}=\frac{E_{\mathrm{im}}}{\eta}\mathrm{e}^{\mathrm{j}k_1z} \tag{3-98}$$

式中,负号是考虑到电场、磁场和波的传播方向三者应符合右手螺旋定则而确定的,所以媒质1中的磁场为

$$H_y=H_{\mathrm{i}y}+H_{\mathrm{r}y}=\frac{E_{\mathrm{im}}}{\eta}(\mathrm{e}^{-\mathrm{j}k_1z}+\mathrm{e}^{\mathrm{j}k_1z})=\frac{2E_{\mathrm{im}}}{\eta}\cos k_1z \tag{3-99}$$

由式(3-97)和式(3-99)可得,媒质1中合成波的电场和磁场的瞬时表达式为

$$E_x(z,t)=\mathrm{Re}\left[E_x\mathrm{e}^{\mathrm{j}\omega t}\right]=\mathrm{Re}\left[-\mathrm{j}2E_{\mathrm{im}}\sin(\beta z)\mathrm{e}^{\mathrm{j}\omega t}\right]=2E_{\mathrm{im}}\sin(k_1z)\sin(\omega t) \tag{3-100}$$

$$E_y(z,t)=\mathrm{Re}\left[H_y\mathrm{e}^{\mathrm{j}\omega t}\right]=\mathrm{Re}\left[\frac{2E_{\mathrm{im}}}{\eta}\cos(\beta z)\mathrm{e}^{\mathrm{j}\omega t}\right]=\frac{2E_{\mathrm{im}}}{\eta}\cos(k_1z)\cos(\omega t) \tag{3-101}$$

可见,对于任意时刻t,在$k_1z=-n\pi(n=0,1,2,\cdots)$或$z=-n\frac{\lambda}{2}(n=0,1,2,\cdots)$处,电场为

零值，磁场则为最大值；在 $k_1z=-(2n+1)\frac{\pi}{2}$ $(n=0,1,2,\cdots)$ 或 $z=-(2n+1)\frac{\lambda}{4}$ $(n=0,1,2,\cdots)$ 处，电场为最大值，磁场则为零值。这说明在媒质 1 中，两个传播方向相反的行波合成的结果形成了驻波。在给定的时刻 t，电场 E_x 和磁场 H_y 都随离开分界面的距离作正弦变化。但要注意，电场 E_x 和磁场 H_y 的驻波在时间上有 $\pi/2$ 的相移，在空间位置上又相差 $\lambda/4$。图 3-13 给出了不同 ωt 值时，电场 E_x 和磁场 H_y 的驻波波形。

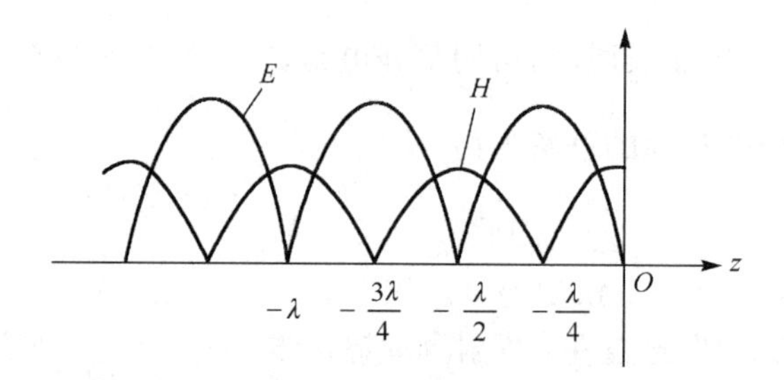

图 3-13　在理想导体表面合成场的时、空关系

可见，在理想导体分界面上，电场为零，磁场为最大值。为满足边界条件，在理想导体表面应有 x 方向的感应电流，即

$$\boldsymbol{J}_s=\boldsymbol{n}\times\boldsymbol{H}\big|_{z=0}=-\boldsymbol{a}_x\times\boldsymbol{a}_yH_y\big|_{z=0}=\frac{2E_{\mathrm{im}}}{\eta}\boldsymbol{a}_z$$

在媒质 1 中的平均坡印亭矢量为

$$\boldsymbol{S}_{\mathrm{av}}=\frac{1}{2}\mathrm{Re}\left[\boldsymbol{E}\times\boldsymbol{H}^*\right]=\frac{1}{2}\mathrm{Re}\left[-\mathrm{j}2E_{\mathrm{im}}\sin(\beta z)\boldsymbol{a}_x\times\frac{2E_{\mathrm{im}}}{\eta}\cos(\beta z)\boldsymbol{a}_y\right]=0$$

可见，驻波是不能传输电磁能量的，电场能量和磁场能量只在原处相互转换。

3.7　均匀平面波的斜入射

电磁波的垂直入射只是一种特殊情况。当均匀平面波以一定角度入射到两种媒质的分界面时，将会发生反射和折射现象。和垂直入射相比，反射波和折射波的极化方向与入射波的极化方向不再平行，波的传播方向也偏离了入射波的方向。我们将会看到，在满足一定的条件下，斜入射也会产生全反射和全透射现象。

为简单起见，我们分析线极化均匀平面波从一种理想介质 (ε_1,μ_1) 斜入射到另一种理想介质 (ε_2,μ_2) 分界面上的问题。所研究的介质是均匀、线性和各向同性的理想介质，一般媒质的斜入射只要将本征阻抗和波矢量换成复波阻抗和复波矢量即可。

设介质的分界面位于 xOy 坐标面，分界面在 $z=0$ 处。我们把入射波射线与分界面的法线所构成的平面称为入射面。一般情况下，由于入射波的电场方向与入射面不一定垂直，但我们总是可以将入射波的电场分解为与入射面平行和垂直这两种情况。当电场的方向与入射面平行时，这样的入射波称为平行极化波；而当电场的方向与入射面垂直时，这样的入射波称为垂直极化波。

3.7.1 平行极化波的斜入射

1. 入射波、反射波、折射波

如图 3-14(a)所示，平行极化波入射时，其电场矢量与入射面平行。我们将入射面选择为 xOz 面，则波的传播方向与 z 轴的夹角为入射角，用 θ_i 表示。当平面波到达分界面时，会产生反射和折射现象。反射波和折射波都在入射面内沿各自的传播方向前进，如图 3-14(a)所示。设反射波和折射波的传播方向与 z 轴的夹角分别是 θ_r 和 θ_t，则 θ_r 为反射角，θ_t 为折射角。这样选择入射面后，根据均匀平面波的一般公式 $\boldsymbol{E}=\boldsymbol{E}_0\mathrm{e}^{-\mathrm{j}\boldsymbol{k}\cdot\boldsymbol{r}}$，并假定入射波电场的最大值是 E_{im}，可以求出

$$\boldsymbol{E}_0=E_{\mathrm{im}}(\cos\theta\boldsymbol{a}_x-\sin\theta\boldsymbol{a}_z)$$

$$\boldsymbol{k}\cdot\boldsymbol{r}=k_1(\sin\theta\boldsymbol{a}_x+\cos\theta\boldsymbol{a}_z)\cdot(x\boldsymbol{a}_x+y\boldsymbol{a}_y+z\boldsymbol{a}_z)=\boldsymbol{k}_1(x\sin\theta+z\cos\theta)$$

式中，k_1 为入射波的波数，$k_1=\omega\sqrt{\varepsilon_1\mu_1}$。

因此，入射波的电场是

$$\boldsymbol{E}_i=E_{\mathrm{im}}(\cos\theta_i\boldsymbol{a}_x-\sin\theta_i\boldsymbol{a}_z)\mathrm{e}^{-\mathrm{j}k_1(x\sin\theta_i+z\cos\theta_i)} \tag{3-102}$$

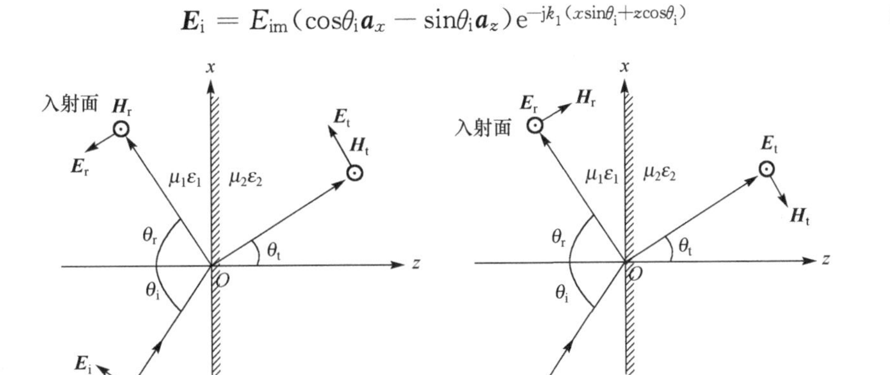

图 3-14 均匀平面波的斜入射

入射波的磁场矢量与 y 轴平行，根据均匀平面波公式 $\boldsymbol{H}=\frac{1}{\eta}\boldsymbol{a}_k\times\boldsymbol{E}$，求出入射波的磁场为

$$\boldsymbol{H}_i=\frac{E_{\mathrm{im}}}{\eta_1}\mathrm{e}^{-\mathrm{j}k_1(x\sin\theta_i+z\cos\theta_i)}\boldsymbol{a}_y \tag{3-103}$$

式中，$\eta_1=\sqrt{\mu_1/\varepsilon_1}$，为入射波空间媒质的本征阻抗。

类似地，可以写出反射波的电场是

$$\boldsymbol{E}_r=E_{\mathrm{rm}}(-\cos\theta_r\boldsymbol{a}_x-\sin\theta_r\boldsymbol{a}_z)\mathrm{e}^{-\mathrm{j}k_1(x\sin\theta_r-z\cos\theta_r)} \tag{3-104}$$

式中，E_{rm} 是反射波电场的最大值。

反射波的磁场是

$$\boldsymbol{H}_r=\frac{E_{\mathrm{rm}}}{\eta_1}\mathrm{e}^{-\mathrm{j}k_1(x\sin\theta_r-z\cos\theta_r)}\boldsymbol{a}_y \tag{3-105}$$

折射波的电场是

$$\boldsymbol{E}_t=E_{\mathrm{tm}}(\cos\theta_t\boldsymbol{a}_x-\sin\theta_t\boldsymbol{a}_z)\mathrm{e}^{-\mathrm{j}k_2(x\sin\theta_t+z\cos\theta_t)} \tag{3-106}$$

式中，E_{tm} 是折射波电场的最大值；k_2 为折射波的波数，$k_2=\omega\sqrt{\varepsilon_2\mu_2}$ 。

折射波的磁场为

$$\boldsymbol{H}_t=\frac{E_{tm}}{\eta_2}e^{-jk_2(x\sin\theta_t+z\cos\theta_t)}\boldsymbol{a}_y \tag{3-107}$$

式中，$\eta_2=\sqrt{\mu_2/\varepsilon_2}$ ，为折射波空间媒质的本征阻抗。

2. 斯涅尔定律

现在我们来确定反射角和透射角与入射角之间的关系。根据边界条件，在 $z=0$ 的分界面上，电场的切向分量应该是连续的。由图 3-14(a)可以看出，电场的 E_x 分量是切向分量。

在 $z=0$ 的分界面上，令入射波和反射波的 E_x 分量之和等于折射波的 E_x 分量，得到

$$E_{im}\cos\theta e^{-jk_1x\sin\theta_i}+E_{rm}(-\cos\theta_r)e^{-jk_1x\sin\theta_r}=E_{tm}\cos\theta_t e^{-jk_2x\sin\theta_t} \tag{3-108}$$

式(3-108)对任意 x 值都成立，必然有

$$e^{-jk_1x\sin\theta_i}=e^{-jk_1x\sin\theta_r}=e^{-jk_2x\sin\theta_t} \tag{3-109}$$

即

$$-jk_1x\sin\theta_i=-jk_1x\sin\theta_r=-jk_2x\sin\theta_t \tag{3-110}$$

故

$$\theta_i=\theta_r \tag{3-111}$$

式(3-111)表明反射角等于入射角，该结果称为斯涅尔反射定律。

又

$$k_1\sin\theta_i=k_2\sin\theta_t \tag{3-112}$$

已知 $k_1=\omega\sqrt{\varepsilon_1\mu_1}$ 和 $k_2=\omega\sqrt{\varepsilon_2\mu_2}$ ，代入式(3-112)得

$$\sqrt{\varepsilon_1\mu_1}\sin\theta_i=\sqrt{\varepsilon_2\mu_2}\sin\theta_t \tag{3-113}$$

或

$$\frac{\sin\theta_t}{\sin\theta_i}=\frac{\sqrt{\varepsilon_1\mu_1}}{\sqrt{\varepsilon_2\mu_2}}=\frac{v_2}{v_1} \tag{3-114}$$

式中，$v_1=\dfrac{1}{\sqrt{\mu_1\varepsilon_1}}$ ，$v_2=\dfrac{1}{\sqrt{\mu_2\varepsilon_2}}$ 分别是均匀平面波在媒质 1 和媒质 2 中的相速。

对于一般非磁性介质，$\mu_1\approx\mu_2\approx\mu_0$ ，式(3-114)可写成

$$\frac{\sin\theta_t}{\sin\theta_i}=\frac{\sqrt{\varepsilon_1}}{\sqrt{\varepsilon_2}}=\frac{n_1}{n_2} \tag{3-115}$$

式(3-115)称为斯涅尔折射定律。n_1 和 n_2 分别代表介质 1 和介质 2 的折射率。

3. 斜入射时的反射系数、透射系数、波阻抗

下面我们来确定反射波和折射波的大小与入射波大小的关系。习惯上我们是用电场的切向分量来讨论问题的。知道了电场的切向分量，根据式(3-102)、式(3-104)和式(3-106)就可以确定入射波、反射波和折射波的电场，波的磁场也能得到。

用电场的切向分量来讨论问题，引进波阻抗的概念是方便的。我们把平行于分界面的切向电场与切向磁场的比值定义为波阻抗。对于我们所讨论的平行极化波，波阻抗为

$$\eta_{z1}=\frac{E_{ix}}{H_{iy}}=\frac{-E_{rx}}{H_{ry}} \tag{3-116}$$

$$\eta_{z2}=\frac{E_{tx}}{H_{ty}} \tag{3-117}$$

根据式(3-102)和式(3-103),得到

$$\eta_{z1}=\frac{E_{ix}}{H_{iy}}=\eta_1\cos\theta_i \tag{3-118}$$

再根据式(3-106)和式(3-107),得到

$$\eta_{z2}=\frac{E_{tx}}{H_{ty}}=\eta_2\cos\theta_t \tag{3-119}$$

在理想介质的分界面上,电磁场的切向分量应该满足连续条件,即

$$E_{ix}+E_{rx}=E_{tx} \tag{3-120}$$

$$H_{ix}+H_{rx}=H_{tx} \tag{3-121}$$

利用波阻抗公式(3-116)和式(3-117),式(3-121)可以写成

$$\frac{E_{ix}}{\eta_{z1}}-\frac{E_{rx}}{\eta_{z1}}=\frac{E_{tx}}{\eta_{z2}} \tag{3-122}$$

联立求解式(3-120)和式(3-122),得到

$$E_{rx}=\frac{\eta_{z2}-\eta_{z1}}{\eta_{z2}+\eta_{z1}}E_{ix} \tag{3-123}$$

$$E_{tx}=\frac{2\eta_{z2}}{\eta_{z2}+\eta_{z1}}E_{ix} \tag{3-124}$$

用切向电场的比值定义的平行极化波的反射系数和透射系数为

$$\Gamma_{/\!/}=\frac{E_{rx}}{E_{ix}}=\frac{\eta_{z2}-\eta_{z1}}{\eta_{z2}+\eta_{z1}} \tag{3-125}$$

$$T_{/\!/}=\frac{E_{tx}}{E_{ix}}=\frac{2\eta_{z2}}{\eta_{z2}+\eta_{z1}} \tag{3-126}$$

将 η_{z1} 的表达式(3-118)和 η_{z2} 的表达式(3-119)代入,上面两式得到

$$\Gamma_{/\!/}=\frac{E_{rx}}{E_{ix}}=\frac{\eta_2\cos\theta_t-\eta_1\cos\theta_i}{\eta_2\cos\theta_t+\eta_1\cos\theta_i} \tag{3-127}$$

$$T_{/\!/}=\frac{E_{tx}}{E_{ix}}=\frac{2\eta_2\cos\theta_t}{\eta_2\cos\theta_t+\eta_1\cos\theta_i} \tag{3-128}$$

3.7.2 垂直极化波的斜入射

类似地,对于图 3-14(b)所示的垂直极化波,其入射波、反射波和折射波的电场和磁场分别为

$$\boldsymbol{E}_i=\boldsymbol{a}_yE_{im}e^{-jk_1(x\sin\theta_i+z\cos\theta_i)} \tag{3-129}$$

$$\boldsymbol{H}_i=\frac{E_{im}}{\eta_1}(-\boldsymbol{a}_x\cos\theta_i+\boldsymbol{a}_z\sin\theta_i)e^{-jk_1(x\sin\theta_i+z\cos\theta_i)} \tag{3-130}$$

$$\boldsymbol{E}_r=\boldsymbol{a}_y\Gamma_\perp E_{im}e^{-jk_1(x\sin\theta_i-z\cos\theta_i)} \tag{3-131}$$

$$\boldsymbol{H}_r=\frac{\Gamma_\perp E_{im}}{\eta_1}(\boldsymbol{a}_x\cos\theta_i+\boldsymbol{a}_z\sin\theta_i)e^{-jk_1(x\sin\theta_i-z\cos\theta_i)} \tag{3-132}$$

$$\boldsymbol{E}_t=\boldsymbol{a}_yT_\perp E_{im}e^{-jk_2(x\sin\theta_t+z\cos\theta_t)} \tag{3-133}$$

$$\boldsymbol{H}_t = \frac{T_\perp E_{im}}{\eta_2}(-\boldsymbol{a}_x \cos\theta_t + \boldsymbol{a}_z \sin\theta_t)\mathrm{e}^{-jk_2(x\sin\theta_t + z\cos\theta_t)} \tag{3-134}$$

式中，$\Gamma_\perp$ 和 $T_\perp$ 分别表示垂直极化波的反射系数和透射系数。

对于垂直极化波，入射波和反射波的波阻抗为

$$\eta_{z1\perp} = \frac{E_{iy}}{H_{ix}} = -\frac{E_{ry}}{H_{rx}} = \frac{\eta_1}{\cos\theta_i} \tag{3-135}$$

折射波的波阻抗为

$$\eta_{z2\perp} = \frac{E_{ty}}{H_{tx}} = \frac{\eta_2}{\cos\theta_t} \tag{3-136}$$

仿照平行极化波的做法，可以得到按切向电场的比值定义的垂直极化波的反射系数是

$$\Gamma_\perp = \frac{E_{ry}}{E_{iy}} = \frac{\eta_{z2} - \eta_{z1}}{\eta_{z2} + \eta_{z1}} \tag{3-137}$$

或

$$\Gamma_\perp = \frac{\eta_2\cos\theta_i - \eta_1\cos\theta_t}{\eta_2\cos\theta_i + \eta_1\cos\theta_t} \tag{3-138}$$

垂直极化波的透射系数是

$$T_\perp = \frac{E_{ty}}{E_{iy}} = \frac{2\eta_{z2}}{\eta_{z2} + \eta_{z1}} \tag{3-139}$$

$$T_\perp = \frac{2\eta_2\cos\theta_i}{\eta_2\cos\theta_i + \eta_1\cos\theta_t} \tag{3-140}$$

例 3-6 均匀平面波以入射角 $\theta_i = \theta_1$ 入射到两种无耗介质的分界面，入射波的电场矢量与入射面垂直，折射角 $\theta_t = \theta_2$ 。

①若已知反射系数 $\Gamma_\perp = \frac{1}{2}$ ，求透射系数 $T_\perp$ ；②若 $\boldsymbol{E}$ 自介质 2 向介质 1 垂直于入射，$\theta'_i = \theta_2$，求 θ'_t、$R'_\perp$、$T'_\perp$ ；③在上述两种入射情况下，功率反射系数和功率透射系数是否相等?

解

①当 $\boldsymbol{E}$ 垂直于入射面时，因该波为垂直极化波，所以有

$$T_\perp = 1 + \Gamma_\perp = \frac{3}{2}$$

②平面波自介质 1 入射时，由折射定律有

$$k_1\sin\theta_1 = k_2\sin\theta_2$$

当自介质 2 入射，且 $\theta'_i = \theta_2$ 时，入射角和透射角仍满足上式，所以有 $\theta'_t = \theta_1$。

当平面波自介质 1 入射时

$$\Gamma_\perp = \frac{\eta_2\cos\theta_1 - \eta_1\cos\theta_2}{\eta_2\cos\theta_1 + \eta_1\cos\theta_2}$$

自介质 2 入射时，入射角、透射角分别为 θ_2、θ_1 ，入射区、透射区的波阻抗分别是 η_2、η_1 ，故

$$\Gamma'_\perp = \frac{\eta_1\cos\theta_2 - \eta_2\cos\theta_1}{\eta_1\cos\theta_2 + \eta_2\cos\theta_1} = -\Gamma_\perp = -\frac{1}{2}$$

$$T'_\perp = 1 + \Gamma'_\perp = \frac{1}{2}$$

可见，当均匀平面波反向入射时，只是反射系数改变了符号。

③因功率反射系数是场强反射系数的平方，故当波自介质1入射及波自介质2入射的功率反射系数γ和γ'分别为

$$\gamma=|\Gamma_{\perp}|^{2}=|\Gamma'_{\perp}|^{2}=\gamma'$$

而功率透射系数t、t'为

$$t=1-\gamma=1-\gamma'=t'$$

即两种情况下，功率反射系数和透射系数均相同。

3.7.3 波的全反射

全反射是指$|\Gamma|=1$时波的反射现象。与理想导体表面的全反射相比，介质分界面上的全反射只有在特定条件下才能发生，而且具有独特的传输特性。

1. 全反射产生的条件

由斯涅耳折射定律式(3-115)知道，折射波的折射角是随入射角变化的，即

$$\sin\theta_{\mathrm{t}}=\frac{\sqrt{\varepsilon_1}}{\sqrt{\varepsilon_2}}\sin\theta_{\mathrm{i}}$$

可以看出，当$\varepsilon_1>\varepsilon_2$，必有$\theta_{\mathrm{t}}>\theta_{\mathrm{i}}$，即折射角比入射角大。如果入射角为某个角度时，刚好使得$\sqrt{\varepsilon_1/\varepsilon_2}\sin\theta_{\mathrm{i}}=1$，此时的折射角刚好是90°，此时折射波沿分界面传播，这种现象称为波的全反射现象。此时所对应的入射角称为临界角θ_{c}，可见临界角满足

$$\sin\theta_{\mathrm{c}}=\sqrt{\varepsilon_2/\varepsilon_1} \tag{3-141}$$

或

$$\theta_{\mathrm{c}}=\arcsin\sqrt{\varepsilon_2/\varepsilon_1} \tag{3-142}$$

从式(3-141)和式(3-142)可见，$\theta_{\mathrm{i}}=\theta_{\mathrm{c}}$时，$|\Gamma_{/\!/}|=\Gamma_{\perp}|=1$。若$\theta_{\mathrm{i}}>\theta_{\mathrm{c}}$，则$\sin\theta_{\mathrm{i}}>\sqrt{\varepsilon_2/\varepsilon_1}$，仍有$|\Gamma_{/\!/}|=\Gamma_{\perp}|=1$。可见，无论是什么极化波，只要满足入射角大于或等于临界角的条件，就会发生全反射。由于发生全反射要求$\varepsilon_1>\varepsilon_2$，因此波的全反射现象只有在波从光密媒质入射到光疏媒质的表面时才可能发生。当然，$\theta_{\mathrm{i}}>\theta_{\mathrm{c}}$时，$\theta_{\mathrm{t}}$无解，这表示没有电磁能量传入媒质2中。在媒质2中虽然没有电磁能量传入，但由于边界条件要求在分界面上切向场量连续，所以在媒质2中应有场量存在，且这些场量将沿离开分界面的方向衰减。

2. 波发生全反射时的场分布

当$\theta_{\mathrm{i}}>\theta_{\mathrm{c}}$，则$\sin\theta_{\mathrm{i}}>\sqrt{\varepsilon_2/\varepsilon_1}$，因此

$$\sin\theta_{\mathrm{t}}=\sqrt{\varepsilon_1/\varepsilon_2}\sin\theta_{\mathrm{i}}>1 \tag{3-143}$$

而

$$\cos\theta_{\mathrm{t}}=\pm\sqrt{1-\sin^2\theta_{\mathrm{t}}}=\pm\mathrm{j}\sqrt{\sin^2\theta_{\mathrm{t}}-1} \tag{3-144}$$

所以，当发生全反射时，$\cos\theta_{\mathrm{t}}$是纯虚数。如果$\cos\theta_{\mathrm{t}}$取"+"号，代入折射波公式，可知媒质2中的折射波沿离开分界面的方向幅度呈指数规律增大，不符合媒质2中没有电磁能量传入的物理现象。因此，$\cos\theta_{\mathrm{t}}$只有取"−"号才有物理意义，即

$$\cos\theta_{\mathrm{t}}=-\mathrm{j}\sqrt{\sin^2\theta_{\mathrm{t}}-1} \tag{3-145}$$

将式(3-145)分别代入平行极化波和垂直极化波的折射波计算式中,得

$$\boldsymbol{E}_{//,\mathrm{t}}=(-\mathrm{j}\,\boldsymbol{a}_x\sqrt{\sin^2\theta_\mathrm{t}-1}-\boldsymbol{a}_z\sin\theta_\mathrm{t})T_{//}E_\mathrm{im}\mathrm{e}^{-k_2z\sqrt{\sin^2\theta_\mathrm{t}-1}}\mathrm{e}^{-\mathrm{j}k_2x\sin\theta_\mathrm{t}} \tag{3-146}$$

$$\boldsymbol{H}_{//,\mathrm{t}}=\boldsymbol{a}_y\frac{T_{//}E_\mathrm{im}}{\eta_2}\mathrm{e}^{-k_2z\sqrt{\sin^2\theta_\mathrm{t}-1}}\mathrm{e}^{-\mathrm{j}k_2x\sin\theta_\mathrm{t}} \tag{3-147}$$

$$\boldsymbol{E}_{\perp,\mathrm{t}}=\boldsymbol{a}_yT_\perp E_\mathrm{im}\mathrm{e}^{-k_2z\sqrt{\sin^2\theta_\mathrm{t}-1}}\mathrm{e}^{-\mathrm{j}k_2x\sin\theta_\mathrm{t}} \tag{3-148}$$

$$\boldsymbol{H}_{\perp,\mathrm{t}}=(\mathrm{j}\,\boldsymbol{a}_x\sqrt{\sin^2\theta_\mathrm{t}-1}+\boldsymbol{a}_z\sin\theta_\mathrm{t})\frac{T_\perp E_\mathrm{im}}{\eta_2}\mathrm{e}^{-k_2z\sqrt{\sin^2\theta_\mathrm{t}-1}}\mathrm{e}^{-\mathrm{j}k_2x\sin\theta_\mathrm{t}} \tag{3-149}$$

注意:平行极化波中的E_im和垂直极化波中的E_im只是表示两种极化波的入射波振幅,二者之间没有关系。

可见,波发生全反射时并非没有折射波,只是这些折射波具有以下特点:

(1) 从式(3-146)~式(3-149)的$\mathrm{e}^{-\mathrm{j}k_2x\sin\theta_\mathrm{t}}$项可以看出,折射波沿 x 方向传播,波的等相位面是 x 面。从$\mathrm{e}^{-k_2z\sqrt{\sin^2\theta_\mathrm{t}-1}}$项可以看出,折射波的振幅沿 z 方向按指数规律衰减,衰减常数为

$$\alpha=k_2\sqrt{\sin^2\theta_\mathrm{t}-1} \tag{3-150}$$

因此折射波是非均匀平面波。

(2) 对于平行极化波,$\boldsymbol{E}_{//,\mathrm{t}}\cdot\boldsymbol{a}_x\neq0$,但$\boldsymbol{H}_{//,\mathrm{t}}\cdot\boldsymbol{a}_x=0$,即只有磁场垂直于传播方向。因此,平行极化波全反射时的折射波是横磁波(Transverse Magnetic Wave,TM 波)。

对于垂直极化波,$\boldsymbol{E}_{\perp,\mathrm{t}}\cdot\boldsymbol{a}_x=0$,但$\boldsymbol{H}_{\perp,\mathrm{t}}\cdot\boldsymbol{a}_x\neq0$,即只有电场垂直于传播方向。因此,垂直极化波全反射时的折射波是横电波(Transverse Electric Wave,TE 波)。

(3) 折射波的平均坡印亭矢量为

$$\boldsymbol{S}^\mathrm{av}_{//,\mathrm{t}}=\frac{1}{2}\mathrm{Re}[E_{//,\mathrm{t}}\times H^*_{//,\mathrm{t}}]=\boldsymbol{a}_x\frac{|T_{//}|^2E_\mathrm{im}^2}{2\eta_2}\sin\theta_\mathrm{t}\mathrm{e}^{-2k_2z\sqrt{\sin^2\theta_\mathrm{t}-1}} \tag{3-151}$$

$$\boldsymbol{S}^\mathrm{av}_{\perp,\mathrm{t}}=\frac{1}{2}\mathrm{Re}[\boldsymbol{E}_{//,\mathrm{t}}\times\boldsymbol{H}^*_{//,\mathrm{t}}]=\boldsymbol{a}_x\frac{|T_\perp|^2E_\mathrm{im}^2}{2\eta_2}\sin\theta_\mathrm{t}\mathrm{e}^{-2k_2z\sqrt{\sin^2\theta_\mathrm{t}-1}} \tag{3-152}$$

可见,折射波沿 z 方向衰减,电磁波的能量主要集中在临近分界面的附近,因此称之为表面波。

(4) 折射波传播方向上的相移常数(波数)为$\beta_x=k_2\sin\theta_\mathrm{t}$。由于全反射时媒质$\sin\theta_\mathrm{t}>1$,因此折射波的相速为

$$v_x=\frac{\omega}{\beta_x}=\frac{\omega}{k_2\sin\theta_t}=\frac{v_2}{\sin\theta_t}<v_2 \tag{3-153}$$

式中,v_2 为该频率的均匀平面波在单一媒质 2 中的相速。由于全反射时媒质 2 中的表面波的相速小于该速度,因此这种表面波又称为慢波。

电磁波在介质与空气分界面上的全反射是实现表面波传输的基础。光纤和平板介质波导都是利用全反射来实现表面波传播的典型例子。光纤是传播电波的玻璃纤维,比如由芯子和敷层构成的光纤。芯子的相对介电常数比敷层的要高,这样才能使光不断地被敷层所反射而在光纤内传播。

3.7.4 波的全折射

在电磁波斜入射的情况下,只要满足一定的条件,即 $\Gamma=0$ 时,就会发生没有反射波的现

象，这就是波的全折射现象。由于在发生全折射时没有反射波，因此全折射的条件可以通过令波的反射系数为零来求得。

1. 理想电介质($\mu_1=\mu_2=\mu_0$)

对平行极化波的斜入射，其反射系数根据式(3-127)得

$$\Gamma_{//}=\frac{\eta_2\cos\theta_t-\eta_1\cos\theta_i}{\eta_2\cos\theta_t+\eta_1\cos\theta_i}$$

发生全折射时，$\Gamma_{//}=0$，得到

$$\eta_2\cos\theta_t=\eta_1\cos\theta_i$$

将$\mu_1=\mu_2=\mu_0$代入上式得

$$\cos\theta_i=\sqrt{\frac{\varepsilon_1}{\varepsilon_2}}\cos\theta_t \tag{3-154}$$

根据折射定律

$$\sin\theta_t=\sqrt{\frac{\varepsilon_1}{\varepsilon_2}}\sin\theta_i \tag{3-155}$$

利用三角函数关系，从式(3-154)和式(3-155)中消去θ_t，得

$$\sin\theta_i=\sqrt{\frac{\varepsilon_2}{\varepsilon_1+\varepsilon_2}}$$

或

$$\theta=\theta_p=\arcsin\sqrt{\frac{\varepsilon_2}{\varepsilon_1+\varepsilon_2}}=\arctan\sqrt{\frac{\varepsilon_2}{\varepsilon_1}} \tag{3-156}$$

式中，θ_p就是全折射角，称为布儒斯特角，也称为极化角或偏振角。这说明对于平行极化波，当入射角为θ_p时，电磁波的全部能量将传输到介质2中而没有反射波。

我们再来看垂直极化波的斜入射，其反射系数根据式(3-138)，有

$$\Gamma_{\perp}=\frac{\eta_2\cos\theta_i-\eta_1\cos\theta_t}{\eta_2\cos\theta_i+\eta_1\cos\theta_t}$$

令$\Gamma_{\perp}=0$，得

$$\eta_2\cos\theta_i=\eta_1\cos\theta_t$$

将$\mu_1=\mu_2=\mu_0$代入上式得

$$\cos\theta_t=\sqrt{\frac{\varepsilon_1}{\varepsilon_2}}\cos\theta_i$$

根据折射定律，有

$$\sin\theta_t=\sqrt{\frac{\varepsilon_1}{\varepsilon_2}}\sin\theta_i \tag{3-157}$$

由于$\varepsilon_1\neq\varepsilon_2$，因此$\theta_t=\theta_i$是不可能的。这说明垂直极化波斜入射时，波的全折射现象是不可能发生的。

2. 理想磁介质($\varepsilon_1=\varepsilon_2=\varepsilon_0$)

平行极化波斜入射到理想磁介质表面，因式(3-156)无解，所以不可能发生全折射现象。

对垂直极化波，布儒斯特角为

$$\theta_{\mathrm{p}}=\arcsin\sqrt{\frac{\mu_2}{\mu_1+\mu_2}}=\arctan\sqrt{\frac{\mu_2}{\mu_1}} \tag{3-158}$$

综上所述，在理想电介质中，只有平行极化波会发生全折射现象，垂直极化波不会发生全折射；在理想磁介质中，只有垂直极化波会发生全折射现象，平行极化波不会发生全折射现象。

波的全折射现象的一个典型的应用是，当沿不同方向极化的电磁波以布儒斯特角 θ_{p} 入射到不同媒质的分界面时，反射波中就只剩下垂直极化波的分量，而没有平行极化波的分量。

3.7.5　理想导体表面的斜入射

理想导体是导电媒质的一种特殊情况。当均匀平面波向理想导体斜入射时，设有折射波，电磁波被完全反射，且反射角 θ_{r} 等于入射角 θ_{i}。

首先研究平行极化波在理想导体表面的斜入射。由于在理想导体的表面，电场的切向分量应该为零，因此由入射波和反射波电场表达式(3-102)和式(3-104)可以看出，电场的 E_x 分量应该满足

$$E_{\mathrm{im}}\cos\theta_{\mathrm{i}}-E_{\mathrm{rm}}\cos\theta_{\mathrm{r}}=0$$

而 $\theta_{\mathrm{r}}=\theta_{\mathrm{i}}$，所以

$$E_{\mathrm{im}}=E_{\mathrm{rm}}$$

因此入射波和反射波的合成电场为

$$\boldsymbol{E}=E_{\mathrm{im}}(\cos\theta_{\mathrm{i}}\boldsymbol{a}_x-\sin\theta_{\mathrm{i}}\boldsymbol{a}_z)\mathrm{e}^{-\mathrm{j}k(x\sin\theta_{\mathrm{i}}+z\cos\theta_{\mathrm{i}})}+E_{\mathrm{im}}(-\cos\theta_{\mathrm{i}}\boldsymbol{a}_x-\sin\theta_{\mathrm{i}}\boldsymbol{a}_z)\mathrm{e}^{-\mathrm{j}k(x\sin\theta_{\mathrm{i}}-z\cos\theta_{\mathrm{i}})} \tag{3-159}$$

或

$$\begin{aligned}E_x&=E_{\mathrm{im}}\cos\theta_{\mathrm{i}}\left[\mathrm{e}^{-\mathrm{j}k(x\sin\theta_{\mathrm{i}}+z\cos\theta_{\mathrm{i}})}-\mathrm{e}^{-\mathrm{j}k(x\sin\theta_{\mathrm{i}}-z\cos\theta_{\mathrm{i}})}\right]\\&=-2\mathrm{j}E_{\mathrm{im}}\cos\theta_{\mathrm{i}}\sin(kz\cos\theta_{\mathrm{i}})\mathrm{e}^{-\mathrm{j}kx\sin\theta_i}\end{aligned} \tag{3-160}$$

$$\begin{aligned}E_z&=-E_{\mathrm{im}}\sin\theta_{\mathrm{i}}\left[\mathrm{e}^{-\mathrm{j}k(x\sin\theta_{\mathrm{i}}+z\cos\theta_{\mathrm{i}})}+\mathrm{e}^{-\mathrm{j}k(x\sin\theta_{\mathrm{i}}-z\cos\theta_{\mathrm{i}})}\right]\\&=-2E_{\mathrm{im}}\sin\theta_{\mathrm{i}}\cos(kz\cos\theta_{\mathrm{i}})\mathrm{e}^{-\mathrm{j}kx\sin\theta_{\mathrm{i}}}\end{aligned} \tag{3-161}$$

合成磁场可根据式(3-103)和式(3-105)得到

$$\boldsymbol{H}=\frac{E_{\mathrm{im}}}{\eta}\mathrm{e}^{-\mathrm{j}k(x\sin\theta_{\mathrm{i}}+z\cos\theta_{\mathrm{i}})}\boldsymbol{a}_y+\frac{E_{\mathrm{im}}}{\eta}\mathrm{e}^{-\mathrm{j}k(x\sin\theta_{\mathrm{r}}-z\cos\theta_{\mathrm{r}})}\boldsymbol{a}_y \tag{3-162}$$

或

$$H_y=2\frac{E_{\mathrm{im}}}{\eta}\cos(kz\cos\theta_{\mathrm{i}})\mathrm{e}^{-\mathrm{j}kx\sin\theta_{\mathrm{i}}} \tag{3-163}$$

对于垂直极化波在理想导体表面的斜入射，我们同样可以得到合成电磁场为

$$E_y=-2\mathrm{j}E_{\mathrm{im}}\sin(kz\cos\theta_{\mathrm{i}})\mathrm{e}^{-\mathrm{j}kx\sin\theta_{\mathrm{i}}} \tag{3-164}$$

$$H_x=-2\frac{E_{\mathrm{im}}}{\eta}\cos\theta_{\mathrm{i}}\cos(kz\cos\theta_{\mathrm{i}})\mathrm{e}^{-\mathrm{j}kx\sin\theta_{\mathrm{i}}} \tag{3-165}$$

$$H_z=-2\frac{E_{\mathrm{im}}}{\eta}\sin\theta_{\mathrm{i}}\sin(kz\cos\theta_{\mathrm{i}})\mathrm{e}^{-\mathrm{j}kx\sin\theta_{\mathrm{i}}} \tag{3-166}$$

从式(3-160)～式(3-166)可以看出，均匀平面波在理想导体表面斜入射后的合成波具有以下特点。

(1) 从式中的$e^{-jkx\sin\theta_i}$可以看出，$\boldsymbol{k}_x=\boldsymbol{a}_x k\sin\theta_i$，合成波沿 x 方向传播，波的等相位面是$x=$常数的面。从合成波幅度中的 $\sin(kz\cos\theta_i)$或 $\cos(kz\cos\theta_i)$可以看出，波的振幅沿 z 方向按正弦函数或余弦函数分布，即呈驻波分布，因此合成波是非均匀平面波。

(2) 对于平行极化波，$\boldsymbol{E}\cdot\boldsymbol{a}_x\neq0$，但 $\boldsymbol{H}\cdot\boldsymbol{a}_x=0$，即只有磁场强度垂直于传播方向。因此，平行极化波全反射时的合成波是横磁波(TM 波)。

对于垂直极化波，$\boldsymbol{E}\cdot\boldsymbol{a}_x=0$，但 $\boldsymbol{H}\cdot\boldsymbol{a}_x\neq0$，即只有电场强度垂直于传播方向。因此，垂直极化波全反射时的合成波是横电波(TE 波)。

(3) 合成波的平均坡印亭矢量为

$$\boldsymbol{S}_{//}^{\text{av}}=\frac{1}{2}\text{Re}[\boldsymbol{E}\times\boldsymbol{H}^*]=\boldsymbol{a}_x\frac{2E_{\text{im}}^2}{\eta}\sin\theta_t\cos^2(kz\cos\theta_i) \tag{3-167}$$

$$\boldsymbol{S}_{\perp}^{\text{av}}=\frac{1}{2}\text{Re}[\boldsymbol{E}\times\boldsymbol{H}^*]=\boldsymbol{a}_x\frac{2E_{\text{im}}^2}{\eta}\sin\theta_t\sin^2(kz\cos\theta_i) \tag{3-168}$$

可见，合成波的能量沿 x 方向传播，在 z 方向呈驻波分布。

(4) 合成波传播方向上的相移常数(波数)为 $\beta_x=k\sin\theta_i$，于是相速为

$$v_x=\frac{\omega}{\beta_x}=\frac{\omega}{k\sin\theta_i}=\frac{v_p}{\sin\theta_i}>v_p \tag{3-169}$$

式中，v_p 为该频率的均匀平面波在理想导体外侧媒质中的相速。由于合成波相速大于该速度，因此这种合成波又称为快波。如果理想导体外侧媒质为空气，则合成波的相速大于光速。

例 3-7 如图 3-15 所示，均匀平面波由空气入射到理想导体表面($z=0$)，已知入射波电场

$$\boldsymbol{E}_i=5(\boldsymbol{a}_x+\sqrt{3}\boldsymbol{a}_z)e^{j6(\sqrt{3}x-z)}\ (\text{V/m})$$

求：①反射波电场和磁场；②理想导体表面的面电荷密度和面电流密度。

解 ①要求反射波场的表达式，首先要求出反射波的传播方向。入射波传播方向单位矢量为

$$\boldsymbol{a}_i=\frac{\boldsymbol{k}_i}{k_i}=-\frac{\sqrt{3}}{2}\boldsymbol{a}_x+\frac{1}{2}\boldsymbol{a}_z=\cos\alpha_i\boldsymbol{a}_x+\cos\gamma_i\boldsymbol{a}_z$$

由图 3-15 可见，入射面在 xOz 面内。式中，α_i 和 γ_i 分别表示入射线与 x 轴和 z 轴的夹角，显然，$\alpha_i=\frac{5}{6}\pi$，$\gamma_i=\frac{\pi}{3}$。入射角 $\theta_i=\gamma_i=\frac{\pi}{3}$，几何关系如图 3-15 所示。由此可以写出反射波传播方向的单位矢量为

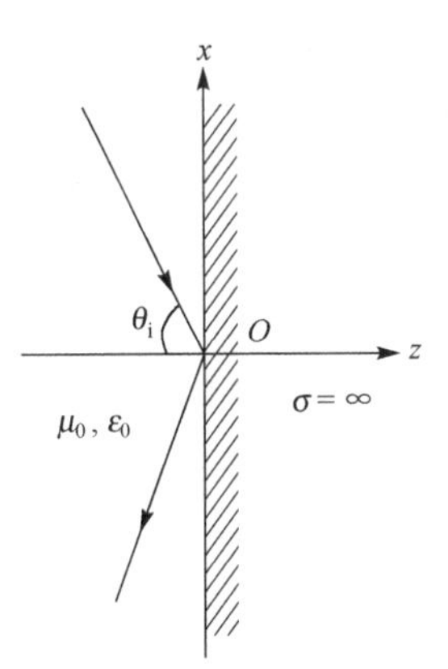

图 3-15 均匀平面波斜入射到理想导体表面

$$\boldsymbol{a}_r=-\sin\theta_i\boldsymbol{a}_x-\cos\theta_i\boldsymbol{a}_z$$

考虑到 $\boldsymbol{E}_i$ 平行于入射面，于是反射波电场可以写成

$$\boldsymbol{E}_r=\boldsymbol{E}_{r0}e^{-jk\boldsymbol{a}_r\cdot\boldsymbol{r}}=E_{r0}(-\cos\theta_i\boldsymbol{a}_x-\sin\theta_i\boldsymbol{a}_z)e^{-jk(-\sin\theta_i\boldsymbol{a}_x-\cos\theta_i\boldsymbol{a}_z)\cdot\boldsymbol{r}}$$

将 $\cos\theta_i=\frac{1}{2}$，$\sin\theta_i=\frac{\sqrt{3}}{2}$，$E_{r0}=E_{i0}=|5(\boldsymbol{a}_x+\sqrt{3}\boldsymbol{a}_z)|$，代入上式，得

$$\boldsymbol{E}_r=5(-\boldsymbol{a}_x+\sqrt{3}\boldsymbol{a}_z)e^{j6(\sqrt{3}x+z)}\ (\text{V/m})$$

且

$$\boldsymbol{H}_{\mathrm{r}}=\frac{1}{\eta_0}\boldsymbol{a}_{\mathrm{r}}\times\boldsymbol{E}_{\mathrm{r}}=\frac{10}{\eta_0}\mathrm{e}^{\mathrm{j}6(\sqrt{3}x+z)}\boldsymbol{a}_y(\mathrm{A/m})$$

②理想导体表面的 ρ_{s}、$\boldsymbol{J}_{\mathrm{s}}$ 取决于空气中的合成场，其中电场

$$\begin{aligned}\boldsymbol{E}_1&=\boldsymbol{E}_{\mathrm{i}}+\boldsymbol{E}_{\mathrm{r}}=5(\boldsymbol{a}_x+\sqrt{3}\boldsymbol{a}_z)\mathrm{e}^{\mathrm{j}6(\sqrt{3}x-z)}+5(-\boldsymbol{a}_x+\sqrt{3}\boldsymbol{a}_z)\mathrm{e}^{\mathrm{j}6(\sqrt{3}x+z)}\\&=10(-\mathrm{j}\sin 6z\boldsymbol{a}_x+\sqrt{3}\cos 6z\boldsymbol{a}_z)\mathrm{e}^{\mathrm{j}6\sqrt{3}x}(\mathrm{V/m})\end{aligned}$$

类似可得

$$\boldsymbol{H}_1=\boldsymbol{H}_{\mathrm{i}}+\boldsymbol{H}_{\mathrm{r}}=\frac{1}{6\pi}\cos 6z\mathrm{e}^{\mathrm{j}6\sqrt{3}x}\boldsymbol{a}_y(\mathrm{A/m})$$

于是

$$\rho_{\mathrm{s}}=\boldsymbol{n}\cdot\boldsymbol{D}_1|_{z=0}=\varepsilon_0(-\boldsymbol{a}_z)\cdot\boldsymbol{E}_1|_{z=0}=-10\sqrt{3}\varepsilon_0\mathrm{e}^{\mathrm{j}6\sqrt{3}x}(\mathrm{C/m^2})$$

$$\boldsymbol{J}_{\mathrm{s}}=\boldsymbol{n}\times\boldsymbol{H}_1|_{z=0}=(-\boldsymbol{a}_z)\times\boldsymbol{a}_y\frac{1}{6\pi}\mathrm{e}^{\mathrm{j}6\sqrt{3}x}=\frac{1}{6\pi}\mathrm{e}^{\mathrm{j}6\sqrt{3}x}\boldsymbol{a}_x(\mathrm{A/m})$$

3.7.6　相速和群速

相速是电磁波的等相位面的推进速度，是令 $\omega t-\beta z$ 为常数导出的，即

$$v_{\mathrm{p}}=\frac{\mathrm{d}z}{\mathrm{d}t}=\frac{\omega}{\beta}\tag{3-170}$$

式中，β 为相移系数。在理想介质中，$\beta=k=\omega\sqrt{\mu\varepsilon}$，是角频率 ω 的线性函数。因此，相速是一个与频率无关的常数，只与理想介质的介电常数和磁导率有关。然而，在有耗媒质中，我们定义了复波矢量$\boldsymbol{k}_{\mathrm{c}}$，复波矢量的大小为$k_{\mathrm{c}}=\beta-\mathrm{j}\alpha$。这里的相移系数 β 不再是 ω 的线性函数，不同频率的波将以不同的相速传播，将产生色散现象。因此，有耗媒质是一种色散媒质。例如，导电媒质中，相速为

$$v_{\mathrm{p}}=\frac{\omega}{\beta}=\left[\frac{\mu\varepsilon}{2}\left(\sqrt{1+\left(\frac{\sigma}{\omega\varepsilon}\right)^2}+1\right)\right]^{-\frac{1}{2}}\tag{3-171}$$

稳态的单一频率正弦行波不能携带任何信息，通常携带信息的电磁波需经过调制，总是由很多频率成分组成。对于窄带信号，这个已调波的频谱分布在载频附近的一定范围内，将会导致已调波的相速随频率的变化而变化，因此要确定这种电磁波在色散媒质中的传播速度就很困难。且对调制波而言，调制波传播的速度才是信号传递的速度。所以在这里引入“群速”的概念，表示的是在弱色散条件下已调波的传播速度。

以调幅波为例，讨论一种最简单的情况。设有两个极化方向一致，振幅均为E_{m}，角频率分别为 $\omega+\Delta\omega$ 和 $\omega-\Delta\omega$，相应的相移常数分别为 $\beta+\Delta\beta$ 和 $\beta-\Delta\beta$ 的行波为

$$E_1=E_{\mathrm{m}}\cos[(\omega+\Delta\omega)t-(\beta+\Delta\beta)z]$$

$$E_2=E_{\mathrm{m}}\cos[(\omega-\Delta\omega)t-(\beta-\Delta\beta)z]$$

合成波为

$$E=E_1+E_2=2E_{\mathrm{m}}\cos(\Delta\omega t-\Delta\beta z)\cos(\omega t-\beta z)$$

可见，合成波的幅度受到了调制，称为调幅波，如图 3-16 中的虚线所示。

群速就是用来表示调幅波上某一恒定相位点推进的速度，用 v_{g}表示。由 $\Delta\omega t-\Delta\beta z$ 为常数，得

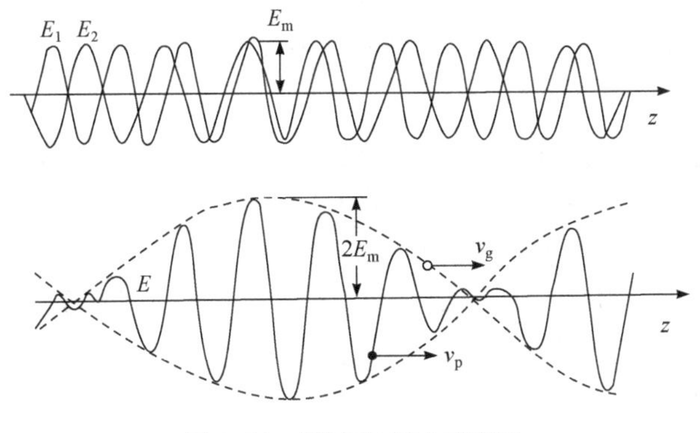

图 3-16 群速和相速示意图

$$v_g=\frac{dz}{dt}=\frac{\Delta\omega}{\Delta\beta} \tag{3-172}$$

对于窄带信号，$\Delta\omega \ll \omega$，上式可写为

$$v_g=\frac{dz}{dt}=\frac{d\omega}{d\beta} \tag{3-173}$$

将式(3-171)代入式(3-173)，可得到调幅波载波的相速v_p和调幅波的群速v_g之间的关系：

$$v_g=\frac{d\omega}{d\beta}=\frac{d(v_p\beta)}{d\beta}=v_p+\beta\frac{dv_p}{d\beta}=v_p+\frac{\omega}{v_p}\frac{dv_p}{d\omega}v_g$$

由此得

$$v_g=\frac{v_p}{1-\dfrac{\omega}{v_p}\dfrac{dv_p}{d\omega}} \tag{3-174}$$

显然，调幅波的相速和群速可能有以下三种关系：

(1) $\frac{dv_p}{d\omega}=0$，相速与频率无关，此时$v_g=v_p$，即调幅波和载波同步，这种情况称为无色散。

(2) $\frac{dv_p}{d\omega}<0$，相速随着频率的升高而减小，此时$v_g<v_p$，即调幅波比载波慢，这种情况称为正常色散。

(3) $\frac{dv_p}{d\omega}>0$，相速随着频率的升高而增加，此时$v_g>v_p$，即调幅波比载波快，这种情况称为反常色散。

注意：以上讨论只对窄带信号成立。若是宽带信号，则由于 $\Delta\omega$ 比较大，在色散媒质中调幅波中的各频率分量随着传播距离的增加会逐渐走散，产生信号失真。这时群速就没有意义了。

思 考 题

3-1 请结合实例阐述电磁波传播受哪些因素影响。

3-2 均匀平面波的波矢量有何物理意义？它和电场、磁场的关系如何？

3-3 什么是等相位面？什么是均匀平面波？

3-4 什么是媒质的本征阻抗？本征阻抗为复数时的物理意义是什么？

3-5 如何定义电磁波的极化？

3-6 如何区分直线极化波、圆极化波和椭圆极化波？如何判定左旋极化和右旋极化？

3-7 电磁波的极化状态在工程应用中有何意义？

3-8 均匀平面波在高损耗媒质中的传播特性与在理想介质中传播特性有什么不同？

3-9 高损耗媒质中的均匀平面波有何特点？位于海水中的潜艇之间如何进行通信？

3-10 一种媒质成为良导体的标准是什么？

3-11 什么是趋肤效应？趋肤深度是如何定义的？

3-12 讨论入射波、反射波和透射波在两种介质边界需要满足的条件。

3-13 理想介质分界面的垂直入射波在入射介质中的合成波有何特点？理想导体表面呢？

3-14 什么是行波和驻波？驻波比是如何定义的？

3-15 什么是折射定律？

3-16 什么是全反射现象？产生的条件是什么？对介质有什么样的要求？

3-17 介质表面的全反射和导体表面的全反射各有何特点？

3-18 什么是全折射现象？产生的条件是什么？

3-19 什么是布儒斯特角？椭圆极化波以布儒斯特角在介质界面上入射，反射波是什么极化？讨论布儒斯特角效应的应用。

3-20 为什么垂直极化波不会有全折射现象？

3-21 什么是 TE、TM、TEM 波？

3-22 何谓慢波？何谓快波？它们是如何形成的？

习　题

3-1 已知在自由空间传播的平面电磁波的电场的振幅$E_0=600\text{V/m}$，方向为$\boldsymbol{a}_x$，如果波沿着 z 方向传播，波长为 0.61m，求：

(1) 电磁波的频率 f 和周期 T；

(2) 磁场的振幅 H_0。

3-2 指出下列平面波的极化方式。

(1) $\boldsymbol{E}=6(\boldsymbol{a}_x+\text{j}\boldsymbol{a}_y)\text{e}^{-\text{j}\beta z}(\text{V/m})$；

(2) $\boldsymbol{E}=(6\boldsymbol{a}_x+4\boldsymbol{a}_y)\text{e}^{-\text{j}\beta z}(\text{V/m})$；

(3) $\boldsymbol{E}=(6\boldsymbol{a}_x+8\text{e}^{\text{j}\frac{\pi}{3}}\boldsymbol{a}_y)\text{e}^{-\text{j}\beta z}(\text{V/m})$；

(4) $\boldsymbol{E}=(\boldsymbol{a}_x+2\sqrt{3}\boldsymbol{a}_y+\sqrt{3}\boldsymbol{a}_z)\text{e}^{-\text{j}0.02\pi(\sqrt{3}x-2y+3z)}(\text{V/m})$。

3-3 $\mu_\text{r}=1$、$\varepsilon_\text{r}=4$、$\sigma=0$ 的介质中，有一个均匀平面波，其电场强度为

$$\boldsymbol{E}(z,t)=\boldsymbol{E}_0\sin\left(\omega t-kz+\frac{\pi}{3}\right)(\text{V/m})$$

若已知 $f=150\text{MHz}$，波在任意点的平均功率流密度为 0.265W/m，求：

(1) 相位常数 k、波长 λ、相速度 v_p 和波阻抗 η；
(2) $t=0$，$z=0$ 的电场强度 $E(0,0)$；
(3) 时间经过 $0.1\mu s$ 之后，电场 $E(0,0)$ 的值在什么地方？
(4) 时间在 $t=0$ 时刻之前 $0.1\mu s$，电场 $E(0,0)$ 的值在什么地方？

3-4 均匀平面波 $\boldsymbol{H}$ 的振幅为 $\frac{1}{3\pi}$(A/m)，以相移常数 $\beta=30\text{rad/m}$ 在空气中沿 $-\boldsymbol{a}_z$ 方向传播。若 $t=0$，$z=0$ 时，$\boldsymbol{H}$ 取向为 $-\boldsymbol{a}_y$，试求出 $\boldsymbol{H}$、$\boldsymbol{E}$ 的表达式及频率 f 与波长 λ。

3-5 已知在自由空间传播的电磁波为

$$E_x(z,t)=1000\cos(\omega t-\beta z)(\text{V/m})$$
$$H_y(z,t)=2.65\cos(\omega t-\beta z)(\text{A/m})$$

式中，$f=20\text{MHz}$。求：
(1) 坡印亭矢量 $\boldsymbol{S}(t)$；
(2) 平均坡印亭矢量 $\boldsymbol{S}_{av}$。

3-6 已知在自由空间传播的电磁波电场强度为 $\boldsymbol{E}=10\sin(6\pi\times10^8t+2\pi z)\boldsymbol{a}_y$ (V/m)，求：
(1) 该电磁波是不是均匀平面波；
(2) 该电磁波的频率 f、波长 λ、相速度 v_p；
(3) 该电磁波的磁场强度 $\boldsymbol{H}$；
(4) 该电磁波的传播方向。

3-7 某理想介质的参数为 $\mu=\mu_0$、$\varepsilon=\varepsilon_r$、$\sigma=0$，其中，有一均匀平面电磁波沿 x 方向传播，已知其电场瞬时表达式为 $\boldsymbol{E}=377\cos(10^9t-5x)a_y$(V/m)，求：
(1) 该理想介质的相对介电常数；
(2) 该平面电磁波的磁场瞬时表达式；
(3) 该平面电磁波的平均功率密度。

3-8 在自由空间传播的中传播的均匀平面波矢量为

$$\boldsymbol{E}(r,t)=3\times10^{-2}\cos[30\pi\times10^8t+4\pi(\sqrt{5}x+2y-4z)+\varphi](\boldsymbol{a}_x+E_y\boldsymbol{a}_y+\sqrt{5}\boldsymbol{a}_z)(\text{V/m})$$

求：
(1) 该平面波的传播方向；
(2) 该平面波的频率 f、波长 λ、相速 v_p；
(3) 若介质的磁导率 $\mu=\mu_0$，求介电常数 ε；
(4) 电场振幅中的常数 E_y；
(5) 磁场强度矢量 $\boldsymbol{H}(r,t)$。

3-9 在自由空间传播的均匀平面电磁波的电场强度矢量为

$$\boldsymbol{E}(r,t)=5\cos[6\pi\times10^7t-0.05\pi(3x-\sqrt{3}y+2z)](\boldsymbol{a}_x+\sqrt{3}\boldsymbol{a}_y)(\text{V/m})$$

求：
(1) 电场强度的振幅、波矢量及波长、极化方式；
(2) 磁场强度矢量 $\boldsymbol{H}(r,t)$；
(3) 平均坡印亭矢量。

3-10 在自由空间传播的均匀平面波的电场强度复矢量为

$$\boldsymbol{E}=\boldsymbol{a}_x 10^{-4} \mathrm{e}^{-\mathrm{j}20\pi z}+\boldsymbol{a}_y 10^{-4} \mathrm{e}^{\mathrm{j}\left(-20\pi z+\frac{\pi}{2}\right)}\ (\mathrm{V/m})$$

求:

(1) 波的传播方向、频率、极化方式;

(2) 磁场强度 $\boldsymbol{H}$;

(3) 电磁波流过沿传播方向单位面积的平均功率。

3-11 在理想介质($\mu=4\mu_0$,$\varepsilon=9\varepsilon_0$)中,均匀平面波的磁场强度为

$$\boldsymbol{H}=\boldsymbol{a}_x 10^{-6} \mathrm{e}^{-\mathrm{j}(6\pi z+8\pi y)}\ (\mathrm{A/m})$$

求:

(1) 波矢量 $\boldsymbol{k}$;

(2) 频率 $\boldsymbol{f}$、波长 λ、相速 v_p;

(3) 电场 $\boldsymbol{E}$;

(4) 电磁波流过沿传播方向单位面积的平均功率。

3-12 已知真空中传播的平面电磁波的磁场强度矢量为

$$\boldsymbol{H}(r,t)=10^{-3}\cos(6\pi\times10^8 t-2\pi z)\boldsymbol{a}_x+\sqrt{2}\times10^{-3}\cos\left(6\pi\times10^8 t-2\pi z-\frac{\pi}{3}\right)\boldsymbol{a}_y\ (\mathrm{A/m})$$

求:

(1) 电场强度矢量;

(2) 极化方式;

(3) 平均坡印亭矢量。

3-13 已知一个真空中存在的驻波电磁场为 $\boldsymbol{E}=\mathrm{j}E_0\sin(kz)\boldsymbol{a}_x$、$\boldsymbol{H}=\sqrt{\dfrac{\varepsilon_0}{\mu_0}}E_0\cos(kz)\boldsymbol{a}_y$,式中,$k=\dfrac{2\pi}{\lambda}=\dfrac{\omega}{c}$,$\lambda$ 是波长。求:

(1) z 为任意值时的坡印亭矢量 $\boldsymbol{S}(t)$ 和平均坡印亭矢量 $\boldsymbol{S}_\mathrm{av}$,并画出 $0\leqslant x<\lambda/4$ 区间 $\boldsymbol{S}(t)$ 的振幅 z 变化的曲线;

(2) 驻波的能流矢量在 $z=n\dfrac{\lambda}{4}$、$z=(2n+1)\dfrac{\lambda}{8}$ 时取值有何特点?

(3) 驻波有没有能量沿 z 轴流动?

3-14 已知真空中一个 TM 波的电磁场为

$$\boldsymbol{E}_x=-\mathrm{j}E_0\cos\theta\sin\beta_z z\ \mathrm{e}^{-\mathrm{j}\beta_x x}$$

$$\boldsymbol{E}_z=-E_0\sin\theta\cos\beta_z z\ \mathrm{e}^{-\mathrm{j}\beta_x x}$$

$$\boldsymbol{H}_y=\frac{E_0}{\eta}\cos\beta_z z\ \mathrm{e}^{-\mathrm{j}\beta_x x}$$

式中,η、β_x、β_z、θ 都是常数,试求坡印亭矢量 $\boldsymbol{S}(t)$ 和平均坡印亭矢量 $\boldsymbol{S}_\mathrm{av}$。

3-15 电磁波磁场振幅为 $\dfrac{\pi}{3}$ A/m,在自由空间沿 $\boldsymbol{a}_z$ 方向传播,当 $t=0$,$z=0$ 时,$\boldsymbol{H}$ 指向 $\boldsymbol{a}_y$ 方向,相位常数 $\beta=30\mathrm{rad/mm}$。求:

(1) 波长和频率;

(2) 写出 $\boldsymbol{H}$ 和 $\boldsymbol{E}$ 的表达式。

3-16 空气中某一均匀平面波的波长为 12cm，当该平面波进入某无损耗介质中传播时，其波长减小为 8cm，且已知在介质中的 $\boldsymbol{E}$ 和 $\boldsymbol{H}$ 的振幅分别为 50V/m 和 0.1A/m。求该平面波的频率和无损耗介质的μ_r与ε_r。

3-17 设沿 z 方向传播的两个电磁波为

$$\boldsymbol{E}_1 = E_1 \mathrm{e}^{-\mathrm{j}\frac{\omega_1}{c}z}\boldsymbol{a}_x$$

$$\boldsymbol{E}_2 = E_2 \mathrm{e}^{-\mathrm{j}\frac{\omega_2}{c}z}\boldsymbol{a}_x$$

式中，$\omega_1 \neq \omega_2$，试证明：总的平均能流等于两个波的平均能流之和。

3-18 试证明：圆极化波 $\boldsymbol{E}=\cos(\omega t)\boldsymbol{a}_x+\sin(\omega t)\boldsymbol{a}_y$，$\boldsymbol{H}=-\dfrac{\sin(\omega t)}{\eta}\boldsymbol{a}_x+\dfrac{\cos(\omega t)}{\eta}\boldsymbol{a}_y$的坡印亭矢量是一个与时间 t 无关的常数。

3-19 试证明：任何椭圆极化波可以分解为两个方向相反旋转的圆极化波。

3-20 非磁性有耗介质中频率为 600MHz 的平面电磁波的磁场复振幅矢量为

$$\boldsymbol{H}=(\boldsymbol{a}_x+\mathrm{j}3\,\boldsymbol{a}_y)\mathrm{e}^{-2z}\mathrm{e}^{-\mathrm{j}8z}\,(\mathrm{A/m})$$

求电场、磁场矢量的时域表达式。

3-21 均匀平面波从空气射入海水中，空气中的$\lambda_0=600\mathrm{m}$，海水的 $\sigma=4.5\mathrm{S/m}$，$\mu_r=1$，$\varepsilon_r=80$。求：

(1) 海水中的波长和波速；

(2) 已知在海平面下 1m 深处的电场$\boldsymbol{E}_x=10^{-6}\cos\omega t(\mathrm{V/m})$，求海平面处的电场和磁场。

3-22 海水的 $\sigma=4\mathrm{S/m}$、$\varepsilon_r=4$，试求 100kHz、1MHz 和 100MHz 的电磁波在海水中的波长入表减常数和波阻抗。

3-23 有一频率 $f=1\mathrm{kHz}$ 的均匀平面波，垂直入射到海面上，设电场在海平面上的振幅值为 1V/m，海水的电导率 $\sigma=4\mathrm{S/m}$，相对介电常数 $\varepsilon_r=81$。求在海平面下 1m 处，电场的振幅是多少？电磁波的功率损失了百分之几？

3-24 用铜板制作电磁屏蔽室，若铜板厚度大于 5δ 可满足要求，问若要屏蔽掉 10kHz～100MHz 的电磁骚扰，至少需要多厚的铜板？已知铜的 $\sigma=5.8\times10^7\mathrm{S/m}$，$\varepsilon_r=\mu_r=1$。

3-25 如果 $z\geqslant0$ 的空间被理想导电体所填满，$z<0$ 区域为空气，空气中有均匀平面电磁波入射到理想导体平面，入射波电场为$\boldsymbol{E}_\mathrm{i}=E_x\cos(\omega t-kz)\boldsymbol{a}_x+E_y\sin(\omega t-kz)\boldsymbol{a}_y\,(\mathrm{V/m})$，试求：

(1) 入射波的磁场强度 $\boldsymbol{H}$；

(2) 反射波的电场强度和磁场强度；

(3) $z\leqslant0$ 区域点场的波节点和波腹点位置。

3-26 已知一均匀平面波从空气垂直入射到 $z=0$ 处的理想导电平面上，磁场强度为

$$\boldsymbol{H}_\mathrm{i}=10^{-3}\mathrm{e}^{-\mathrm{j}kz}(\mathrm{j}\boldsymbol{a}_x+\boldsymbol{a}_y)\,(\mathrm{A/m})$$

(1) 试确定入射波和反射波的极化方式；

(2) 试求导电平面上的面电流密度；

(3) 试求 $z\leqslant0$ 区域的合成电场强度的瞬时值。

3-27 有一个圆极化的均匀平面波，其电场为

$$\boldsymbol{E}_\mathrm{i}=E_0\mathrm{e}^{-\mathrm{j}kz}(\boldsymbol{a}_x-\mathrm{j}\,\boldsymbol{a}_y)$$

从空气垂直入射到$\varepsilon_r=9$，$\mu_r=1$ 的理想介质表面上，空气与介质的分界面为 $z=0$ 平面。求：

(1) 透射波和反射波的电场并说明极化方式；

(2) $z<0$ 区域的合成波坡印亭矢量 $\boldsymbol{S}(t)$。

3-28　已知极化波垂直投射于一个介质板上，入射电场为$\boldsymbol{E}_i=E_m e^{-j\beta z}(\boldsymbol{a}_x+j\,\boldsymbol{a}_y)$，试求反射波与透射波的电场，并说明它们极化如何。

3-29　已知均匀平面波的电场振幅为$E_i=100$V/m，从空气垂直入射到无损耗的介质平面上($\mu_2=\mu_0$、$\varepsilon_2=4\,\varepsilon_0$、$\sigma_2=0$)，求反射波和透射波电场的振幅。

3-30　已知均匀平面波从空气垂直入射到介质平面时，在空气中形成驻波。设驻波比为3，介质表面为电场驻波最小点，且波在介质中的波长为空气中的1/6，试求介质的ε_r和μ_r。

3-31　均匀平面波从空气中垂直入射到某理想电介质($\mu_r=1$,$\sigma=0$)表面。测得空气中驻波比为2.5，相邻的两个电场振幅最大值之间的距离是1m，且距介质表面0.5m处是第一个电场的最大值。求介质的相对介电常数和电磁波的频率。

3-32　已知空气中的均匀平面波的 $f=1$GHz，$E_m=1$V/m，垂直入射于一块大铜板上，试求铜片上每平方米所吸收的平均功率。

3-33　已知均匀平面波从波阻抗为 η 的介质垂直入射到电导率为 σ，$\mu_r=1$ 的良导体表面，试证明：透入导体内部的功率密度与入射功率流密度之比近似等于 $4\,R_s/\eta$。

3-34　已知一个$E_m=30\pi$(V/m)，$f=10$MHz 的 UPW 自空气垂直入射到银板平面，银的 $\sigma=6.1\times10^7$S/m，$\mu_r=\varepsilon_r=1$。设界面上的磁场强度振幅$H_0=0.5$A/m。试求：

(1) 银表面处电场强度振幅；

(2) 银板每单位面积吸收的平均功率。

3-35　已知空气中均匀平面波垂直入射到一理想导体平面上，试证明：任一点合成波的电场能量密度与磁场能量密度之和的时间平均值等于一常数。

3-36　已知空气中的均匀平面波磁场强度为

$$\dot{\boldsymbol{H}}=\boldsymbol{a}_y e^{-j2\pi(x+z)}\ (\text{A/m})$$

斜入射到 $x=0$ 的理想导体表面，如图 3-17 所示。求：

(1) 入射角；

(2) 入射电场、反射电场和反射磁场。

3-37　如图 3-18 所示，已知从空气中入射的均匀平面波电场为

$$\dot{\boldsymbol{E}}=4\,\boldsymbol{a}_y e^{j6(x-\sqrt{3}z)}\ (\text{V/m})$$

斜入射到 $z=0$ 的理想导体表面。求：

(1) 反射电场和磁场；

(2) 合成波的相速、能速和平均能流矢量。

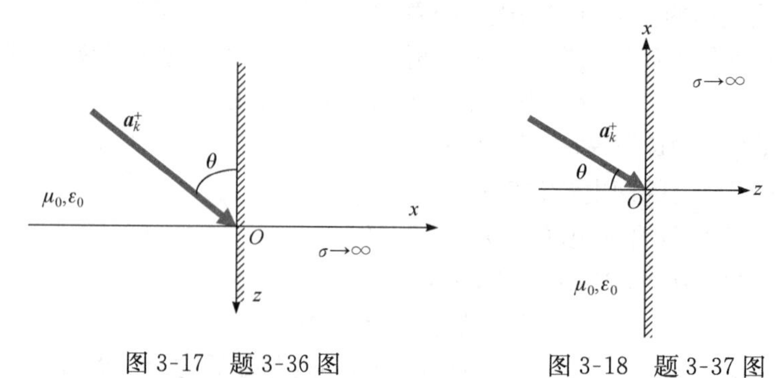

图 3-17　题 3-36 图　　　　图 3-18　题 3-37 图

3-38 一均匀平面波从介质 1(ε_{r1},μ_{r1})斜入射到介质 2(ε_{r2},μ_{r2})中,入射角为 30°。测得入射波的波长 $\lambda_1=5$cm,折射波的波长为 $\lambda_2=3$cm,求折射角。

3-39 已知空气中一 UPW 斜入射到一电介质表面上,电介质 $\mu_r=1$,$\varepsilon_r=3$,$\theta=60°$,入射波电场振幅为 1V/m,试分别计算垂直极化和平行极化两种情形下,反射波和折射波电场强度振幅。

3-40 光纤折射率 $n=1.55$,光线束自空气向其端面入射,并要能量沿光纤传输,试计算入射光线与光纤轴线间的最大角度,若:

(1) 光纤外面是空气而无包层;

(2) 光纤外面有包层,其折射率为 1.53。

第4章　天线基础

在讨论电磁波在无限空间传播和在分界面上反射与折射的问题时，没有对电磁波的发射源进行探讨。本章将讨论电磁波是如何产生的。实际中一般用天线发射和接收电磁波。当振荡源的频率提高到使电磁波的波长与天线的尺寸可相比拟时，天线就会产生较强的辐射。

对于天线，我们重点讨论天线的辐射机理、场强、求解方法、天线的特性参数，以及如何利用天线测量空间电磁波的场强。求解天线辐射问题的严格方法是求出满足天线边界条件的麦克斯韦方程的解。对麦克斯韦方程组进行直接求解的方法往往在计算上会遇到很大的困难，有时甚至无法求解。所以实际上都采用近似解法，并使用电磁场仿真软件进行天线的分析和设计。天线的种类可大致分为线天线和面天线两大类。前者多是在电偶极子的辐射场基础上积分来求解，而后者多是求解口径绕射的问题。

本章我们主要讨论线天线。

4.1　半波偶极子天线

理论上已知天线表面的电流分布和积分运算，就可以通过积分运算得到天线的辐射电场和磁场，进一步分析得到天线的辐射特性。从简单天线着手，考虑观察点距离天线足够远处的情况，即求解天线远场的电磁场分布，是研究天线的基础。

4.1.1　偶极子天线

在实际当中，最常用和最简单的天线就是偶极子天线。

偶极子天线由中点处馈电长度为 l 的细导线构成。如由长度 l 为 1/2 波长的细导线所构成的天线就称为半波偶极子天线。为了保证天线的辐射效率，常用天线的长度都与波长可比拟。

1. 偶极子天线的辐射场

因为已知天线表面上的电流分布，就能计算出辐射场，所以在实际应用中，常常对天线表面的电流分布做合理的估计。长度为 l 的中心馈电、对称的细直天线上的电流分布近似地与传输线上的电流分布相同，即天线的径向电流 $I(z)$ 正比于 $\sin(\beta_{\text{Ant}}z)$，其中，$\beta_{\text{Ant}}$ 表示电流在天线上的相移系数，$\beta_{\text{Ant}}=\dfrac{2\pi}{\lambda}$。设偶极子天线的中点放在坐标系的原点，如图 4-1 所示，偶极子天线沿 z 轴放置，由此便可得到偶极子天线上电流分布的表达式，即

$$\begin{cases} I(z)=I_{\text{m}}\sin\left[\beta_{\text{Ant}}\left(\dfrac{1}{2}l-z\right)\right], & 0\leqslant z\leqslant l/2 \\ I(z)=I_{\text{m}}\sin\left[\beta_{\text{Ant}}\left(\dfrac{1}{2}l+z\right)\right], & -l/2\leqslant z\leqslant 0 \end{cases} \tag{4-1}$$

偶极子天线上的电流分布满足两个必要条件:①$I(z)$随变量z的变化正比于$\sin(\beta_{\mathrm{Ant}}z)$;②在端点$z=-\frac{1}{2}l$和$z=\frac{1}{2}l$处电流为零。

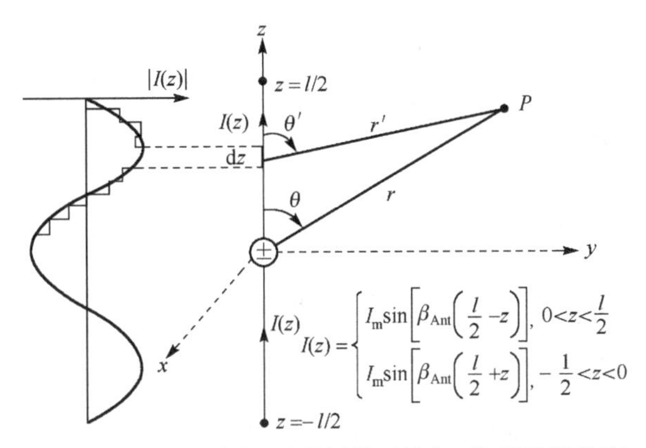

(a) 将偶极子天线看成由一系列电偶极子构成,然后进行场的叠加

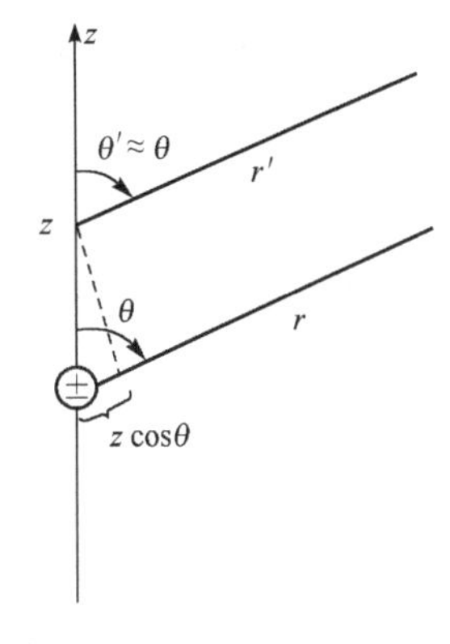

(b) 远场平行线近似

图 4-1 偶极子天线辐射场的计算

在假设了沿偶极子天线的电流分布后,就能通过许多小的长度为 dz 的电偶极子的场的叠加来计算偶极子天线的场。每个电偶极子上的电流分布近似为常数并等于偶极子天线上对应点处的电流值$I(z)$,如图 4-1(a)所示。同时,假设待求的场点位于这些电偶极子的远场区。因此,仅仅需要根据式(2-117)给出的电偶极子的场强表达式,将其中包含r^2和r^3的项去掉,就可以得到辐射场的表达式,即

$$E_\theta=\mathrm{j}\,\frac{\eta I\mathrm{d}lk}{4\pi r}\sin\theta\mathrm{e}^{-\mathrm{j}kr}$$

假设天线放置于自由空间中,则波数$k=\beta-\mathrm{j}\alpha$中,$\alpha=0$。所以$\beta=\frac{k}{\omega\varepsilon}=\sqrt{\frac{\mu}{\varepsilon}}=\frac{2\pi}{\lambda}$。将$k$用$\beta$代替,图 4-1(a)中$P$点处 d$z$ 部分天线电流所产生的场为

$$\mathrm{d}E_\theta=\mathrm{j}\eta\beta\,\frac{I(z)\sin\theta'}{4\pi r'}\mathrm{e}^{-\mathrm{j}kr'}\mathrm{d}z \tag{4-2}$$

要得到P点处以从偶极子天线中点出发的径向距离r和θ为变量的场强,仅考虑场强的大小时,从偶极子天线中点出发的径向距离r和电偶极子 dz 到P点处的距离r'近似相等,即$r'\approx r$,角度θ和θ'也近似相等($\theta'\approx\theta$),如图 4-1(b)所示。这称为远场平行线近似。

可将$r'\approx r$代入式(4-22)的分母中,但不能将其代入$\mathrm{e}^{-\mathrm{j}\beta r'}$表示相位的项中。这一项可改写为$\mathrm{e}^{-\mathrm{j}\beta r'}=\mathrm{e}^{-\mathrm{j}\frac{2\pi}{\lambda}r'}$的形式。它的值不取决于物理距离$r'$,而是取决于电长度$r'/\lambda$。因此,即使$r'$和$r$近似相等,这一项的值因与两个电长度的差有关而会相差很大。例如,假设$r=1000\mathrm{m}$,$r'=1000.5\mathrm{m}$,如果频率为$f=300\mathrm{MHz}$,则 1000m 处的场和仅差 0.5m 处的场的相位相差 180°。所以,如果两个天线在物理距离上相距很远,但距离是半波长的奇数倍时,这两个天线所产生的远场的相位完全相反,合成场强的结果为零。因此,在式(4-2)中表示相位的项中不能用r代替r'。考虑图 4-1(b),图中表明了两个径向距离r和r'近似平行。因此,假设场点在物理上距离天线足够远,则

$$r'\approx r-z\cos\theta \tag{4-3}$$

将式(4-3)代入式(4-2)中表示相位的项，在分母中 $r'\approx r$，$\sin\theta'$ 中 $\theta'\approx\theta$，得

$$\mathrm{d}E_\theta=\mathrm{j}\eta\beta\frac{I(z)\sin\theta}{4\pi r}\mathrm{e}^{-\mathrm{j}\beta(r-z\cos\theta)}\mathrm{d}z \tag{4-4}$$

偶极子天线辐射的总场就是上述式(4-4)的积分，即

$$E_\theta=\int_{z=-l/2}^{z=l/2}\mathrm{j}\eta\beta\frac{I(z)\sin\theta}{4\pi r}\mathrm{e}^{-\mathrm{j}\beta r}\mathrm{e}^{\mathrm{j}\beta z\cos\theta}\mathrm{d}z \tag{4-5}$$

将式(4-1)中给出的电流 $I(z)$ 的表达式代入式(4-5)，其中，数值上 $\beta_{\mathrm{Ant}}=\beta=\dfrac{2\pi}{\lambda}$，得

$$E_\theta=\mathrm{j}\frac{\eta I_{\mathrm{m}}\mathrm{e}^{-\mathrm{j}\beta r}}{2\pi r}F(\theta)=\mathrm{j}\frac{60I_{\mathrm{m}}\mathrm{e}^{-\mathrm{j}\beta r}}{r}F(\theta) \tag{4-6}$$

式中，以 θ 为变量表示辐射方向性的函数为

$$F(\theta)=\frac{\cos\left[\beta\left(\frac{1}{2}l\right)\cos\theta\right]-\cos\beta\left(\frac{1}{2}\right)}{\sin\theta}=\frac{\cos\left(\frac{\pi l}{\lambda}\cos\theta\right)-\cos\left(\frac{\pi l}{\lambda}\right)}{\sin\theta} \tag{4-7}$$

$F(\theta)$ 称为偶极子天线的方向性函数。可见，偶极子天线的辐射电场与 θ 有关，与 φ 无关。电偶极子在远区场中的磁场和电场正交，并通过媒质的本征阻抗 η 相联系。偶极子天线的辐射电场是通过对电偶极子辐射场的积分得到的，所以偶极天线的磁场也可以按上述推导得到，即

$$H_\varphi=\frac{E_\theta}{\eta} \tag{4-8}$$

式中，E_θ 由式(4-6)给出。

偶极子天线中最常用的天线是半波偶极子天线，即偶极子天线的总长度为 $l=\lambda/2$。代入式(4-7)，得

$$F(\theta)=\frac{\cos\left(\frac{1}{2}\pi\cos\theta\right)}{\sin\theta} \tag{4-9}$$

当 $\theta=90°$ 时，电场最大，即天线两侧场强最大。在这种情况下，$F(90°)=1$。半波偶极子天线的最大电场强度为

$$E=60\frac{I_{\mathrm{m}}}{r} \tag{4-10}$$

对于半波偶极子天线，输入电流 I_{m} 通过式(4-1)来计算。在 $z=0$ 处，有

$$I(0)=I_{\mathrm{m}}\sin(\beta l/2)=I_{\mathrm{m}}\sin(\pi/2)=I_{\mathrm{m}}$$

表示天线辐射方向性函数的图形称为天线的辐射方向性图。半波偶极子天线的辐射方向性图如图 4-2 所示。

2. 半波偶极子天线的辐射功率与辐射电阻

如果用一个很大的球面把天线包围起来，将天线放在球心，则从天线辐射出来的能量必然全部通过这个球面。所以，天线的总辐射功率为

$$P=\int_S\boldsymbol{S}\cdot\mathrm{d}\boldsymbol{A} \tag{4-11}$$

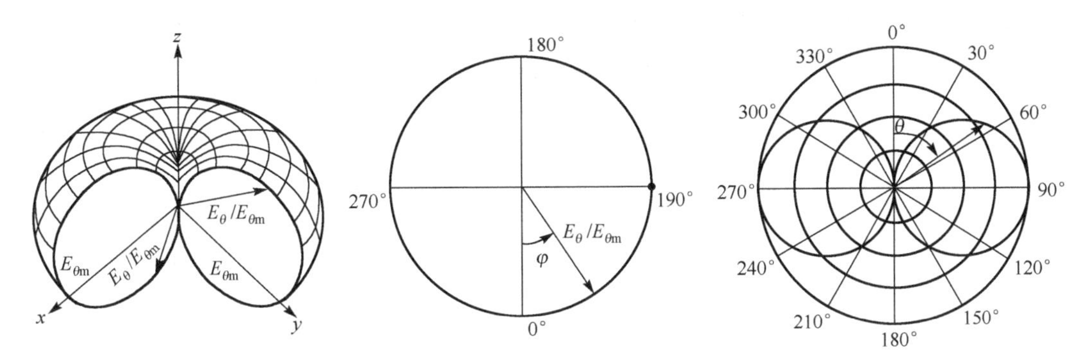

(a) 半波偶极子天线的立体方向性图 (b) 半波偶极子天线在赤道面内的方向性图 (c) 半波偶极子天线在子午面内的方向性图

图 4-2 半波偶极子天线的辐射方向性图

式中，$\boldsymbol{S}$ 为坡印亭矢量。如图 4-3 所示，由于在一定 θ 角的球带上各点的坡印亭矢量相同，式中的面微分元 $\mathrm{d}\boldsymbol{A}$ 可用一条球带来计算，即

$$\mathrm{d}\boldsymbol{A}=|\mathrm{d}\boldsymbol{A}|\boldsymbol{a}_r=2\pi\alpha\cdot r\mathrm{d}\theta\boldsymbol{a}_r=2\pi r^2\sin\theta\mathrm{d}\theta\boldsymbol{a}_r \tag{4-12}$$

根据式(4-6)，坡印亭矢量的平均值，即平均功率密度为

$$S_{\mathrm{av}}=\frac{E^2}{2\eta}=\left(\frac{\eta}{8\pi^2}\right)\frac{I_{\mathrm{m}}^2}{r^2}F^2(\theta) \tag{4-13}$$

代入 $\eta=120\pi$，并将平均功率密度在半径为 r 的球面上积分，得到半波偶极子天线总的平均功率为

$$P_{\mathrm{av}}=\int_{\varphi=0}^{2\pi}\int_{\theta}^{\pi}S_{\mathrm{av}}r^2\sin\theta\mathrm{d}\theta\mathrm{d}\varphi\approx 73.1I_{\mathrm{m}}^2/2 \tag{4-14}$$

这里没有利用式(4-12)，而是直接利用了球坐标系的体积微分元。

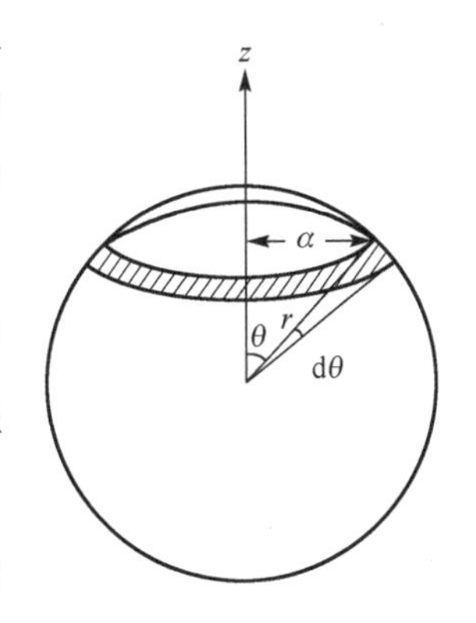

图 4-3 求天线的辐射功率

偶极子天线的平均功率，即其总的辐射功率可表示为

$$P_{\mathrm{rad}}=\frac{73.1I_{\mathrm{m}}^2}{2}=73.1I_{\mathrm{rms}}^2 \tag{4-15}$$

式中，电流的有效值 $I_{\mathrm{rms}}=I_{\mathrm{m}}/\sqrt{2}$。由此可见，如果已知半波偶极子天线输入端输入的电流有效值，那么就能通过将电流有效值的平方乘以 73Ω 计算出天线总的辐射功率。

如果将天线的辐射功率看成是某一电阻 R_{rad} 所消耗的功率，流过电阻的电流与天线电流的振幅值相等，则

$$P_{\mathrm{rad}}=I^2R_{\mathrm{rad}} \tag{4-16}$$

R_{rad} 就称为偶极子天线的辐射电阻。

半波偶极子天线的辐射电阻根据定义，得

$$R_{\mathrm{rad}}=73.1\Omega \tag{4-17}$$

以上关于偶极子天线的辐射电阻是基于对辐射功率积分推导得到的。天线的辐射电阻是假想的电阻，主要用来衡量天线的辅射能力，当天线本身的损耗很小时，辐射电阻也可以通过天线的输入电阻来得到，但要注意的是实际上偶极子天线的输入阻抗是一个复数，如无耗半波偶极子的输入阻抗为 73.1+j42.5Ω。即输入阻抗不仅包含电阻(阻抗实部)，还包含电抗部分(阻抗虚部)，而电抗部分是不参与辐射的。由此，如果已知天线的输入阻抗，我们也可以通过计算输入电阻所消耗的功率来估算天线的辐射功率。

例 4-1 考虑如图 4-4(a)所示的采用半径 0.4mm(20#AWG)的实心铜线制作的半波偶极子天线，被峰值 100V、频率 150MHz、内阻 50Ω 的激励源所激励。试计算其损耗功率和辐射功率。

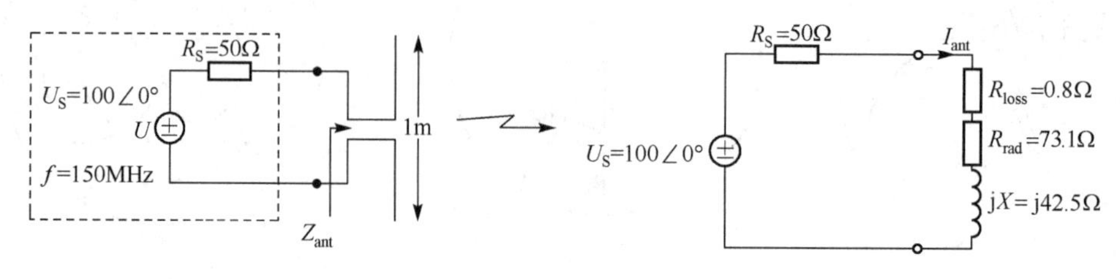

(a) 带激励源的天线的物理结构　　(b) 半波偶极子天线的等效电路

图 4-4　计算偶极子天线的辐射功率

解 将天线用其输入端的等效电路来代替，如图 4-4(b)所示，则天线的输入电流应为

$$I_{ant}=\frac{U_S}{R_S+Z_{ant}}=\frac{U_S}{R_S+R_{loss}+R_{rad}+jX}$$

实心铜线的半径为 0.4mm，远大于工作频率 150MHz 上的趋肤深度，因此可利用计算高频导线电阻的近似公式计算出沿导线的分布电阻为

$$r_{ac}=\frac{1}{2\pi r_{wire}\sigma\delta}=\frac{\sqrt{\pi f\mu\sigma}}{2\pi r_{wire}\sigma}=1.25\Omega/m$$

对于 150MHz 物理长度为 1m 的半波偶极子天线，其等效长度(参见 4.4.2 节)为 $\lambda/\pi\approx 0.637m$，利用这个结果可以得到构成偶极子天线的导线的高频损耗电阻为

$$R_{loss}=r_{ac}\cdot 0.637=0.8\Omega$$

无耗半波偶极子的输入阻抗为 73.1+j42.5Ω，因此该偶极子天线的输入阻抗为

$$Z_{ant}=R_{loss}+R_{rad}+jx_{in}=(0.8+73.1+j42.5)\Omega$$

所以天线输入端的电流为

$$I_{ant}=\frac{100\angle 0°}{50+73.9+j42.5}=0.763\angle -18.93°(A)$$

天线损耗电阻上所消耗的功率为

$$P_{loss}=\frac{1}{2}|I_{ant}|^2R_{loss}=233mW$$

天线的辐射功率为

$$P_{rad}=\frac{1}{2}|I_{ant}|^2R_{rad}=21.28W$$

由于所计算的天线电流为峰值，因此损耗功率和辐射功率表达式中要求有$\frac{1}{2}$这个系数。

4.1.2 缝隙天线

通过在导体面上开槽，并对开槽形成的缝隙进行馈电，缝隙上的射频激励源能够向空间辐射电磁波。此时，导体面上开槽形成的缝隙，称为缝隙天线或开槽天线。缝隙天线以其重量轻、集成度高、容易组阵和易于与安装物体共形等优点，受到了广泛关注。

缝隙天线辐射场的计算,需要借助于电磁场的对偶原理与互补原理。通过缝隙天线的辐射场,能够进一步计算和分析缝隙天线的诸多特性参数。本节首先给出缝隙天线计算分析需要的基本原理,然后以长度为 l、宽度为 w 的理想缝隙天线($w \ll l$)为例,阐述缝隙天线的辐射场和阻抗计算方法。

1. 电磁场的巴比涅互补原理

巴比涅原理是光学中的一个原理,Booker 对其加以推广并引入到电磁场理论中,用于论述互补屏(理想导电平面和理想导磁平面)的电磁场问题。

如图 4-5 所示,辐射源 $\boldsymbol{J}$ 和 $\boldsymbol{M}$ 放置于 $z<0$ 的空间区域中,考虑如下情况。

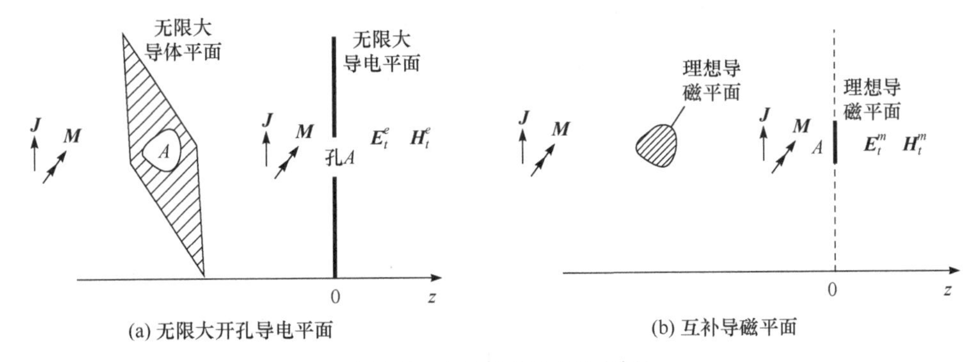

图 4-5　电磁场的巴比涅原理

(1)当导电平面不存在时,辐射源 $\boldsymbol{J}$ 和 $\boldsymbol{M}$ 在 $z \geqslant 0$ 的空间区域中产生的辐射场分别为 $\boldsymbol{E}_i$ 和 $\boldsymbol{H}_i$。此时,$\boldsymbol{E}_i$ 和 $\boldsymbol{H}_i$ 根据辐射源 $\boldsymbol{J}$ 和 $\boldsymbol{M}$ 很容易求解。

(2)当存在如图 4-5(a)所示的开孔面积为 A 的无限大导电平面时,辐射源 $\boldsymbol{J}$ 和 $\boldsymbol{M}$ 在 $z \geqslant 0$ 的空间区域中产生的辐射场分别为 $\boldsymbol{E}_t^e$ 和 $\boldsymbol{H}_t^e$。

(3)当使用如图 4-5(b)所示的互补理想磁平面时,即去掉无限大导电平面,用面积为 A 的理想导磁平面代替,辐射源 $\boldsymbol{J}$ 和 $\boldsymbol{M}$ 在 $z \geqslant 0$ 的空间区域中产生的辐射场分别为 $\boldsymbol{E}_t^m$ 和 $\boldsymbol{H}_t^m$。则根据电磁场的巴比涅互补定理得到

$$\begin{cases}\boldsymbol{E}_t^e+\boldsymbol{E}_t^m=\boldsymbol{E}_i \\ \boldsymbol{H}_t^e+\boldsymbol{H}_t^m=\boldsymbol{H}_i\end{cases} \Rightarrow \begin{cases}\boldsymbol{E}_t^e=\boldsymbol{E}_i-\boldsymbol{E}_t^m \\ \boldsymbol{H}_t^e=\boldsymbol{H}_i-\boldsymbol{H}_t^m\end{cases} \tag{4-18}$$

由式(4-18)可知,一缝隙天线辐射场的求解可转化为求解辐射源 $\boldsymbol{J}$ 和 $\boldsymbol{M}$ 在存在面积为 A 的理想导磁平面遮挡条件下的辐射场问题,即求解 $\boldsymbol{E}_t^m$ 和 $\boldsymbol{H}_t^m$。

(4)辐射源 $\boldsymbol{J}$ 和 $\boldsymbol{M}$ 在存在面积为 A 的理想导磁平面遮挡条件下的辐射场求解问题,其对偶问题是辐射源 $\boldsymbol{J}$ 和 $\boldsymbol{M}$ 在存在面积为 A 的理想导电平面遮挡条件下的辐射场求解问题。即在图 4-5(b)中,将面积为 A 的理想导磁平面用相同的理想导电平面代替,若辐射源 $\boldsymbol{J}$ 和 $\boldsymbol{M}$ 在 $z \geqslant 0$ 的空间区域中产生的辐射场分别为 $\boldsymbol{E}_t^d$ 和 $\boldsymbol{H}_t^d$。则由电磁场对偶原理可以得到

$$\begin{cases}\boldsymbol{E}_t^e=\boldsymbol{E}_i-\eta \boldsymbol{H}_t^d \\ \boldsymbol{H}_t^e=\boldsymbol{H}_i+\boldsymbol{E}_t^d/\eta \\ \eta=\sqrt{\mu/\varepsilon}\end{cases} \tag{4-19}$$

2. 缝隙天线的辐射场

考虑长度为 l 宽度为 w 的理想缝隙天线($w \ll l$),如图 4-6(a)所示。

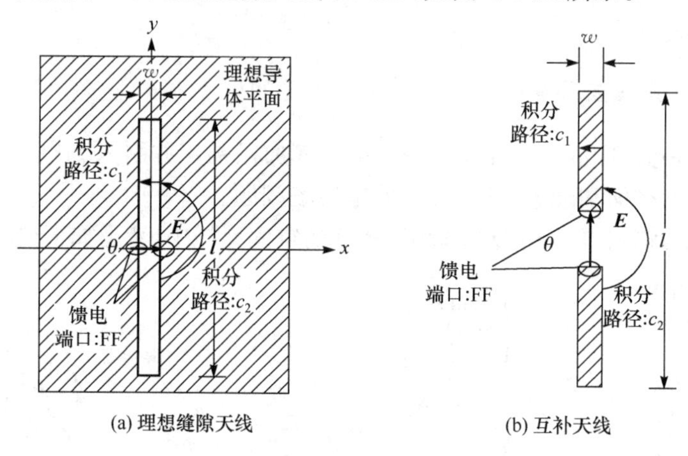

(a) 理想缝隙天线　　(b) 互补天线

图 4-6　缝隙天线与其互补天线

图 4-6(b)是与缝隙天线物理尺寸一致的理想导体所形成的天线。如果将该天线置于缝隙天线的位置上,该天线与理想导体平面恰好互补,形成一个完整的连续的无限大理想导体平面。这两个天线的激励源位置相同——均在天线的中间位置,但是两个天线激励源处的电场方向相互垂直。

利用电磁场的对偶原理可以得出,对于电偶极子和与其对偶的磁偶极子而言,电偶极子的放置位置旋转 90°后形成的辐射场,等价于磁偶极子形成的辐射场。利用电磁场的巴比涅互补原理,缝隙天线与其互补天线构成了理想导体平面电屏与互补电屏的关系。于是,根据式(4-19),缝隙天线的辐射场可以通过其互补天线的辐射场来计算。

对比图 4-5,因为根据图 4-6 在计算缝隙天线辐射场的过程中,$z<0$ 的空间区域中不存在辐射源 $\boldsymbol{J}$ 和 $\boldsymbol{M}$,所以

$$\begin{cases}\boldsymbol{E}_t^e=\boldsymbol{E}_i-\eta\boldsymbol{H}_t^d \xlongequal{\boldsymbol{E}_i=0} -\eta\boldsymbol{H}_t^d \\ \boldsymbol{H}_t^e=\boldsymbol{H}_i+\boldsymbol{E}_t^d/\eta \xlongequal{\boldsymbol{H}_i=0} \boldsymbol{E}_t^d/\eta\end{cases} \tag{4-20}$$

式中,$\boldsymbol{E}_t^d$ 和 $\boldsymbol{H}_t^d$ 分别为缝隙天线的互补天线所产生的电场和磁场。

因为 $w \ll l$,如图 4-6(b)所示的互补天线等效为一个长度为 l、中点馈电的偶极子天线,其辐射电场和磁场在 4.1.1 节中给出。

3. 缝隙天线的阻抗

缝隙天线与其互补天线之间,辐射场存在对偶关系,显然,天线阻抗之间也存在相互换算的关系。

首先考虑如图 4-6(a)所示的缝隙天线。从馈电端口 FF 看进去的阻抗即为缝隙天线的输入阻抗。令 $\boldsymbol{E}_s$ 和 $\boldsymbol{H}_s$ 分别表示缝隙天线产生的电场和磁场,FF 之间的电压为

$$\begin{cases} U_s = \lim\limits_{c_1 \to 0} \int_{c_1} \boldsymbol{E}_s \mathrm{d}l \\ I_s = 2 \lim\limits_{c_2 \to 0} \int_{c_2} \boldsymbol{H}_s \mathrm{d}l \end{cases} \tag{4-21}$$

再考虑如图 4-6(b)所示的互补天线，从馈电端口 FF 看进去的阻抗即为互补天线的输入阻抗。令 $\boldsymbol{E}_d$ 和 $\boldsymbol{H}_d$ 分别表示互补天线产生的电场和磁场，则 FF 之间的电压为

$$\begin{cases} U_d = \lim\limits_{c_2 \to 0} \int_{c_2} \boldsymbol{E}_d \mathrm{d}l \\ I_d = 2 \lim\limits_{c_1 \to 0} \int_{c_1} \boldsymbol{H}_d \mathrm{d}l \end{cases} \tag{4-22}$$

又因为对于馈电端口 FF，缝隙天线与互补天线的电磁场是对偶的，所以

$$\begin{cases} \lim\limits_{c_1 \to 0} \int_{c_1} \boldsymbol{E}_s \mathrm{d}l = \eta \lim\limits_{c_1 \to 0} \int_{c_1} \boldsymbol{H}_d \mathrm{d}l \\ \lim\limits_{c_2 \to 0} \int_{c_2} \boldsymbol{E}_d \mathrm{d}l = \eta \lim\limits_{c_2 \to 0} \int_{c_2} \boldsymbol{H}_s \mathrm{d}l \end{cases} \tag{4-23}$$

将式(4-23)代入(4-21)和式(4-22)，可以得到缝隙天线与互补天线输入阻抗之间的换算关系

$$Z_s Z_d = \frac{U_s}{I_s} \frac{U_d}{I_d} = \frac{U_s}{I_d} \frac{U_d}{I_s} = \frac{\eta^2}{4} \tag{4-24}$$

式中，Z_s 表示缝隙天线的输入阻抗；Z_d 表示互补天线的输入阻抗；η 表示电磁场的波阻抗。图 4-6(b)所示的互补天线等效为一个长度为 l、中点馈电的偶极子天线，其输入阻抗在 4.1.1 节中给出。

4.2 电小环天线

第 2 章中关于磁偶极子的辐射场的讨论是利用电磁场的对偶原理得到的。前面提到，一个通有交变电流的电流环，如果其直径远小于波长，就可视为一个磁偶极子。这里对环的几何形状并没有限定，只要满足电小尺寸即可。本节我们将通过对分段电流元的辐射场叠加的形式来证明电小环天线等价于磁偶极子。

为避免数学上的复杂推导，我们以直角坐标系中的方环为例。假设方环的周长远小于波长，若方环在坐标系中的位置如图 4-7 所示，则其远区电场仅有 E_φ 分量。为了求得方环在 yz 面上的辐射方向性图，只需将方环等效为四小段电偶极子并考虑四小段电偶极子中与 yz 平面正交的一对(2 和 4)的辐射场即可，如图 4-7(c)所示。由于这两小段偶极子在 yz 面内都是无方向性的，因此方环的方向性图等同于两个各向同性点源，即

$$E_\varphi = -E_{\varphi 0} \mathrm{e}^{\mathrm{j}\varphi/2} + E_{\varphi 0} \mathrm{e}^{-\mathrm{j}\varphi/2} \tag{4-25}$$

式中，$E_{\varphi 0}$ 表示由一个电偶极子产生的电场大小，所含的相位因子为

$$\varphi = \frac{2\pi d}{\lambda} \sin\theta = d_r \sin\theta \tag{4-26}$$

即

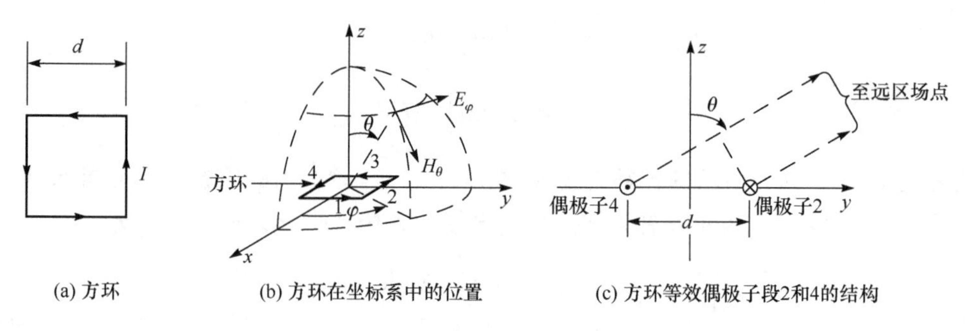

(a) 方环　(b) 方环在坐标系中的位置　(c) 方环等效偶极子段2和4的结构

图 4-7　方环

$$E_\varphi = -2\mathrm{j}E_{\varphi 0}\sin\left(\frac{d_r}{2}\sin\theta\right) \tag{4-27}$$

式(4-27)中的因子 j 表明，总场 E_φ 与单个电偶极子的电场在相位上正交。已知 $d \ll \lambda$，$d_r = 2\pi d/\lambda \ll 2\pi$，故式(4-27)可简化为

$$E_\varphi = -\mathrm{j}E_{\varphi 0}d_r\sin\theta \tag{4-28}$$

其中，单个电偶极子 2 和 4(或 1 和 3)的远场已在第 2 章中给出，只是其中的 z 方向在环天线情况下改成了 x(或 y)方向(图 4-5)。因此，单个电偶极子的辐射场 $E_{\varphi 0}$ 为

$$E_{\varphi 0} = \frac{\mathrm{j}60\pi IL}{r\lambda} \tag{4-29}$$

式中，I 是偶极子上的滞后电流；r 是场点到方环中心的距离。单个偶极子的长度 L 与间距 d 相同，$d_r = 2\pi d/\lambda$。将此式代入式(4-28)，即得到该小环的远场 E_φ 为

$$E_\varphi = \frac{60\pi ILd_r\sin\theta}{r\lambda} \tag{4-30}$$

方环的面积为 $A = d^2 = 2\pi a^2$，则式(4-30)变成

$$E_\varphi = \frac{120\pi^2 I\sin\theta}{r}\frac{A}{\lambda^2} \tag{4-31}$$

这就是面积为 A 的小方环的辐射场分量 E_φ。小环辐射场的磁场分量 H_φ 可由式(4-31)与介质(自由空间)的本征阻抗相除而得到，为

$$H_\theta = \frac{E_\varphi}{120\pi} = \frac{\pi I\sin\theta}{r}\frac{A}{\lambda^2} \tag{4-32}$$

可见，电小方环的辐射场与磁偶极子的辐射场的表达式是完全一致的。同理，我们也可以通过对电流元的辐射场积分的形式来得到小环天线的辐射场，其也具有完全一致的表达形式，只不过需要用到贝塞尔函数等比较复杂的数学推导，本书不再赘述，感兴趣的同学可自行拓展学习相关的内容。

4.3　接收天线的原理

处于交变电磁场中的导体或环路，都会由于电磁感应而耦合电磁能量，所以可以作为接收天线使用。以线天线为例，接收电磁能量的物理过程是：天线振子导体在外界电磁场作用下激励感应电动势，然后在导体表面建立感应电流，该电流流进天线负载 Z_L，$Z_L = R_L + \mathrm{j}Z_L$(接收

机）。所以，接收天线是一个把空间电磁波能量转换为高频电流能量的能量转换装置，其工作过程恰好是发射天线的逆过程。

天线都具有可逆性，即同一副天线既可用作发射天线，也可用作接收天线。同一天线用于发射或接收时的特性参数是相同的，这就是天线的互易原理。

如图 4-8(a)所示，接收天线（线天线）沿 z 轴放置，假设电场为 E_{i} 的均匀平面波以入射角 θ 入射到接收天线上，则 E_{i} 与入射方向垂直。假设负载 Z_{L} 跨接在天线 a、b 两端。天线上长度为 $\mathrm{d}l$ 的一段导体两端的感应电动势为

$$\mathrm{d}u=\mathrm{d}\boldsymbol{l}\cdot\boldsymbol{E}_{\mathrm{i}}$$

图 4-8(a)中的天线如果是短偶极子天线，则 Z_{L} 开路时的电压 U_{OC} 等于感应电动势。图 4-8(a)中的天线如果是长偶极子，则由于导体上的 E_{i} 不是处处相同，所以开路电压 U_{OC} 就必须通过沿导体进行积分得到，即

$$U_{\mathrm{OC}}=\int_{l}E_{\mathrm{i}z}f(z)\,\mathrm{d}z$$

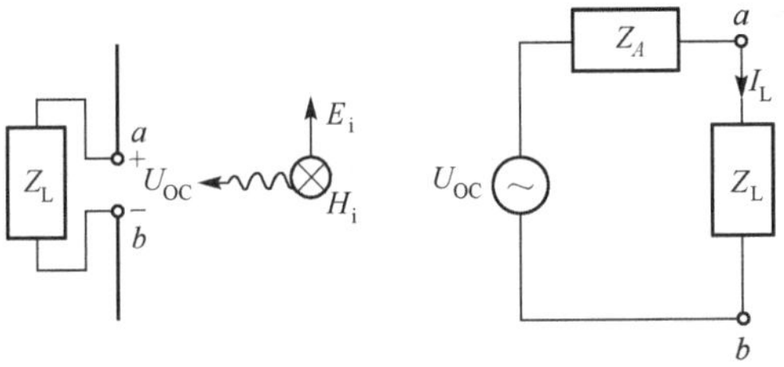

(a) 接收天线示意图　(b)接收天线等效电路

图 4-8　接收天线

式中，$E_{\mathrm{i}z}$ 表示 E_{i} 在平行 z 轴放置的天线上的切向分量。$f(z)$ 是一个将线上 z 处的长为 $\mathrm{d}z$ 导体段产生的感应电动势 $\mathrm{d}U_{\mathrm{OC}}(z)$ 换算到端口 $ab(z=0)$ 处感应电动势 $\mathrm{d}U_{\mathrm{OC}}(0)$ 的函数。

接收天线等效电路如图 4-7(b)所示。其中，电压源 U_{OC} 是指开路条件下由入射波在天线终端 ab 所感应的电动势。开路条件下的 U_{OC} 仅作用在天线上，因此等效电路中感应电压源 U_{OC} 的内阻等于天线在发射状态下的内部阻抗 $Z_A(Z_A=R_A+\mathrm{j}Z_A)$。

假设 U_{OC} 已知，则可以确定流过负载的电流为

$$I_{\mathrm{L}}=\frac{U_{\mathrm{OC}}}{(R_A+R_{\mathrm{L}})+\mathrm{j}(X_A+X_{\mathrm{L}})} \tag{4-33}$$

在阻抗共轭匹配情况下，即 $X_A=-X_{\mathrm{L}}$，$R_A=R_{\mathrm{L}}$ 时，天线的接收功率最大，为

$$P_{\mathrm{C}}=\frac{1}{2}U_{\mathrm{OC}}\cdot I_{\mathrm{L}}=\frac{|U_{\mathrm{OC}}|^2}{4R_A} \tag{4-34}$$

负载的接收功率为

$$P_{\mathrm{L}}=\frac{1}{2}I_{\mathrm{L}}^2\cdot R_{\mathrm{L}}=\frac{|U_{\mathrm{OC}}|^2}{8R_{\mathrm{L}}} \tag{4-35}$$

天线本身的损耗功率为

$$P_A=\frac{1}{2}I_{\mathrm{L}}^2\cdot R_A=\frac{|U_{\mathrm{OC}}|^2}{8R_A} \tag{4-36}$$

式(4-34)～式(4-36)表明，在负载和天线阻抗共轭匹配条件下，天线接收功率的一半给了负载，另一半消耗在天线导体上。负载 Z_{L} 与天线阻抗匹配时，其两端的电压 U_{ab} 由天线的感应电动势 U_{OC} 确定，而 U_{OC} 与电场平行于天线导体的分量有关。

4.4 天线的特性参数

有关天线的特性参数包括天线的方向性、增益、输入阻抗、带宽、驻波比、辐射电阻、辐射效

率、有效长度和天线系数等。本书主要描述了天线的方向性和增益、有效孔径和天线系数。简单天线如偶极子天线等的天线参数可以通过理论计算得到。实际工程中是通过测量来获得天线的方向性和增益、有效长度和天线系数等参数。

4.4.1　方向性和增益

天线的方向性系数 $D(\theta,\varphi)$是用来衡量天线在远离天线的距离 r 处某方向上(θ,φ)集中辐射功率的能力。对基本的电偶极子、偶极子天线和单极天线，辐射功率的最大值在 $\theta=90°$处，零值在 $\theta=0°$和 $\theta=180°$处。为了定量描述天线集中辐射功率的能力，我们定义辐射强度 $U(\theta,\varphi)$。

电偶极子和电小环远场的功率密度具有以下形式：

$$\boldsymbol{S}_{\text{av}}=\frac{E^2\boldsymbol{a}_s}{2\eta}=\frac{|\boldsymbol{E}_0|^2}{2\eta r^2}\boldsymbol{a}_r \tag{4-37}$$

式中，E_0 依赖于 θ、天线类型和天线电流。注意：由于远场电场、磁场与距离的一次方成反比，所以功率密度依赖于距离平方的倒数。为了得到与距离无关的辐射功率关系式，将式(4-37)乘以 r^2 并定义所得到的变量为辐射强度，即

$$U(\theta,\varphi)=r^2|\boldsymbol{S}_{\text{av}}|=r^2\boldsymbol{S}_{\text{av}} \tag{4-38}$$

辐射强度是 θ 和 φ 的函数，但与距天线的距离无关。天线总的平均辐射功率为

$$P_{\text{rad}}=\oint\boldsymbol{S}_{\text{av}}\cdot\mathrm{d}\boldsymbol{s}=\oint_s U(\theta,\varphi)\mathrm{d}\Omega \tag{4-39}$$

式中，在球坐标系中的面微分元为 $\mathrm{d}\boldsymbol{s}=r^2\sin\theta\mathrm{d}\theta\mathrm{d}\varphi\boldsymbol{a}_r$。变量 $\mathrm{d}\Omega=\sin\theta\mathrm{d}\theta\mathrm{d}\varphi$ 为立体角 Ω 的微元。因为立体角的单位为 sr，所以 U 的单位为 W/sr。注意：当 $U=1$ 时，式(4-38)的积分为 4π。这样，总的辐射功率就是辐射强度在大小为 4πsr 的立体角上的积分。同时要注意：平均辐射强度为总的辐射功率除以 4πsr，即

$$U_{\text{av}}=\frac{P_{\text{rad}}}{4\pi} \tag{4-40}$$

对于更复杂的天线，辐射强度定义相同。天线在某一个方向上的方向性系数 $D(\theta,\varphi)$，为该方向上的辐射强度与平均辐射强度的比值，即

$$D(\theta,\varphi)=\frac{U(\theta,\varphi)}{U_{\text{av}}}=\frac{4\pi U(\theta,\varphi)}{P_{\text{rad}}}=\frac{4\pi r^2\cdot S_{\text{av}}}{P_{\text{rad}}} \tag{4-41}$$

天线的方向性系数常常用天线在其最大辐射方向上的值，即最大值来表示：

$$D_{\max}=\frac{U_{\max}}{U_{\text{av}}} \tag{4-42}$$

与天线的方向性系数不同，天线增益 $G(\theta,\varphi)$考虑了天线的损耗。对于无耗天线，方向性系数和增益相等。而对于有耗天线，如果天线输入的总功率为 P_{in}，其中仅有 P_{rad}被辐射出去，两者之差即天线的损耗。定义天线效率因子 e 为

$$e=\frac{P_{\text{rad}}}{P_{\text{in}}} \tag{4-43}$$

那么，增益与方向性系数的关系为

$$G(\theta,\varphi)=eD(\theta,\varphi) \tag{4-44}$$

式中，定义增益为

$$G(\theta,\varphi)=\frac{4\pi U(\theta,\varphi)}{P_{\text{in}}} \tag{4-45}$$

对于大多数天线，效率接近100%。因此，增益和方向性系数近似相等。如假设效率为100%，那么增益和方向性系数可以互换。

各向同性的点源是一种假想的无耗天线，它向所有方向辐射的功率都相等。由于这种天线是无耗的，因此它的方向性系数和增益相等。如果各向同性的点源辐射功率或输入功率为P_{T}，则距离d处的功率密度为总的辐射功率除以半径为d的球面面积

$$\boldsymbol{S}_{\text{av}}=\frac{P_{\text{T}}}{4\pi d^2}\boldsymbol{a}_r \tag{4-46}$$

点源辐射的电磁波(局部)类似于均匀平面波，因此

$$\boldsymbol{S}_{\text{av}}=\frac{E^2}{2\eta}\boldsymbol{a}_r \tag{4-47}$$

比较式(4-46)和式(4-47)，有

$$E=\frac{\sqrt{60P_{\text{T}}}}{d} \tag{4-48}$$

式中，$\eta=120\pi$。式(4-48)可以用来计算在已知输入功率或辐射功率的条件下，计算点源在某一点处的场强。

虽然各向同性的点源是一种理想辐射源，但它作为许多计算中的标准或参考天线还是很有用的。例如，由于各向同性的点源是无耗的，方向性系数和增益相等，因此两者均可用G_0来表示：

$$G_0=1$$

方向性系数D也可定义为天线主波瓣上的功率密度与全向点源的功率密度之比，两者在该方向上的辐射功率P_{rad}相同，并在相同的距离r处测量：

$$D=\left|\frac{\boldsymbol{S}_{\text{av}}(\theta_{\max},\varphi_{\max})}{P_{\text{rad}}/4\pi r^2}\right| \tag{4-49}$$

该式与式(4-41)相同。

因此，已知天线的输入功率为P_{in}或辐射功率P_{rad}，我们可以根据增益G或方向性系数D求出距天线r处的平均功率密度。

$$S_{\text{av}}=|\boldsymbol{S}_{\text{av}}|=G\frac{P_{\text{in}}}{4\pi r^2}=D\frac{P_{\text{rad}}}{4\pi r^2} \tag{4-50}$$

例 4-2 已知电偶极子的功率密度为

$$S_{\text{av}}=30\pi I^2\left(\frac{\text{d}l}{\lambda}\right)^2\frac{\sin^2\theta}{r^2}(\text{W/m}^2)$$

辐射功率为

$$P_{\text{rad}}=80\pi^2 I^2\left(\frac{\text{d}l}{\lambda}\right)^2(\text{W})$$

求电偶极子的增益和方向性系数。

解 电偶极子的最大辐射方向在$\theta=90°$处，所以电偶极子的方向性系数为

$$D=\frac{4\pi r^2 S_{\text{av}}}{P_{\text{rad}}}=\frac{120}{80}=1.5$$

又由于电偶极子为无耗的，所以增益为 $G=D=1.5$。

天线的增益常以 dB 为单位给出。天线的增益用 dB 来表示为

$$G_{dB}=10\lg G$$

所以，电偶极子的增益为 $G=10\lg 1.5=1.76(\text{dB})$。

例 4-3　求无耗半波偶极子天线的增益。

解　因为半波偶极子天线的辐射功率密度为

$$S_{av}=\frac{E^2}{2\eta}=\left(\frac{\eta}{8\pi^2}\right)\frac{I_m^2}{r^2}F^2(\theta)$$

代入 $\eta=120\pi$ 可得

$$S_{av}=4.77\frac{I_m^2}{r^2}F^2(\theta)(\text{W/m}^2)$$

在方向 $\theta_{max}=90°$处有最大值。所以半波偶极子天线的辐射功率为

$$P_{rad}=73.1\frac{I_m^2}{2}(\text{W})$$

代入 $F(\theta_{max})=1$，得

$$G=D=\frac{4\pi r^2 S_{av}}{P_{rad}}=1.64$$

或 $G=2.15\text{dB}$。对比电偶极子的增益 $G=1.5$，可见半波偶极子天线集中辐射功率的能力要稍好于电偶极子。

在现实中，例如，定向无线通信中常常采用高增益天线，以获得更高的方向性增益。喇叭天线和抛物面天线的增益可以达到 40dB。

天线的增益也可以按照某一参考天线的增益来规定。参考天线用全向点源，点源具有单位增益，$G_0=1$。在这种情况下，天线的增益是相对全向天线的增益，我们用 G_i 来表示：

$$G_i=10\lg\left(\frac{G}{G_0}\right)$$

实际测量中，常用半波偶极子天线的增益为参考，我们规定天线相对于半波偶极子的增益，用 G_d 来表示：

$$G_d=10\lg\left(\frac{G}{1.64}\right)$$

4.4.2　有效长度

如果我们用一等效的假想天线来代替实际天线，设该假想天线上的电流分布为均匀分布，电流大小为实际天线馈电点的电流 I_A。当假想天线在最大辐射方向上产生与实际天线相同的电场强度时，该假想天线的长度 l_c 即定义为实际天线的有效长度。

以物理长度为 l(每臂长为 $l/2$)的偶极子天线为例，已知其辐射场强为

$$E_\theta=\text{j}\frac{60I_m}{r}\frac{\cos\left(\frac{\beta l}{2}\cos\theta\right)-\cos\left(\frac{\beta l}{2}\right)}{\sin\theta}\text{e}^{-\text{j}\beta r}$$

在其最大辐射方向($\theta=90°$)上的电场振幅为

$$E_{max}=\frac{60I_m}{r}\left[1-\cos\left(\frac{\beta l}{2}\right)\right] \tag{4-51}$$

因偶极子天线臂上的电流分布近似为正弦规律，所以中心馈电点处的电流可表示为 $I_A=I_m\sin\left(\frac{\beta l}{2}\right)$，$\beta=\frac{2\pi}{\lambda}$为相移常数，代入式(4-51)得到

$$E_{max}=\frac{60I_A}{r}\frac{1-\cos\left(\frac{\beta l}{2}\right)}{\sin\left(\frac{\beta l}{2}\right)}$$

假想的等效天线在其最大辐射方向上所产生的电场强度振幅为

$$E_{max}=\frac{60\pi I_A l_c}{\lambda r}$$

根据天线有效长度的定义，令以上两式相等，即

$$\frac{60\pi I_A l_c}{\lambda r}=\frac{60I_A}{r}\frac{1-\cos\left(\frac{\beta l}{2}\right)}{\sin\left(\frac{\beta l}{2}\right)}$$

得

$$l_c=\frac{\lambda}{\pi}\frac{1-\cos\left(\frac{\beta l}{2}\right)}{\sin\left(\frac{\beta l}{2}\right)}=\frac{\lambda}{\pi}\tan\frac{\beta l}{4} \tag{4-52}$$

l_c 即该偶极子天线的有效长度。对于 $l\ll\lambda$ 的短偶极子天线，l_c 近似为

$$l_c\approx\frac{\lambda}{\pi}\frac{\beta l}{4}=\frac{l}{2}$$

即短偶极子天线的有效长度约为其物理长度的一半。对于半波偶极子天线，将 $l=\lambda/2$ 代入式(4-52)可得

$$l_c=\frac{\lambda}{\pi}\tan\frac{\pi}{4}=\frac{\lambda}{\pi}$$

即半波偶极子天线的有效长度为其物理长度的 $2/\pi$ 倍。

4.4.3 有效孔径

天线的有效孔径(有效口径)A_e 从接收天线引入比较简单。天线的有效孔径与其接收电磁波的能力有关，与天线的物理口径没有必然联系。天线的有效孔径是指天线在其负载阻抗上接收到的功率 P_R 与入射波的功率密度 S_{av}之比：

$$A_e=\frac{P_R}{S_{av}}\quad(\mathrm{m}^2) \tag{4-53}$$

当负载阻抗与天线阻抗共轭匹配时，即图 4-8(b)中 $Z_L=Z_A^*$，式(4-53)给出天线最大的有效孔径 A_{em}。为实现最大有效孔径，要求入射波的极化与天线的极化相匹配。对线性极化的入射波，入射波的电场矢量要平行于接收天线用于发射时所产生的电场矢量方向。

例 4-4 计算偶极子天线的最大有效孔径。

解　要得到最大有效孔径，需考虑天线的输入阻抗与负载阻抗共轭匹配，即如果偶极子天线端接负载阻抗 $Z_L=R_{rad}-jX$，则偶极子天线的输入阻抗为 $Z_{in}=R_{rad}+jX$。假设偶极子天线没有损耗，那么，当入射波的电场矢量平行偶极子天线时，即 $\theta=90°$时，天线的感应电压最大，如图 4-8 所示。在天线终端产生的开路电压(最大值而非有效值)为

$$U_0=E_\theta dl \tag{4-54}$$

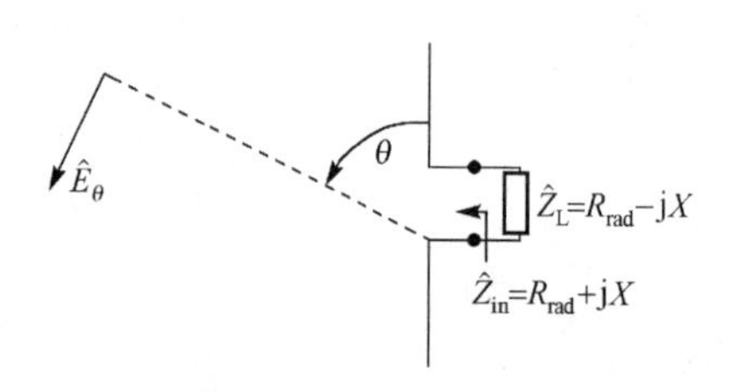

图 4-9　偶极子天线最大有效孔径 A_{em}的计算

入射波的功率密度为

$$\boldsymbol{S}_{av}=\frac{E_\theta^2}{2\eta}$$

所以天线的接收功率为

$$P_R=\frac{U_0^2}{8R_{rad}}=\frac{(E_\theta dl)^2}{8R_{rad}} \tag{4-55}$$

代入偶极子天线的辐射电阻 R_{rad}的值，得

$$P_R=\frac{E_\theta^2\lambda^2}{640\pi^2} \tag{4-56}$$

所以，偶极子天线的最大有效孔径为

$$A_{em}=\frac{P_R}{S_{av}}=1.5\frac{\lambda^2}{4\pi}=\frac{\lambda^2}{4\pi}D \tag{4-57}$$

可见，天线的最大有效孔径不是一定非与它的"物理孔径"有关系。

式(4-57)虽然是针对偶极子天线推导出的，但对一般的天线都有效。也就是说，用于接收的天线的最大有效孔径与当其用于发射时在入射波方向上的增益有关。于是可以得到有效孔径的另一个计算公式

$$D(\theta,\varphi)=\frac{4\pi}{\lambda^2}A_e(\theta,\varphi) \tag{4-58}$$

可见，A_e 的方向(与接收天线有关的入射波的方向)就是当天线用于发射时在该方向上的方向性系数。如果天线的效率很高，则其方向性系数 D 和增益 G 可以互换。

4.4.4　天线系数

天线用于测试(如电磁兼容测试)时，描述天线接收特性最常用的是天线系数(天线校正系数)。图 4-10(a)表示用天线和接收机测量线极化均匀平面波的场强。用作接收的测量天线的输出端与接收机(如频谱分析仪)通过同轴电缆相连，接收机所测得的电压用 V_{rec}表示。测量天线的等效电路表明接收机接收到的电压与天线处的电场有关系，天线的天线系数就是表示这一关系的参数。天线系数定义为天线表面的入射电场与天线输出端所连接接收机(阻抗匹配)所接收到的电压之比：

$$AF=\frac{|\boldsymbol{E}_{inc}|}{|\boldsymbol{U}_{rec}|}$$

如果用分贝来表示上式，则

$$AF(dB/m)=|\boldsymbol{E}_{inc}|(dB\mu V/m)-|\boldsymbol{U}_{rec}|(dB\mu V) \tag{4-59}$$

或

$$|\boldsymbol{E}_{inc}|(dB\mu V/m)=|\boldsymbol{U}_{rec}|(dB\mu V)+AF(dB/m) \tag{4-60}$$

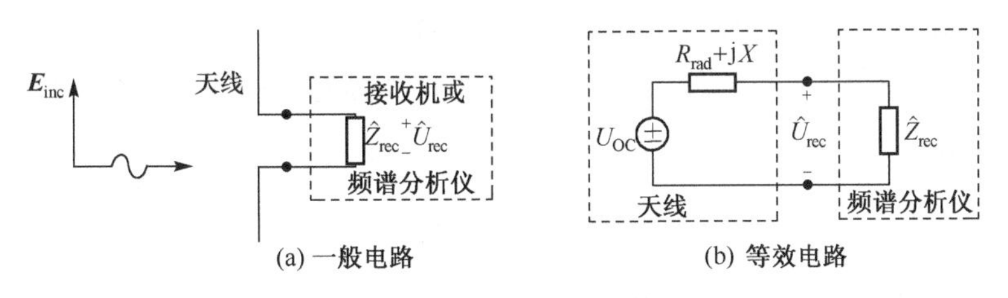

图 4-10 用天线和接收机测量场强

天线系数的单位为 dB/m。实用中的天线系数是由厂商或计量单位通过标准规定的方法测量得出的,不是通过理论计算得出。图 4-11 所示是某型号半波偶极子天线的校正系数。图中两条曲线分别表示在开阔场地上,接收和发射天线之间的距离分别是 3m 和 10m 时,校准得到的天线系数。不同校准距离的天线系数不同是由于接收天线处的电场分布不满足均匀分布的条件。

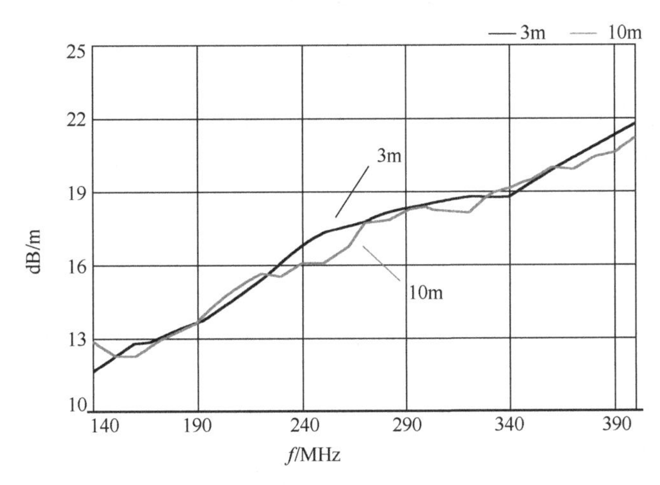

图 4-11 EMC 测量用半波偶极子天线的天线系数

4.5 发射天线和接收天线之间的耦合

已知天线的增益和输入功率可以计算出距离天线任意位置的最大电场强度,已知天线系数和接收机端口的输入功率也可以知道天线位置的电场强度。发射天线的发射功率和接收天线的接收功率之间用传输方程联系在一起。利用传输方程,可以进行两天线之间耦合的近似计算。

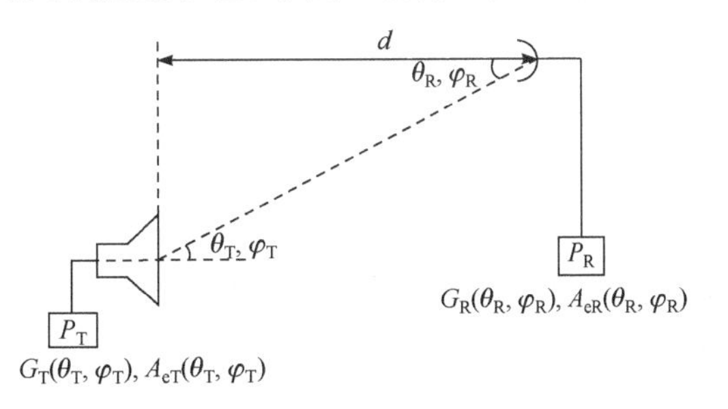

图 4-12 用 FRIIS 传输方程计算两天线之间的耦合

考虑图 4-12 所示的自由空间中的两个天线。一个天线发射的总功率为 P_T,另一个天线其终端阻抗上的接收功率为 P_R。发射天线的增益为 $G_T(\theta_T, \varphi_T)$,在发射方向(θ_T, φ_T)上

的有效孔径为 $A_{eT}(\theta_T,\varphi_T)$。接收天线在该发射方向$(\theta_R,\varphi_R)$上的增益和有效孔径分别为 $G_R(\theta_R,\varphi_R)$和 $A_{eR}(\theta_R,\varphi_R)$。接收天线处的功率密度为各向同性点源的功率密度乘以发射天线在发射方向上的增益：

$$S_{av}=\frac{P_T}{4\pi d^2}G_T(\theta_T,\varphi_T) \tag{4-61}$$

接收功率为该功率密度与接收天线在发射方向上的有效孔径的乘积

$$P_R=S_{av}A_{eR}(\theta_R,\varphi_R) \tag{4-62}$$

将式(4-61)代入式(4-62)，得

$$\frac{P_R}{P_T}=\frac{G_T(\theta_T,\varphi_T)A_{eR}(\theta_R,\varphi_R)}{4\pi d^2} \tag{4-63}$$

用式(4-58)表示的增益来代替接收天线的有效孔径(假设负载匹配，极化方向匹配，则有效孔径为最大的有效孔径)，将得到传输方程最常见的形式

$$\frac{P_R}{P_T}=G_T(\theta_T,\varphi_T)G_R(\theta_R,\varphi_R)\left(\frac{\lambda}{4\pi d}\right)^2 \tag{4-64}$$

距离发射天线 d 处的发射波的电场强度也能计算出来。所发射的电磁波的功率密度是均匀平面波的功率密度(局部)：

$$S_{av}=\frac{1}{2}\frac{E^2}{\eta} \tag{4-65}$$

与式(4-61)比较，并代入 $\eta=120\pi$，可得

$$E=\frac{\sqrt{60P_T\,G_T(\theta_T,\varphi_T)}}{d} \tag{4-66}$$

天线增益用 dB 来表示，则式(4-64)的传输方程为

$$10\lg\left(\frac{P_R}{P_T}\right)=G_T(\mathrm{dB})+G_R(\mathrm{dB})-20\lg f(\mathrm{Hz})-20\lg d(\mathrm{m})+147.56 \tag{4-67}$$

在上述传输方程中含有许多假设。为了使式(4-58)表示的增益和有效孔径之间的关系有效，接收天线必须与它的负载阻抗匹配，同时必须和来波极化匹配，否则传输方程将导致耦合的上限(“最差情况”)。此外，传输方程也要求两天线互相处于对方的远场区中。远场区常常被认为

$$d_{远场}>\frac{2D^2}{\lambda} \quad (面天线)$$

或

$$d_{远场}>3\lambda \quad (线天线)$$

式中，D 为天线的最大尺寸。有效孔径的概念本身包含了在接收天线附近的来波类似于均匀平面波的假设。在发射天线远场区中的发射波类似于点源发出的球面波，其仅仅是局部类似于均匀平面波，就如前面所有公式推导中的假设一样。两天线之间相距$\frac{2D^2}{\lambda}$，保证了球面波入射时在天线末端表面的相位与平面波相差至少$\frac{\lambda}{16}$。3λ 准则保证了入射波的“波阻抗”近似等于自由空间的本征阻抗。

例 4-5 计算两个无耗半波偶极子天线之间的耦合，并求出天线系数与天线增益之间的关系。假设天线相距 1000m，工作频率为 150MHz，在最大接收方向上相互平行排列。发射偶极子天线由 100V（峰值）、50Ω 的源激励。求接收天线的最大接收功率，并估算半波偶极子天线在工作频率为 150MHz 时的天线系数。

解 半波偶极子天线的输入阻抗为 73.1＋j42.5Ω，忽略天线损耗，发射天线的辐射功率为

$$P_{\mathrm{T}}=\frac{I_{\mathrm{m}}^{2}R_{A}}{2}=\frac{1}{2}\left|\frac{100}{73.1+50+\mathrm{j}42.5}\right|^{2}73.1=21.3(\mathrm{W})$$

已知半波偶极子天线的增益为 1.64，由式(4-66)计算得到接收天线所在位置的电场为

$$E=\frac{\sqrt{60\times 21.3\times 1.64}}{1000}=45.8(\mathrm{mV/m})$$

不考虑损耗，则接收天线匹配负载所接收到的平均功率由式(4-64)得到

$$\frac{P_{\mathrm{R}}}{P_{\mathrm{T}}}=1.64\times 1.64\times\left(\frac{2}{4\times\pi\times 1000}\right)^{2}=6.81\times 10^{-8}$$

$$P_{\mathrm{R}}=6.81\times 10^{-8}\times 21.3=1.45(\mu\mathrm{W})$$

天线系数是入射波电场强度与接收天线在其 50Ω 负载上电压之间的换算系数，故

$$U=\sqrt{50P_{\mathrm{R}}}=\sqrt{1.45\times 10^{-6}\times 50}=8.51\times 10^{-3}(\mathrm{V})$$

$$\mathrm{AF(dB)}=20\lg\frac{E}{U}=20\lg\frac{45.8}{8.51}=14.6(\mathrm{dB/m})$$

从图 4-11 可查出 $f=150\mathrm{MHz}$ 时，天线系数约为 12.9。上述计算值与实际测量值产生误差的主要原因有：①忽略了天线的损耗，包括平衡与不平衡转换电路的损耗。②没有考虑实际半波偶极子天线的长度为谐振长度，与 $\lambda/2$ 有差异。③计算空间是自由空间，而天线校准是在开阔场地进行的。

4.6 地面反射的影响

前面讲的天线方向性和阻抗是建立在自由空间基础上的。实际应用中高增益天线离地面较高的情况下，地面对天线的影响比较小。宽波束天线和离地面较近的天线的方向性和阻抗受地面影响较大。将实际地面视为导电率无限大的无限延伸的平面，即理想导电地平面，则利用镜像原理可以分析地面对天线的方向性和阻抗的影响。

4.6.1 镜像原理

设一个电偶极子靠近并垂直于理想导电地平面（PP'平面）放置，如图 4-13(a)所示，需求出 PP'平面上方的 E 和 H。由于满足波动方程和特定边界条件的解具有唯一性，所以可以引入一个等效系统，在 PP'平面上满足相同的边界条件，且在 PP'平面上方具有相同的源和场，而在 PP'平面的下方可以不相同。该等效系统在 PP'平面的下方引入一个等距离、电流方向相同的镜像源，如图 4-13(b)所示的垂直电偶极子。

下面说明等效系统满足在 PP'平面上的边界条件，即电场的切向分量为零。根据第 2 章中给出的电偶极子的电场分布完整表达式，其 r 方向的分量按 $\cos\theta$ 变化，θ 方向的分量按 $\sin\theta$ 变化，θ 指的是入射波射线与电偶极子轴线之间的夹角。令 θ_1 和 θ_2 分别表示原始的电偶极子

源及其镜像源从电偶极子和其镜像的轴线到 PP' 平面上任意一个观察点的角度，如图 4-14 所示，则 r 方向的分量分别为

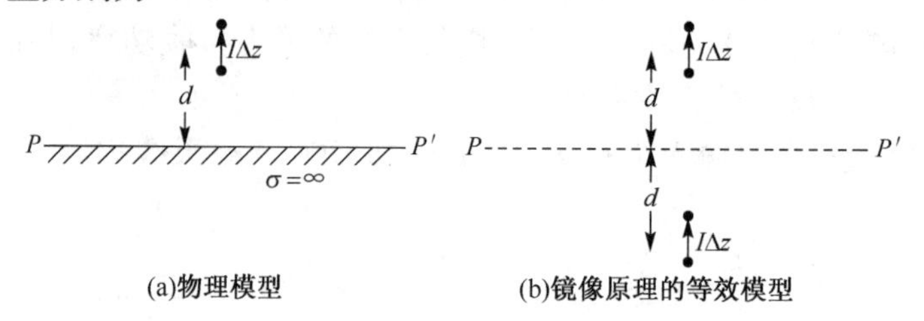

图 4-13　理想导电地面上方的垂直放置的电偶极子

$$\begin{cases} E_{r1}=C\cos\theta_1 \\ E_{r2}=C\cos\theta_2 \end{cases} \tag{4-68}$$

式中，C 为常数。由于源的大小相同，所以对于每一个场的分量而言常数 C 是相同的。由于电偶极子及其镜像到 PP' 平面的距离也相同，所以由图 4-14(a)可见 $\theta_1+\theta_2=180°$，因此 $\cos\theta_1=\cos(180°-\theta_2)=-\cos\theta_2$。可见，$PP'$ 平面上任意一点 $E_{r1}=-E_{r2}$。因此，在 PP' 平面上电场切向分量的幅度相等而相位相反，满足理想导体表面的边界条件。对于 θ 分量，同理可导出：

$$\begin{cases} E_{\theta_1}=D\sin\theta_1=D\sin\theta_2 \\ E_{\theta_2}=D\sin\theta_2 \end{cases} \tag{4-69}$$

式中，D 为常数。因此，在 PP' 平面上 $E_{\theta_1}=E_{\theta_2}$。图 4-14(b)表明 θ 分量在 PP' 面上的电场切向分量之和也为零。

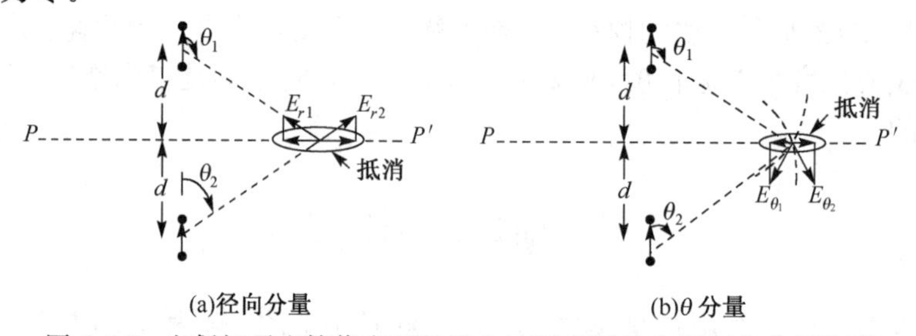

图 4-14　电偶极子和镜像在理想导电地平面处的电场切向分量为零

综上所述，垂直于理想导电平面的电偶极子与其镜像共同作用，使沿理想导电平面的电场的切向分量之和为零。由于理想导电平面上方的源结构以及边界条件没有改变，因此图 4-13(b)所示的系统等效于图 4-12(a)的原系统。注意这里的等效是指在理想导电平面上方的场相等。

方向平行于理想导电地平面的电偶极子(水平偶极子)也在镜像面下等距离处有一镜像，但此镜像的指向相反，如图 4-15 所示。图 4-15(b)的等效模型在 PP' 面上方给出与图 4-15(a)物理模型中相同的场。

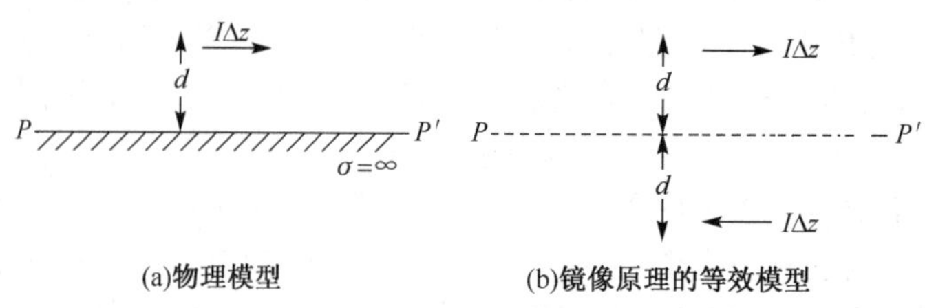

图 4-15　理想导电地平面上方平行放置的电偶极子

4.6.2　单极天线

单极天线如图 4-16 所示，由一条与导电平面垂直的单臂构成。如果其高度为 $\lambda/4$，则称为 1/4 波长单极天线。单极天线在其底部馈电，馈源另一端与导电平面相连。典型的单极天线有中波广播天线、电磁兼容测试用单极天线和移动通信用单极天线等。根据前面所述的镜像原理，将接地平面看作无限大的理想导电平面，单极天线可以通过用接地平面上的电偶极子的镜像来代替接地平面的方法来分析，如图 4-16(b)所示。接地平面用镜像来代替，接地单极天线的问题就简化为偶极子天线的问题。

图 4-16　接地单极天线

单极天线上的电流、电荷与对应的偶极子天线的上半部分是一样的，其端电压只有偶极子天线的一半。这是由于单极天线输入端的隙缝宽度只有对应偶极子天线的一半，相同的电场在一半的距离上给出一半的电压。因此，单极天线的输入阻抗只有对应偶极子天线的一半。

由于电磁场只在上半空间延伸，因此其辐射功率只有同样输入电流偶极子天线辐射功率的一半，所以单极天线的辐射电阻是对应偶极子天线辐射电阻的一半。

单极天线与对应偶极子天线在镜面上方的场是一样的。因此，单极天线的辐射方向性图与自由空间偶极子天线辐射方向性图的上半部分相同。如图 4-17 所示是一个接地单极天线的方向性图。

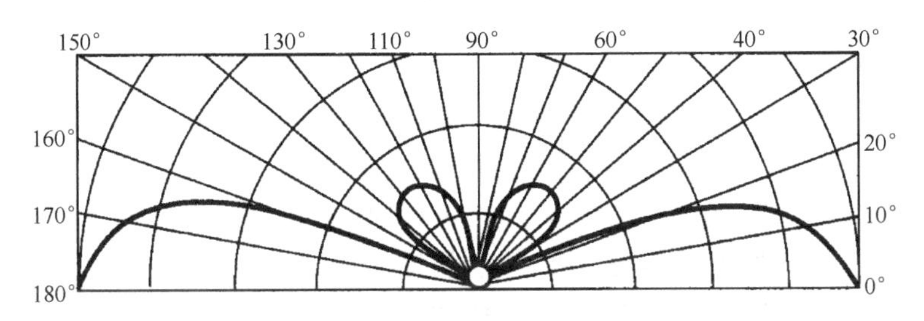

图 4-17　接地单极天线的方向性图

例如，常用的 1/4 波长单极天线的方向性系数是自由空间半波偶极子天线的两倍：

$$2\times1.64=3.28=5.16(\text{dB})$$

1/4 波长单极天线的输入阻抗为

$$Z_A=\frac{1}{2}(73.1+\text{j}42.5)=36.5+\text{j}21.3(\Omega)$$

4.6.3　理想导电地平面上的偶极子天线

如图 4-18 所示，有一水平架设的偶极子天线 A_1，离地高度为 H。在考虑理想导电平面的影响时，用其镜像 A_2 代替地面。此时，地面和上半空间任一点的场应等于实际天线 A_1 与镜

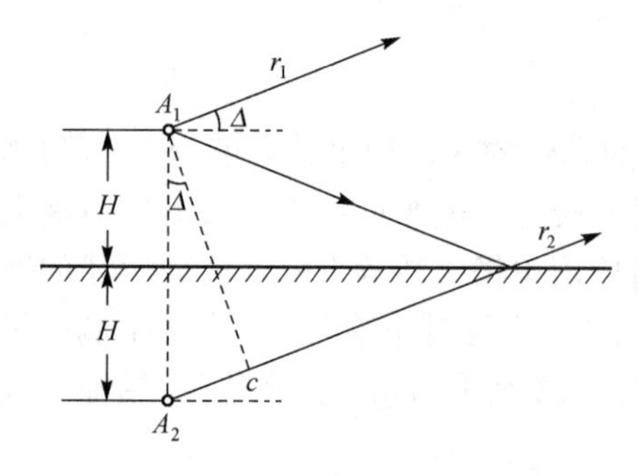

图 4-18　求水平架设的偶极子天线在赤道面内的辐射场

像 A_2 所建立的场的和。

现在求垂直面内上半空间任一点的场。垂直面(赤道面)为垂直于天线的轴,并经过天线中点的平面(图 4-18)。设观察点位于与地面夹角(仰角)为 Δ 的方向。在远区求场,$r \gg H$。因此,可以近似地认为由天线出发电波的传播路径与由镜像出发的电波的传播路径是相互平行的。

当水平架设天线时,镜像电流与天线电流的振幅相同,但相位差 180°。因此天线产生的场 E_1 和镜像产生的场 E_2 振幅相等,但符号相反。在垂直天线的平面内,E_1 和 E_2 都在水平方向(观察点在天线和镜像的赤道面内,$\theta=90°$)。因此,合成场为 E_1 和 E_2 的代数和。从天线到观察点的距离不等于从镜像到观察点的距离。因此,它们之间的行程差为 $r_2-r_1=2H\sin\Delta$。地表面和上半空间任一点的场为

$$E=E_1+E_2=E_1(1-\mathrm{e}^{-2\mathrm{j}kH\sin\Delta})$$

E_1 为偶极子天线在赤道面($\theta=90°$)内的场强值,为

$$|E_1|=\frac{60I_\mathrm{m}}{r_1}\left(1-\cos\frac{\beta l}{2}\right)$$

将 $|E_1|$ 代入 $|E|$,得

$$|E|=\frac{60I_\mathrm{m}}{r}\left(1-\cos\frac{\beta l}{2}\right)2\sin(\beta H\sin\Delta)\,(\mathrm{V/m}) \tag{4-70}$$

所以,水平架设偶极子天线的零辐射方向为

$$\sin\Delta_0=\frac{m\lambda}{2H},\quad m=1,2,\cdots \tag{4-71}$$

最大辐射方向的仰角为

$$\sin\Delta_{\max}=\frac{(2m+1)\lambda}{4H},\quad m=0,1,\cdots \tag{4-72}$$

由式(4-71)和式(4-72)可以看出,当 H/λ 不同时,零辐射方向和最大辐射方向出现在不同的仰角上。因此,不同的水平架设高度 H 的偶极子天线有不同的方向性图。图 4-19 所示为改变 H 后水平架设的偶极子天线在赤道面内方向性图。

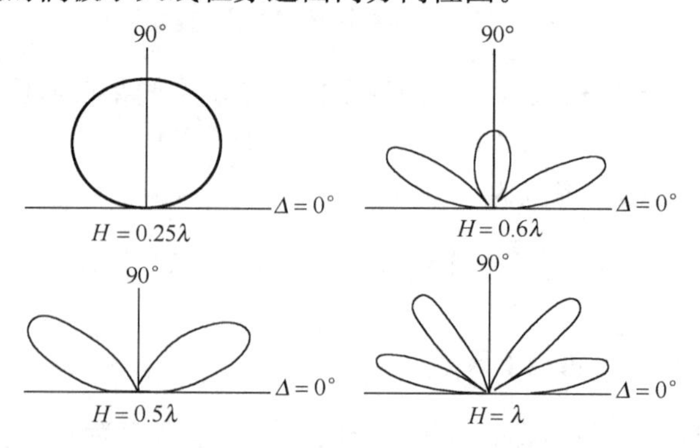

图 4-19　水平架设偶极子天线在赤道面内的方向性图

如图 4-20 所示，垂直架设的偶极子天线，离地面高度为 H，求其在垂直面内上半空间任一点建立的场。此时垂直面为包含振子轴并垂直地面的平面，即为子午面。镜像电流与天线电流的振幅和相位都相同。两者电流发射的电波的传播路径的差为 $r_2-r_1=2H\sin\Delta$。在远区观察点，天线和镜像发射的电场都在 θ 方向。因此，地表面上和上半空间任一点的场强值为

$$E=E_1+E_2=E_1(1-\mathrm{e}^{-2\mathrm{j}\beta H\sin\Delta})$$

所以

$$|E|=\frac{60I_\mathrm{m}}{r}=\frac{\cos\left(\frac{\beta l}{2}\sin\Delta\right)-\cos\frac{\beta l}{2}}{\cos\Delta}\cdot 2\cos(\beta H\sin\Delta)(\mathrm{V/m}) \tag{4-73}$$

垂直架设的偶极子天线的方向性图如图 4-21 所示。最大辐射方向第一次出现在 $\Delta=0°$ 的方向，此时，因子 $2\cos(\beta H\sin\Delta)=2$ 最大；如果 $l/\lambda\leqslant 0.7$，则方向性函数 $\frac{\cos\left(\frac{\beta l}{2}\sin\Delta\right)-\cos\frac{\beta l}{2}}{\cos\Delta}$ 也最大。随着 H/λ 的增加，边瓣数也增多。

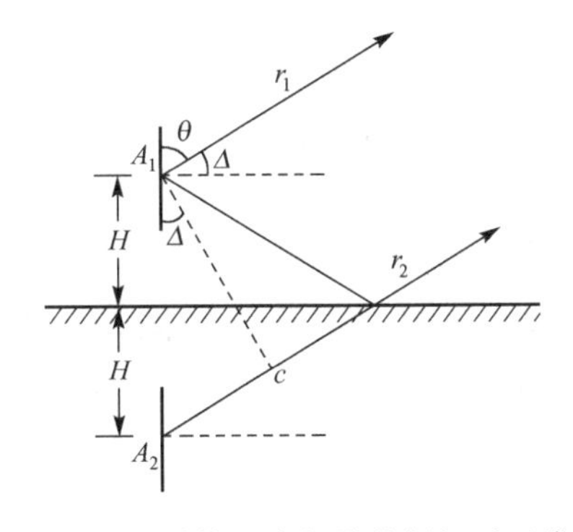

图 4-20　计算垂直架设的偶极子天线在子午面的辐射场

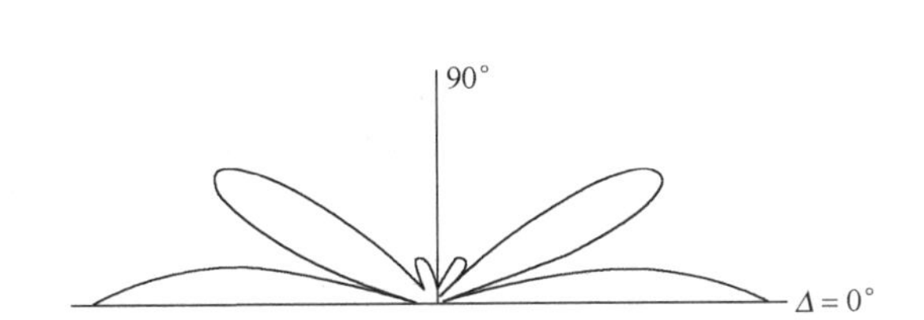

图 4-21　垂直架设偶极子天线在子午面内的方向性图

4.7　常用的电磁兼容测量天线

在电磁兼容测量领域，常常用到多种形式的天线来进行辐射发射测量和辐射抗扰度试验。在辐射发射测量中作为接收天线使用，而在辐射抗扰度试验中作为发射天线使用。

一般根据应用的工作频段不同，会采用不同形式的天线。例如，30～300MHz 频段的测试常采用双锥天线，200～2000MHz 频段可以采用对数周期天线；或者在上述频段采用将两种天线合二为一的对数双锥天线，某些型号对数双锥天线的工作频段可以达到 30MHz～3GHz。进行 1～18GHz 频段测试则常采用双脊波导喇叭天线。上述几种天线都属于宽带天线，便于实现自动化扫频测量而不需要在测试过程中更换或调整天线。有时 EMI 测量也使用对称振子天线（即半波偶极子天线），其长度应该等于被测频率的半波长。由于改变测量频率时需同时改变振子长度，因此这种天线不适合进行自动化扫频测量。故而半波偶极子天线常作为标准天线用来测量或校准其他天线的天线系数。以上这些天线的形状见图 4-22。

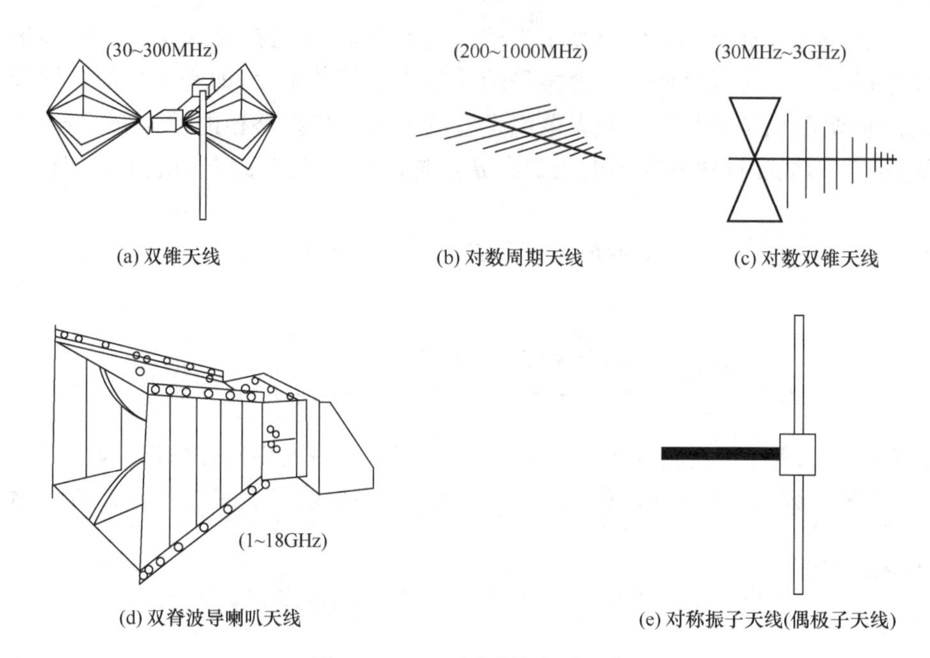

(a) 双锥天线　(b) 对数周期天线　(c) 对数双锥天线

(d) 双脊波导喇叭天线　(e) 对称振子天线(偶极子天线)

图 4-22　EMI 测试的常用天线

4.7.1　双锥天线

无限长的双锥天线由两个半圆锥角为 θ_h 的圆锥体构成,并且在其馈电点处有一小间隙,如图 4-23 所示。电压源就在这个间隙给天线馈电。假设圆锥体的周围空间是自由空间,$\boldsymbol{J}=0$。根据对称性可知 $\boldsymbol{E}$ 只在 θ 方向,而 $\boldsymbol{H}$ 只在 φ 方向,所以辐射场为球面波。可以用法拉第定律和安培定律求得场的表达式如式(4-74)和式(4-75)所示。

$$H_\varphi=\frac{H_0}{r\sin\theta}\mathrm{e}^{-\mathrm{j}\beta r} \tag{4-74}$$

$$E_\theta=\frac{\beta H_0}{\omega\varepsilon_0 r\sin\theta}\mathrm{e}^{-\mathrm{j}\beta r} \tag{4-75}$$

式中,H_0 为常数。

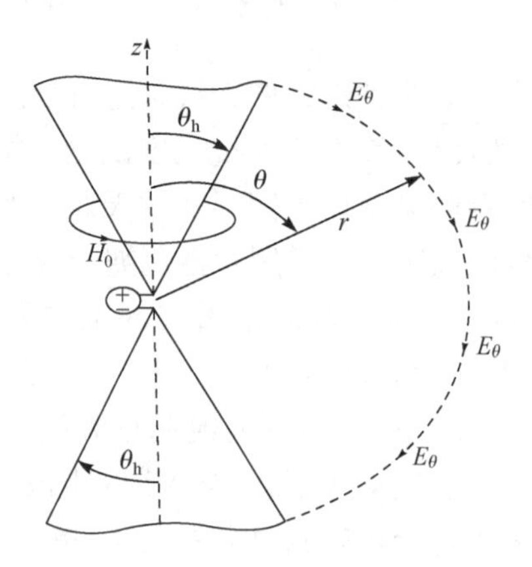

图 4-23　无限长的双锥天线

距离馈电点为 r 的两个圆锥体上两点之间的电压可由式(4-76)唯一确定。

$$U(r)=-\int_{\pi-\theta_h}^{\theta_h}E_\theta \mathrm{d}\theta=2\eta_0 H_0 \mathrm{e}^{-\mathrm{j}\beta r}\ln\left(\cot\frac{1}{2}\theta_h\right) \tag{4-76}$$

式中，η_0 为自由空间的波阻抗。用安培定律可求出圆锥体表面电流，即

$$I(r)=-\int_0^{2\pi}H_\varphi r\sin\theta \mathrm{d}\varphi=2\pi H_0 \mathrm{e}^{-\mathrm{j}\beta r} \tag{4-77}$$

$r=0$ 处电压和电流的比值即为馈电点处的输入阻抗，如式(4-78)所示。

$$Z_{\mathrm{in}}=\frac{U(r)}{I(r)}\bigg|_{r=0}=\frac{\eta_0}{\pi}\ln\left(\cot\frac{1}{2}\theta_h\right)\xlongequal{\text{真空中 }\eta_0=120\pi}120\ln\left(\cot\frac{1}{2}\theta_h\right) \tag{4-78}$$

因它是纯阻性的，且只和 θ_h 有关，所以可以通过选择圆锥半角使其与馈线特性阻抗相匹配。

对于从两侧 $\theta=90°$的方向入射到天线上的线性极化波，天线对相应分量的响应平行于它的轴。因此，这种天线可用来进行符合性认证中的垂直极化场和水平极化场的测量。

在任意频率范围内，从理论上讲这种天线的输入阻抗和方向性都是不变的，但现实中无限长的圆锥体是不存在的。因此，实际的双锥天线由截断的圆锥体构成，或是使用导线来近似圆锥体的表面，如图 4-24 所示。有限长度的圆锥体会在终端引起不连续性，导致沿圆锥体向外传播的波的反射，结果会在圆锥体上产生驻波，使输入阻抗出现虚部，而不再是与频率无关的纯电阻。

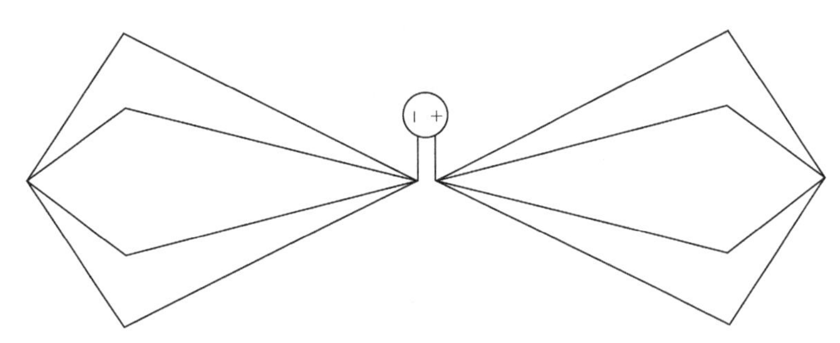

图 4-24 由导线构成的截断双锥天线

4.7.2 对数周期天线

对数周期天线是电磁兼容测试中和无线电定位测量中常用的天线之一，是一种结构简单、用途广泛的宽带天线。

图 4-25 为对数周期天线的结构图。对数周期振子阵是一个在双线传输线上串联多个对称振子(偶极子天线)组成的，振子的长度和相邻振子之间的距离随远离馈电点而增加，振子上臂和下臂的末端各在一直线上，两直线的夹角为 2α。相邻振子的上、下两臂交叉馈电。

如图 4-25 所示，振子所在平面的 2α 角决定了振子的长度。定义对数周期天线的比例因子 τ，由顶角为 α 的直角三角形可得到以下关系：

$$\tau=\frac{R_{n+1}}{R_n}=\frac{L_{n+1}}{L_n}=\frac{D_{n+1}}{D_n}$$

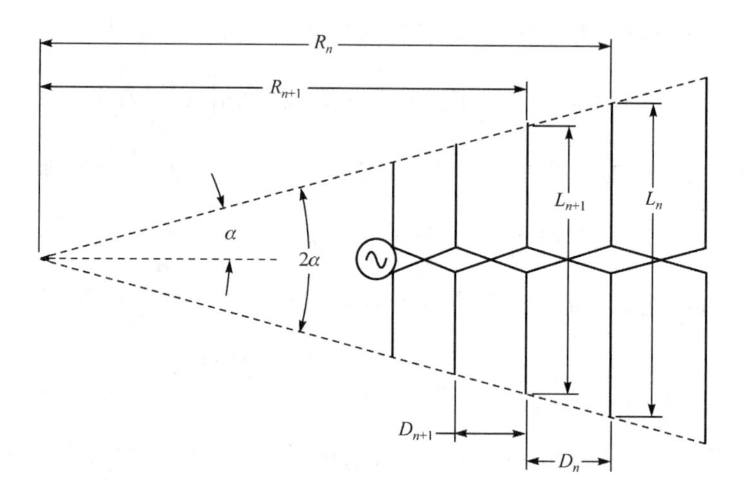

图 4-25　对数周期天线

定义间隔因子 $\sigma=\dfrac{D_n}{2L_n}$。

对于任一工作频率，对数周期天线存在一个有效作用区。该区包括接近该频率半波长的几个振子，在这些振子上的电流远大于其他振子上的电流。对数周期天线的工作原理可以认为与引向天线相似。电流最大的振子(辐射最强)后面的较长的振子的作用类似于反射器，而前面较短的振子的作用类似于引向器。主波束最大值方向指向天线顶点方向。

工作频率变高时，有效工作区向天线的顶端方向移动；工作频率变低时，有效工作区向天线的末端方向移动。工作频率的上、下限近似由最短振子和最长振子所对应的半波长确定。

$$L_1\approx\frac{\lambda_L}{2},\quad L_N\approx\frac{\lambda_U}{2}$$

式中，λ_L 和 λ_U 分别对应下限工作频率的波长和上限工作频率的波长。有效作用区可能不仅限于一个振子，有时可在天线阵的两端增加几个振子，以保证天线在整个频段内的性能。

对数周期天线的方向性、增益和阻抗由有效辐射区内的振子数(通常是 3～5 个)和有效辐射区内振子的电流振幅及相位关系决定，而且所有这些值均与天线的几何参数 τ 和 α 有关。

图 4-26(a)给出一个工作频段为 200～600MHz 对数周期天线的几何结构。该天线由 18 个对称振子单元构成，设计参数 $\tau=0.917$、$\sigma=0.169$。最低工作频率对应的波长 $\lambda_L=1.5$m，第一个振子单元的长度是 $L_1=0.75$m。最高工作频率对应的波长 $\lambda_U=0.25$m，第 14 个振子单元的长度 $L_{14}\approx0.250$m。在天线窄端的四个单元的长度与 600MHz 时的半波长的量级相同，用于改善 600MHz 的有效作用区，起引向器的作用(注意：设计参数不同的对数周期天线，其特性参数，包括增益、方向性和阻抗等与本例不同)。

利用天线仿真软件，可以得到对应不同频率的振子单元上的电流分布情况，例如，200MHz、300MHz 和 600MHz 的各个振子单元输入端的电流如图 4-26(b)所示。

对数周期天线的天线增益、方向性图和阻抗性能与工作频率有关。由仿真软件给出的 450MHz 的天线特性参数由图 4-27 给出。

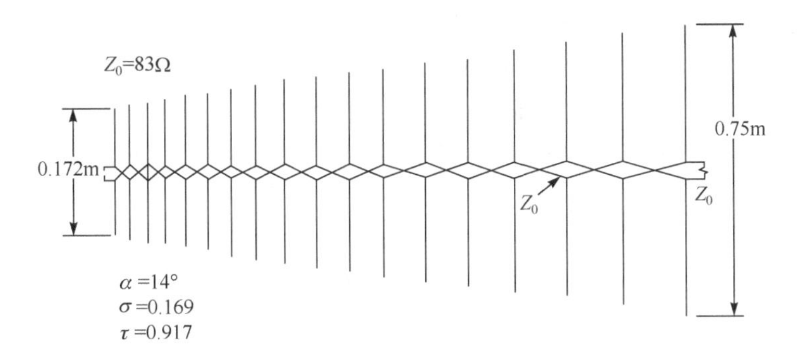

(a) 几何结构

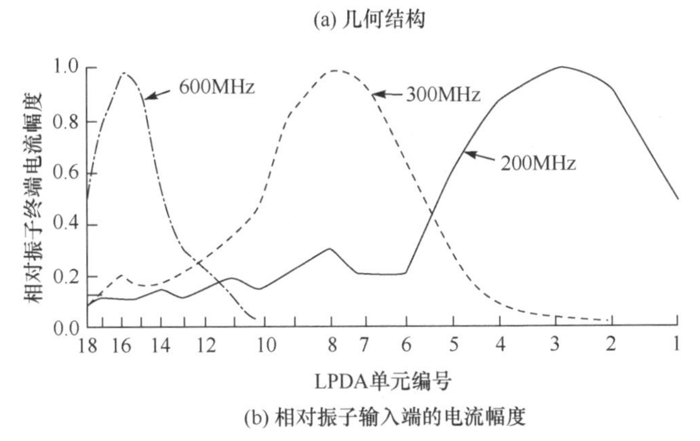

(b) 相对振子输入端的电流幅度

图 4-26　工作频段为 200～600MHz 的对数周期天线

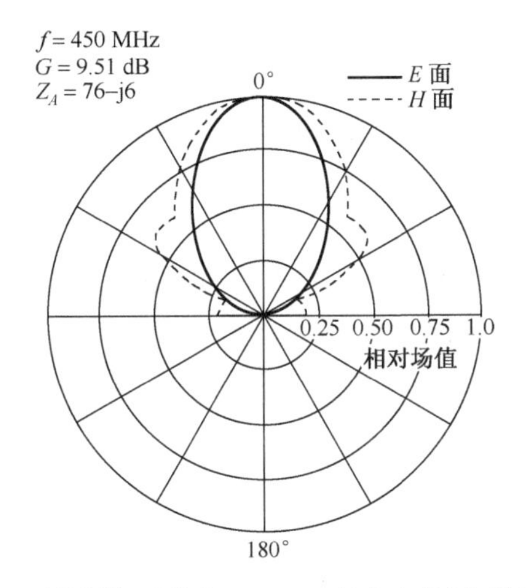

图 4-27　对数周期天线在 450MHz 的方向性图、增益和阻抗

思 考 题

4-1　求解天线辐射问题的难点和实用方法是什么?

4-2　天线的特性参数有哪些?

4-3　发射天线和接收天线的要求有什么不同?

4-4 天线的方向性系数和增益有什么区别和联系？

4-5 设计天线时，要保证天线的性能和质量，需要考虑哪些问题？

4-6 运用对偶性证明电小环的辐射场与环的形状无关，只与环的面积有关，因此可以用方环简化数学运算。试用方环推导环面积为 A 的电小环远区辐射场，并与电偶极子天线比较对偶性。

习 题

4-1 如图 4-28 所示的偶极子天线，其矢量磁位 $\boldsymbol{A}=\dfrac{\mu_0 I\mathrm{d}z}{4\pi r}\mathrm{e}^{-\mathrm{j}\beta r}\boldsymbol{a}_z$，试求辐射电磁场$E_\theta$和$H_\varphi$，电流为$-z$ 方向采用近似解法求解远区总的辐射功率和天线辐射电阻的大小。

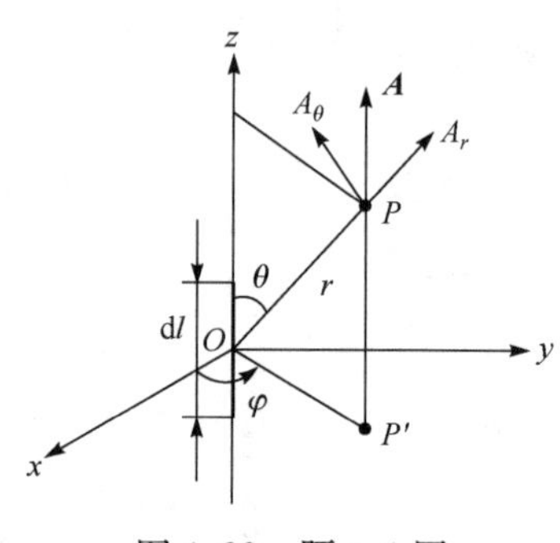

图 4-28 题 4-1 图

4-2 长度为 5cm 的偶极子天线，工作在 100MHz 的频率上，具有馈电端电流$I_0=120$mA。在距离 $r=1$m 处，采用精确的一般表达式，求：

(1) E_r；

(2) E_θ；

(3) H_φ。并与远场表示式所得的结果相比较。

4-3 设有 1m 长的偶极子天线，工作在 15MHz 频率上，问相距多远处，其场E_θ和H_φ的幅度和远场值相差在 1%以内？

4-4 某全向(各向同性)天线具有场波瓣图 $E=10I/r$(V/m)。其中，I 是馈电电流(A)，r 是距离(m)，求辐射电阻。

4-5 设有 10cm 长的偶极子天线工作在 50MHz 频率上，载有平均电流 5mA。求：

(1) 辐射功率；

(2) 辐射 1W 功率需要多大的平均电流？

4-6 求周长为 0.2λ 的细小圆环天线的辐射功率和辐射电阻。

4-7 设有 λ/15 长的中馈细偶极子天线，所载电流按线性锥削至末端为零值，损耗电阻为 1Ω。求：

(1) 方向性 D；

(2) 增益 G；

(3) 有效口径A_e；

(4) 辐射电阻R_τ。

4-8 某天线输入功率 1W，与天线相距 1000 米处最大辐射场强值 30mV/m(有效值)，求天线的增益 G。

4-9 如图 4-29，已知电偶极子在 $\theta=\pi/4$，$r=5$km 处电场振幅 2mV/m，求电偶极子的辐射功率。

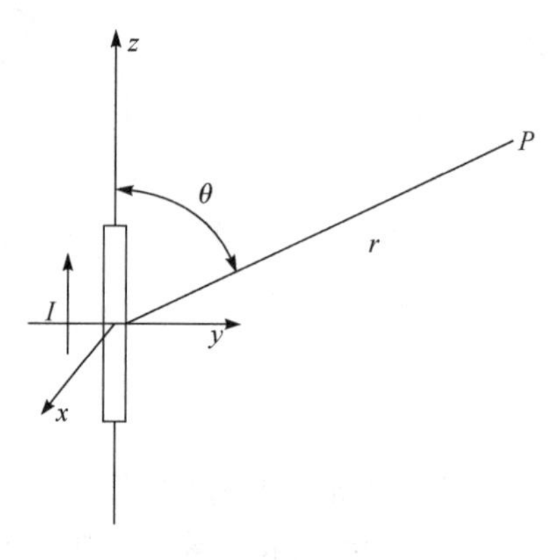

图 4-29 题 4-9 图

4-10 一天线工作波长 λ=3cm，方向系数 $D=1600$，求此天线的有效孔径。

4-11 已知天线的方向性系数 $D=100$，输入功率P_in

$=100\mathrm{W}$,天线效率为 0.6,求最大辐射方向处的辐射场强度。

4-12 设有两个天线,其方向系数分别为$D_1=1.5$,$D_2=1.6$。

(1) 如果两者辐射功率相等,求在最大辐射方向上等距离处的电场振幅的比值E_1/E_2;

(2) 如果在最大辐射方向上等距离处的电场振幅相等,求辐射功率的比值P_1/P_2。

4-13 一个无损耗的半波偶极子天线,终端的输入电流为 500mA。计算天线两端 3000m 距离处的功率密度。

(1) 利用 E 和 H 的公式直接计算;

(2) 利用方向性来计算。

4-14 求工作频率为 300MHz 的半波偶极子天线的最大有效孔径。

4-15 设某天线方向图函数为 $f(\varphi)=\cos^2\varphi$,求此天线的方向系数 D。

4-16 测得距半波振子中心 500 米处最大场强 40mV/m (有效值),求此振子天线的辐射功率。

4-17 架设在地面上的水平振子天线,工作波长 $\lambda=40\mathrm{m}$,若要在垂直于天线的平面内获得最大辐射仰角 $\delta=30°$,试计算该天线应架设多高。

4-18 某天线在频率 800MHz 的增益为 10dB,通过 5m 的同轴电缆连接在频谱分析仪输入端口,频谱仪测出的功率是-47dBmW,电缆损耗是 1dB。问空间 800MHz 的电场强度至少是多大?

4-19 用对数周期天线和频谱仪测量空间的电场强度,在 800MHz 频谱仪的读数是 60dBμV,已知 800MHz 的天线系数是 20dB,忽略电缆损耗,问天线所在位置的电场强度是多少?

4-20 所设计的飞机中的发射机要与地面站通信,为了正确接收,地面接收机必须接收到至少 1μW 的功率。设两个天线都是全向天线,飞机起飞后,飞机在地面站上方 1524m 高度飞行,当飞机位于地面站正上方时,地面站接收到的信号功率为 500mW。求飞机的最大通信距离。

4-21 月球到地球的距离为 384403079.808m,位于月球上的遥测发射机要向地球发送数据,发射频率为 100MHz,发射机的功率为 100mW。发射天线在传播方向上的增益为 12dB。求为了接收到 1nW 的信号,接收天线的最小增益。

4-22 设计一个微波中继链路。发射天线和接收天线之间的距离是 48280.32m,两个天线在传播方向的功率增益均为 45dB,频率为 3GHz。如果两天线均是无耗、匹配的,求接收功率为 1mW 时的最小发射功率。

4-23 一架飞机上的天线被用来阻塞地方的雷达。如果天线在传播方向的增益为 12dB,发射功率为 5kW,求距敌方雷达 3218.688m 附近的电场强度(发射频率为 7GHz)。

4-24 一个无损耗的半波偶极子,由一个 10V(最大值)、50Ω 的馈源激励,计算垂直于天线的面内 10km 距离处的电场强度。

4-25 设在相距 1.5km 的两个站之间进行通信,每个站均为半波振子天线,工作频率为 300MHz。若一个站发射的功率为 100W,则另一个站的匹配负载中的收到的功率是多少?

第5章 传 输 线

5.1 传输线的概念

用于传输数字信号或模拟信号的一对平行导体称为传输线。传输线的种类很多，图 5-1 给出了常用的平行双线传输线、无限大接地平面上的单导线和同轴电缆的示意图。图 5-2 给出了印制电路板(PCB)表面和介质基板里面的矩形截面导线构成的微带线和带状线。图 5-2(a)所示的结构为常见的表面式微带线。微带线贴敷在介质表面并直接暴露在空气中。

分析传输线常采用“路”的分析方法，即把传输线作为分布参数电路处理，利用传输线单位长度的电阻、电感、电容和电导组成的等效电路，根据基尔霍夫定律导出传输线方程。从传输线方程的解研究电压波和电流波沿传输线传播的特性。

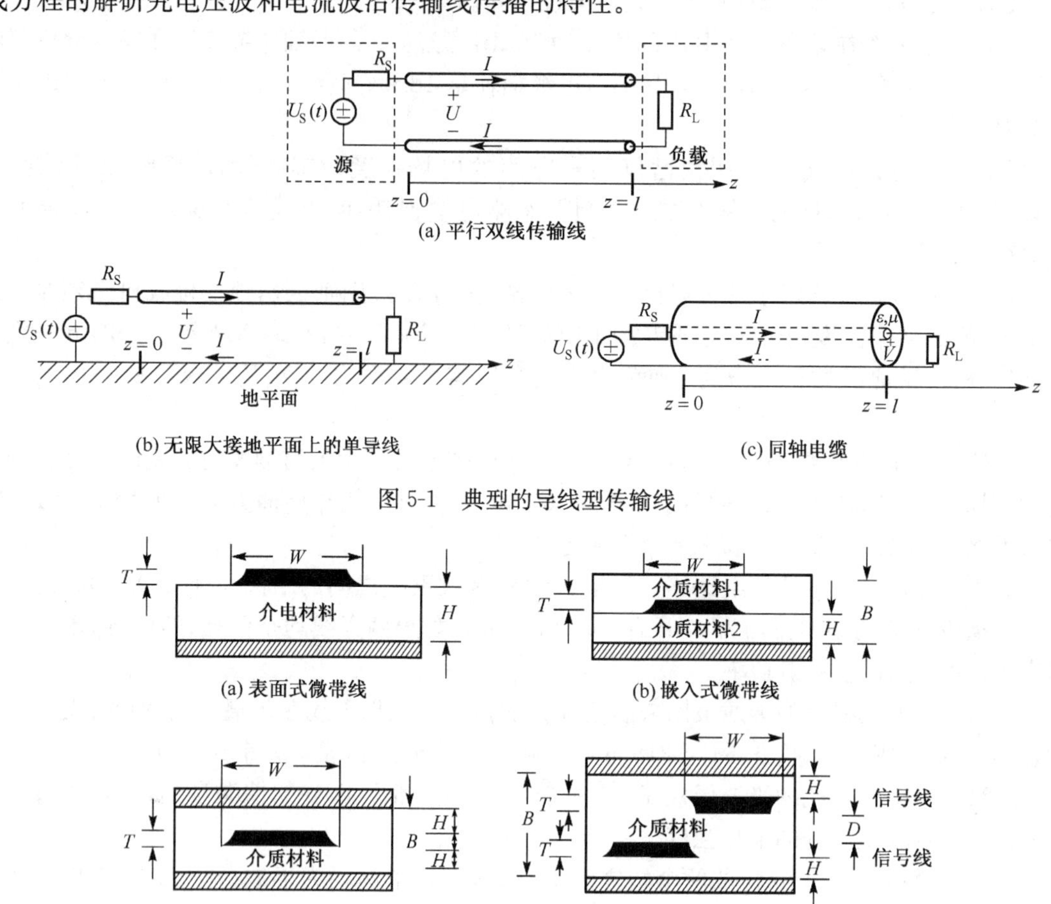

图 5-1 典型的导线型传输线

图 5-2 典型的印刷电路板结构传输线

5.2 传输线的分布参数

传输线传输高频信号时会出现以下分布参数效应：电流流过导线使导线发热，表明导线本身有分布电阻；双导线之间绝缘不完善而出现漏电流，表明导线之间存在漏电导；导线之间有电压，导线间便有电场，表明导线之间有分布电容效应；导线中有电流流过时周围出现磁场，表明导线上有分布电感效应。当传输信号的波长远大于传输线的长度时，有限长的传输线上各点电流（或电压）的大小和相位可近似认为相同，就不会显现分布参数效应，可建立集中参数电路模型处理。但当传输信号的波长与传输线长度可比拟时，传输线上各点电流（或电压）的大小和相位均不相同，显现出电路参数的分布效应，此时传输线就必须作为分布参数电路来处理。

如传输线的电路参数是沿线均匀分布的，这种传输线称为均匀传输线。均匀传输线用以下四个参数来描述，R_1表示单位长度的电阻（Ω/m），L_1表示单位长度的电感（H/m），G_1表示单位长度的电导（S/m），C_1表示单位长度的电容（F/m）。可以使用传输线上的电磁场来推导和定义传输线的电路参数。

1. 分布电容

将单位长度（1m）传输线导体上的电荷激发的电场之间的相互作用，等效为分布电容。

考虑单位长度的均匀传输线段，它具有图 5-3 所示的场 $\boldsymbol{E}$ 和 $\boldsymbol{H}$，其中，S 是传输线的横截面面积。令导体间的电压为$V_0\mathrm{e}^{\pm\mathrm{j}\beta z}$、电流为$I_0\mathrm{e}^{\pm\mathrm{j}\beta z}$。

由第 2 章的内容可知，体积 v 中的电场储能为

$$W_{\mathrm{e}} = \frac{1}{2}\int_v \boldsymbol{E}\cdot\boldsymbol{D}\mathrm{d}v$$

则在单位长度传输线上的时间平均电场储能为

$$W_{\mathrm{e,av}} = \frac{1}{2}\mathrm{Re}\left[\int_S \boldsymbol{E}\cdot\boldsymbol{D}^*\,\mathrm{d}s\right] \tag{5-1}$$

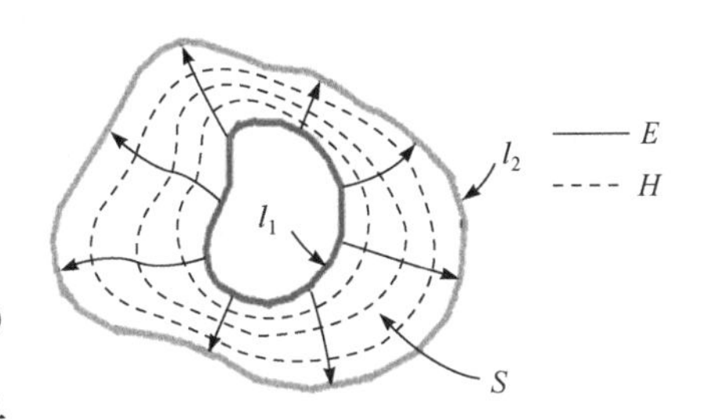

图 5-3 任意传输线上电磁场力线示意图

在无耗、各向同性、均匀和线性介质的简单情形下，ε 是常实数，因此上式可简化为

$$W_{\mathrm{e,av}} = \frac{\varepsilon}{4}\int_S \boldsymbol{E}\cdot\boldsymbol{E}^*\,\mathrm{d}s \tag{5-2}$$

而由集中参数电路理论给出的值是

$$W_{\mathrm{e,av}} = C_1\,|V_0|^2/4$$

由此得到单位长度传输线的分布电容表达式如下

$$C_1 = \frac{\varepsilon}{|V_0|^2}\int_S \boldsymbol{E}\cdot\boldsymbol{E}^*\,\mathrm{d}s \quad (\mathrm{F/m}) \tag{5-3}$$

2. 分布电感

将单位长度传输线导体中的电流所产生的磁场之间的相互作用，等效为分布电感。

由第 2 章的内容可知，体积 v 中的磁场储能为

$$W_{\mathrm{m}}=\frac{1}{2}\int_{v}\boldsymbol{H}\cdot\boldsymbol{B}\mathrm{d}v$$

则在单位长度传输线上的时间平均磁场储能为

$$W_{\mathrm{m,av}}=\frac{1}{2}\mathrm{Re}\left[\int_{S}\boldsymbol{H}\cdot\boldsymbol{B}^{*}\,\mathrm{d}s\right] \tag{5-4}$$

在无耗、各向同性、均匀和线性介质的简单情形下，μ 是常实数，因此上式可简化为

$$W_{\mathrm{m,av}}=\frac{\mu}{4}\int_{S}\boldsymbol{H}\cdot\boldsymbol{H}^{*}\,\mathrm{d}s \tag{5-5}$$

而集中参数电路理论给出的值是

$$W_{\mathrm{m,av}}=L_{1}\ |I_{0}|^{2}/4$$

由此得到单位长度传输线的分布电感表达式如下

$$L_{1}=\frac{\mu}{|I_{0}|^{2}}\int_{S}\boldsymbol{H}\cdot\boldsymbol{H}^{*}\,\mathrm{d}s\quad(\mathrm{H/m}) \tag{5-6}$$

3. 分布电阻

将单位长度传输线导体的有限电导率所引起的损耗等效为分布电阻。

传输线导体损耗的热功率，可由焦耳定律计算得到

$$P_{\mathrm{c}}=\mathrm{Re}\left[\frac{1}{2}\int_{V}E\cdot J^{*}\,\mathrm{d}v\right]$$

将电场强度与电流密度的本构关系 $J=\sigma E$ 代入上式，可得

$$P_{\mathrm{c}}=\frac{1}{2\sigma}\int_{V}|J|^{2}\mathrm{d}v=\frac{1}{2\sigma}\int_{V}|J|^{2}\mathrm{d}z\mathrm{d}s \tag{5-7}$$

式中，s 指传输线导体的表面积，如圆柱形导体的柱面；z 方向指的是导体径向。

考虑高频电磁场在导体内传播的趋肤效应，导体内电流呈指数衰减，则体电流可用一个趋肤深度的电流等效，即

$$J=\begin{cases}J_{\mathrm{s}}/\delta, & 0<\text{传输距离}<\delta\\ 0, & \text{传输距离}>\delta\end{cases} \tag{5-8}$$

式中，$\boldsymbol{J}_{\mathrm{s}}$为导体表面电流密度；$\delta$ 为趋肤深度。

将式(5-8)代入式(5-7)可得

$$P_{\mathrm{c}}=\frac{1}{2\sigma}\int_{S}\int_{z=0}^{\delta}\frac{|\boldsymbol{J}_{\mathrm{s}}|^{2}}{\delta^{2}}\mathrm{d}z\mathrm{d}s=\int_{S}\frac{|\boldsymbol{J}_{\mathrm{s}}|^{2}}{\delta}\mathrm{d}s \tag{5-9}$$

从第 3 章的内容已知导体表面电阻为

$$R_{\mathrm{s}}=\frac{1}{\sigma\delta}$$

代入式(5-9)，可得

$$P_{\mathrm{c}}=\frac{R_{\mathrm{s}}}{2}\int_{S}|\boldsymbol{J}_{\mathrm{s}}|^{2}\mathrm{d}s \tag{5-10}$$

将导体近似看作理想导体，然后将理想导体切向磁场满足的边界条件$J_{\mathrm{s}}=H_{\mathrm{t}}$代入上式，则单位长度传输线导体的损耗功率为

$$P_c = \frac{R_s}{2}\int_{l_1+l_2} \boldsymbol{H} \cdot \boldsymbol{H}^* \mathrm{d}l \tag{5-11}$$

式中，l_1+l_2表示整个导体边界上的积分路径，如图 5-3 所示。

而集中参数电路理论给出的值是

$$P_c = R_1 |I_0|^2/2$$

由此得到单位长度传输线导体分布电阻的表达式为

$$R_1 = \frac{R_s}{|I_0|^2}\int_{l_1+l_2} \boldsymbol{H} \cdot \boldsymbol{H}^* \mathrm{d}l \quad (\Omega/\mathrm{m}) \tag{5-12}$$

单位长度传输线之间漏电流引起的损耗，可等效为分布电导。类似地，传输线的分布电导可以利用漏电流的损耗计算。通常情况下，传输线之间的介质都是绝缘体，漏电导非常小，对传输线的影响远远小于分布电阻，所以常常可以忽略。

表 5-1 给出了几种常用传输线单位长度分布电感、分布电容和分布电阻的计算公式，这些公式可以采用上述方法推导出来。

表 5-1 常用传输线的分布参数

参数 \ 传输线	同轴线	平行双线	平行板
（示意图）	内半径 a，外半径 b	导线半径 a，间距 d	宽 w，间距 d
分布电容/(F/m)	$\frac{2\pi\varepsilon}{\ln(b/a)}$	$\frac{\pi\varepsilon}{\ln(d/a)}$	$\frac{\varepsilon W}{d}$
分布电感/(H/m)	$\frac{\mu}{2\pi}\ln\frac{b}{a}$	$\frac{\mu}{\pi}\ln\frac{d}{a}$	$\frac{\mu d}{W}$
分布电阻/(Ω/m)	$\frac{R_s}{2\pi}\left(\frac{1}{a}+\frac{1}{b}\right)$	$\frac{R_s}{\pi a}$	$\frac{2R_s}{W}$
特性阻抗/Ω	$\frac{1}{2\pi}\sqrt{\frac{\mu}{\varepsilon}}\ln\frac{b}{a}$	$\frac{1}{\pi}\sqrt{\frac{\mu}{\varepsilon}}\ln\frac{d}{a}$	$\eta\frac{d}{W}$

例 5-1 已知同轴线的内径为 a，外径为 b，计算同轴线的分布参数。同轴线内的 TEM 波可表示为

$$\boldsymbol{E} = \frac{V\boldsymbol{a}_\rho}{\rho\ln b/a}\mathrm{e}^{-kz}, \quad \boldsymbol{H} = \frac{I\boldsymbol{a}_\varphi}{2\pi\rho}\mathrm{e}^{-kz}$$

式中，$k=\mathrm{j}\beta$，为传输线传播常数。假定导体的表面电阻为R_s，两导体间填充了理想介质，介电常数和磁导率分别为 ε、μ。

解 根据式(5-3)、式(5-6)和式(5-11)分别计算同轴线的分布电容、分布电感和分布电阻。

$$C_1 = \frac{\varepsilon}{|V|^2}\int_S \boldsymbol{E} \cdot \boldsymbol{E}^* \mathrm{d}s = \frac{\varepsilon}{(\ln b/a)^2}\int_{\varphi=0}^{2\pi}\int_{\rho=a}^{b}\frac{1}{\rho^2}\rho\mathrm{d}\rho\mathrm{d}\varphi = \frac{2\pi\varepsilon}{\ln b/a} \quad (\mathrm{F/m})$$

$$L_1 = \frac{\mu}{|I|^2}\int_S \boldsymbol{H} \cdot \boldsymbol{H}^* \mathrm{d}s = \frac{\mu}{(2\pi)^2}\int_{\varphi=0}^{2\pi}\int_{\rho=a}^{b}\frac{1}{\rho^2}\rho\mathrm{d}\rho\mathrm{d}\varphi = \frac{\mu}{2\pi}\ln b/a \quad (\mathrm{H/m})$$

$$R_1=\frac{R_s}{|I|^2}\int_{C_1+C_2}\boldsymbol{H}\cdot\boldsymbol{H}^*\,\mathrm{d}l=\frac{R_s}{(2\pi)^2}\left\{\int_{\varphi=0}^{2\pi}\frac{1}{a^2}a\mathrm{d}\varphi+\int_{\varphi=0}^{2\pi}\frac{1}{b^2}b\mathrm{d}\varphi\right\}=\frac{R_s}{2\pi}\left(\frac{1}{a}+\frac{1}{b}\right)\quad(\Omega/\mathrm{m})$$

由于两导体间填充的材料为理想介质，因此可以忽略分布电导，即$G_1=0$。

5.3 传输线方程

5.3.1 传输线方程的建立

研究如图 5-4 所示的平行双线传输线，设传输线的始端接信号源 U_S，终端接负载 Z_L。由于传输线是均匀的，故可在线上任一点 z 处取一段线元 dz 来研究。另外，因线元 dz 远小于波长，所以可把它看成集中参数电路，用串联阻抗 Z_1（由 R_1 和 L_1 构成）和并联导纳 Y_1（由 G_1 和 C_1 构成）构成的集中参数电路来等效，如图 5-5 所示。

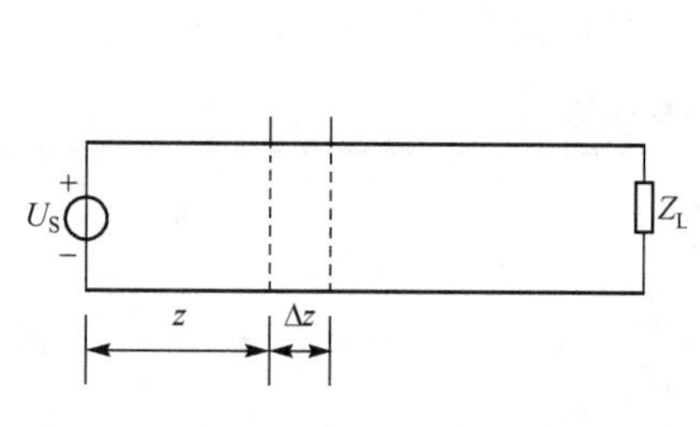

图 5-4 平行双线传输线

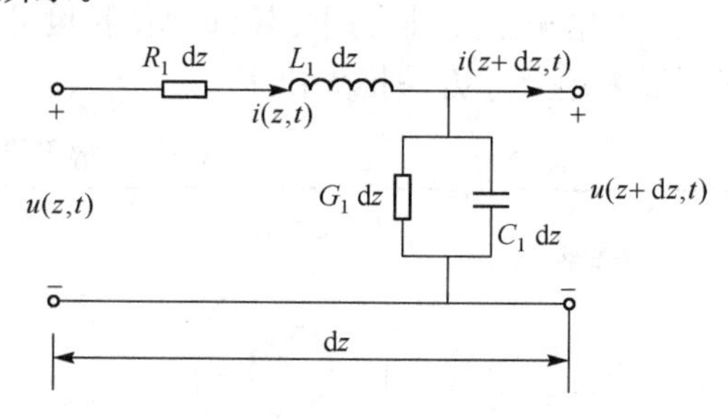

图 5-5 线元 dz 的等效电路

由图 5-5，据基尔霍夫定律得

$$u(z,t)-R_1i(z,t)\mathrm{d}z-L_1\frac{\partial i(z,t)}{\partial t}\mathrm{d}z-u(z+\mathrm{d}z,t)=0 \tag{5-13}$$

$$i(z,t)-G_1u(z+\mathrm{d}z,t)\mathrm{d}z-C_1\frac{\partial u(z+\mathrm{d}z,t)}{\partial t}\mathrm{d}z-i(z+\mathrm{d}z,t)=0 \tag{5-14}$$

而 $u(z,t)$ 和 $i(z,t)$ 沿 z 的变化率分别为 $\frac{\partial u(z,t)}{\partial z}$ 和 $\frac{\partial i(z,t)}{\partial z}$，故有如下关系

$$\frac{\partial u(z,t)}{\partial z}=\lim_{\mathrm{d}z\to 0}\frac{u(z+\mathrm{d}z,t)-u(z,t)}{\mathrm{d}z} \tag{5-15}$$

$$\frac{\partial i(z,t)}{\partial t}=\lim_{\mathrm{d}z\to 0}\frac{i(z+\mathrm{d}z,t)-i(z,t)}{\mathrm{d}z} \tag{5-16}$$

根据式(5-13)和式(5-14)可导出

$$-\frac{\partial u(z,t)}{\partial z}=R_1(z,t)i(z,t)+L_1\frac{\partial i(z,t)}{\partial t} \tag{5-17}$$

$$-\frac{\partial i(z,t)}{\partial z}=G_1u(z,t)i(z,t)+C_1\frac{\partial u(z,t)}{\partial t} \tag{5-18}$$

这就是均匀传输线方程的一般形式，又称电报方程。

若信号源是角频率为 ω 的正弦波，则式(5-17)和式(5-18)可表示为相量形式，即

$$-\frac{\mathrm{d}U(z)}{\mathrm{d}z}=(R_1+\mathrm{j}\omega L_1)I(z) \tag{5-19}$$

$$-\frac{\mathrm{d}I(z)}{\mathrm{d}z}=(G_1+\mathrm{j}\omega C_1)U(z) \tag{5-20}$$

将上面相互耦合的两个方程再对 z 求导，可得

$$-\frac{\mathrm{d}^2U(z)}{\mathrm{d}z^2}=k^2U(z) \tag{5-21}$$

$$-\frac{\mathrm{d}^2I(z)}{\mathrm{d}z^2}=k^2I(z) \tag{5-22}$$

式中

$$k=\sqrt{(R_1+\mathrm{j}\omega L_1)(G_1+\mathrm{j}\omega C_1)}=\alpha+\mathrm{j}\beta \tag{5-23}$$

称为传播系数，是一个复数，其实部为衰减系数(Np/m)，虚部为相移系数(rad/m)。式(5-21)和式(5-22)称为均匀传输线的波动方程。式(5-21)的通解为

$$U(z)=U^+\mathrm{e}^{-kz}+U^-\mathrm{e}^{kz} \tag{5-24}$$

将式(5-24)代入式(5-19)，得

$$I(z)=\frac{1}{Z_0}(U^+\mathrm{e}^{-kz}-U^-\mathrm{e}^{kz}) \tag{5-25}$$

式中，$Z_0=\sqrt{\dfrac{R_1+\mathrm{j}\omega L_1}{G_1+\mathrm{j}\omega C_1}}$，表示入(反)射电压和入(反)射电流的比，称为传输线的特性阻抗。如果 $R_1=0,G_1=0$，即传输线为无耗传输线，则 $Z_0=\sqrt{L_1/C_1}$。

式(5-24)和式(5-25)构成传输线方程，给定边界条件，就可以计算出 U^+ 和 U^-。

5.3.2 传输线方程的解

1. 已知终端电压和电流

如图 5-6 所示，设传输线的终端电压和电流为已知，将其代入式(5-24)和式(5-25)，得

$$U_2=U^+\mathrm{e}^{-kl}+U^-\mathrm{e}^{kl}$$

$$I_2=\frac{1}{Z_0}(U^+\mathrm{e}^{-kl}-U^-\mathrm{e}^{kl})$$

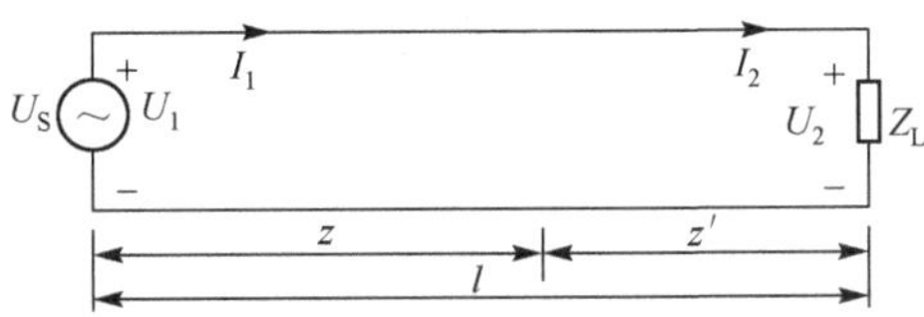

图 5-6 由端电压确定积分常数

求解以上二式，得

$$U^+=\frac{U_2+I_2Z_0}{2}\mathrm{e}^{kl},\quad U^-=\frac{U_2-I_2Z_0}{2}\mathrm{e}^{-kl}$$

将 U^+、U^- 代入式(5-24)和式(5-25)，得

$$U(z)=\frac{U_2+I_2Z_0}{2}\mathrm{e}^{k(l-z)}+\frac{U_2-I_2Z_0}{2}\mathrm{e}^{-k(l-z)}$$

$$I(z)=\frac{U_2+I_2Z_0}{2Z_0}\mathrm{e}^{k(l-z)}-\frac{U_2-I_2Z_0}{2Z_0}\mathrm{e}^{-k(l-z)}$$

为方便计算，选取以终端 Z_L 处为起始点的坐标，即图 5-6 中的 $z'=l-z$，则以上两式变为

$$U(z')=\frac{U_2+I_2Z_0}{2}\mathrm{e}^{kz'}+\frac{U_2-I_2Z_0}{2}\mathrm{e}^{-kz'} \tag{5-26}$$

$$I(z') = \frac{U_2 + I_2 Z_0}{2Z_0} e^{kz'} - \frac{U_2 - I_2 Z_0}{2Z_0} e^{-kz'} \tag{5-27}$$

对于无耗传输线，$k = \mathrm{j}\beta$，电压、电流表达式可写为

$$\begin{aligned} U(z') &= U_2 \cdot \cos(\beta z') + \mathrm{j} Z_0 I_2 \sin(\beta z') \\ I(z') &= I_2 \cdot \cos(\beta z') + \mathrm{j} \frac{U_2}{Z_0} \sin(\beta z') \end{aligned} \tag{5-28}$$

注意：$z'=0$ 对应终端；$z'=l$ 对应始端。

2. 已知始端电压和电流

设始端电压 $U(0)=U_1$，电流 $I(0)=I_1$ 为已知，代入式(5-24)和式(5-25)得

$$U_1 = U^+ + U^-$$

$$I_1 = \frac{1}{Z_0}(U^+ - U^-)$$

求解以上两式得

$$U^+ = \frac{U_1 + I_1 Z_0}{2}, \qquad U^- = \frac{U_1 - I_1 Z_0}{2}$$

把 U^+、U^- 代入式(5-24)和式(5-25)，得

$$\begin{aligned} U(z) &= \frac{U_1 + I_1 Z_0}{2} e^{-kz} + \frac{U_1 - I_1 Z_0}{2} e^{kz} \\ I(z) &= \frac{U_1 + I_1 Z_0}{2Z_0} e^{-kz} - \frac{U_1 - I_1 Z_0}{2Z_0} e^{kz} \end{aligned} \tag{5-29}$$

对于无耗传输线，$k = \mathrm{j}\beta$，电压、电流的表达式可写为

$$\begin{aligned} U(z) &= U_1 \cdot \cos(\beta z) - \mathrm{j} Z_0 I_1 \sin(\beta z) \\ I(z) &= I_1 \cdot \cos(\beta z) - \mathrm{j} \frac{U_1}{Z_0} \sin(\beta z) \end{aligned} \tag{5-30}$$

例 5-2 无损耗平行板传输线，板间介质厚度为 0.4mm，相对介电常数为 2.25。若已知传输线的特性阻抗为 50Ω，求：①板的宽度；②传输线单位长度的分布电感 L_1 和电容 C_1；③电磁波的相速。

解 由表 5-1 可知

$$C_1 = \frac{\varepsilon W}{d}, \quad L_1 = \frac{\mu_0 d}{W}$$

式中，W 为极板宽度。

由式(5-25)知

$$Z_0 = \sqrt{\frac{L_1}{C_1}} = \sqrt{\frac{\mu_0}{\varepsilon}} \frac{d}{W}$$

(1)极板宽度

$$W = \sqrt{\frac{\mu_0}{\varepsilon}} \frac{d}{Z_0} = \frac{377 \times 0.4 \times 10^{-3}}{50 \times \sqrt{2.25}} = 2.0 \times 10^{-3}\,(\mathrm{m})$$

(2)L_1 和 C_1

$$L_1 = \frac{\mu_0 d}{W} = \frac{4\pi \times 10^{-7} \times 0.4}{2} = 2.51 \times 10^{-7}\,(\mathrm{H/m})$$

$$C_1=\frac{\varepsilon W}{d}=\frac{10^{-9}\times 2.25\times 2}{36\pi\times 0.4}=99.5\times 10^{-12}(\mathrm{F/m})$$

(3)电磁波的相速。

由式(5-35b)

$$v=\frac{\omega}{\beta}=\frac{1}{\sqrt{L_1C_1}}=\frac{1}{\sqrt{\mu_0\varepsilon}}=\frac{3\times 10^8}{\sqrt{2.25}}=2\times 10^8(\mathrm{m/s})$$

5.4 传输线的特性参数

由式(5-24)和式(5-25)可看出,传输线上的电压波和电流波都由两项组成。其中,第一项表示沿($+z$)方向传播的行波,称为入射波;第二项表示沿($-z$)方向传播的行波,称为反射波。下面根据这个来讨论传输线的特性参数。

5.4.1 特性阻抗

传输线的特性阻抗定义为行波电压与行波电流之比,由式(5-24)和式(5-25)得

$$Z_0=\frac{U^+}{I^+}=\sqrt{\frac{R_1+\mathrm{j}\omega L_1}{G_1+\mathrm{j}\omega C_1}} \tag{5-31}$$

或

$$Z_0=-\frac{U^-}{I^-}$$

可见,Z_0 只取决于传输线的分布参数和频率,而与传输线长度无关。

对于无耗传输线,$R_1=0$, $G_1=0$,则

$$Z_0=\sqrt{\frac{L_1}{C_1}} \tag{5-32}$$

几种常用传输线的特性阻抗如表5-1所示。

5.4.2 传播系数

式(5-23)已给出传播系数,可求出它的实部 α 和虚部 β 为

$$\alpha=\sqrt{\frac{1}{2}\left[\sqrt{(R_1^2+\omega^2L_1^2)(G_1^2+\omega^2C_1^2)}-(\omega^2L_1C_1-R_1G_1)\right]} \tag{5-33}$$

$$\beta=\sqrt{\frac{1}{2}\left[\sqrt{(R_1^2+\omega^2L_1^2)(G_1^2+\omega^2C_1^2)}+(\omega^2L_1C_1-R_1G_1)\right]} \tag{5-34}$$

衰减系数 α 表示传输线上单位长度行波电压(或电流)振幅的变化,相移系数 β 表示传输线上单位长度行波电压(或电流)相位的变化。

对于无耗传输,$R_1=0$, $G_1=0$,则

$$\alpha=0 \tag{5-35a}$$

$$\beta=\omega\sqrt{L_1C_1} \tag{5-35b}$$

5.4.3 输入阻抗

传输线上任一点的电压和电流的比值定义为该点朝负载端看进去的输入阻抗,由

式(5-29)得

$$Z_{\text{in}}(z')=\frac{U(z')}{I(z')}=\frac{U_2\cosh(Kz')+I_2 Z_0\sinh(Kz')}{I_2\cosh(Kz')+\dfrac{U_2}{Z_0}\sinh(Kz')}=Z_0\ \frac{Z_{\text{L}}+Z_0\tanh(Kz')}{Z_0+Z_{\text{L}}\tanh(Kz')} \tag{5-36a}$$

式中，$Z_{\text{L}}=\dfrac{U_2}{I_2}$为终端负载阻抗；tanh 是双曲正切函数；cosh 是双曲余弦函数；sinh 是双曲正弦函数。

对于无耗传输线，$k=\mathrm{j}\beta$，双曲正切函数变为正切函数，则式(5-36a)变为

$$Z_{\text{in}}(z')=Z_0\ \frac{Z_{\text{L}}+\mathrm{j}Z_0\tan(\beta z')}{Z_0+\mathrm{j}Z_{\text{L}}\tan(\beta z')} \tag{5-36b}$$

1. 终端接匹配负载的输入阻抗

如果传输线终端接匹配负载，$Z_{\text{L}}=Z_0$，则由式(5-36b)可知

$$Z_{\text{in}}=Z_0$$

上式表明，当负载阻抗和传输线特性阻抗相等时，传输线的输入阻抗和特性阻抗相等，且与传输线的长度无关。

2. 终端短路传输线的输入阻抗

如果传输线终端短路，即 $Z_{\text{L}}=0$，则长度为 L 的传输线始端的输入阻抗为

$$Z_{\text{in}}^{\text{S}}=\mathrm{j}Z_0\tan(\beta L) \tag{5-37a}$$

式(5-37a)表明，一段终端短路的无耗均匀传输线的输入阻抗具有纯电抗性质。电抗的性质和大小随传输线的长度 L 而变化，如图 5-7(a)所示。当 L 小于$\lambda/4$ 时，Z_{in}^{S}随 L 增大而增加且呈感性；当 $\lambda/4<L<\lambda/2$ 时，Z_{in}^{S}随 L 增大而减小且呈容性；当 L 等于$\lambda/4$ 时，输入阻抗为无限大，表现为 LC 并联谐振性质；当 L 等于 $\lambda/2$ 时，输入阻抗为 0，表现为 LC 串联谐振性质。传输线的长度每增加半个波长，输入阻抗性质重复一次。

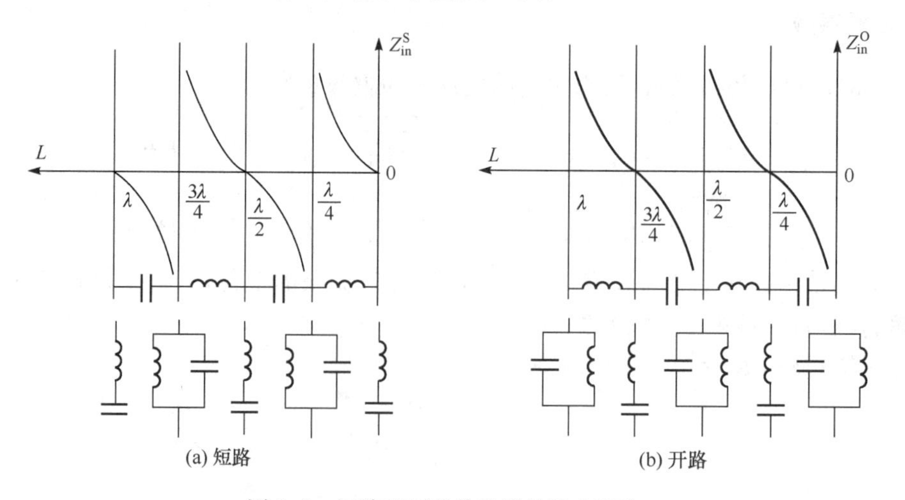

图 5-7　短路和开路传输线的输入阻抗

在实际应用中，可用短于 $\lambda/4$ 的终端短路传输线作为超高频电感元件用，用等于 $\lambda/4$ 的短

路线作为理想的并联谐振电路。

3. 终端开路传输线的输入阻抗

如果传输线终端开路，即 $Z_L=\infty$，则长度为 L 的传输线始端的输入阻抗为

$$Z_{in}^{O}=-jZ_0\cot(\beta L) \tag{5-37b}$$

可见，同终端短路的传输线一样，其输入阻抗仍然呈现电抗性质，由 βL 决定该阻抗呈感性还是呈容性。图 5-7(b)给出了终端开路传输线的输入阻抗随 L 的变化曲线。从图中可见，输入阻抗表现为感性和容性的传输线长度范围恰与终端短路的传输线相反。比较图 5-7(a)和(b)两图可见，长度为 L 的开路线输入阻抗等于长度为 $L+\lambda/4$ 的短路线的输入阻抗。

在实际应用中，可用短于 $\lambda/4$ 的终端开路传输线作为超高频的电容元件用，用等于 $\lambda/4$ 的开路线作理想的串联谐振电路。

例 5-3 一特性阻抗为 500Ω 的平行双线传输线，两线间的介质是空气。由 $f=1.5\text{MHz}$ 的正弦电源供电，终端负载为 $C=200\text{pF}$ 的电容器，试求：①传输线终端到距离终端最近的电压波腹点及电压波节点的距离；②若电容器上的电压有效值 $U=400\text{V}$，计算波腹电压和波腹电流的有效值。

解 波长

$$\lambda=\frac{v}{f}=\frac{1}{f\sqrt{L_1C_1}}=\frac{1}{150\times10^6\sqrt{\mu_0\varepsilon_0}}=200(\text{m})$$

① 由于 $l<\lambda/4$ 的开路线可等效为电容，因此终端接电容负载的传输线可以看成是延长了一段长度 l 后的开路线。沿线电压和电流分布如图 5-8 所示，根据式(5-37b)有

$$-j\frac{1}{\omega C}=-jZ_0\cot\left(\frac{2\pi}{\lambda}l\right)$$

所以，得

$$\begin{aligned}l&=\frac{\lambda}{2\pi}\text{arccot}\left(\frac{1}{\omega CZ_0}\right)\\&=\frac{200}{2\pi}\text{arccot}\left(\frac{1}{2\pi\times1.5\times10^6\times200\times10^{-12}\times500}\right)\\&=24.085(\text{m})\end{aligned}$$

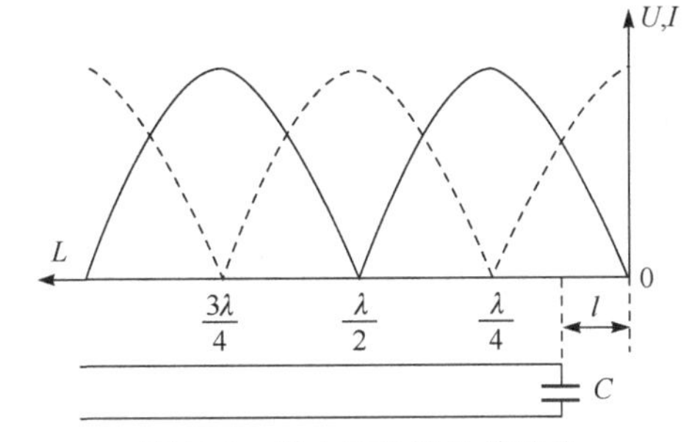

图 5-8 带电容负载的传输线

传输线终端到离终端最近的电压波腹点的距离为

$$l_1=\frac{\lambda}{2}-l=100-24.085=75.915(\text{m})$$

传输线终端到离终端最近的电压波节点的距离为

$$l_2=l_1-\frac{\lambda}{4}=75.915-50=25.915(\text{m})$$

② 波腹电压也就是开路传输线的终端电压，由式(5-28)得

$$U(z')=U_2\cdot\cos(\beta z')+jZ_0I_2\sin(\beta z')$$

注意：图 5-6 建立的坐标系中 Z' 是距负载的距离。

$$U_C=U_2\cos(\beta z')-0=U_2\cos\left(\frac{2\pi}{\lambda}\times24.058\right)=400(\text{V})$$

所以

$$|U_2|=\frac{400}{\cos 43.30^\circ}\approx 549.622(\mathrm{V})$$

波腹电流应距离开路终端 $\lambda/4$，所以

$$I=0+\mathrm{j}\frac{U_2}{Z_0}\sin\left(\frac{2\pi}{\lambda}\cdot\frac{\lambda}{4}\right)$$

$$|I|=\frac{|U_2|}{Z_0}=\frac{549.622}{500}\approx 1.099(\mathrm{A})$$

4. 利用短路和开路测量特性阻抗

由传输线开路和短路时输入阻抗的表达式，可知

$$Z_{\mathrm{in}}^{O}\cdot Z_{\mathrm{in}}^{S}=Z_0^2$$

$$Z_0=\sqrt{Z_{\mathrm{in}}^{O}\cdot Z_{\mathrm{in}}^{S}} \tag{5-37c}$$

无耗传输线特性阻抗的测量基于式(5-37c)。只要测量出短路和开路时传输线的输入阻抗，就可以计算得到传输线的特性阻抗。

例 5-4 长度为 $L=1.5\mathrm{m}$ 的无耗传输线(设 $L<\lambda/4$)，当其终端短路时，测得输入阻抗 $Z_{\mathrm{in}}^{S}=\mathrm{j}103\Omega$；当其终端开路时，测得输入阻抗 $Z_{\mathrm{in}}^{O}=-\mathrm{j}54.6\Omega$。试求该传输线的特性阻抗 Z_0 和传输常数 k。

解 根据式(5-37b)和式(5-37c)得

$$Z_0=\sqrt{\mathrm{j}103\times(-\mathrm{j}54.6)}=75(\Omega)$$

$$\beta=\frac{1}{1.5}\arctan\left(\sqrt{-\frac{\mathrm{j}103}{-\mathrm{j}54.6}}\right)=0.628(\mathrm{rad/m})$$

$$k=\mathrm{j}\beta=\mathrm{j}0.628(\mathrm{rad/m})$$

5. $\lambda/4$ 阻抗变换器

由式(5-36)可知，当传输线长度 $L=\frac{1}{4}\lambda$ 时，有

$$Z_{\mathrm{in}}\left(\frac{\lambda}{4}\right)=\frac{Z_0^2}{Z_{\mathrm{L}}}$$

$$Z_0=\sqrt{Z_{\mathrm{in}}\left(\frac{\lambda}{4}\right)\cdot Z_{\mathrm{L}}} \tag{5-37d}$$

由式(5-37d)可见，选用合适的特性阻抗的传输线，用 $\lambda/4$ 的传输线就可以实现两个阻抗(Z_{L}、$Z(\lambda/4)$)之间的阻抗匹配。

5.4.4 反射系数

传输线上某点的反射波电压与入射波电压之比，定义为该点处的反射系数，即

$$\Gamma(z')=\frac{U^-(z')}{U^+(z')} \tag{5-38}$$

采用以传输线终端为起始点的坐标，即终端负载位于 $z'=0$ 处，则据式(5-24)和式(5-25)得到终端处的入射波电压和反射波电压分别为

$$U_2^+=\frac{U_2+I_2Z_0}{2},\quad U_2^-=\frac{U_2-I_2Z_0}{2}$$

入射波电流和反射波电流分别为

$$I_2^+=\frac{U_2+I_2Z_0}{2Z_0},\quad I_2^-=\frac{U_2-I_2Z_0}{2Z_0}$$

故式(5-24)和式(5-25)可表示为

$$U(z')=U_2^+\mathrm{e}^{kz}+U_2^-\mathrm{e}^{-kz'}$$

$$I(z')=I_2^+\mathrm{e}^{kz}-I_2^-\mathrm{e}^{-kz'}$$

按反射系数的定义得

$$\Gamma(z')=\frac{U^-(z')}{U^+(z')}=\frac{U_2^-\mathrm{e}^{-kz'}}{U_2^+\mathrm{e}^{kz'}}=\Gamma_2\mathrm{e}^{-2kz'} \tag{5-39}$$

式中

$$\Gamma_2=\frac{U_2^-}{U_2^+}=\frac{U_2-I_2Z_0}{U_2+I_2Z_0}=\frac{Z_\mathrm{L}-Z_0}{Z_\mathrm{L}+Z_0}=\left|\frac{Z_\mathrm{L}-Z_0}{Z_\mathrm{L}+Z_0}\right|\mathrm{e}^{\mathrm{j}\varphi_2}=|\Gamma_2|\mathrm{e}^{\mathrm{j}\varphi_2} \tag{5-40}$$

称为传输线的终端反射系数,则

$$\Gamma(z')=\Gamma_2\mathrm{e}^{-2kz'}=|\Gamma_2|\mathrm{e}^{-2\alpha z'}\mathrm{e}^{-\mathrm{j}2\beta z'}\mathrm{e}^{\mathrm{j}\varphi_2} \tag{5-41}$$

对无耗传输线,$\alpha=0$,则

$$\Gamma(z')=|\Gamma_2|\mathrm{e}^{-\mathrm{j}2\beta z'}\mathrm{e}^{\mathrm{j}\varphi_2}$$

同样,可定义电流反射系数为

$$\Gamma(z')=\frac{I^-(z')}{I^+(z')}=-\frac{U_2-I_2Z_0}{U_2+I_2Z_0}\mathrm{e}^{-2kz'}=-\Gamma_2\mathrm{e}^{-2kz'} \tag{5-42}$$

可见电流反射系数与用电压定义的反射系数只相差一个负号。通常采用电压来定义反射系数。

反射系数与输入阻抗、负载阻抗、电压等有关,它们之间可以相互换算。

(1) 反射系数与驻波比。传输线上一般都有反射波存在,反射波和入射波叠加形成了驻波。传输线上电压振幅值的最大值和最小值之比称为电压驻波比

$$\mathrm{VSWR}=\frac{|U_{\max}|}{|U_{\min}|}=\frac{|U^+|+|U^-|}{|U^+|-|U^-|}=\frac{1+|\Gamma(z')|}{1-|\Gamma(z')|}$$

由式(5-40)可知,如果 $Z_\mathrm{L}=R_\mathrm{L}$,即负载是一个电阻,则反射系数是一个实数。若 $R_\mathrm{L}>Z_0$,则 $0<\Gamma_2<1$,反射系数为正实数,负载处是电压的波腹;若 $R_\mathrm{L}<Z_0$,则 $-1<\Gamma_2<0$,反射系数为负实数,负载处是电压的波节。

(2) 反射系数与电压和电流的关系为

$$U(z)=U^+(z)+U^-(z)=U^+(z)\left[1+\frac{U^-(z)}{U^+(z)}\right]=U^+[1+\Gamma(z)]$$

$$I(z)=I^+(z)+I^-(z)=I^+(z)\left[1+\frac{I^-(z)}{I^+(z)}\right]=I^+[1-\Gamma(z)]$$

例 5-5 如图 5-9 所示,一信号发生器用一根特性阻抗为 $Z_0=50\Omega$ 的无耗传输线同时输出信号给 $R_{\mathrm{L}1}=64\Omega$ 和 $R_{\mathrm{L}2}=25\Omega$ 的两个电阻负载。每个电阻各接一段 $\lambda/4$ 的阻抗变换器后再接 $Z_0=50\Omega$ 的传输线,可以实现阻抗匹配,并使得两个电阻获得相同的功率。求:①每一

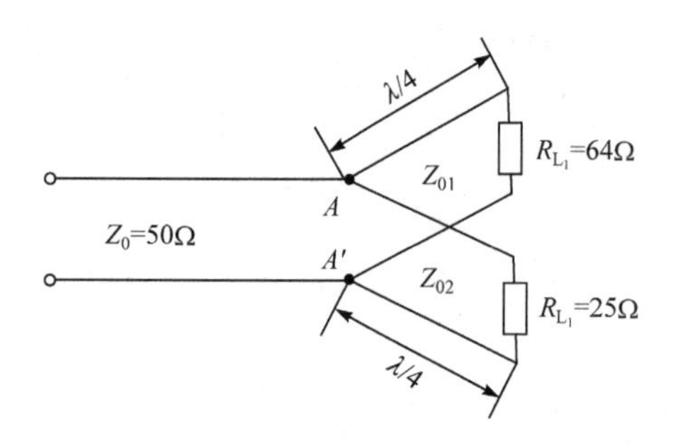

图 5-9　利用 λ/4 传输线进行阻抗匹配

条 λ/4 线的特性阻抗;②各 λ/4 线上的驻波比。

解　①如图 5-9 所示,阻抗匹配时,A-A'处的输入阻抗等于 50Ω。由于供给两个电阻的功率相同,因此

$$R_{i1}=R_{i2}=100\Omega$$

$$Z_{01}=\sqrt{R_{i1}R_{L1}}=\sqrt{100\times64}=80(\Omega)$$

$$Z_{02}=\sqrt{R_{i2}R_{L2}}=\sqrt{100\times25}=50(\Omega)$$

②在阻抗匹配的情况下,主传输线上驻波比 VSWR=1,无反射波。在特性阻抗为 Z_{01}的 λ/4 线上的反射系数和驻波比为

$$\Gamma_1=\frac{R_{L1}-Z_{01}}{R_{L1}+Z_{01}}=\frac{64-80}{64+80}=-0.11$$

$$\text{VSWR}_1=\frac{1+|\Gamma_1|}{1-|\Gamma_1|}=\frac{1+0.11}{1-0.11}=1.25$$

在特性阻抗为 Z_{02}的 λ/4 线上的反射系数和驻波比为

$$\Gamma_2=\frac{R_{L2}-Z_{02}}{R_{L2}+Z_{02}}=\frac{25-50}{25+50}=-0.333$$

$$\text{VSWR}_2=\frac{1+|\Gamma_2|}{1-|\Gamma_2|}=\frac{1+0.333}{1-0.333}=2.0$$

例 5-6　一特性阻抗为 50Ω 的无耗传输线上接一未知负载阻抗,其电压驻波比 VSWR 为 3.0。传输线上两相邻电压最小值之间的距离是 20cm,且第一个最小值距离负载端是 5cm,求负载阻抗。

解　传输线上两相邻电压最小值之间的距离是半个波长,所以

$$\lambda=2\times0.2=0.4(\text{m}),\quad \beta=\frac{2\pi}{\lambda}=5\pi(\text{rad/m})$$

由上述可知,电压最小点处的输入阻抗为一个纯电阻,而且有

$$R=\frac{Z_0}{\text{VSWR}}=\frac{50}{3}=16.7(\Omega)$$

传输线长度每增加半个波长,输入阻抗 Z_{in}重复出现一次。可知,负载阻抗可以看成是与 R 相距 $0.5\lambda-0.05=0.15(\text{m})$处的输入阻抗。根据式(5-36b),有

$$Z_{in}=Z_L=Z_0\,\frac{R+\text{j}Z_0\tan(\beta l)}{Z_0+\text{j}R\tan(\beta l)}$$

$$=50\times\frac{\frac{50}{3}+\text{j}50\tan(5\pi\times0.15)}{\frac{50}{3}+\text{j}\,\frac{50}{3}\tan(5\pi\times0.15)}=(30-\text{j}40)(\Omega)$$

根据输入阻抗的定义,反射系数与输入阻抗的关系如下:

$$Z_{in}(l)=\frac{U(l)}{I(l)}=\frac{U^+[1+\Gamma(l)]}{I^+[1-\Gamma(l)]}=Z_0\,\frac{1+\Gamma(l)}{1-\Gamma(l)}$$

由此可见,如果传输线终端接反射系数不为 0 的负载,则不同长度的传输线其输入阻抗不同。

5.5 传输线的工作状态

传输线的工作状态取决于传输线终端所接的负载，本节以终端负载条件为出发点来进行分析。

5.5.1 行波状态

行波状态即传输线上无反射波出现，只有入射波的工作状态。由式(5-26)和式(5-27)可看出，当传输线终端负载阻抗等于传输线的特性阻抗，即 $Z_L=Z_0$ 时，等式右端第二项(反射波)就为零，线上只有入射波(反射系数为零)。此时

$$U(z')=\frac{U_2+I_2Z_0}{2}e^{kz'}=U_2^+e^{kz'} \tag{5-43}$$

$$I(z')=\frac{U_2+I_2Z_0}{2Z_0}e^{kz'}=I_2^+e^{kz'} \tag{5-44}$$

对于无耗传输线，$k=j\beta$，则

$$U(z')=U_2^+e^{j\beta z'}=|U_2^+|e^{j\theta_2}e^{j\beta z'} \tag{5-45}$$

$$I(z')=I_2^+e^{j\beta z'}=|I_2^+|e^{j\theta_2}e^{j\beta z'} \tag{5-46}$$

式中，θ_2 是 U_2^+ 的初相。因 $Z_L=Z_0$ 是纯电阻，波在负载处无相位突变，故此处的 $\theta_2=\varphi_2$。将式(5-45)和式(5-46)表示为时域形式为

$$u(z',t)=\mathrm{Re}[U(z')e^{j\omega t}]=|U_2^+|\cos(\omega t+\beta z'+\varphi_2) \tag{5-47}$$

$$i(z',t)=\mathrm{Re}[I(z')e^{j\omega t}]=|I_2^+|\cos(\omega t+\beta z'+\varphi_2) \tag{5-48}$$

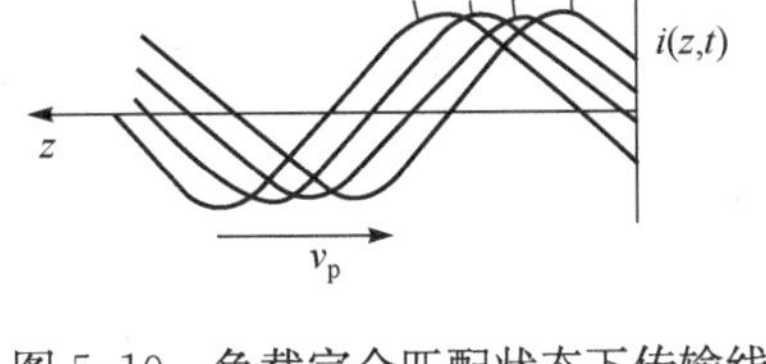

图 5-10 负载完全匹配状态下传输线沿线的电压、电流分布

图 5-10 表示负载完全匹配状态下沿传输线的电压、电流分布。可见，沿无耗传输线传输的电压、电流的振幅不变，而相位则随 z' 的减小(即入射波由源端朝向负载推进)而连续滞后，这是行波前进的必然结果。

由式(5-37)可看出，当 $Z_L=Z_0$ 时，有 $Z_{in}(z')=Z_0$，即传输线沿线各点的输入阻抗均等于其特性阻抗，与频率无关。

综上所述，行波状态下的无耗传输线有如下特点：①沿线电压、电流振幅不变；②电压、电流同相；③传输线沿线各点的输入阻抗均等于其特性阻抗。

5.5.2 驻波状态

由式(5-40)可看出，当 $Z_L=0$，$Z_L=\infty$ 或 $Z_L=\pm jX_L$ 时，都有反射系数的大小 $|\Gamma_2|=1$，即当传输线终端短路、开路或接纯电抗性负载时，都将产生全反射。此时，入射波和反射波叠加形成驻波，传输线工作在全驻波状态。下面以 $Z_L=0$ 为例来分析传输线工作在全驻波状态时的特性。

由式(5-40)可看出，当 $Z_L=0$ 时，$\Gamma_2=-1$，故 $U_2^-=\Gamma_2U_2^+=-U_2^+=|U_2^+|e^{j(\varphi_2+\pi)}$ 时，则

$$U(z')=U_2^+e^{j\beta z'}+U_2^-e^{-j\beta z'}=U_2^+(e^{j\beta z'}-e^{-j\beta z'})=j2|U_2^+|e^{j\varphi_2}\sin(\beta z') \tag{5-49}$$

同样可得

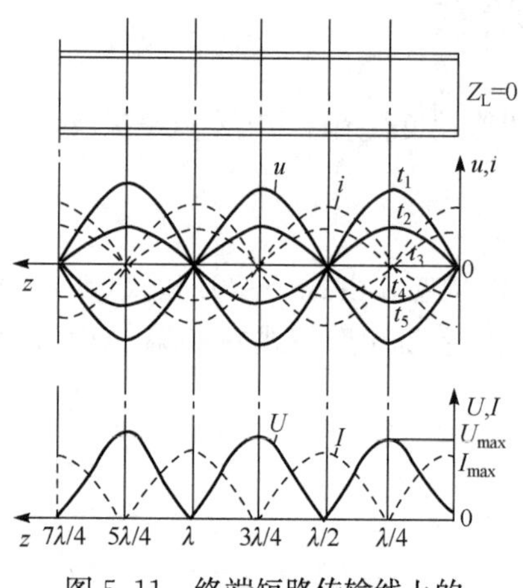

图 5-11 终端短路传输线上的电压和电流驻波

$$I(z')=\frac{2|U_2^+|\mathrm{e}^{\mathrm{j}\varphi_2}}{Z_0}\cos(\beta z') \tag{5-50}$$

表示为时域形式(Z_0为实数时)为

$$u(z',t)=2|U_2^+|\sin(\beta z')\cos\left(\omega t+\varphi_2+\frac{\pi}{2}\right) \tag{5-51}$$

$$i(z',t)=\frac{2|U_2^+|}{Z_0}\cos(\beta z')\cos(\omega t+\varphi_2) \tag{5-52}$$

图 5-11 表示传输线工作在全驻波状态下电压、电流沿线的瞬时分布曲线和振幅分布曲线。由式(5-37)可知,当 $Z_L=0$ 时,输入阻抗 $Z_{in}(z')=\mathrm{j}Z_0\tan(\beta z')$ 是一个纯电抗,随 z' 值不同,传输线可以等效为一个电容,或一个电感,或一个谐振电路。

综上所述,全驻波状态下的无耗传输线有如下特点:①全驻波是在满足全反射条件下,由两个相向传输的行波叠加而形成的。它不再具有行波的传输特性,而是在线上作简谐振荡。表现为相邻两波节点之间的电压(或电流)同相,波节点两侧的电压(或电流)反相;②传输线上电压和电流的振幅是位置 z' 的函数,会在不同位置处出现最大值(波腹点)和零值(波节点);③传输线上各点的电压和电流在时间上有 90°的相位差,在空间位置上也有 90°的相移。因此传输线在全驻波状态下没有功率传输。

5.5.3 混合波状态

当传输线终端所接的负载阻抗不等于特性阻抗,也不是短路、开路或接纯电抗性负载,而是连接任意阻抗负载时,线上将同时存在入射波和反射波,两者叠加形成部分驻波部分行波的状态,称为传输线的混合波状态。对于无耗传输线,线上的电压、电流表示式为

$$\begin{aligned}U(z')&=U_2^+\mathrm{e}^{\mathrm{j}\beta z'}+U_2^-\mathrm{e}^{-\mathrm{j}\beta z'}=U_2^+\mathrm{e}^{\mathrm{j}\beta z'}+\Gamma_2U_2^+\mathrm{e}^{-\mathrm{j}\beta z'}\\&=U_2^+\mathrm{e}^{\mathrm{j}\beta z'}+2\Gamma_2U_2^+\frac{\mathrm{e}^{\mathrm{j}\beta z'}+\mathrm{e}^{-\mathrm{j}\beta z'}}{2}-\Gamma_2U_2^+\mathrm{e}^{\mathrm{j}\beta z'}\\&=U_2^+\mathrm{e}^{\mathrm{j}\beta z'}(1-\Gamma_2)+2\Gamma_2U_2^+\cos(\beta z')\end{aligned} \tag{5-53}$$

$$I(z')=I_2^+\mathrm{e}^{\mathrm{j}\beta z'}+I_2^-\mathrm{e}^{-\mathrm{j}\beta z'}=I_2^+(1-\Gamma_2)\mathrm{e}^{\mathrm{j}\beta z'}+\mathrm{j}2\Gamma_2I_2^+\sin(\beta z') \tag{5-54}$$

由式(5-53)和式(5-54)可看出,传输线上的电压、电流皆由两项构成,前一项为行波分量,后一项为驻波分量。传输线工作于混合波状态下的电压、电流振幅分布如图 5-12 所示。

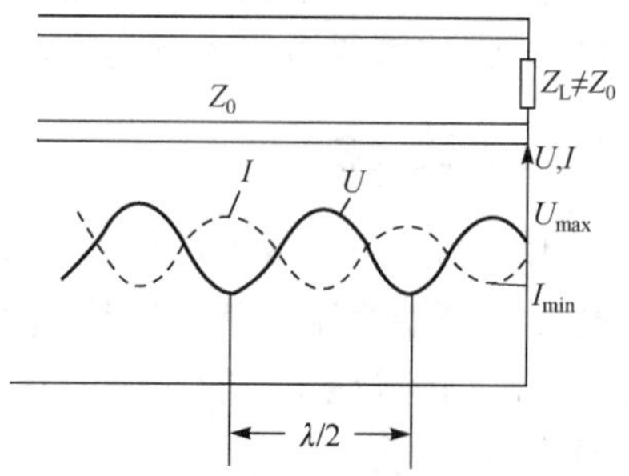

图 5-12 传输线工作于混合波状态下的沿线电压、电流的振幅分布

通常用驻波比(驻波系数)来定量描述传输线上的行波分量和驻波分量的大小。

驻波比和反射系数的关系已导出为

$$\mathrm{VSWR}=\frac{|U_{max}|}{|U_{min}|}=\frac{1+|\Gamma_2|}{1-|\Gamma_2|} \tag{5-55}$$

由此可见，当传输线工作在行波状态时，$|\Gamma_2|=0$(无反射)，则 VSWR=1；当传输线工作在驻波状态时，$|\Gamma_2|=1$(全反射)，则 VSWR=∞；当传输线工作在混合波状态时，$|\Gamma_2|<1$(部分反射)，则 $1<\text{VSWR}<\infty$。

5.6 传输线对信号完整性的影响

5.6.1 信号完整性

1. 传输线的反射对信号波形的影响

无耗传输线方程的通解见式(5-24)，由以正向传播的波和反向传播的波两项构成。我们将其改写成时域表达式为

$$U(z,t)=U^{+}\left(t-\frac{z}{v}\right)+U^{-}\left(t+\frac{z}{v}\right) \tag{5-56}$$

$$I(z,t)=\frac{1}{Z_0}U^{+}\left(t-\frac{z}{v}\right)-\frac{1}{Z_0}U^{-}\left(t+\frac{z}{v}\right) \tag{5-57}$$

式中，Z_0 是传输线的特性阻抗

$$Z_0=\sqrt{\frac{L}{C}}=vL=\frac{1}{vC}$$

无耗传输线的特性阻抗 Z_0 是实数，传输线上波的传播速度为

$$v=\frac{1}{\sqrt{LC}}=\frac{1}{\sqrt{\mu\varepsilon}}$$

式中，导体周围的介质的电特性参数为 μ 和 ε。式(5-56)和式(5-57)给出的解的一般形式是用函数 $U^{+}(t-z/v)$ 和 $U^{-}(t+z/v)$ 的形式来表示的。这些函数的精确形式可以由激励源的时域函数 $V_s(t)$ 形式来确定。函数 U^{+} 代表了沿 $+z$ 方向传播的前向行波。函数 U^{-} 代表了沿 $-z$ 方向传播的后向行波。完全解由这两个行波之和构成。传输线的特性阻抗决定了传输线每一点处电流与电压的关系：

$$I^{+}(z,t)=\frac{1}{Z_0}U^{+}\left(t-\frac{z}{v}\right) \tag{5-58}$$

$$I^{-}(z,t)=-\frac{1}{Z_0}U^{-}\left(t+\frac{z}{v}\right) \tag{5-59}$$

下面考虑全长为 l 的传输线。在负载端 $z=l$ 处的前向和后向行波由负载端的反射系数联系起来：

$$\Gamma_l=\frac{U^{-}}{U^{+}}=\frac{R_L-Z_0}{R_L+Z_0} \tag{5-60}$$

因此，负载端的反射波可以利用反射系数从入射波得到：

$$U^{-}\left(t+\frac{l}{v}\right)=\Gamma_l U^{+}\left(t-\frac{l}{v}\right) \tag{5-61}$$

式(5-60)给出的反射系数仅适用于电压。电流反射系数可以通过把式(5-60)代入式(5-58)和式(5-59)中推导出来，因此

$$I^{-}\left(t+\frac{l}{v}\right)=-\Gamma_l I^{+}\left(t-\frac{l}{v}\right) \tag{5-62}$$

传输线负载端反射电压波的不连续性如图 5-13 所示。反射过程可以看作由镜面所产生的反射波U^{-}，即对U^{+}的复制并翻转。所有在U^{-}波形上的点都是U^{+}波形上的相应点乘以Γ_l。注意：负载上的总电压$U(l,t)$是负载端在某一时刻所存在的各个电压波的总和。

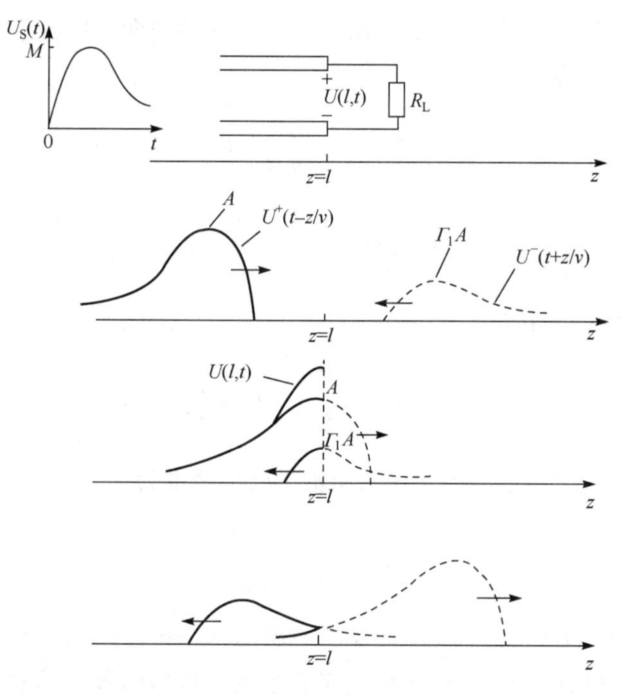

图 5-13 电压波在传输线终端的反射

下面讨论传输线的源端情况，如图 5-14 所示。当我们一开始把源接入传输线时，可以断定前向波将沿传输线传播。因为入射波在没有到达负载端时就不会产生反射波，前向行波在到达负载端所需时间$T_D=\frac{l}{v}$内，传输线上不会出现后向行波。在负载端被反射的入射波部分需要额外的时间T_D才能重新回到源端$z=0$处。因此，当$0\leqslant t\leqslant 2l/v$时，不会在$z=0$处出现反向行波，而在任意小于$2T_D$的时刻，$z=0$处的总电压和总电流也仅包含前向行波$U^{+}$和$I^{+}$。因此，在$0\leqslant t\leqslant 2l/v$时，传输线从源端看进去的输入阻抗$z_{in}$就等于传输线的特性阻抗$z$。即

$$U(0,t)=U^{+}\left(t-\frac{0}{v}\right) \tag{5-63a}$$

$$I(0,t)=I^+\left(t-\frac{0}{v}\right)=\frac{U^+\left(t-\frac{0}{v}\right)}{Z_0} \tag{5-63b}$$

所以，初始的前向行波电压和电流与电源电压的关系为

$$U(0,t)=\frac{Z_0}{R_S+Z_0}U_S(t) \tag{5-64a}$$

$$I(0,t)=\frac{U_S(t)}{R_S+Z_0} \tag{5-64b}$$

初始波与电源电压的波形相同。

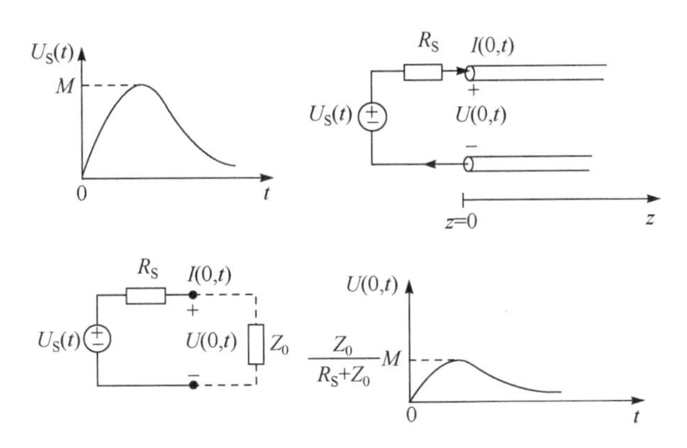

图 5-14 电压波到达传输线负载端被反射以前从传输线输入端看进去的等效电路$\left(t<2\frac{l}{v}\right)$

初始的电压波向负载端传播，电压波前沿到达负载端需要的时间为 $T_D=\frac{l}{v}$。当电压波到达负载端时，就会产生反射波，如图 5-13 所示。反射波又需要 $T_D=\frac{l}{v}$ 的额外时间，其前沿才能到达源端。在源端，我们可以得到电压反射系数为

$$\Gamma_S=\frac{R_S-Z_0}{R_S+Z_0} \tag{5-65}$$

即来自负载端入射波（负载端的反射波）和该入射波的反射部分（再反射回负载端的波）的比值。因此，在源端产生的前向波形与在负载端反射的波的波形相同。该前向行波具有与入射的后向行波（由源发射的最初的电压波在负载端被反射回来）相同的波形，但是入射波相应点上的波减小了 Γ_S。这个反射过程在源端和负载端持续重复进行下去。在任一时刻传输线上任意点上的总电压（电流）都是存在于传输线各点上的所有电压（电流）波的总和，如式(5-56)和式(5-57)所示。

例 5-7 考虑如图 5-15(a)所示的传输线。在 $t=0$ 时刻，传输线上接入 30V、源阻抗为 0Ω 的电源。传输线总长 $l=400\text{m}$，波的传播速度为 $v=200\text{m}/\mu\text{s}$，特性阻抗为 $Z_0=50\Omega$。传输线的终端接有 100Ω 的电阻。求传输线输出端 $z=l$ 处的电压随时间的变化关系。

解 传输线负载端的反射系数为

$$\Gamma_L=\frac{100-50}{100+50}=\frac{1}{3}$$

源端的反射系数为

$$\Gamma_S = \frac{0-50}{0+50} = -1$$

单向传输时间为

$$T_D = \frac{l}{v} = 2\mu s$$

负载第一次反射电压为

$$U_{L_1}^- = \Gamma_L U^+ = 30 \times \frac{1}{3} = 10(V)$$

$U_{L_1}^- = 10V$ 的电压波到达源端的时间为

$$t = 4\mu s$$

源端第一次反射电压

$$U_{S_1}^+ = \Gamma_S \Gamma_L \times 30 = -10(V)$$

$U_{S_1}^+ = -10V$ 的电压波反射回负载端的时间为

$$t = 6\mu s$$

负载端第二次反射电压为

$$U_{L_2}^- = \Gamma_L \Gamma_S \Gamma_L \times 30 = -3.33(V)$$

在 $z=l$ 处这些波的总和，如图 5-15(b)中的虚线所示，而总电压用实线表示。注意，负载端的电压幅度是振荡的，逐渐向所期望的稳态值 30V 收敛。

如图 5-15 所示的波形中包含瞬态过程。为了画出负载端的电流 $I(l,t)$，可以把负载端的电压用 R_L 去除，也可以直接通过电流反射系数 $\Gamma_S = 1$ 和 $\Gamma_L = -\frac{1}{3}$ 及初始电流值 $30V/Z_0 = 0.6A$ 来直接得到电流波形。在传输线输入端的电流如图 5-15(c)所示。可观察到该电流在所期望的稳态值 $30V/R_L = 0.3A$ 左右振荡。

例 5-8　如图 5-16(a)所示的一根长为 0.2m 的传输线，源端输入-脉冲电压，幅度为 20V、持续时间为 1ns。该传输线的特性阻抗为 100Ω，电压波的传播速度为 2×10^8m/s。源电阻为 300Ω($R_S = 300\Omega$)，负载端开路($R_L = \infty$)。画出传输线输入端和负载端的电压。

解　传输线源端的反射系数为

$$\Gamma_S = \frac{300-100}{300+100} = \frac{1}{2}$$

负载端反射系数为

$$\Gamma_L = \frac{\infty - 100}{\infty + 100} = -1$$

传输线单向时延为

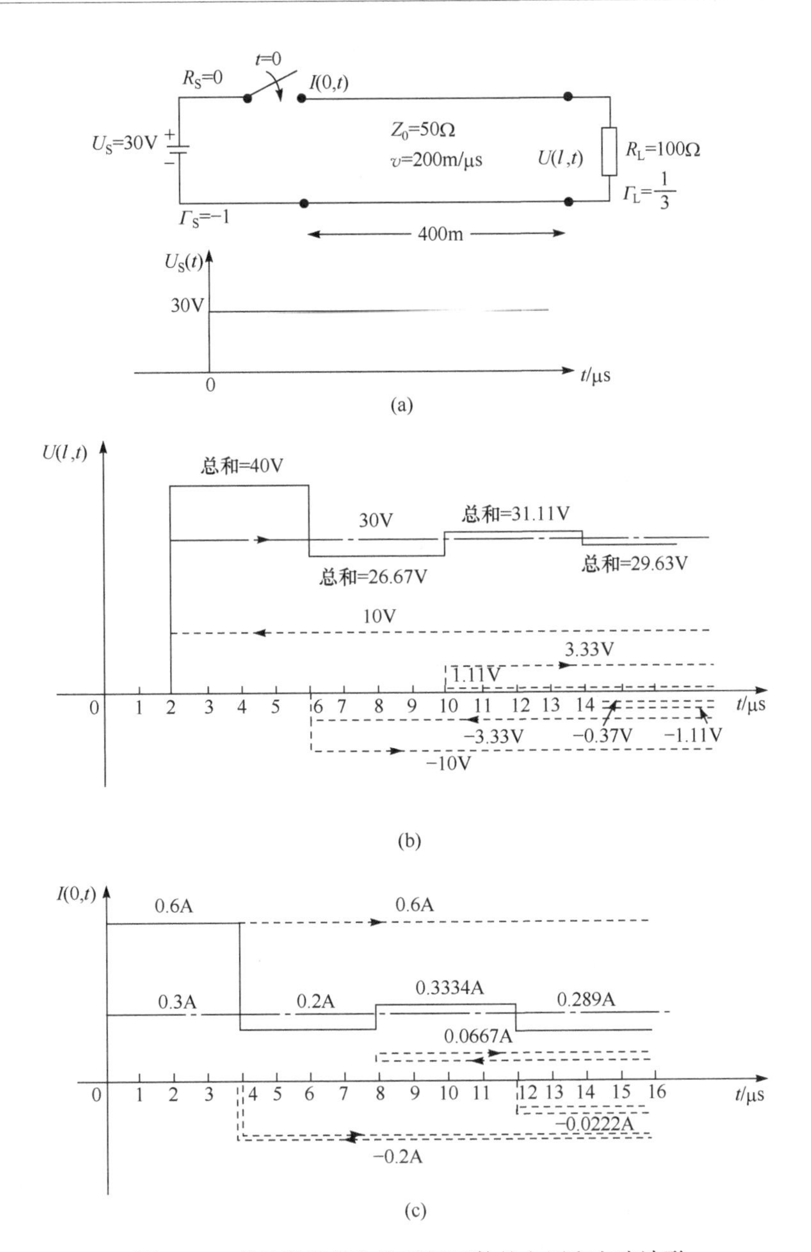

图 5-15 传输线终端作为时间函数的电压和电流波形

$$T_D=\frac{l}{v}=1\text{ns}$$

首先我们来画传输线源端的电压 $U(0,t)$。电源发出的初始电压为$\frac{100}{300+100}\times 20=5(\text{V})$，入射电压和反射电压如图 5-16(b)中带有箭头的虚线所示，这些箭头用来表示电压波是向前传输的还是向后传输的。入射电压脉冲经过一次时延 1ns 后到达负载端，在负载端又反射回一个 5V 的电压脉冲，这是因为负载端的反射系数为 $\Gamma_L=1$。在负载端被反射回去的电压脉冲在经过另一个 1ns 的时延后到达源端。这个反射回来的脉冲又被反射回去而幅度变为了 $\Gamma_S\times 5\text{V}=2.5\text{V}$。它在 1ns 之后到达负载端，又在负载端被反射回来，幅度仍为 2.5V，再

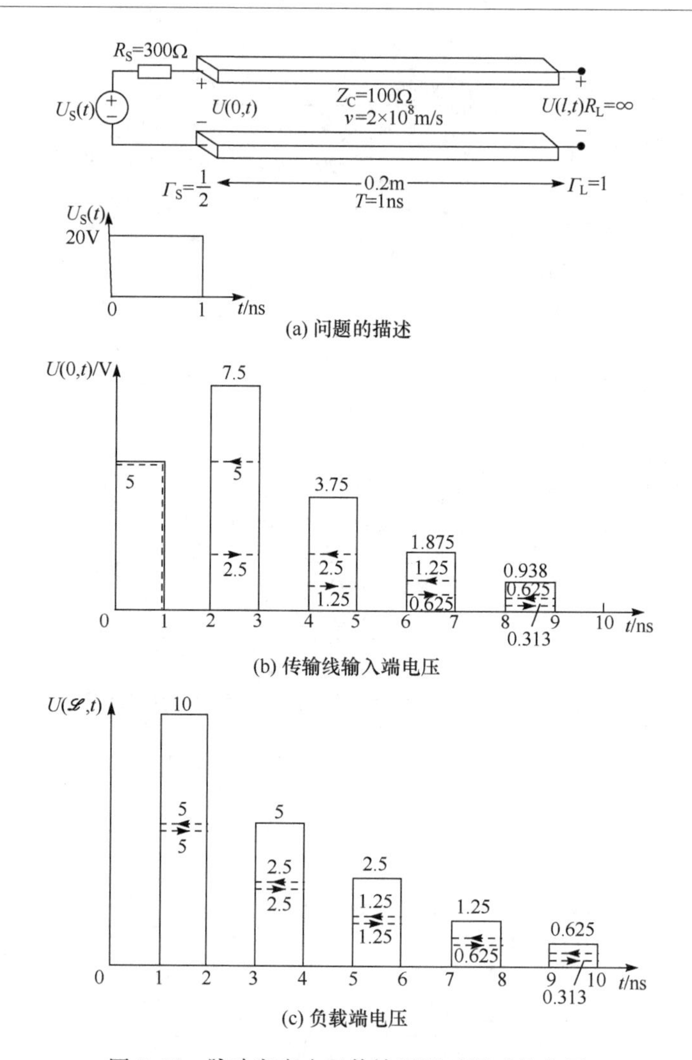

(a) 问题的描述

(b) 传输线输入端电压

(c) 负载端电压

图 5-16　脉冲宽度小于传输延迟时间时的电压

经过 1ns 后又到达源端。这个过程如图 5-16(b)所示持续下去。将源端所有的入射电压脉冲和反射电压脉冲相加就得到了图 5-16(b)中用实线表示的总电压。很明显，总电压将衰减为零，此时达到稳定状态。

下面来画负载端的电压。在一次时延 1ns 之后，初始时刻发送的 5V 电压到达负载端，同时 5V 的反射电压被发送回源端。该反射电压在 2ns 之后到达源端，这时 2.5V 的反射电压开始向负载端出发并在 3ns 时到达负载端。当这个在源端反射的电压脉冲到达负载端时，又有 2.5V 的反射电压被送回源端，在源端又发生反射，幅度变为 1.25V，并在 5ns 时到达负载端。这些入射和反射电压如图 5-16(c)带箭头的虚线所示。将所有的入射电压和反射电压相加就得到了图 5-16(c)中用实线表示的总电压。很明显，总电压将衰减为零，因为最终应将达到稳定状态。

例 5-9　如图 5-17(a)所示的同轴电缆。源端信号源输出电压为 100V、持续时间为 6μs 的脉冲。设传输线的单位长度电容和单位长度电感分别为 $C=100\text{pF/m}$ 和 $L=0.25\mu\text{H/m}$。该传输线的特性阻抗为

$$Z_0=\sqrt{\frac{L}{C}}=50\Omega$$

脉冲的传输速度为

$$v=\frac{1}{\sqrt{LC}}=200\text{m}/\mu\text{s}$$

已知源电阻为 150Ω($R_S=150\Omega$),负载端短路($R_L=0\Omega$)。画出传输线输入端的电压。

解 传输线源端的反射系数为

$$\Gamma_S=\frac{150-50}{150+50}=\frac{1}{2}$$

负载端的反射系数为

$$\Gamma_L=\frac{0-50}{0+50}=-1$$

单向时延为

$$T_D=\frac{l}{v}=2\mu\text{s}$$

初始时刻发送的电压为

$$\frac{50}{150+50}\times 100=25(\text{V})$$

入射电压和反射电压如图 5-17(b)中带有箭头的虚线所示,这些箭头用来表示电磁波是向前传输还是向后传输。入射脉冲被发送至负载端,经过一次时延 2μs 后到达负载端,在负载端又反射回一个−25V 的脉冲,该脉冲在经过另一个 2μs 的时延后到达源端。这个反射回来的脉冲又被反射回去,而幅度变为−12.5V,它在 2μs 之后到达负载端,又在负载端被反射回来,幅度仍为 12.5V,再经过 2μs 后又到达源端。这个过程如图 5-17(b)所示地持续下去。将源端所有的入射脉冲和反射脉冲相加就得到了图 5-17(b)中用实线表示的总电压。很明显,总电压将衰减为零,因为它最终应达到稳定状态。

可以观察到在这个例子中,6μs 的脉冲宽度是单向时延的 3 倍。因此初始时刻发送的脉冲和反向到达的脉冲(即在负载端被反射的脉冲)叠加在一起。

可以写出负载端 $z=l$ 处的电压表达式为

$$U(l,t)=\frac{Z_0}{R_S+Z_0}[(1+\Gamma_L)U_S(t-T_D)+(1+\Gamma_L)\Gamma_S\Gamma_L U_S(t-3T_D)+(1+\Gamma_L)(\Gamma_S\Gamma_L)^2U_S(t-5T_D)+(1+\Gamma_L)(\Gamma_S\Gamma_L)^3\Gamma_L U_S(t-7T_D)+\cdots]\quad(5\text{-}66)$$

可见,总电压即源端电压波形和延迟了多个单向时延 T_D 后的电压波形之和。虽然负载端电压可以从式(5-66)得到,但是采用“追踪单个入射波和反射波”,并且在任意时刻将当时所有的波形叠加起来的方法更简单。就像在前面的例子中通过图形来完成一样。可观察到,如果传输线在负载端匹配,即 $R_L=Z_0$,那么负载端的反射系数为 0,即 $\Gamma_L=0$,式(5-66)也可简化为

$$U(l,t)=\frac{Z_0}{R_S+Z_0}U_S(t-T_D)$$

在这种情况下,信号在传输线中传输时唯一受到的影响就是时延,传输线的输入电压和输出电压相等。所以该传输线不使信号波形发生畸变。

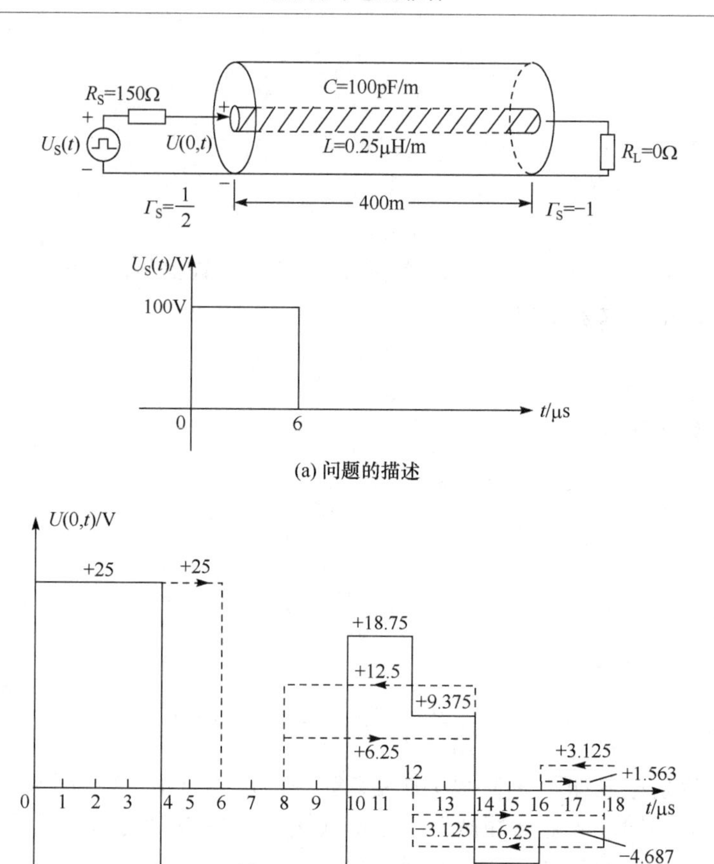

(a) 问题的描述

(b) 传输线输入端的电压

图 5-17　脉冲宽度大于延迟时间时的终端电压

2. 信号完整性

信号完整性在电子设计方面有两方面的含义——信号的时序和质量。即信号是否在正确的时间到达目的地及信号到达目的地时其状态是否依然良好。信号完整性分析的目标是保证可靠的高速数据传输。在一个数字系统中，信号以逻辑电平 1 或 0 的形式从一个组件传输到另一个组件，它们分别对应一定的参考电压电平。在接收机的输入端电压高于参考值 V_{ih}时，认为是逻辑高；而电压低于参考值 V_{il}时，认为是逻辑低。图 5-18(a)给出了逻辑电平的理想电压波形，而图 5-18(b)给出的是系统的实际电压波形。如果图中的信号波形由于过振铃而处于逻辑灰色区域时，逻辑状态不能可靠地检测出来。

由上述内容可知，阻抗不匹配的传输线之所以会导致波形的畸变是由于在不匹配负载处出现了反射造成的。如果传输线是非均匀的，即传输线的横截面尺寸改变了，那么传输线的特

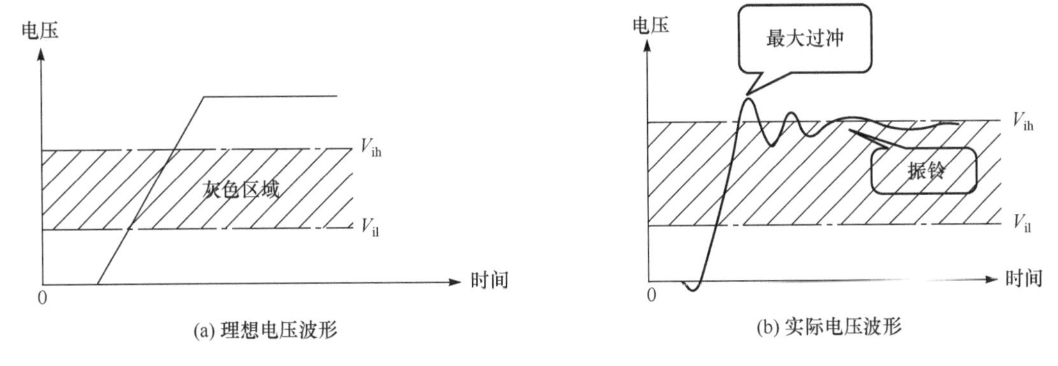

图 5-18 电压波形

性阻抗就会发生改变。这样就会在传输线的不连续处产生反射。以电路板上的传输线，即带状线为例，电路板上的带状线往往通过过孔从一层转到另一层。过孔即电路板上从一层到另一层之间的连接孔，用于连接相应层上的带状线。显然，通过过孔从电路板一层传输到另一层的信号将会遇到不连续面，因此带状线的特性阻抗会发生改变，从而影响信号的完整性。

作为实例，考虑一个 CMOS 反向器，其通过一对带状线与另一个 CMOS 反向器相连，如图 5-19(a)所示。该带状线宽为 100mil、位于厚为 62mil 的 FR-4($\varepsilon_r=4.7$)基板上，如图 5-19(b)所示。利用传输线分布参数的计算公式，计算出带状线每单位长度的电感和电容分别为 $L=0.335\mu\text{H/m}$及 $C=117.5\text{pF/m}$。其等效相对介电常数为 $\varepsilon_r'=3.54$。

计算得到带状线的特性阻抗为 $Z_0=\sqrt{L/C}=53.4\Omega$，信号传输速度为 $v=v_0/\sqrt{\varepsilon_r'}=1.59\times10^8\text{m/s}$。带状线的总长度为 20cm，单向时延为 $T_D=l/v=1.25\text{ns}$。源(门电路 1 的输出)由一个 2.5V、25MHz 的脉冲表示，该脉冲具有 2ns 的上升/下降时间和 50%的占空比。源阻抗为 25Ω，代表 CMOS 反向器典型的输出阻抗。负载由一个 5pF 的电容表示，模拟了 CMOS 的输入。可以利用电路仿真程序 SPICE 模拟这一系统，从而求出带状线的输入电压 $U(0,t)$和输出电压 $U(l,t)$。

带状线输出端(第二个门电路的输入端)的电压曲线如图 5-19(c)所示。图 5-19 的电压波形显示了由带状线的不匹配和不连续造成而产生的振铃现象。该振铃现象可能导致电平进入逻辑“0”与逻辑“1”之间的“灰色区域”，从而引起逻辑错误。

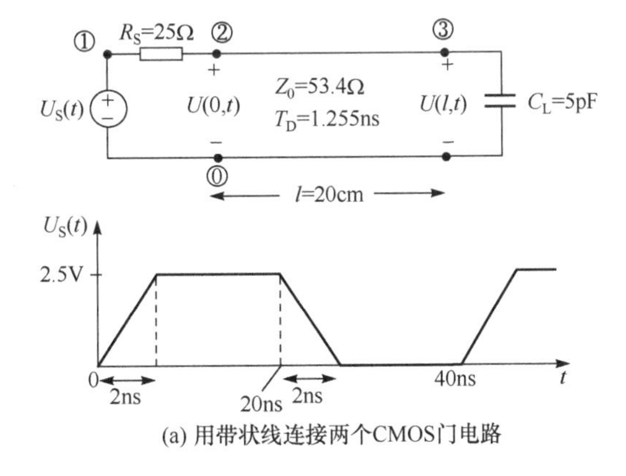

(a) 用带状线连接两个CMOS门电路

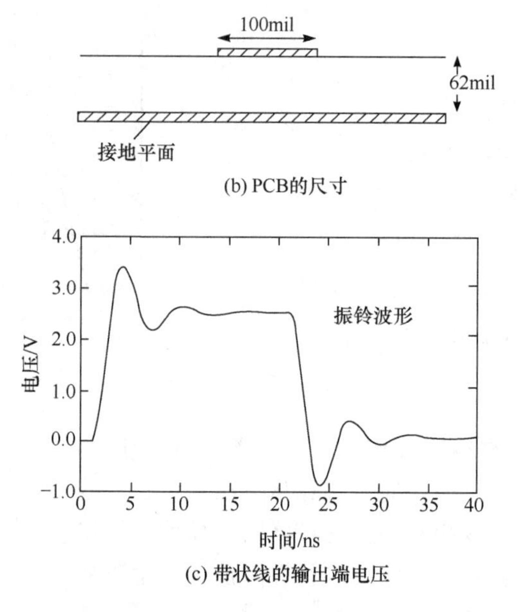

(b) PCB的尺寸

(c) 带状线的输出端电压

图 5-19 一典型的信号完整性问题

5.6.2 信号完整性的匹配方案

传输线的源阻抗和负载阻抗如果不匹配,会导致接收的电压波形与所发送的波形之间产生很大差异。因此,阻抗不匹配会影响信号的完整性。解决这一问题最常用的匹配方案为串联匹配,如图 5-20 所示。对于典型的 CMOS 门电路,它们的源(输出)阻抗都比电路板上带状线的特性阻抗小。因此,在带状线的输入端(驱动门的输出端)串联一个电阻 R,使 $R_S+R=Z_0$。这样便在源端实现了带状线的匹配。开始发送的电压波形其电平等于源电压电平的 1/2,即 $U_0/2$。典型地,负载的输入阻抗可近似为开路状态,因此,负载的反射系数为 $\Gamma_L=+1$。在这种情况下,入射波在负载上发生全反射,得负载端的总电压为 $U_0/2+U_0/2=U_0$。因此,负载电压上升至 U_0。而源端由于阻抗匹配,反射回源端的电压波不会再次发生反射,由此实现了信号的完整性。串联匹配的另一个优点在于,对于开路负载,没有电流流过传输线和电阻 R,因此电阻不消耗功率。

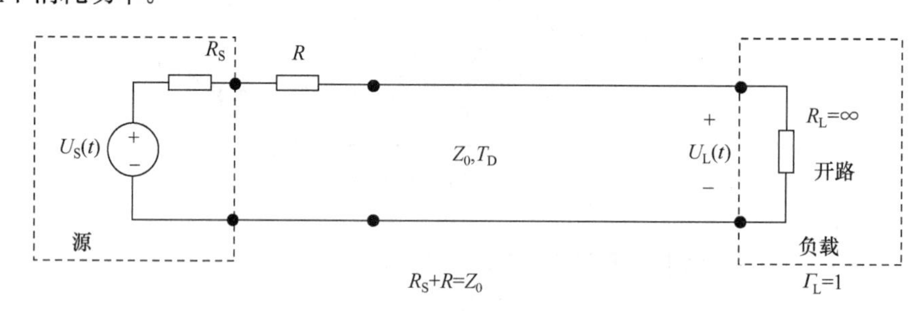

图 5-20 传输线的串联匹配

匹配的第二种方案是并联匹配,如图 5-21 所示。其中,将一电阻 R 与负载并联。通过对 R 的选择来实现传输线的匹配,即

$$R/\!/R_{\mathrm{L}}=\frac{RR_{\mathrm{L}}}{R+R_{\mathrm{L}}}=Z_0$$

传输线输入端的入射电压波为

$$U_{\mathrm{i}}=\frac{Z_0}{R_{\mathrm{S}}+Z_0}U_0$$

该入射波到达负载时被全部吸收,没有反射波。对于并联匹配存在两个弊端。第一弊端是负载电压总是小于源电压 U_0。例如,假设 $R_{\mathrm{S}}=25\Omega$, $Z_0=50\Omega$ 和 $U_0=5\mathrm{V}$,则负载电压为 3.33V。在并联匹配的情况下,反射波不会使负载电压上升与源电压相等。并联匹配的第二个弊端就是,即使负载开路,当源处于高压状态时,传输线也将传送电流。因此,匹配电阻 R 将消耗功率。

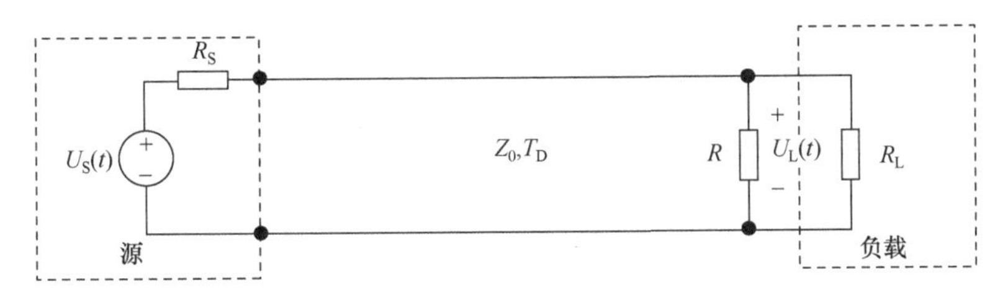

图 5-21 传输线的并联匹配

5.6.3 传输线不需要考虑匹配的条件

为了在传输线的输出端得到想要的电压值和电压波形,并不总是要求传输线达到阻抗匹配。那么什么时候不要求传输线匹配呢?一种典型的情况就是传输线非常“短”。由于梯形脉冲的频谱分量主要集中在一定带宽内,即

$$\mathrm{BW}=\frac{1}{\tau_{\mathrm{r}}} \tag{5-67}$$

式中,τ_{r} 为脉冲的上升时间。可以忽略传输线的分布参数影响的判断准则为传输线在脉冲频谱的最高频率上是电小尺寸的:

$$l<\frac{1}{10}\frac{v}{f_{\max}}$$

式中,l 为传输线的长度;v 是传输线上信号的传播速度。将 $f_{\max}=1/\tau_{\mathrm{r}}$ 代入式(5-67),得

$$T_{\mathrm{D}}=\frac{l}{v}<\frac{1}{10}\tau_{\mathrm{r}}$$

或

$$\tau_{\mathrm{r}}>10T_{\mathrm{D}}$$

式中,T_{D} 为传输线的单向时延。

因此,如果脉冲信号上升沿时间大于 10 倍的传输线单向时延,那么传输线的任何失配都不会使输出波形产生严重的失真。

思 考 题

5-1 传输线传输高频信号时会产生哪些分布参数效应?如何量化这些效应?

5-2 根据基尔霍夫定律的具体内容，简述根据基尔霍夫定律研究传输线的电压波和电流波传播特性的一般步骤。

5-3 什么是传输线的传播常数和特性阻抗。

5-4 传输线长度为 L，负载端开路时，测得输入端阻抗为Z_{in}^{O}，负载端短路时，测得输入端阻抗为Z_{in}^{S}，求该传输线的特性阻抗 Z_0。

5-5 设计一个实验，测量一段无损耗传输线的特性阻抗。

5-6 简述无损耗传输线工作状态和终端负载之间的关系。行波状态和全驻波状态各有怎样的特点？

5-7 传输线终端短路的边界条件是什么？连接什么类型的终端阻抗会出现短路现象？

5-8 传输线终端开路的边界条件是什么？连接什么类型的终端阻抗会出现开路现象？

5-9 什么是驻波？怎样才能出现纯驻波？

5-10 简述短路传输线的电压和电流驻波图的特点。

5-11 简述开路传输线的电压和电流驻波图的特点。

5-12 讨论短路传输线的输入电抗随频率的变化，短路传输线小于及等于 1/4 波长时的应用。

5-13 讨论开路传输线的输入电抗随频率的变化，开路传输线小于及等于 1/4 波长时的应用。

5-14 为什么 1/4 波长传输线能够实现两个不同阻抗之间的匹配？

5-15 讨论传输线上出现行波、驻波、混合波的条件，以及行波、驻波、混合波的传输特点。

5-16 给出驻波比定义，分析以下几种情况的驻波比是什么？

(1) 无限长传输线；

(2) 短路传输线；

(3) 开路传输线；

(4) 终端为其特性阻抗的传输线。

5-17 在集总电路的一个分路施加激励，在另一个分路得到响应；在传输线的一个位置施加激励，在另一个位置得到响应。这两种情况的本质区别是什么？

5-18 传输线长度为 1m，当信号频率分别为 1GHz 和 10MHz，传输线分别是长线还是短线？

5-19 从初始电压和电流的分布，讨论如何确定在任意给定时刻初始带电传输线上的电压和电流分布。

5-20 信号完整性的含义和目标是什么？

5-21 为什么有时高速 PCB 板上传输线的特性阻抗会发生改变？不匹配的传输线对传输的信号波形有什么影响？

5-22 简介典型 COMS 门电路的两种匹配方案及其特点。

习　题

5-1 填充$\varepsilon_r=2.25$ 电介质的同轴电缆，电缆的特性阻抗是 50Ω，求同轴外半径与内半径的比值，并计算分布电感和分布电容。

5-2 平行双线传输线的线间距 $D=8\text{cm}$，导线的直径 $d=1\text{cm}$，周围是空气，试计算：

(1)分布电感和分布电容；

(2)$f=600\text{MHz}$ 时的相位常数和特性阻抗(设 $R_1=0, G_1=0$)。

5-3 在构造均匀传输线时，用聚乙烯($\varepsilon_r=2.25$)作为电介质较为理想。假设忽略损耗，

(1) 对于 300Ω 的双线传输线，若导线的半径为 0.6mm，则线间距应选取多少?

(2) 对于 75Ω 的同轴线，若内导体半径为 0.6mm，则外导体的内半径应选取多少?

5-4 同轴线的内导体半径 $a=10\text{mm}$，外导体半径 $b=23\text{mm}$，填充介质分别为空气和 $\varepsilon_r=2.25$ 的无损耗介质，试计算其特性阻抗。

5-5 一无耗同轴电缆长 10m，内外导体间的电容为 600pF，若终端短路，始端输入脉冲信号并回到始端需 0.1μs，求该电缆的特性阻抗。

5-6 传输线长度为 2m，填充理想电介质，终端短路。输入端连接变频信号源且监控输出电流。发现在 $f=500\text{MHz}$ 时电流达到极大值，然后在 $f=525\text{MHz}$ 时电流达到极小值。求电介质的电容率。

5-7 一长度为 1.34m 的无损耗传输线，特性阻抗为 80Ω，工作频率为 300MHz，终端负载 $Z_L=40+\text{j}30\Omega$，求该传输线的输入阻抗。

5-8 一个无损耗的传输线，特性阻抗为 75Ω，终端接有负载 $Z_L=R_L+\text{j}X_L$。

(1) 要使沿线驻波比为 3，求 R_L 和 X_L 关系；

(2) 若 $R_L=150\Omega$，求 X_L；

(3) 求若 $R_L=150\Omega$ 时，离负载最近的电压最小点距负载的距离?

5-9 一个无损耗的传输线，特性阻抗为 75Ω，终端接有负载 $Z_L=(100-\text{j}50)\Omega$。求：

(1) 传输线的反射系数 Γ；

(2) 传输线的电压电流表达式；

(3) 离负载最近的电压波节点和电压波腹点的距离 $Z_{\min1}$ 和 $Z_{\max1}$。

5-10 有一特性阻抗 $Z_0=500\Omega$ 的无损耗传输线，当终端短路时，测得始端的阻抗为 250Ω 的感抗，求：

(1) 该传输线的最小长度；

(2) 如果该传输线的终端为开路，长度为多少?

5-11 考虑一根无损耗传输线：

(1) 当负载阻抗 $Z_L=(40-\text{j}30)\Omega$ 时，要使线上电压驻波比最小，则线上的特性阻抗应为多少?

(2) 求出最小的电压驻波比及响应的电压反射系数。

5-12 特征阻抗 70Ω 的无损耗传输线，终端负载为 Z_L。求下列情况下负载电阻的阻值。

(1) 沿线各处电压的幅值相等；

(2) 电压驻波比 VSWR=4，而且在负载端出现电压最大值；

(3) 电压驻波比 VSWR=4，电压最大值出现在离负载端 $\lambda/4$ 的位置。

5-13 假定无限长的特性阻抗未知的传输线与特性阻抗为 50Ω 的传输线相连，且在 50Ω 的传输线上测量驻波。发现驻波比是 3，两个连续电压极小值距离两条传输线连接处 15cm 和 25cm。求该传输线的未知特性阻抗。

5-14 假定无限长的特性阻抗未知的传输线与特性阻抗为 50Ω 的传输线相连，在 50Ω 的

传输线上的驻波比为 2。同一传输线与特性阻抗为 150Ω 的传输线相连，在 150Ω 的传输线上的驻波比为 1.5。求该传输线的未知特性阻抗。

5-15　一根长度为 $\lambda/4$，特性阻抗 200Ω 的无耗传输线，终端负载为 100Ω，求输入阻抗和输入端的反射系数。

5-16　已知同轴电缆的特性阻抗为 200Ω，终端负载阻抗 $Z_L=(25-j50)\Omega$，求终端反射系数。

5-17　一无损耗传输线的终端阻抗等于该传输线的特性阻抗，如图 5-22 所示。已知 $U_{BB'}=90\,e^{j\frac{\pi}{6}}V$，求 $U_{AA'}$ 和 $U_{CC'}$。

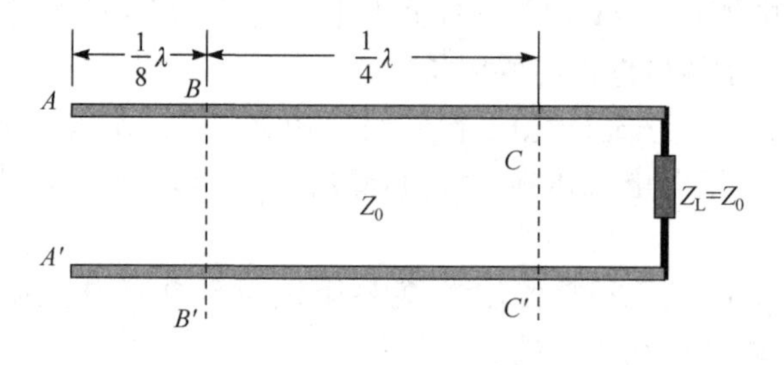

图 5-22　题 5-17 图

5-18　特性阻抗为 100Ω 的无损耗传输线，终端负载处为电压波节点，其 $|U|_{min}=3V$，$|U|_{max}=6V$，求负载阻抗和负载的吸收功率。

5-19　用特性阻抗为 200Ω，终端短路的传输线设计 $Z=j100\Omega$ 的负载，求频率为 400MHz 和 800MHz 两种频率下的线长。

5-20　无损耗传输线特性阻抗为 100Ω，负载阻抗 $Z_L=(75-j50)\Omega$，求距离终端为 $\lambda/8$、$\lambda/4$ 和 $\lambda/2$ 处的输入阻抗。

5-21　传输线的特性阻抗为 200Ω，信号频率为 600MHz，求：

(1) 用短路传输线方式代替 4×10^{-5}H 电感，求传输线的最短长度；

(2) 用开路传输线方式代替 0.8pF 的电容，求传输线的最短长度。

5-22　无损耗传输线特性阻抗为 100Ω，传输线上驻波电压最大值 $|U|_{max}=80mV$，最小值 $|U|_{min}=16mV$，距离终端负载最近的波腹点的距离为 $\lambda/4$，求负载阻抗。

5-23　无损耗传输线特性阻抗为 200Ω，距离终端负载最近的波腹点的距离为 16cm，电压驻波比为 5，信号波长为 80cm，求负载阻抗。

5-24　传输线特性阻抗为 300Ω，负载阻抗为 175Ω，为了使传输线上不出现驻波，在传输线与负载之间接一个 $\lambda/4$ 匹配线。求匹配线的特性阻抗。

第6章 电磁兼容

1864年,英国科学家麦克斯韦在综合法拉第电磁感应定律、安培环路定理、高斯定理,并引入位移电流这个概念的基础上,总结出麦克斯韦方程组并预言了电磁波的存在。麦克斯韦的电磁场理论为认识和研究各种电磁现象奠定了理论基础。1888年,德国物理学家赫兹通过火花隙放电实验证实了麦克斯韦电磁场理论。基于赫兹的这个实验,马可尼于1896年用自己发明的工作装置首次实现了无线电信息的传输,并在1901年实现了跨大西洋的无线电发射。有关电磁干扰及其抑制的问题可能在那个时候就被提出来了。

大约在1920年,关于无线电干扰技术的文章在各种技术杂志上陆续出现。1934年,国际无线电干扰特别委员会(International Special Committee on Radio Interference,CISPR)在巴黎成立,标志着无线电干扰这一研究领域的诞生。那时的无线电接收机数量较少且相距较远,通过分配发射频率、改变发射机或接收机的位置等手段,通常就可以很容易地解决干扰问题。第二次世界大战期间,电子设备尤其是无线电收发设备、导航设备和雷达的广泛使用,无线电收发设备之间干扰的例子开始增多,但干扰问题主要集中在军事领域。二战以后,随着科学技术的不断进步,电子、电气设备在人类日常生活中的广泛应用,电磁环境日益恶化:一方面不断增加的各种无线电业务,使得有限的电磁频谱变得越来越拥挤;另一方面电子、电气设备数量及应用领域的增加,也使得空间人为电磁能量不断增加。在这种复杂的电磁环境中,如何减少相互间的电磁干扰,使各种设备正常运转,同时保证人们的身体健康,是一个日益突出的问题。正是在这种背景下产生了电磁兼容性的概念,形成了一门新的综合性学科——电磁兼容。

与其他重要的新兴学科一样,电磁兼容的定义也有多种,且多少有些差别。国家标准GB/T 4365—2003《电工术语 电磁兼容》将电磁兼容定义为:设备或系统在其电磁环境中能正常工作且不对该环境中任何事物构成不能承受的电磁骚扰的能力。国家军用标准GJB 72—85《电磁干扰和电磁兼容性名词术语》将其定义为:设备(分系统、系统)在共同的电磁环境中能一起执行各自功能的共存状态。即"该设备不会由于受到处于同一电磁环境中其他设备的电磁发射导致或遭受不允许的降级;它也不会使同一电磁环境中其他设备(分系统、系统)因受其电磁发射而导致或遭受不允许的降级。"由此可见,电磁兼容学科主要研究的是如何使在同一电磁环境下工作的各种电气电子系统、分系统、设备和元器件都能正常工作,互不干扰,达到兼容状态。在某种程度上也可以说是研究电磁干扰和抗干扰问题。

电磁兼容学科包含的内容十分广泛,涉及的理论基础包括数学、电磁场理论、天线与电波传播、电路理论、信号分析、通信理论、材料科学、生物医学等。它的实用性很强,几乎所有的现代工业包括电力、通信、交通、航天、军工、计算机、医疗等都必须解决电磁兼容问题。可以说没有人类最近几十年在电磁兼容领域所进行的努力,我们很难享受到高科技给人们带来的各种便利。与此同时,随着在诸多系统与电力(强电)及电子(弱电)设备的广泛结合,尤其是自动化、智能化系统的广泛应用,电磁兼容问题也越来越复杂,许多电磁干扰问题仍困扰、制约着高新技术的进一步发展。因此电磁兼容研究不仅有着广阔的前景,而且意义重大。

造成电磁干扰的形式有多种，如静电放电、直击雷、感应雷、射频场辐射等。电磁干扰会破坏或降低电子设备的工作性能。如人体所带静电电压为千伏级，而CMOS电路的耐压值为100～150V。因此人体的静电放电极易损坏CMOS电路。汽车的火花塞放电时会产生高频振荡，连接火花塞的导线起着天线的作用，将振荡以电波形式向空间发射。有资料表明，汽车上的电磁干扰频率范围为0.15～1000MHz，因此行驶中的汽车会对附近的收音机和用天线接收信号的电视机的接收有明显的影响。

在有些情况下，电磁干扰可能会造成灾难性后果。20世纪50年代中期美国进行的民兵I型战略导弹发射试验过程中，有两枚导弹在飞行过程中发生了并非由于飞行姿态失常而引起的自毁爆炸。经专家调查分析，这两枚导弹在结构上存在导电的不连续性，导弹的前部与后部是绝缘的。导弹在飞行过程中，与周围空气摩擦而产生静电，在相互绝缘的两部分之间产生了静电放电。静电放电产生的电磁干扰，导致了导弹的控制与制导系统失灵，启动了导弹的自毁装置。1967年7月29日，美国Forrestal航空母舰上的一架舰载机发生了所带导弹自动发射的事故，导弹击中了另一架飞机，引起油箱爆炸，并造成134名军人死亡。调查结果显示，很可能是航母上的大功率搜索雷达发出的射频电磁波在屏蔽连接器接触片两端感应的射频电压导致了这场灾难。

处于电磁场中的非生物和生物都会受到电磁场的影响。近二十年来，电磁场对人体的作用也一直是电磁兼容的一个研究热点。电磁辐射是否会对人体健康造成损害受电磁场频率、场强、作用时间及人的个体差异等诸多因素的影响，不能一概而论。由于涉及电磁场和生物这两个差别很大的学科，目前的研究主要集中在电磁辐射的热效应。电磁辐射的非热效应的研究还处于起步阶段，而且许多研究都没有定论。例如，尽管近二十年来众多的学者、研究机构都在研究手机辐射对人体的影响，但至今还不能确定手机辐射的电磁波是否会对人体尤其是大脑造成危害。虽然不能确定微弱的电磁辐射是否会影响人体健康，但可以明确的是强的电磁辐射会对人体产生较为显著的影响，至少会产生明显的热效应。任何事物都有两面性，电磁辐射也不例外。强辐射的热效应一方面可能会对人体正常组织造成损害，因此要尽量避免暴露在强的电磁场中；另一方面，也可以利用电磁辐射的热效应来去除人体的病变组织，例如，医疗上广泛使用的微波治疗仪就是基于这一原理来达到治疗的目的。因此，应该在科学分析及实践结果的基础上客观地评价电磁辐射可能对人体造成的影响，没有必要对电磁辐射谈虎色变，但也不能掉以轻心。

6.1 电磁兼容的概念

6.1.1 名词术语

术语的核心是反映由定义界定的概念。理解并掌握某一学科所涉及的名词术语，对于了解学科内容及研究方向、学术交流、新理论的建立、科技成果的推广、文献的存储和检索都十分重要。为了深入介绍电磁兼容相关的理论知识，有必要首先介绍一些重要的或易于出现理解错误的术语及其定义。下列各术语的定义主要引自国家标准GB/T 4365—2003《电工术语 电磁兼容》。

(1)电磁兼容性(electromagnetic compatibility，EMC)：设备或系统在其电磁环境中能正常工作且不对该环境中任何事物构成不能承受的电磁骚扰的能力。

(2)电磁环境(electromagnetic environment):存在于给定场所的所有电磁现象的总和。

(3)电磁骚扰(electromagnetic disturbance):任何可能引起装置、设备或系统性能降低或者对有生命或无生命物质产生不良影响的电磁现象。电磁骚扰可能是电磁噪声、无用信号或传播介质自身的变化。

(4)电磁噪声(electromagnetic noise):一种明显不传送信息的时变电磁现象,它可能与有用信号叠加或组合。

(5)无用信号(unwanted signal, undesired signal):可能损害有用信号接收的信号。

(6)干扰信号(interfering signal):损害有用信号接收的信号。

(7)(电磁)发射((electromagnetic)emission):从源向外发出电磁能的现象。

(8)(电磁)辐射((electromagnetic)radiation):a)能量以电磁波形式从一个源发散到空间的现象。b)能量以电磁波形式在空间传播。注:“电磁辐射”一词的含义有时也可引申,将电磁感应现象也包括在内。

(9)传导骚扰(conducted disturbance):通过一个或多个导体传递能量的电磁骚扰。

(10)辐射骚扰(radiated disturbance):以电磁波的形式通过空间传播能量的电磁骚扰。

(11)(骚扰源的)发射电平(emission level(of a disturbance source)):由某装置、设备或系统发射所产生的电磁骚扰电平。

(12)电磁干扰(electromagnetic interference,EMI):电磁骚扰引起的设备、传输通道或系统性能的下降。

(13)(性能)降低(degradation(of performance)):装置、设备或系统的工作性能与正常性能的非期望偏离。

(14)(对骚扰的)抗扰度(immunity(to a disturbance)):装置、设备或系统面临电磁骚扰不降低运行性能的能力。

(15)(电磁)敏感度((electromagnetic)susceptibility):在有电磁骚扰的情况下,装置、设备或系统不能避免性能降低的能力。注:敏感度高,抗扰度低。

(16)抗扰度电平(immunity level):将某给定电磁骚扰施加于某一装置、设备或系统而其仍能正常工作并保持所需性能等级时的最大骚扰电平。

(17)骚扰限值(limit of disturbance):对应于规定测量方法的最大允许电磁骚扰电平。

(18)干扰限值(limit of interference):电磁骚扰使装置、设备或系统最大允许的性能降低。

(19)(电磁)兼容电平((electromagnetic)compatibility level):为了在设定发射限值和抗扰度限值时能相互协调,而规定作为参考电平的电磁骚扰电平。

(20)(骚扰源的)发射限值(emission limit(from a disturbance source)):规定的电磁骚扰源的最大发射电平。

(21)发射裕量(emission margin):电磁兼容电平与发射限值之比。

(22)抗扰度限值(immunity limit):规定的最小抗扰度电平。

(23)抗扰度裕量(immunity margin):抗扰度限值与电磁兼容电平之比。

(24)(电磁)兼容裕量((electromagnetic)compatibility margin):抗扰度限值与发射限值之比。注:兼容裕量是发射裕量与抗扰度裕量的积。

(25)瞬态(的)(transient(adjective and noun)):在两相邻稳态之间变化的物理量或物理现象,其变化时间小于所关注的时间尺度。

(26)(时变量的)电平(level(of a time varying quantity)):用规定方式在规定时间间隔内测得的和/或计算求得的量值,如场强和功率等。

6.1.2 电磁兼容的三要素

讨论处于同一电磁环境中共存事物的电磁兼容性,涉及以下三个基本要素,如图 6-1 所示。

(1)电磁骚扰源,即产生电磁能量的元件、设备、系统或自然现象。

(2)耦合途径,即电磁能量从源传输(耦合)到敏感设备所经过的路径。电磁骚扰的传输途径有三种,即通过空间辐射、导线传导和线间串扰。

(3)敏感设备,即由于接收了电磁骚扰能量,可能产生性能降级或不正常动作的设备。

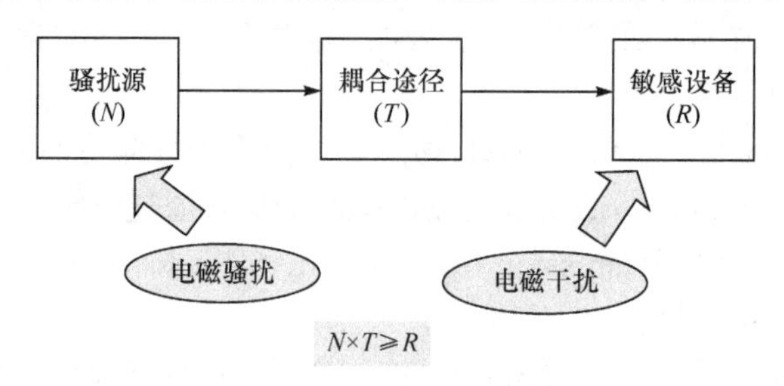

图 6-1 电磁兼容三要素与构成干扰的条件

如果用 N 表示电磁骚扰源的发射电平,R 表示敏感设备的敏感性电平,T 表示电磁能量耦合途径的传输系数,则根据前面所述电磁骚扰与电磁干扰的定义可知,当三个要素间的关系满足 $N \times T \geqslant R$,即从骚扰源发射出来经过耦合途径并被敏感设备接收到的骚扰功率(或能量)电平超出了敏感设备的敏感性电平,这时就形成了电磁干扰。所以我们也把这三个因素称为电磁干扰三要素。

需要强调的是电磁能量的无意发射及接收并不一定就是有害的,只有当设备接收电磁骚扰能量后产生了非期望动作才构成了干扰。根据电磁干扰三要素的相互关系,可以采用以下三种方式来防止干扰。

(1)抑制电磁骚扰源的发射。

(2)尽可能使耦合路径无效。

(3)使接收器对发射不敏感。

一个系统如果满足以下三个准则,就认为与其电磁环境兼容。

(1)不对其他系统产生干扰。

(2)对其他系统的发射不敏感。

(3)不对自身产生干扰。

6.1.3 电磁兼容的常用单位

对于电磁骚扰中的传导骚扰,人们通常感兴趣的物理量是传导骚扰的电压 U 或电流 I。测量骚扰电压采用的单位有伏特(V)、毫伏(mV)和微伏(μV),骚扰电流采用的单位有安培(A)、毫安(mA)和微安(μA)。对于辐射骚扰,通常关注的物理量是辐射骚扰的电场强度 E、磁场强度 H 或功率 P。测量电场强度采用的单位有 V/m、mV/m 和 μV/m,磁场强度采用的单位有 A/m、mA/m 和 μA/m，功率采用的单位有 W 和 mW。实际测量过程中，这些量的取值范围相当大，如在 10m 的测试距离，一台计算机的辐射场强通常小于 10μV/m，而电视发射塔的电场场强则可能高于 100V/m。这意味着被测量物理量的范围达到了 7 个数量级(10^7)。为了表达和计算方便，在电磁兼容领域，通常将这些物理量的线性值通过对数运算转化成分贝(dB)值来表达，其转换的关系为

$$U(\mathrm{dBV})=20\lg\frac{U(\mathrm{V})}{1(\mathrm{V})} \tag{6-1}$$

$$I(\mathrm{dBA})=20\lg\frac{I(\mathrm{A})}{1(\mathrm{A})} \tag{6-2}$$

$$E(\mathrm{dBV/m})=20\lg\frac{E(\mathrm{V/m})}{1(\mathrm{V/m})} \tag{6-3}$$

$$H(\mathrm{dBA/m})=20\lg\frac{H(\mathrm{A/m})}{1(\mathrm{A/m})} \tag{6-4}$$

$$P(\mathrm{dBW})=10\lg\frac{P(\mathrm{W})}{1(\mathrm{W})} \tag{6-5}$$

上述等式右边项的分子为物理量的线性值，分母为基准值；等式左边为换算得到的分贝值，表示被测量的线性物理量高于基准值的 dB 数。因此在计算过程中，等式右边分子分母的单位应保持一致，并且等式左边的单位与其保持对应。例如，电磁兼容领域辐射场强的常用单位为 dBμV/m(过去工程上惯写作 dBμ)。换算过程中式(6-3)右边项的分子、分母的单位都应为 μV/m。功率的常用单位为 dBm(即 dBmW)，则换算过程中式(6-5)右边分子、分母的单位为 mW。例如，1V/m 场强的分贝值为 0dBV/m，或是 60dBmV/m，或是 120dBμV/m。1W 功率的分贝值为 0dBW，或 30dBm。

在射频测量和电磁兼容测量领域，由于测量仪器大多采用 50Ω 的输入阻抗，因此测量仪器端口上的射频电压和功率存在特定的常数转换关系。工程上描述端口电平时往往会把两种表达(如功率单位 dBm 和电压单位 dBμV)不加区分地混用，其数值上存在下述关系：

$$0\mathrm{dBm} \overset{\triangle}{=} 107\mathrm{dB\mu V} \tag{6-6}$$

需要注意的是，上述等价关系只有在系统输入阻抗为 50Ω 的条件下才是成立的。对于其他的系统输入阻抗，功率分贝值和电压分贝值相差的常数是其他值。感兴趣的读者可自行推导。

6.2　电磁骚扰源

电磁骚扰的分类方法很多，可以从电磁骚扰的来源划分，也可以从电磁骚扰的发生机理来划分，还可以从电磁骚扰的传输方式、频率范围、时域特性等为标准来划分。

6.2.1　电磁骚扰源的分类

从来源的角度，电磁骚扰源可分为自然骚扰源和人为骚扰源。

1. 自然骚扰源

由自然界的电磁现象产生的电磁噪声，比较典型的有静电放电(ESD)、大气噪声(如雷

电)、太阳噪声(太阳黑子活动时产生的磁暴)。这里主要介绍雷电和静电放电这两种常见的自然电磁骚扰。

1)雷电

在大气电场、温差起电效应和破碎起电效应的同时作用下,正负电荷分别在云的不同部位积聚,一般云的上部带有正电荷,下部带有负电荷。当电荷积聚到一定程度,雷云本身上下部分之间、两个距离较近的雷云之间或与地面较近的雷云与地之间,就会产生强烈的放电。放电电流很强,通常可达 200～300kA,所以发出耀眼的强光,形成闪电。同时,放电所产生的能量将放电通道上的空气瞬间加热,其温度可达 6000～20000℃。闪道上的高温使空气急剧膨胀,从而产生冲击波,形成雷声。

雷电的危害分为直击雷危害和感应雷危害。当雷云很低时,就在距离其最近的地面突出物上感应出异性电荷,继而造成与地面突出物之间的放电,如图 6-2(a)所示。下雨时,被雨淋湿的物体都会变成良导体,此时地面上突出的物体,如电视塔、楼房、树木、架空电力线,甚至雨伞、人体本身等都可能是直击雷的目标。通常采取在高的建筑物顶部安装避雷针的方法来预防雷击。避雷针通过导线接地,其接地电阻应该尽可能的小,从而使放电电流通过避雷针时,其接地部分的地电位不会被显著抬高,以保证设备和人员的安全。例如,国际上关于计算机房场地的标准规定,防雷接地电阻不大于 1Ω。

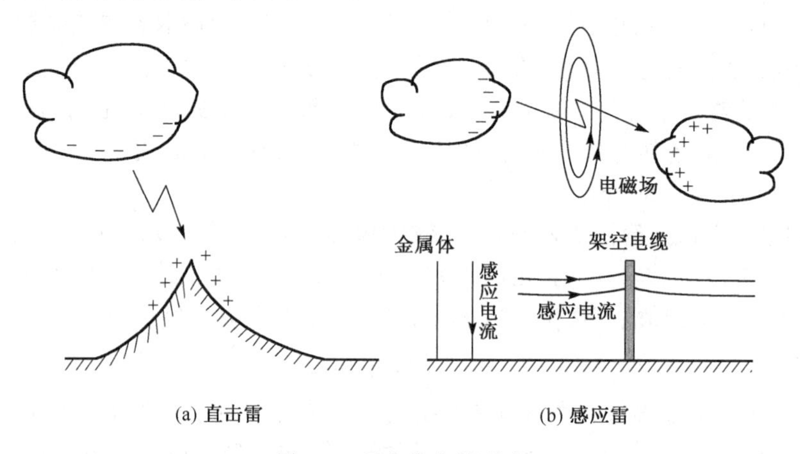

图 6-2　雷电危害的形成

最常见的对电子设备的危害不是由直击雷引起的,而是由于雷击发生时在电源和通信线路中感应的浪涌引起的。雷电放电时,瞬态的强电流在周围产生辐射电磁场,继而使周围的金属导体(如电源线、信号线等)中感应出很高的脉冲电压,即通常所说的浪涌。感应雷产生浪涌的原理如图 6-2(b)所示。浪涌不仅源于感应雷,电力系统中的短路、电网中并入大负载、强烈的电磁脉冲等情况都会引起浪涌的产生。另外需要注意的是,当建筑物上使用避雷针时,由于避雷针的存在,落雷的机会反而会增加,建筑物内部设备遭感应雷危害的机会也相应地增加了。因此,在避雷针附近的电子设备尤其应该注意浪涌的危害。常用的浪涌抑制器件有气体放电管(gas discharge tube,GDT)、金属氧化物压敏电阻(metal oxide varistor,MOV)、瞬态电压抑制器(transient voltage suppressor,TVS)等。有关浪涌抑制器件的特性及参数可以参阅相关资料,这里不做详细介绍。

2)静电

静电产生的原因是两种不同材料的物体相互摩擦时,由于它们对电子的吸引力不同,使得电子在物体间发生转移,其中的一个物体失去一定数量的电子而带正电荷,而另一个物体得到这些电子而带负电荷。如果摩擦后分离的带电物体与周围绝缘,则电荷无法泄放,停留在物体表面形成静电。常见材料的摩擦起电序列为人体、玻璃、云母、聚酰胺、毛皮、丝绸、铝、纸、棉花、钢铁、木头、硬橡胶、聚酯薄膜、聚乙烯、聚氯乙烯、聚四氟乙烯。在该序列中的任何两种物质相互摩擦时,序列前面的物体带正电,序列后面的物体带负电,而且两种物质在序列中相隔越远、摩擦起电越容易。但这并不是说摩擦起电越容易,材料表面积累的静电荷就越多。摩擦起电的电荷积累还受到材料的导电性、分离速度、周围空气的湿度等其他条件的限制。如湿润的空气是正负电荷中和的良好途径。在湿度为10%~20%的干燥空气中,在地毯上行走的人体所带静电的电压可达35kV左右。但在湿度为65%~90%的空气中,人体所带静电电压仅为1.5kV左右。通常人体所带静电电压为8~20kV。

静电产生的危害主要是通过静电放电引起的。通过分析实际中各种可能产生静电放电的静电源,人们已经建立起相应的静电放电模型,主要有人体模型(human body model,HBM)、机器模型(machine model,MM)和带电器件模型(charged device model,CDM)。由于人体的静电放电是引起电子设备故障和引发化工品意外爆炸的最主要因素,因此国内外的防静电研究均以防人体静电为主,人体模型也是静电模型中建立最早和最主要的一种。大部分研究人员认为电容器串联一电阻是较为合理的人体放电的电气模型。目前广泛采用的人体模型是美国海军在1980年提出的一个电容值为100pF、电阻值为1.5kΩ的"标准人体模型",如图6-3所示。以此模型为例,如果人体所带静电电压U=10kV,则静电所含能量为

$$W=\frac{1}{2}CU^2=5\text{mJ}$$

可见,尽管静电电压高达10kV,但能量只有5mJ,不会对人体产生伤害。放电电流的峰值为

$$I_{\text{p}}\approx\frac{U}{R}\approx6.7\text{A}$$

放电时间可近似为

$$t_{\text{d}}\approx RC=150\text{ns}$$

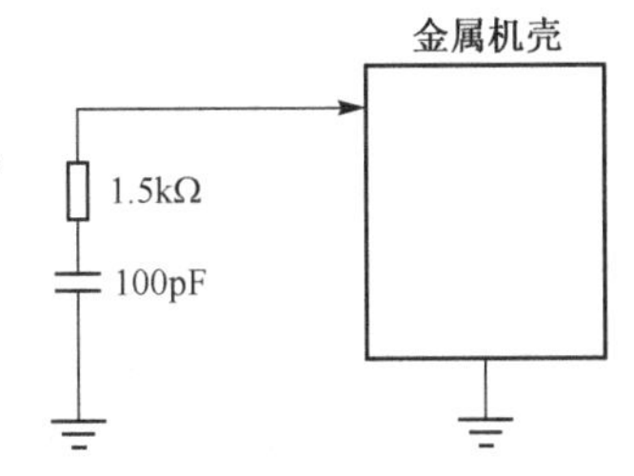

图6-3 人体静电放电模型

人体与被放电体之间的放电方式有两种:接触放电和空气放电。接触放电指的是人体(通常是人手)与设备接触时,静电放电电流直接侵入设备。空气放电是在人体与被放电体之间有一定距离时,空气被电离而产生电弧放电。

静电放电对电子电路的干扰有两种方式:一种是传导方式,即静电电流通过导体(如设备的I/O端子、同轴插座的芯线、印刷电路板上的引线、芯片引脚等)流入设备内部,对设备内的电路造成干扰甚至损害电路上的芯片;另一种是辐射干扰,由于放电过程中电流在很短的时间内发生很大变化,如上例中150ns内电流变化约为6.7A,所以伴随着静电放电会产生很强的辐射电磁场,从而在附近的导体上感应出骚扰电动势或骚扰电流。

抑制静电放电干扰的方法大致有以下几种。

(1)减少摩擦起电。一般通过采用合适的材料来实现减少静电产生的目的。如机房的工

作台和地板应铺设防静电材料，操作人员不穿化纤等易产生静电的衣服等。

(2)接地。设备及人体的接地是泄放静电的最重要的措施。接地可以将带电物体上产生的电荷通过接地装置导入大地，从而消除静电荷的积累，防止静电放电的发生。

(3)绝缘。采用绝缘性能大于 2kV 的绝缘材料，防止人手和敏感设备之间放电，如在设备表面涂绝缘漆或使用绝缘机壳。

(4)屏蔽。由于放电产生的辐射电磁场也可能通过空间传播来干扰设备，因此有时也需要用屏蔽的方法来抑制放电产生的辐射干扰，如使用屏蔽机箱、屏蔽电缆或对设备内部的敏感电路增加屏蔽壳。

(5)增加空气湿度。在条件允许时，采用提高设备内部和设备周围空气相对湿度的办法，增加空气的导电性能，防止静电的积聚。

2. 人为骚扰源

人为骚扰源指在人类活动中产生电磁骚扰的电气电子设备和其他人工装置。从骚扰频率上划分，人为骚扰可分为无线电(radio frequency，RF，也称射频，一般指≥9kHz 的电磁现象)骚扰和非无线电骚扰两大类。从骚扰表现出的时域和频域特征来看，表现为连续波骚扰源和瞬态(脉冲)骚扰源。

1)连续波骚扰源

连续波骚扰源产生的电磁骚扰主要是纯正弦波或窄带信号调制的正弦波，以及高重复频率的周期性信号。这种骚扰源常见的有以下几种。

(1)发射机：所产生的电磁骚扰包括有意发射信号、谐波发射信号以及乱真发射信号。

(2)振荡器：振荡器所产生的基波和谐波可经过电源线传导，然后从机壳或天线直接辐射出去。

(3)交流声：是由进入系统的周期性低频信号所引起的连接波骚扰。

2)瞬态(脉冲)骚扰源

工业、科学和医用设备(ISM)，车辆、机动船和火花点火发动机装置、家用电器、便携式电动工具和类似电器、荧光灯和照明装置，以及信息技术设备是主要的瞬态骚扰源。瞬态骚扰源在频域上表现为具有很宽的频谱，而在时域上则表现为各种不同的电磁脉冲波形。瞬态骚扰主要由以下的电气操作或装置产生。

(1)开关转换：带触点的开关设备断开时，在开关两触点之间的距离由零过渡到断开的瞬间，将产生火花放电而形成骚扰。由于电流迅速从一定值减小到零，电流的变化率，即 $\mathrm{d}i/\mathrm{d}t$ 很大，因此在带有电感线圈的开关设备中会产生幅值很高的瞬态电压脉冲。

(2)点火装置：车辆、船舶等采用的内燃机驱动设备内，装有火花点火装置。当所储存的电荷通过火花塞进行火花放电时，放电电流的峰值约为 200A，放电时间在微秒量级以内，峰值电压高达 10kV 以上。

(3)电机：含有整流子和电刷的旋转电机所产生的骚扰。

(4)高压输电线：输电线所产生的感应场及辐射场骚扰。有两种类型，即间隙击穿和电晕放电。

按照传输途径，电磁骚扰源分为辐射骚扰源和传导骚扰源。

1)辐射骚扰源

辐射骚扰源指骚扰以电磁波形式通过空间向外传播的骚扰源。日常生活中常见的容易产生辐射骚扰的设备、系统包括以下几种：

(1)无线电发射设备，如广播、电视、雷达、移动通信系统等。

(2)工业、科学及医疗领域使用的高频设备，如高频加热器、甚高频或超高频理疗装置、高频手术刀等。

(3)高速数字设备，如计算机及其相关设备。这些设备通常包含一个或多个时钟电路。时钟信号的特征波形是方波，而方波含有大量谐波。因此高速数字设备产生的骚扰主要为时钟信号及其谐波，其覆盖的频谱范围通常为几兆赫兹至几吉赫兹以上。

(4)含有整流子电动机的设备，如电钻、电动搅拌器、电动刮胡刀等。整流子电机转动时，电刷与整流片之间产生火花放电，从而产生辐射电磁噪声，其频谱范围可达几百兆赫兹。广义地讲，任何可以产生火花放电的设备或装置都可以产生辐射电磁噪声，如电气化铁道受电弓在高压接触网下滑动过程中遇到硬点而离线时将产生强烈的火花放电，其产生的辐射电磁噪声可能会干扰到机车上的信号设备。

2)传导骚扰源

传导骚扰源指骚扰以电压或电流的形式通过导体向外传播的骚扰源。骚扰电压或电流一般通过设备的电源线、信号线或地线回路侵入敏感设备。通常情况下，传导骚扰的频率最高为几十兆赫兹。这是因为当频率升高至几十兆赫兹以上时，由于导体损耗及分布电感和分布电容的作用，传导电流的损耗大大增加，此时骚扰就开始主要以空间辐射的形式传播。日常生活中常见的容易产生传导骚扰的设备、系统包括以下几种：

(1)有触点的电器，如电冰箱、电磁开关、继电器等。当触点断开(或闭合)时，由于电流的突然变化而产生瞬态脉冲噪声，并通过电源线向供电网传导，从而可能对连接在供电网上的其他设备造成干扰。

(2)由电力电子器件构成的变流装置，如可控整流器(AC-DC 变换)、逆变器(DC-AC 变换)、斩波器(DC-DC 变换)、交流调压器(AC-AC 变换)、变频器(AC-AC 变换)等。这些装置是非常大的电磁噪声源，工作时会产生并向电网传递大量的高次谐波和高频噪声，同时还会造成供电网电压的瞬时跌落(跌落的幅度有时甚至超过 20%)。

6.2.2 共模和差模骚扰电流

电压电流通过导线传输时有两种形式，我们将此称作“差模”(differential mode)和“共模”(common mode)。GB/T 4365—2003《电工术语 电磁兼容》中，对相关术语的定义如下：

差模电流：双芯电缆或多芯电缆中的某两根缆芯中的电流相量差的幅值的一半。

共模电流：在一根缆芯以上的电缆中(若有，也包括屏蔽电缆)，各缆芯中的电流相量和的幅值。

差模电压：一组规定的带电导体中任意两根之间的电压，又称对称电压(symmetrical voltage)。

共模电压：每个导体与规定参考点(通常是地或机壳)之间的相电压的平均值，又称不对称电压(asymmetrical voltage)。

所以，任何通过导体传递能量的骚扰也都可以分为差模和共模两种方式。

1. 差模骚扰

设备的电缆，无论电源线还是信号线，一般由两根导体组成，这两根导线构成回路输送电力或信号。除这两根导线之外通常还有第三根导体，即地线。举例而言，如图 6-4 所示，导线 1 和导线 2 构成的简单两线电缆。设导线 1 和导线 2 的等效阻抗分别为 Z_1 和 Z_2，其终端所连接负载的等效阻抗为 Z，差模电压 U_{DM} 定义为两个载流导体之间的电位差。相应地，差模骚扰电压则定义为两个载流导体之间的不希望有的电位差。在差模电压的作用下，两根导线之间形成大小相等、方向相反的差模电流 I_{DM}。

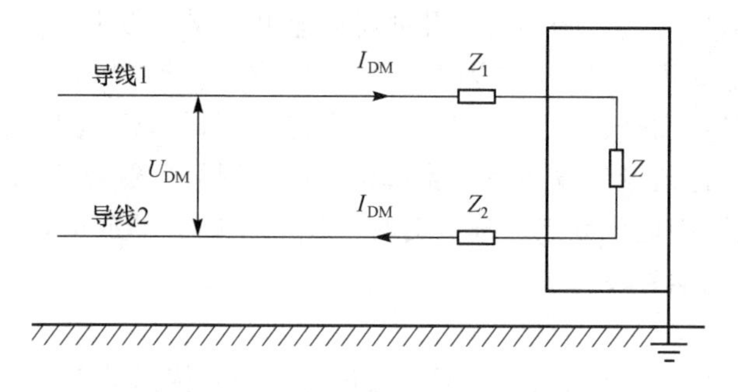

图 6-4　差模电压与差模电流

2. 共模骚扰

共模骚扰电压定义为任一载流导体与参考地之间不希望有的电位差。由于共模骚扰主要是通过感应引起的，设备电缆中各导线的间距通常可以忽略，因此每一导体与地之间的共模骚扰电压 U_{CM_1} 和 U_{CM_2} 大小相等、方向相同。如图 6-5 所示，共模电压在两根导线上所产生的共模电流都通过电缆和地之间的分布电容流向大地，共模电流实质上是位移电流。

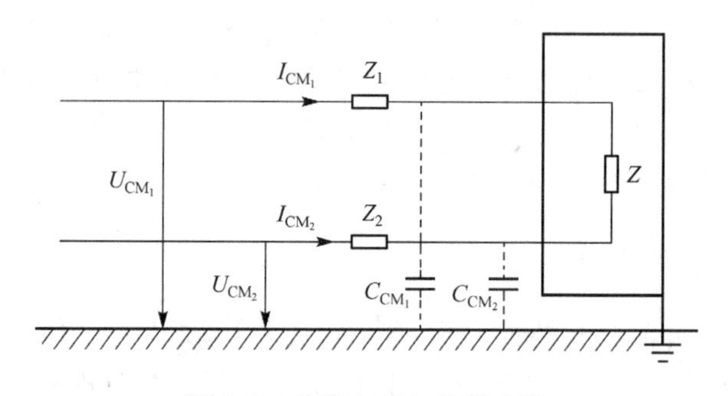

图 6-5　共模电压与共模电流

如图 6-5 所示，多数情况下，$Z_1=Z_2$，即每条导线对地的阻抗都是一样的，所以电路的阻抗是平衡的。此时共模电流大小相等，方向相同，即 $I_{CM_1}=I_{CM_2}$。由于在负载两端没有电位差，因此没有骚扰电流流过负载，与导线相连的负载设备不会受到干扰。某些情况下，$Z_1\neq Z_2$，此时由于两条导线对地的阻抗不同，因此 $I_{CM_1}\neq I_{CM_2}$。此时负载两端会产生压降和差模电流，从而可能对负载设备的正常工作造成干扰。可见，对于平衡电路，共模骚扰电压不会对设备造成干扰；而对于不平衡电路，共模骚扰电压会在负载中激发差模电流，可能对负载设备造成干扰。

3. 共模/差模电流的测量

利用电流钳可以测量导线上电流的大小。电流钳由两个绕有多匝线圈的半圆磁环组成，如图 6-6 所示。当电流钳卡到被测导线上后，被测导线的电流所产生的磁场在电流钳的线圈上产生感应电压。如果电流钳与频谱仪相连，就可以测得不同频率下电流的幅度。如图 6-7 所示，把电流钳分别卡在每条导线上，可测得相应导线中的电流 I_1 和 I_2，I_1 和 I_2 中既有差模电流，也有共模电流。把电流钳卡在导线对上，则可测得导线对中的总电流 I_1+I_2。导线对中的差模电流，由于大小相等，方向相反，在电流钳的磁环上感应的电压大小相等、方向相反，互相抵消。此时测得导线对中的电流为两条导线上的共模电流之和，即

$$I_1+I_2=I_{CM_1}+I_{CM_2}$$

对于导线 1，共模电流与差模电流方向相同，所以

$$I_1=I_{CM_1}+I_{DM}$$

对于导线 2，共模电流与差模电流方向相反，所以

$$I_2=I_{CM_2}-I_{DM}$$

对于平衡电路，每条导线上的共模电流相等，则有

$$I_{CM_1}=I_{CM_2}=I_{CM}=\frac{I_1+I_2}{2} \tag{6-7}$$

$$I_{DM}=\frac{I_1-I_2}{2} \tag{6-8}$$

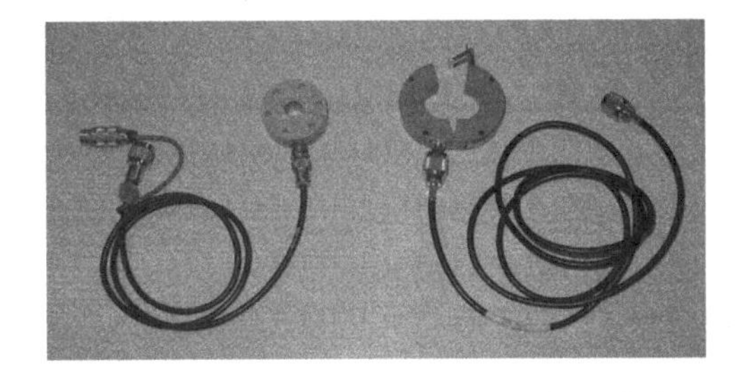

图 6-6 电流钳(左:闭合状态;右:打开状态)

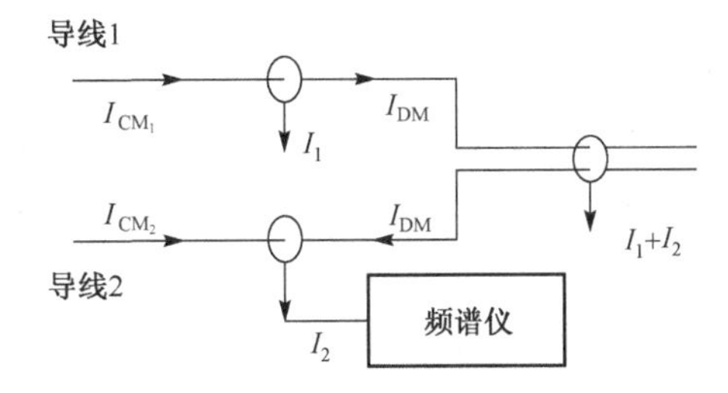

图 6-7 用电流钳分别测量共模电流和差模电流

虽然导线中的差模骚扰电流可能会对与之相连的设备造成干扰，但实际使用时由于导线对通常是紧靠在一起的，因此差模骚扰电流通过导线回路时，在周围产生的场很小甚至会相互抵消，所以不会对周围的设备造成干扰。导线中的共模骚扰电流在电路平衡的情况下不会对与之相连的设备造成干扰，但可以在周围产生比差模骚扰电流大得多的场强，从而通过近场耦合或辐射耦合的方式将骚扰能量传递至敏感设备。另外，如果电路是不平衡电路，则共模骚扰电流会转换成差模骚扰电流，从而对所连的设备造成干扰。

6.3 电磁骚扰的传输耦合

电磁骚扰源对敏感设备造成干扰，总是通过一定的传输途径将骚扰能量作用到敏感设备。在频率比较低的情况下，电磁骚扰可以通过导体传输，如通过设备的信号线、电源线等直接侵入敏感设备，这种方式被称为传导耦合。如果骚扰的频率较高，骚扰能量主要以辐射的方式通

过空间传播，从而影响远处的敏感设备，这种方式被称为辐射耦合。当骚扰源与敏感设备距离很近时，电磁骚扰也可以通过近场耦合(感应)的方式将骚扰能量耦合到与骚扰源邻近的敏感设备中，这种方式被称为近场耦合。本节将对骚扰不同的传输途径进行阐述。

6.3.1 公共阻抗耦合

电源线在一定的条件下会具有显著的阻抗。实际使用的电源也不是理想电压源，具有一定的内阻抗。当多个设备或元件使用同一电源供电时，电源的内阻抗及它们所共用的电源线的阻抗就成为这些设备或元件的公共阻抗。类似地，如果多个设备或元件使用同一条地线接地，则地线的阻抗也会成为这些设备或元件的公共阻抗。

如果流经公共阻抗的电流发生变化，则公共阻抗两端的电压降也随之变化。该阻抗上电压的变化可能会对与之相连的其他设备或元件造成干扰。这种骚扰耦合方式被称为公共阻抗耦合。公共阻抗耦合实际上是以传导的方式通过公共阻抗耦合到敏感设备的，因此公共阻抗耦合属于传导耦合。下面具体介绍常见的共电源阻抗耦合和共地线阻抗耦合。

1. 共电源阻抗耦合

如图 6-8 所示电路Ⅰ和电路Ⅱ共用一个电源，电源的输出电压为 U，工作电流为 I_S，Z 为两个电路的共电源阻抗，包括电源内阻、供电电缆的电阻以及供电电缆的感抗。设 $Z=R+\mathrm{j}\omega L$，R 为电源内阻和供电电缆的电阻，ω 为电流的角频率，L 为供电电缆的电感。R 一般很小，通常可以忽略，所以 $Z\approx \mathrm{j}\omega L$。对于直流或频率为 50Hz 的工作电流 I_S，L 的感抗 ωL 也很小，$Z\approx 0$，I_S 在 Z 上的压降几乎为 0。所以一般情况下，两个电路两端的电压 $U_{AB}\approx U$。假设电路Ⅰ工作时在供电电缆上产生骚扰电流 i，i 的 ω 通常很高，因此 L 的感抗很大，故 i 会在 L 上产生明显的骚扰电压 $\mathrm{j}\omega iL$。此时电路两端的实际电压 U_{AB} 为

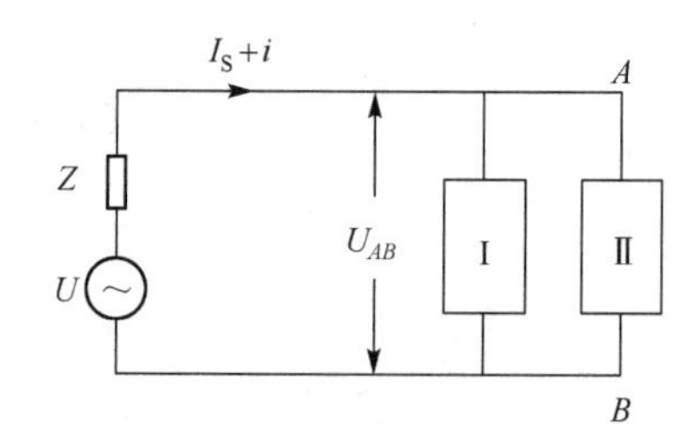

图 6-8　共电源阻抗耦合

$$U_{AB}=U-\mathrm{j}\omega iL \tag{6-9}$$

可见，电路工作产生的骚扰电压 $\mathrm{j}\omega iL$ 会通过共电源阻抗 Z 耦合至电路Ⅰ本身和电路Ⅱ。当骚扰电压超过电路Ⅰ或电路Ⅱ的抗扰度电平时，就会对其造成干扰。例如，继电器是工业及家用电器中广泛使用的电子开关器件，在电路中起着自动调节、安全保护、转换电路等作用。最常见的继电器为电磁式继电器，一般由铁心、线圈、衔铁、触点簧片等组成。其工作原理如图 6-9所示。当在线圈两端加上一定的电压时，线圈中就会流过一定的电流并产生磁场，衔铁在磁力吸引的作用下克服返回弹簧的拉力吸向铁心，使得衔铁上的触点 P 与触点 Q 吸合。当线圈断电后，磁力也随之消失，衔铁就会在弹簧的反作用力下返回原来的位置，使得触点 P 与触点 Q 断开。经过触点 P 和触点 Q 的电路通过这样的吸合和释放实现电路的导通和切断。可见电磁式继电器实际上是通过控制线圈两端电压的有无来实现被控制电路的通断。当继电器与其他设备或元件使用同一电源时，根据式(6-9)，继电器线圈两端的实际电压 U_{AB} 可能在共电源阻抗耦合的作用下与控制电压 U"相反"，从而使继电器产生误动作。继电器的动作电压一般都较低(常见的有 6V、9V、12V、24V、48V、110V 等)，因此很容易受到电磁干扰而误动作。继电器一般被认为是一种不可靠的电子元件，在整机可靠性设计中与电位器、可调电感器

及可变电容器一同列为建议不用或少用的元件。

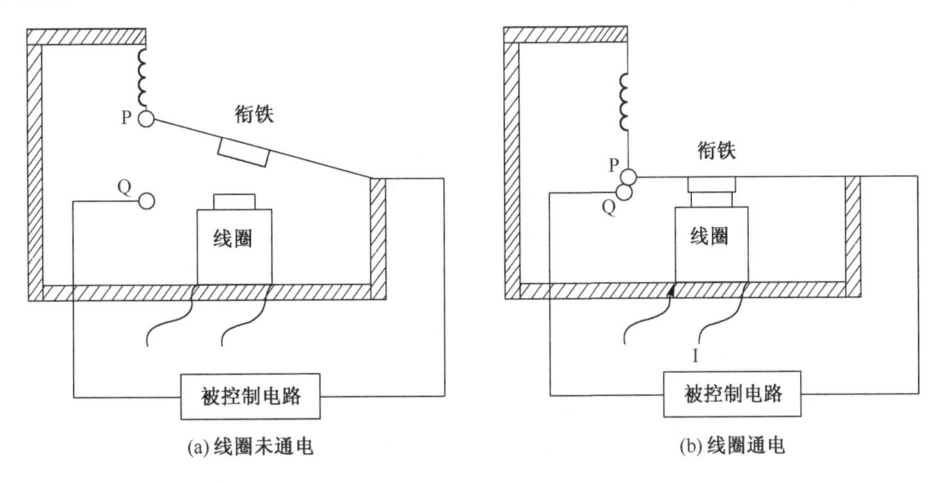

(a) 线圈未通电　　(b) 线圈通电

图 6-9　继电器工作原理

电源线上的高频噪声是导致共电源阻抗干扰的根本原因。通常采用在设备和器件的电源端口加滤波器的方法来抑制电源线上的高频噪声，或是通过在电源线与地之间加去耦电容的方法来给高频噪声提供一个泄放通道，从而达到消除干扰的目的。

2. 共地线阻抗耦合

共地线阻抗耦合与"接地"有关。接地实际上分为设备安全接地和信号接地两个概念。设备安全接地指采用低阻抗的导体将用电设备的金属外壳与大地相接，使设备与大地之间有一条低阻抗的通路。安全接地的目的是在雷击、设备电源线绝缘失效产生漏电等情况下保证操作人员不会因设备外壳带电而发生触电危险。信号接地是指电路的各部分都连接到一个共同的等电位点或等电位面上，以便有一个共同的参考电位，使各部分电路均能执行其正常功能。实际电路中信号地线常常兼作信号电流的回流线。这里所说的共地线阻抗耦合主要针对信号地线而言。

信号地线也有一定的电阻和分布电感，高频时信号地线的阻抗(主要为感抗)不能被忽略。图 6-10 中电路Ⅰ和电路Ⅱ公用地线的阻抗为 Z，U_1 和 U_2 为电路Ⅰ和电路Ⅱ的信号电压，通过电路Ⅰ和电路Ⅱ的信号电流分别为 i_1 和 i_2。如果 i_1 或(和) i_2 的频率较高，则 i_1 或(和) i_2 会在 Z 上产生明显的压降 U_Z，即电路Ⅰ和电路Ⅱ本应该为"0"的地电位被抬升至 U_Z。这样的电位变化很有可能会影响电路Ⅰ或电路Ⅱ的正常工作。

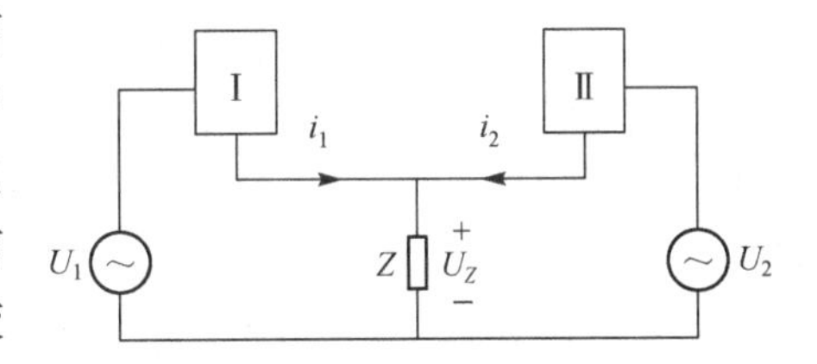

图 6-10　共地线阻抗耦合

高频回流在地线阻抗上产生的压降是造成共地阻抗耦合的根本原因。减少共地阻抗干扰的根本途径是尽可能地减小地线的阻抗，尤其是感抗。一般采用缩短地线长度，用矩形截面导体代替圆形截面导体做地线带等手段来减小地线的高频阻抗。

6.3.2　辐射耦合

1. 近场和远场

骚扰可以通过导线传导，也可以以场的形式通过空间传播。根据场的性质的不同，可以将场源周围的场划分为近场和远场两个区域。对于电偶极子而言，远场与近场的边界为

$$r=\lambda/(2\pi) \tag{6-10}$$

式中，r 为观测点与场源之间的距离；λ 为电磁场的波长。$r<\lambda/(2\pi)$ 的区域内分布的场为场源的近场，$r>\lambda/(2\pi)$ 的区域内分布的场为场源的远场。

近场的性质与场源的性质密切相关。对于高电压小电流的源，其近场区域内的电场远大于磁场，因此这种源又被称为电场源。第 2 章所介绍的电偶极子就是典型的电场源。根据第 2 章给出的球坐标下电偶极子的电场和磁场的公式，可以看出在电偶极子的近场中，电场中正比于 $1/r^3$ 的项占主导地位，磁场中正比于 $1/r^2$ 的项占主导地位。此时波阻抗 $Z=E_\theta/H_\varphi\approx Z_0\lambda/(2\pi r)$（$Z_0$ 为自由空间的波阻抗），Z 随着 r 的增加而减少。同时由于 $r<\lambda/(2\pi)$，所以 $Z>Z_0$。因此电场源的近场又被称为高阻抗场。对于低电压大电流的源，其近场区域内的磁场远大于电场，因此这种源又被称为磁场源。第 2 章所介绍的磁偶极子是典型的磁场源。根据第 2 章给出的球坐标下磁偶极子的电场和磁场的公式，可以看出在磁偶极子的近场中，磁场正比于 $1/r^3$ 的项占主导地位，电场中正比于 $1/r^2$ 的项占主导地位。此时波阻抗 $Z=E_\varphi/H_\theta\approx Z_0 2\pi r/\lambda$，$Z$ 随着 r 的增加而增加，同时由于 $r<\lambda/(2\pi)$，所以 $Z<Z_0$。因此磁场源的近场又被称为低阻抗场。

在电场源的近场，除与电磁场传播方向 r 相垂直的 E_θ 和 H_φ 分量外，还存在着与 r 同方向的 E_r 分量。在磁场源的近场，除与电磁场传播方向 r 相垂直的 H 和 E_φ 分量外，还存在着与 r 同方向的 H_r 分量。因此，无论电场源的近场还是磁场源的近场，其电磁场均为非平面波。在近场区域，电磁场的大部分能量只是在电场近场和磁场近场间来回振荡，只有少部分能量由近场区传递至远场区。电磁场在近场主要为感应场。

同样根据第 3 章介绍的相关公式，在远场（$r>\lambda/(2\pi)$）的情况下，无论电场源还是磁场源，其辐射电磁波的电场矢量与磁场矢量相互垂直，且同时垂直于电磁波的传播方向。此外，电场强度与磁场强度均正比于 $1/r$，电磁波的波阻抗在自由空间 Z_0 为恒值 377Ω，在其他媒质中为媒质的本征阻抗。因此，电磁场在远场为平面波，电磁场的能量以波的形式向四周辐射。电磁场在远场主要为辐射场。

需要强调的是，当从场源的近场移动至远场的过程中，场特性的变化是一个渐变过程，因此，划分近场和远场的边界也不是绝对的。如工程上通常将 $r>3\lambda$ 或者 $r>10\lambda$ 的区域内的场作为远场。此外，将 $r=\lambda/(2\pi)$ 作为远场和近场的边界，只适用于电偶极子、磁偶极子这类理想的电小源。在天线测量领域，一般将天线的场区划分为感应近场、辐射近场和辐射远场区域，其中辐射近场的区域为

$$0.62\sqrt{\frac{D^3}{\lambda}}\leqslant r\leqslant\frac{2D^2}{\lambda} \tag{6-11}$$

式中，$r\leqslant 0.62\sqrt{\frac{D^3}{\lambda}}$ 的区域为感应近场区；$r\geqslant\frac{2D^2}{\lambda}$ 的区域为辐射远场区；D 为天线的最大几何

尺寸。波阻抗与距离的关系如图 6-11 所示。

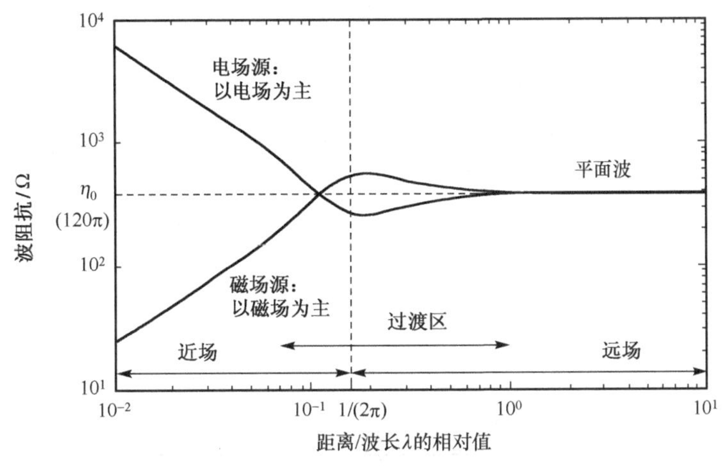

图 6-11　波阻抗与距离的关系

场源的近场以电场或磁场为主。骚扰源的电场可通过容性耦合，磁场可通过感性耦合，将骚扰能量传递至处于骚扰源近场区的敏感设备。而场源的远场为平面波，骚扰源的能量以辐射耦合的方式传播耦合至远场区的敏感设备。

在今天规范管理的环境下，电磁兼容对电子产品，尤其是数字电子产品的上市销售有着非常重要的影响。通常能否通过标准要求的 EMC 发射测试，而非产品的功能和性能是影响产品上市时间的主要问题。利用成本低且有效的手段来控制数字电路系统的发射与数字逻辑电路本身的设计一样，都非常复杂。从产品的开发初期阶段开始，就应将发射控制当作一个设计问题来对待。

数字电子系统产生的辐射发射既可能是差模辐射也可能是共模辐射。差模辐射是由电路中传送信号电流的导线所形成的环路产生的。如果这些环路是电小结构，则相当于可产生磁场辐射的小环天线，如图 6-12 所示。尽管信号电流环路是电路正常工作所必需的，但为了降低其辐射发射，必须在设计过程中对环路的尺寸与面积进行控制。

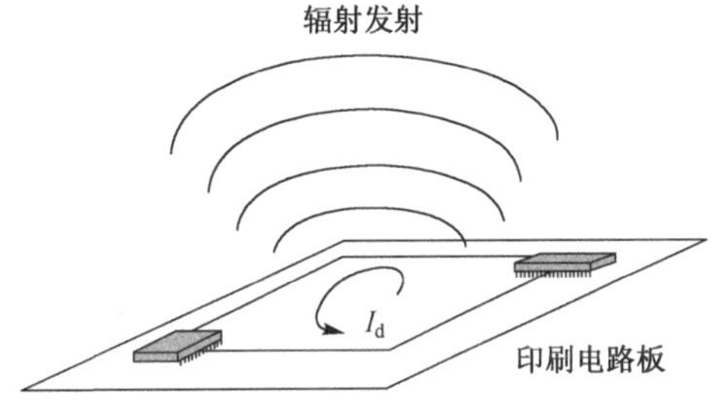

图 6-12　印刷电路板的差模辐射（I_d 为电路中的差模电流）

另外，共模辐射是因电路中不需要的电压降激发的。这种电压降使系统的某些部位与地之间形成一个共模电位差 U_n。通常共模辐射就是由该电压降导致的结果。如果有外部电缆连接到电路或系统，电缆就会受该共模电位差的驱动而成为辐射电场的天线，如图 6-13 所示。由于这些不需要的电压降并不是最初的设计目的，所以共模辐射比差模辐射更加难以控制。因此在设计过程中必须采取一定的措施来解决共模发射问题。

深入理解影响辐射发射的参数，有助于我们找到解决辐射发射和辐射耦合的方法，达到减小辐射干扰的目的。

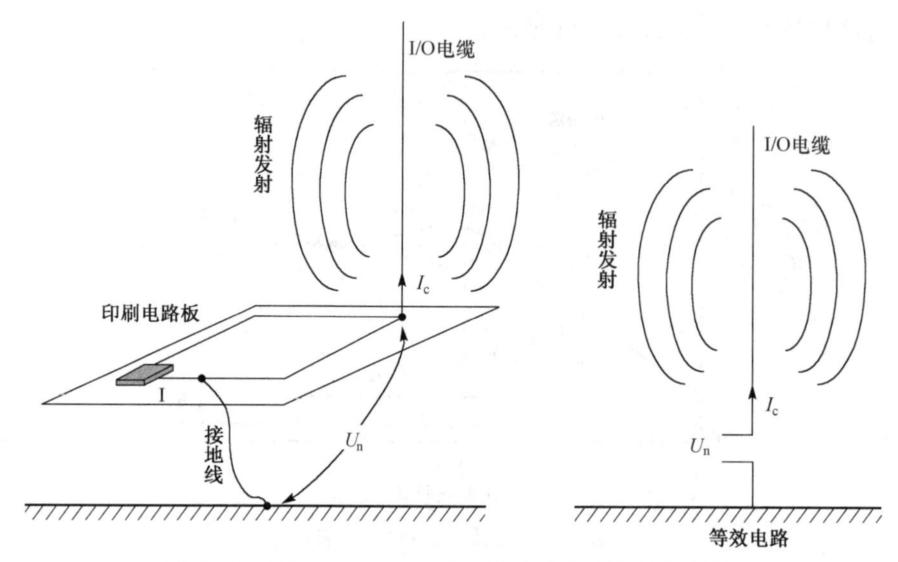

图 6-13　外接电缆的共模辐射(I_c 为电缆中的共模电流)

2. 差模辐射

平行导线对($l \leqslant \lambda/4$)中差模电流的辐射模型如图 6-14 所示。对于流有差模电流的导线对,如果导线长度 $l \leqslant \lambda/4$,则可以将该导线对构成的环路看作磁偶极子,其在自由空间的辐射场强为

$$E_{\varphi}=\frac{131.6\times10^{-16} I_{\mathrm{d}} f^{2} A \sin\theta}{r}(\mathrm{V/m}) \tag{6-12}$$

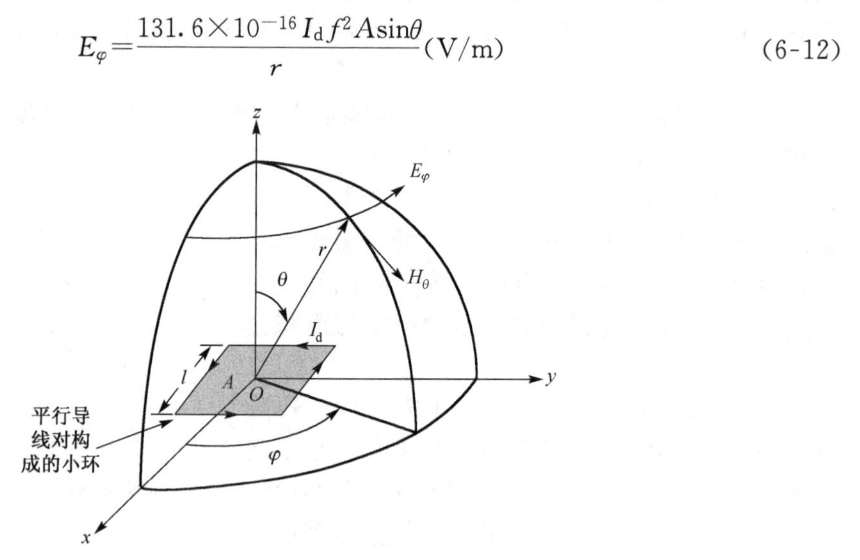

图 6-14　平行导线对($l \leqslant \lambda/4$)中差模电流的辐射模型

式(6-12)中,A 为导线对构成的环路面积;I_{d} 为差模电流的幅度;r 为距磁偶极子的距离;f 为差模电流的频率。由式(6-12)可以看出,通过减小信号环路面积可以减小差模电流的辐射。由于 $l \leqslant \lambda/4$,环路上电流的相位近似相等。对于更大的环路,电流就不再同相,所以就可能从总体发射中减去其中一部分电流的发射,而不是增加发射。式(6-12) 可以用于估计差模辐射的最大值。对于小环路,它的计算结果是精确的;而对于较大的环路,其结果只能是近似

的。在自由空间中，小型环状天线的最大发射方向在环的侧面，辐射为零的方向在环平面的法线方向上。

式(6-12)适用于自由空间的小型环状天线，并且在邻近天线周围没有任何反射物体。但是，大多数电子产品的辐射测量都在开阔场地上进行，而不是在自由空间进行的。地面反射可能使辐射发射的测量结果变大，最大可达 6dB。考虑到这个因素的影响，计算时式(6-12)必须乘以修正系数 2。

式(6-12)表明差模辐射发射的大小与电流 I_d、信号频率 f 的平方以及电流回路面积 A 成正比。所以可以用以下方法来控制差模辐射发射：①减小电缆上的电流大小；②减小电流信号的频率或电流的谐波分量；③减小电流回路面积。

由于信号(或骚扰)电流通常不是单一频率的正弦波，这种情况下，必须首先将该电流进行傅里叶展开，确定不同频率下谐波分量的大小，再代入式(6-12) 计算不同频率下的辐射大小。

数字电路中最常见的是脉冲信号。理论上，脉冲是由无穷多不同频率、不同幅度的正弦波(即基波及频率为基波频率整数倍的谐波)叠加而成的。现实中，因为脉冲信号的上升沿与下降沿都有一定大小，并非等于零，所以实际上为梯形波脉冲。

对于对称的脉冲信号梯形波，第 n 次谐波电流大小可以用以下公式来计算：

$$I_n = 2Id\frac{\sin(n\pi d)}{n\pi d}\frac{\sin(n\pi t_r/T)}{n\pi t_r/T} \tag{6-13}$$

式中，I 是脉冲信号的峰值；d 是脉冲信号的占空比；t_r 是脉冲信号的上升沿时间；T 是脉冲信号的周期；n 是脉冲信号的谐波次数(即第 n 次谐波)。式(6-13)有一个假设条件，即信号波形的上升沿时间等于下降沿时间。如果两者不相等，那么应使用较短的时间以使计算出来的结果为最差结果。当脉冲信号的占空比等于 50%时(即 $d=0.5$)，基波的幅度为 $I_1=0.64I$，而且只有奇次谐波存在。如图 6-15 所示是一个梯形波的频谱包络曲线。图中的脉冲信号谐波以 20dB/10 倍频的速率减小，一直到频率为 $1/(\pi t_r)$为止。超过这个频率之后，谐波减小的速率为 40dB/10 倍频。$1/(\pi t_r)$称为拐点频率。从图 6-15 中还可以看出，随着脉冲信号上升沿时间的增大，更高次谐波分量中所包含的能量在减小。

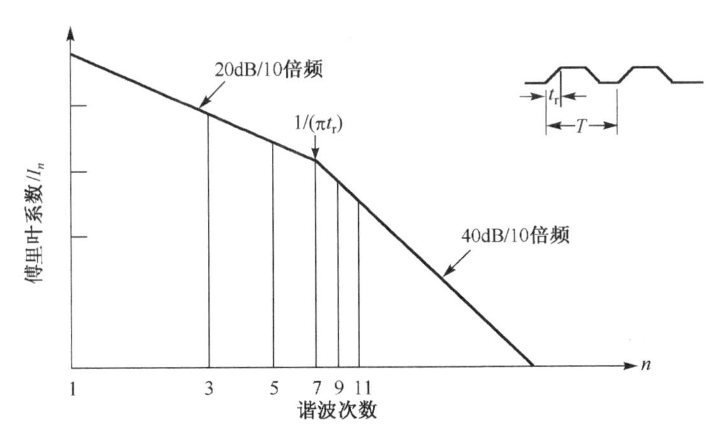

图 6-15 占空比为 50%的梯形波的频谱包络

差模辐射可以采用下面的方法来计算。首先，根据式(6-13)确定脉冲信号每次谐波中所包含的电流大小；接着将该电流值和各自的频率代入式(6-12)进行计算。依次重复，直到完成对每个谐波频率的计算。最后得到的结果就是差模辐射发射的理论计算值。

如果环路是被恒定不变的电流所驱动，式(6-12)说明，随着频率的增大，辐射发射的增大速度为 40dB/10 倍频。将式(6-12)与式(6-13)合并，可以知道当频率小于拐点频率$1/(\pi t_r)$时，辐射发射以 20dB/10 倍频的速率增大；超过这个频率之后，辐射发射保持不变。

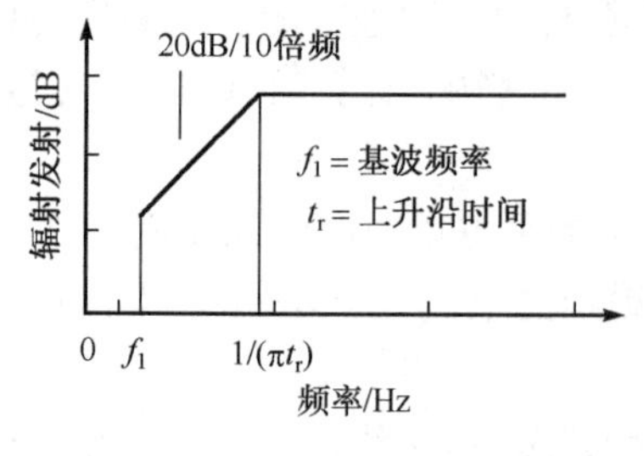

图 6-16　差模辐射发射频谱包络

如图 6-16 所示是差模辐射发射包络与频率关系的示意图，可以看出脉冲信号的上升沿时间对辐射发射的影响非常重要。脉冲信号的上升沿时间决定了频谱的拐点。过了拐点之后，辐射发射不再随着频率的升高而增大。所以为了减小差模辐射发射，最重要的是尽量减小信号频率、增大脉冲信号的上升沿时间。

例如，在 3m 距离处测量上升沿时间等于 4ns 的一个时钟信号所产生的辐射发射。时钟信号在一个面积等于 10cm² 的回路中传输，该回路由 TTL 门电路驱动，电流大小假设等于 35mA。如果进行一系列类似的计算，每一次计算都使用不同的频率和上升沿时间，并挑选出最大发射点，就可以得到如图 6-17 所示的结果。这个结果可以用来快速估计信号不同频率与不同上升沿时间组合情况下所期望的最大发射。

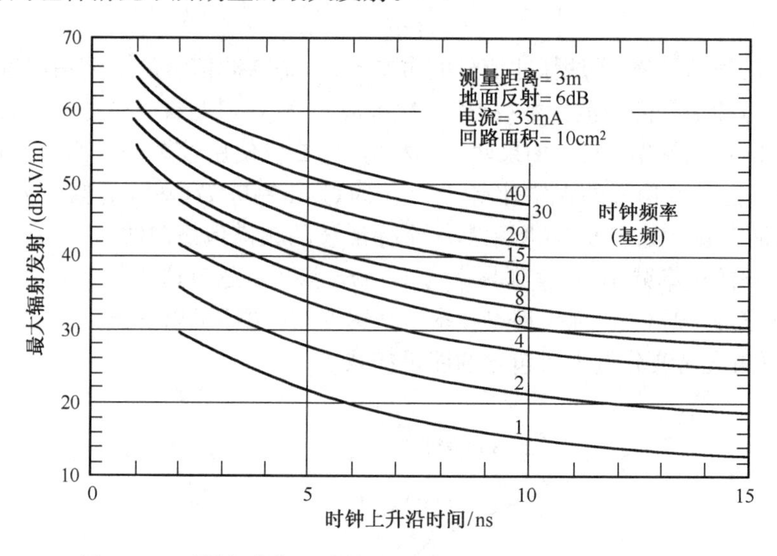

图 6-17　时钟频率与上升沿时间对最大差模辐射发射的影响

从图 6-17 可以看到，假如频率增大 1 倍，那么辐射发射将增大 6dB；如果时钟的上升沿时间变为原来的 1/2，辐射发射也增大 6dB。因此如果频率增大 1 倍且上升沿时间减小 1/2，那么辐射发射将增大 12dB。

3. 共模辐射

在产品的设计和电路板布线阶段很容易控制差模辐射。相比之下，共模辐射却很难控制。通常恰恰是共模辐射决定着产品的整体发射性能。一般来说，共模辐射来自于与系统相连的电缆。从图 6-13 可以看出，辐射发射的频率强弱由共模电压(通常是地电压)决定。

对于流有共模电流的导线，如果其长度 $l \leqslant \lambda/4$，则该导线可以看作是短电偶极子天线，所

以天线上的电流在各处近似等幅同相，如图 6-18 所示。其在自由空间远场的辐射场强为

$$E_\theta=\frac{2\pi\times10^{-7}I_c l f\sin\theta}{r} \tag{6-14}$$

式中，l 为导线长度；I_c 为共模电流的幅度，可利用卡在导线上的电流钳测得。由式(6-14)可以看出通过缩短导线长度的方法可以减少共模电流的辐射场强，或采用系统单点接地或浮地的方式来切断共模电流流向大地而形成的电流回路，从而达到降低或消除共模电流的目的。

式(6-14)表明，共模辐射场强随着频率以 20dB/10 倍频的速度增大。如果电缆被大小恒定的脉冲信号驱动，那么综合式(6-14)与式(6-13)表示的傅里叶系数的结果，就可以得到天线的共模发射频谱。

图 6-19 给出了共模发射的频谱包络。可见从零频率到 $1/(\pi t_r)$ 频率，频谱包络很平坦，近似为一条直线；超过$1/(\pi t_r)$频率点之后，频谱以 20dB/10 倍频的速度减小。另外，随着频率的增大，共模辐射会逐渐减弱，所以共模发射在频率小于 $1/(\pi t_r)$时才是问题。例如，脉冲信号上升沿时间为 4～10ns 时，共模发射的频率范围一般为30～80MHz。

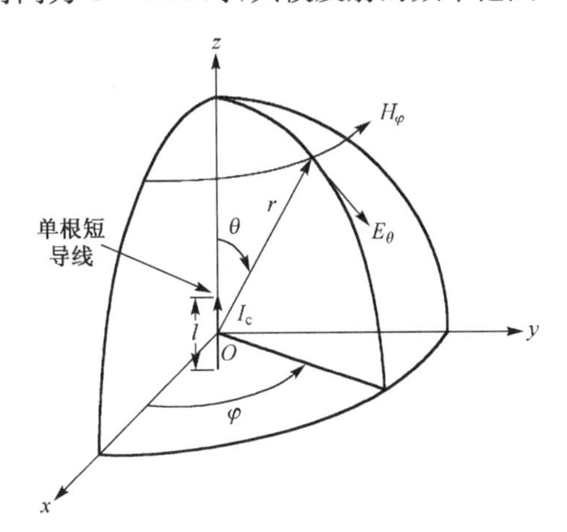

图 6-18 短导线($l\leqslant\lambda/4$)中共模电流的辐射

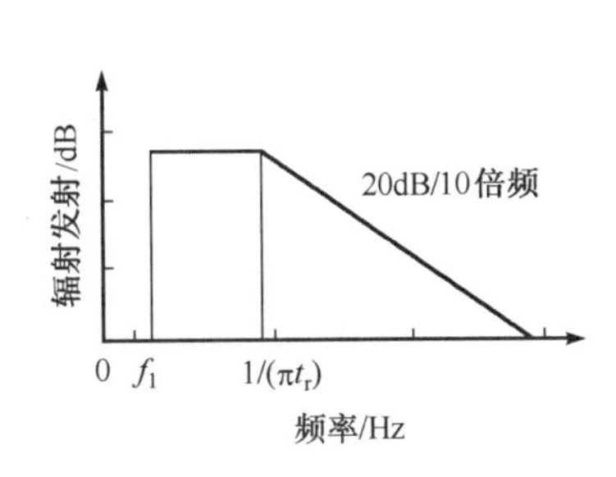

图 6-19 共模辐射发射频谱包络

令式(6-12)与式(6-14)相等，可求解出差模电流与共模电流的比值，由此可得到产生大小相等的辐射场所需要的差模电流与共模电流之比：

$$\frac{I_d}{I_c}=\frac{48\times10^6 l}{fA} \tag{6-15}$$

式中，I_d 和 I_c 分别是发射同等大小辐射场所需要的差模电流与共模电流。假如电缆长度 l 等于 1m，环路面积 A 等于 10cm^2，频率 f 等于 50MHz，则

$$\frac{I_d}{I_c}=1000$$

这个结果表明，在上述例子中，差模电流只有比共模电流大 3 个数量级，它产生的辐射场才能等于共模电流产生的辐射场。

与控制差模辐射的方法类似，通常采用限制脉冲信号的上升沿时间与降低频率的方法来达到减小共模发射的目的。电缆的长度取决于互连器件之间的距离，设计者一般很难控制。除此之外，如果电缆的长度达到 $\lambda/4$ 以上，就会因为电缆上存在不同相位的电流，发射不再随

着电缆长度的增加而增大。因此，为减小共模发射，设计者唯一可以控制的参数就是共模电流。采取下面的措施就能够达到控制共模电流大小的目的：①使驱动电缆发射的源电压最小，通常是指尽可能降低地电压；②提供足够大的共模阻抗与电缆串联，如使用共模扼流圈减小共模电流；③将共模电流分流到地；④对电缆实施屏蔽。

如果骚扰源不是一维结构的电缆，而是具有三维立体结构的导体，且其几何尺寸远小于其辐射电磁波的波长，则可以将该骚扰源近似地看成是点源。点源的辐射特性为均匀辐射，其辐射场强的公式估算如下：

$$E_{rms}=\frac{\sqrt{30P}}{r} \tag{6-16}$$

式中，P 为点源的辐射功率；r 为观测点到点源的距离。

对于电大尺寸的骚扰源，如果知道骚扰源的辐射功率 P，以及它在最大方向上的方向性系数 D，则骚扰源在距离其 r 处的最大辐射场强为

$$E_{rms}=\frac{\sqrt{30DP}}{r} \tag{6-17}$$

事实上，一般很难知道骚扰源的辐射功率是多少。对于电大尺寸的骚扰源，也很难确切地给出其最大方向上的方向性系数。因此通常采用测量而不是计算的方法来确定骚扰源的辐射场强。有关辐射场强的测量将会在第 8 章予以详细讨论。需要注意的是，式(6-12)、式(6-14)、式(6-16)和式(6-17)只适用于自由空间，即计算的场强只是直射波的场强。一般辐射源周围都存在反射的情况。如果只考虑地面反射的影响，则最大辐射场强应为上述公式计算结果的两倍。

4. 电磁感应

根据法拉第电磁感应定律，通过闭合回路的交变磁场会在其上产生感应电压，即

$$U=-\frac{\mathrm{d}}{\mathrm{d}t}\int_A \boldsymbol{B}\cdot\mathrm{d}\boldsymbol{A} \tag{6-18}$$

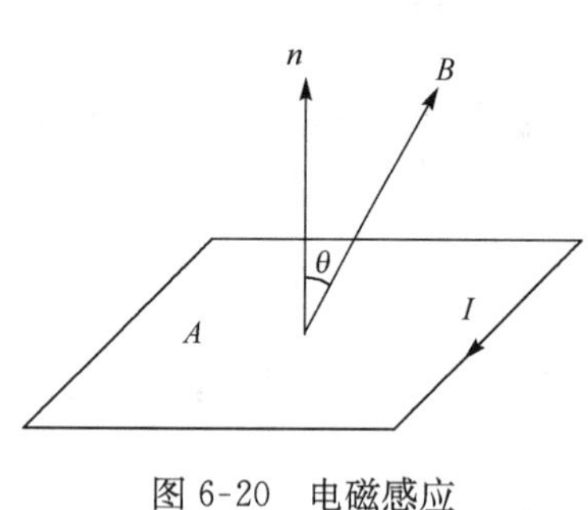

图 6-20 电磁感应

式中，$\boldsymbol{B}$ 为磁感应强度(也被称为磁通密度)，$\boldsymbol{B}=\mu\boldsymbol{H}$；$\boldsymbol{A}$ 为回路面积。如果通过 $\boldsymbol{A}$ 上各点的 $\boldsymbol{B}$ 都相等，并且 $\boldsymbol{B}$ 随时间变化的角频率为 ω，则式(6-18)可写为

$$U=-\omega BA\cos\theta \tag{6-19}$$

式中，θ 为磁感应强度矢量与回路法线方向的夹角。无论远场还是近场，式(6-19)都适用。对于远场，如果给出的是骚扰源的电场强度，可以利用公式 $Z_0=E/H$ 得到磁场强度，进而可以利用式(6-19)计算回路上的感应电压。电磁感应如图 6-20 所示。

6.3.3 近场耦合

在有并行的靠得很近的长导线或电缆存在时，常常会发生串扰问题，串扰是很常见的干扰现象，而串扰都是近场耦合造成的。

1. 容性耦合

一般同一设备内各电路或元件之间或导线之间的距离满足近场条件，它们之间就会发生骚扰的近场耦合，从而导致串扰问题。近场耦合又称为感应耦合，按其耦合特性的不同分为容性耦合和感性耦合。电路上离得较近的元件之间、导线之间、导线和元件之间都存在分布电容。如果骚扰源的频率较高，则骚扰就可能通过分布电容耦合至敏感元件或电路，这样的耦合就称为容性耦合。容性耦合的条件是源回路导线中的电压高、电流小，导线间的耦合主要通过电场进行。如图 6-21(a)所示为平行线之间的容性耦合示意图。其中，C_{12}为平行线间的分布电容；C_{1G}为导线 1 对地之间的分布电容；C_{2G}为导线 2 对地之间的分布电容。导线 1 上的信号电压或噪声电压可以通过分布电容 C_{12}将部分信号能量或噪声能量注入导线 2 中，进而可能对导线 2 所连接的电路造成干扰。容性耦合的等效电路如图 6-21(b)所示。

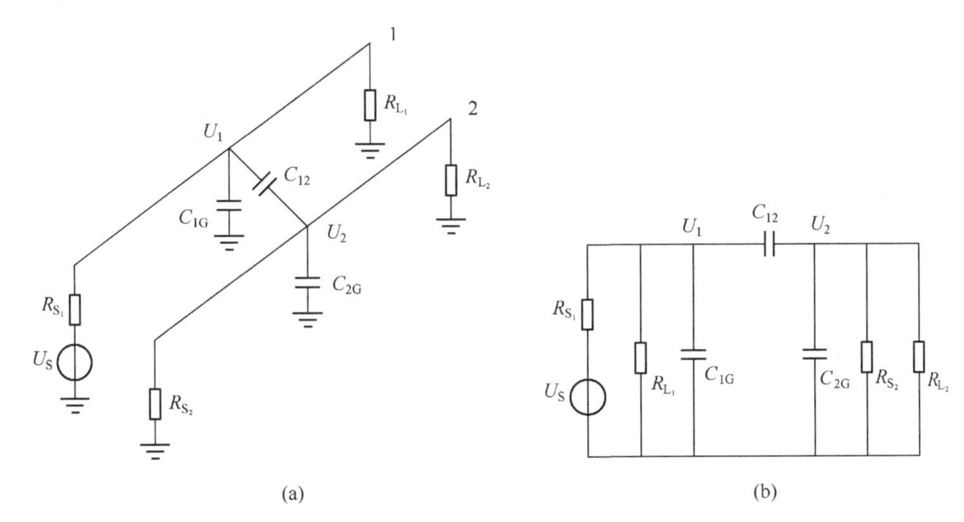

图 6-21 平行线间的容性耦合

通过容性耦合在接收导线上产生的骚扰电压 U_2 与源导线上的信号电压 U_1 之间的关系为

$$U_2=\frac{Z_2}{Z_2+X_{C_{12}}}U_1 \tag{6-20}$$

式中，$X_{C_{12}}$为电容 C_{12}的容抗

$$X_{C_{12}}=\frac{1}{\mathrm{j}\omega C_{12}}$$

Z_2 为C_{2G}、R_{S_2}、R_{L_2}三者并联的总阻抗

$$Z_2=\frac{X_{C_{2G}}R_2}{X_{C_{2G}}+R_2}$$

式中

$$X_{C_{2G}}=\frac{1}{\mathrm{j}\omega C_{2G}}$$

$$R_2=\frac{R_{S_2}R_{L_2}}{R_{S_2}+R_{L_2}}$$

当频率较低时，$|X_{C_{2G}}|\gg R_2$，则 $Z_2\approx R_2$，同时 $|X_{C_{12}}|\gg R_2$，因此式(6-20)可简化为

$$U_2\approx \mathrm{j}\omega C_{12}R_2U_1 \tag{6-21}$$

当频率较高时，$|X_{C_{2G}}|\ll R_2$，则 $Z_2\approx X_{C_{2G}}$，式(6-20)可简化为

$$U_2=\frac{C_{12}}{C_{12}+C_{2G}}U_1 \tag{6-22}$$

由式(6-21)和式(6-22)可知，容性耦合 $|U_2/U_1|$ 随频率升高而增大。但当频率 $\omega>\frac{1}{R_2(C_{12}+C_{2G})}$ 时，其耦合基本保持不变。因为此时可采用式(6-22)计算 U_2，而式(6-22)与频率无关。

2. 感性耦合

通过交变电流的导体在其周围会产生交变磁场，进而在其周围的闭合电路中产生感应电动势。如果骚扰源的磁场通过互感的方式将骚扰耦合至敏感元件或电路，这样的耦合就称为感性耦合。感性耦合的条件是源回路导线中的电流大、电压低，导线间的耦合主要通过磁场进行。图 6-22(a)所示为两条导线之间通过互感耦合的示意图，图 6-22(b)所示为等效电路。导线Ⅰ的等效电感为 L_1，导线Ⅱ的等效电感为 L_2，两电感间的互感为 M。当导线Ⅰ中通过高频信号电流或噪声电流时，其产生的高频磁场通过互感 M 耦合至导线Ⅱ，进而可能对导线Ⅱ的正常工作造成影响。注意：只有形成环路的导线才存在耦合电流，没有环路也就无所谓耦合电流。

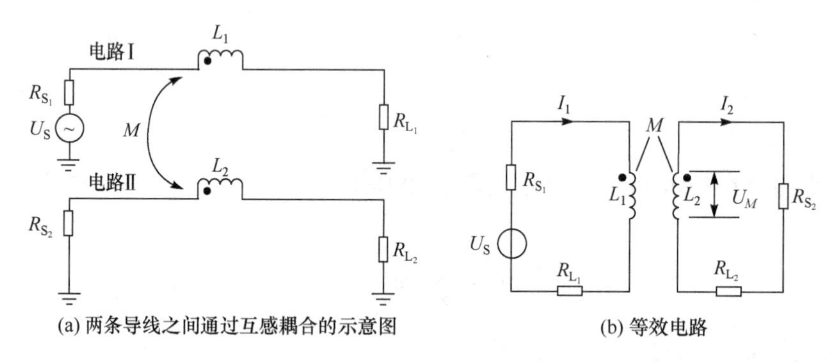

图 6-22　临近电路间的感性耦合

作为骚扰源的导线在接收导线中产生的电动势为

$$U_M=\mathrm{j}\omega MI_1 \tag{6-23}$$

I_1 为作为骚扰源的导线中的电流。电动势 U_M 在接收导线中产生的电流为

$$I_2=\frac{\mathrm{j}\omega MI_1}{R_{S_2}+R_{L_2}+\mathrm{j}\omega L_2} \tag{6-24}$$

当频率较低时，$R_{S_2}+R_{L_2}\gg\omega L_2$，因此式(6-24)可简化为

$$I_2 \approx \frac{j\omega M}{R_{S_2}+R_{L_2}} I_1 \tag{6-25}$$

当频率较高时，$R_{S_2}+R_{L_2} \ll \omega L_2$，式(6-24)可简化为

$$I_2 \approx \frac{M}{L_2} I_1 \tag{6-26}$$

由式(6-25)和式(6-26)可知，感性耦合$|I_2/I_1|$随频率升高而增大，但当频率$\omega > \frac{R_{S_2}+R_{L_2}}{L_2}$时，其耦合基本保持不变，因为式(6-26)与频率无关。

思考题

6-1 什么是电磁兼容？与电磁环境、电磁安全的区别和联系是什么？

6-2 试举例生活中遇见过的电磁干扰，有哪些危害？

6-3 电磁干扰三要素是什么？根据电磁干扰三要素，可以采用什么措施来防止干扰？

6-4 电磁耦合有哪几种方式？

6-5 电磁骚扰、电磁噪声、电磁干扰这三个名词术语的概念有什么区别？

6-6 电磁敏感度和电磁抗扰度的区别是什么？

6-7 避雷针的接地电阻为什么应该尽可能小？

6-8 简述浪涌产生的原因和常用的浪涌抑制器件。

6-9 针对雷电对电气设备的干扰，分析电磁干扰三要素。

6-10 结合静电放电对电子电路的干扰方式，说说有哪些抑制静电放电干扰的方法？

6-11 日常生活中有哪些常见的人为骚扰源，试按照耦合途径进行分类。

习题

6-1 单位换算：功率1W等于多少dBm？电压1V等于多少dBμV？电场强度1V/m等于多少dBV/m、dBmV/m以及dBμV/m？

6-2 电磁骚扰的传输途径有哪些？

6-3 如何用电流钳测量共模电流和差模电流？

6-4 简述共阻抗干扰的产生机理。

6-5 在整机可靠性设计中，继电器被认为是一种不可靠的电子器件，被列为建议不用或少用的器件，其原因是什么？

6-6 产生共电源阻抗干扰的根本原因是什么？如何抑制这种干扰？

6-7 什么是安全接地和信号接地？

6-8 产生共地阻抗干扰的根本原因是什么？如何抑制这种干扰？

6-9 为什么一般都将地线上的噪声当作共模噪声来看待？

6-10 简述场区划分的一般标准和适应范围。

6-11 什么是电场源？为什么电场源的近场又被称为高阻抗场？

6-12 什么是磁场源？为什么磁场源的近场又被称为低阻抗场？

6-13　分析波阻抗与源的距离之间的关系，试计算辐射远场的波阻抗？

6-14　简述近场耦合机理和产生条件。

6-15　什么是辐射耦合？差模辐射和共模辐射的产生机理是什么？分别有哪些抑制措施？

6-16　综合式(6-12)和式(6-13)，分析差模辐射和脉冲信号上升沿时间t_r的关系。综合式(6-13)和式(6-14)，分析共模辐射和脉冲信号上升沿时间t_r的关系。为什么说通常共模辐射决定着产品的整体发射性能？

6-17　如何估算开阔场三维立体结构的骚扰源的辐射场强？

6-18　两条平行导线1和2分别构成骚扰源电路和敏感电路，如图6-23所示。骚扰电压源的电压为U_1，C_{12}为平行线间的分布电容，C_{1G}为导线1和地之间的分布电容，C_{2G}为导线2和地之间的分布电容。画出等效电路，并推导U_1和U_2间的关系。

6-19　如果图6-23中两导线间的分布电容为50pF，导线对地分布电容为150pF，导线1连接1MHz、10V的交流信号源。如果导线2连接的负载分别为：

(1) 无限大阻抗。

(2) 1000Ω。

(3) 50Ω，试求这三种情况下导线2的感应电压？

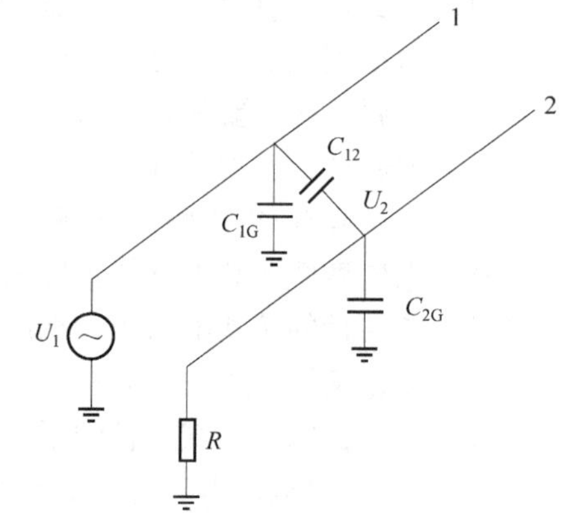

图6-23　题6-18图

6-20　如果图6-22中L_1和L_2的互感M为1μH，L_2为10μH，R_{s_2}、R_{L_2}均为50Ω。通过L_1的电流为10mA，如果电流的频率分别为：

(1) 100MHz；

(2) 1MHz；

(3) 10kHz，试求这三种情况下L_2的感应电流？

6-21　用电流钳和频谱仪测得一段长为1m的电缆上频率为30MHz的共模电流为60dBμA。求在自由空间中距离该电缆3m处的辐射场强的最大值是多少dBμV/m？如果考虑地面的反射，则最大辐射场强是多大？

6-22　印刷电路板上有一对长度$l=10$cm的平行导线，导线间的间距$d=2$cm。如果该导线回路中有频率为100MHz，幅度为20mA的骚扰电流，试计算在自由空间离该印刷板3m处的最大骚扰场强。

6-23　利用坡印亭矢量及波阻抗的概念，推导式(6-16)。

6-24　一般在辐射发射测试中，要求测试天线处于被测设备(EUT)的远场。如果EUT的最大尺寸为0.5m，测试距离为3m，则测试频率在30MHz时测试天线是否在EUT的远场区中？在1000MHz时呢？

6-25　一台主机通过其输入输出(I/O)线与另一台外设连接，主机和外设的印刷电路板的地接各自机壳，机壳再接公共地。如果I/O线长10m、高1m，如图6-24所示。离该主机1km处有一电台，发射的信号频率为3MHz，在I/O线位置处产生的电场强度为2V/m。求在I/O线和地组成的地环路中感应的最大共模电压。

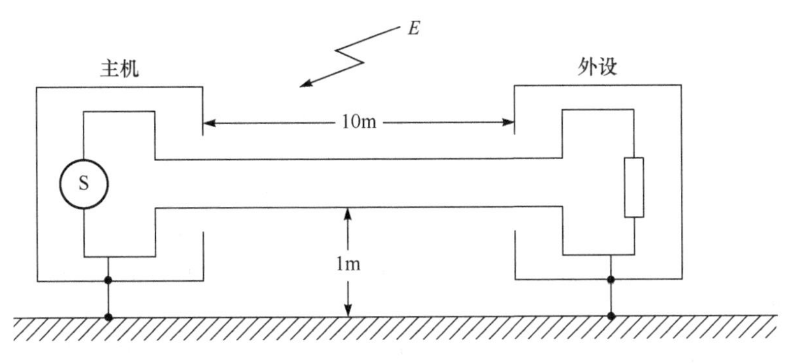

图 6-24　题 6-25 图

第7章　抗干扰技术

电磁骚扰的能量传输耦合到敏感设备，构成产生电磁干扰问题的潜在风险。如果耦合到敏感设备的骚扰能量高于敏感设备的抗扰度门限，则将会使敏感设备发生性能降级或故障，造成电磁干扰问题。

研究如何提高设备的电磁兼容性能，同样应从三要素入手，即面向骚扰源，旨在降低或抑制其对外的骚扰发射；面向传输耦合途径，着眼于切断骚扰的传输途径或降低骚扰的耦合程度；面向敏感设备，则旨在提高设备的抗干扰能力。要避免电磁干扰或解决已存在的干扰问题，必须从这三个要素下手，具体问题具体分析，采取相应的抗干扰技术。

最常见的抗干扰技术是接地、滤波和屏蔽，以及隔离、平衡传输等。本章将就这几种技术的基本原理和方法加以介绍。

7.1　接　　地

在抗干扰技术中，接地是一项最基本也是非常重要的技术。设计合理的接地，能够最大程度地使系统(或电路)免遭电磁干扰。另外，接地与其他几种重要的抗干扰技术，如滤波、屏蔽等技术都密切相关。本节将讲述接地技术的基本概念、实施方法和接地搭接等。

7.1.1　接地的基本概念

在电气工程和电学领域中，我们会频繁地遇到"地"和"接地"的概念。所以，需要澄清几个相关名词的含义。

1."地"和"接地"

在不同的标准文献中，对"地"(ground，earth)和"接地"(grounding，earthing)给出了类似的定义。例如，我国国标GB/T17949.1—2000中对"(接)地"的名词性定义为"一种有意或非有意的导电连接，由于这种连接，可使电路或电气设备接到大地或接到代替大地的、某种较大的导电体。使用"地"的目的是：①使连接到地的导体具有等于或近似于大地(或代替大地的导电体)的电位；②引导地电流流入和流出大地(或代替大地的导电体)。"而对"接地"一词的动词性定义是指将有关系统、电路或设备与地连接。

又如ANSI C63.14—2014中对"(接)地"的定义为"①导电性的土壤，具有等电位，且任意点的电位可以看成零电位；②电路与地或其他起地的作用的导电体的有意的或偶然的连接；③电路中相对于地具有零电位的位置或部分；④导电体，如大地或钢船的外壳，作为电流的返回通道，并作为零电位参考点；⑤连续的金属与金属间的连接，其存在于或提供于金属物体的外周界或电缆屏蔽体的周围，该电缆屏蔽体终止于或穿过具有接地电位的金属表面。"而IEEE 100—2000中对该词条的解释则为"①到大地或水体的直接导电连接或到充当类似大地接地体的功能的结构体(例如飞机、飞船、车辆等不与大地有导电连接的外壳上)的导电连接；②到大地或充当大地的公共导体的连接；③一种有意或非有意的导电连接，使电路或电气设备接到大地或接到代替大地的某种较大的导电体，或高频参考电位；④一种有意或非有意的导电连接，使电路或电气设备接到大地或接到代替大地的某种较大的导电体。”

综上可知，传统意义上的“接地”含义是为电路(或系统)提供一个“零阻抗”的等电位(参考)点或等电位(参考)面。接地可以接实际的大地(导电性的土壤或水体)，也可以不接到实际的大地，而是接到一个充当参考的公共导体上，如飞机上的电子电气设备接飞机壳体就是接地。

另一个重要的概念是“接地平面”。在GB/T4365—2003中定义“接地(参考)平面”为“一块导电平面，其电位用作公共参考电位。”理想的接地平面是一个零电位、零阻抗的物理体。它可以作为有关电路中所有电平的参考点，并且任何骚扰通过它都不会产生电压降。

而实际上，零阻抗理想的接地(平面)是不存在的，即便是电阻率接近于零的超导体，其表面两点之间渡越时间的延迟也会使其呈现某种电抗效应。“接地”的传统概念往往是仅从直流性能或低频性能的观点出发来考虑。而论及“接地”在EMC中的应用，则由于所有的导体都有一定的阻抗，因此流经该“地(平面)”的任何电流在该阻抗上的压降都将导致在其表面不同的点之间存在电位差。

从实用的角度出发，接地平面应采用低阻抗的材料(如铜)制成，并且具有足够的长度、宽度和厚度，以保证在所有频率上都呈现出一个可以忽略的阻抗。

在电气和电路原理图中，我们会发现接地符号可能以几种不同的形式出现，如图7-1所示。在只有单一接地设置的电路图中，采用任意一种符号来表示“地”即可。而在较为复杂的采用分设接地的图中(如安全接地与工作接地分离设计的系统)，则需采用不同的符号将执行不同功能的“地”加以区分。

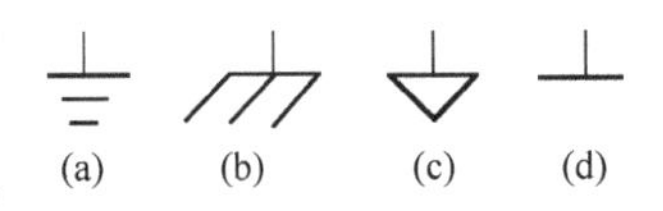

图7-1　接地符号

从接地的作用来划分，接地可分为保护性接地与功能性接地。按照这种原则，简单的接地分类列表如表7-1所示。

表7-1　按接地的作用分类

分类原则	子分类	次子分类
接地作用	保护性接地	防电击接地
		防雷接地
		防静电接地
		防电蚀接地
	功能性接地	工作接地
		信号接地
		逻辑接地
		屏蔽接地

2. 保护性接地

为了保护人身和设备的安全，免遭雷击、漏电、静电、辐射骚扰等危害而采取的接地措施称作保护性接地。这类地线被称作“保护地”(PE)或者“安全地”，它们应与真正大地相连接(如果可能实施)。由于通常情况下保护性接地是和电气设备的机壳相连接的，因此也常被称为“机壳地”。按照具体的功能划分，保护性接地还可以分为防漏电电击、防雷、防静电、防电蚀等。需要说明的是，一般并不需要为实现上述的各个保护性作用而设置多个安全地。实际上一条保护性接地线就可以起到上述的多个作用，如除了防止电击外，还为静电放电(ESD)的电荷提供了远离受害电子设备的泄放通路。还有，对设备或电缆进行屏蔽时，在很多情况下只有与接地措施相结合，才能达到应有的效果。

举一个身边的例子，如家庭的民用单相交流供电系统。市电是由外部电网系统提供的，提供给用户时应当配置三条线：相线(L，或称火线)、零线(0 或 N，或称中线)和保护地线(PE)。在相线与零线之间存在着 220V、50Hz 的工频电压，为用户负载提供电源。保护地线的电位是由连接到打入建筑物地下土壤的接地体提供的。正常工作时，电流从相线流经负载，然后由零线返回，保护地线中无电流流过，并且此时零线上的电位也应当与地电位相等。如果由于某种原因，例如，绝缘击穿或出现故障等，使相线与机壳连通，则保护地线中将流过很大的故障电流，使相线上的保险丝熔断或漏电保护器动作，从而切断电源，这样就可以防止电击和火灾事故的发生。如果不接保护地线，故障时机壳电位很高，这时人手触及机壳，故障电流就会流过人体入地，从而产生触电的危险。

通常配电板上为用户提供的单相电源插座有两种形式：三孔插座和两孔插座，其对应的用电产品则分别称为三线供电产品和两线供电产品。三线供电产品的电源线包含三条导线，其中的一条绝缘层为黄绿色间隔的导线，即保护地线，如图 7-2(a)所示。黄绿线直接与产品的金属外壳相连，这样就能提供与电源插座内部一样的电击事故的防护作用。而两线供电产品仅使用了相线和零线，如图 7-2(b)所示。为防止电击事故而将产品外壳与假设中的零线相连是不可行的，因为用户可能将插头不正确地插入插座而导致外壳实际被连接到了相线。因此，对于两线供电产品安全的做法是，相线和零线首先要经过电源变压器，并将次级的一根输出线与产品的机壳相连，变压器的引入实际上消除了相对于次级侧的地线用哪一根线作为“火线”的差别。这样在产品外壳上发生的任何故障，都会产生一个大电流，使该电路的保险丝熔断或断路器跳开。

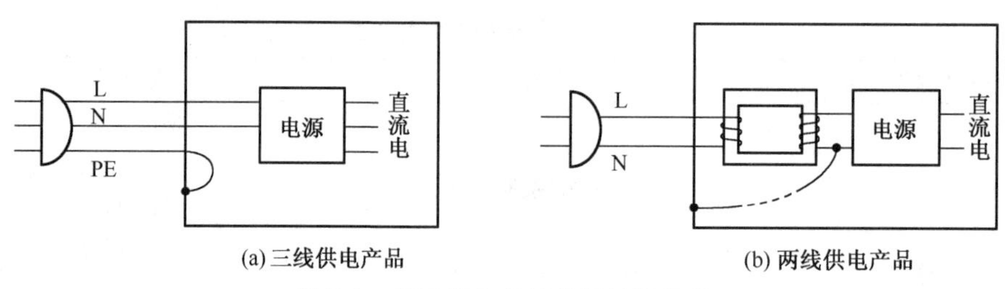

图 7-2　交流供电产品的保护性接地

保护地线可以接至自然接地体或专门埋设的人工接地体。自然接地体包括建筑物的金属框架、地基中的钢筋、埋设地下的金属管道等；人工接地体，通常是把金属棒打入地下作电极，对接地要求较高的场合还需设置接地网与多个接地体连接起来。

1)接地电阻

保护接地装置最重要的指标就是接地电阻。接地电阻是指电流由接地装置流入大地再经大地流向另一接地体或向远处扩散所遇到的电阻，它包括接地线和接地体本身的电阻、接地体与土壤之间的接触电阻以及两接地体之间大地的电阻或接地体到无限远处的大地电阻。当电流经过接地体进入大地并向周围扩散时，由于大地具有一定的电阻率，则大地各处就具有不同的电位。电流经接地体注入大地后，它以电流的形式向四处扩散，离接地点越远，半球形的散流面积越大，地中的电流密度就越小。因此可认为在较远处（15～20m以外），单位扩散距离的电阻及土壤（或水体）中电流密度已接近零，该处电位已为零电位。

如果不考虑接地引线的电阻，则接地电阻 R_0 定义为接地体的电位 U_0 与通过接地体流入大地中电流 I_d 的比值，用公式表示为

$$R_0=\frac{U_0}{I_d} \tag{7-1}$$

当接地电流为定值时，接地电阻越小，则电位 U_0 越低，反之则越高。接地电阻主要取决于接地装置的结构、尺寸、埋入地下的深度及当地的土壤电阻率。因为金属接地体的电阻率远小于土壤电阻率，所以接地体本身的电阻在接地电阻中可以忽略不计。故接地电阻的数值等于电流从接地体向周围大地扩散时，土壤所呈现的电阻值。接地体的流散电阻如图7-3所示。

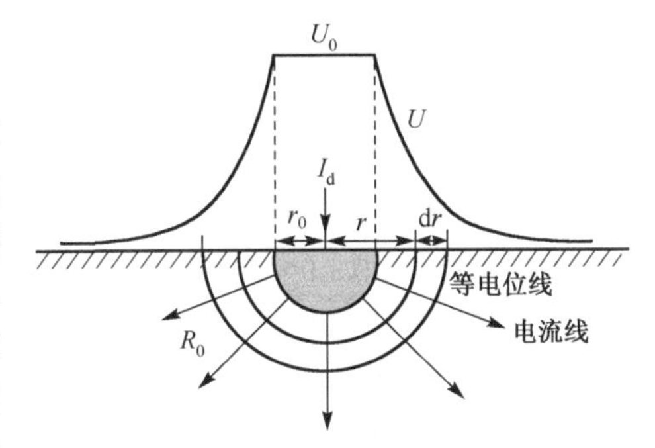

图7-3　接地体的流散电阻

2）冲击接地电阻

通常所说的接地电阻指工频接地电阻，即 R_0 表征的是工频电流通过接地体向大地散流时土壤所呈现的电阻值。而当雷电电流这一类冲击电流通过接地体向大地散流时，不再用工频接地电阻，而是用冲击接地电阻 R_d 来度量冲击接地的作用。同样地，冲击接地电阻 R_d 的定义为接地体对地冲击电压的幅值与冲击电流幅值之比。

从物理过程来看，防雷接地与工频接地有两点区别：一是雷电流的幅值大；二是雷电流的频谱覆盖宽，特征频率高。

雷电电流的幅值大，会使土壤中电流密度增大，因而会提高土壤中的电场强度，在接地体表面附近尤为显著。地电场强度超过土壤击穿场强时会发生局部火花放电，使土壤导电性增大。试验表明，当土壤电阻率为500Ω·m，预放电时间为35μs时，土壤的击穿场强为6～12kV/cm。因此，同一接地装置在幅值很高的雷电冲击电流作用下，其接地电阻要小于工频电流下的数值。这一过程称为火花效应。

雷电电流的特征频率很高，会使接地体本身呈现很明显的电感效应，阻碍电流向接地体远端的流动。对于长度较长的接地体，这种影响更显著，结果使接地电阻值大于工频接地电阻，接地体得不到充分利用。这一现象称为电感效应。

由于上述原因，同一接地装置具有不同的冲击接地电阻值和工频接地电阻值，两者之间的比称为冲击系数 a，即

$$a=\frac{R_d}{R_0} \tag{7-2}$$

式中，R_0 为工频接地电阻；R_d 为冲击接地电阻，实际上应是接地阻抗，但习惯上仍称为冲击接地电阻。冲击系数 a 与接地体的几何尺寸、雷电电流的幅值和波形以及土壤电阻率等因素有关，多数靠试验确定。

由此可以得到冲击接地电阻 R_d 与工频接地电阻 R_0 的关系，即

$$R_d=aR_0 \tag{7-3}$$

如果不考虑接地体的电感影响，则 a 的大小只与大地电阻率有关。当大地电阻率约为100Ω·m时，$a\approx1$；当大地电阻率约为500Ω·m时，$a\approx0.667$；当大地电阻率约为1kΩ·m

时，$a \approx 0.5$；当大地电阻率大于 $1\mathrm{k\Omega \cdot m}$ 时，$a \approx 0.333$。

一般情况下，由于火花效应大于电感效应，故 $a<1$；但对于电感明显的情况，则可能 $a \geqslant 1$。冲击接地电阻值一般要求小于 10Ω。

影响接地电阻的因素很多，接地桩的大小（长度、粗细）、形状、数量、埋设深度、周围地理环境（如平地、沟渠、坡地是不同的）、土壤湿度、质地等。对不同用途的接地装置的接地电阻有着明确的要求，如表 7-2 所示。

表 7-2　部分接地体的接地电阻允许值

类别	允许值/Ω	备注
大容量变压器或发电机工作接地	$R \leqslant 4$	容量 $>100\mathrm{kV \cdot A}$，低压
小容量变压器或发电机工作接地	$R \leqslant 10$	容量 $\leqslant 1000\mathrm{kV \cdot A}$，低压
大接地短路电流系统接地	$R \leqslant 2000/I_d$	接地短路电流 $I_d>4000\mathrm{A}$ 时，$R \leqslant 0.5\Omega$
小接地短路电流系统接地	$R \leqslant 120/I_d$ 且 $R \leqslant 10$	$I_d<5000\mathrm{A}$，高低压共用接地装置
电气设备保护接地	$R \leqslant 4$	对引入线装有 25A 以下熔断器的设备，可取 $R \leqslant 10\Omega$
零线重复接地	$R \leqslant 10$	容量 $\leqslant 100\mathrm{kV \cdot A}$，重复接地大于 3 处时，可取 $R \leqslant 30\Omega$
低压线路杆塔接地	$R \leqslant 30$	
有避雷装置的电力线路杆塔接地	$R \leqslant 10$	土壤电阻率 $\rho \leqslant 100\Omega \cdot \mathrm{m}$
	$R \leqslant 15$	$\rho=100 \sim 500\Omega \cdot \mathrm{m}$
	$R \leqslant 20$	$\rho=500 \sim 1000\Omega \cdot \mathrm{m}$
	$R \leqslant 25$	$\rho=1000 \sim 2000\Omega \cdot \mathrm{m}$
	$R \leqslant 30$	$\rho>2000\Omega \cdot \mathrm{m}$
防直击雷接地	$R \leqslant 10$	第一类工业、第二类工业和第三类民用建筑物和构筑物
	$R \leqslant 20 \sim 30$	第三类工业建筑物和构筑物
	$R \leqslant 10 \sim 30$	第二类民用建筑物和构筑物
防雷电感应接地	$R \leqslant 5 \sim 10$	
防雷电侵入波接地	$R \leqslant 5 \sim 30$	阀型避雷器的 $R \leqslant 5 \sim 100\Omega$

3）接地电阻的测量

为了保证接地电阻满足要求，利用仪表对地电阻进行测量是必不可少的。接地电阻要用专门的测量仪表才能测量。以下简要介绍使用电位降法测量工频接地电阻的步骤。测量中使用的仪表称作手摇式地阻仪，它主要由手摇发电机 GR、倍率旋钮 S、测量度盘 C 和表头 G 组成，如图 7-4 所示。测量优先采用直线布极方法，按照 20m 间距的要求将两个测量电极（P 和 C）打入土壤中，并将它们和被测的接地体 E 都按图 7-4 连接到地阻仪。测量时先将表头 G 的指针调整至零位，调整旋钮 S 选择适当的倍率，慢摇发电机 GR，同时转动测量度盘 C，使指针指向零。此时测量度盘 C 示数乘以倍率调整旋钮倍数之积即接地电阻值。

对于地网，应当选择多个测试点，并改变测试极棒的布放方向进行测量，然后取平均值作为该地网的接地电阻值。当被测接地装置的面积较大而土壤电阻率不均匀时，为了得到较可信的测试结果，应将测试电极与被测接地装置的距离相应地增大。

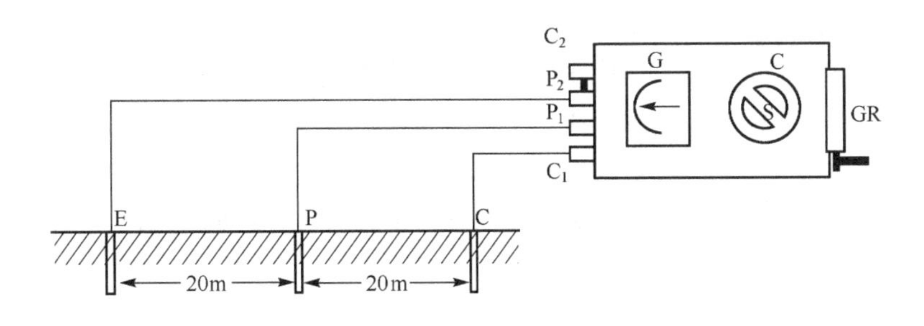

图 7-4　直线布极法测量接地电阻

3. 功能性接地

另一类接地称作功能性接地，具体可分为工作接地、信号接地、屏蔽接地等。例如，低压供电线中的零线（中性线）的功能就是典型的工作地，而当我们把市电当作信号（如工频电钟就是以 50Hz 的工频电作为计时信号源）来看待时，这条起回流功能的零线就符合信号地的定义，即它被作为电路中各信号的公共参考点，即电气及电子设备、装置及系统工作时信号的参考点。这类地线称为工作地线，在电子设备中一定要注意工作地线的正确接法，否则不但起不到作用还反而可能产生干扰，例如，共地线阻抗干扰、地环路干扰、共模电流辐射等。所以通常习惯上我们并不将这几个名词加以严格区分，而统称为工作地或信号地。

典型的如信号地，它为信号电流提供返回信号源的通道。在论及 EMC 时，我们应把信号地认为是信号电流的返回路径，而不是电路图中的一个等电位点或等电位面，因为实际上这样理想的等电位点和面是不存在的。虽然设计电路时希望信号通过所设计的路径返回信号源，但是实际中并不一定能保证这样。信号的某些频谱分量会通过设计路径返回信号源，而其他的频谱分量则可能通过其他的路径返回信号源。接地平面上的屏蔽电缆就是一个很好的例子。低于屏蔽接地电路截止频率的频谱分量将沿接地面返回，而高于截止频率的那些频谱分量将沿屏蔽层返回而不是沿接地平面返回（图 7-5）。

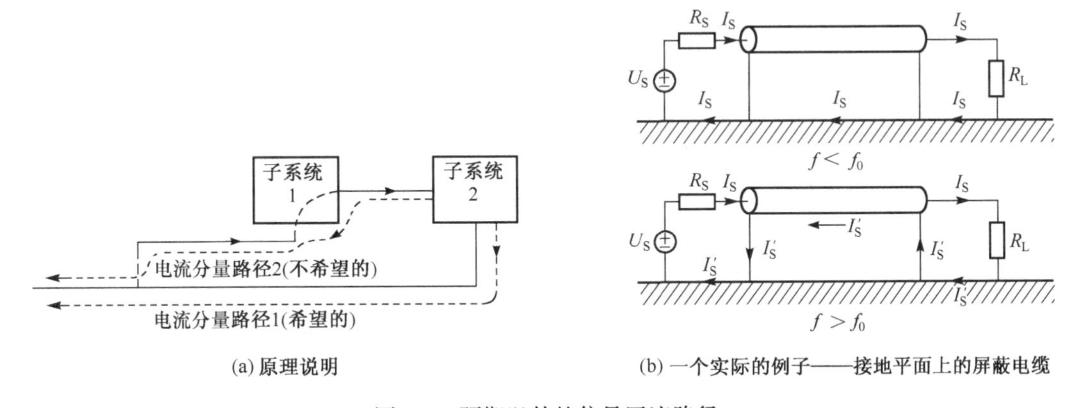

(a) 原理说明　　(b) 一个实际的例子——接地平面上的屏蔽电缆

图 7-5　预期以外的信号回流路径

因此，我们必须意识到，电子电路本身是不会“阅读”电路图的。在讨论涉及电路的 EMC 特性时，信号电流往往并不沿着原理图中所设想的路径返回信号源。设计人员常常会犯的一个错误就是，在进行电路设计时常常只将注意力集中在信号传输至负载的路径设计，而很少去考虑或根本不考虑信号返回信号源的路径。而实际上考虑电流返回信号源的路径(信号地)同等重要。所以,为了有效地进行 EMC 设计,就必须认真或慎重地设计信号的返回路径。

因此,在考虑信号地时,不能忽略以下两个事实:①信号以及骚扰通过信号地返回它们的源端,而整个路径具有一个环面积;②信号或骚扰的返回路径,像“信号输出导线”一样,具有非零阻抗,尤其是高频时导线的分布电感具有相当可观的感抗,因此使它们表面各点的电压不同,产生电压差。

现实中,由差模电流激发的辐射发射以致使产品不能通过符合性测试或者对其他电子设备产生干扰的最重要因素之一就是电流环路面积。大的环路面积使通过这个环的信号电流产生的辐射发射增加,因此必须要避免大的环路。并且,整个环路面积由“信号输出”路径和“信号返回”路径组成,所以对于“信号输出”路径和“信号返回”路径,我们都要重视。当然我们也应该使每条路径的长度最短以控制这些导体上的共模电流的辐射发射。在许多情况下,如果设计者没有在“信号输出”路径附近提供“信号返回”路径,那么就会使信号电流除了沿着具有大面积的环路返回之外,没有其他选择,结果导致大的环路面积。如果在“信号输出” 路径附近提供一条备选路径,那么这个环路面积就会显著减小,辐射发射也会显著降低。

将信号地看作电流返回信号源的路径的第二个结果是:这些导电路径对于流经它们的高频电流呈现出一定的阻抗,因此导体不再是等位面。这就造成子系统之间有可能通过共阻抗耦合方式产生相互干扰。我们将发现这些“信号返回”路径和“信号输出”路径的阻抗都与环路阻抗有关。在高频时,主要表现出感抗,与环路电感及路径中各个导体的电感(局部电感)有关。因此无论通过缩短导线之间的距离还是减小“信号输出”和“信号返回”路径的长度来降低环路电感,都会降低每条路径的感抗和电阻。

4. *接地波动*

由于现实中的载流导体总会呈现某种阻抗效应,因此信号地线上的任意两点间不会有相同的电位,即它们之间存在着一定的电位差。这个电位差可能从毫伏级一直到微伏级。看上去似乎不会产生什么影响,但是对于辐射发射符合性测试,这些“小电压”足以产生导致产品不能通过规定限值的辐射发射。与这些“接地”点相连的板外电缆的作用就像是产生辐射场的天线。典型的例子如连接计算机和打印机的打印电缆,这个电缆具有完整的编织屏蔽层,且两端“接地”。但是在实际的数字系统中根本找不到一个“安静的接地点”来与屏蔽层相连。当导线载有信号,导线中的电流随时间而变化时,会在导线的电感两端产生电压降,激励与这个“地”相连的任何电缆的屏蔽层类似于一根天线向外辐射。

再如,逻辑电路中的导线或 PCB 上的带状导线,在高频情况下,它们的阻抗主要表现为分布电感带来的感抗。尽管存在趋肤效应,导线的分布电感在这些频率上仍有 6～12nH/cm。由于流经这些导线的逻辑信号电流状态在发生变化,导致导线上任意两点之间的电压降为 $L(\mathrm{d}i/\mathrm{d}t)$,因此导线上各点的电压“上下波动”。术语“接地波动”即来源于此结果。这不仅会导致辐射发射问题,也会使电路产生功能性问题。例如,电路要正常工作,就要求两级逻辑电路的接地引脚间的电压近似相等。而“接地波动”会使这些电压不同,因此可能导致电路的逻辑错误。随着逻辑信号速率的提高,“接地波动”的幅度也会升高,使之成为越来越突出的问题。例如,假设逻辑信号的驱动电流为 10mA,上升时间为 1ns,在 5cm 的导线上的电压降将达到 300～600mV,相当于门电路噪声容限的数量级。现在的逻辑电路上升时间接近 500ps,

因此当“接地波动”电压增加到0.6～1.2V时，显然是一个严重的问题。

7.1.2　接地方式

由前面可知，无论对于保护性接地还是功能性接地，我们所要构造的“地”实质上就是提供一个等电位点或等电位面，并且要求这个等电位点或面具有尽可能小的阻抗(理想情况是零阻抗)。而实际上零阻抗的等位面是不存在的，这就要求我们根据电路(或系统)的实际拓扑结构以及电路的各种电特性参数来选择恰当的接地方式，以避免或降低由于接地引起的电磁兼容性问题。

1. 单点接地

对于低频电路，常常采用单点接地方式。从接地的拓扑关系来看，可以分为串联单点接地和并联单点接地。

1)串联单点接地

典型的串联单点接地如图7-6所示，也常被称为“级联法接地”，即使用一公共接地线接到电位基准点，需要接地的部分就近接到该公共接地线上。

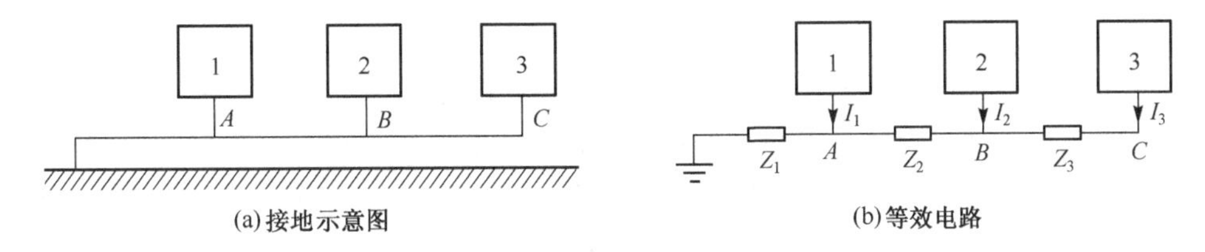

图7-6　串联单点接地及其等效电路

串联单点接地方式实施起来比较简单，但因各单元共用一条接地线，而在考虑EMC时接地线的交流阻抗是不能忽略的，所以可能会引起共阻抗干扰。如图7-6所示，电路1、2、3的接地点由工作地线串联起来，然后接地。设电路1、2、3的地电流分别为I_1、I_2、I_3，这些电流有可能是电路中电源的回流，如果电路的滤波去耦不充分，则回流中将混有未滤除的高频成分。设各段地线的阻抗分别为Z_1、Z_2、Z_3，其主要成分是地线分布电感的感抗。我们可以计算出各电路接地点A、B、C处的电位，分别为

$$U_A=(I_1+I_2+I_3)\cdot Z_1$$
$$U_B=U_A+(I_2+I_3)\cdot Z_2$$
$$U_C=U_B+I_3\cdot Z_3$$

由此可见，$U_A<U_B<U_C$，地线不再是等电位线，且电路1、2、3不可避免地会受各电路工作状态的影响，因此很容易产生共阻抗干扰。

2)并联单点接地

为解决串联单点接地带来的共地线阻抗干扰问题，可以采用并联单点接地。如果将图7-6中各电路的接地布置改成如图7-7所示的形式，即电路1、2、3各自独立地在同一点接地，则各接地点的点位分别为

$$U_A=I_1\cdot Z_1$$

$$U_B=I_2\cdot Z_2$$
$$U_C=I_3\cdot Z_3$$

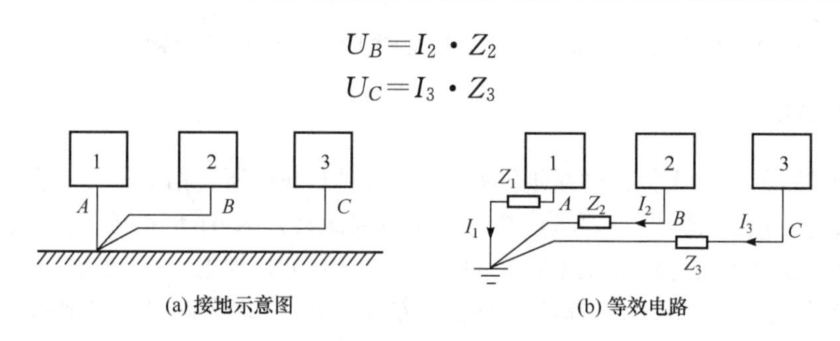

图 7-7　并联单点接地及其等效电路

可见,各电路的地电位只与本电路的地电流及地线阻抗有关,不受其他电路的影响,这是并联单点接地方式最突出的优点。它特别适合于各单元地线较短,而且工作频率较低的场合。这种接地方式的缺点也是显而易见的,由于各设备、电路单元各自分别接地,势必会增加许多根地线,使地线长度加长,阻抗增加。这样不但造成布线繁杂、笨重,而且地线与地线之间、地线与电路各部分之间的感性耦合和容性耦合都会随频率的增高而增强。特别是在高频情况下,当地线长度达到 $\lambda/4$ 的奇数倍时,地线阻抗可以变得很高(近似于开路),地线会转化成天线而向外辐射,造成辐射发射问题。所以,在采用这种接地方式时,每根地线的长度都不允许超过 $\lambda/20$。

单点接地方式简单,但缺点在于地线太长。当频率升高时,一方面会增大地线阻抗,易产生共地线阻抗干扰;另一方面也会随着频率的升高使地线之间、地线和其他导线之间由于容性耦合、感性耦合造成的相互串扰大大增加。所以单点接地方式只适用于低频电路,地线的长度不应该超过地线中最高频电流波长的 1/20。较长的地线应尽量减小其阻抗,特别是减小电感。例如,增加地线的宽度,采用矩形截面导体代替圆导体作接地带等。

2. 多点接地

多点接地是指在电路设备或系统中设置接地平面,各个接地点都以最短距离直接连接到该接地平面上,如图 7-8 所示。这里所说的接地平面可以是设备的底板、印刷电路板的地线层,也可以是贯通整个系统的接地母线。在比较大的系统中,还可以是设备的结构框架。例如,在印刷电路板上常用大块的金属面而不是用铜线作接地线。在设备中则常用机壳作为接地面。

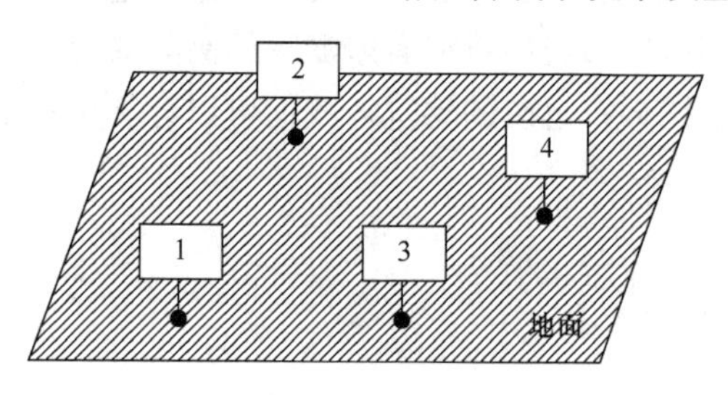

图 7-8　多点接地方式

采用多点接地方式的出发点是为了改善地线的高频特性。接地平面具有较大的面积和良好的导电性,面积大,因而本身阻抗很小,不易产生共阻抗干扰。采用多点接地,能使接地线上可能出现的高频驻波现象显著减小。多点接地的另一个优点是电路结构比单点接地简单。但是采用多点接地以后,电路或设备内部形成了许多地线环路,有可能造成地环路干扰问题。

根据以上分析,低频电路($f<10\text{MHz}$)一般采用单点接地方式,高频电路($f>10\text{MHz}$)一般采用多点接地方式。在印刷电路板上,作为地的金属面积一般都比较大,特别是多层印刷电路板专门有一层或多层用作接地层,这种情况下无论高频电路还是低频电路都可以多点就近接地。在电路板布线时最好把各种不同类型的地线区分开，即进行地平面分割。

3. 浮地

就设备或系统而言，还有一种特殊的接地处理方式，称作浮地。即地线系统在电气上与大地相绝缘，这样可以减小由于地电流引起的电磁干扰问题。图 7-9(a)表示系统地悬浮的情况，各个电路的地与系统地相连通，但与大地绝缘。

若浮地系统对地电阻很大、对地分布电容很小，则由外部共模骚扰引起的流过电路的骚扰电流就很小。图 7-9(b)所示为共模骚扰作用下的等效电路，来自电源等的外部骚扰电压 U_N 通过代表电磁感应和静电感应的等效阻抗 M_1、C_1 加到电源变压器、电缆屏蔽层或外壳上，在受骚扰部分的阻抗 R_3、L_3 上产生骚扰电压 U_0。此电压经线路间的分布电容 C_d 耦合到电路中，经对地电阻 R_E 和对地电容 C_E 流回大地，并使电路对地的电位发生波动。若 R_E 很大、C_E 很小(即良好浮地)，则流过电路的骚扰电流就很小，其影响可以忽略。此外，这种方式对通过导线传导直接进入的传导骚扰同样有抑制作用，并能避免因接地不当而产生的问题干扰。

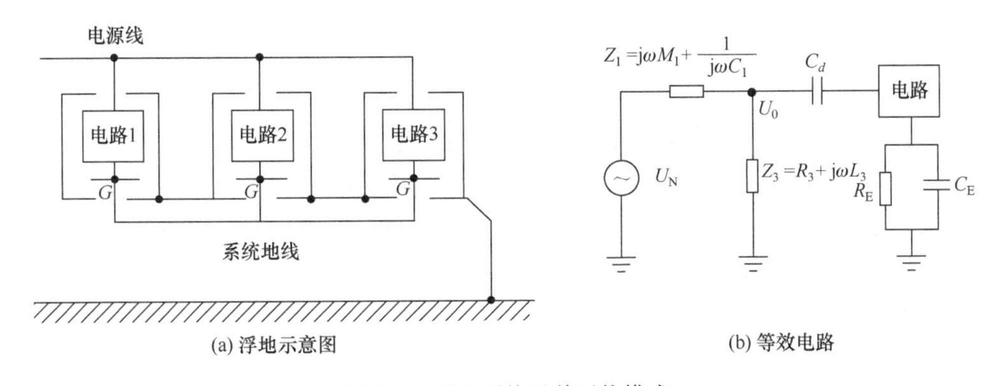

图 7-9　浮地系统及其干扰模式

但是，浮地方式存在以下缺点：①浮地的有效性取决于实际的对地悬浮程度，浮地方式不能适应复杂的电磁环境。实际上，一个较大的电子系统因为存在较大的对地分布电容，因而很难保证真正的悬浮。当系统基准电位因受干扰而不稳定时，通过对地分布电容出现位移电流，使设备不能正常工作。②当发生雷击或静电感应时，在电路与金属箱体之间会产生很高的电位差，可能使绝缘较差的部位被击穿，甚至引起电弧放电。低频、小型电子设备容易做到真正的绝缘，所以随着绝缘材料和绝缘技术的发展而较多地采用浮地方式；而大型及高频电子设备则不宜采用浮地方式。

4. 混合接地

在大型复杂电路、设备和系统中，如采用单一的接地方式往往使得接地的复杂程度高(如形成很长迂回的或数量繁多的接地连接线)或者达不到对接地系统性能的要求，此时可采用混合接地的方式在接地的复杂度与接地性能之间取得折中。

在这类设备或系统中往往包含有多种电子电路(如信号处理电路、控制电路等)和各种电机等电气单元，此时的接地方案应当分层次地进行设计。对于各设备单元内部的接地，应当根据其电路的元部件特性及工作频率选择接地方式(如低频电路可选择串联或并联单点接地，高频电路则应选择多点接地)；而系统级的地线则应分组敷设，一般分为信号地线(信号地线还可以进一步细分为模拟地线与数字地线、高电平地线与低电平地线),噪声地线(用在高功率电路如晶闸管、继电器、电动机等容易产生较高噪声的电路)和金属结构件地线(指设备机壳、机架和底板等,交流电源中的保护地线也应与金属件地线相连)等。

这种分组敷设地线的方法常被称为"三套接地法"或"四套接地法",这是解决地线干扰问题行之有效的方法。其具体做法是:首先,把容易产生相互干扰的电路单元各自分组,例如,把模拟电路和数字电路、小功率和大功率电路、低噪声电路和高噪声电路等区分开来。在每个组内采用单点串联方式把小组内各电路的接地点串联起来,选择在电平最低的电路处作为小组接地点。分组后再把各小组的接地点按并联单点接地的方式分别连接到一个独立的总接地点,如图 7-10 所示。

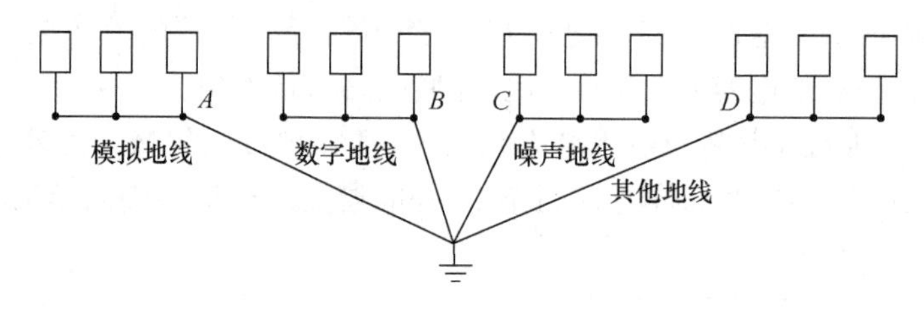

图 7-10 单点串并联混合接地方式

在实施混合接地方案时,有时还采用电感或电容元件来取代某些接地引线,以利用这类元件特殊的阻抗-频率特性让不同频率的电流按照不同的回流路径流动。例如,两个接地点存在一定的直流电位差时,可将其中的一个接地点通过串联一个电容实现交流接地,或者要求两个接地点保持直流等电位。而不希望高频信号流经此地线时,可以考虑在接地引线中串入电感元件来实现。

5. 接地方式小结

以上我们讨论了各种接地方式的特点,现简单总结比较如表 7-3 所示。

表 7-3 接地方式比较

接地方式	优点	缺点	适用场合
串联式单点接地	结构简单,成本最低,不构成地环路	易产生共阻抗干扰	简单的低频系统,对 EMC 性能要求不高的场合
并联式单点接地	可以避免共地线阻抗干扰问题	接线数量多,多条接地线间存在容性及感性耦合,易产生串扰	低频设备
多点接地	可实现最小阻抗接地线,抑制共阻抗干扰和地线上的驻波,改善高频性能	会形成复杂的内部接地环路,影响低频性能	高频设备
浮地	合理的设计能有效抑制共模干扰	会引起静电荷累积,安全性差;存在地电位波动	低频、小型电子设备
混合接地	在复杂度和性能之间取得折中	如果设计不当,会产生共阻抗干扰、地环路干扰和线间串扰	复杂的大型系统

规范化的接地方案应当按照下述的步骤进行设计。

(1)分析设备内部包含的各类电气部件的干扰特性。

(2)搞清楚设备的各电路单元的工作电平、信号种类(模拟信号、脉冲信号)和抗干扰性能。

(3)按电气部件和电路特性分类。

(4)画出总体布置框图。

(5)设计地线系统。

7.1.3　地环路干扰

从电磁兼容的角度考虑,良好且合理的接地能够为设备提供稳定的参考电位并为电流提供低阻抗的回流路径,对提高电路的电磁兼容性有所裨益。然而,设计不当或考虑不周的接地方案则可能引入额外的电磁兼容性问题,需要加以考虑和避免。接地处理不当可能引起的干扰包括地线的共阻抗耦合干扰、地环路干扰等。其中,地环路干扰是一种较常见的干扰现象,常常发生在通过较长电缆连接的或接地复杂的设备之间。

1. 地环路干扰的成因

设备或系统中的地线会与设备(系统)内部的各级电路单元有连接关系,难免会与其他线路构成环路。当存在两条以上接地线时,地线本身也可能构成环路。当存在这种环路时,在特定条件下就会导致地环路干扰。

举一个典型的例子,如图7-11所示,设备Ⅰ和设备Ⅱ位于避雷针同侧不同距离的位置,而且分别通过自身的保护性接地接至大地,且两个设备间也存在接地连接(如通过信号电缆的屏蔽层)。当雷电电流通过防雷接地极(O点)注入大地后,地电流向周围扩散,从而引起周围地电位大大升高,这将造成设备Ⅰ的地电位(A点)高于设备Ⅱ(B点)的地电位,使得A、B两点之间存在一定的电位差。由于电流总是选择较低阻抗的路径流动,因此会在两个设备间的连接线上产生可观的共模电流。如果将A、B两点间的电位差看作一个骚扰源U_{AB},则骚扰电流i_c就是由U_{AB}驱动并在连接线与大地构成的环路内流动,所以将产生这种形式的干扰称作地环路干扰。

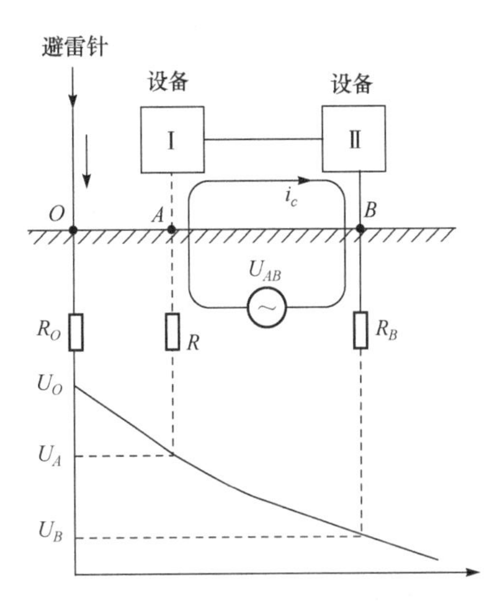

图7-11　雷电在系统中产生的地环路干扰

由此可见,产生地环路干扰的第一种原因是通过信号线互联设备的地电位不同而使地线上存在着一定的骚扰电压而激励起共模电流。这一般是由于敏感设备接近其他地电流较大的大功率设备或与之共用一段地线,而在土壤或地线中又存在较强的电流,土壤和地线又有较大阻抗所导致的地环路干扰。产生地环路干扰的第二种原因是当存在地环路的相互连接的设备处在较强的交变磁场中,且该磁场又与环路存在交链时,在环路中产生的感应电动势有可能叠加到有用信号上而形成干扰。电磁场在“设备Ⅰ—互联电缆—设备Ⅱ—地”形成的环路中感应出环路电流,同样是共模骚扰电流。

2. 地环路干扰的抑制措施

解决地环路干扰的基本思路有两个：一个是减小地线的阻抗，从而减小骚扰电压；另一个是增加地环路的阻抗，从而减小地环路电流。当地环路的阻抗无限大时，实际上是将地环路切断，即消除了地环路。

例如，将一端的设备浮地或将电路板与机箱断开等都是直接的方法。但出于静电防护或安全考虑，这种直接的方法在实践中往往是不允许的。更实用的方法是下面介绍的采用隔离变压器、光电耦合器、共模扼流圈、平衡电路等方法。

1)隔离变压器

在电路 1 和电路 2 之间插入隔离变压器可以切断地环路，如图 7-12(a)所示。两者之间的信号传输通过磁场耦合进行，从而避免了电气直接连接。这时，地线上的干扰电压出现在变压器的初次级之间，而不是在电路 2 的输入端。但是变压器初级绕组和次级绕组间的分布电容 C_c 会导致共模电流从初级流到次级，并最终流向电路 2。为此，在变压器初、次级间加一匝由铜箔绕制的屏蔽层，并将其在电路 2 接地端接地，见图 7-12(b)和(c)。注意：这一匝铜箔在连接处必须垫上绝缘层，否则会将变压器短路，那样差模电流(有用信号)也被隔离了。该铜箔起到了初级与次级间的电场屏蔽作用，即减小了两者间的分布电容。铜箔应在电路 2 接地端接地的理由是屏蔽体若接在电路 1 接地点 A 点接地，则共模噪声仍可以通过 C_2 耦合到电路 2 中去，所以必须在电路 2 的接地点 B 点接地。经过良好屏蔽的隔离变压器能够工作到 1MHz。隔离变压器的缺点是不能传输直流信号，体积大、成本高。

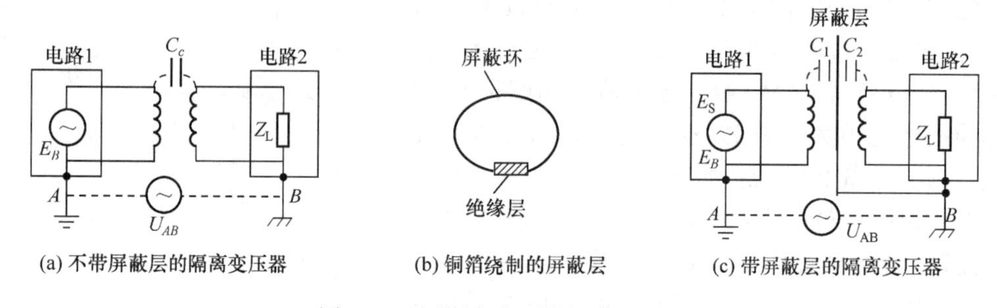

图 7-12　用隔离变压器切断地环路

2)光电耦合器

在电路 1 与电路 2 之间插入光电耦合器也可以切断地环路，如图 7-13 所示。光电耦合器是把电信号转换成光信号，再把光信号还原成电信号的器件。光电耦合器只能传输差模信号，不能传输共模信号，所以完全切断了两个电路之间的地环路。光电耦合器可以传输直流和低频信号，响应速度快，输入、输出端的分布参数小，而且体积小、重量轻，便于安装。目前已广泛应用在数字电路中，频率高达 10MHz。数字电路只有两种状态：有信号和无信号，即有光和无光，所以使用很方便。光电耦合器在模拟电路中使用时则应注意解决信号电流和光通量转换时的非线性问题。例如，采用光反馈技术可大大提高转换精度，从而使光电耦合器在模拟电路中的运用得到进一步地推广。

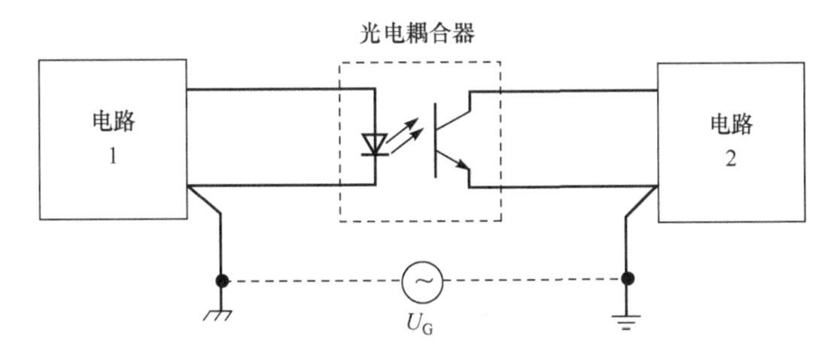

图 7-13　用光电耦合器切断地环路

3)共模扼流圈

在电路 1 与电路 2 之间插入共模扼流圈可以直接抑制地环路中的共模骚扰电流，如图 7-14 所示。共模扼流圈实质上是一种平衡变压器，可以在传输直流和差模信号的同时抑制共模骚扰电流。此时，共模骚扰电压 U_N 出现在扼流圈的线圈上，而没有出现在电路的输入端。由于共模扼流圈对被传输的差模信号没有影响，多个信号线可以绕在同一磁芯上，而相互之间不会产生串扰。所以，共模扼流圈可以用来抑制共模信号从而解决地环路干扰问题。此外，用铁氧体磁环(吸收式滤波器)套在两根信号导线上也可以同样起到共模扼流圈的作用。

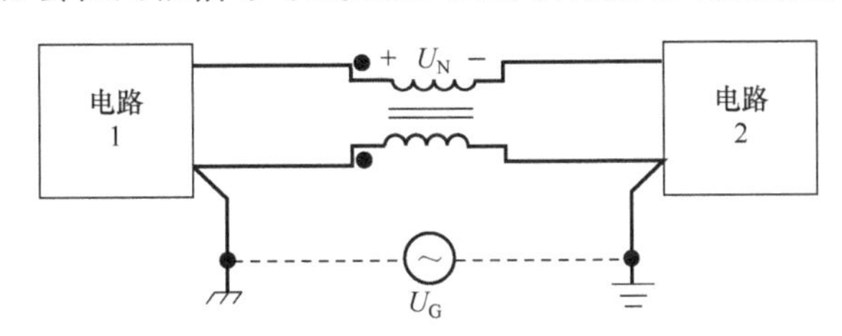

图 7-14　用共模扼流圈抑制地环路干扰

①共模扼流圈的低频分析

共模扼流圈(也称为纵向扼流圈或中和变压器)按照图 7-14 中所示的方式进行连接时，对信号电流呈现低阻抗，且允许直流耦合。但对于任何共模噪声电流，共模扼流圈则呈高阻抗。

图 7-15(a)中所示的两根导线中的信号电流大小相等、方向相反，这是有用信号电流，也是差模电流；由地环路电压 U_G 导致的以同一方向流入两根导线的噪声电流则为共模电流。

画出如图 7-15(b)所示的共模扼流圈的等效电路，以分析它的电路性能。电压源 U_S 代表信号源通过电阻等于 R_{C_1} 和 R_{C_2} 的导线与负载 R_L 相连，共模扼流圈用两个具有互感作用的电感 L_1 和 L_2 等效，互感系数为 M。如果两个电感的绕线相同且紧密地缠绕在同一磁芯上，那么 L_1、L_2 与 M 的大小相等。电压源 U_G 表示由地环路的场耦合或地电位差所产生的共模骚扰电压。导线电阻 R_{C_1} 与 R_L 串联且其值远小于 R_L，所以可以忽略不计。

首先不考虑地电压 U_G 的作用，仅考虑电路对信号电压 U_S 的响应，此时图 7-15(b)可重新画成如图 7-16 所示的等效电路。当信号的频率大于 $\omega=5R_{C_2}/L_2$ 时，实质上所有的电流 I_S 都会通过第二根导线，而不是地平面回流到源。如果选取的 L_2 使最低信号频率大于 $\omega=5R_{C_2}/L_2$，那么 $I_G=0$。在这种情况下，图 7-16 中的电压电流关系为

$$U_S=j\omega(L_1+L_2)I_S-2j\omega MI_S+(R_L+R_{C_2})I_S \tag{7-4}$$

又因为 $L_1=L_2=M$，并且 R_L 远大于 R_{C_2}，所以有

$$I_S=\frac{U_S}{R_L+R_{C_2}}\approx\frac{U_S}{R_L} \tag{7-5}$$

式(7-5)的结果与没有插入扼流圈时所得的结果相同。所以，若扼流圈的电感足够大，则在信号频率大于 $5R_{C_2}/L_2$ 时，它对信号的传输没有影响。

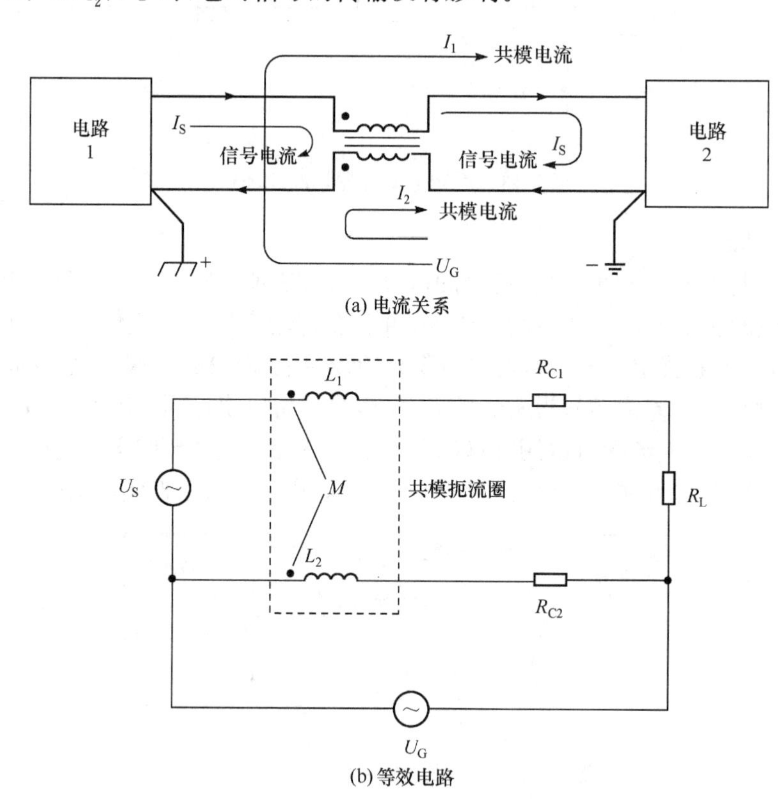

图 7-15　共模扼流圈切断地环路干扰的原理

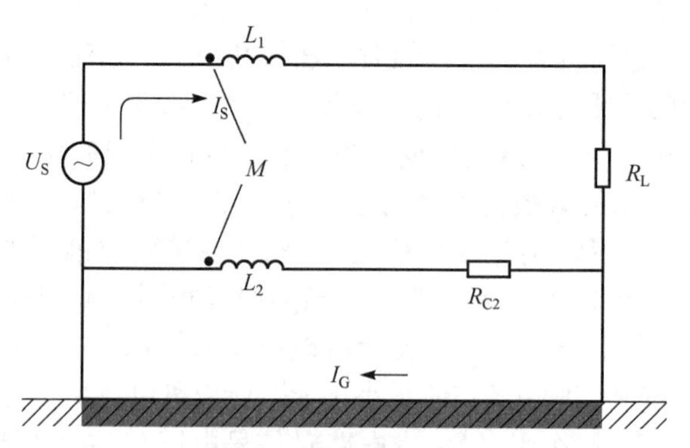

图 7-16　共模扼流圈对信号电压 U_S 的响应

再来考虑存在地电压 U_G 的情况，利用图 7-17 所示的等效电路可以确定图 7-15(b)所示电路对共模电压 U_G 的响应。如果没有扼流圈，共模电压 U_G 将全部加在负载 R_L 上。

若安装了扼流圈，根据图 7-17 所示的电路写出网孔电压方程，就能够确定负载 R_L 上的骚扰电压。网孔电压方程为

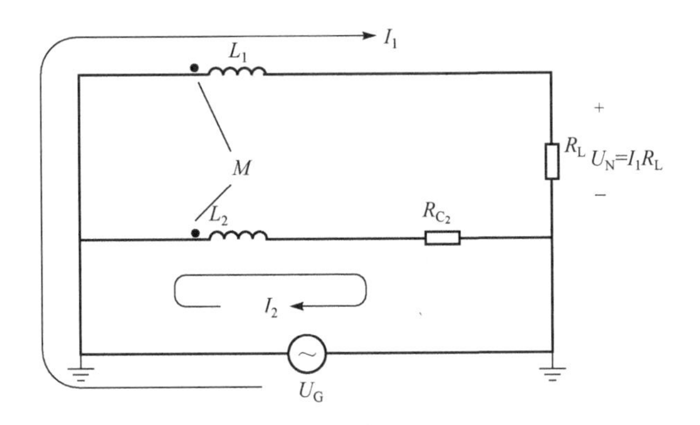

图 7-17　共模扼流圈对共模电压 U_G 的响应

$$U_G = j\omega L_1 I_1 + j\omega M I_2 + I_1 R_L \tag{7-6}$$

$$U_G = j\omega L_2 I_2 + j\omega M I_1 + I_2 R_{C_2} \tag{7-7}$$

式中，I_1 和 I_2 为网孔电流。那么根据式(7-7)可求得 I_2 的解

$$I_2 = \frac{U_G - j\omega M I_1}{j\omega L_2 + R_{C_2}} \tag{7-8}$$

因为 $L_1 = L_2 = M = L$，将式(7-8)代入式(7-6)中，可得

$$I_1 = \frac{U_G R_{C_2}}{j\omega L(R_{C_2} + R_L) + R_{C_2} R_L} \tag{7-9}$$

而骚扰电压 U_N 等于 $I_1 R_L$，且 R_{C_2} 通常又远小于 R_L，所以可以写出

$$U_N \approx \frac{U_G \cdot R_{C_2}}{j\omega_L R_L + R_{C_2} R_L} = \frac{U_G}{j\omega_L \dfrac{R_L}{R_{C_2}} + R_L} \tag{7-10}$$

可见，为了尽量减小加在负载上的这一骚扰电压，应使 R_{C_2} 尽可能小，且扼流圈的电感 L 应满足下面的表达式：

$$L \gg R_{C_2} / \omega \tag{7-11}$$

式中，ω 是共模骚扰的频率。扼流圈也必须足够大，以保证在电路中流动的不平衡直流电流不会使其饱和。

共模扼流圈很容易制作，只需简单地将连接两个电路的导线绕到磁芯上即可。同轴电缆也可以用于绕制线圈。来自多个电路的信号导线都可以绕到同一个磁芯上，不用担心会产生信号间的串扰。采用这种方法，一个磁芯可以为多个电路提供共模扼流圈。

②共模扼流圈的高频分析

前面对共模扼流圈的分析是低频分析，忽略了分布电容的影响。如果将共模扼流圈应用在高频(10～100MHz)段，则必须考虑绕组间的分布电容。图 7-18 给出了带有共模扼流圈(L_1 和 L_2)的双线传输线的等效电路。R_{C_1} 和 R_{C_2} 分别表示扼流圈绕组的电阻与导线电阻之和，C_S 是扼流圈绕组间的分布电容，Z_L 是传输线的对地阻抗，U_{cm}是驱动传输线的共模骚扰电压。Z_L 这个阻抗在该频段内所起的作用相当于一个天线，可能在 50～350Ω 之间变化。

共模扼流圈的性能用其对共模电流的插入损耗来衡量。共模扼流圈的插入损耗定义为电路中无扼流圈时的共模电流与插入扼流圈时的共模电流之比。若 $R_{C1} = R_{C2} = R$，并且有 $L_1 =$

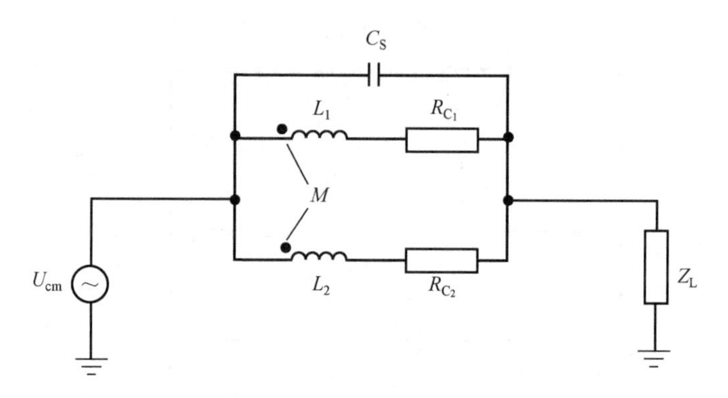

图 7-18　考虑寄生电容 C_S 的共模扼流圈的等效电路

$L_2=L$，则扼流圈的插入损耗(IL)可表示为

$$\text{IL}=Z_L\sqrt{\frac{[2R(1-\omega^2LC_S)]^2+R^4+(\omega C_S)^2}{[R^2+2R(Z_L-\omega^2LC_SZ_L)]^2+(2R\omega L+\omega CR^2Z_L)^2}} \tag{7-12}$$

在 $R_{C_1}=R_{C_2}=5\Omega$ 和 $Z_L=200\Omega$ 时，根据式(7-12)画出曲线图，如图 7-19 所示。

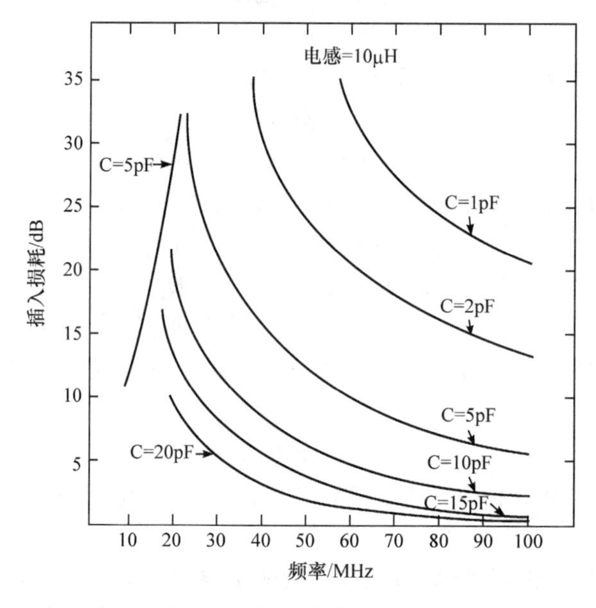

图 7-19　10μH 共模扼流圈在不同分布电容情况下的插入损耗

可以看出，频率在 60MHz 以上时，分布电容的影响相当大。所以，决定共模扼流圈性能最主要的参数是分布电容而不是电感。假设分布电容不变，则扼流圈插入损耗随电感的变化不是很大。在图 7-19 所示的频率中，大部分都超过了扼流圈的自谐振频率。在高频时，分布电容的存在会严重限制扼流圈的插入损耗。在频率大于 30MHz 以上时，采用共模扼流圈已很难获得 6～12dB 的插入损耗，即抑制共模骚扰的效果不是很好。

甚至可以认为，频率很高时，扼流圈对共模噪声电流是短路的。因而，传输线上的共模噪声电流是由扼流圈的分布电容决定的，而不是由它的电感决定的。

4)平衡电路

平衡也是一种降低地回路干扰的技术。当只用屏蔽不能将骚扰减小到所需的大小时,可以将平衡与屏蔽联合使用。在一些应用中,用平衡代替了屏蔽作为主要的骚扰抑制技术。

平衡电路是指一个电路由两条传输信号的导线构成,且两条导线与相对参考面(通常是地)和其他的导体都具有相同的阻抗。平衡的目的是使两条导线中耦合的骚扰相等。如果耦合的骚扰是一个共模骚扰,则能够在负载上抵消。如果两条信号导线对地的阻抗不相等,则电路不平衡。因此,如果一个信号回路中包括地线,则该电路是不平衡电路。

举个例子,图7-20所示的平衡电路提供了隔离共模地骚扰电压的另一种方法。在这种情况下,由共模电压激励的电流在平衡电路中被等分。因为平衡的接收电路只对两个输入端之间的电压差有响应,所以能够抑制共模骚扰。电路的平衡状况越好,共模抑制的量就大。随着频率的增加,获得高度平衡电路的难度将越来越大。

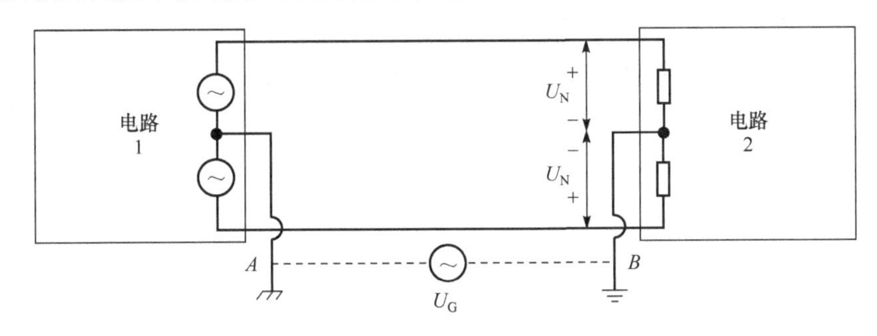

图7-20 用平衡电路抑制地环路干扰

要使平衡电路在减小共模骚扰时更有效,不仅电路须平衡,终端也必须平衡,可以用变压器或差分放大器实现终端平衡。

对于图7-21所示的电路,如果R_{S_1}等于R_{S_2},则源是平衡的;如果R_{L_1}等于R_{L_2},则负载是平衡的。在这些条件下,电路平衡是因为两条信号导线对地具有相同的阻抗。对于电路平衡,并不要求U_{S_1}一定等于U_{S_2}。信号源中的一个或甚至两个都可以等于零,而电路仍然平衡。

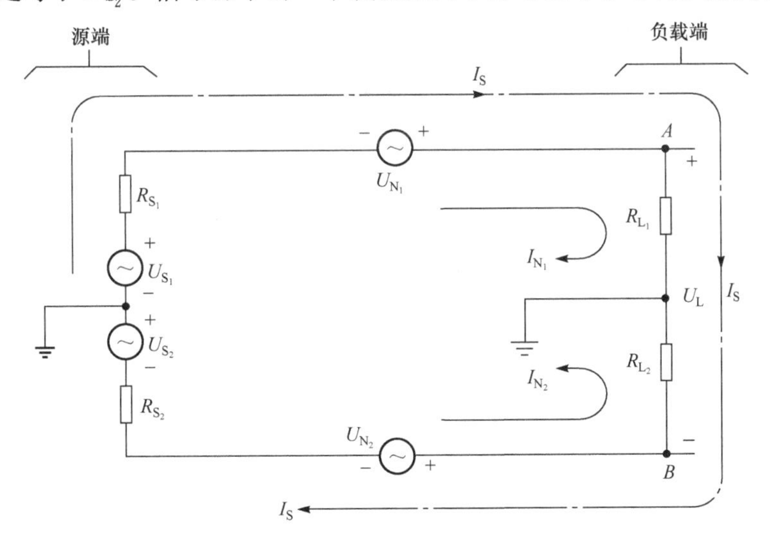

图7-21 平衡条件$R_{S_1}=R_{S_2}$,$R_{L_1}=R_{L_2}$,$U_{N_1}=U_{N_2}$,$I_{N_1}=I_{N_2}$

如图 7-21 所示，两个共模噪声电压源 U_{N_1} 和 U_{N_2} 与导线电阻R_{L_1} 和R_{L_2} 串联。两个噪声电压源激励出噪声电流 I_{N_1} 和 I_{N_2}。源 U_{S_1} 和 U_{S_2} 一起产生信号电流 I_S。负载两端 A、B 之间的总电压 U_L 等于

$$U_L = I_{N_1} R_{L_1} - I_{N_2} R_{L_2} + I_S(R_{L_1} + R_{L_2}) \tag{7-13}$$

式(7-13)中前两项表示噪声电压，第三项表示信号电压。如果 I_{N_1} 等于 I_{N_2}，R_{L_1} 等于 R_{L_2}，则负载两端的噪声电压等于零。于是式(7-13)可简化为

$$U_L = I_S(R_{L_1} + R_{L_2}) \tag{7-14}$$

由此可见，在负载两端只有信号电流 I_S 产生的电压，即表示只有信号电流流过负载。

图 7-21 用了纯电阻终端以简化讨论。实际中，除了电阻，电抗的平衡也很重要。图 7-22 是一个更一般的例子，给出了包含电阻性和电容性阻抗的终端。

如图 7-22 所示的平衡电路中，U_1 和 U_2 表示感应电压，电流源 I_1 和 I_2 表示通过容性耦合进入电路的噪声电流。源和负载之间的地电位差用 U_{cm} 表示。如果两根信号线 1 和 2 彼此相邻，或是较好地绞合在一起，则通过感性耦合进电路的噪声电压 U_1 和 U_2 应相等且在负载处抵消。

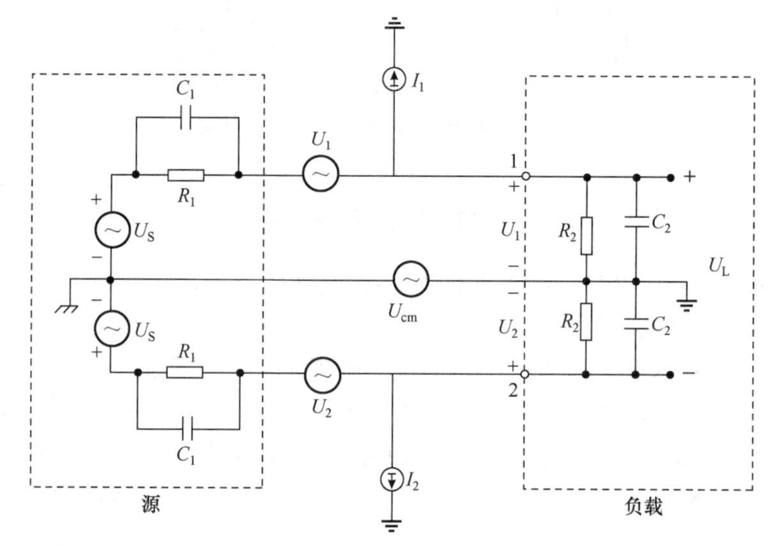

图 7-22　可以抑制感性和容性耦合噪声及地环路干扰的平衡电路

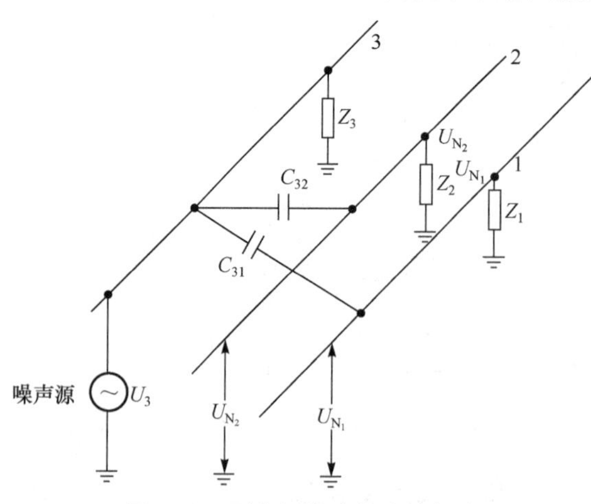

图 7-23　平衡导线中的容性耦合

由容性耦合引起的负载终端 1 和负载终端 2 之间产生的噪声电压可参考图 7-23 所示的电路来确定。电容 C_{31} 和 C_{32} 表示导线 1 和导线 2 分别与噪声源导线 3 之间的分布电容。阻抗 Z_1 和 Z_2 分别表示导线 1 和导线 2 对地的总阻抗。

导线 3 上的电压 U_3 通过电容 C_{31} 耦合到导线 1 上的噪声电压 U_{N_1} 是

$$U_{N_1} = \frac{j\omega C_{31} Z_1}{1 + j\omega C_{31} Z_1} U_3 \tag{7-15}$$

导线 3 上的电压 U_3 通过电容 C_{32} 耦

合到导线2的噪声电压U_{N_2}是

$$U_{N_2}=\frac{j\omega C_{32}Z_2}{1+j\omega C_{32}Z_2}U_3 \tag{7-16}$$

如果电路平衡，则阻抗Z_1和Z_2相等。如果导线1和导线2彼此相邻，或是较好地绞合在一起，电容C_{31}近似等于C_{32}。在这些条件下，U_{N_1}近似等于U_{N_2}，则噪声电压在连接在导线1和导线2之间的负载处抵消。如果终端平衡，则可用双绞线防止容性耦合。因为双绞线可以屏蔽磁场，且与终端是否平衡无关，所以即使导线上没有屏蔽，使用双绞线的平衡电路也将能防护磁场和电场耦合。因为双绞线很难达到理想的平衡，所以实际应用中常使用屏蔽双绞线。

图7-22中所示的地电位差U_{CM}在负载的终端1和终端2上产生相等的电压U_1和U_2。U_1和U_2相互抵消，所以在负载两端不会产生噪声电压，即$U_L=0$。

为了定量描述电路平衡的程度或一个平衡电路抑制共模骚扰电压的能力，引入共模抑制比(CMRR)。

如图7-24所示为用于抑制共模电压U_{CM}的平衡电路。如果平衡得好，则放大器的输入端不会出现差模电压U_{DM}。如果系统中出现了轻微的不平衡，则共模电压U_{CM}在放大器的输入端就会产生较小的差模电压U_{DM}。定义平衡系数CMRR为

$$\mathrm{CMRR}=20\log\left(\frac{U_{CM}}{U_{DM}}\right)\mathrm{dB} \tag{7-17}$$

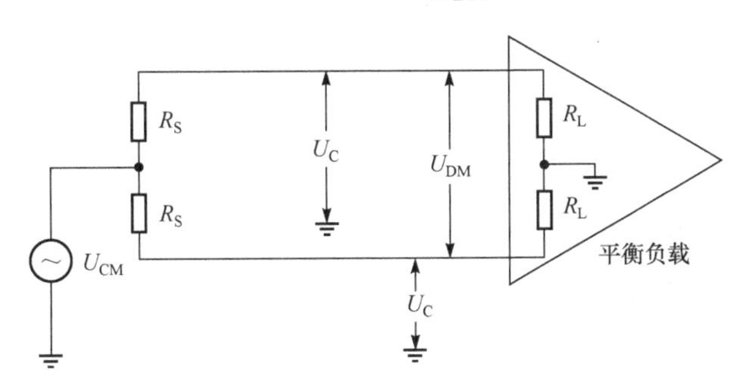

图7-24　CMRR的定义

电路平衡越好，CMRR值越大，共模骚扰的影响就越小。通常，一个设计良好的电路，其CMRR可达40～80dB。但要得到更大的CMRR，则需要设计单独的调整电路和使用特殊的电缆。实际中源电阻R_S一般比负载电阻R_L小很多。在放大器的输入端，每根导线对地电压U_C几乎都等于U_{CM}，故式(7-17)可用下式来近似：

$$\mathrm{CMRR}=20\log\left(\frac{U_C}{U_{DM}}\right)\mathrm{dB} \tag{7-18}$$

如果源和负载距离较远，则式(7-18)的定义更好。因为U_C和U_{DM}可以在电路的同一端进行测量。

在一个理想的平衡系统中，共模骚扰不会耦合进电路。但在实际中，小的不平衡会降低共模骚扰的抑制效果。源的不平衡、负载的不平衡、电缆对地阻抗的不平衡，以及出现的任何杂散或寄生参数造成的不平衡，都会降低电路的平衡。尤其在频率升高时，电抗性平衡变得更加重要。

平衡电路中的连接电缆，要求满足双线对地阻抗平衡。因此，每根导线的电阻和电抗必须

相等。许多情况下,源和负载的不平衡远远大于电缆对地阻抗的不平衡。然而,要求共模抑制比大于 100dB 时,或用非常长的电缆时,必须考虑电缆带来的电磁兼容性问题。

大多数电缆对地电阻的不平衡可以忽略,而对容抗的不平衡通常为 3%～5%。低频时,因为容抗远远大于电路中的其他阻抗,所以这种不平衡通常可以忽略。然而高频时,必须考虑容抗的不平衡。

对于屏蔽电缆而言,只要电缆的编织屏蔽层两端正确接地,一般不会造成对地感抗的不平衡。但如果电缆屏蔽层接地不正确,即地与屏蔽体没有 360°连接,则会造成电缆对地感抗的不平衡。辫线通常与两根信号线中的一根距离较近,因此与该信号线有较大的耦合,这会导致通过感性耦合进入信号导线的骚扰电流具有显著的不平衡。

平衡和屏蔽的效果是叠加的。屏蔽用于减小信号导线中由外界电磁场耦合的共模骚扰电流,而平衡可减小共模电压转化为差模电压的比例。

假设电路具有 60dB 的平衡,且电缆没有屏蔽,再假设每根芯线由于电场耦合在对地阻抗上得到了 300mV 的共模电压。因为平衡,耦合进负载的差模骚扰电压降低 60dB,即 300μV。如果在导线周围增加一个屏蔽效能为 40dB 的接地屏蔽层,则每根导线的对地阻抗上的共模电压将减小到 3mV。耦合进负载的差模骚扰电压将因为平衡再减小 60dB,得到 3μV。这表示总的骚扰电压减小 100dB,其中 40dB 来自屏蔽,60dB 来自平衡。

电路平衡也依赖于频率。通常,频率越高,越难保持好的平衡,因为分布电容在高频时对电路平衡有更大的影响。

7.2 滤　　波

滤波(filtering)是抑制传导骚扰的一种重要方法。从字面的含义可以看出,滤波就是基于频率对电磁波进行过滤,即能使期望通过的电信号无阻碍地通过,而将不期望通过的信号加以滤除。

7.2.1 滤波的基本概念

一般情况下,电磁骚扰源发出的骚扰信号频谱比敏感电路接收的有用信号的频谱宽得多,因此敏感电路接收有用信号时也会接收到不希望有的骚扰信号。滤波技术能限制接收信号的频带以抑制带外骚扰,而不影响有用信号。如果敏感电路接收器的频带为无限宽,设骚扰信号的功率谱密度为 $N(f)$,则进入敏感电路接收器的骚扰功率为

$$N=\int_0^\infty N(f)\mathrm{d}f \tag{7-19}$$

若有用信号功率为 S,则敏感电路接收端的信噪比为

$$S/N=\frac{S}{\int_0^\infty N(f)\mathrm{d}f} \tag{7-20}$$

如果采用滤波技术,将敏感电路接收器的带宽限制在一定的范围内,如从 f_1 至 f_2,则此时进入敏感电路接收器的骚扰功率为

$$N'=\int_{f_1}^{f_2} N(f)\mathrm{d}f \tag{7-21}$$

显然 $N'<N$，则 $S/N'>S/N$，由此可见，采用滤波技术后系统的信噪比得到了改善。这也说明了滤波技术可以有效提高敏感电路的抗干扰性能。

另外，在采取屏蔽措施来切断或抑制辐射骚扰时，由于多数的设备外壳不可能是一个完全封闭的屏蔽体，总要有与其他设备或系统相连接的端口，如电源端口或信号线端口。而任何直接穿越屏蔽体的导体都会造成屏蔽失效。解决这个问题的有效方法之一是在通过机箱的电缆端口处采取滤波措施，以滤除电缆上不希望有的骚扰频率成分，减小电缆产生的电磁辐射，同时也降低通过电缆将环境噪声耦合设备内的骚扰能量。

概括地说，滤波的作用是仅允许工作必需的信号通过，而对不期望的信号尽可能地进行衰减，这样就降低了干扰发生的概率。

滤波器(filter)是实现滤波的具体器件。采用滤波器可以达到分离信号、抑制骚扰的目的。电子电气设备上所有的电源线和信号线都存在引入电磁骚扰的可能，因此从电磁兼容的角度考虑，电源线与信号线上都应该安装滤波器。

滤波器是由电感、电容、电阻或铁氧体器件构成的频率选择性二端口网络，可以插入传输线中，抑制不期望的信号的传输。能够无衰减地通过滤波器的信号频段称为滤波器的通带，通过时受到很大衰减的信号频率段称为滤波器的阻带。

由于信号的各种频率分量通过滤波器时的衰减不同，所以滤波器的插入损耗是滤波器最重要的特性参数。滤波器的插入损耗定义为

$$\text{Loss(dB)}=20\lg(U_1/U_2) \tag{7-22}$$

式中，U_1 为不通过滤波器而直接加在负载上时的信号电压；U_2 为通过滤波器后加在负载上的信号电压。插入损耗曲线随频率而变化，所以也称为滤波器的频率特性曲线。

根据插入损耗随频率不同的变化特性，滤波器一般可分为低通滤波器(LPF)、高通滤波器(HPF)、带通滤波器(BPF)和带阻滤波器(BSF，也称陷波器)。LPF 和 HPF 是最基本的滤波器，其他滤波器都是这两种滤波形式的组合。电磁干扰(EMI)滤波器多为低通滤波器。如图 7-25所示为这几种常见滤波器的插入损耗曲线。

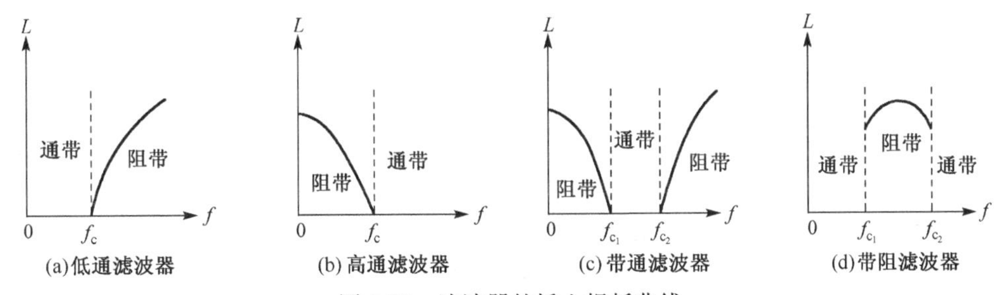

图 7-25　滤波器的插入损耗曲线

根据滤波器通带(或阻带)的大小，可以将滤波器分为宽带滤波器和窄带滤波器，以及一些特殊用途的滤波器，如梳状滤波器。EMI 滤波器多为宽带滤波器。窄带滤波器及梳状滤波器一般用于信号滤波整理。

根据滤波器的材料及制造工艺，可分为 LC 滤波器、RC 滤波器、铁氧体滤波器、表面波滤波器、腔体滤波器、晶体滤波器等。EMI 滤波器主要是 LC 滤波器和铁氧体滤波器。

根据滤波器的工作机理来分类，有反射式滤波器和吸收式滤波器两种类型。反射式滤波器是由电感、电容等器件组成的，在滤波器阻带内提供了高的串联阻抗和低的并联阻抗，使它

与噪声源的阻抗和负载阻抗严重不匹配，从而把不希望的骚扰信号反射回噪声源，所以称为反射式滤波器。吸收式滤波器则是由有耗器件构成，它能够在阻带内吸收骚扰信号的电磁能量并将之转化为热损耗，从而起到滤波作用。常见的吸收式滤波器如铁氧体滤波器。

7.2.2　基本滤波元件

常采用的滤波元件有电容、电感、频变电阻（铁氧体元件）等。这些元件之所以能够实现滤波的功能，是利用了它们的电参数（如容抗、感抗、电阻）能够随着频率变化的特性。由于在电磁兼容应用中，我们使用的各种形式的 EMI 滤波基本上均为低通滤波，故以下主要讨论这些元件组成低通滤波电路时的特性。

1. 电容元件

电容器是基本的滤波器件，在低通滤波器中作为旁路器件使用。利用它的阻抗随频率升高而降低的特性，起到对旁路高频骚扰信号的作用。

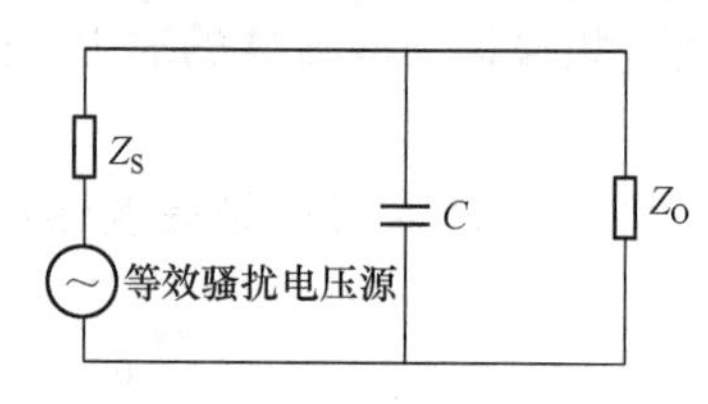

图 7-26　电容元件构成的低通滤波电路

由电容元件构成反射式低通滤波的电路如图 7-26 所示，Z_O 为滤波器向负载端看进去的阻抗，Z_S 为滤波器向源端的阻抗。将这两个阻抗考虑在内，其实质上是与电容元件一起构成了一个 RC 低通滤波器。电容元件本身的阻抗为 $Z_C=1/(j\omega C)$，可见频率越高电容元件的阻抗越小，即高频时电容元件为电路提供了一个并联的低阻抗。如果源电流中同时存在高频成分和低频成分，则高频电流将主要流过电容支路，而低频电流则流过负载支路，即电容元件起了滤除高频信号的作用。电容元件的选择应在需滤除的频率范围内满足：

$$Z_C<Z_S,\qquad Z_C<Z_O$$

电容元件适用于对高频时负载阻抗和源阻抗都比较大的电路的滤波。假设 $Z_S=Z_O=R$，则电容滤波器的插入损耗为

$$\mathrm{Loss}_C(\mathrm{dB})=10\lg\left[1+\left(\frac{\omega RC}{2}\right)^2\right] \tag{7-23}$$

电容元件既可以用来滤除差模噪声，也可以用来滤除共模噪声，只是连接方法不同而已。电容元件若并联在设备的交流电源进线间则可以滤除电源线上的差模高频噪声；若连接在印刷电路板上集成芯片的正负电源引脚间则起到去耦作用，给高频噪声提供一个高频通道，以免把高频噪声传导到电源中，这也是抑制差模噪声。如把电容元件连接在导线和地之间就构成了共模滤波器，可以避免共模高频噪声进入负载中，经共模-差模转换而影响设备正常工作。

但是，在实际使用中的电容器不同于理想的电容元件，一定要注意电容器的非理想性。实际的电容器除了电容以外，还有电感和电阻。电感是由引线和电容结构所决定的，电阻是引线所固有的。电感是影响电容滤波器频率特性的主要指标，因此，在分析实际电容器的滤波（实际是旁路）作用时，用 LC 串联电路来等效，如图 7-27 所示。

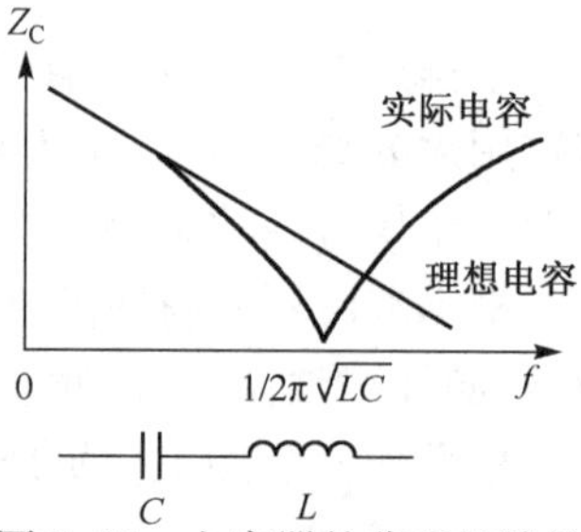

图 7-27　电容器的非理想特性

当频率为 $1/(2\pi\sqrt{LC})$ 时，实际电容器会发生串联谐振，这时电容的阻抗最小，旁路效果最好。超过谐振点后，电容器的阻抗特性呈现感抗特性，即随频率的升高而增加，旁路效果开始变差。这时，作为旁路器件使用的电容器就开始失去旁路作用。电磁兼容设计中使用的电容器要求其谐振频率尽量高，这样电容器才能够在较宽的频率范围内起到有效的滤波作用。提高电容器谐振频率的方法有两个：一个是尽量缩短电容器引线的长度，另一个是选用电感较小的电容器种类。从这个角度考虑，陶瓷电容是最理想的用于滤波的一种电容。

2. 电感元件

由电感元件组成的最简单的反射式低通滤波电路如图 7-28 所示。电感元件的阻抗为 $Z_L=j\omega L$。可见频率越高，感抗越大，即高频时电感元件为电路提供了一个串联的高阻抗，这样，信号的高频分量主要损耗在电感元件上，而低频分量衰减很小，可以通过电感元件到达负载。电感元件的选择应在需要滤除的信号频率范围内满足 $Z_L>Z_S$ 和 Z_O。所以电感滤波器适用于高频时对负载阻抗和源阻抗均较小的电路的滤波。假设 $Z_S=Z_O=R$，则电感滤波器的插入损耗为

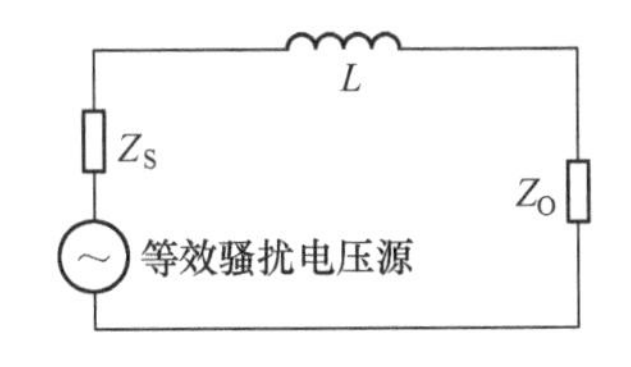

图 7-28　电感元件构成的低通滤波电路

$$\mathrm{Loss_L(dB)}=10\lg\left[1+\left(\frac{\omega L}{2R}\right)^2\right] \tag{7-24}$$

实际使用中的电感器除了电感以外，还有电阻和电容。其中电容主要为分布电容，影响更大。电感元件的阻抗随着频率的升高而增加，这正是电感元件对高频骚扰信号衰减较大的原因。但是，由于实际电感器绕线间分布电容的存在，电感器的等效电路为一个 LC 并联电路，如图 7-29 所示。当频率为 $1/(2\pi\sqrt{LC})$ 时，电感器会发生并联谐振，这时电感器的阻抗最大。超过谐振点后，电感器的阻抗特性呈现容抗特性——随频率增加而降低。这时，就不能起到有效的滤波作用了，电感器的电感越大，往往分布电容也越大，电感器的谐振频率就越低。

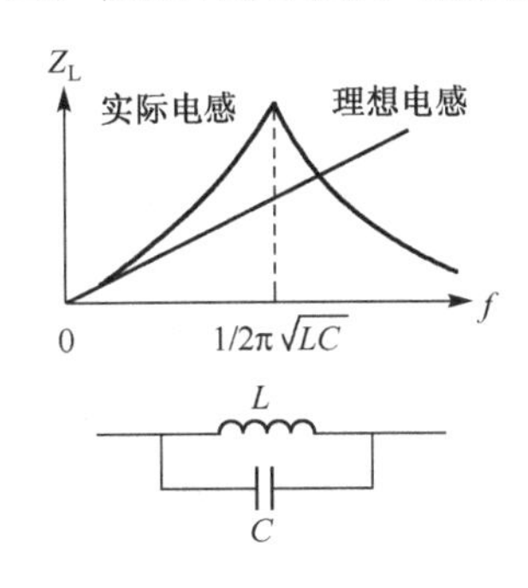

图 7-29　电感器的非理想特性

3. 电阻元件

这里所说的电阻元件不是我们一般常用的电阻元件，而是一类特殊的元件。这类电阻元件的电阻不是常数，而是会随着通过其信号的频率发生变化，即可称作一种“频变电阻”$R(f)$。由频变电阻元件构成的滤波电路，其工作机理是将阻带内的电信号能量转化为焦耳热而消耗掉，所以是一种吸收式滤波器。

基于前面对电容元件及电感元件滤波机理的讨论，我们可以得出如下的结论：如果频变电阻的电阻值随频率正向变化，则应将其串联在骚扰源与负载之间，利用电阻对电磁噪声的分压实现低通滤波；如果频变电阻的电阻值随频率负向变化，则应将其并联在骚扰源与负载之间，利用电阻对电磁噪声的分流来实现低通滤波。

铁氧体是一种典型的频变电阻元件，已被广泛应用于各种电路中作为低通滤波器使用。用于电磁噪声抑制的铁氧体是一种磁性材料，由铁、镍、锌氧化物混合而成，具有很高的电阻率和较高的磁导率（相对磁导率为 100～1500）。铁氧体一般做成中空型，导线穿过其中。当导

线中的信号电流穿过铁氧体时低频分量可以几乎无衰减地通过，但高频分量却会受到很大的损耗，转变成热能，所以铁氧体是一种吸收式低通滤波元件。

实际的铁氧体可以等效为电阻元件和电感元件的串联，但电阻值和电感值都是随着频率而变化，总的串联阻抗为

$$Z(f)=R(f)+\mathrm{j}\omega L(f) \tag{7-25}$$

式中，$R(f)$损耗方式提供主要的滤波作用，而 $\mathrm{j}\omega L(f)$则以反射方式提供一部分滤波作用。如图 7-30 所示是一典型的铁氧体的 Z、R、L 随频率变化的曲线。

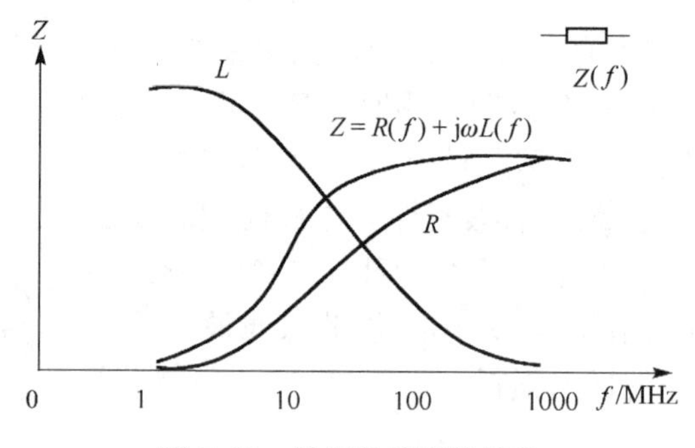

图 7-30 铁氧体的阻抗特性

由图 7-30 可知，铁氧体的总阻抗是随频率升高而增加的。在低频段内，磁芯的磁导率较高，因此电感较大，感抗 $X>R$，这时电感起主导作用。但这时磁芯的损耗较小，整个铁氧体滤波器件等效为一个低损耗、高 Q 值特性的电感器，这种电感器容易造成谐振。因此在低频时，采用铁氧体滤波有时会出现骚扰增强的现象。

而在高频段，铁氧体的阻抗主要由电阻构成，即感抗 $X<R$。随着频率升高，磁芯的磁导率降低，导致电感减小，感抗降低。但这时磁芯的损耗增加，电阻增大，导致铁氧体的总阻抗增加。当高频信号通过铁氧体时，电磁能量就以热的形式损耗掉。

对于直流和低频信号，铁氧体提供的串联阻抗很低，直流电阻只有零点几欧姆，所以几乎没有衰减，可以顺利通过。但对于几十～几百 MHz 的高频信号，滤波器的阻抗则成百倍的增加，因此铁氧体对高频信号起到较大的衰减作用。铁氧体吸收式滤波器与常规的电感滤波器相比具有更好的高频滤波特性，因为电感器在高频时的分布电容会使电感器的实际阻抗下降，从而降低滤波性能。而铁氧体滤波器在高频时电阻值大于感抗，主要呈现电阻性，相当于一个品质因数 Q 很低的电感器，所以能在相当宽的频率范围内保持较高的阻抗，从而提高了高频滤波性能。

综上所述，用铁氧体材料做成的磁珠与电感器的功能是相同的，都是对高频信号产生高阻抗。只是铁氧体磁珠是吸收性的，而电感器是反射性的。磁珠的高频滤波性能比电感器好。另外，磁珠可以做得很小，而且使用起来比电感器更方便灵活。

7.2.3 EMI 滤波器

低通滤波器是电磁干扰抑制技术中用得最普遍的一种滤波器。低频信号可以通过，衰减很小，而高频信号则被滤除。低通滤波器用在交直流电源系统中可以抑制电源中的高频噪声，用在放大器或发射机输出电路中可以滤除有用信号的高次谐波和其他杂散信号。

低通滤波器的结构和滤波器两端的阻抗有密切关系。本节将介绍几种常见的LC低通滤波器以及常见的EMI滤波器。

1. LC低通滤波器

1)Γ型LC滤波器

Γ型LC滤波器电路如图7-31所示。该滤波器适用于高频时负载阻抗较大,而源阻抗较小的电路。当$Z_O=R$时,Γ型LC滤波器的插入损耗为

$$L_\Gamma(\mathrm{dB})=10\lg\left[\frac{(2-\omega^2LC)^2+\left(\dfrac{\omega L}{R}+\omega CR\right)^2}{4}\right] \tag{7-26}$$

2)Π型LC滤波器

Π型LC滤波器由两级Γ型LC滤波器组合而成,如图7-32所示。Π型LC滤波器适用于高频时负载阻抗和源阻抗都比较大的电路,与电容滤波器相比,由于是多级滤波器串接而成,所以插入损耗更大,但滤波效果更好。当$Z_S=Z_O=R$时,其插入损耗为

$$L_\Pi(\mathrm{dB})=10\lg\left[(1-\omega^2LC)^2+\left(\frac{\omega L}{2R}-\frac{\omega^2LC^2R}{2}+\omega CR\right)^2\right] \tag{7-27}$$

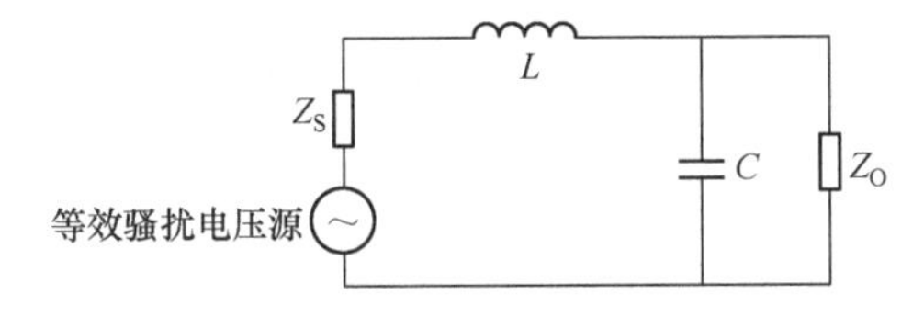

图7-31 Γ型LC滤波器

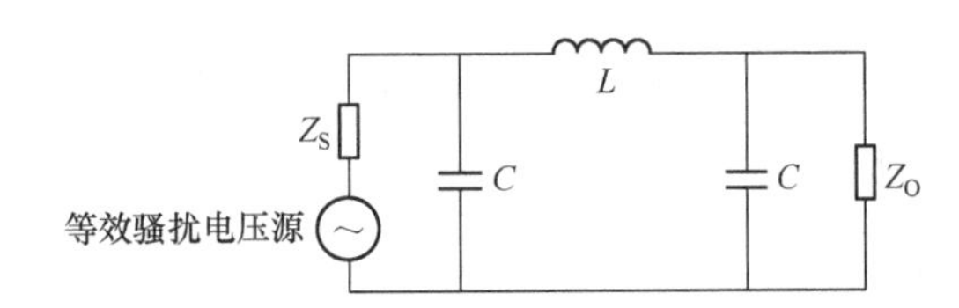

图7-32 Π型LC滤波器

3)T型LC滤波器

T型LC滤波器也是由两级Γ型LC滤波器以不同的方式组合而成,适用于高频时负载阻抗和源阻抗都比较小的电路,它比电感滤波器的插入损耗大,其结构如图7-33所示。

当$Z_S=Z_O=R$时,T型LC滤波器的插入损耗为

$$L_T(\mathrm{dB})=10\lg\left[(1-\omega^2LC)^2+\left(\frac{\omega L}{R}-\frac{\omega^2L^2C}{2R}+\frac{\omega CR}{R}\right)^2\right] \tag{7-28}$$

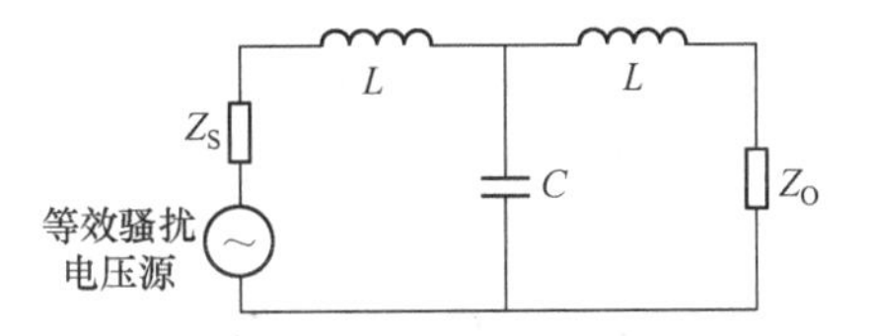

图7-33 T型LC滤波器

上面叙述的几种低通滤波器都可以级联使用。阻带范围相同的滤波器级联可以增加阻带内的衰减。阻带范围不同的滤波器级联可以扩展阻带范围。

2. 扼流圈

由电感器构成的滤波器根据线圈的缠绕方式不同分为两种:一种叫差模扼流圈,用于抑制差模高频噪声;另一种叫共模扼流圈,用于抑制共模高频噪声。差模扼流圈一般是单线扼流圈串联在单根传输线上。单线扼流圈通常是把导线缠绕在磁损较大的铁芯上,电感值可达几十毫亨。共模扼流圈使用时插入传输导线对中,同时抑制每根导线对地的共模高频噪声,而对于传输线中传输的差模电流则没有影响,其结构如图7-34所示。通常把两个相同的线圈绕在同

一个铁氧体环上，铁氧体磁损较小，绕制的方法使得两线圈在流过共模电流时磁环中的磁通相互叠加，从而具有相当大的电感量，通过大的感抗对共模电流起到抑制作用；而当两线圈流过差模电流时，磁环中的磁通相互抵消，几乎没有电感量，所以差模电流可以无衰减地通过。共模扼流圈的优点就在于，即使呈现较大差模电流通过也不会使磁环饱和，而对于共模电流则呈现较大的电感(约几毫亨)，所以可以用在大电流的电源滤波器中。

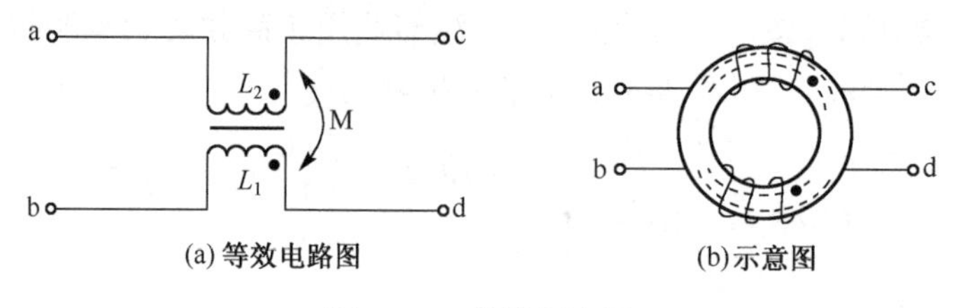

图 7-34　共模扼流圈

3. 电源滤波器

电源滤波器是一种通过多级差模和共模低通滤波器级联而构成的滤波器，它的优点是可同时抑制差模与共模两种模式的高频骚扰。另外，其滤波性能受两端负载阻抗的影响较小。

电源滤波器的作用往往是双向的，它不仅可以阻止电网中的骚扰进入设备，也可以抑制设备产生的骚扰污染公共电网。如图 7-35 所示是电源滤波器的一种典型结构，这种结构对交流电源和直流电源都适用。

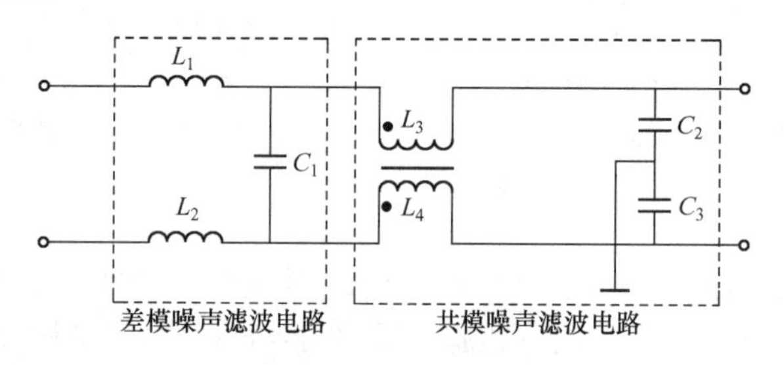

图 7-35　电源滤波器

图 7-35 中，L_1 和 L_2 表示两个差模扼流圈，电感一般选择为几十至几百微亨，C_1 是差模滤波电容，一般选择 0.047～0.22μF，L_3 和 L_4 是共模扼流圈，绕在同一个铁氧体环上，电感约为几毫亨，C_2 和 C_3 是共模滤波电容，电容约为几纳法。C_2 和 C_3 的电容不宜选得过大，否则容易引起滤波器机壳漏电的危险。因为 C_2 和 C_3 的连接点是接“地”的。这里的地指的是滤波器的金属外壳，按规定应接大地。当滤波器用于交流电网时，虽然 C_2 和 C_3 对低频信号呈现的阻抗很大，但仍存在一定的漏电流。电容越大，漏电流也越大。如果滤波器外壳接地不良，人手摸到滤波器就会有触电的危险。国际电工委员会(IEC)规定了漏电流的限值，对于Ⅰ类安全设备漏电流不得大于 3.5mA，对于Ⅱ类安全设备漏电流应小于 0.25mA。

在实际运用中，电源滤波器并非是一个理想的低通滤波器，滤波器的实际频率特性如图 7-36中虚线所示。低频时插入损耗很小，可以让工频电流几乎无衰减地通过。对于理想低通滤波器，当频率高于截止频率后，插入损耗随着频率的升高可以无限增大。但实际上当插入损耗升高到一定值以后就不再增大，在相当一段频率范围内维持在该值附近振荡。然后当频率进一步升高时，插入损耗反而随频率下降。产生这种情况的原因是构成滤波器的电感器和电容器存在分布参数。

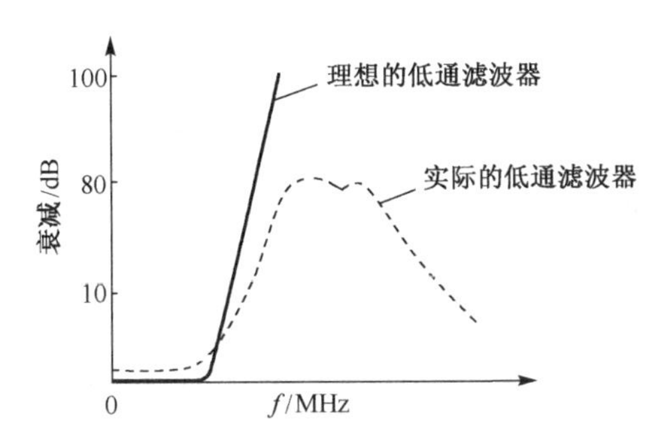

图 7-36　滤波器实际插入损耗与理想插入损耗

电感类器件如扼流圈在高频时的分布电容必须考虑。这些分布电容主要存在于绕线之间，电感器在遇到高频信号时可看成是电感 L 和分布电容 C_L 的并联电路。当信号频率大于谐振频率后，电感器就不再是电感而变成电容器了。并且随着频率升高，阻抗进一步减小，这样就失去了对高频信号的抑制作用。因此在绕制扼流圈时，一定要注意采用适当方法来尽量减少线圈间的分布电容。单扼流圈是绕在磁性材料上的，当扼流圈中的电流大到一定程度时，磁性材料将产生磁饱和现象，这时磁性材料的磁导率将急剧下降，电感也随之大大减小，单扼流圈也就不能再起滤波作用了。所以应该采用饱和磁感应强度高即磁损大的磁芯，如金属粉末磁芯。同时，磁芯的截面积也不能过小。共模扼流圈一般不存在磁饱和问题，因为当差模电流在流过共模扼流圈时，磁通在磁芯中互相抵消，所以磁芯可以用饱和磁感应强度较低，即磁损小、磁导率高的铁氧体材料。

当遇到高频信号时，电容器也不再是单纯的电容，而是电容和分布电感的串联电路。当信号频率超过谐振频点后，感抗起主导。所以当信号频率大于谐振频率之后电容器就不再是电容而变成电感器了，随着频率的升高阻抗反而越来越大，就不再具有高频滤波作用了。因此要改善滤波器的高频特性就必须选择高频特性好、等效串联阻抗（ESR）低的陶瓷电容和聚酯电容，并且尽可能地缩短电容的引线，减小分布电感。

对于某些特殊要求的电源滤波器，可能要求在高达 1GHz 的频率时仍能提供有效的滤波作用，这时还需要采用一些其他的手段来提高滤波器的高频性能。一般的做法是将组成滤波器的多个级联滤波电路之间用独立的屏蔽腔体隔离开，采用穿芯电容作为共模滤波电容并用其实现各级间的连接。通过这些措施，能够显著提高电源滤波器的工作频率上限。

4. 信号滤波器

这里所说的信号滤波器并不是通常所说的对有用信号进行选择的滤波器，而是装在信号线上以滤除信号线上的骚扰信号。对于信号线上采用的低通滤波器，除了上面介绍的扼流圈、反射式 LC 滤波器之外，通常采用以下几种滤波器。

1）穿芯电容滤波器

在处理穿越屏蔽体的信号线入端时可以采用穿芯电容来构成共模电容滤波器，通常也将之称为馈通滤波器。

穿芯电容使用螺栓或焊接的方法固定在机箱的金属板上。有用信号可以通过其芯线穿过机箱，而高频噪声则通过芯线与金属板之间的电容入地，如图 7-37 所示。

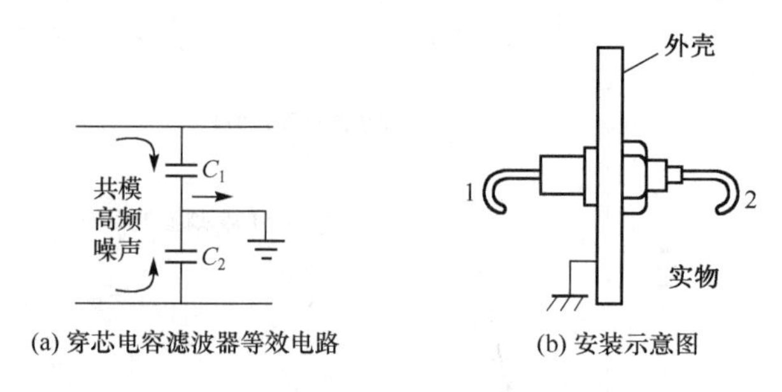

(a) 穿芯电容滤波器等效电路　　(b) 安装示意图

图 7-37　穿芯电容构成的共模滤波器

穿芯电容滤波器还常常以滤波阵列板和滤波连接器的形式出现。当需要滤波的导线数量较多时，逐个焊接或安装馈通滤波器是十分烦琐的事。这时可使用滤波阵列板或滤波连接器。滤波阵列板上的穿芯电容已经由厂家使用特殊工艺焊接好了，性能可靠、使用简便。滤波阵列板一般用在机箱内部。而对于机箱外部的电缆进行滤波则使用滤波连接器，以便于电缆的插拔。一般滤波连接器的外形尺寸与普通连接器是完全相同的，可以直接取代普通连接器。不同的是滤波连接器的每个针(孔)上安装了一个穿芯电容滤波器，用以滤除信号线上的高频骚扰。

使用滤波阵列板时，要注意的问题是一定要在滤波阵列板与安装面板之间安装电磁密封衬垫，否则在缝隙处会有很强的电磁泄漏。

2)铁氧体滤波器

用铁氧体做成的滤波器可以有多种不同的结构。根据不同的使用场合可以选择不同形式的铁氧体滤波器。如图 7-38 所示列出了常用的 10 种铁氧体滤波器。图 7-38(a)～(c)所示的磁珠通常可以直接焊接在印刷电路板上。多线磁珠可串接在低速信号传输线对中，如键盘线、RS-232 接口线等。图 7-38(d)～(f)所示的磁环通常套在导线上，导线应从其中间穿过。圆磁环可套在元件引脚或导线上；柱形磁环用于圆形电缆；矩形磁环用于扁平电缆；图 7-38(g)所示的是多孔磁板，专用于 DIP 型连接器的插座。使用时应把插座上的每个引脚都插入磁板上相应的孔中。为了使用方便，磁环还有做成分离的两个半环的，使用时两个半环套在电缆上，然后用夹子夹紧。图 7-38(h)可用于圆电缆；图 7-38(i)可用于扁平电缆。

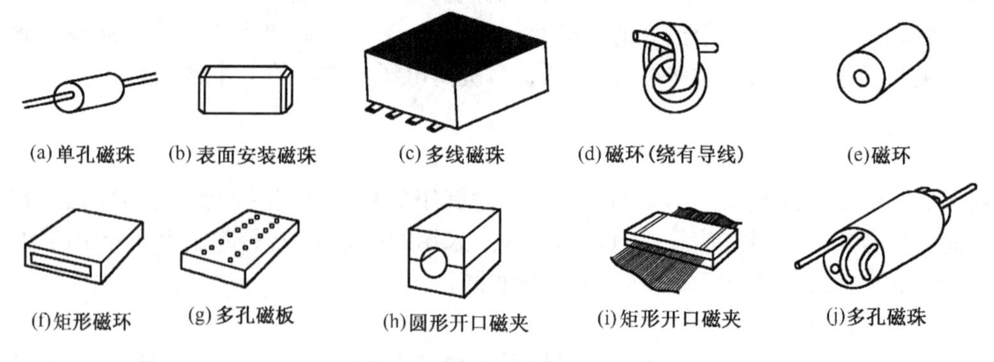

(a) 单孔磁珠　(b) 表面安装磁珠　(c) 多线磁珠　(d) 磁环(绕有导线)　(e) 磁环

(f) 矩形磁环　(g) 多孔磁板　(h) 圆形开口磁夹　(i) 矩形开口磁夹　(j) 多孔磁珠

图 7-38　各种铁氧体磁环(磁珠)

除了作为信号滤波器使用，磁珠和磁环可以应用在以下场合：磁环可套在交流电源线对、直流电源线对上，也可套在电缆线上用于抑制共模噪声；磁珠可串接在电源的正负导线中用于抑制差模噪声；磁环还可套在高频元件的引脚上，防止电路产生高频振荡。使用铁氧体磁珠和磁环时应注意以下问题：

(1)电缆或导线应与环内径密贴，不能留太大的空隙。这样可以保证导线上的电流所产生的磁通基本上都集中在磁环内，从而增加滤波效果。

(2)磁环越长，阻抗越大。例如，2 个截面积相同的磁珠，长度为 6.68mm 的磁珠在 100MHz 时阻抗为 110Ω，长度为 13.97mm 的磁珠阻抗则为 220Ω。如果一个磁环不起作用，可以多套几个磁环。

(3)有时为了增加阻抗，可以把导线在磁环上多绕几圈，也可用如图 7-38(j)所示的多孔磁珠来增加线圈匝数。理论上阻抗与匝数的平方成正比，但由于匝与匝之间存在分布电容，高频时实际增加的阻抗不可能达到预期效果，所以一般最多绕 2～3 匝。

(4)磁环内的导线如果流过较大的直流或低频交变电流，则容易使其失去滤波作用。因为铁氧体磁环与其他电感器的铁芯相比容易产生磁饱和，这时其磁导率急剧下降，阻抗也随之下降，所以在利用磁珠抑制差模电流时要注意产品说明书给出的电流允许值，特别当磁珠用在大电流的电源线滤波时要挑选允许电流值大的磁珠。在用磁环抑制共模噪声电流时最好把正负电源线导线或正负信号导线对同时穿过磁环，这样磁环就不易产生磁饱和现象。

(5)如果使用铁氧体磁珠或磁环的电路负载阻抗很高，则磁珠很可能不起作用。因为磁珠的阻抗在几百兆赫时也只有几百欧，所以磁珠比较适用于低阻抗电路。如果能在磁珠后面再并联一个电容，组成类似 LC 滤波器，则可以增加滤波效果。

3)三端电容滤波器

在讨论电容器的非理想特性时我们提到，对于高频，电容的引线电感是不能忽略的。当频率接近或超过实际电容器的自谐振频率时，电容器将失去滤波功能。而三端电容与普通电容不同，三端电容的一个电极上有两根引线，如图 7-39 所示。

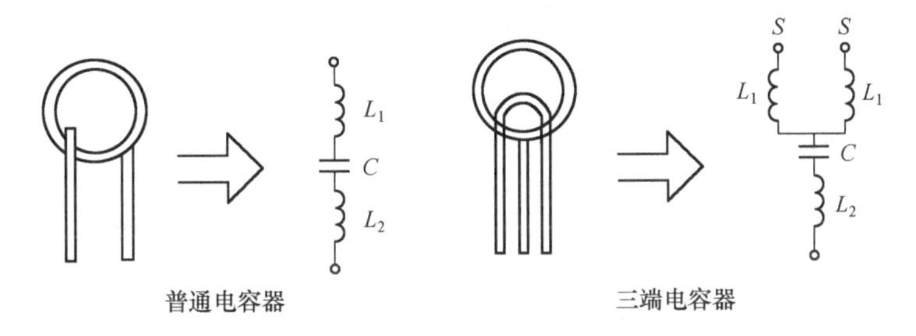

图 7-39　普通电容器、三端电容器及其高频等效电路的比较

三端电容使用时，将标有 S 的两个端子串联进入需要滤波的导线中，标有 G 的引出端接信号地或供电回路。通过这种连接，等于在信号线和地之间接入了一个穿芯电容器，而且导线电感与电容刚好构成了一个 T 型滤波器，并消除了一个电极上的串联电感。因此三端电容比普通电容具有更高的谐振频率和更好的滤波或去耦效果。

三端电容器虽然比普通电容器在滤波效果上有所改善，但是还有两个因素制约着其高频滤波性能。一个是两根引线间的分布电容带来的容性耦合，另一个是接地线的电感。因此，三端电容的自谐振频率为 20～350MHz，它的自谐振频率主要取决于电容大小。若能选择它的自谐振频率与需要抑制的骚扰频率相重合或接近，会得到最佳抑制效果。如何对骚扰信号实现 60～70dB 的衰减。

为了进一步改善三端电容器的滤波性能，还可通过在两个 S 端引线的根部分别接入两颗铁氧体磁珠来构成复合滤波器件。目前市场上有这类产品可供选用。在使用时应根据需要滤波的信号线的信号频率来选择合适参数的滤波器件。

7.2.4 滤波器的安装

1. 一般注意事项

EMI 滤波器的安装和实际布局对它能否充分发挥抑制电磁骚扰的作用影响极大，一般性的注意事项包括：

(1)滤波器应当安装在尽量靠近欲抑制噪声的端子处，即最好安装在骚扰源出口处，再将骚扰源和滤波器完全屏蔽在一个金属盒子里。若骚扰源内腔空间有限，则应安装在靠近骚扰源被滤波导线出口外侧，滤波器壳体与骚扰源壳体应进行良好的搭接。

(2)滤波器的输入和输出线必须分开，防止出现输入端与输出端线间耦合现象而降低滤波器的滤波效果。通常利用隔板或底盘来固定滤波器。若不能实施隔离，则采用的屏蔽引线必须可靠接地。

(3)滤波器中电容器导线应尽可能短，防止感抗与容抗在某个频率上形成谐振。电容器相对于其他电容器和元件成直角安装，避免造成相互影响。

(4)滤波器接地线上有很大的短路电流，能辐射很强的电磁骚扰。因此要对滤波器进行良好的屏蔽。

(5)焊接在同一插座上的每根导线都必须进行滤波，否则会使滤波器的滤波作用完全失去。

(6)穿芯电容滤波器必须完全同轴安装，使骚扰电流呈发散状流经电容器。若把穿芯电容器通过法兰盘直接安装到骚扰源上与设备组成一体，接地电流就会呈发散状流过，使得穿芯电容滤波器的抑制频率范围可扩展到几 GHz。如果安装不当，抑制效果就会明显变差。

2. 电源滤波器的安装

在使用安装电源滤波器时，首先要根据需要正确选择滤波器的参数。

(1)插入损耗：对于电源滤波器而言，这是最重要的指标。由于电源线上既有共模骚扰又有差模骚扰，因此滤波器的插入损耗也分为共模插入损耗和差模插入损耗。在滤波器的阻带内，插入损耗越大越好。

(2)高频特性：理想的电源滤波器应该对工频以外的所有频率的信号有较大的衰减，即插入损耗的有效频率范围应覆盖可能存在电源骚扰的整个频率范围。但几乎所有的电源滤波器手册都仅给出滤波器在 30MHz 以下频率范围内的衰减特性。这是因为电磁兼容标准中对传导发射的限制仅到 30MHz，并且大部分滤波器的性能在超过 30MHz 时开始变差。但实际中，滤波器的高频特性是十分重要的。

(3)额定工作电流：额定工作电流不仅关系到滤波器的发热问题，还影响滤波器的电感特性。滤波器中的电感要求在工作电流峰值条件下不能发生饱和。

(4)滤波器的体积：滤波器的体积主要由滤波器中的电感决定，而电感的体积取决于额定电流、滤波器的低频滤波要求。体积小的滤波器一定牺牲了电流容量或低频特性。

选择电源滤波器所面临的最大问题是如何确定在阻抗失配的应用条件下滤波器的插入损耗？往往厂家所给出的滤波器参数是在 50Ω 的源和负载阻抗的测试环境下获得的，这种方法获得的滤波器性能参数是最优化的，同时是最具有误导性的。在实际应用中，交流电源的阻抗可能在 2Ω～2kΩ 的范围内变化，而设备的负载阻抗更是千差万别，所以一般情况下电源滤波器都是工作在阻抗失配的条件下。为了解决阻抗匹配问题，最好是购买生产厂家同时标明了在“匹配”的 50/50 测试系统中的指标和在“失配”条件下的指标的产品。失配数据是在源阻抗为 0.1Ω/负载阻抗为 100Ω 以及源阻抗为 100Ω/负载阻抗为 0.1Ω 的条件下测得的。为保险起见，应当将所有这些曲线中代表最坏情况的插入损耗曲线作为滤波器的技术指标来考虑。

正如上述，滤波器的安装会严重影响滤波器的滤波效果。电源滤波器的理想安装方式如图 7-40(a)所示。在这种安装方式中，滤波器的输入端和输出端分别在机箱金属面板的两侧防止高频时的耦合，直接安装在金属面板上，使其接触阻抗最小，即接地阻抗最小。滤波器与机箱面板之间最好安装电磁密封衬垫(在有些应用中，电磁密封衬垫是必需的，否则接触缝隙会产生电磁泄漏)。

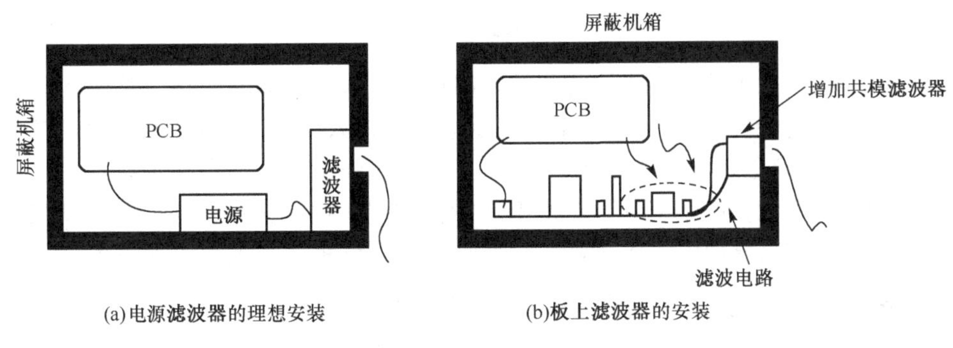

(a)电源滤波器的理想安装　(b)板上滤波器的安装

图 7-40　电源滤波器的正确安装

军用设备中经常使用这种安装方式，否则可能不能满足辐射发射的限值要求。对于民用设备，虽然电磁兼容标准的要求较松，但是，有些场合对射频泄漏的限值很严格(例如，与高灵敏度接收机一起工作的设备)，也要采用这种安装方式。在采用这种安装方式时，滤波器的滤波效果主要取决于滤波器本身的性能。当滤波器本身的性能较差时(主要指其高频性能)，即使采用这种安装方式也不能提高滤波器的滤波效果。

许多产品为了降低成本，将滤波器直接安装在电路板上，如图 7-40(b)所示。这种方法从成本上看似有些好处，但实际的性价比并不高。因为高频骚扰会直接感应到滤波电路上的任何一个部位，使滤波器失效。因此，这种方式往往仅适合于骚扰频率很低的场合。如果设备使用了这种滤波方式(有些电源上就安装了滤波电路)，一种补救措施是在电源线入口处安装一个共模滤波器，这个滤波器仅对共模骚扰有抑制作用。因为空间场感应到导线上的骚扰电压都是共模形式。这个共模滤波器可以由共模扼流圈加共模滤波电容构成，或者采用穿芯电容也可以获得非常理想的滤波效果。

3. 信号滤波器的安装

信号滤波器的主要作用是滤除信号线上的骚扰电流。这样既可以防止设备内的噪声电流通过导线传输到设备外部,也防止外界骚扰通过导线耦合进入设备。一般为了满足电磁兼容标准的要求,非屏蔽电缆的端口上必须安装滤波器,否则难以达到要求。信号滤波器的两种安装方式如图 7-41 所示。

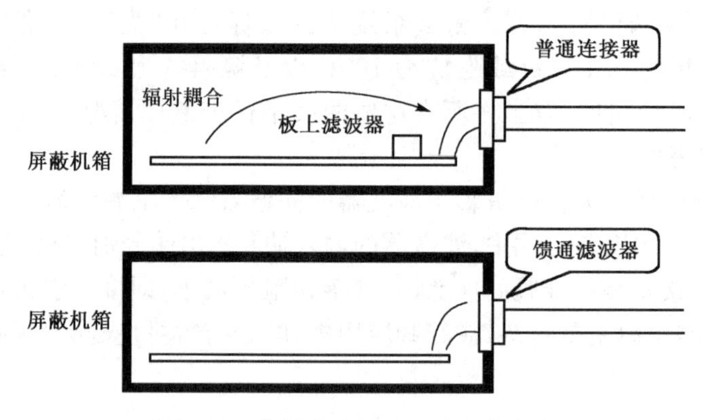

图 7-41　信号滤波器的两种安装方式

(1)板上滤波器:这种滤波器直接安装在电路板上。这种滤波器的优点是经济,缺点是高频滤波效果欠佳。这主要有三个原因,第一是滤波器的输入、输出之间没有隔离,容易发生线间耦合或辐射耦合;第二是滤波器的接地阻抗不是很低,削弱了高频旁路效果;第三是滤波器与机箱之间的一段连线会产生两种不良作用,机箱内部空间的电磁骚扰会直接感应到这段线上,沿着电缆传出机箱,借助电缆辐射,使滤波器失效;外界骚扰在被板上滤波器滤波之前,也会借助这段线产生辐射,或直接与电路板上的电路发生耦合,造成设备抗扰度性能降低。

虽然板上滤波器在高频时的滤波效果不尽如人意,但是如果安装得当,仍可以满足大部分民用产品电磁兼容的要求。板上滤波器的理想安装如图 7-42 所示。

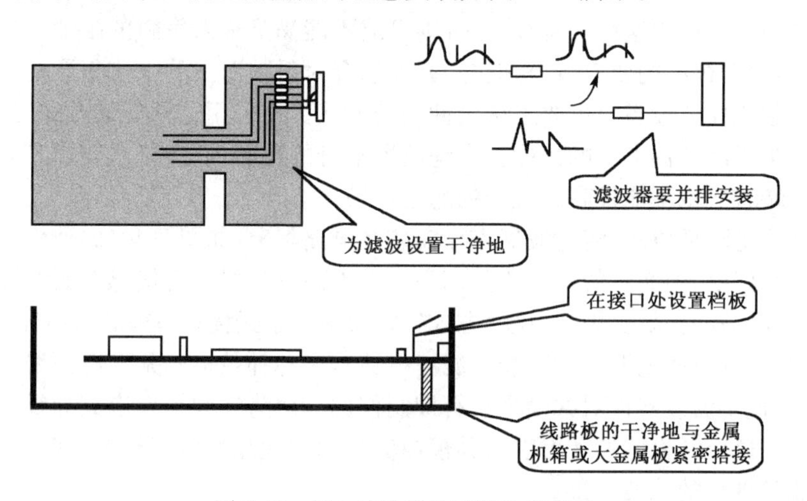

图 7-42　板上滤波器的安装注意事项

(2)干净地:决定在使用板上滤波器后,在布线时要注意在导线端口处留出一块“干净”的地，滤波器和连接器都安装在干净地上。需要说明的是，信号地线上的骚扰是十分严重的，我们说这种地线是很不“干净”的。如果直接将导线上的滤波电容连接到这种地线上，不仅起不到较好的滤波作用，还可能使地线上的骚扰串到导线上，造成更严重的共模辐射问题。因此为了取得较好的滤波效果，必须准备一块“干净地”。干净地与信号地只能在一点连接起来，这个流通点称为“桥”，所有信号线都应该从“桥”上通过，以减小信号环路面积。

(2)滤波器要并排设置：保证导线组内所有导线的未滤波部分在一起，已滤波部分在一起。不然的话，一根导线的未滤波部分会将另一根导线的已滤波部分重新污染，使导线整体的滤波失效。

(3)滤波器要尽量靠近导线的端口：使滤波器与面板之间的导线尽量短，其道理前面已经说过。必要时，使用金属遮板挡一下，其近场的隔离效果较好。

(4)滤波器与机箱的搭接：安装滤波器的“干净地”要与金属机箱可靠地连接起来。如果机箱不是金属的，应该在电路板下方设置一块较大的金属板，作为滤波地。“干净地”与金属机箱之间的连接要保证很低的射频阻抗。必要时，可以考虑使用电磁密封衬垫以增加搭接面积，减小射频阻抗。

(5)滤波器接地线要短：其重要性前面已讨论，滤波器的局部布线和设计电路板与机箱(金属板)的连接结构要特别注意。

(6)已滤波导线与未滤波导线分组：已滤波的导线和未滤波的导线尽量远离，以防止线间耦合问题。

(7)面板滤波器：这种滤波器直接安装在屏蔽机箱的金属面板上。由于直接安装在金属面板上，滤波器的输入、输出之间完全隔离，且接地良好。导线上的骚扰在机箱端口上被滤除，因此滤波效果十分理想。缺点是安装需要一定的结构配合，这必须在设计初期进行考虑。

当骚扰的频率较高或对骚扰抑制的要求很严格时，就需要用面板滤波器。面板滤波器有单个馈通滤波器、滤波阵列板、滤波连接器等。当穿过面板的导线较少时，用单个馈通滤波器；当穿过面板的导线较多时，用滤波阵列板。面板滤波器的安装方法如图 7-43 所示。

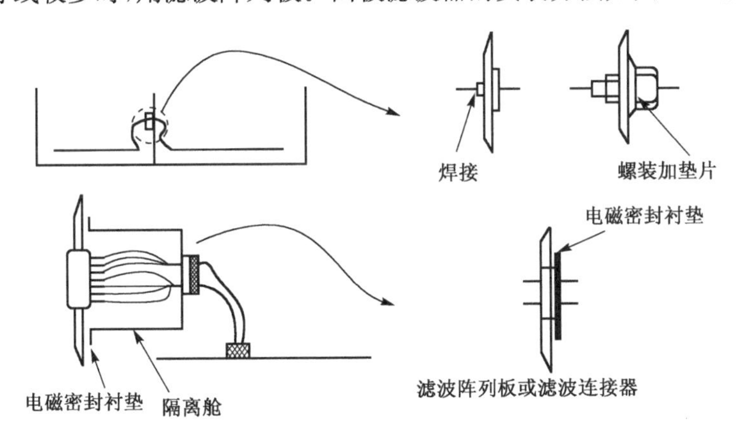

图 7-43　面板滤波器的安装方法

(1)面板滤波器只能安装在金属面板上：金属面板为滤波器提供了滤波地(骚扰电流通路)。其次，金属面板起到了隔离滤波器输入、输出端的作用。

(2)焊接安装：焊接安装方式一般用于单个的馈通滤波器。焊接时，要保证滤波器一周都焊接上。焊接温度要按照厂家的要求严格控制。一般只有当产品的产量很大、焊接工艺保证能力很强时，才使用这种安装方式。

(3)螺装：一般单个馈通滤波器采用螺装方式。为了保证滤波器的一周与面板可靠搭接，要使用带齿牙的垫片。安装时，确保接触面清洁、导电。

(4)滤波阵列板和滤波连接器的安装：滤波阵列板或滤波连接器与安装面板之间一定要使用电磁密封衬垫，否则，在搭接点的电磁泄漏是十分严重的。因为滤波器中的重要器件是电容器，它将信号线上的骚扰旁路到机箱上。这样在滤波器外壳和机箱的接触面上就会有较强的骚扰电流流过。如果滤波器和机箱之间的搭接阻抗较大，在这个阻抗上就会有噪声电压，这个噪声电压是共模骚扰的来源。

(5)电缆滤波的方法：传输低频信号的电缆上使用低通滤波器是解决电磁干扰问题很理想的方法。虽然使用滤波连接器是很理想的方法，但是滤波连接器的价格往往是许多项目难以承受的。如果空间允许，可以使用小隔离舱的方法。

(6)如果将铁氧体磁环与馈通滤波器结合起来使用，往往能够取得更好的效果。

(7)滤波连接器：这是一种使用十分方便、性能十分优越的器件，与普通连接器的外形一样，可以直接替换。它的每根插针或孔上有一个低通滤波器。低通滤波器可以是简单的单电容电路，也可以是较复杂的滤波电路。

4. 接地质量对滤波性能的影响

在实际应用中，滤波器的接地质量直接影响到滤波器的共模滤波效果。接地不良或采用不恰当的接地方法可能导致滤波器失效。

对于如图 7-44 所示的 π 型滤波电路，按照设计意图，骚扰电流应通过两个电容旁路到地。当滤波器接地不良时，滤波器壳体与机箱之间的搭接阻抗比电容的容抗大，则骚扰电流不再通过预期路径流向机箱，而是通过两个电容流向了负载端，因而降低了滤波器的滤波效果。此例表明，由于滤波器接地阻抗过大，实际效果是将滤波器接地阻抗旁路掉了。故而滤波器必须与机箱实现良好的搭接，即接地良好，才能达到其预期的滤波效果。

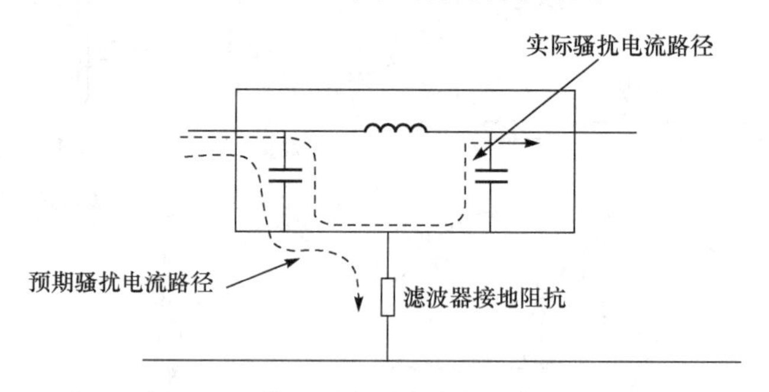

图 7-44　接地不良对滤波器性能的影响

一个极端的例子如图 7-45(a)所示，安装滤波器的机箱金属底板进行了喷漆处理，导致滤波器外壳没有直接搭接到接地参考面，造成滤波器外壳与机箱间存在较大的分布电容；细长的接地线则存在可观的分布电感。分布电感和分布电容构成并联谐振电路，在其谐振频点将等效于开路，共模骚扰电流失去泄放到地的途径，所以高频滤波效果很差。

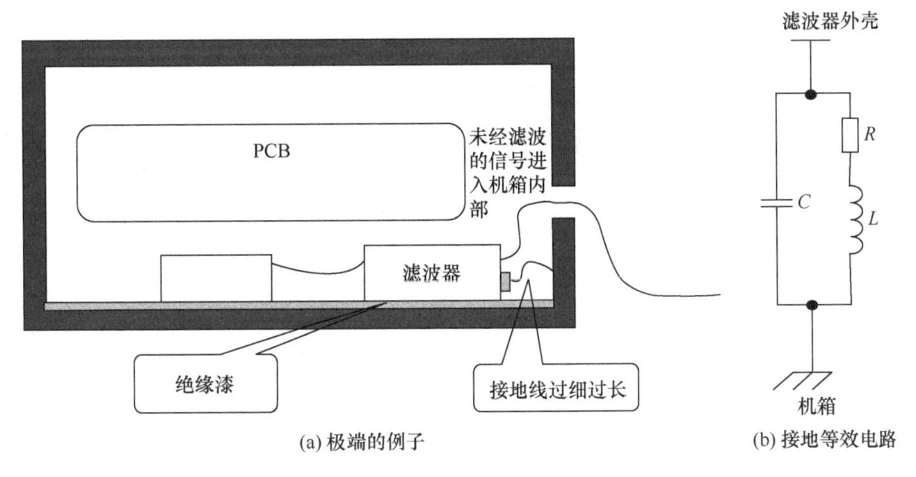

图 7-45　错误的滤波器安装

7.3 屏　　蔽

7.3.1 屏蔽的基本概念

屏蔽(shielding)是解决电磁干扰问题最基本的方法之一。屏蔽技术是一种空域的电磁干扰控制技术,用来抑制电磁干扰在空间的传播,即切断辐射电磁干扰的传输途径。大部分电磁干扰问题都可以通过电磁屏蔽来解决。用电磁屏蔽的方法来解决电磁干扰问题的最大好处是不会影响电路的正常工作,因此不需要对电路做任何修改。

1. 屏蔽的分类

屏蔽就是利用金属或其他特殊材料对电磁波产生的衰减作用来降低被保护区域内的场强(电场、磁场或高频电磁场),以免被保护区域内的敏感设备受辐射场的干扰。屏蔽按保护对象可分为两类。一类是主动屏蔽,即控制辐射骚扰源,使其发射的电磁波不能向外进入被保护区域,目的是防止骚扰源向外辐射骚扰场;另一类是被动屏蔽,即防止外来的辐射骚扰进入被屏蔽区域,以免敏感设备受骚扰辐射场的干扰。

从起屏蔽作用的屏蔽体的结构来看,导电连续性屏蔽体屏蔽(如屏蔽室或屏蔽盒等)、非导电连续性屏蔽体屏蔽(如金属网、波导管等)以及编织带屏蔽(如电缆屏蔽层等)。常见的屏蔽体有仪器设备的金属外壳、大型测试屏蔽室、柔软的电缆金属编织等。

通常采用金属导体作为屏蔽体,但材料的特性参数及结构的选择则取决于被屏蔽的电磁场的性质。对不同性质电磁场的屏蔽有其不同的屏蔽机理。

2. 屏蔽效能

一般我们采用屏蔽效能这个参数来描述屏蔽体的屏蔽性能。

屏蔽效能可以用电场来定义:

$$SE_E(\mathrm{dB})=20\lg(E_2/E_1) \tag{7-29}$$

式中,SE 表示电场屏蔽效能;E_1 表示加上屏蔽后观测点的电场强度;E_2 表示未加屏蔽前观测点的电场强度。

屏蔽效能也可以用磁场来定义：

$$SE_H(dB)=20\lg(H_2/H_1) \tag{7-30}$$

式中，SE_H 表示磁场屏蔽效能；H_1 表示加上屏蔽后观测点的磁场强度；H_2 表示未加屏蔽前观测点的磁场强度。

处于远场区的电磁波而言，由于电磁场的关系是固定的，因此 $SE_E=SE_H=SE$，即电场屏蔽效能和磁场屏蔽效能是一致的，称为电磁屏蔽效能。

$$SE(dB)=20\lg\left(\frac{E_2}{E_1}\right)=20\lg\left(\frac{H_2}{H_1}\right) \tag{7-31}$$

屏蔽效能有时也称为屏蔽损耗。屏蔽效能越大，表示屏蔽效果越好。屏蔽效能 SE 与传输系数 T 的关系为

$$SE(dB)=20\lg\frac{1}{T} \tag{7-32}$$

7.3.2 电屏蔽

电屏蔽在这里特指对静电场的屏蔽。对静电场进行屏蔽的屏蔽体由良导体制成，并具有良好的接地(一般要求屏蔽体的接地电阻小于 2mΩ)。这样，屏蔽体既可以防止屏蔽体内部的骚扰源产生的骚扰泄漏到外部去，也可以防止屏蔽体外部的骚扰进入内部。

首先讨论对静电场的主动屏蔽。如果空间存在一个正孤立电荷$+q$，如图 7-46(a)所示，则其周围就会有静电场存在。通常我们以从$+q$ 出发的电力线来表示这一静电场，并用电力线的密度来表示静电场的强度。如果单纯用一金属球体 B 把电荷$+q$ 包围起来，如图 7-46(b)所示，是否就能屏蔽$+q$ 产生的静电场呢？答案是不能。因为根据静电感应原理，正电荷 q 会在金属球体的内壁感应出等量负电荷$-q$，而球体外壁上则感应出等量正电荷$+q$，即球体外壁带的电荷总量仍等于球内的电荷总量。所以尽管屏蔽体内部不会出现电场，但球体外部仍存在相同的静电场。显然没有接地的屏蔽体，根本起不到屏蔽静电场的作用。但如果把金属球体接地，如图 7-46(c)所示，则球体外壁上的电荷被引入大地，球体外壁的电位为零，其外部的电力线消失，即金属球体的外部不再存在静电场了。可以认为静电场被封闭在金属球内了，金属球对孤立电荷起到了电场屏蔽的作用。这就是主动屏蔽的例子。可见静电场主动屏蔽的条件是金属体和接地。

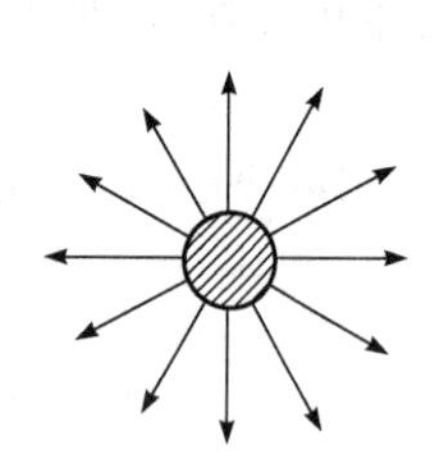

(a) 静电荷的电场分布

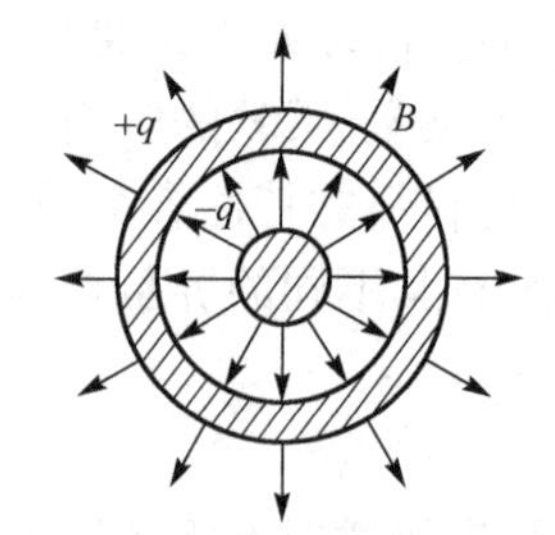

(b) 静电荷外加屏蔽体时的电场分布

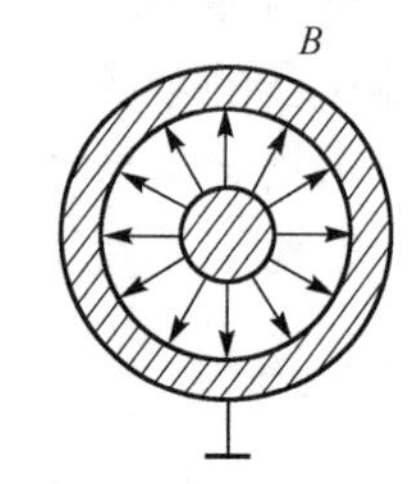

(c) 屏蔽体接地时的电场分布

图 7-46 静电场的主动屏蔽原理

应该指出，从图 7-46(b)转向图 7-46(c)所示的屏蔽过渡状态中，在金属屏蔽球的接地线中

将有电流通过，也可能产生另外的辐射。此外，由于金属球体和接地线均不是理想导体，所以在金属球外壁上将存在少量的残留电荷，使得金属屏蔽体外部空间实际上也残留着较弱的静电场。

静电场的被动屏蔽可以将上面的例子反过来。如果空间存在静电场，把一个空心金属球体放在该静电场中，如图7-47所示。根据静电感应原理，当球体外壳处于静电平衡状态时，球体表面的各处均处于等电位，其内部空间就不会出现静电场，即实现了对外部静电场的屏蔽。从原理上说，用于被动屏蔽的屏蔽体可不必接地，但实际应用中的屏蔽体，其内部空间同外部空间是不可能完全被屏蔽体隔离的，多少总会有直接或间接的静电耦合。因此，仍应将屏蔽体接地，使其表面各点保持相同的地电位以保证有效屏蔽。

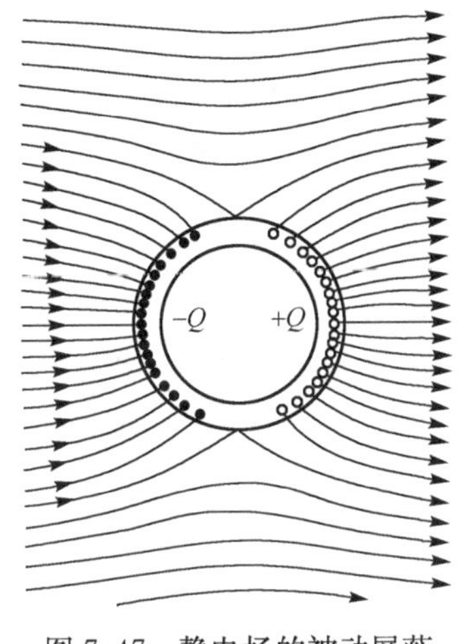

图7-47 静电场的被动屏蔽

下面通过一个例子来说明屏蔽体接地与不接地两种情况下对骚扰耦合带来的显著影响。图7-48(a)表示骚扰源和接收器之间未加屏蔽。此时骚扰源通过两者间的分布电容 C_{SR} 耦合到接收器的骚扰电压 U_i 为

$$U_i=\frac{C_{SR}}{C_{SR}+C_R}\cdot U_S \tag{7-33}$$

式中，U_S 为骚扰源电压；C_{SR}为分布电容；C_R 为接收器对地分布电容。

从式(7-33)可看出，要使接收器耦合的骚扰电压 U_i 减小，可把接收器尽可能贴近接地面以增大 C_R，也可以尽量拉开骚扰源和接收器间的距离以减小分布电容 C_{SR}来达到目的。

下面来讨论在骚扰源和接收器之间加入金属屏蔽板后的情况。图7-48(b)表示在骚扰源和接收器之间靠近接收器侧置入未接地的金属板 P。设 C_1 和 C_2 分别为骚扰源和接收器与屏蔽板间的分布电容，C_3 为金属板对地的分布电容，C_{SR}为加金属板后骚扰源和接收器之间的直接分布电容。因金属板的置入，C_{SR}很小，所以可暂不用考虑其影响。不难得出接收器耦合的骚扰电压为

$$U_{iP}=\frac{C_2}{C_2+C_R}\cdot U_P$$

式中，U_{iP}为置入金属板后接收器耦合的骚扰电压；U_P 为金属板对地电压，也就是 C_3 上的电压，而

$$U_P=\frac{C_1}{C_1+C_3+\dfrac{C_2C_R}{C_2+C_R}}\cdot U_S$$

所以

$$U_{iP}=\frac{C_1C_2}{\left(C_1+C_3+\dfrac{C_2C_R}{C_2+C_R}\right)\cdot(C_2+C_R)}\cdot U_S \tag{7-34}$$

从式(7-34)可看出，如果 $C_1\gg C_3$，且$C_1\gg\dfrac{C_2C_R}{C_2+C_R}$，则有

$$U_{iP}\approx\frac{C_2}{C_2+C_R}\cdot U_S \tag{7-35}$$

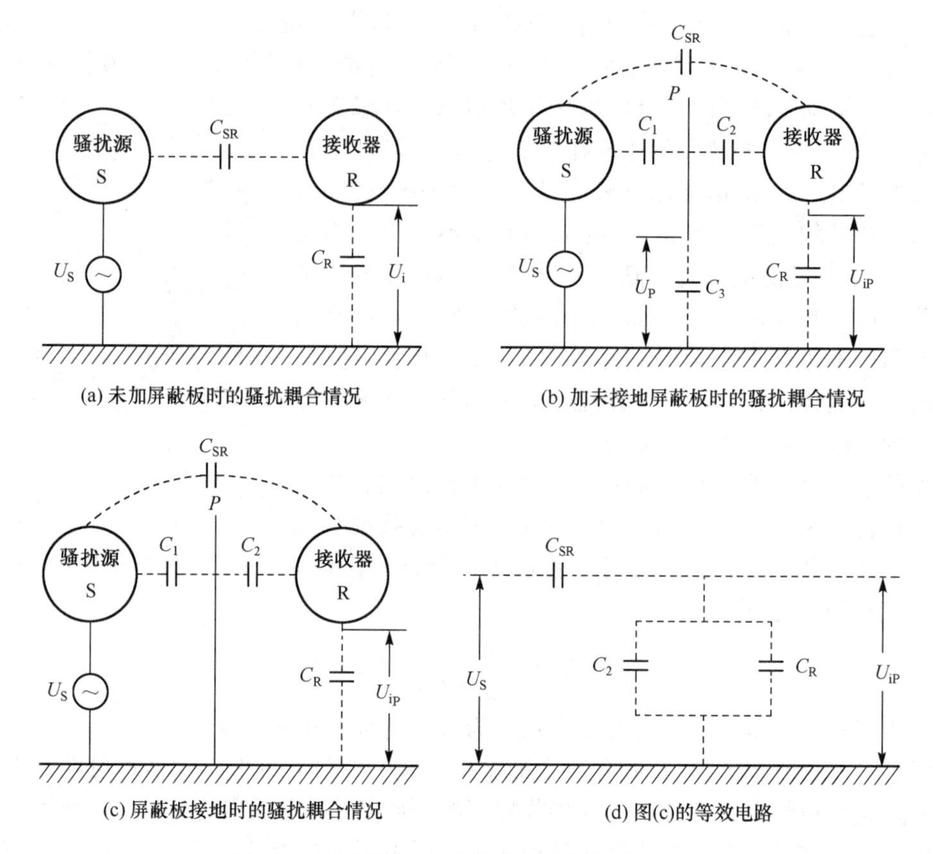

图 7-48　金属屏蔽板的接地对容性耦合的影响

比较式(7-33)和式(7-35)，很显然，$C_2>C_{SR}$，这是因为金属板比骚扰源更靠近接收器，且金属板的尺寸比骚扰源尺寸大。因此，$U_{iP}>U_i$，即加了不接地的金属板后(原意是作为屏蔽体)，非但没有起到屏蔽作用，反而增加了骚扰源和接收器间的耦合，使干扰的可能性加剧。

接下来，将金属屏蔽板 P 接地。图 7-48(c)表示将金属板良好接地，此时金属板的电位趋于零。如仍暂不考虑分布电容 C_{SR} 的影响，则可知接收器耦合的骚扰电压也趋于零，可见，这时金属板起到了良好的屏蔽作用。

上述的讨论中我们均忽略了 C_{SR}，而事实上只有当金属板为无穷大时 C_{SR} 才趋于零。而实际上，用作屏蔽的金属板不可能无限大，骚扰源和接收器之间必然存在剩余的分布电容 C_{SR}。图 7-48(d)所示为考虑分布电容 C_{SR} 存在时图 7-48(c)的等效电路，此时有

$$U_{iP}=\frac{C_{SR}}{C_2+C_R+C_{SR}}\cdot U_S\approx\frac{C_{SR}}{C_2+C_R}\cdot U_S \tag{7-36}$$

比较式(7-33)和式(7-36)可见，虽然 C_{SR} 不为零，但 U_{iP} 还是要小于 U_i。这就是屏蔽体接地带来的屏蔽性能的改善。

根据以上分析可见，无论对于静电场的主动屏蔽还是被动屏蔽，电屏蔽的必要条件是采用良导体并接地。对于静电场或准静电场的屏蔽，只要把任何很薄的良导体接地就能达到良好的效果。

7.3.3 磁屏蔽

磁屏蔽是用来隔离磁场耦合的措施，在任何载流导线或线圈的周围都存在磁场，设一导线内通有电流，则导线周围存在磁场；当线圈中通过电流时在线圈中及其周围也存在磁场。磁屏蔽就是为了削弱该磁场对邻近元器件、设备和系统的干扰。

这里所说的磁屏蔽特指对低频磁场和恒定磁场的屏蔽。低频磁场的屏蔽原理和恒定磁场的屏蔽相同，主要是利用屏蔽体材料对磁力线的集中作用，以减小屏蔽体以外空间内的磁场大小。低频磁场是最难屏蔽的，这是由于其自身特性所决定的。“低频”意味着导电屏蔽体的趋肤深度很深，使得屏蔽体对磁场的吸收损耗很小。“磁场”意味着它的波阻抗很小，这决定了屏蔽体对磁场的反射损耗也很小。由于屏蔽材料的屏蔽效能是由吸收损耗和反射损耗两部分构成的，所以当这两部分都很小时，总的屏蔽效能也很低。另外，对于磁场，多次反射造成的泄漏也是不能忽略的。所以，为了改善对低频磁场的屏蔽效果，通常采用高磁导率材料对磁场进行“集流”或“旁路”来实现对低频磁场的屏蔽。一般的方法是采用高磁导率的铁磁性材料(如铁、镍铁合金和坡莫合金等)将敏感设备包围起来，以构成磁力线的低磁阻通路。铁磁性材料的磁导率比空气的磁导率大得多，一般为其 10^3～10^4 倍，从而使得磁力线聚集于屏蔽体内，起到隔离磁场的作用，使敏感设备得到保护。

举一个对低频磁场采取主动屏蔽的例子。如图 7-49 所示，将线圈绕在由铁磁性材料构成的闭合环中，则磁力线主要集中该闭合环的磁路中，漏磁通很小。根据磁路定律可知主磁路中的磁通为

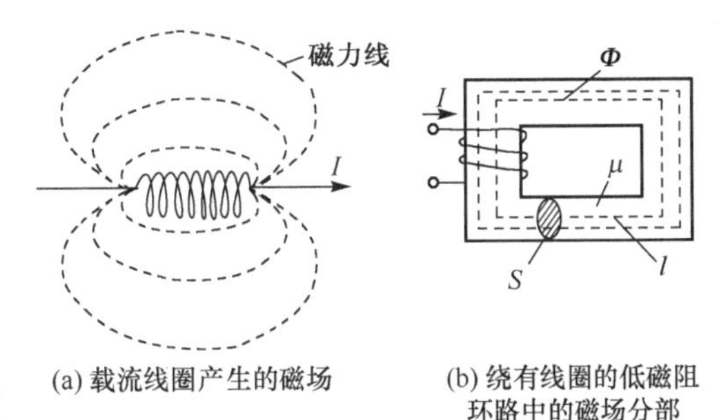

图 7-49　低频磁场的主动屏蔽

$$\Phi=\frac{F_{\mathrm{m}}}{R_{\mathrm{m}}} \tag{7-37}$$

式中，Φ 为磁通；F_{m} 为磁通势，$F_{\mathrm{m}}=NI$，I 为线圈中的电流，N 为线圈的匝数；R_{m} 为磁阻，$R_{\mathrm{m}}=\dfrac{l}{\mu S}$，$l$ 为磁路长度，S 为磁路截面积，μ 为磁导率。

可见，铁磁材料的磁导率越高、磁路截面积越大，磁路的磁阻就越小，集中在磁路中的磁通就越大，在空气中的漏磁通就减少得越多。因此，铁磁性材料就起到对磁场的屏蔽作用。

同样，用铁磁性材料做成的屏蔽壳也能对磁场进行被动屏蔽，如图 7-50 所示。把屏蔽体放入磁场中，磁力线将集中在屏蔽体内，不至于漏泄到屏蔽体所包围的内部空间中去，从而保护了该空间内的敏感设备免受外磁场的干扰。其实质是对空间的磁力线进行了旁路。

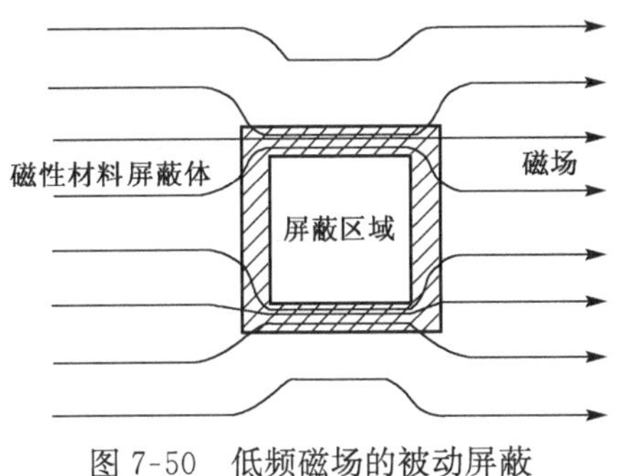

图 7-50　低频磁场的被动屏蔽

低频磁场屏蔽的应用实例如继电器的封装壳、电源变压器的外套盒、滤波器的封装壳等。它们一方面作为结构需要，另一方面也起到磁屏蔽作用。虽然它们的内部线圈大多都有用铁磁材料做成的铁芯，但是

漏磁通仍需要屏蔽。

除了上述讨论的，对低频磁场很难屏蔽的另一个原因在于高导磁性材料本身。首先，导磁性材料的磁导率会随频率的升高而下降。手册上给出的材料磁导率大多是直流磁导率。一般情况下，材料的直流磁导率越高，其随着频率下降越快。几种高导磁性材料的磁导率随频率变化的曲线如图 7-51 所示。在 100kHz 时，μ 金属的磁导率还不如冷轧钢高。所以，高导磁性材料通常都应用在 10kHz 以下。超过 100kHz 时，冷轧钢的磁导率也开始下降。所以利用导磁性材料的高磁导率特性来集流磁力线的方法只适用于对 100kHz 以下的低频磁场的屏蔽。

其次，导磁性材料的磁导率还与外加磁场的强弱有关，在强磁场中，导磁性材料很容易饱和，导致其磁性几乎为零。如图 7-52 所示为材料的磁导率 μ 与磁场强度的关系曲线。由图 7-52 可见，在磁场强度适中的部分，磁导率最高；在磁场强度大或小时，磁导率都较低。在强磁场条件下材料磁导率降低是由于达到了饱和状态，这与材料的种类和厚度有关。当磁场强度超过饱和点时，材料的磁导率迅速下降。一般磁导率越高的材料，越容易饱和。大多数手册上给出的磁导率都是最大磁导率。还有，高导磁性材料在进行机械加工（如焊接、折弯、打孔、剪切、敲打等）时，都会降低其磁导率；工件受到机械冲击也会降低其磁导率。由此可见，高导磁性材料本身具有的这些特性使得低频磁场的屏蔽变得更加困难。

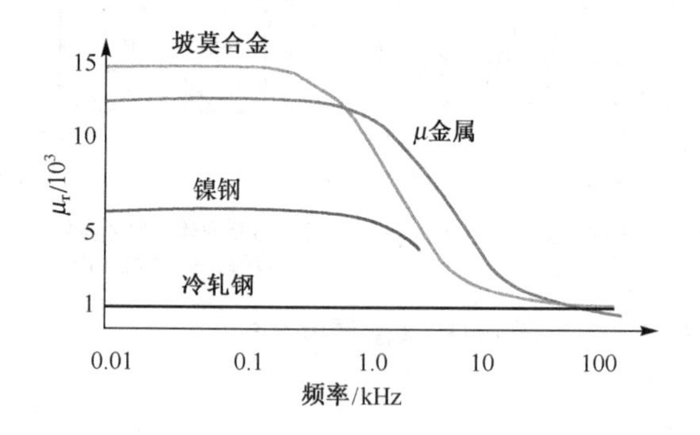

图 7-51　高导磁性材料的磁导率随频率变化的曲线

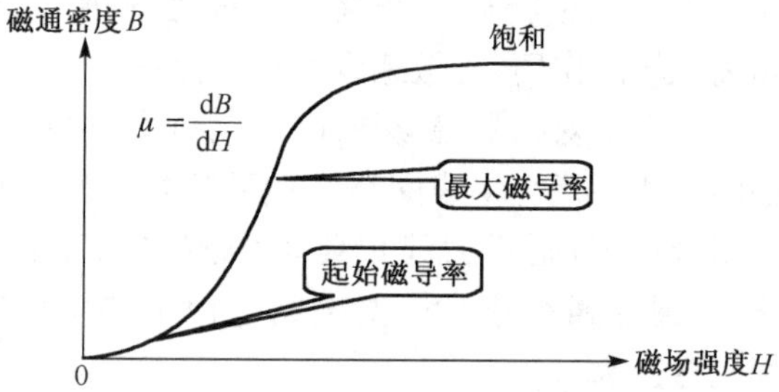

图 7-52　磁导率随磁场强度的变化曲线

为解决高导磁性材料容易饱和这个问题，通常对低频强磁场采取双层屏蔽的方法，即将高导磁性材料和低导磁性材料复合在一起作为屏蔽体，如图 7-53 所示。先采用不容易发生饱和的低导磁性材料将磁场衰减到一定程度，然后再采用高导磁性材料进一步将磁场衰减到满足要求。

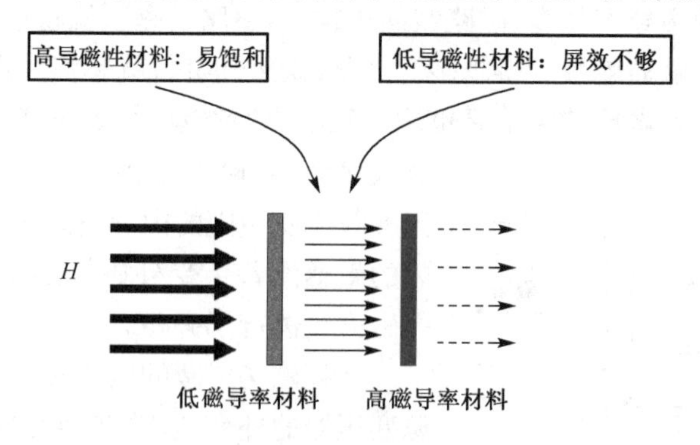

图 7-53　低频强磁场的双层屏蔽

对于高导磁性材料在机械加工后磁导率降低，从而导致屏蔽效能降低的问题，可将加工完成后的磁屏蔽部件进行热处理，以恢复磁性。

对于频率较高的磁场进行屏蔽还可以利用屏蔽体上的涡流所产生的反向磁场来抵消被屏蔽的磁场。在这种情况下所采用的屏蔽材料应为良导体，如铜、铝等。当磁场穿过良导体时，在导体上产生感应电动势。由于良导体的电导率很高，因此激发很大的涡流，如图 7-54(a)所示。良导体上的涡流又产生反向磁场，与穿过良导体的原磁场相互抵消，从而实现了对较高频率磁场的屏蔽，如图 7-54(b)所示。

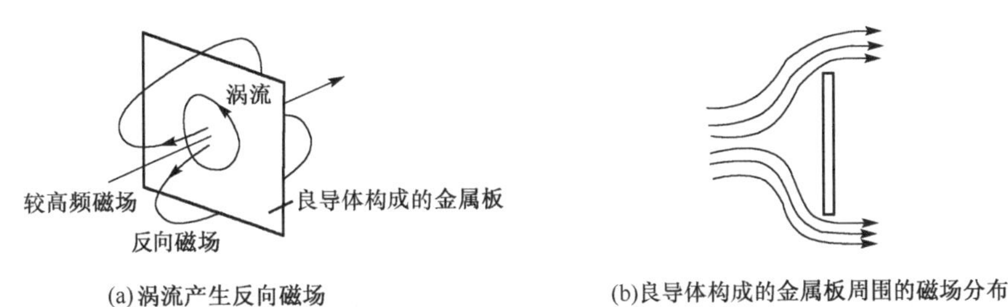

图 7-54　良导体对较高频磁场的屏蔽原理

举一个例子，如果我们做一个金属盒把一个载流线圈包围起来，则线圈电流产生的磁场会在金属盒内壁感应出涡流，从而把原磁场限制在盒内，不至于向外泄漏，起到了对磁场的主动屏蔽作用。金属盒外的磁场同样由于涡流作用只能绕过金属盒，而不能进入盒内，起到了对磁场的被动屏蔽作用。

金属盒的磁场屏蔽效能与磁场在金属盒内侧感应的涡流大小有关。线圈和金属盒的关系可以看成变压器，线圈视为变压器初级，金属盒视为一匝短路线圈，作为变压器的次级。在低频时涡流很小，因此涡流产生的反向磁场不足以完全抵消被屏蔽磁场，所以这种方法不适用于低频磁场屏蔽。但随着频率升高，涡流也增大，到一定频率后涡流不再随着频率而升高，这说明此时盒上的涡流产生的反向磁场已足以抵消原磁场。另外，屏蔽材料的电阻越小(导电率越高)，则产生的涡流越大，屏蔽效果越好。此外，由于高频电流具有趋肤效应，涡流只在导体表面的薄层中流过，因此高频磁场的屏蔽体只需采用薄薄一层(0.2～0.8mm)良导体，甚至用银镀层就能起到良好的屏蔽作用。

在上述的分析中并没有要求屏蔽体接地，但在实际使用中屏蔽体都要求接地，因为这样既可以屏蔽高频磁场，也能屏蔽电场。

7.3.4　高频电磁波屏蔽

对高频电磁波进行屏蔽，必须同时屏蔽电场和磁场。通常采用良导体作为屏蔽体。空间电磁波在入射到良导体表面时会产生反射和吸收，电磁能量被大大衰减，从而屏蔽体起到了屏蔽作用。在描述这一屏蔽原理时，我们可以用图 7-55 来说明电磁波通过屏蔽体这一物理过程。图中金属屏蔽体垂直于纸面；b 为屏蔽体的厚度；电磁波从左向右传播；R_{am} 为电磁波从空气中入射至金属面的反射系数；R_{ma} 为电磁波在金属屏蔽体内从左边入射至右边空气分界面的反射系数；$k=\alpha+j\beta$ 为金属屏蔽体中的传播常数，α 为衰减常数，β 为相移常数。

首先，当电磁波从空气中传播到屏蔽体左侧表面时，由于空气和金属分界面的阻抗不连续，在分界面上波会发生反射，一部分电磁能量被反射回空气中。未被屏蔽体左侧面完全反射而透

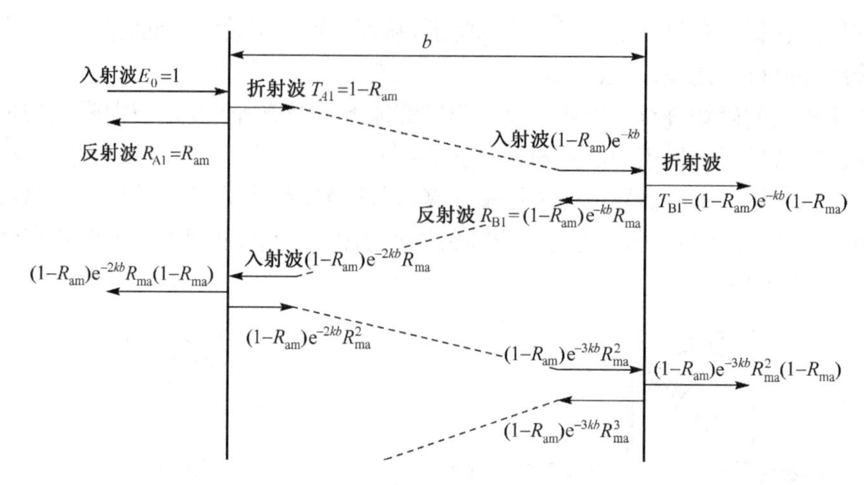

图 7-55　金属板对电磁波的屏蔽原理

射入屏蔽体内部的部分电磁能量(折射波)继续在屏蔽体内传播并被屏蔽体吸收。在屏蔽体内部传播尚未损耗掉的剩余电磁能量,传播到屏蔽体的左侧面时,又遇到金属和空气的分界面而再次产生反射和折射。一部分电磁波重新反射回屏蔽体内,另一部分穿透分界面进入空气中。反射回金属屏蔽体内部的反射波到达左侧面时又将产生反射及透射。这种反射在屏蔽体内的两个边界面之间可能重复多次,就像电磁波在金属内部来回反射那样。

穿透金属屏蔽体右侧面的电磁波为透射波,多次透射波之和与入射波的场强之比即传输系数 T,其倒数取对数即屏蔽体的屏蔽效能。所以,板式屏蔽体的屏蔽效能由三部分组成,即吸收损耗 A、反射损耗 R 和多重反射损耗 B。

$$\mathrm{SE}=A\cdot R\cdot B \tag{7-38}$$

或

$$\mathrm{SE(dB)}=A(\mathrm{dB})+R(\mathrm{dB})+B(\mathrm{dB}) \tag{7-39}$$

1. 吸收损耗

当电磁波进入金属屏蔽体以后将产生感应电流(涡流),该电流又在屏蔽体上产生欧姆损耗。所以电磁波在金属屏蔽体中以指数形式很快衰减,传输距离很短。电磁波在金属屏蔽体中的传输可用以下两式表示:

$$E_b=E_0\mathrm{e}^{-b/\delta} \tag{7-40}$$

$$H_b=H_0\mathrm{e}^{-b/\delta} \tag{7-41}$$

式中,E_0、H_0 为电磁波入射到金属屏蔽体表面的电场强度和磁场强度;E_b、H_b 为电磁波在金属屏蔽体内部传输距离为 b 时的电场强度和磁场强度;b 为电磁波透射入金属屏蔽体内的深度;δ 为趋肤深度,$\delta=\sqrt{1/(\pi f\mu\sigma)}$。

趋肤深度越小,说明金属屏蔽体的吸收能力越强。趋肤深度 δ 与频率 f、材料的磁导率 μ 及电导率 σ 的平方根均成反比,即对于同样的电磁波频率,μ 及 σ 越大的材料,趋肤深度 δ 越小;而对于同样的材料,频率越高,趋肤深度越小。厚度为 b(单位:mm)的金属屏蔽体的吸收损耗为

$$A(\mathrm{dB})=20\lg\frac{E_0}{E_b}=20\lg\frac{H_0}{H_b}=20\lg\mathrm{e}^{b/\delta}=0.131b\sqrt{f\mu_r\sigma_r} \tag{7-42}$$

表7-4列出了四种常见金属材料的相对磁导率和相对电导率。图7-56给出了这四种材料在不同厚度(2mm和0.5mm)时的吸收损耗随频率变化的曲线。

表7-4　四种常见金属材料的σ_r和μ_r

参数	铜	铁	白铁皮	坡莫合金
σ_r	1	0.17	0.15	0.04
μ_r	1	500	1	10^4

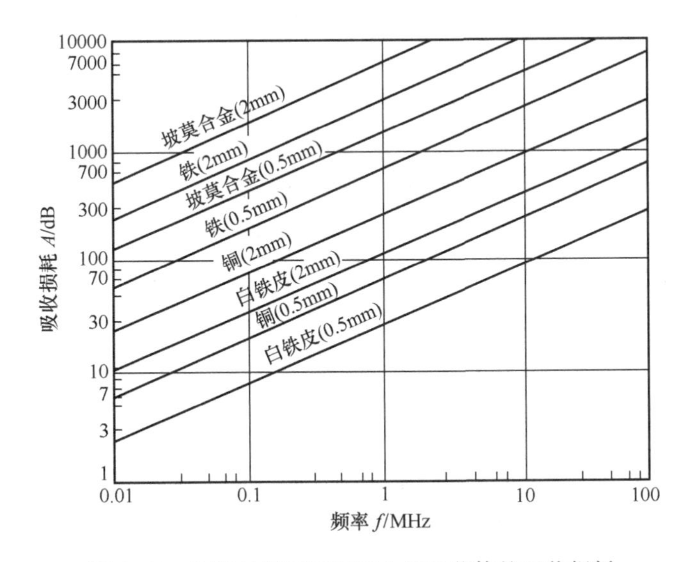

图7-56　不同材料不同厚度金属屏蔽体的吸收损耗

由此可知,吸收损耗A与b/δ成正比,即屏蔽体的厚度越厚,吸收损耗A越大。对于高频情况,一般$b/\delta>10$时,A可以达到80dB以上。当$f=1\text{MHz}$时,铜的趋肤深度$\delta=0.067\text{mm}$,则厚度为$b=0.67\text{mm}$的屏蔽体的吸收屏蔽损耗A可达87dB。

因此,对于高频电磁波,要达到一定屏蔽效果所需要的屏蔽体厚度很小。一般只要能满足工艺结构和机械性能的材料厚度都能满足屏蔽的要求。

从吸收损耗的计算公式可知:

(1)屏蔽材料越厚,吸收损耗越大。厚度每增加一个趋肤深度,吸收损耗增加约9dB。

(2)屏蔽材料的磁导率越高,吸收损耗越大。

(3)屏蔽材料的电导率越高,吸收损耗越大。

2. 反射损耗

电磁波从空气传播到达金属屏蔽体表面时会产生反射。反射损耗是金属屏蔽体对高频电磁波的另一个重要屏蔽机理。产生反射的原因是因为电磁波在空气介质和在金属中的波阻抗不一样,所以当电磁波到达这两种媒质的分界面时,因阻抗不匹配而会发生反射。由此引起的电磁波能量衰减称为反射损耗。

对于图7-55所示的屏蔽机理示意图,如果仅考虑其中的反射损耗而不考虑吸收损耗,则该过程可以用分析传输线的方法来分析,如图7-57所示。设入射到屏蔽体左侧面上电磁波的

电场强度为 E_0，磁场强度为 H_0，在空气中的波阻抗为 Z_0，金属中的波阻抗为 Z_1。屏蔽体左侧面处的反射电场强度为 E_r，反射磁场强度为 H_r。其余电磁波透射进入屏蔽体内，透射波电场强度和磁场强度分别为 E_1 和 H_1。由于这里仅讨论反射损耗，不讨论吸收损耗，因此可以认为电磁波在屏蔽体内无损耗地传输到右侧面。在右侧面上再次因为波阻抗不匹配而产生反射，反射的电场强度和磁场强度分别为 E_r' 和 H_r'。剩余电磁波穿过右侧界再次发生透射而进入空气，透射波的电场强度为 E_t，磁场强度为 H_t。穿过屏蔽体时电磁波由于在左右两个分界面处发生反射而引起的反射损耗可由下式计算

$$R_E(\mathrm{dB})=20\lg\frac{E_0}{E_t} \tag{7-43}$$

$$R_H(\mathrm{dB})=20\lg\frac{H_0}{H_t} \tag{7-44}$$

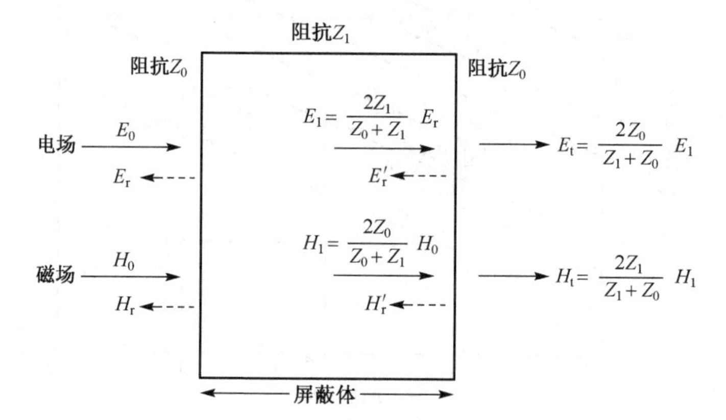

图 7-57　电磁波在屏蔽体两侧面处的反射与透射

运用传输线理论可求得

$$R_E(\mathrm{dB})=R_H(\mathrm{dB})=R(\mathrm{dB})=20\lg\frac{(Z_1+Z_0)^2}{4Z_1Z_0} \tag{7-45}$$

式中，Z_1 为电磁波在金属屏蔽体中的波阻抗：

$$Z_1=\sqrt{2\pi f\mu/\sigma}=3.68\times10^{-7}\sqrt{f\mu_r/\sigma_r} \tag{7-46}$$

电磁波在空气中的波阻抗由场的类型决定。对于远场，波阻抗为

$$Z_0=120\pi\approx377(\Omega) \tag{7-47}$$

对于近场中的电场，波阻抗为

$$Z_{0E}=\frac{1.8\times10^{10}}{fd}(\Omega) \tag{7-48}$$

对于近场中的磁场，波阻抗为

$$Z_{0H}=8\times10^{-6}fd(\Omega) \tag{7-49}$$

式中，d 为骚扰源到屏蔽体的距离，单位为 m。

将上述阻抗代入公式即可得到对于不同类型的场屏蔽体的反射损耗。

平面波：

$$R_P(\mathrm{dB})=168+10\lg\left(\frac{\sigma_r}{\mu_r f}\right) \tag{7-50}$$

电场波：

$$R_E(\text{dB}) = 321.7 + 10\lg\left(\frac{\sigma_r}{\mu_r f^3 d^2}\right) \tag{7-51}$$

磁场波：

$$R_H(\text{dB}) = 14.6 + 10\lg\left(\frac{f d^2 \sigma_r}{\mu_r}\right) \tag{7-52}$$

由此可知：

(1)平面波的反射损耗与骚扰源至屏蔽体的距离无关，电场波的反射损耗以 $20\lg d$ 的速率下降，磁场波的反射损耗以 $20\lg d$ 的速率上升。

(2)随着频率的升高，平面波的反射损耗以 −10dB/10 倍频的速率下降，电场波的反射损耗以 −30dB/10 倍频的速率下降，磁场波的反射损耗以 10dB/10 倍频的速率上升。

(3)同一屏蔽材料对不同类型的场的反射损耗不一样，在频率不变条件下通常有 $R_H < R_P < R_E$。

(4)不同屏蔽材料的反射损耗无论对于电场波还是磁场波都只相差一个常数，即 $10\lg(\sigma_r/\mu_r)$，如铁的反射损耗比铜小得多。

值得注意的是，屏蔽材料的反射损耗并不是指将电磁能量真正消耗掉，而是将其反射回原来的空间。因此，有时候反射损耗很大并不一定是好事，反射的电磁波也可能对其他电路造成影响。特别是当辐射源在屏蔽机箱内部时，反射波在机箱内可能会由于机箱的谐振得到加强，对电路造成干扰。

3. 多重反射损耗

如果被屏蔽的电磁波的频率不太高，则屏蔽体的趋肤深度较深，电磁波在到达屏蔽体的右边界时仍然具有较大的强度。此时在右边界处电磁波的一部分会被反射回屏蔽体的左边界。在左边界上又重复上述过程，如此不断循环直至电磁波能量被消耗殆尽。这就是多重反射现象，由于多重反射的存在，使得屏蔽体的实际屏蔽效能要小于上述的理论计算值。因为根据上式计算的反射损耗只考虑电磁波在屏蔽体内传输一个单程，穿过屏蔽体只有一次。而多重反射的存在说明电磁波在屏蔽体内多次反复传输，穿过屏蔽体也有多次。因此在计算屏蔽体屏蔽效能时应加上一个修正因子——B(dB)。为了与吸收损耗、反射损耗在名称上取得一致，我们常称这个修正因子为“多重反射损耗”。但需要注意的是，这个修正因子应该是负值。因为在实际物理意义上，它是一个“增益”而不是“损耗”。

$$B(\text{dB}) = 20\lg(1 - e^{-2b/\delta}) \tag{7-53}$$

式中，b 为屏蔽体厚度。由式(7-53)可以看出，对于高频电磁波，b/δ 很大，意味着吸收损耗很大，多次反射损耗 $B \to 0$，所以多重反射损耗可以不必考虑；但对于低频电磁波，则 b/δ 很小，意味着吸收损耗很小，此时多次反射损耗 B 就必须考虑。图 7-58 为多次反射损耗与 b/δ 的关系曲线。

(1)多次反射损耗为负，表明多次反射损耗会减小屏蔽效能。

(2)对于电场波，由于大部分能量在屏蔽体的第一个分界面处反射，进入屏蔽体的能量已经很小。即当存在多次反射泄漏时，电场波在屏蔽材料内已经传输了至少三个厚度的距离，其幅度往往已经小到可以忽略的程度。

(3)对于磁场波,在屏蔽体的第一个分界面上,进入屏蔽内的磁场强度是入射磁场强度的2倍,因此多次反射造成的影响是必须考虑的。

(4)当屏蔽体的厚度较厚时(厚度与趋肤深度相当时),形成多次反射泄漏之前,电磁波在屏蔽体内已传输了至少三个厚度的距离,衰减已经相当大,所以多次反射泄漏也可以忽略。一般当屏蔽体厚度 $b \geqslant 1.15\delta$ 时,吸收损耗 $A \geqslant 10\text{dB}$,即电磁波第一次到达屏蔽体右边界时已经衰减得很小了,所以多重反射可以不予考虑。一般情况下 $b \geqslant 1.15\delta$ 的条件都能满足,如铜在 $f=1\text{MHz}$ 时趋肤深度只有0.067mm。

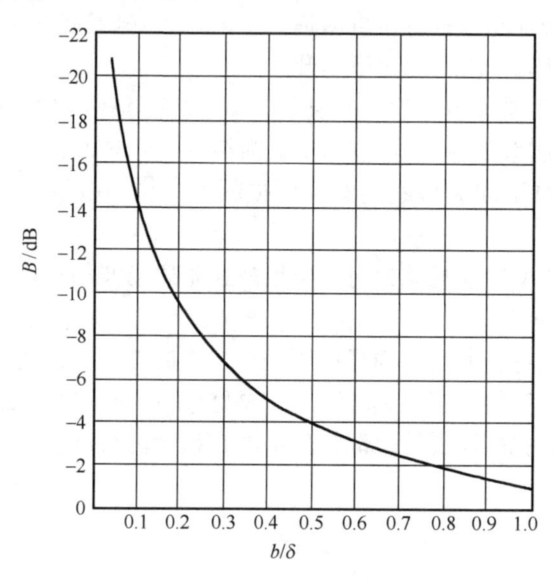

图7-58　多次反射损耗

4. 总屏蔽效能

屏蔽体总的屏蔽效能应该是吸收损耗 A、反射损耗 R 和多重反射损耗 B 之和。完整的屏蔽效能的表示如下:

$$\text{SE}(\text{dB})=A(\text{dB})+R(\text{dB})+B(\text{dB})=20\lg\left[\mathrm{e}^{b/\delta}\cdot\frac{q}{4}\cdot(1-\mathrm{e}^{-2b/\delta})\right] \tag{7-54}$$

式中,$\mathrm{e}^{b/\delta}$代表吸收损耗;$q/4$ 代表反射损耗,$q=\dfrac{(Z_0+Z_1)^2}{Z_0Z_1}$;$(1-\mathrm{e}^{-2b/\delta})$代表多次反射损耗。一般情况下多次反射损耗可以忽略。只有当频率极低,即 $b/\delta \ll 1$ 时,才需要考虑多次反射损耗。所以,总屏蔽效能近似为

$$\text{SE}(\text{dB})=A(\text{dB})+R(\text{dB}) \tag{7-55}$$

吸收损耗随频率升高而增大,反射损耗对于电场波将随频率升高而急剧下降,对于磁场波则随频率升高而增大。

(1)低频时,由于屏蔽体的趋肤深度很大,吸收损耗很小,因此屏蔽效能主要决于反射损耗。而反射损耗与电磁波的波阻抗有关。因此,低频时不同类型的电磁波的屏蔽效能相差很大。电场波的屏蔽效能远高于磁场波。

(2)高频时随着频率升高,电场波的反射损耗降低,磁场波的反射损耗增加。另外,由于屏

蔽体的趋肤深度减小，吸收损耗增大。当频率高到一定程度时，屏蔽效能就主要由吸收损耗决定。由于屏蔽体的吸收损耗与电磁波的种类(波阻抗)无关，因此在高频时，不同种类的电磁波的屏蔽效能几乎相同。

作为实例，图 7-59 给出了 0.1mm 厚的铜板在距离骚扰源 1m 处的屏蔽效能与频率的关系曲线。

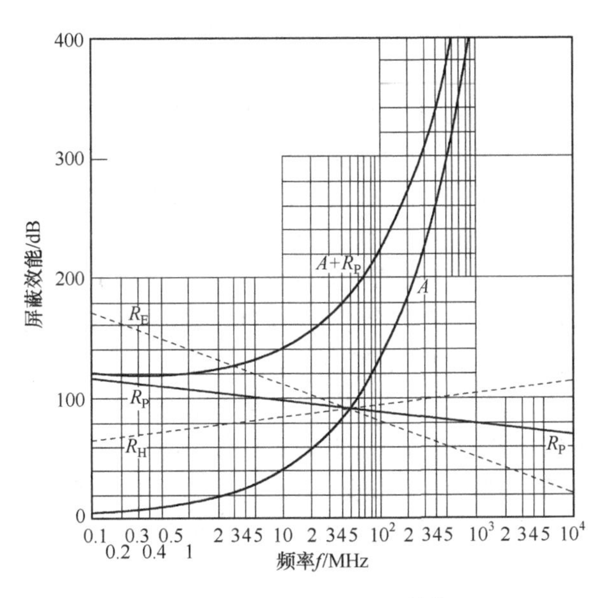

图 7-59　铜板的总屏蔽效能

关于屏蔽效能有以下几点重要结论：

(1)式(7-50)～式(7-52)的选择要考虑频率。可以根据 $d=\lambda/(2\pi)$ 的条件来确定近场和远场的临界频率。当高于临界频率时应该使用平面波公式，即式(7-50)；当低于此临界频率时，如果骚扰源是电场则使用式(7-51)，如果是磁场则使用式(7-52)。图 7-59 中 R_P、R_E、R_H 三条曲线交点处的频率即为临界频率。吸收损耗曲线 A 对于平面波、电场波、磁场波都是相同的。

(2)由图 7-59 可知，频率越高，屏蔽效能越好。在高频时屏蔽效能主要是吸收损耗 A 起主导作用，而低频时主要是反射损耗 R 起主导作用。铜等良导体对低频电场的反射损耗较大，但是对低频磁场的反射损耗较小。由此可见，高电导率、低磁导率的金属材料只适用于对高频电磁场和低频电场的屏蔽，而对于低频磁场只能采用高磁导率的铁磁性材料如铁、坡莫合金等来屏蔽。

7.3.5　屏蔽技术的工程应用

1. 屏蔽电缆

屏蔽电缆就是在导线绝缘层外面再包覆一层由金属导电材料构成的屏蔽层，屏蔽电缆是最常用的防止串扰的传输线。电缆屏蔽层通常有金属编织网、金属箔等。屏蔽电缆一般可分为普通屏蔽线、双绞屏蔽线和同轴电缆。

屏蔽电缆的屏蔽层通常是由铜、铝等非磁性金属材料制成，并且厚度很薄，远小于信号频率上金属材料的趋肤深度。因此屏蔽层所起的屏蔽作用主要不是由于屏蔽层本身对电场、磁场的反射、吸收或分流而产生的，而是由于屏蔽层的接地消除了分布参数的耦合所产生的。屏蔽层的接地方式会直接影响其屏蔽效果。

1)对容性耦合的抑制

图 7-60 中有两根平行导线，设其中导线 2 为被干扰的导线，为单芯屏蔽线；导线 1 是传输骚扰源信号的导线，称为骚扰导线。导线 1 与导线 2 屏蔽层之间的分布电容为C_{ms}，屏蔽层对芯线的分布电容为C_s。导线 1 与导线 2 芯线之间的分布电容为 C_{12}，其等效电路为图 7-60(b)所示。由于分布电容的存在，导线 1 上的电压U_1会通过C_{ms}耦合到导线 2 的屏蔽层上，再通过C_s耦合到导线 2 的芯线中。如果把导线 2 的屏蔽层接地，即把C_{2s}短路，则U_1在通过C_{ms}后被导线 2 的屏蔽层直接短路，骚扰电压 U_1 就不能再耦合到导线 2 的芯线中，从而起到了抑制容性耦合的作用。可见，屏蔽导线的屏蔽层必须接地才能起到相应抑制容性耦合的作用，这里在分析中忽略了 C_{12}的影响。但如果屏蔽电缆的芯线伸出屏蔽层太长，或者屏蔽层的编织网孔较大，则应该考虑C_{12}的影响。C_{12}包括导线 1 对导线 2 露出屏蔽层的芯线的分布电容，也包括导线 1 经所有网孔对导线 2 芯线的分布电容。由等效电路可知，这时即使屏蔽层接地，U_1也仍然能通过C_{12}耦合到导线 2 的芯线中，所以导线 2 的负载R_{s_2}和R_{L_2}上仍有一定的骚扰电压。因此，要提高屏蔽电缆对容性耦合的抑制效果，除了屏蔽层必须单端接地外，还应尽量减小分布电容C_{12}，即选用屏蔽编织层比较紧密的电缆，芯线不要露出屏蔽层外。

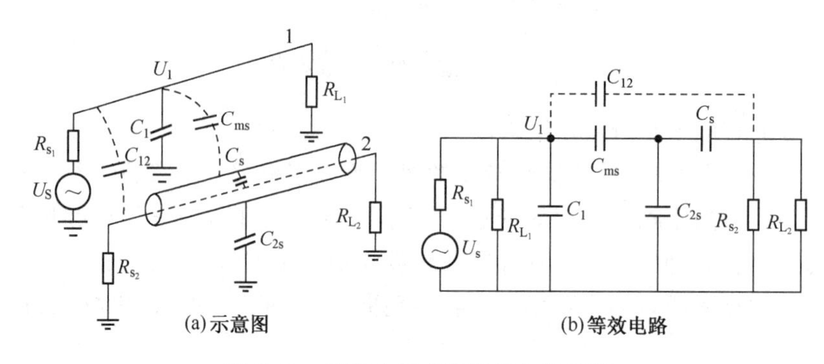

图 7-60 屏蔽电缆对容性耦合的抑制

如果反过来骚扰导线用屏蔽线，被干扰导线用一般导线，则在屏蔽线的屏蔽层单端接地后同样能起到抑制容性耦合的作用，其原理与上述分析是相同的，但条件是屏蔽层必须接地。应该指出的是，如果屏蔽线的屏蔽层不接地，则有可能造成比不用屏蔽线时更大的容性耦合。因为屏蔽线的屏蔽层面积比非屏蔽线大，与其他导线之间的分布电容也会更大，因此可能产生更大的容性耦合。

在上述分析中，我们假设了屏蔽线的屏蔽层本身的阻抗为零，所以接地后屏蔽层处处为零电位，通过分布电容 C_{ms}耦合到屏蔽层上的骚扰电流不会产生任何压降，所以不会导致共模骚扰电压的出现。但这种情况只有在频率较低或电缆长度小于信号波长的 1/20 时才近似成立。当频率较高或电缆长度大于 1/20 波长时，屏蔽层的阻抗不能忽略，如果只在屏蔽层一端接地，将迫使骚扰电流流过较长距离后才入地，电流就会在屏蔽层的不同点处形成压降，成为新的骚扰电压，从而影响了抑制容性耦合的效果。为了使屏蔽电缆的屏蔽层尽可能保持等电位，信号频率较高或电缆较长时屏蔽层应每隔 1/10 波长的距离接一次地。

2)对感性耦合的抑制

电缆之间的感性耦合是由电缆之间的分布电感造成的,而分布电感实际上是磁场的近场耦合效应。因此,采用屏蔽电缆来抑制感性耦合,实质是对电缆周围的磁场近场的屏蔽电缆的磁场感应越小,意味着感性耦合越小。如图 7-61(a)所示为一屏蔽电缆,设屏蔽层是一管状导体,表面流有均匀的轴向电流 I_S,则由 I_S 产生的磁场分布在导体管外,管内无磁场。因此屏蔽层的分布自电感为

$$L_S=\Phi/I_S \tag{7-56}$$

式中,Φ 为 I_S 产生的全部磁通。L_S 与芯线电感之间的互感为

$$M=\Phi/I_S \tag{7-57}$$

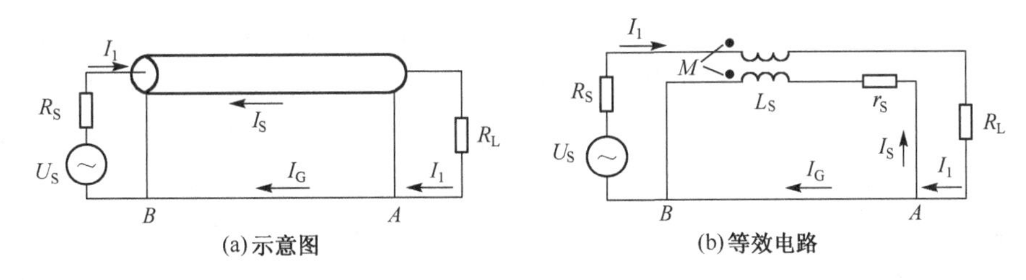

图 7-61　屏蔽电缆对感性耦合的抑制

由式(7-56)和式(7-57)可知,$M=L_S$,即屏蔽层与芯线的互感等于屏蔽层的自感。这是很重要的结论,条件是屏蔽层必须是圆柱面,屏蔽层上的轴向电流必须是均匀分布的,但芯线位置不一定要求在管子中心。

图 7-61(a)所示屏蔽电缆的等效电路如图 7-61(b)所示,设 U_S 是骚扰电压源,电流 I_1 是流过屏蔽电缆芯线的电流,M 是屏蔽层与芯线的互感,L_S 和 r_S 分别为屏蔽层的电感和电阻。如果屏蔽层不接地或只有一端接地,屏蔽层上无电流通过,电流经地面返回,所以屏蔽层不起作用,既不会减少对磁场近场的耦合,也不会降低电缆的对外辐射。如果屏蔽层两端接地,接地点分别为 A 点和 B 点,则芯线中的电流 I_1 在 A 点将分两路流到 B 点,再回到电源。流经屏蔽层的电流为 I_S,流经地的电流为 I_G。根据其等效电路可知,通过屏蔽层与芯线的互感 MI_1 将在屏蔽层与地构成的回路中产生感应电动势,大小为 $\mathrm{j}\omega MI_1$,所以屏蔽层中的电流 I_S 应为

$$I_S=\frac{\mathrm{j}\omega MI_1}{\mathrm{j}\omega L_S+r_S}=\frac{\mathrm{j}\omega L_S I_1}{\mathrm{j}\omega L_S+r_S}=\frac{\mathrm{j}\omega I_1}{\mathrm{j}\omega+\omega_0} \tag{7-58}$$

式中,$\omega_0=r_S/L_S$ 称为屏蔽层的截止频率。由该式可知 $I_S \leqslant I_1$,且当频率升高时 I_S 将增大。当 $\omega>5\omega_0$ 时,$I_S \approx I_1$。因为 $I_1=I_S+I_G$,所以此时流过地面的电流为 $I_G \approx 0$。可见,当芯线中信号电流的频率大于 5 倍的屏蔽层截止频率时,电流几乎全部经屏蔽层流回电源。此时,向外发射磁场或感应磁场的环面积如图 7-62(c)阴影部分所示。

与图 7-62(a)代表的当屏蔽电缆的屏蔽层不接地时的环路面积相比,图 7-62(b)代表的当屏蔽电缆的屏蔽层单端接地时的环路面积要小得多。可见,屏蔽电缆的屏蔽层只有两端接地时才能起相应的屏蔽作用,或说抑制感性耦合的作用。

需注意的是,在使用屏蔽电缆且屏蔽层两端接地的情况下,应尽可能保证两接地点的电位一致,否则可能引入地环路干扰。

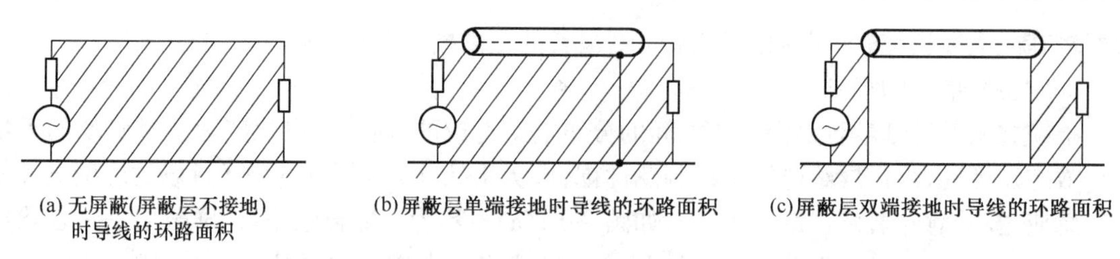

图 7-62　屏蔽层接地对屏蔽电缆抑制感性耦合的影响

3)屏蔽电缆屏蔽层接地的总结

根据前面的分析可知，电缆的屏蔽层一定要接地才能起作用，那么屏蔽层应该在什么地方接地，是在一端接地？还是两端都要接地？这是在工程应用中经常遇到的难题，也是没有确定性的普适定论。下面通过一个实验加以说明。

实验中对一根同轴电缆和一根屏蔽双绞线分别采用不同的接地方式，然后测量其磁场屏蔽效能来分析屏蔽层的不同接地方式对抑制电缆耦合骚扰信号的影响。配置如图 7-63 所示。实验中用一个信号发生器产生 50kHz 的正弦信号，经功率放大器放大后输入线圈 L_1。该线圈包含 10 匝，直径为 23cm。线圈中的电流产生的磁场耦合到附近的被测电缆中。为了增加对被测电缆的磁场耦合，使测试更易实现，被测电缆也绕成电感形状，共 3 匝，直径为 18cm，即图中的 L_2。被测电缆一端接 1MΩ 电阻，模拟负载阻抗；另一端接 100Ω 电阻，模拟源阻抗。L_2 和这两个电阻构成了一个被干扰电路。被测电缆为同轴电缆和屏蔽双绞线，屏蔽层接地方式分单端接地和双端接地两种。图 7-64 给出了屏蔽电缆不同接地方式的组合示意图，实验结果如表 7-5 所示。

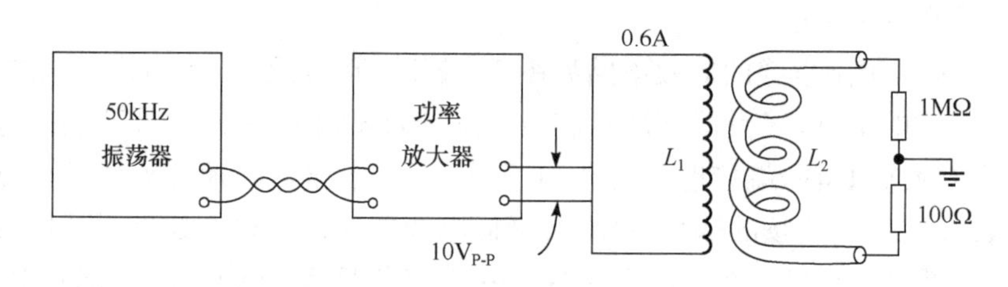

图 7-63　屏蔽电缆磁场耦合测试配置

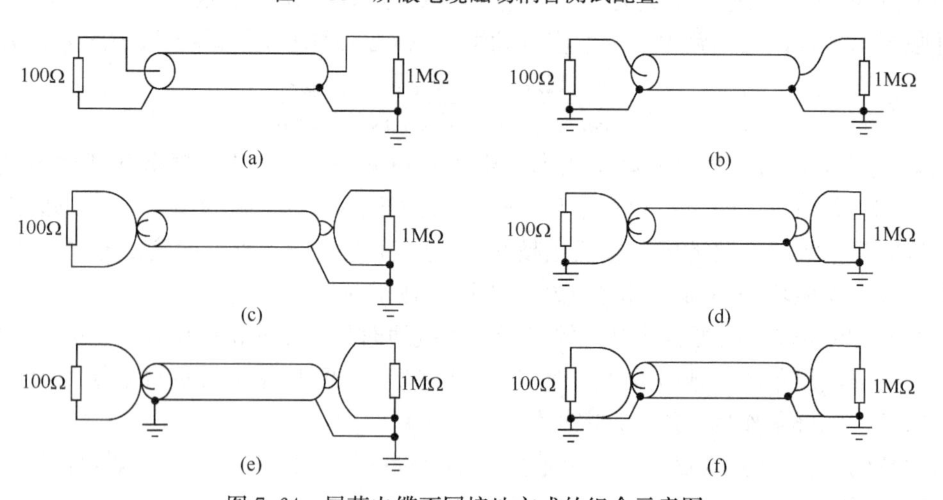

图 7-64　屏蔽电缆不同接地方式的组合示意图

表 7-5　电缆屏蔽效能实验数据

屏蔽电缆	接地方式		屏蔽效能	图 7-64 标示
同轴电缆	屏蔽层单端接地		80	(a)
	屏蔽层双端接地		27	(b)
屏蔽双绞线	屏蔽层单端接地	双绞信号线单端接地	70	(c)
		双绞信号线两端接地	13	(d)
	屏蔽层双端接地	双绞信号线单端接地	63	(c)
		双绞信号线两端接地	28	(f)

首先，当同轴电缆屏蔽层不接地时测得 1MΩ 电阻上的电压是 U_0，这时屏蔽层对电缆的磁场耦合没有任何抑制作用，我们用电压 U_0 作为基准电压，定义屏蔽电缆的屏蔽效能为

$$SE_H = 20\log\left(\frac{U_0}{U_{1M\Omega}}\right) \tag{7-59}$$

$U_{1M\Omega}$指的是 L_2 因磁场耦合而感应的骚扰电压。被测电缆上测得的 $U_{1M\Omega}$越小，说明屏蔽电缆的磁场屏蔽效能越高。

图 7-64(a)所示为同轴电缆，源端(100Ω)不接地，负载端(1MΩ)单端接地。能感应磁场的环路面积只有屏蔽层与芯线之间所围成的面积，面积很小，这时的磁屏蔽效能可达 80dB，与图 7-64(b)所示的同轴电缆两端接地时的磁场屏蔽效能相比，提高了 53dB。这是因为同轴电缆的屏蔽层双端接地时会形成地环路骚扰电压，降低了负载上骚扰电压的耦合抑制作用。如图 7-64(c)所示为屏蔽双绞线单端接地。因双绞线本身具有消除磁耦合的作用，所以在屏蔽层单端接地且信号线也单端接地时，可充分发挥屏蔽层的作用，使屏蔽双绞线的磁场屏蔽效能可达 70dB。

图 7-64(e)所示为屏蔽双绞线的屏蔽层双端接地而信号线单端接地的情况。双端接地的屏蔽层构成了地环路，导致磁场屏蔽效能下降了 7dB。这可以理解为地环路骚扰在双绞线上产生的共模骚扰电流由于负载不平衡而转换成差模骚扰电压，导致负载上的骚扰电压增大。

图 7-64(d)和(f)所示为屏蔽双绞线的信号线两端接地的情况。图 7-64(d)所示为屏蔽层单端接地，这时屏蔽双绞线的磁场屏蔽效能有 13dB。这种接法的屏蔽效能比较低是由于信号线双端接地构成了地环路，且由于负载的不平衡导致 1MΩ 负载上的骚扰电压增大。图 7-64(f)所示为屏蔽双绞线的屏蔽层双端接地，其磁场屏蔽效能为 28dB，比屏蔽层单端接地的屏蔽效能增加了 15dB。这是由于屏蔽层的阻抗比信号线低，屏蔽层上的地环路骚扰电流比较大，通过互感作用在双绞线导线上产生了一个方向相反的共模电流，这样最终减小了 1MΩ 负载上的骚扰电压，从而提高了磁场屏蔽效能。

上面的实验结果表明从提高磁场屏蔽效能的角度看，电缆屏蔽层应该双端接地。而从抑制地环路干扰的角度看应该单点接地。两者是相互矛盾的。那实际中电缆屏蔽层究竟应该采用单点接地还是多点接地？原则上讲，如果电缆的骚扰以空间磁场耦合为主，那么电缆屏蔽层必须双端接地，特别是在信号回路中不能再增加新的干扰抑制措施时。如果电缆较长、地电位相差较大，则采用屏蔽层单端接地方式。

在低频时，屏蔽电缆最主要的目的是防止来自 50Hz 电源导线的容性耦合。所以使用屏蔽双绞最合适。其优点是利用屏蔽层防止电场耦合而利用双绞线防止磁场耦合。

低频多芯电缆的屏蔽层不是信号的返回地，因此屏蔽层通常仅在一端接地，以避免地环路干扰。在哪一端接地可以根据信号源端是接地还是浮地决定。一般是在信号源端接地，原因是该端为信号电压的参考点。如果信号源浮地，则电缆屏蔽层在负载端接地较好。对于信号端和负载端都接地的情况，屏蔽层也采用双端接地效果较好。

使用同轴电缆时，如果信号线只在一端接地，则同轴电缆屏蔽层与信号线的接地点在同一位置接地。如果信号线在两端接地，即信号源端和负载端都接地，则同轴电缆的屏蔽层必须双端接地，因为此时屏蔽层也是信号的返回地。在这种情况下，可以通过降低电缆屏蔽层的阻抗来降低骚扰耦合。

当频率在100kHz以上，或电缆的长度超过波长的1/12时，要考虑磁场屏蔽。无论同轴电缆还是屏蔽双绞线，都需要在屏蔽层双端接地。当骚扰频率高于屏蔽层截止频率时，多点接地有较好的磁场屏蔽效果。

2. 屏蔽机箱

为了降低辐射发射和辐射抗扰度，设备的机箱一般都采用屏蔽机箱。机箱用铜板、铁板、铝板、镀锌铁板等制作。这些金属板对电场、高频磁场和高频电磁场的屏蔽效能都很大，可达100dB以上，例如0.2mm的铜板在10Hz～30GHz频率范围内可提供大于160dB的屏蔽效能。对于低频磁场的屏蔽，应采用高磁导率的铁磁性材料。但由于这些材料厚度厚、重量重、价格贵，所以一般不用来制作机箱，而是直接用在需要屏蔽的元器件上。现代电子设备广泛采用塑料机箱，为了使其具备屏蔽作用，常在塑料中掺入高电导率的金属粉，使之成为导电塑料，或者在其表面喷涂一层薄膜导电层。表7-6列出了铜薄膜层的屏蔽效能。

表7-6 镀薄膜层的屏蔽效能

薄膜层厚度/μm	0.015		1.25		21.96	
频率/MHz	1	1000	1	1000	1	1000
吸收损耗/dB	0.014	0.44	0.16	5.2	2.9	92
反射损耗/dB	109	79	109	79	109	79
多重反射/dB	−47	−17	−26	−0.6	−3.5	0
总屏蔽效能/dB	62	62	83	84	108	171

由于导电层非常薄，因此吸收损耗很小，可以忽略不计。导电层的作用主要是反射损耗。又因为导电层的厚度小于趋肤深度，故必须考虑多重反射的影响。由表7-6可知，当薄膜导电层厚度增加时，镀铜层的总屏蔽效能也增加，只是与铜板相比屏蔽效能要差一些。有趣的是对于同一厚度的导电层，不同的频率对总屏蔽效能的影响不大。

以上讨论是基于屏蔽体是完整的。但实际使用的机箱不可能是全密封的，总有各种各样大大小小的孔、洞和缝隙，如通风孔、进出线孔、面板器件安装孔、机箱面板的连接缝、机箱盖和箱体之间的缝隙等。这些孔缝都可能造成电磁波的严重泄漏。实际上，电磁场通过孔缝时的损耗要比穿过金属本体时的损耗小得多。所以讨论机箱的屏蔽效能时主要应该考虑孔缝对屏蔽的影响。

已知金属板对电磁波的屏蔽作用主要是由吸收损耗和反射损耗产生的。反射损耗是因为空气中的波阻抗和金属中的波阻抗不匹配而引起的，金属中的波阻抗与金属板上是否有孔缝无关,所以孔缝的存在并不会影响反射损耗。但是吸收损耗是由于电磁波在金属板上感应出涡流,产生欧姆热损耗,同时涡流激发的反向磁场抵消了原磁场。因此是否能保证涡流的畅通无阻是保证吸收损耗的重要条件。如果金属板上有缝隙存在,并且与涡流方向垂直,如图 7-65(b)所示,则涡流受到缝隙的阻挡只能绕过缝隙而行。该缝隙相当于一个缝隙天线,向金属板外辐射电磁场。即电磁波穿过了缝隙,使金属板的屏蔽效能显著下降。缝隙天线的辐射场,可以通过与其互补天线的辐射场来计算。缝隙天线的互补天线是一个偶极子天线。此时,当缝隙长度等于半波长的整数倍时,缝隙天线的发射能量最大。所以此时缝隙长度是决定泄漏程度的重要因素。通常情况下,缝隙的宽度一般很小,如图 7-65(c)中所示,但缝隙虽然变窄了,而因其长度与图 7-65(b)中所示的缝隙相同,所以这种情况下涡流被阻挡的情况并没有多大改善。如果缝隙方向与涡流方向平行,则其对涡流影响较小,如图 7-65(d)所示。在实际应用中并不能预测涡流的方向,所以唯一的办法是尽量缩短缝隙的长度。对于固定的缝隙长度,频率越高,则缝隙天线的二次发射越有效,泄漏就越严重。因此,一般要求缝隙长度 l 应满足 $l<\frac{\lambda}{10}\sim\frac{\lambda}{100}$。例如在拼接两块金属板时所用的螺丝或铆钉的间距应满足以上条件。又如直径大的通风孔应该改成很多小孔的组合,每个小孔的直径都要符合该条件,如图 7-65(e)所示。改成小孔后的通风孔对涡流的阻挡大大减小,各个方向的涡流都能比较顺利地流通,所以对金属板屏蔽效能的影响大为降低。

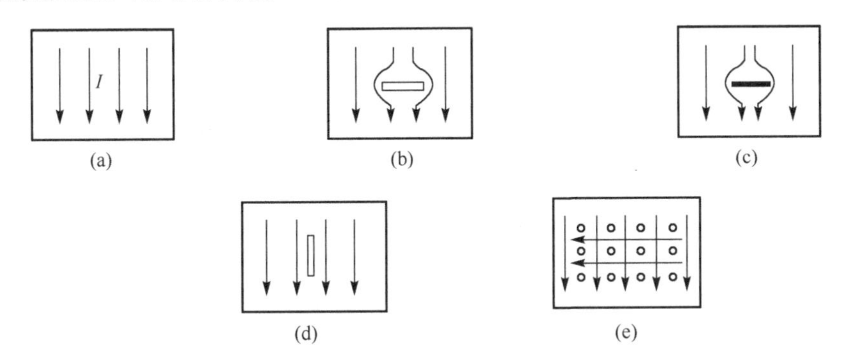

图 7-65 金属板上的孔缝对金属板屏蔽效能的影响

改善由于孔缝造成屏蔽效能下降的方法有以下几种。

1)使用导电衬垫

导电衬垫具有良好的导电性和弹性,用于两块金属板的连接处,可以减小缝隙,保持金属板之间的导电连续性,从而提高机箱的屏蔽效能。导电衬垫有多种,包括软金属、金属编织丝线、导电橡胶、导电泡绵、导电布、梳形弹簧片等。导电衬垫的使用方法如图 7-66 所示。图 7-66(a)是在金属面板上安装电位器的实例。为了减小面板上安装孔和电位器外壳之间的缝隙而使用了射频导电衬垫,并用螺母紧固。图 7-66(b)是在面板上安装按钮开关或电表。由于按钮是非金属的,电表表头的窗口又较大,所以在开关或表头后面加装一个屏蔽盒,屏蔽盒边缘通过导电衬垫紧固在金属面板上。开关或电表的引线则通过安装在屏蔽盒上的穿芯电容引出,穿芯电容可滤除由窗口进入并沿引线传导的电磁骚扰。图 7-66(c)～(j)是把盖板安装在机箱上的实例。盖板与机箱之间需放置导电衬垫,衬垫位置应该在紧固螺钉的内侧。图 7-66(k)是梳形弹簧片,它是用弹性金属薄片弯成手指形状,所以又称指状衬垫。梳形簧片利用弹力压接在接触面上，达到良好的电接触。这种衬垫常用在经常开闭的屏蔽门和机箱盖上。

导电衬垫的选择除了要考虑合适的形状、导电性和弹性外，还需注意衬垫所用的材料，以避免产生电化腐蚀影响屏蔽效果的长期性和可靠性。使用导电衬垫时还应注意使用前要清除接触表面上的氧化物、腐蚀物、绝缘膜等，以保证接缝处的电连续性。在接缝处也可以填充导电环氧树脂或采用带有导电胶的铜带或镀锡铜带。前者固化后不能拆卸，后者不需要时可以撕掉。一般这些材料可用于频率小于 1GHz 的场合，当频率再升高时胶中的导电粒子随机位移太大，屏蔽效果下降。

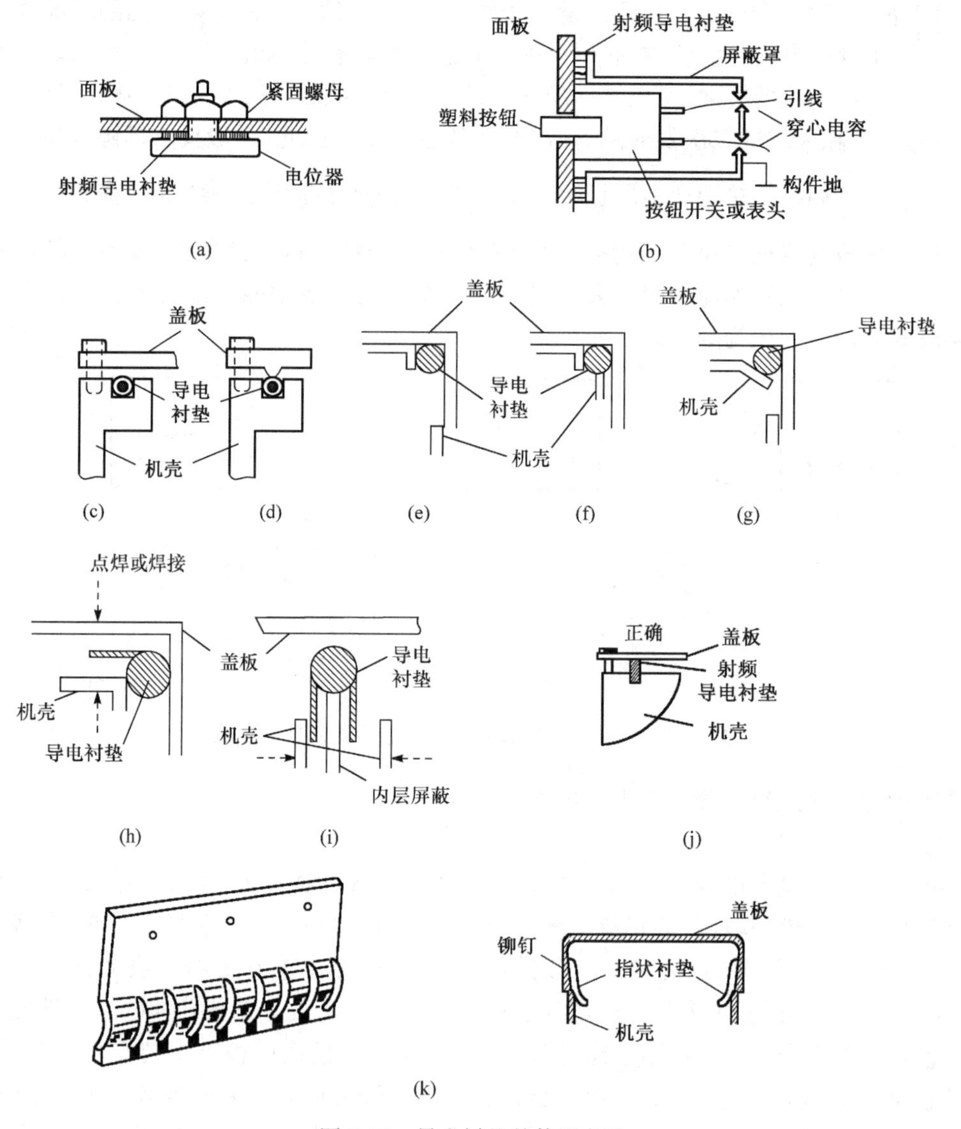

图 7-66　导电衬垫的使用方法

2)使用金属丝网

可在设备的通风口覆盖一层金属丝网，这样既能保持通风又能起到屏蔽作用。金属丝网可用于屏蔽要求不太高的场合。由于网孔太多,金属丝网的吸收损耗很小,屏蔽主要靠反射损耗。在几十兆赫以下的频率,主要是金属网对磁场的反射损耗起主要作用,所以屏蔽效能随频率升高而增加;高于几十兆赫的频率后主要是金属网对平面波电磁场的反射损耗起主要作用,所以屏蔽效能随频率升高而降低。金属丝网的屏蔽效能主要取决于网孔的大小。对于确定的金属线径,目数越高则网孔越小,屏蔽效能就越高;对于确定的目数,线径越细即网孔越大,则屏蔽效能越低。金属网的屏蔽效能还受网丝交点处的焊接质量及金属网与周边金属体连接处的电接触性能的影响。当频率高于 100MHz 时,金属网的屏蔽效能下降。

金属丝网还用于设备的观察窗口。例如,用莫乃尔合金制成的直径很细(约 0.05mm)的金属丝网(8～12 孔/cm^2)放在玻璃夹层中,制成显示屏,可以防止计算机信息以场的方式泄漏。这种金属丝网的屏蔽效能在 1MHz 时为 98dB,100MHz 时为 82dB,1GHz 时还能保持 60dB。

3)使用截止波导

对于尺寸较大的通风窗,观察窗和散热孔,通常可使用截止波导制作,以使其既满足功能要求,又不会对机箱的屏蔽效能带来太大的影响。截止波导是一种材料制成的波导管,对电磁波而言它相当于一种高通滤波器。波导管一旦物理尺寸确定,便具有确定的截止频率。当电磁波的频率低于该截止频率时,电磁波不能穿过波导管,于是波导管起到了屏蔽作用。波导管的形状常做成圆形、矩形和六角形。

圆形截止波导的长度要求和截止频率分别为

$$l \geqslant 3D$$
$$f_c = \frac{17.6 \times 10^9}{D} \tag{7-60}$$

式中,l 为波导长度,单位为 cm;D 为波导内径,单位为 cm;f_c 为截止频率,单位为 Hz。

六角形及矩形波导的长度要求和截止频率为

$$l \geqslant 3W$$
$$f_c = \frac{15 \times 10^9}{W} \tag{7-61}$$

式中,W 为波导内壁的外接圆直径,单位为 cm。

图 7-67 所示为由六角形波导组成的蜂窝状通风窗。低于截止频率的电磁波在波导中被大大衰减,其屏蔽效能的计算公式为

$$\mathrm{SE} = 1.823 \times 10^{-9} \times f_c l \sqrt{1-(f/f_c)^2}\ (\mathrm{dB}) \tag{7-62}$$

波导窗与金属丝网相比具有很好的高频屏蔽效果,在 10GHz 时仍可保持 100dB 以上的屏蔽效能。

截止波导管还可用于在面板上安装可变电容、可变电位器、波段开关等可调器件。应该注意的是穿过波导管的轴杆必须是非金属的,否则波导管将失效,起不到屏蔽作用。

根据电磁场理论,任何具有一定深度的孔缝都具有波导性质。也可利用这一点来改善盖板和机箱间接缝的屏蔽效果,如图 7-68 所示。b 为缝隙的深度,只要 b 足够长,更确切地说,只要 b 的长度和缝隙的宽度合适,就可以增加电磁波通过接缝时的衰减作用,提高机箱整体的屏蔽效能。

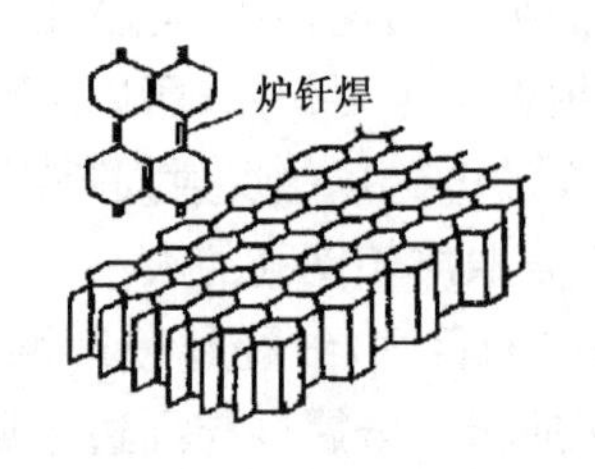

图 7-67 由六角形波导构成的蜂窝状通风窗

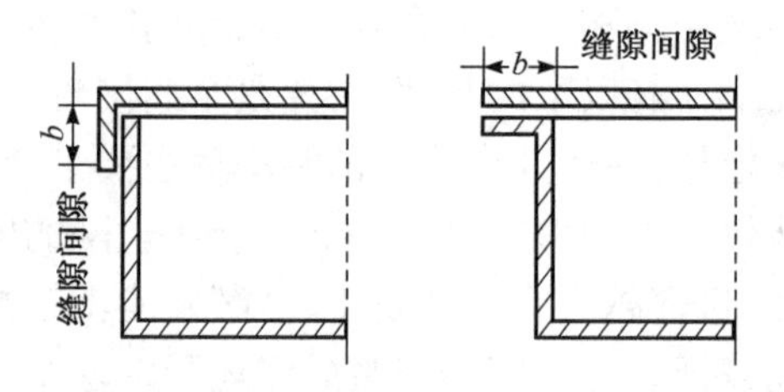

图 7-68 缝隙的截止波导效应

思 考 题

7-1 理想接地是不存在的，其原因是什么？非理想接地在 EMC 中会产生怎样的问题？

7-2 接地可以如何分类？

7-3 简述防雷接地和静电防护接地的区别。

7-4 如何用直线布极法测量接地电阻？

7-5 不正确的安全地或信号地的接地方式可能产生哪些干扰？

7-6 在分析和解决电磁兼容问题时，确定实际的电流路径十分重要。但往往所设计的地线并不是实际的地电流路径，这是为什么？

7-7 "接地波动"可能会引起哪些问题？

7-8 不同的接地方式分别有哪些优点和缺点？适用什么样的场合？

7-9 规范化的接地方案应该如何设计？

7-10 对于如图 7-69 所示的机电一体化设备，试按照规范化的设计步骤设计其接地方案。

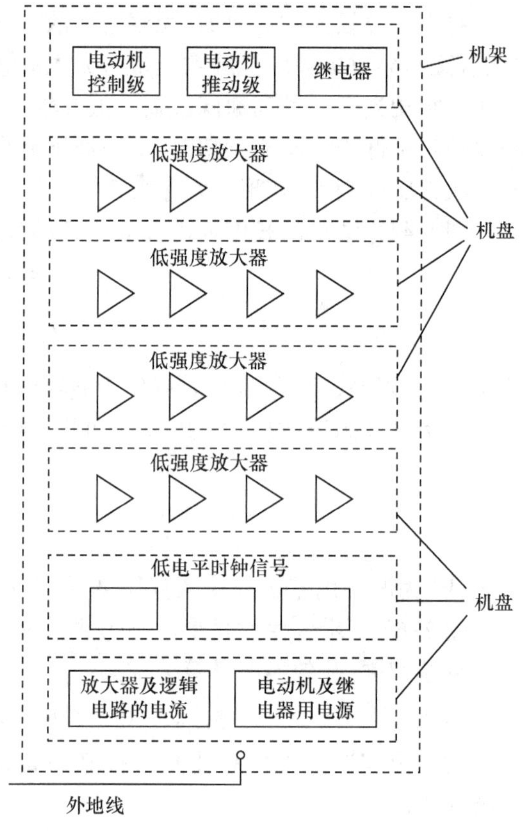

图 7-69 思考题 7-10 图

7-11 解决地环路干扰问题的两种基本方法是什么？

7-12 写出可用于切断地环路的三种不同器件。

7-13 当诊断两台设备之间存在的相互干扰时，如将一端的设备与地线断开，干扰现象消失，这往往说明有地环路干扰问题。据此是否能够得到以下结论：当存在地环路干扰时，只要将一端电路与地线之间的连线断开，就可以解决问题？为什么？

7-14 使用铁氧体磁珠或磁环应注意什么？

7-15 EMI 滤波器安装有哪些注意事项？

7-16 为什么说屏蔽是解决电磁兼容问题的最基本方法之一？用电磁屏蔽的方法解决电

磁干扰问题的好处有哪些?

7-17　反射损耗是不是越大越好,为什么?

习　题

7-1　一个共模扼流圈与一根连接低电平源和一个900Ω负载的传输线串联。传输线中的一根导线具有1Ω的电阻,共模扼流圈的每个绕组具有0.044μH的电感和4Ω的电阻。问:

(1) 高于多少频率,扼流圈对信号传输的影响可以忽略?

(2) 在50Hz、150Hz、250Hz时,扼流圈对差模噪声电压的衰减分别是多少dB?

7-2　在图7-70(a)中,设备A与设备B分别安装在不同的建筑物内,由架空线连接。架空线高10m、长40m,两台设备分别在本地接地,因而形成了一个地环路。

(1) 如果有一个直击雷落在设备A左方1km处,其电流脉冲波形如图7-70(b)所示。雷电电流脉冲的上升沿时间为2μs,下降沿时间为1000μs,最大幅度为50kA。试问地环路中由于雷电磁场所感应的电压是多大?

(2) 如果雷电发生在地环路的正前方1km处,试问在地环路中感应的电压是多大?

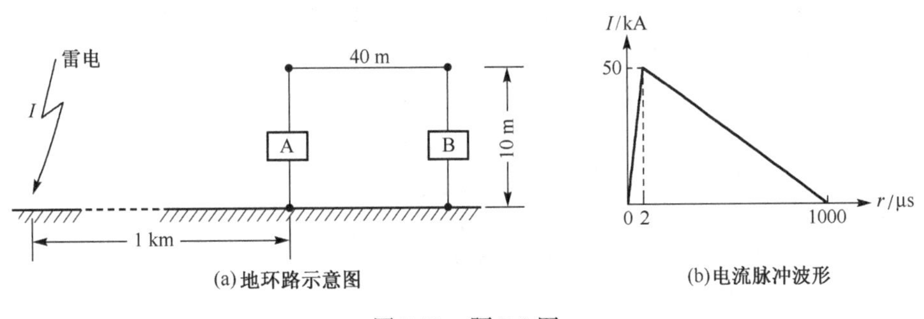

图7-70　题7-2图

7-3　根据滤波器的材料及制造工艺,滤波器可分为哪几类?其中用于EMI滤波器的主要有哪几类?

7-4　反射式滤波器和吸收式滤波器的工作原理是什么?

7-5　电容既可以用来滤除差模噪声,也可以滤除共模噪声,连接方法有什么不同?

7-6　实际使用的电感器并非是理想电感,其存在匝间分布电容和绕组损耗电阻,其等效电路如图7-71所示。试在同一坐标系中画出理想电感元件和实际电感器的阻抗-频率曲线,并给出比较结果。

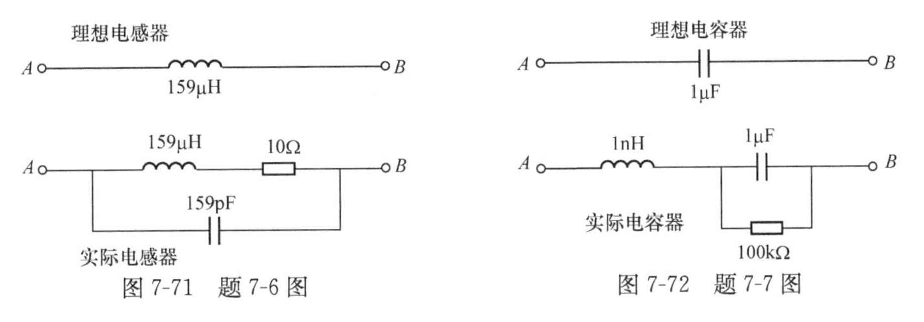

图7-71　题7-6图　　图7-72　题7-7图

7-7　实际使用的电容器并非是理想电容，存在引线电感和介质损耗电阻，其等效电路如图 7-72 所示。试在同一坐标系中画出理想电容元件和实际电容器的阻抗-频率曲线，并给出比较结果。

7-8　根据习题 7-6 和习题 7-7 的结果，分析影响谐振频率的因素有哪些？

7-9　根据频变电阻随频率的变化关系设计一低通滤波器？

7-10　铁氧体磁珠与电感滤波元件的主要区别是什么？

7-11　画出 Γ、Π 和 T 型低通 LC 滤波器的框图，讨论其分别适用于什么样的源阻抗及负载阻抗。

7-12　如果用一个电感与 50Ω 负载串联来抑制 100MHz 的噪声电流，求能提供 20dB 插入损耗的电感值。

7-13　差模电流可以无衰减地通过共模扼流圈，同时对共模电流起到抑制作用的原理是什么？

7-14　共模扼流圈的自电感为 28mH，耦合系数为 0.95，求由该共模扼流圈漏电感所形成的等效差模电感。

7-15　通常将铁氧体磁珠串联在导线上用以抑制高频噪声，如图 7-73 所示。图中负载阻抗 R_L 为 10kΩ。设磁珠在 100MHz 是的阻抗为 200Ω，求其插入损耗。如果在磁珠后面再并联一个 0.01μF 的电容，求两者构成的低通滤波器的插入损耗。

7-16　图 7-74 所示为一电源滤波器，设其元件参数为 $L_1=L_2=5\text{mH}$，$C_1=0.1\mu\text{F}$，$L_3=L_4=30\text{mH}$（假设耦合系数 $k=1$），$C_2=C_3=4700\text{pF}$。使用时滤波器左侧接电源，右侧接负载。试求当源阻抗及负载阻抗均为 50Ω 时，滤波器对于 150kHz 和 30MHz 的差模插入损耗和共模插入损耗。

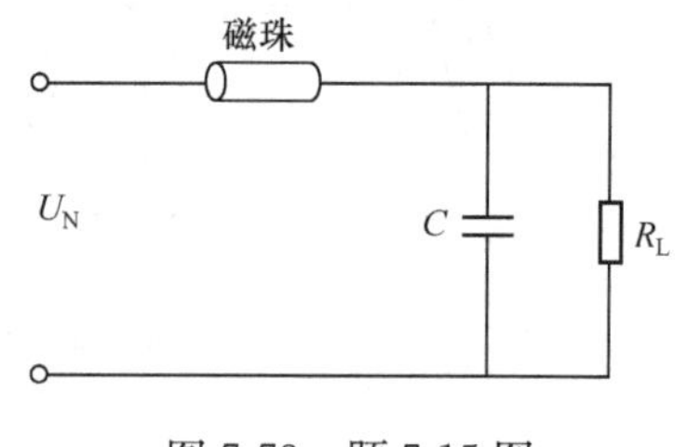

图 7-73　题 7-15 图

7-17　对于如图 7-74 所示的滤波器，当源阻抗和负载阻抗失配时，求以下情况时滤波器在 150kHz 和 30MHz 时的差模插入损耗和共模插入损耗：

(1)源阻抗为 0.1Ω，负载阻抗为 100Ω；

(2)源阻抗为 100Ω，负载阻抗为 0.1Ω。

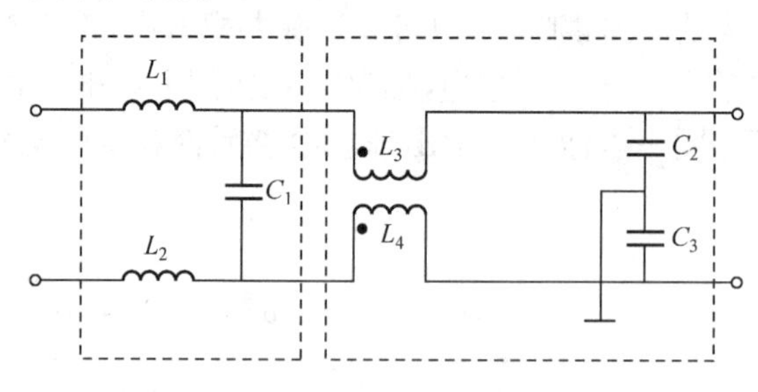

图 7-74　题 7-16 图

7-18　如果由于安装条件所限，电源滤波器的接地是通过一条导线与金属机壳相连的，该导线具有 1μH 的电感，滤波器与机壳之间存在 100pF 的分布电容。求该接地电路结构的谐振频率和 30MHz 时的输入输出阻抗。

7-19　实际工程应用中，当发现滤波器的插入损耗不足以抑制骚扰时，往往会对原来已有的滤波器进行“增强”。最容易实施也最常用的方法是加大 π 型滤波电路中的电容，即在该电容处并联一个电容。但结果往往事与愿违，骚扰反而更加严重了。试从接地阻抗的角度出发来解释这种现象。

7-20　已知外界骚扰场强 $E=1\text{V/m}$，屏蔽体的屏蔽效能是 40dB，求屏蔽体内的骚扰场强。

7-21　试论述接地在电场屏蔽中的重要性。

7-22　铁磁材料起到磁场屏蔽作用的实质是什么？

7-23　影响材料磁导率的因素有哪些？

7-24　对低频磁场采用双层屏蔽的方法可以解决怎样的问题？每层材料应该如何选取？

7-25　屏蔽高频磁场的原理是什么？

7-26　请描述电磁波通过金属板屏蔽体的完整过程。

7-27　增加吸收损耗的方法有哪些？

7-28　计算空气的波阻抗。如果金属板制成的屏蔽体的电导率为 σ_r、磁导率为 μ_r，试推导平面波、电场波和磁场波的反射损耗。根据结果分析影响反射损耗的因素。

7-29　为什么说多次反射损耗会减小金属屏蔽体的屏蔽性能？哪些情况下可以忽略多次反射损耗的影响？

7-30　由高导磁材料表面覆盖高导电材料制成的复合材料，具有较好的总屏蔽效能，试分析其原因。

7-31　一个屏蔽室的尺寸为 3.4m×2.5m×2.6m，求其最低谐振频率和 1GHz 以下的最高谐振频率。

7-32　简述孔缝的位置和尺寸对开有孔缝的金属屏蔽体屏蔽性能的影响。

7-33　改善由孔缝造成屏蔽性能下降的方法有哪些？

7-34　如果一矩形波导管的口径为 10mm×10mm，求波导的截止频率。在将其用作截止波导时，试计算该波导管在最高可用频率处能够提供 100dB 屏蔽效能的最短长度。

7-35　如何屏蔽变压器产生的电磁骚扰？

7-36　简述同轴电缆和双绞线的屏蔽原理。

7-37　10cm 厚的钢板（$\sigma_r=0.1$，$\mu_r=1000$）距离骚扰源 1m，求在下述频率时钢板对骚扰场的吸收损耗和反射损耗：10kHz、100kHz、1MHz、10MHz、100MHz。根据计算结果画出损耗-频率关系曲线。

7-38　如图 7-75(a)所示，两导线间的分布电容为 50pF，导线对地分布电容为 150pF，导线 1 端接 1MHz、10V 的交流信号源。如果 R_T 分别为无限大阻抗、1000Ω 阻抗、50Ω 阻抗时，导线 2 的感应电压分别为多少？

7-39　如果在如图 7-75(a)所示的导线 2 外面加装一接地屏蔽层，如图 7-75(b)所示。如果已知导线 2 与屏蔽层之间的分布电容为 100pF，导线 1 与导线 2 之间的分布电容为 2pF，导线 2 与地之间的分布电容为 5pF，试求这三种情况下导线 2 上的感应电压。

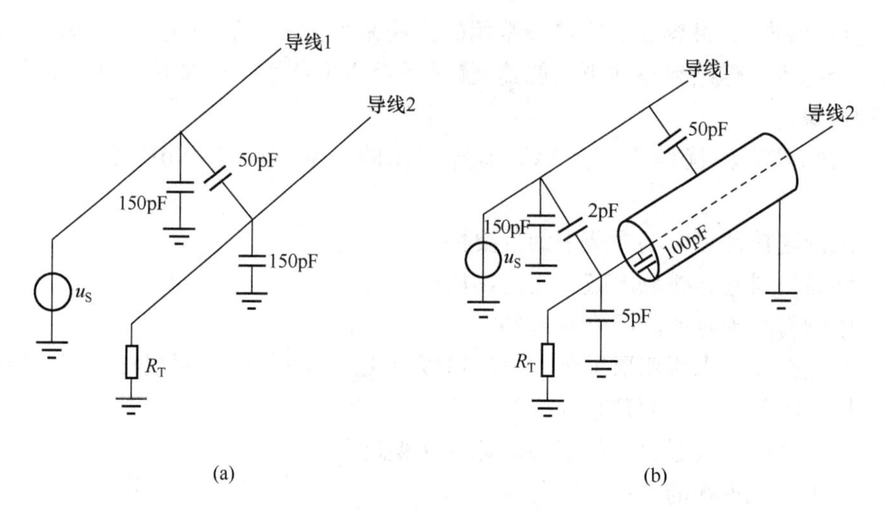

图 7-75 题 7-38 图

7-40 如图 7-76 所示，屏蔽电缆的屏蔽层电感和电阻分别为 L_S和 R_S，R_G为等效地电阻，I_I 是流过导线的电流，I_S 是流过电缆屏蔽层的电流。

(1) 试画出 $|I_S/I_I|$ 对频率的渐近线；

(2) 当高于什么频率时，98% 的电流才流经屏蔽层？

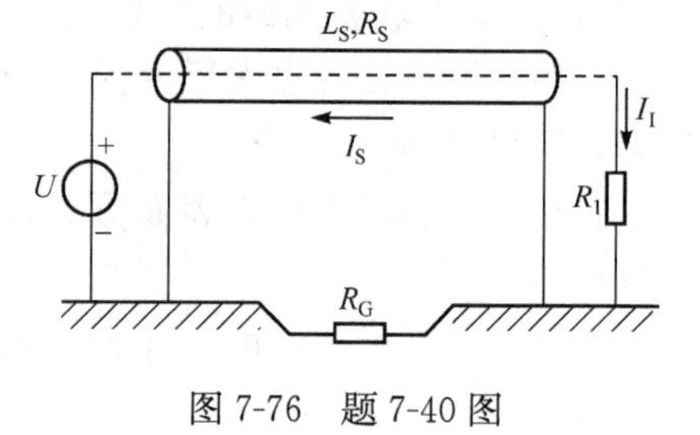

图 7-76 题 7-40 图

第 8 章　电磁兼容测试

我国和世界上很多国家及地区均采用颁布标准、法律或法规的形式对电子产品的电磁兼容性提出要求。只有根据相应的标准，通过电磁兼容符合性测试的产品才能取得相应的产品认证，并具备市场准入的基本资格。可见，电磁兼容性测试与产品质量认证制度有关。产品质量认证制度，是指由依法取得产品质量认证资格的认证机构，依据有关的产品标准和要求，按照规定的程序，对申请认证的产品进行工厂审查和产品检验等。对符合条件要求的，通过颁发认证证书和认证标志以证明该产品符合相应标准的要求。世界大多数国家和地区设立了自己的产品认证机构，使用不同的认证标志来标明产品对相关标准的符合程度。如中国的 CCC 强制性认证、美国的 UL 和 FCC 认证、欧盟的 CE 认证、德国的 VDE 认证等。此外，一些行业也分别建立了自己的产品认证制度，如中国的铁路产品均需通过中铁检验认证中心的 CRCC 认证才能够取得铁路应用的准入资格。

中国强制认证(China Compulsory Certification，CCC)，通常简称为 3C 认证，是中国政府为保护广大消费者的人身健康和安全，保护环境、保护国家安全，依照法律法规实施的一种产品评价制度，它要求产品必须符合国家标准和相关技术规范。自 2002 年 5 月 1 日起，中国强制认证全面展开，凡列入实施强制性产品认证目录的产品必须取得 CCC 认证后方可进入中国市场。目前的 CCC 认证标志分为四类，分别为 CCC＋S(安全认证标志)、CCC＋EMC(电磁兼容类认证标志)、CCC＋S&E(安全与电磁兼容认证标志)和 CCC ＋ F(消防认证标志)。

在许多产品认证制度或体系中，电磁兼容性均是重要的组成部分。由上面所述 3C 认证的内容就可以深刻体会到。国外如欧盟 CE 认证中包含了 EMC 指令，要求所有销往欧洲的电气产品所产生的电磁干扰不得超过一定的限值，以免影响其他产品的正常工作。同时，电气产品本身也应有一定的抗干扰能力，以便在一般电磁环境下能正常使用。与此类似，其他国家认证制度如美国的 FCC 认证、德国的 VDE 认证、日本 VCCI 认证等均涉及电磁兼容性要求。常见的产品认证标志如图 8-1 所示。

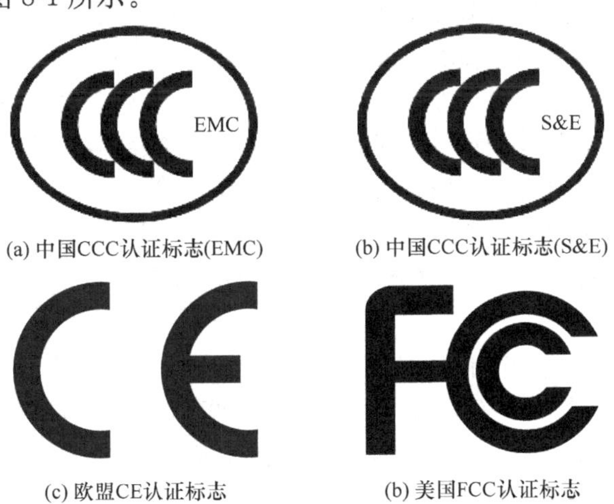

(a) 中国CCC认证标志(EMC)　(b) 中国CCC认证标志(S&E)

(c) 欧盟CE认证标志　(b) 美国FCC认证标志

图 8-1　常见的产品认证标志

电磁兼容测试按其测试内容可分为电磁干扰(electromagnetic interference,EMI)测试和设备的电磁抗扰度(electromagnetic susceptibility,EMS)测试。EMI 测试是测量设备向外界发射的电磁骚扰,包括辐射发射(radiated emission,RE)和传导发射(conducted emission,CE)两个部分。EMS 测试则是通过对设备施加各种骚扰,检测受试设备对这些骚扰的敏感度或抗干扰能力。所施加的骚扰的主要类型有静电放电、射频场感应的传导骚扰、电快速脉冲群、浪涌、工频磁场、脉冲磁场、工频谐波等。

电磁兼容测试结果反映了受试设备相关的电磁兼容性,为设备的电磁兼容设计、整改以及验证起到至关重要的指导作用。电磁兼容测试结果取决于测试场地及测试仪器的各项指标、测试步骤甚至测试人员的素质。因此,电磁兼容测试标准通常都会对测试场地、测试仪器的指标以及测试步骤进行具体规定,以保证测试结果的准确性和可重复性。作为测试人员,不仅需要掌握电磁场、微波、天线、电波传播、电路等学科的基础理论,而且要了解测试仪器的操作方法以及受测设备的工作原理,理解标准规定的方法。这样才能在测试过程中发现问题,并采用正确的方法解决问题,从而保证正确的测试结果。

8.1 电磁兼容标准

8.1.1 电磁兼容标准化组织

国际上有多个标准化组织涉及电磁兼容领域的研究和标准。涉及电磁兼容的国际化标准组织主要有国际电工委员会(IEC)和电气电子工程师学会(IEEE)。国际无线电干扰特别委员会(CISPR)和 IEC 第 77 技术委员会(IEC/TC77)是制定电磁兼容基础标准和产品标准的两大组织。我国的电磁兼容标准绝大多数采纳 IEC 出版的国际标准。

作为 IEC 下属的特别委员会,CISPR 专门从事有关无线电干扰标准的研究和制定工作。该组织于 1934 年在法国巴黎成立,其宗旨是研究并制定有关电磁干扰的限值以及测量方法等,从而指导各个国家的标准制定。CISPR 的有效运作促进了国际上各个领域无线电干扰的协调一致,在国际贸易中起到了积极作用。

IEC/TC77 技术委员会是 IEC 电磁兼容(EMC)技术委员会,是 IEC 中负责 EMC 技术标准研究和制定的一个二级机构。无论在处理电气安全、雷电保护、电力电子、电缆系统、芯片设计还是静电方面的问题,TC77 都对 IEC 中其他委员会的工作产生了影响。因此,TC77 也被称为“横向委员会”。换句话说,所有由其他 IEC 技术委员会标准化工作中涉及的有关 EMC 出版物,IEC/TC77 技术委员会都具有咨询和指导作用。TC77 不仅研究和制定抗干扰的基础标准,还起草专业领域的通用标准和产品类标准。有关 EMC 的解决方案指南也是其工作的一部分。IEC 61000 系列就是 EMC 领域中一个重要的标准系列,成为电磁兼容工程师日常工作的必备工具。

我国的全国无线电干扰标准化技术委员会和全国电磁兼容标准化技术委员会在政府部门的直接管理下,分别承担着电磁发射和电磁抗扰度这两个领域的标准化工作。全国无线电干扰标准化技术委员会成立于 1986 年,主要任务是在无线电干扰领域组织相关单位和人员制定和修订国家标准,开展与国际 IEC/CISPR 相对应的工作。全国电磁兼容标准化技术委员会成立于 2000 年,负责国内电磁兼容和电磁环境领域标准化和 IEC/TC77 的国内技术归口工作,推进电能质量、低频发射、抗扰度的测量技术和试验步骤等，以及 IEC 61000 系列电磁兼容标准的国内转化和维护工作。

除了上述标准化组织外，还有其他国家和地区的致力于电磁兼容标准化工作的组织。例如，欧洲电工标准化委员会（European Committee for Electrotechnical Standardization，CENELEC）、美国联邦通信委员会（Federal Communications Commission，FCC）和美国标准化协会（American National Standards Institute，ANSI）、德国电气工程师协会（Verband Deutscher Elektrotechniker，VDE）和日本的干扰自愿控制委员会（Voluntary Control Council for Interference，VCCI）等。

8.1.2　电磁兼容标准分类

由 CISPR、IEC/TC77 和/或其他（区域）标准化组织制定的电磁兼容标准一般采用 IEC 的标准分类方法，把相关标准分为基础标准、通用标准、产品类标准和专用标准。

（1）基础标准。基础标准是制定通用标准、产品类标准及专用标准的基础。基础标准规定了电磁兼容符合性测试的基本条件或规则，一般包括术语、现象、环境特征、测量方法、测量仪器和基本测量配置等，但不涉及具体产品。常见的基础标准如 CISPR16 系列标准、IEC 61000-4 系列标准。

（2）通用标准。通用标准规定了一系列标准化的试验方法与要求、限值及这些方法的适用条件。通用标准的制定必须参考基础标准。通用标准将其所适用的环境分为工业环境和居民区、商业区及轻工环境两大类。工业环境是指工业、科学和医疗设备的工作环境、大的电感或电容负载频繁通断的环境及大电流并伴有强磁场的环境等。居民区、商业区及轻工环境是指住宅、公寓等居住环境，商业大楼、公共娱乐场所、户外场所、实验室等环境。常见的电磁兼容通用标准如 IEC 61000-6 系列标准，国标有 GB/T 17799 系列标准。

（3）产品类标准。产品类标准是针对特定的产品类别所制定的标准，也称行业标准。产品类标准规定了专门的电磁兼容发射限值或抗扰度评判准则以及详细的测量步骤，比通用标准包含更多的特殊性和详细的规定等。产品标准应比通用标准优先采用。例如，GB/T24338 就是关于轨道交通的一个产品类标准。

（4）专用标准。专用标准是针对具体产品而制定的标准，是将电磁兼容要求编写到了产品的技术条件和技术规范中而形成的独立的标准。例如，TB/T 3027—2015《铁路车站计算机联锁技术条件》，也是铁路行业标准。

8.1.3　中国的电磁兼容标准体系

1. 民用电磁兼容标准

中国的民用电磁兼容标准，按适用范围主要可分为国家标准、行业标准和企业标准三类。其中，国家标准是由国家标准机构通过并公开发布的标准；行业（团体）标准是由行业标准化团体或组织通过并公开发布的标准；而企业标准则是在企业范围内通过并发布的标准。需要注意的是，这种分类方法仅属于标准发生作用的范围或审批权限不同，而非技术水平高低的分类方法。

中华人民共和国国家标准(简称国标)是由国家相关政府部门发布的。其中,强制性标准冠以“GB”,推荐性标准冠以“GB/T”,还有一类指导性(技术报告)标准则冠以“GB/Z”。标准编号的后面一般都跟随年份标识,如“GB 9254—2008”,表示该标准版本的发布年份。在1994年及之前发布的国标,以2位数字代表年份。1995年开始发布的国标,标准编号后的年份改成4个数字。

目前我国已经制定和颁布的电磁兼容类国家标准有100余部,大部分都是等同采用(标注idt:)或等效采用(标注eqv:)(ISPR和IEC标准)而来,还有一些来自IEEE和其他标准化组织,以及部分我国自主制定的标准。表8-1列出了我国的部分电磁兼容国家标准(注:由于标准均进行持续的修订和维护,其版本和年份会不断地更新,故本表中的标准编号均未指定年份)。

表 8-1　部分电磁兼容国家标准

标准编号	标准名称	对应国际/国外标准
GB 4343.1	家用电器、电动工具和类似器具的要求　第1部分:发射	eqv:CISPR14-1
GB 4343.2	家用电器、电动工具和类似器具的要求　第2部分:抗扰度——产品类标准	idt:CISOPR14-2
GB/T 4365	电工术语　电磁兼容	idt:IEC 60050(161)
GB 4824	工业、科学和医疗(ISM)射频设备　骚扰特性　限值和测量方法	eqv:CISPR11
GB/T 6113.1	无线电骚扰和抗扰度测量设备规范	eqv:CISPR16-1
GB/T 6113.2	无线电骚扰和抗扰度测量方法	epv:CISPR16-2
GB 6364	航空无线电导航台站电磁环境要求	
GB/T 7343	10kHz～30MHz无源无线电干扰滤波器和抑制元件抑制特性的测量方法	idt:CISPR17
GB/T 7349	高压架空送电线、变电站无线电干扰测量方法	
GB 7495	架空电力线路与调幅广播收音台的防护间距	
GB 8702	电磁辐射防护规定	
GB 9254	信息技术设备的无线电骚扰限值和测量方法	idt:CISPR22
GB/T 9383	声音和电视广播接收机及有关设备抗扰度限值及测量方法	eqv:CISPR20
GB 11604	高压电器设备无线电干扰测试方法	eqv:IEC 18
GB/T 11684	核仪器电磁环境条件与试验方法	

续表

标准编号	标准名称	对应国际/国外标准
GB/T 12190	高性能屏蔽室屏蔽效能的测量方法	idt:IEEE 299
GB 12668.3	调速电气传动系统　第 3 部分:产品的电磁兼容性标准及其特定的试验方法	
GB/T 12572	无线电发射设备参数通用要求和测量方法	
GB 13613	对海中远程无线电导航台站电磁环境要求	
GB 13614	短波无线电收信台(站)及测向台(站)电磁环境要求	
GB 13615	地球站电磁环境保护要求	
GB 13616	微波接力站电磁环境保护要求	
GB 13618	对空情报雷达站电磁环境防护要求	
GB/T 13620	卫星通信地球站与地面微波站之间协调区的确定和干扰计算方法	
GB 13836	电视和声音信号电缆分配系统　第 2 部分:设备的电磁兼容	eqv:IEC 60728-2
GB 13837	声音和电视广播接收机及有关设备无线电骚扰特性限值和测量方法	eqv:CISPR13
GB 14023	车辆、机动船和由火花点火发动机驱动装置的无线电干扰特性的测量方法及允许值	idt:CISPR12
GB/T 14431	无线电业务要求的信号/干扰保护比和最小可用场强	
GB 15540	陆地移动通信设备电磁兼容技术要求和测量方法	
GB/T 15658	无线电噪声测量方法	
GB 15707	高压交流架空送电线无线电干扰限值	CISPR18
GB/T 15708	交流电气化铁道电力机车运行产生的无线电辐射干扰测量方法	
GB/T 15709	交流电气化铁道接触网无线电辐射干扰测量方法	
GB 16787	30MHz～1GHz 声音和电视信号的电缆分配系统辐射测量方法和限值	IEC 60728-1
GB 16788	30MHz～1GHz 声音和电视信号的电缆分配系统抗扰度测量方法和限值	IEC 60728-1
GB/T 16895.3	建筑物电气装置　第 5-54 部分:电气设备的选择和安装接地配置、保护导体和保护联结导体	
GB/T 16895.10	低压电气装置　第 4-44 部分:安全防护电压骚扰和电磁骚扰防护	
GB/T 17618	信息技术设备抗扰度限值和测量方法	idt:CISPR24

续表

标准编号	标准名称	对应国际/国外标准
GB/T 17619	机动车电子电器组件电磁辐射抗扰性限值和测量方法	欧盟指令 95/54/EEC
GB/T 17624.1	电磁兼容　综述　电磁兼容基本术语和定义的应用与解释	idt:IEC 61000-1-1
GB 17625.1	电磁兼容　限值　谐波电流发射限值(设备每相输入电流≤16A)	eqv:IEC 61000-3-2
GB 17625.2	电磁兼容　限值　对额定电流不大于 16A 的设备在低压供电系统中产生的电压波动和闪烁的限值	idt:IEC 61000-3-3
GB/Z 17625.3	电磁兼容　限值　对额定电路大于 16A 的设备在低压供电系统中产生的电压波动和闪烁的限制	IEC 61000-3-5
GB/Z 17625.4	电磁兼容　限值　中、高压电力系统中畸变负荷发射限值的评估	IEC 61000-3-6
GB/Z 17625.5	电磁兼容　限值　中、高压电力系统中波动负荷发射限值的评估	IEC 61000-3-7
GB/Z 17625.6	电磁兼容　限值　对额定电流大于 16A 的设备在低压供电系统中产生的谐波电流的限制	
GB/T 17626.1	电磁兼容　试验和测量技术　抗扰度试验总论	idt:IEC 61000-4-1
GB/T 17626.2	电磁兼容　试验和测量技术　静电放电抗扰度试验	idt:IEC 61000-4-2
GB/T 17626.3	电磁兼容　试验和测量技术　射频电磁场辐射抗扰度试验	idt:IEC 61000-4-3
GB/T 17626.4	电磁兼容　试验和测量技术　电快速瞬变脉冲群抗扰度试验	idt:IEC 61000-4-4
GB/T 17626.5	电磁兼容　试验和测量技术　浪涌(冲击)抗扰度试验	idt:IEC 61000-4-5
GB/T 17626.6	电磁兼容　试验和测量技术　射频场感应的传导骚扰抗扰度	idt:IEC 61000-4-6
GB/T 17626.7	电磁兼容　试验和测量技术　供电系统及所连设备谐波、谐间波的测量和测量仪器导则	idt:IEC 61000-4-7
GB/T 17626.8	电磁兼容　试验和测量技术　工频磁场抗扰度试验	idt:IEC 61000-4-8
GB/T 17626.9	电磁兼容　试验和测量技术　脉冲磁场抗扰度试验	idt:IEC 61000-4-9
GB/T 17626.10	电磁兼容　试验和测量技术　阻尼振荡磁场抗扰度试验	idt:IEC 61000-4-10
GB/T 17626.11	电磁兼容　试验和测量技术　电压暂降、短时中断和电压变化的抗扰度试验	idt:IEC 61000-4-11
GB/T 17626.12	电磁兼容　试验和测量技术　振荡波抗扰度试验	idt:IEC 61000-4-12
GB 17743	电气照明和类似设备的无线电骚扰特性的限值和测量方法	idt:CISPR15
GB/T 17799.1	电磁兼容　通用标准　居住、商业和轻工业环境中的抗扰度试验	idt:IEC 61000-6-1
GB/T 17799.2	电磁兼容　通用标准　工业环境中的抗扰度试验	
GB/T 17799.3	电磁兼容　通用标准　居住、商业和轻工业环境中的发射标准	idt:IEC 61000-6-3
GB/T 17799.4	电磁兼容　通用标准　工业环境中的发射标准	idt:IEC 61000-6-4
GB/Z 18039.1	电磁兼容　环境　电磁环境的分类	IEC 61000-2-5

续表

标准编号	标准名称	对应国际/国外标准
GB/Z 18039.2	电磁兼容　环境　工业设备电源低频传导骚扰发射水平的评估	IEC 61000-2-6
GB/T 18039.3	电磁兼容　环境　公共低压供电系统低频传导骚扰及信号传输的兼容水平	
GB/T 18039.4	电磁兼容　环境　工厂低频传导骚扰的兼容水平	
GB/T 18039.5	电磁兼容　环境　公共供电系统低频传导骚扰及信号传输的电磁环境	
GB/T 18268	测量、控制和试验使用的电设备电磁兼容性要求	
GB/T 18387	电动车辆的电磁场发射强度的限值和测量方法	
GB 18499	家用和类似用途的剩余电流动作保护器(RCD)　电磁兼容性	
GB/T 18595	一般照明用设备的电磁兼容抗扰度要求	
GB/T 18655	用于保护车载接收机的无线电骚扰特性的限值和测量方法	
GB 18802.1	低压配电系统的电涌保护器(SPD)　第 1 部分:性能要求和试验方法	
GB 18802.21	低压电涌保护器　第 21 部分:电信和信号网络的电涌保护器(SPD)性能要求和试验方法	
GB 19286	电信网络设备的电磁兼容性要求及测量方法	
GB/T 19287	电信设备的抗扰度通用要求	
GB/Z 19397	工业机器人　电磁兼容性试验方法和性能评估准则　指南	
GB 19483	无绳电话的电磁兼容性要求及测量方法	
GB 19484.1	800MHz CDMA 数字蜂窝移动通信系统电磁兼容性要求和测量方法第 1 部分:移动台及其辅助设备	
GB/Z 19511	工业、科学和医疗设备(ISM)国际电信联盟(ITU)指定频段内的辐射电平指南	

目前我国涉及电磁兼容性要求的行业标准主要包括邮电行业标准(YD)、铁路行业标准(TB)、电力行业标准(DL)、汽车行业标准(QC)、航天工业行业标准(QJ)、医药行业标准(YY)、环境保护行业标准(HJ)等,在本书中就不一一列举了。

2. 军用电磁兼容标准

在国防和军事领域,各国同样建立了相关的标准体系来管理和规范军用装备的电磁兼容性。在我国,这一体系是由国家军用标准(简称国军标,GJB)中的若干电磁兼容标准来构成的。表 8-2 列出了我国的部分电磁兼容军用国家标准。从表中也可以看出,有一定比例的国军标与美国军用标准(MIL-STD)是相对应的。

表 8-2　部分电磁兼容国家军用标准

标准编号	标准名称	对应国外标准
GJB 5313A—2017	电磁辐射暴露限值和测量方法	
GJB 1046-90	舰船搭接、接地、屏蔽、滤波及电缆的电磁兼容性要求和方法	
GJB 1389A—2005	系统电磁兼容性要求	MIL-STD-6051D
GJB 151B—2013	军用设备和分系统电磁发射和敏感度要求测量	MIL-STD-461F
GJB 1696-93	航天系统地面设施电磁兼容性和接地要求	
GJB 3590-99	航天系统电磁兼容性要求	
GJB 72A—2002	电磁干扰和电磁兼容性术语	MIL-STD-463
GJB/Z 17-91	军用装备电磁兼容性管理指南	MIL-HDBK-237A

8.1.4　电磁兼容符合性测试

如果某个产品要求进行电磁兼容性的产品认证，则该产品应该按照认证所要求的标准进行符合性测试。只有当各项测试结果满足对应标准的要求时，产品才能通过认证。

符合性测试（有时也称一致性测试）是指测量产品或系统的功能、性能、安全性等指标，并比较其与相关国家标准或行业标准所规定的指标之间符合程度的测试活动。它区别于一般的测试，符合性测试的测试依据和测试规程一定是国家标准或行业标准，而不是企业或实验室自定义的文件。

电磁兼容符合性测试内容一般涉及电磁骚扰和抗扰度两方面。

电磁骚扰包括辐射骚扰和传导骚扰。辐射骚扰是指通过空间传播的电磁骚扰。电视广播接收机、信息技术设备、工科医设备等产生的电磁骚扰在频率大于 30MHz 时主要以辐射的方式传播。传导骚扰是指通过传输线（一般指产品的电源线和信号线）传导的电磁骚扰。频率小于 30MHz 的电磁骚扰主要通过传导的方式传播。针对不同产品，相应的标准对上述骚扰有明确的限值要求，即要求被测产品的各项发射值应低于标准规定的限值。例如，国家标准 GB 9254《信息技术设备的无线电骚扰限值和测量方法》（idt：CISPR22）规定了信息技术设备（ITE）的辐射发射限值和传导发射限值。其中，关于 A 级 ITE（一般指在非生活环境中使用的设备）电源端子的传导发射限值如表 8-3 所示，A 级 ITE 的辐射发射限值如表 8-4 所示。

表 8-3　A 级 ITE 电源端子的传导发射限值

频率范围/MHz	限值/dBμV	
	准峰值	平均值
0.15～0.50	79	66
0.5～30	73	60

表 8-4　A 级 HE 在 10m 测量距离处的辐射发射限值

频率范围/MHz	准峰值限值/(dBμV/m)
30～230	40
230～1000	47

抗扰度是指设备、装置或系统面临电磁骚扰不降低工作性能的能力。抗扰度测试过程中对产品施加模拟其预期电磁环境中的各种形式的骚扰，要求产品的工作性能不能由于这些骚扰的存在而降级。许多国家的电磁兼容认证包含了对产品的抗扰度要求，一般涉及静电放电、辐射电磁场、射频场感应的传导骚扰、电快速瞬变脉冲群、浪涌、工频磁场、脉冲磁场、阻尼振荡磁场、电压暂降、短时中断和电压变化等抗扰度测试。我国关于抗扰度测试的通用标准为 GB/T 17626 系列标准。

8.2　电磁兼容测试场地

电磁兼容测试要求在特定的测试场地进行。其中，辐射发射测试对场地的要求最为严格。用于辐射发射的测试场地主要有开阔场、半电波暗室、屏蔽室、混响室、吉赫兹横电磁波小室(Gigahertz Transverse Electromagnetic Cell，GTEM Cell)等。本节将对这些测试场地的构造特征、工作原理、设计方法和电气性能等进行阐述。

8.2.1　开阔场

1. 开阔场的构造

对于 30～1000MHz 高频辐射电磁场的测试，由 CISPR 所出版的测试标准 CISPR16-1-4 以及与之对应的我国国家标准 GB 9254，都是以空间直射波和地面反射波在接收点上相互叠加的理论为基础的。开阔场(Open Area Test Site，OATS)是首选的进行辐射发射测试的场地。CISPR 规定了开阔场是一个平坦、空旷、地面导电率均匀、周围无任何反射物的椭圆形测试场地，其长轴是两焦点距离的 2 倍，短轴是焦距的 $\sqrt{3}$倍，EUT (或发射天线)与接收天线分别置于两焦点上，如图 8-2 所示。目前，有关辐射发射测试标准规定的测试距离 R 为 3m、10m 和 30m，即 EUT 前端表面与天线参考点之间的距离要达到 3m、10m 和 30m。英国国家物理实验室(National Physical Laboratory，NPL) 位于 Teddington 的开阔场(60m×30m)，如图 8-3 所示。

为了避免周围环境中的电磁骚扰给辐射发射测试带来影响，开阔场的电磁环境噪声应越小越好，至少应比标准规定的 EUT 的骚扰限值低 6dB。由于城市中存在各种广播通信等无线电业务和严重的工业电磁噪声，开阔场通常选择在远离城市的地方。受交通运输、生活管理等因素的影响，在偏远地区建造并使用开阔场的成本较高。因此，许多开阔场选择在市区楼顶建造。例如，中国计量科学研究院在其院内实验室的楼顶建有 40m×12.5m 的开阔场。CISPR 推荐使用导电材料或金属板建造开阔场的地面。由于钢板比铝板、铜板耐腐蚀，价格低，通常都采用钢板建造。

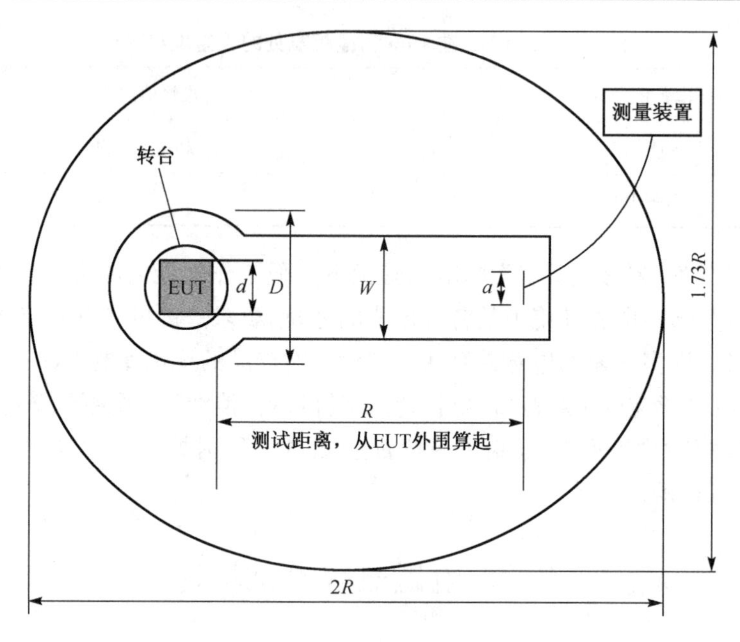

图 8-2　开阔场的结构

d 为 EUT 最大尺寸；a 为天线最大尺寸($D=d+2\text{m}$,$W=a+2\text{m}$)

图 8-3　英国国家物理实验室的开阔场

2. 开阔场测试

在开阔场上可进行 EUT 的辐射发射测试和辐射抗扰度试验。辐射发射测试是测量 EUT 辐射发射场强的最大值,即最差情况。所以在测试过程中,需找到 EUT 辐射发射最大的位置。EUT 放在可 360°旋转的转台上(EUT 放置的高度通常为 0.8m),以便通过旋转转台寻找 EUT 的最大辐射方向。接收天线接收到的总场强为到达天线的直射波 E_d 和经过地面反射的反射波 E_r 的矢量和。虽然反射波与直射波的初始相位相同,但经过的路径不同,所以在接收天线处 E_d 和 E_r 有一定的相位差 $\Delta\phi$,$\Delta\phi$ 与接收天线的高度有关。当 $\Delta\phi$ 为 2π 的整数倍时,E_d 和 E_r 同相,两者的矢量和最大。当 $\Delta\phi$ 为 π 的奇数倍时,E_d 和 E_r 反相,两者的矢量和最小。所以在测试过程中，除了要求 EUT 进行 360°旋转，还要求接收天线在一定高度范围内扫描，以便测得最大场强。辐射发射测试布置见图 8-4。CISPR16 规定对于 3m 法和 10m 法测试，接收天线高度的扫描范围为 1～4m；对于 30m 法测试，天线的高度扫描范围为2～6m。

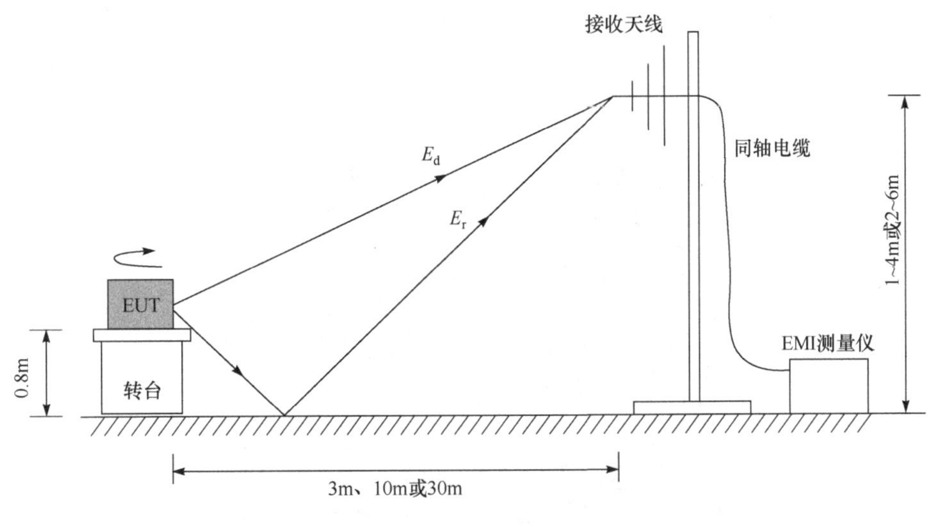

图 8-4　辐射发射测试布置

3. 开阔场的局限性

开阔场结构简单，并且是 CISPR 规定的辐射发射的首选测试场地，但使用开阔场进行测试也面临着以下限制：

(1)开阔场周围的电磁噪声应该至少比标准规定的辐射发射限值低 6dB。然而，目前城市的电磁环境日益恶化，一般很难找到符合这一要求的测试场地。

(2)如果在开阔场进行辐射抗扰度测试，过大的场强可能会干扰周围其他设备的正常工作。

(3)开阔场测试还会受到气候条件的制约。遇到大风或雨雪天气等均不适合开展测试。

8.2.2　屏蔽室

1. 屏蔽室的结构

屏蔽室是六面为金属材料的壳体。主要利用金属材料对电磁波的反射和吸收作用，将室内和室外的电磁环境相互隔离开来。因此，屏蔽室既可以阻止外部的电磁辐射骚扰进入屏蔽室，又可以防止屏蔽室内的电子电气设备的电磁辐射泄漏到屏蔽室外部，使之不影响屏蔽室外人员的身体健康或设备的正常工作。

理论上一个完全封闭的金属腔体的屏蔽效能可以达到几百分贝以上。而实际中由于屏蔽室门、通风窗以及进入室内的电力线及设备控制线等都会导致屏蔽室的屏蔽效能降低。一般情况下屏蔽室对于近场磁场的屏蔽效能应在 70dB 以上，对于近场电场及平面波的屏蔽效能在 100dB 以上。测量屏蔽室屏蔽效能的国家标准为 GB 12190《电磁屏蔽室屏蔽效能的测量方法》。为了达到一定的屏蔽效能，需要对屏蔽室门、通风窗及进入屏蔽室的电缆等采取相应的措施。

1)屏蔽室门

屏蔽室门缝是电磁泄漏的主要途径,其直接关系到屏蔽室的屏蔽效能。目前,很多屏蔽室门采用刀形弹性接触结构,门框四周装有磷青铜或铍青铜制成的梳形簧片,如图 8-5 所示。门闭合时,门刀插入门框的梳形簧片中,以保证良好的导电接触。为了进一步减少缝隙泄漏,可在门的簧片底部加装导电衬垫,使刀刃与导电衬垫接触,以弥补刀面与簧片在密封方面的不足。

图 8-5　屏蔽室门框使用梳形簧片减小电磁泄漏

2)通风窗

为了使屏蔽室的通风窗满足通风要求的同时,不降低屏蔽室的屏蔽效能,屏蔽室的通风窗一般采用截止波导结构,将若干个截止波导排列在一起,如图 8-6 所示。这是因为波导允许高于其截止频率的电磁波通过,而对于低于截止频率的电磁波则会有明显的衰减作用。设计通风窗时,只需保证每个波导的截止频率远高于屏蔽室要屏蔽的电磁波频率即可。最常用的通风窗是波导截面为六角形的金属蜂窝板。

图 8-6　蜂窝状波导通风窗

对于直径为 D 的圆形截面波导，其截止频率 f_{cutoff}(GHz)为

$$f_{cutoff}=17.53/D(\text{GHz}) \tag{8-1}$$

式中，下标“cutoff”意为截止。对于对角线长度为 D 的矩形截面波导，其截止频率 f_{cutoff} 为

$$f_{cutoff}=15/D(\text{GHz}) \tag{8-2}$$

要保证波导对电磁波有较大的衰减，应使波导的截止频率为需屏蔽的电磁波频率的5倍以上。当满足这个条件时，长度为 L 的圆形截面波导对电磁波的衰减 α 为

$$\alpha=32L/D(\text{dB}) \tag{8-3}$$

长度为 L 的矩形截面波导对电磁波的衰减 α 为

$$\alpha=27L/D(\text{dB}) \tag{8-4}$$

在将截止波导应用到屏蔽体时，应注意以下几个问题。首先，屏蔽体需屏蔽的电磁波的频率应远低于波导的截止频率。波导对于高于其截止频率的电磁波基本没有衰减作用。在应用式(8-3)或式(8-4)计算波导对电磁波的衰减时，应满足其截止频率为所屏蔽电磁波频率5倍以上这个条件。其次，不能有金属材料(如电缆)穿过截止波导。当有金属材料穿过截止波导时，金属材料会将屏蔽室外部的电磁能量耦合至屏蔽室内部或将屏蔽室内部的电磁能量耦合至屏蔽室外部，从而破坏了截止波导的作用。另外，截止波导与屏蔽室壁的连接处的缝隙也是潜在的电磁泄漏区域。通常采用将波导四周与屏蔽体连续焊接的方法来避免连接处出现电磁泄漏。

3)滤波器

屏蔽室内各种用电设备的电源线，室内设备与室外设备之间的通信、控制电缆均需穿过屏蔽室。这些电缆在传输信号的同时，还会携带高频骚扰信号。如果对这些电缆不做处理，则会影响屏蔽室对电磁场的屏蔽作用。因此，所有进出屏蔽室的线缆都要通过滤波器，以滤除线缆中的高频骚扰信号。一般滤波器都安装在电缆穿越屏蔽室的入口处。

2. 屏蔽室的缺点

屏蔽室有时会被用做辐射发射测试场地。EUT发出的电磁波遇到屏蔽室的金属壁时会产生多次反射，到达接收天线的场强是直射波和所有反射波的矢量和。由于电磁波的相位由传输路径决定，因此天线或EUT的位置稍有变化，测试结果就会有很大不同。

此外，屏蔽室相当于一个封闭的金属空腔，存在着固有的谐振频率，其计算公式为

$$f_{abc}=150\sqrt{\left(\frac{a}{w}\right)^2+\left(\frac{b}{l}\right)^2+\left(\frac{c}{h}\right)^2}(\text{MHz}) \tag{8-5}$$

式中，w、l、h 分别为屏蔽室的宽、长、高，单位为m。a、b、c 取自然数(三者至多只能有一个为0)，表示横电波沿着屏蔽室宽、长、高侧的驻波的个数。取不同的 a、b、c 就可以求得屏蔽室固有的谐振频率。如果EUT的辐射频率恰好为屏蔽室的谐振频率，那么在谐振情况下，屏蔽室内场强随空间的变化更为显著，由测试位置引起的测试误差将高达20～30dB，结果不可用。

8.2.3 半电波暗室

1. 半电波暗室的构造

屏蔽室用作辐射发射测试时会带来很大的测试误差，而开阔场在进行辐射发射测试时又

容易受到外界电磁环境及气候的影响。因此,半电波暗室是目前使用最为普遍的辐射发射测试场地。电波暗室实质上是内壁挂有吸波材料的屏蔽室。相对于开阔场,电波暗室不受气候条件和环境噪声的影响。同时,电波暗室墙壁上安装的吸波材料可以大大降低墙壁对电磁波的反射作用,从而保证测试结果的准确性。如果屏蔽室内壁六个面都安装有吸波材料,则室内的电磁波不会发生反射,可以模拟电磁波在自由空间中的传播情况,这样的电波暗室称为全电波暗室。全电波暗室主要用于微波及天线测量领域。如果只是在屏蔽室的四壁和天花板上安装吸波材料,则室内的电磁波仅会被地面反射,可以模拟电磁波在开阔场中的传播,这种电波暗室称为半电波暗室,如图 8-7 所示。半电波暗室主要用于电磁兼容测试领域。

图 8-7　3m 法半电波暗室

早期的吸波材料主要为泡沫尖劈型材料,其尖端的波阻抗等于空气中的波阻抗,然后逐渐减小,至末端时波阻抗接近金属壁的波阻抗。这样电磁波在从空气经吸波材料入射至金属壁的过程中,由于不同传输介质间的阻抗匹配而不会发生反射。通常在尖劈内部渗有碳粉,这样就可以把进入尖劈内部的电磁波能量转化为热能。通常要求尖劈的长度大于电波暗室可用测量频率范围最低频率对应波长的 1/4。例如,对 30MHz 的信号,波长为 10m,则尖劈的长度至少要 2.5m。可见,在保持电波暗室有效空间不变的前提下,测试频率越低,电波暗室的尺寸要求越大。

为了缩短尖劈的长度,提高暗室的空间利用率,现在的吸波材料多采用铁氧体瓦和泡沫尖劈型材料的复合体。铁氧体材料对低频电磁波具有良好的吸收性能,对于高频电磁波则依靠泡沫尖劈型材料来吸收。在同样吸收性能下,这种组合式的吸波材料的长度比单纯泡沫尖劈型材料短得多。随着铁氧体材料的发展,目前 30～1000MHz 的电波暗室的吸波材料甚至只需铁氧体就可以满足 EMC 测试性能要求。但在 1000MHz 以上,仍需要组合式吸波材料。

半电波暗室是 CISPR16、ANSIC63.4 等标准所允许的开阔场替代场地。目前广泛使用的有 3m 法和 10m 法半电波暗室。需要注意的是,当半电波暗室的测试结果与开阔场的测试结果有较大的偏差时,标准规定以开阔场的测试结果为准。

2. 半电波暗室的性能要求

半电波暗室主要用作电磁兼容符合性测试场地，其性能指标主要包括屏蔽效能、归一化场地衰减、场均匀性和场地电压驻波比等。

(1)屏蔽效能。它主要用来表示电波暗室屏蔽外界信号的能力，对于屏蔽效能较好的电波暗室来说，外界的干扰信号环境噪声不会进入暗室影响测试结果。一般电波暗室的屏蔽性能没有具体的指标。但是用于辐射发射测试的半电波暗室，其屏蔽效能应该满足 CISPR16 中关于测试场地环境电平的要求，即测试场地的环境电平应至少比标准规定的限值低 6dB。检验电波暗室的屏蔽效能应在加贴吸波材料前进行。

(2)归一化场地衰减(normalized site attenuation，NSA)。半电波暗室是用来代替开阔场进行辐射发射测试的，因此半电波暗室的场地衰减特性应当和开阔场相当。CISPR16 要求半电波暗室的归一化场地衰减与理论值(开阔场)的误差应在±4dB 以内。归一化场地衰减的测量值 A_N 定义为

$$A_N = V_T - V_R - AF_T - AF_R - \Delta AF \tag{8-6}$$

式中，V_T 为发射天线输入电压，单位为 dBμV；V_R 为接收天线输出电压，单位为 dBμV；AF_T 为发射天线系数，单位为 dB/m；AF_R 为接收天线系数，单位为 dB/m；ΔAF 为互阻抗修正系数，单位为 dB。A_N 只反映了测试场地的性质，与天线和测量仪器没有关系。

归一化场地衰减是开阔场、半电波暗室最重要的性能指标之一。一般采用宽带天线进行场地衰减测试。根据场地的大小，测试距离为 3m、10m 或 30m。测试时发射天线分别置于下述 4 个位置：

①转台正中心；

②面向接收天线，转台中心前 0.75m 处(该点在转台中心与接收天线之间的连线上，即测量轴上)；

③面向接收天线，转台中心后 0.75m 处；

④转台中心左、右 0.75m 处(测量轴为左、右侧两点连线的垂直平分线)。

对于发射天线的不同位置，接收天线在测量轴上移动，以保持发射天线与接收天线在测量轴上投影间的距离 R 保持不变。接收天线同时在 1～4m 的高度上扫描，以获得最大的输出电压，即 V_R。

测试时要求天线分别在水平和垂直两个极化方向进行。进行垂直极化测量时，发射天线的中心距地面 1m。如果 EUT 的高度较高，如大于 1.5m 但不超过 2m，或者发射天线高度为 1m 时，发射天线的顶端不超过 EUT 顶部高度的 90%，则还应将发射天线架设于 1.5m 的高度进行测量。进行水平极化测量时，发射天线放置于离地面 1m 和 2m 两个高度进行。两种极化方向下，天线的位置如图 8-8(a)和图 8-8(b)所示。

(3)场均匀性。半电波暗室的地面在铺设吸波材料后，可以进行辐射抗扰度测试。为了使测试结果有效并具有可比性，EUT 及其周围的辐射场强应该足够均匀。GB/T 17626.3—2016《电磁兼容试验和测量技术　射频电磁场辐射抗扰度试验》中规定了场均匀性的校准方法。在高于地面 0.8m 处的 1.5m×1.5m 的垂直平面内设置 16 个点，如图 8-9 所示，在每个点上用传感器测量场强，要求在该区域内 75%的场强幅值偏差在 0～6dB 范围之内，即 16 个测试点中至少 12 个测试点的场强之间的差值小于 6dB。

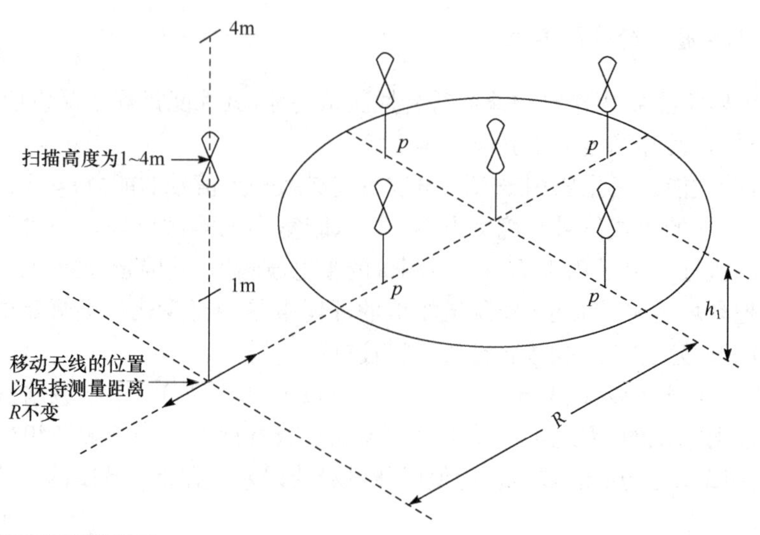

(a) 垂直极化

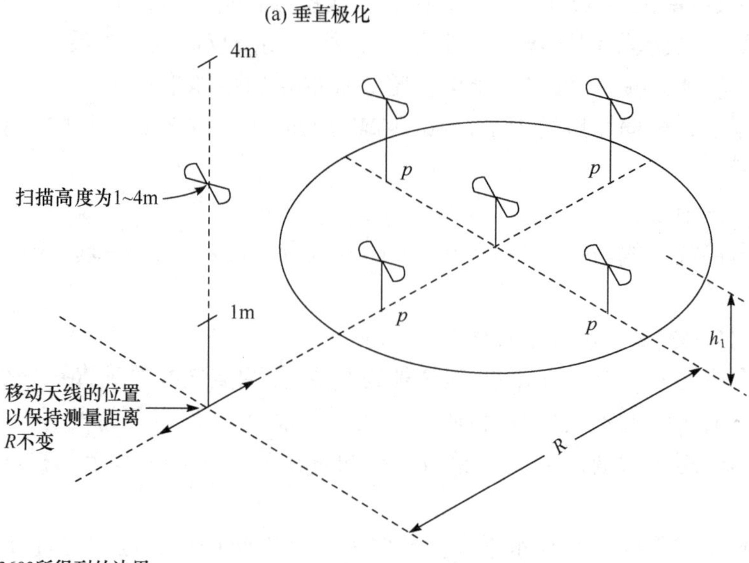

(b) 水平极化

图 8-8 半电波暗室 NSA 测量时典型的天线位置

电磁波在全电波暗室内的传播情况与自由空间类似。全电波暗室主要用于天线测量特性、仿真试验等领域。全电波暗室的性能指标主要有静区、反射率电平、交叉极化度、多径损耗等。

(1)静区。静区是指全电波暗室内受反射干扰最弱的区域,一般其空间形状为圆柱体。例如,3m 法测试距离的静区一般是一个直径为 2m 的柱体区域。在静区内,直射波能量与从室内任一装有吸波材料的表面反射回来的电磁波能量之比要求超过 40dB。静区的尺寸与暗室

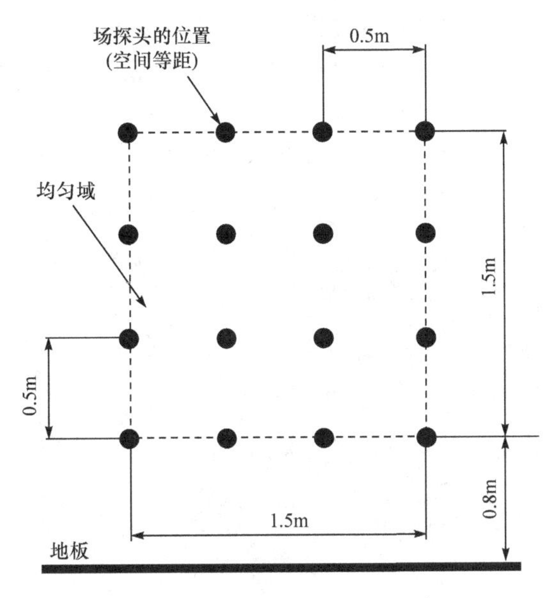

图 8-9　场均匀性测试校正点的布置

的形状、大小、结构、工作频率、所用吸波材料的性能、静区所要求的形状等有关。一般暗室尺寸越大,其静区越大。

(2)反射率电平。反射率电平定义为反射场与入射场之比。

(3)交叉极化度。交叉极化度为表示辐射波极化纯度的指标,定义为发射天线与接收天线的极化面分别正交与平行时所接收的辐射场强之比。造成电磁波极化不纯的原因主要有电波暗室几何尺寸不能严格对称于纵轴、吸波材料铺设不够平直等。暗室的交叉极化度一般要求低于−25dB。

(4)多径损耗。如果电磁波垂直极化分量和水平极化分量在电波暗室内传播时的损耗不一致,则电磁波的极化面在传播过程中就会发生旋转。若发射天线与接收天线极化面平行,且接收天线绕自身轴线做同步旋转时,接收天线输出场强的波动不应超过±0.25dB。

电波暗室同样需要配备各种滤波器、通风波导、出入门和室内照明,对这些装置的要求同屏蔽室的要求类似。

8.2.4　电磁混响室

在现实生活中,许多区域内的电磁波会被周围的物体反射,如汽车、金属结构的建筑物等。前面所介绍的几种测试场地并不能模拟电磁波在这些区域内的传播情况。为此,另一种测试场地——电磁混响室也逐渐被广泛采用。

电磁混响室(也称混波室)本质上是一内部带有金属叶片搅拌器的屏蔽室,如图 8-10 所示。在混响室内部电磁波被金属壁多次反射,内部的场强随空间发生快速而剧烈的变化,尤其是在谐振的情况下,不同测试点场强值的差可达几十 dB。测试过程中,搅拌器的金属叶片通过连续旋转来改变混响室内的边界条件,使得混响室内的场强分布随之改变。在金属叶片旋转一周的过程中,室内不同位置连续测得的场强的平均值应该大致相同,即室内各点的场强从统计上看是均匀的。混响室内测得的场强的统计平均值与天线的位置、极化方向及 EUT 的位置无关。这样在辐射场的抗扰度测试过程中不需要改变天线的极化和高度。因此，相对于暗室和开阔场中的测试，混响室可以实现辐射场强和辐射抗扰度的快速测量。不过，混响室只能测得辐射场强的平均值，并不能用来测量最大辐射场强。如何将混响室的测试结果与开阔场或半电波暗室的测试结果关联起来是目前测试场地的研究方向之一。

图 8-10　混响室

此外，一个可以有效工作的混响室，其内部的电磁场结构必须足够复杂（即其内部电磁场的共振模必须足够多），这样才能保证测试结果的统计均匀性。为了达到这一要求，一般要求混响室的最低工作频率(lowest usable frequency，LUF)为其最低共振频率的 3 倍。混响室的最低共振频率可由式(8-5)计算。表 8-5 为不同大小混响室所对应的最低工作频率和 LUF。一个房间大小的混响室的最低工作频率为 100MHz 左右。可见，混响室并不适合低频测量，这是制约混响室用途的最主要的因素。

表 8-5　不同尺寸混响室的最低共振频率和 LUF

长/m	宽/m	高/m(宽>高)	最低共振频率 f_{10}/MHz	LUF($3\times f_{110}$)/MHz
0.8	0.7	0.6	284.7	854.1
1.2	1.1	1.0	185.0	555
1.6	1.4	1.2	142.4	427.2
2.0	1.8	1.6	112.1	336.3
4.0	3.6	3.2	56	168

除辐射发射外，混响室也被广泛用于辐射抗扰度测试、屏蔽效能测试等。有关混响室原

理、用途、测试方法的详细介绍可参考国际电工委员会相关的标准 IEC 61000-4-21。

8.2.5 吉赫兹横电磁波室

虽然半电波暗室可用作开阔场的替代测试场地，但其造价昂贵，限制了其使用的普及性。吉赫兹横电磁波小室(GTEM Cell)，由于其价格便宜、工作频率范围宽(直流到数 GHz 以上)等优点，成为许多企业和科研机构广泛使用的新型电磁兼容测试场地。GTEM 小室外形类似倒放的金字塔，其顶端连接一个同轴接头，同轴接头的中心导体在小室内部扩展为一块直达底部的扇形金属板，称为芯板。芯板的终端采用分布式电阻匹配网络，形成无反射终端。小室内底部还贴有吸波材料，用来进一步吸收高频电磁波。GTEM 小室本质上是一段扩大的、终端接匹配负载的同轴传输线，其芯板和外壳可分别看作同轴线的内外导体。如图 8-11 所示为 GTEM 小室示意图。根据传输线理论，电磁场在同轴线内传播时，其主模是 TEM(横电磁)波。而小室芯板和底板之间传播的波为球面波。但由于小室的张角很小，所以该球面波近似为平面波。GTEM 小室主要用作电磁辐射抗扰度试验。由于 GTEM 小室采用渐变结构，其上限工作频率可达几 GHz。典型的 GTEM 小室外观如图 8-12 所示。

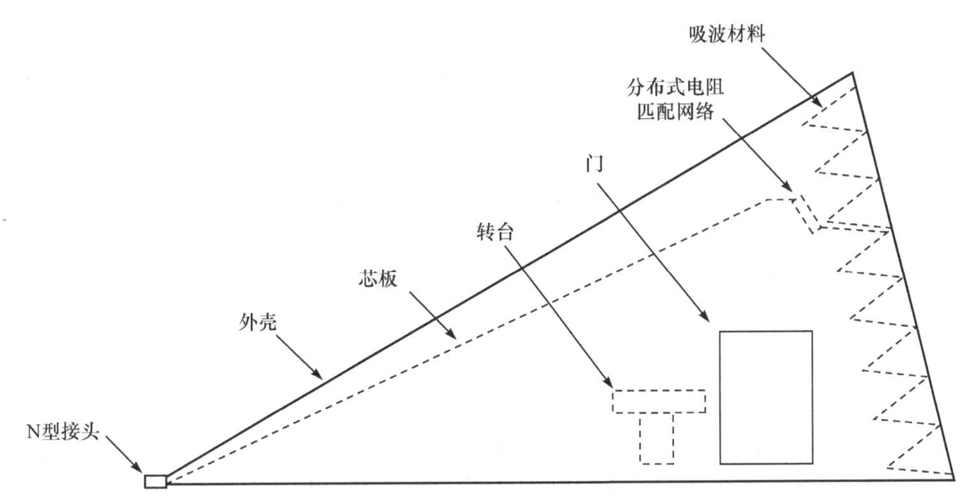

图 8-11　GTEM 小室侧视图(虚线部分为小室内部设施)

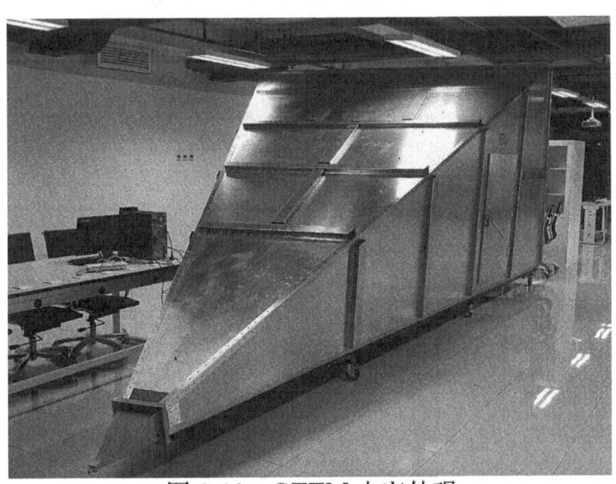
图 8-12　GTEM 小室外观

GTEM 小室中的电场强度由下式决定：

$$E=U/h \tag{8-7}$$

式中，U 为同轴接头输入信号电压；h 为测试点处芯板至底板的垂直距离。在 50Ω 匹配系统中，场强 U 和输入功率 P 之间的关系为

$$E=\sqrt{50P}/h \tag{8-8}$$

由式(8-8)可见，在输入功率不变的情况下，测试点距离同轴输入端越近(此时芯板至底板的垂直距离 h 越小)，则获得的场强就越大。在输入功率较小或要求测试场强较大的情况下，可以通过缩短 EUT 与同轴输入端之间的距离来获得所需要的场强。为了尽量减小 EUT 对小室内场结构的影响，通常要求 EUT 的高度不能超过 $h/3$。

GTEM 小室也可用作辐射发射测试。测试时小室的芯板和底板代替在半电波暗室测试中的接收天线，用以接收 EUT 的辐射骚扰。小室的同轴接头则作为骚扰信号的输出端。在半电波暗室测试中时，通过改变接收天线的极化方向来确定 EUT 的最大辐射，而 GTEM 小室芯板和底板的位置在测试过程中不能改变，因此通过改变 EUT 的位置来改变其辐射电场的极化方向，从而确定 EUT 的最大辐射。一般要求 EUT 在测试过程中沿三个正交的取向(x、y、z 轴)摆放，GTEM 小室内通常带有一特殊的旋转系统来满足这一要求。需要注意的是，GTEM 小室的测试结果并不能直接等同于在开阔场或半电波暗室中的测试结果，还需要通过一定的数学模型进行必要的修正。

8.3　电磁兼容符合性测试项目

电磁兼容符合性测试按其测试内容可分为 EMI 发射测量和 EMS 抗扰度试验。通过 EMI 和 EMS 测试，可以定量地了解被测设备自身向外界产生的电磁骚扰及定性地给出被测设备对外界电磁骚扰的抗扰能力。EMI 测试包括辐射发射测试和传导发射测试。EMS 测试项目主要包括静电放电抗扰度、射频场感应的传导抗扰度、电快速瞬变脉冲群抗扰度、浪涌抗扰度、射频电磁场辐射抗扰度、工频谐波抗扰度、工频磁场抗扰度、脉冲磁场抗扰度、电压暂降、短时中断和电压变化抗扰度等。为了使测试结果具有可比性和可重复性，上述这些测试项目都由具体的国际标准和国家标准来规定。例如，我国针对信息技术设备发射限值及测试方法的标准为 GB 9254(等同采用 CISPR22)，抗扰度测试通用标准为 GB/T 17626 系列(等同采用 IEC 61000-4 系列)标准。

在传导或辐射发射测试过程中，如果测试结果超过了标准规定的限值，则判定 EUT 的传导发射或辐射发射超标。在抗扰度测试过程中，试验结果按 EUT 的功能丧失或性能降级进行分级。这些分级与制造商、试验申请者规定的或者制造商与用户之间商定的 EUT 性能等级有关。推荐的分级如下：

(1)在制造商或客户规定的技术规范内 EUT 工作性能正常。

(2)EUT 功能暂时丧失或性能降低，但在骚扰停止后 EUT 能自行恢复正常，无须操作者干预。

(3)EUT 功能暂时丧失或性能降低，需操作者干预才能恢复正常。

(4)因 EUT 硬件或软件损坏、数据丢失而造成 EUT 不能恢复的功能丧失或性能降低。

注意：制造商提出的技术规范可以规定对 EUT 的影响哪些可以忽略，哪些可以接受。

8.3.1　辐射发射测试

电磁骚扰按其发射传播途径分类，主要有沿电源线、信号线传播的传导骚扰以及沿空间传播的辐射骚扰。通常用骚扰电压来度量传导骚扰。骚扰场强或功率来度量辐射骚扰。我国的GB 4343、GB 4824、GB 9254、GB 17743（分别对应家用电动电热器具、工科医射频设备、信息技术设备和照明设备）等产品类标准，都规定需做电磁骚扰的发射测量，同时规定了相应的测试方法和骚扰发射限值。就辐射发射而言，对于家用电动电热器具，GB 4343 要求测量 30～300MHz 频率范围内的连续骚扰功率；对于信息技术设备，GB 9254 要求测量 30～6000MHz 频率范围内的辐射骚扰场强；对于照明电器，GB 17743 则要求在 9kHz～30MHz 频率范围内进行辐射骚扰的磁场分量测量。随着技术的发展，目前对某些产品或系统的辐射发射测试的频率范围上限已提高到了 40GHz。

用测量场强的方法来衡量 EUT 的辐射发射是一种基本的测量方法，许多产品（如信息技术设备、工科医射频设备、电信终端设备等）的辐射发射都是用这种方法进行测量的。国标GB/T 6113.1（等同采用 CISPR16-1）规定辐射骚扰的场强测试要在开阔场或半电波暗室内进行。对于骚扰功率、骚扰磁场的测量方法，可以参阅上面提到的有关标准，这里不做讨论。下面主要介绍用于辐射发射测试的测量接收机及测量天线。

1. 测量接收机

1）测量接收机原理及指标

测量接收机是专门用于测量电磁骚扰（包括辐射骚扰发射和传导骚扰发射）的测量接收装置，如图 8-13 所示为一典型测量接收机的外观。现实中各种电子电气设备产生的电磁骚扰通常为微弱的连续波信号或者瞬时幅值很高的脉冲信号。因此，用于测量电磁骚扰发射的测量接收机就要求具备灵敏度高、自身噪声小、检波器动态范围大、前级电路过载能力强等特点。

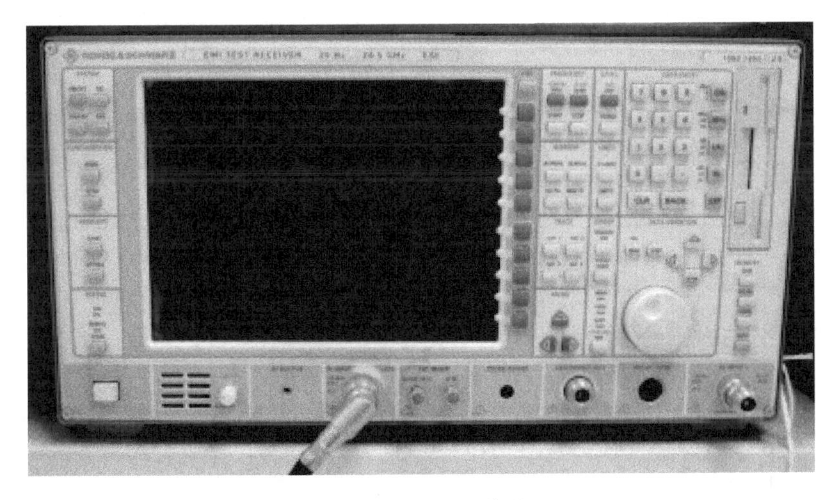

图 8-13　EMI 测量接收机

测量接收机本质上是带有预选功能的超外差式选频电压表。任何波形都是由若干个不同频率、不同幅值的正弦波组成的，电磁骚扰也不例外。测量接收机用于测量所选择频率下电磁骚扰的电压幅值。测量时先将接收机进行调谐，选择某个被测频率 f_i。该频率上的骚扰信号经过高频衰减器和高频放大器后进入混频器，与本地振荡器的频率 f_L 混频；混频后的信号经中频滤波器后得到中频信号 $f_o=f_L-f_i$。中频信号经中频衰减器、中频放大器后，由包络检波器进行包络检波，滤去中频分量得到低频包络信号 $A(t)$。$A(t)$再根据要求进行相应的加权检波，得到所需$A(t)$的峰值(PK)、有效值(RMS)、平均值(AV)或准峰值(QP)测量值。检波后的信号经低频放大后推动电表指示。由于很多电磁骚扰是脉冲性的，因此测量接收机需要能够测量脉冲信号。设被测信号是幅度为 A、宽度为 τ、周期为 T 的脉冲信号(图 8-14(a))。由图 8-14(b)可见，经中频滤波器滤波后的被测骚扰信号为载波频率为 f_o 的调幅信号，其包络幅度为 $2A\tau GB$。其中，G 为中频放大器和以前各级电路的增益；B 为中频带宽；包络主瓣宽度为 $2/B$；两个主瓣之间的间隔为 T。如图 8-14(c)所示的波形是包络检波器滤掉中频后的包络。由于包络的宽度和幅度都与中频带宽有关，因此测量仪的中频带宽一定要有统一的规定。否则，对于同一个被测脉冲信号，由于中频带宽不同，测量结果也可能不同。对于同一个被测信号的包络进行不同形式的加权检波，可以得到不同的值。一般包络的峰值>准峰值>有效值>平均值。如图 8-14(d)所示为准峰值加权波形，如图 8-14(e)所示为电表读数曲线。

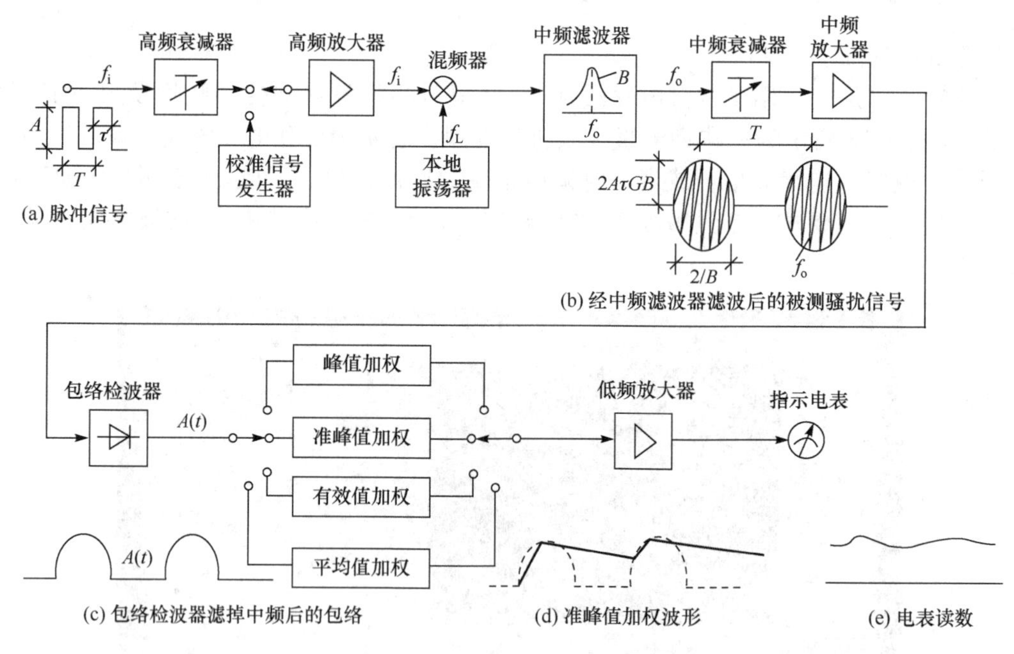

图 8-14 测量接收机组成方框图

加权检波后的波形是由检波电路的充放电时间常数决定的，所以对检波器的充放电时间常数也要有统一的规定。由于电表有一定的惯性(即电表机械时间常数)，电表读数要受其影响，因此标准规定电表要处于临界阻尼状态，并且具有确定的机械时间常数。因为在当前的技术发展条件下，电磁骚扰以脉冲信号为主，而脉冲信号的幅度往往很大，所以测量接收机还应该有较大的过载能力，以免由于过载而测不到脉冲的幅度。综上所述，测量接收机必须有统一的中频带宽、检波器充放电时间常数、电表机械时间常数和过载系数，以保证测量同一脉冲信号时得到一致的测量结果。表 8-6 列出了 GB/T 6113.1 规定的测量接收机的指标。其中，A 频段为 9～150kHz；B 频段为 0.15～30MHz；C 频段为 30～300MHz；D 频段为 300～1000MHz。在表 8-6 中，过载系数是指电路的稳态响应偏离理想的线性数据不超过 1dB 时，最高电平与指示器满刻度偏转指示所对应的电平之比。

表 8-6　测量接收机四大类指标

指标名称	频段		
	A	B	C、D
中频滤波器 6dB 带宽/Hz	200	9k	120k
准峰值检波器充电时间常数/ms	45	1	1
准峰值检波器放电时间常数/ms	500	160	550
电表机械时间常数/ms	160	160	100
检波器前电路过载系数/dB	24	30	43.5
检波器后电路(检波器与指示电表之间)过载系数/dB	6	12	6

2)三种检波测量方式的适用性

平均值检波器的充、放电时间常数相同，特别适用于连续波信号的测量。在对广播、电视信号或者工科医高频设备辐射场强测量时，测量对象为正弦波电磁场，因此检波方式应为平均值或有效值检波。

相对于平均值检波器，峰值检波器的充电时间常数较小，但放电时间常数却很大。因此，即使很窄的脉冲也能快速充电到稳定值。当脉冲信号消失时，由于放电时间常数大，检波器的输出电压可在很长的一段时间内保持在峰值上。峰值检波测量方式首先用于军用设备的骚扰发射测试中。这是由于许多军用设备只需单次脉冲的激励就可能造成爆炸或数字设备的误动作。

准峰值检波器的充、放电时间常数介于平均值和峰值检波器之间。在测量周期内准峰值检波器的输出既与脉冲的幅度有关，又与脉冲的重复频率有关，因此其输出的值可以用来评估电磁骚扰对人的听觉造成的影响。对于相同的被测信号，峰值测量结果≥准峰值测量结果≥平均值测量结果。

三种检波测量方式测量结果的比较如图 8-15 所示。

3)准峰值测量的主要问题

电磁骚扰的准峰值测量方式可以模拟人的听觉器官对声音的响应过程。因此，现行国际标准和国家标准中制定的电磁骚扰的限值大多数是用准峰值来表征的。但准峰值测量也存在一定的问题。在用准峰值检波方式测量时，如果想在某个频点得到稳定的测量值，则测量时间应大于检波器充放电时间常数和电表机械时间常数之和，并且测量不止一个周期。所以，一般准峰值测量时间比较长。如果测量接收机具有扫频测量功能，则设置的扫描时间应符合表 8-7中规定的最小扫频时间。

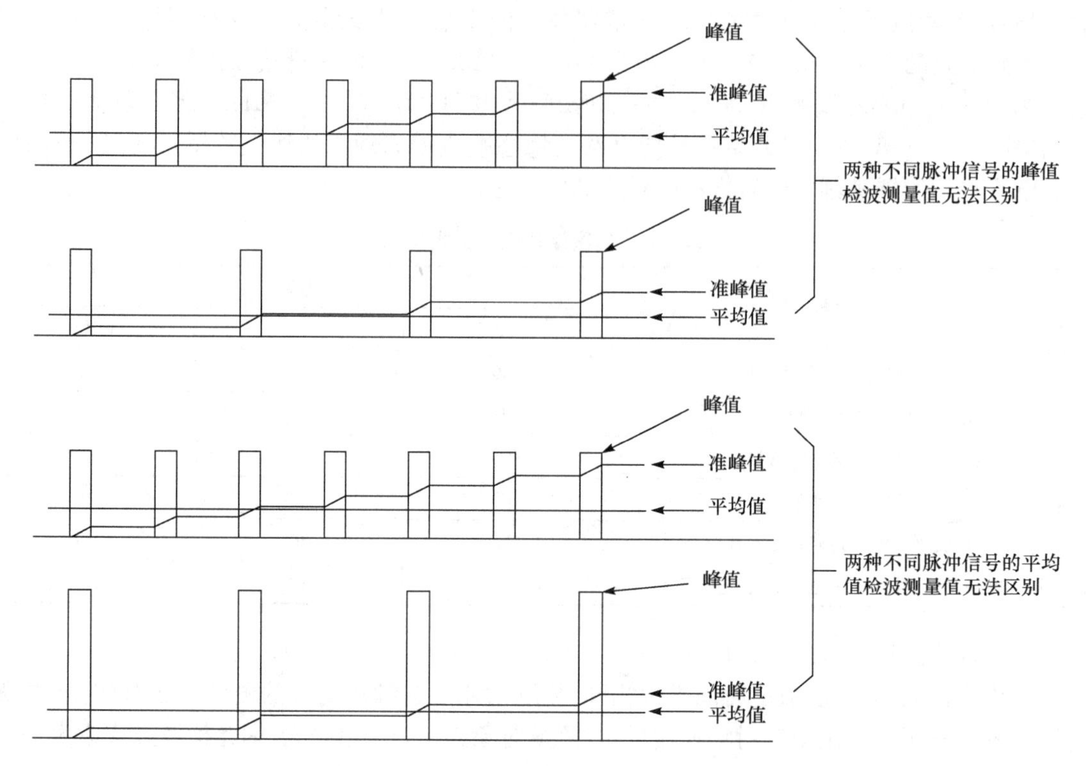

图 8-15 三种检波测量方式测量结果的比较

表 8-7 测量接收机的最小扫频时间

频段	峰值检波/(ms/kHz)	准峰值检波/(s/kHz)
A (9～150kHz)	100	20
B(0.15～30MHz)	0.1	0.2
C、D (30 ～1000MHz)	0.001	0.02

比如标准要求测量骚扰发射的准峰值，同时给出规定的准峰值限值。那么，只有在整个测试频段内，EUT 辐射的准峰值低于标准规定的限值，才可判定 EUT 发射合格。但如上所述，准峰值测量占用的时间较长，测试的效率较低。因此在实际测量中，往往先用峰值进行全频段扫描测量。这是由于峰值测量时间短，且峰值检波方式在三种检波方式中的测量值最高，所以如果峰值测量结果低于标准规定的准峰值限值，则就无须再进行准峰值测量，便能判断 EUT 的发射符合标准要求。如果测试过程中，有部分频点的峰值测量值超过了限值，则只需对这些频点进行准峰值测量。这样就可以大大节省测量时间了。

2. 测量天线

在辐射发射场强测试中必须用到接收天线，其作用在于将其被测场强 $E(\mathrm{dB\mu V/m})$ 转换成其输出端口的电压 $U_o(\mathrm{dB\mu V})$，两者的关系为

$$E(\mathrm{dB\mu V/m})=U_o(\mathrm{dB\mu V})+AF(\mathrm{dB/m}) \tag{8-9}$$

式中，AF 为天线系数，用于表征天线将电场强度转化成端口输出电压的能力。每部天线都有

自己的天线系数，该系数与频率有关。天线系数一般由天线制造商或在计量部门对天线进行校准后给出。如图 8-16 所示为一典型对数周期天线的天线系数。

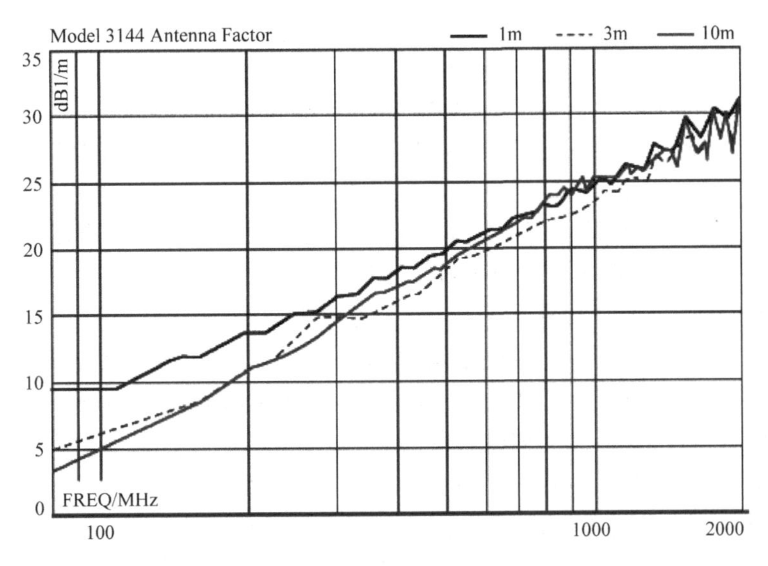

图 8-16　对数周期天线的天线系数曲线举例

测量骚扰的辐射发射场强时，接收机通常通过同轴电缆与天线相连，接收机的读数是其输入端的端口电压。一般同轴电缆都有一定的损耗，如果同轴电缆的损耗为 L(dB)，则接收机输入端的端口电压 $U(\mathrm{dB_{\mu V}})=U_o(\mathrm{dB_{\mu V}})-L(\mathrm{dB})$。代入式(8-9)得到骚扰辐射发射场强 E $(\mathrm{dB_{\mu V/m}})$与测量接收机输入端的端口电压 $U(\mathrm{dB_{\mu V}})$的关系为

$$E(\mathrm{dB_{\mu V/m}})=U_o(\mathrm{dB_{\mu V}})+AF(\mathrm{dB/m})+L(\mathrm{dB}) \tag{8-10}$$

以前的骚扰测量仪常以功率(单位 dBm)而非电压来表示其输入电平。这时，因根据现行仪器的制造规范，测量仪的输入阻抗一般为 50Ω。所以可得测量仪输入端输入功率与端口电压的关系为

$$P(\mathrm{dB_m})=U(\mathrm{dB_{\mu V}})-107(\mathrm{dB}) \tag{8-11}$$

式(8-10)、式(8-11)是两个常用的公式。

例 8-1　一偶极子天线通过一根同轴电缆与一个测量接收机相连。假设同轴电缆的损耗为 0dB，并且偶极子天线与接收机的阻抗匹配。已知天线系数 $AF=15\mathrm{dB/m}$，入射波场强 E 与天线的夹角为 30°。若接收机显示的电压读数为 $70\mathrm{dB_{\mu V}}$，则 E 的大小为多少？

解　根据天线系数的定义，与天线臂相平行的电场分量的大小为

$$E(\mathrm{dB_{\mu V/m}})=U_o(\mathrm{dB_{\mu V}})+AF(\mathrm{dB/m})+L(\mathrm{dB})=70+15+0=85(\mathrm{dB_{\mu V/m}})$$

所以，E 的大小应为 $10^{85/20}(\mu\mathrm{V/m})$。

入射波电场强度大小为

$$E_{\mathrm{inc}}=\frac{E}{\cos30^\circ}=\frac{2\sqrt{3}}{3}\cdot10^{85/20}\approx20533(\mu\mathrm{V/m})\approx0.02(\mathrm{V/m})$$

电磁骚扰测试中常用的测量天线为宽带天线，以便于进行自动扫频测量。由于骚扰场强的水平极化分量和垂直极化分量是不同的，所以测量时应把天线水平放置测水平极化值，垂直放置测垂直极化值。整个测试系统应该保持阻抗匹配，即天线的阻抗、同轴电缆的特性阻抗和

测量接收机的输入阻抗都应相等，现在一般均为 50Ω。阻抗不匹配将引起反射，从而影响测量的准确性。

8.3.2 传导发射测试

传导发射测试是测量 EUT 通过电源线或信号线向外发射的传导骚扰。根据被测骚扰信号的特点，传导骚扰测试可分为连续骚扰电压测量、骚扰功率测量、断续骚扰喀呖声测量、谐波电流测量、电压波动和闪烁测量。这里主要介绍常见的连续骚扰电压测量。

连续骚扰电压测量主要测量 EUT 沿着电源线向电网发射的骚扰电压，测量频率范围为 0.15～30MHz。测量一般在屏蔽室内进行。测量时需要在电网和 EUT 之间插入一个人工电源网络(AMN)。使用 AMN 的作用有两个：一是在整个传导发射测量频率范围内(0.15～30MHz)，为 EUT 电源线提供一个稳定的阻抗(50Ω)。因为不同插座所连电网的阻抗通常是不同的，而由于阻抗不同，同一 EUT 在不同电网上产生的骚扰电压也不同。所以，为了保证测试结果的一致性，需要在不同的测试场所都能给 EUT 电源线提供一个稳定的阻抗，通常是 50Ω。二是隔离电网和 EUT，使测得的骚扰电压仅是 EUT 发射的，而不会包含来自电网的骚扰。电网上通常也存在着各种骚扰，且不同测试场所电网上存在的骚扰大小也不同。如果不采取隔离措施，电网上的骚扰就会流向 EUT 的电源线，并与 EUT 产生的骚扰叠加在一起，从而造成错误的测量结果。

AMN 实际上是一个双向低通滤波器，其原理图如图 8-17 所示。50μH 电感可以阻止电网中的高频骚扰(≥150kHz)进入骚扰测量仪。此外，与地线相接的 1.0μF 电容也可以旁路掉电网中的高频骚扰。EUT 发射的高频骚扰由于 50μH 电感的阻挡不能进入电网，只能通过 0.1μF 电容进入骚扰测量仪。测量仪的输入阻抗为 50Ω，50Ω 与 1000Ω 电阻并联约等于 50Ω，所以不影响 EUT 电源线上传导骚扰的测量。而对于 50Hz 的工频电源，50μH 电感的阻抗很小，所以仍然可以通过 AMN 向 EUT 供电。注意：测量过程中，AMN 外壳应良好接地，否则会影响电网和 EUT 之间的隔离。

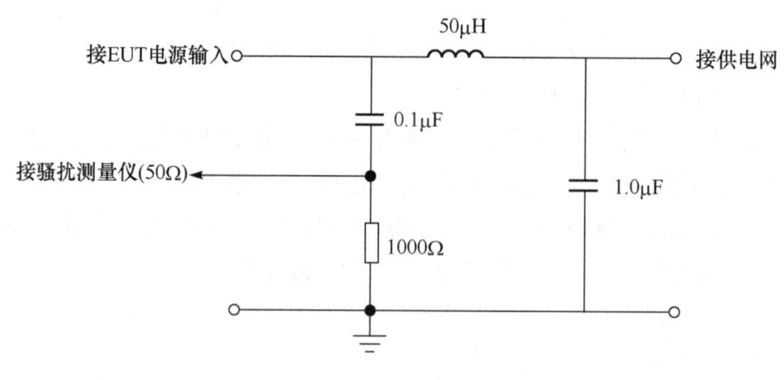

图 8-17 AMN 原理图

8.3.3 静电放电抗扰度测试

静电放电抗扰度测试用来模拟人体对设备静电放电时，受试设备对静电的抗扰能力。通常采用的静电发生装置为静电枪，如图 8-18 所示。静电放电的方式主要有接触放电和空气放电两种。如图 8-18 所示的静电枪本身带有用于接触放电的电极(尖头)和用于空气放电的电极(钝头)。接触放电测试过程中静电枪的电极直接与 EUT 保持接触,然后用放电开关控制放电。接触放电的放电位置应是人体通常情况下可能接触的位置,如开关、机壳、按钮、键盘等。但是对仅在维修时才能接触的部位(除专用产品规范中另有规定处)不允许施加静电放电。空气放电测试中静电枪的放电开关已处于开启状态,然后将静电枪的电极逐渐靠近 EUT。当静电枪放电电极与 EUT 之间的空气间隙的击穿电压低于静电枪的放电电压时,就会产生火花放电。空气放电一般施加在 EUT 的孔、缝和绝缘面处。静电放电发生器输出的静电放电电流的典型波形如图 8-19 所示。

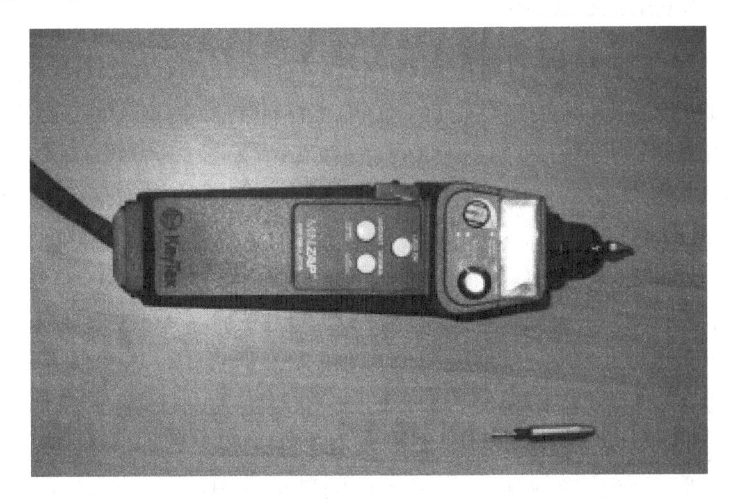

图 8-18　静电枪

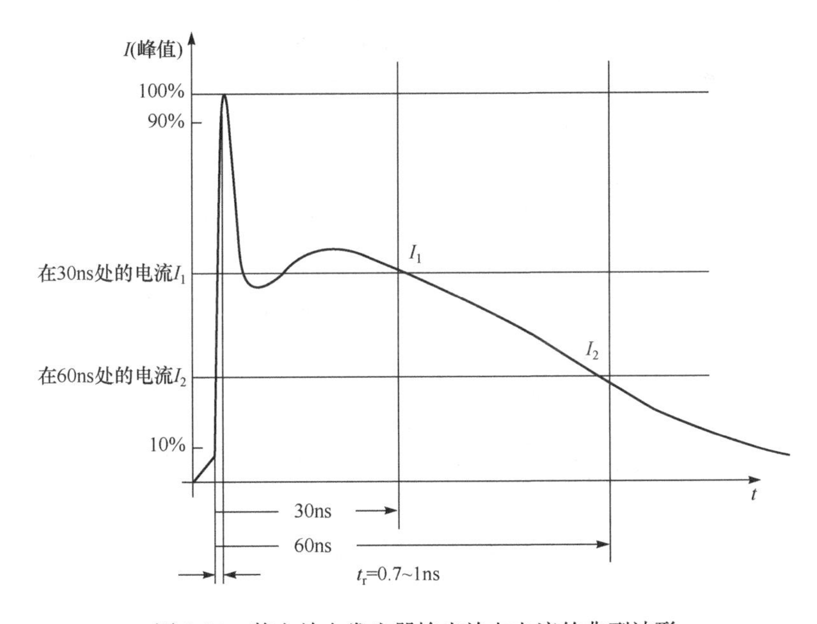

图 8-19　静电放电发生器输出放电电流的典型波形

GB/T 17626.2(等同采用 IEC 61000-4-2)中规定的静电放电等级如表 8-8 所示。

表 8-8 静电放电试验等级

试验等级	接触放电试验电压/kV	空气放电试验电压/kV
1	2	2
2	4	4
3	6	8
4	8	15
X	特定	特定

8.3.4 射频电磁场辐射抗扰度测试

许多电子电气设备工作时会产生电磁场，一般认为在频率≥80MHz 的情况下，电磁场主要通过空间辐射的方式对周围其他设备造成干扰。日常生活中常见的电磁辐射源有手持无线电发射机、广播电视发射机和各种工业设备等。

射频电磁场辐射抗扰度试验用来评估 EUT 对来自空间的辐射电磁场的抗扰度，典型的试验布置如图 8-20 所示。为了简明，图中省略了墙上和顶棚的吸波材料。信号发生器输出一定功率的调幅信号给发射天线。GB/T 17626.3（等同采用 IEC 61000-4-3）规定辐射抗扰度的试验频率（即载波频率）范围为 80～1000MHz。为了模拟实际情况，载波信号被频率为 1kHz 的正弦波调幅，调幅深度为 80%。调幅信号经天线发射后在 EUT 处产生一个规定场强的电磁场。辐射抗扰度的 EUT 端口为机壳或机箱。标准规定的电场场强（未调制时）一般为 1V/m、3V/m 或 10V/m。产生的电磁场需要满足场均匀性的要求，即在一个高于地面 0.8m 处的 1.5m×1.5m 的垂直平面内，均匀分布的 16 个空间测试点中，至少有 12 个点之间的场强值之差在 0～6dB 范围内。

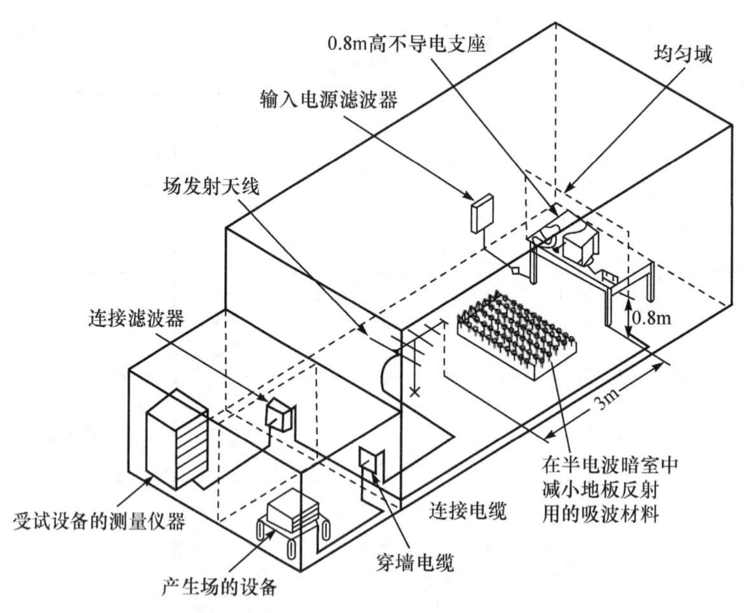

图 8-20 典型的射频电磁场辐射抗扰度试验布置（引自 GB/T 17626.3）

一般辐射抗扰度试验在全电波暗室内进行。原因之一是实验中产生的电磁场很强，在非屏蔽空间做实验，电磁场辐射会对一定范围内的其他通信设备、电子设备及人员产生影响。原因之二是在非屏蔽空间或单纯的屏蔽室内做实验时，由于反射的影响使场均匀性很难满足标准的要求。GTEM 小室也可用于辐射抗扰度试验。对于辐射抗扰度试验，GTEM 具有明显的优势。使用较小的输入功率就可以生成与在电波暗室内相同的电磁场，但 EUT 必须在几个正交方向上进行试验。

8.3.5　电快速脉冲群抗扰度测试

机械开关对电感性负载进行切换过程中，会产生快速瞬变脉冲群(EFT)，可能对同一环境中的其他电子电气设备造成干扰。这种 EFT 的特点是单个脉冲上升时间、持续时间短，因而能量较小，一般不会造成设备故障，但经常会使设备发生误动作。脉冲的重复频率较高(一般为几 kHz)，若干个脉冲组成脉冲群。机械开关动作一次一般产生一个脉冲群。实际情况中许多机械开关(如继电器)会在较短的时间内会反复动作，因此会产生多个脉冲而形成脉冲群。目前的研究认为脉冲群之所以会造成设备的误动作，是因为脉冲群对线路中半导体器件结电容的充电。当结电容上的能量积累到一定程度，便会引起线路(设备)的误动作。

电快速瞬变脉冲群抗扰度试验的国家标准为 GB/T 17626.4(等同采用 IEC 61000-4-4)。标准规定的脉冲发生器输出波形的指标如下：

(1)发生器开路输出电压为 0.25～4kV；

(2)发生器动态输出阻抗为 50Ω±20%；

(3)脉冲上升时间(10%～90%)为 5ns±30%(发生器输出端接 50Ω 匹配负载时)；

(4)脉冲持续时间(前沿 50%至后沿 50%)为 50ns±30%(发生器输出端接 50Ω 匹配负载时)；

(5)脉冲重复频率为发生器开路输出电压为 0～2kV 时为 5kHz，4kV 时为 2.5kHz；

(6)脉冲群持续时间为 15ms；

(7)脉冲群重复周期为 300ms；

(8)输出脉冲的极性为正/负；

(9)标准规定的 EFT 波形如图 8-21 所示。

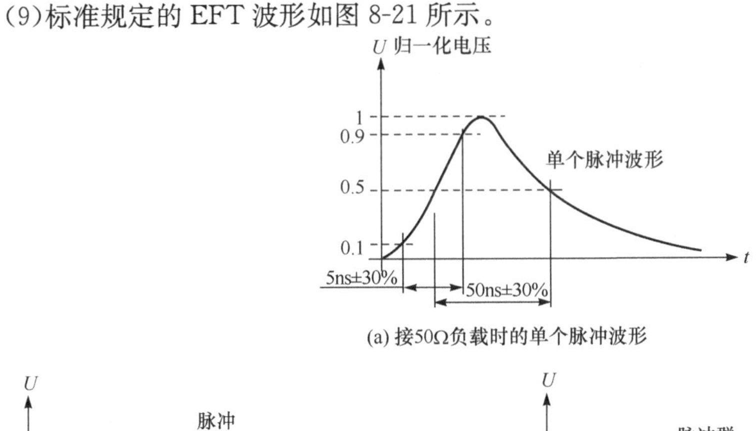

(a) 接50Ω负载时的单个脉冲波形

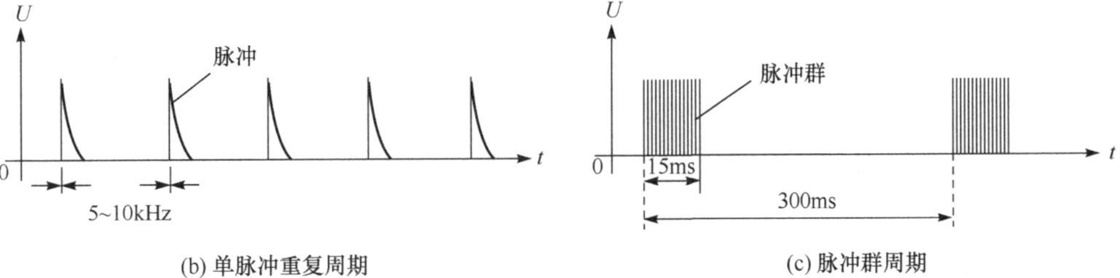

(b) 单脉冲重复周期　(c) 脉冲群周期

图 8-21　GB/T 17626.4 规定的脉冲发生器输出波形

EFT 以共模方式进入电源线或信号线端口，对设备造成干扰。因此 EFT 抗扰度试验过程中 EUT 的试验端口为电源线和信号线。通常采用耦合/去耦网络将 EFT 骚扰耦合至电源端口，电源线的耦合/去耦网络如图 8-22 所示。测试时，脉冲发生器产生的 EFT 信号通过耦合/去耦网络中的耦合电容加到 EUT 相应的电源线上（L_1、L_2、L_3、N 及 PE），同时在耦合/去耦网络中交流电源的入口处利用 LC 网络对 EFT 信号进行去耦，避免 EFT 信号进入公共电网对其他设备造成干扰。

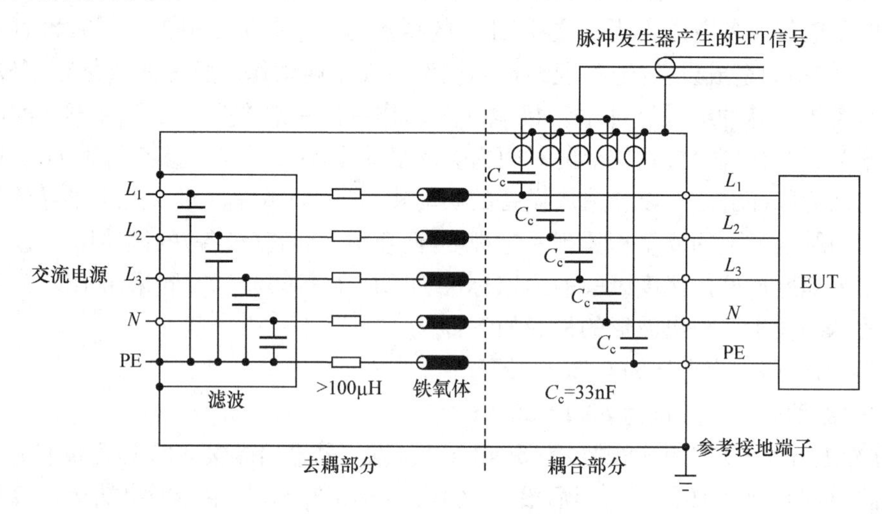

图 8-22　EFT 试验中所用的电源线耦合/去耦网络

对信号线的试验中可以使用容性耦合夹来进行 EFT 耦合，如图 8-23 所示。容性耦合夹实质上是连接到发生器的两块金属板，它可将测试线夹在其中，通过金属板与测试线之间的分布电容将脉冲群信号加到测试线上。

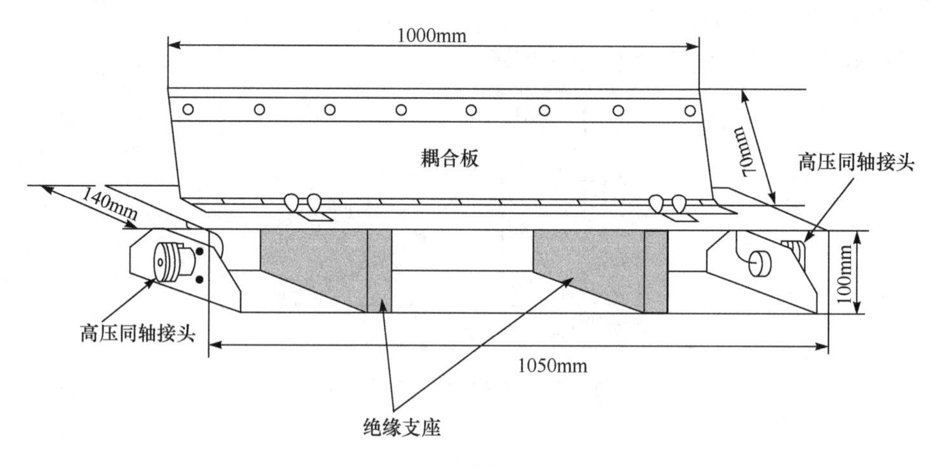

图 8-23　容性耦合夹结构

8.3.6　浪涌抗扰度测试

电源系统的开关操作以及附近的雷电冲击会在电源线或信号线上产生浪涌现象。由开关动作引起浪涌的方式主要有主电源系统的切换；同一电网中在靠近设备附近的一些较小开关跳动时;切换伴有谐振线路的可控硅设备;各种系统性故障,如设备接地网络间的短路和飞弧。间接雷击引起浪涌的方式主要为雷电击中外部(户外)线路,有大量的电流流入外部线路或接地电阻;间接雷击(如云层间或云层内的雷击)在外部线路或内部线路中感应电压或电流;雷电击中线路附近物体,在其周围建立电磁场,使外部线路感应电压;雷电击中附近地面,地电流通过公共接地系统。

浪涌抗扰度试验的国家标准为 GB/T 17626.5(等同采用 IEC 61000-4-5)。浪涌抗扰度试验端口为 EUT 的电源线和信号电缆。浪涌抗扰度试验用于评定设备的各种电缆在遭受浪涌时设备的抗扰能力。根据受试端口类型的不同,标准规定了两种类型的组合波发生器:一种是用于对称通信线端口试验的组合波发生器;另一种是用于电源线和短距离信号线端口试验的组合波发生器。组合波发生器是指发生器能够在输出短路时产生符合标准规定的短路电流波形,同时能够在输出开路时产生符合标准规定的开路电压波形。就常见的电源线或短距离信号线端口浪涌试验而言,标准要求组合波发生器产生 1.2/50μs 的开路电压波形(图 8-24)和 8/20μs 的短路电流波形(图 8-25)。

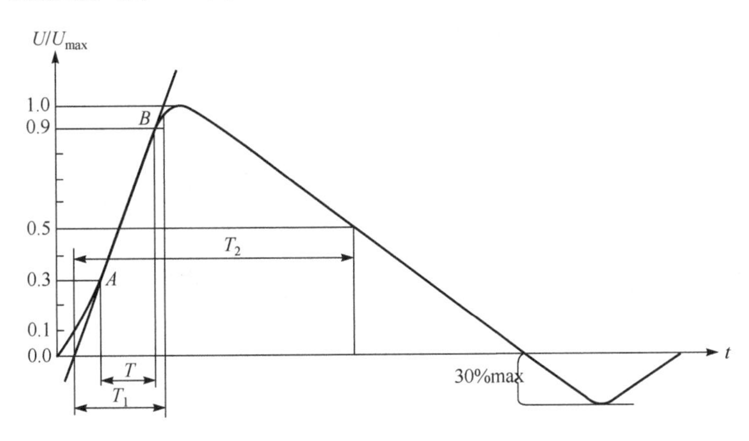

图 8-24　浪涌发生器输出的开路电压波形

波前时间 $T_1=1.67\times T=1.2\times(1\pm30\%)\mu s$;半峰值时间 $T_2=50\times(1\pm20\%)\mu s$

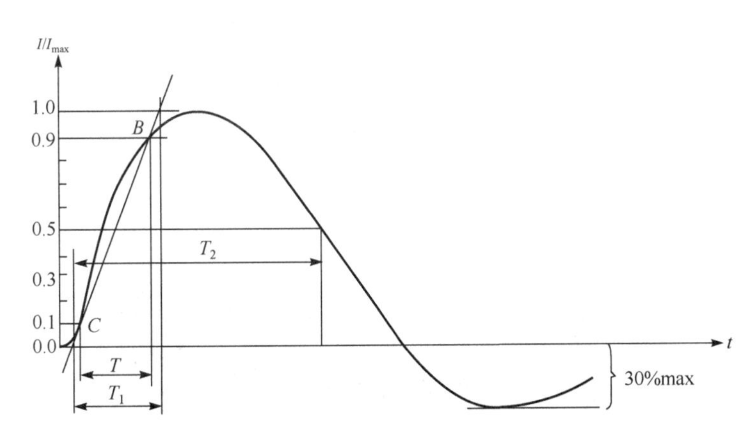

图 8-25　浪涌发生器输出的短路电流波形

波前时间 $T_1=1.25\times T=8\times(1\pm20\%)\mu s$;半峰值时间 $T_2=20\times(1\pm20\%)\mu s$

同 EFT 抗扰度试验类似,浪涌抗扰度试验也需要通过不同的耦合/去耦网络来将浪涌信号施加到电源线和信号线上。施加的方式包括共模形式(线-地间)和差模形式(线-线间)。一般开路试验电压有 0.5kV、1kV、2kV 和 4kV,对应的短路电流分别为 0.25kA、0.5kA、1kA 和 2kA。

8.3.7 射频场感应的传导骚扰抗扰度测试

由于在低频(≤80MHz)时进行辐射抗扰度试验的难度和成本高,而这一频段的电磁场通常会在设备的连接电缆(电源线和信号线)上感应出共模骚扰电压或电流,并以传导的方式通过电缆作用到设备的敏感部分。因此,需要对 EUT 进行该频段的骚扰抗扰度试验。GB/T 17626.6(等同采用 IEC 61000-4-6)规定了电子设备对 0.15～80MHz 传导共模骚扰抗扰度的试验方法。同射频电磁场辐射抗扰度一样,试验中的射频信号采用调幅信号,其调幅深度为 80%,调制频率为 1kHz。施加的传导骚扰的频率范围是 0.15～80MHz 或 0.15～230MHz。标准规定未调制时的载波电平一般为 1V、3V 或 10V,通过耦合/去耦合网络(CDN)将共模骚扰电压耦合至 EUT 的电源线上,CDN 同时可以避免骚扰电压对与 EUT 相连的辅助设备(AE)造成干扰。典型的电源 CDN 示意图如图 8-26 所示。

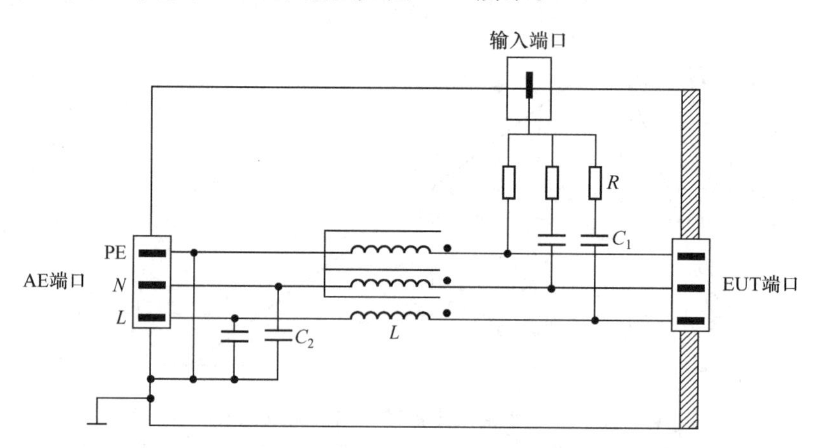

图 8-26　用于电源线传导抗扰度试验的耦合/去耦网络(CDN)

在 150kHz 时,$L \geqslant 280\mu H$;C_1(典型值)=22nF;C_2(典型值)=47nF;$R=100\Omega$

对于信号线进行传导骚扰抗扰度试验时,一般采用电磁钳来将骚扰能量耦合至信号线上。电磁钳是一种宽带的夹钳式注入设备,其作用是对连接受试设备的电缆建立感性和容性耦合。图 8-27 为一典型电磁注入钳的照片。为了提高测试效率,测试过程中允许用电磁钳同时对多根电缆注入骚扰能量。

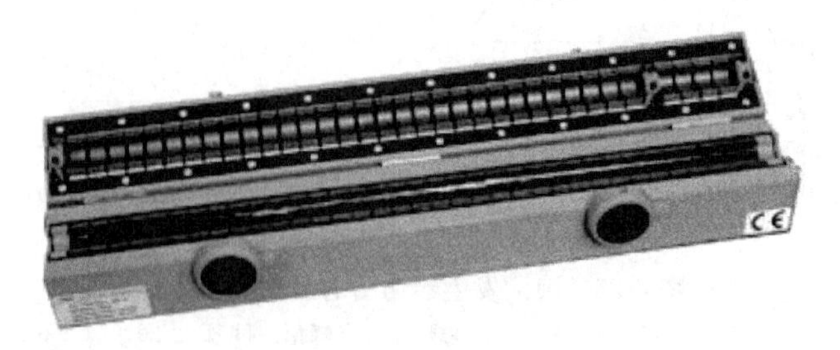

图 8-27　用于信号电缆传导骚扰抗扰度试验的电磁注入钳

8.3.8　工频磁场抗扰度测试

通有电流的导体会在其周围产生磁场，磁场可能会影响附近设备的可靠工作，尤其是带有霍尔器件或 CRT 显示器的设备。通常在公用或工业低压配电网络、中高压变电所以及发电厂周围存在工频(50Hz)磁场。因此，需要对处于上述环境中的设备进行工频磁场抗扰度试验。工频磁场抗扰度试验的国家标准为 GB/T 17626.8(等同采用 IEC61000-4-8)。据 GB/T 17626.8 附录 D 中的资料表明，在距离 25 类共 100 种不同家用电器产品 0.3～1.5m 处测得的最大磁场强度为 21A/m，大部分在 0.1A/m 以下；在 400kV 高压线下测得的磁场为 10～16A/m；在高压变电所(220kV)内设备间测得的磁场为 0.7A/m；在电厂中，距离载流 2.2kA 中压母线 0.3m 处测得的磁场为 14～85A/m。这些测试结果都是在 EUT 正常运行条件下电流所产生的稳定磁场。故障条件下产生的大电流能产生幅值较高但持续时间较短的磁场，直到保护装置动作切断电流为止(熔断器动作时间一般为几毫秒，继电器保护动作时间一般为几秒)。基于上述这些情况，标准规定的工频磁场抗扰度试验等级如表 8-9。

表 8-9　工频磁场抗扰度试验等级

试验等级	稳定磁场/(A/m)	1～3s 短时磁场/(A/m)
1	1	—
2	3	—
3	10	—
4	30	300
5	100	1000
X	特定	特定

工频磁场抗扰度的试验端口为 EUT 机壳。试验过程中由电流发生器给感应线圈提供电流，感应线圈产生较均匀的磁场，该磁场施加于 EUT 上。用于台式设备的感应线圈按标准规定为边长 1m 的正方形。试验区在线圈的中部。试验时，应在 EUT 的 X、Y、Z 三个方向上施加磁场，如图 8-28 所示。

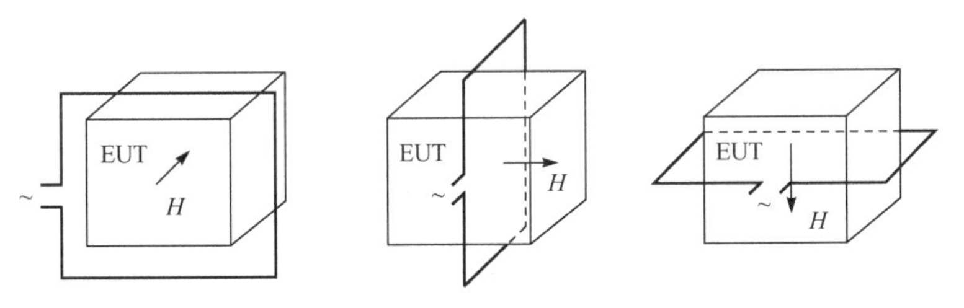

图 8-28　台式设备工频磁场抗扰度试验示意图

除工频磁场抗扰度试验外，在 GB/T 17626 系列标准中还有脉冲磁场抗扰度试验和衰减振荡波磁场抗扰度试验，分别模拟雷击和高、中压变电站母线切换时伴生的磁场骚扰。这三种磁场抗扰度试验所使用的电流发生器各不相同，但它们所用的感应线圈都是一样的，如图 8-29 所示。由于大多数产品的抗扰度指标并不包括脉冲磁场抗扰度和衰减振荡波磁场抗扰度，对这两个试验在此就不一一叙述了。有兴趣的读者可以参阅 GB/T 17626.9 和 GB/T 17626.10。

图 8-29　工频磁场抗扰度试验中所用的感应线圈

8.3.9　电压暂降、短时中断和电压变化抗扰度测试

在电网、电力设施发生故障或负荷突然出现大的变化时，会产生电压暂降或短时中断的现象，当连接到电网的负荷发生连续变化时也会引起电网电压的变化。这些现象都可能对电气和电子设备造成干扰。GB 17626.11（等同采用 IEC 61000-4-11）规定了与低压供电网连接的电气和电子设备对电压暂降、短时中断和电压变化的抗扰度试验方法和优选的试验等级范围。其中，电压变化抗扰度试验仅是供选择的试验项目。对处于不同类别电磁环境中的设备，标准规定电压暂降、短时中断试验优先采用的等级和持续时间如表 8-10 所示。试验“70%，持续时间 25/30 周期”是指进行该项试验时，发生器输出起始电压为 EUT 正常工作电压，然后电压突然下降 30%（一般选择在相位为 0 或 π 时进行），即实际输出电压为正常电压的 70%。持续 25 周期（供电频率为 50Hz 时）或 30 周期（供电频率为 60Hz 时）后又恢复至正常电压。

表 8-10　电压暂降、短时中断试验优先采用的试验等级和持续时间

<table>
<tr><th>类别</th><th colspan="5">电压暂降的试验等级和持续时间/(50Hz/60Hz)</th></tr>
<tr><td>1 类</td><td colspan="5">根据设备要求依次进行</td></tr>
<tr><td>2 类</td><td>0%
持续时间 0.5 周期</td><td>0%
持续时间 1 周期</td><td colspan="3">70%
持续时间 25/30 周期</td></tr>
<tr><td>3 类</td><td>0%
持续时间 0.5 周期</td><td>0%
持续时间 1 周期</td><td>40%
持续时间 10/12 周期</td><td>70%
持续时间 25/30 周期</td><td>80%
持续时间 250/300 周期</td></tr>
<tr><td>X 类</td><td>特定</td><td>特定</td><td>特定</td><td>特定</td><td>特定</td></tr>
</table>

标准规定的短时中断试验优先采用的试验等级和持续时间如表 8-11 所示。其中，电磁环境的分类由 GB/T 18039.4 规定。

表 8-11　短时中断试验优先采用的试验等级和持续时间

类别	短时中断的试验等级和持续时间/(50Hz/60Hz)
第 1 类	根据设备要求依次进行

续表

类别	短时中断的试验等级和持续时间/(50Hz/60Hz)
第 2 类	0% 持续时间 250/300 周期
第 3 类	0% 持续时间 250/300 周期
第 X 类	×

第 1 类:适用于受保护的供电电源,其兼容水平低于公用供电系统。它涉及对电源骚扰很敏感的设备(如实验室的仪器、某些自动控制和保护设备及计算机等)的使用。

第 2 类:一般适用于商用环境的公共耦合点和工业环境内部的耦合点。该类兼容水平与公用供电系统的相同。

第 3 类:仅适用于工业环境中的耦合点。该类环境中某些骚扰现象的兼容水平要高于第 2 类。当连接下列设备时应认为是这类环境:大部分负荷经换流器供电、有焊接设备、频繁启动的大型电动机、变化迅速的负荷。

8.4　自动测试系统

在电磁兼容测试中,通常采用自动测试系统来控制测量仪器、读取测量数据和进行数据处理,并生成测试报告。自动测试系统通常由计算机(PC)、测量仪器、仪器接口总线以及自动测试软件组成。自动测试系统的软件由设备商提供或者由用户根据自己的测试需求自行开发。计算机通过仪器接口总线实现对测试仪器的控制和数据传输。由于充分地利用了计算机丰富的软硬件资源,自动测试系统大大突破了人工测试在测试效率、数据处理、打印等方面的限制。目前,随着计算机硬件技术、软件技术以及总线技术的不断发展,自动测试系统正向着高速、智能化、多功能化和通用化发展,并且得到了越来越广泛的应用。

8.4.1　总线

计算机可以通过自身的外部总线实现与其他设备间的通信。目前,计算机常见的外部总线有 RS-232、RS-485/422、USB、GPIB 等。其中,RS-232 是美国电子工业协会(Electronic Industry Association,EIA)制定的一种串行物理接口标准。RS-232 标准规定的数据传输速率很低,最高为 115.2Kbit/s,且只能支持点对点通信。此外,由于 RS-232 采取不平衡传输方式,即单端通信,存在共地干扰和无法抑制共模干扰等问题,因此其传输距离受到限制,一般只能用于 20m 以内的通信。受上述限制,自动测试系统极少使用 RS-232 总线。

针对 RS-232 串口的局限性,EIA 又提出了 RS-485/422 接口标准。RS-485/422 采用平衡发送和差分接收方式实现通信。发送端将串行口的 TTL 电平信号转换成差分信号通过 A、B 两路传输线输出,在数据到达接收端后在接收端再将差分信号还原成 TTL 电平信号。由于传输线通常使用双绞线,又是差分传输,因此有极强的抗共模干扰的能力,故传输信号在千米之外都可以恢复。RS-485/422 最大传输速率为 10Mbit/s。传输速率与传输距离成反比,在 100Kbit/s 的传输速率下可以达到最大的通信距离约为 1200m。RS-485 总线一般采用终端匹配的总线结构，即采用一条总线将各个节点串接起来，不支持环形或星形网络。

通用串行总线（Universal Serial Bus，USB）是由 Intel、Compaq、Digital、IBM、Microsoft、NEC、Northern Telecom 等七家世界著名的计算机和通信公司共同推出的一种新型接口标准。快速是 USB 技术的突出特点之一，USB 的最高传输速率可达 12Mbit/s。此外，USB 还可以为外设提供 5V 的电源（最大电流 500mA），这意味着低功耗的甚至 USB 接口的外部设备不需要单独外加电源。但是不同 USB 接口间不能实现同步，因此 USB 总线只适合简单的低端测试系统，而不便于组建复杂的测试系统。

图 8-30　带 USB 接口的 GPIB 卡

目前，自动测试系统使用最为广泛的总线为通用接口母线（General Purpose Interface Bus，GPIB）。1965 年，惠普公司（Hewlett Packard，HP）设计了惠普接口总线 HP-IB，用于连接惠普的计算机和可编程仪器。由于其传输速率高（通常可达 1Mbit/s），这种接口总线得到普遍认可，并于 1975 年被 IEEE 接受成为 IEEE488 标准，HP-IB 的名称也被改为 GPIB。目前，关于 GPIB 通信的最新标准为 IEEE 488.1。实现 GPIB 控制，需要被控仪器支持 GPIB，其次计算机需要安装 GPIB 卡（也被称为 IEEE 488 卡），并通过 GPIB 线将两者连接起来。GPIB 总线是并行总线，仪器设备直接并联于总线上而不需要中介单元。计算机通过 GPIB 总线最多可控制 14 台设备，信号的传输距离为 20m。通过 GPIB 电缆的连接，可以方便地实现星型、线型网络或者二者的组合网络。相对于前面所讲的三种串行总线，GPIB 在保证较高传输速率的同时，还可以控制多个设备，因而可以支持复杂的测试系统。带 USB 接口的 GPIB 卡如图 8-30 所示。

8.4.2　测试软件

自动测试系统软件通常由用户或设备商根据测试需要在特定的编程语言环境下开发。目前，常用的编程环境主要分为两大类：一类是可视编程语言，如 Microsoft 公司的 Visual C++、Visual BASIC 等；另一类是图形编程语言（又称为 G 语言，“G”表示 graphical），如美国国家仪器（National Instruments，NI）公司的 LabVIEW（Laboratory Virtual Instrument Engineering Workbench）、LabWindows/CVI，HP 公司的 VEE，Data Translation 公司的 DT-VEE 等。图形化编程语言将科学家、工程技术人员经常使用的各种功能以图标的形式提供，用线条将所需要的各种图标（功能）按一定顺序连接起来，即可完成程序的编写。因此，G 语言是一种面向最终用户的编程工具，它用简单、直观、易学的图形编程方式替代了复杂、烦琐、费时的程序代码，从而可以使科研和工程人员摆脱对专业编程人员的依赖，从而大大提高了工作效率。

目前，LabVIEW 是工业界、学术界所广泛使用的图形化编程语言。与传统的编程语言相比，LabVIEW 图形编程方式可以节省大约 80%的程序开发时间，但其运行速度却几乎不受影响。LabVIEW 可视为一个标准的数据采集和仪器控制软件。在 LabVIEW 中集成了大量的生成图形界面的模板、丰富实用的数值分析、数字处理功能以及多种硬件设备驱动功能（包括 RS-232、RS-485、GPIB、PXI、数据采集卡、网络等）。另外，鉴于 LabVIEW 的广泛应用前景，大多数仪器厂商都为 LabVIEW 提供了免费的源码级仪器驱动程序。这些都为用户利用 LabVIEW 开发仪器控制系统提供了便利。利用 LabVIEW 还可以方便地建立自己的虚拟仪器，其图形化的界面使得编程及使用过程都生动有趣。

思　考　题

8-1　电磁兼容标准分为哪几类？各类标准有何区别？

8-2　可用于辐射发射测试的专用场地有哪些？在各类测试场地上测试结果的区别是什么？

8-3　简述电磁兼容测试的测试项目。

8-4　电磁兼容测试标准通常都会对测试场地、测量仪器的指标以及测试步骤进行具体的规定，这样做的目的是什么？

8-5　将截止波导应用到屏蔽室通风窗时，应注意哪些问题？

8-6　屏蔽室和电波暗室的区别是什么？

8-7　衡量电波暗室的性能指标有哪些？

8-8　GTEM 小室在输入功率不变的情况下，如何增大测试场强？

8-9　混响室中的搅拌器的作用是什么？

8-10　相对于开阔场，半电波暗室在辐射发射测试中的优点有哪些？缺点是什么？

8-11　通常如何描述抗扰度测试过程中 EUT 的工作情况？

8-12　叙述如何在半电波暗室或开阔场测试 EUT 的最大辐射场强？

8-13　为什么要在电波暗室内而不是开阔场进行辐射抗扰度测试？

8-14　静电放电试验中，接触放电和空气放电的区别是什么？

8-15　静电放电的主要方式和施加位置是什么？

8-16　什么是传导骚扰发射测试？什么是辐射骚扰发射测试？

8-17　传导发射测试中需要在电网和 EUT 之间插入人工电源网络，其作用是什么？

8-18　为什么在低频段进行辐射抗扰度测试的难度和成本高？

8-19　辐射抗扰度试验为什么需要在电波暗室中进行？

8-20　电源 CDN 在抗扰度试验中有哪些作用？

8-21　在抗扰度测试项目中，浪涌、电快速脉冲群、静电放电、射频辐射场、射频感应场主要是模拟现实生活中什么情况下产生的骚扰？

习　　题

8-1　国家标准 GB9254《信息技术设备的无线电干扰限值及测量方法》规定了 A 级信息技术设备(ITE)在测试距离 10m 处的辐射发射限值，如表 8-4 所示。但 10m 法的半电波暗室或开阔测试场地很少，一般辐射发射在 3m 半电波暗室内进行。现有一 ITE 设备在 3m 半电波暗室中，其在 30～230MHz 范围内辐射发射的最大准峰值为 $48\mathrm{dB}_{\mu\mathrm{V/m}}$，230～1000MHz 内的最大准峰值为 $58\mathrm{dB}_{\mu\mathrm{V/m}}$。试计算该设备是否超过了标准所规定的辐射发射限值。

8-2　一喇叭天线通过一同轴电缆与一测量接收机相连，用于测试空间场强的大小。若在频率 1800MHz 接收机显示的读数为 $20\mathrm{dB}_{\mu\mathrm{V}}$，已知同轴电缆在该频点的损耗为 2dB，喇叭天线的天线系数 $AF=25\mathrm{dB/m}$，天线与接收机阻抗匹配。如果入射波电场强度 E 的方向与天线的极化方向成 45°，则 E 的大小为多少？

8-3 一台计算机连接长度为 2m 的打印机电缆，电缆另一端未接打印机。如果将该电缆看作单极天线，其与计算机的金属外壳（接地平面）之间存在一个幅度为 1mV、频率为 37.5MHz 的骚扰源，求 3m 距离处计算机的最大辐射场。

8-4 如图 8-15 所示，试说明为什么准峰值检波能够反映骚扰对人的听觉的影响，而峰值检波、平均值检波却不可以。

8-5 若某一天线的天线系数为 $AF(\mathrm{dB/m})$，天线口面处平行于天线极化方向的电场强度为 $E(\mathrm{dB}_{\mu\mathrm{V/m}})$。连接天线与接收机的同轴电缆的特性阻抗为 50Ω，损耗为 $L(\mathrm{dB})$，接收机输入阻抗为 50Ω。试证明电场强度 E 与接收机端口电压 V 的关系为

$$E(\mathrm{dB}_{\mu\mathrm{V/m}})=V(\mathrm{dB}_{\mu\mathrm{V}})+AF(\mathrm{dB/m})+L(\mathrm{dB})$$

8-6 一般在辐射发射场强的测试过程中，接收机的读数通常为接收机 50Ω 输入阻抗所消耗的功率 P，单位为 $\mathrm{dB}_{\mathrm{mW}}$。试证明被测场强 E 与接收机 50Ω 输入阻抗上所消耗的功率 P 的关系为

$$E(\mathrm{dB}_{\mu\mathrm{V/m}})=P(\mathrm{dB}_{\mathrm{mW}})+AF(\mathrm{dB/m})+L(\mathrm{dB})+107$$

8-7 根据图 8-17 解释为什么在整个传导发射测量频率范围内（150kHz～30MHz），AMN 能够起到给 EUT 电源提供 50Ω 稳定阻抗，同时隔离 EUT 和电网这两个作用。

8-8 设人体等效电容 $C_{\mathrm{P}}=250\mathrm{pF}$、电阻 $R=300\Omega$，人体所带静电电压 $U=35\mathrm{kV}$。有一印刷电路板，板上地线的分布电感为 $L=50\mathrm{nH}$，地线对大地的分布电容 $C=3\mathrm{pF}$，离地线 5mm 处有一个 2cm×2cm 的信号环路。设人手接触地线时产生静电放电。①画出放电回路的等效电路。②根据等效电路计算放电回路的放电电流与时间的关系曲线。③计算放电电流在信号环路中由于磁场所产生的感应电压。

8-9 人体静电放电模型可以等效为一个 300pF 电容串联一个 500Ω 的电阻。如果人体所带静电电压为 6kV，则静电放电的能量为多少？静电放电电流的峰值是多少？

参 考 文 献

GURU B S, HIZIROGLU H R,2006. 电磁场与电磁波. 3 版. 周克定,等译. 北京:机械工业出版社.

何金良,2010. 电磁兼容导论. 上海:华东师范大学出版社.

KRAUS J D, MARHEFKA R J,2005. 天线(下册). 3 版. 章文勋,译. 北京:电子工业出版社.

PAUL C R,2021. 电磁兼容导论. 2 版. 闻映红,等译. 北京:科学出版社.

SENGUPTA D L, LIEPA V V,2009. 应用电磁学与电磁兼容. 沈远茂,等译. 北京:机械工业出版社.

王蔷,李国定,龚克,2001. 电磁场理论基础. 北京:清华大学出版社.

闻映红,2007. 天线与电波传播理论(修订本). 北京:清华大学出版社,北京交通大学出版社.

闻跃,高岩,杜普选,2003. 基础电路分析. 2 版. 北京:清华大学出版社,北京交通大学出版社.

谢处方,饶克谨,2005. 电磁场与电磁波. 3 版. 北京:高等教育出版社.